실무자를 위한

건축시공학-1

최산호 감수　소광호 저

예 학 사

머리말

많은 산업이 하루가 다르게 디지털화되는 산업환경 속에서 건설업은 변화 속도가 다소 느리게 변화하고 있는 것은 사실이다. 건설업의 경우 타산업에 비해 기술 개발에 대한 연구개발 기간이 길고 신기술의 현장적용을 위해서는 비교적 장기간 실험 과정을 거쳐야 하는 것이 건설업의 특징이 변화속도를 느리게 하는 주요원인이기도 하다.

기업이 성장하려면 먼저 기술을 확보해야 한다. 국내 건설업도 변화의 시대를 맞이하여 공법개발, 생산성 향상, 고부가가치 증대, 3D 프린팅, 건설 중대사고 방지, 친환경 건축, 건설로봇개발 등 해결해야할 많은 일들이 있다.

이러한 문제를 해결하기 위한 하나의 방법으로 건설 생산방식에 도움을 줄 수 있는 BIM, 인공지능, 증강현실, 클라우드, 플랫폼 등 다양한 디지털 기술을 활용하여 과거 노동 집약적인 건설현장 중심의 생산 방식에서 기술집약적 산업의 전환으로 변화가 이루어지고 있다.

이러한 건설환경의 변화에도 불구하고 건설업의 가장 기본은 요구되는 건축물을 완성하기 위해서는 현장에서 작업이 이루어진다는 것이다.

본 도서는 건축시공을 전공하는 학생들이 단계적으로 이해할 수 있도록 하였으며, 건축 실무자를 위한 책으로 건축생산기술 1권과 2권으로 나뉘어져 있습니다. 1권은 지하 및 가설공사와 철근콘크리트 공사로 구성되어 있으며, 2권은 철골공사, 시공일반 그리고 입찰, 도급 및 계약제도로 구성하였으며 특징은 다음과 같습니다.

첫째. 건축을 전공하는 학생들을 위하여 건축 시공 단계별로 이해를 돕기 위해 주요내용을 사진과 함께 요약 정리하였습니다.

둘째. 공종별 시공에서는 공법에 대한 분류를 제시하여 공법을 이해하는데 도움이 되고자 하였습니다.

셋째. 20년 이상의 건설회사의 경험을 바탕으로 현장실무자의 이해를 돕기 위해 좀 더 자세하게 설명하도록 노력하였습니다.

본인은 책을 집필하기 위하여 많은 자료를 수집하고 정리하면서 독자에게 가능하면 정확한 내용을 전달하고자 노력하였으나 부족한 내용이 많이 있을 것으로 생각됩니다. 앞으로 이러한 부족한 내용이나 새로운 신공법은 더욱더 보완하여 좋은 정보를 제공하도록 노력하겠으며, 독자가 좀 더 건설관련 기술을 이해하기 쉽도록 집필하고자 열심히 노력하겠습니다. 끝으로 이 책을 집필하기 위하여 많은 노력을 해주신 관계자 분들과 짧은 시간에도 적극적으로 협조해주신 예학사 전혜자 대표님과 편집부 직원분들께 깊은 감사의 말씀을 올립니다.

2022. 8.

저 자

Contents

차 례

제01장 가설공사 11

제02장 토공사 65

제03장 지반조사 85

제04장 흙막이공사 117

제05장 지정공사 201

제06장 기초공사 273

제07장 철근공사 293

제08장 거푸집공사 371

제09장 콘크리트공사 459

Chapter 01

가설공사

1.1 일반사항

1.1.1 가설공사 역할

가설공사(假設工事, Temporary Work)는 공사용의 시설, 설비, 기계 및 자재 등 제반 수단의 총칭으로서 공사의 완성을 위하여 임시로 설치하여 사용하고 공사가 완료되면 해체 및 철거하는 것으로 본공사에 보조적인 역할을 한다. 설계도서에는 이에 관한 구체적 내용은 밝히지 않는 것이 보통이므로 시공자의 자유재량 권한에 속하며 건설안전, 공기단축, 건설비용에 큰 차이를 나타내는 부문이다. 가설공사는 대개 도급금액의 10% 정도를 점유하는데 필요한 최소의 가설계획을 창의적으로 운용하는 능력이 시공자의 양부를 가늠하는 척도가 된다.

근래 건설업계에서 기업Image 개선에 노력을 하고 있기 때문에 공사사무소의 호칭도 「건설 Station」으로 변경하여 작업원 대기소의 개선, 임시 울타리에 일러스트를 그리는 등 Image Up을 위한 여러 가지 시도가 전개되고 있다.

건설현장의 일반적인 재해 사례를 보면, 가설설비의 구조상 결함, 구조계 강도의 검토부족 등에 의해 도괴되는 예를 많이 볼 수 있으므로 위험방지의 방법을 강구해야 한다.

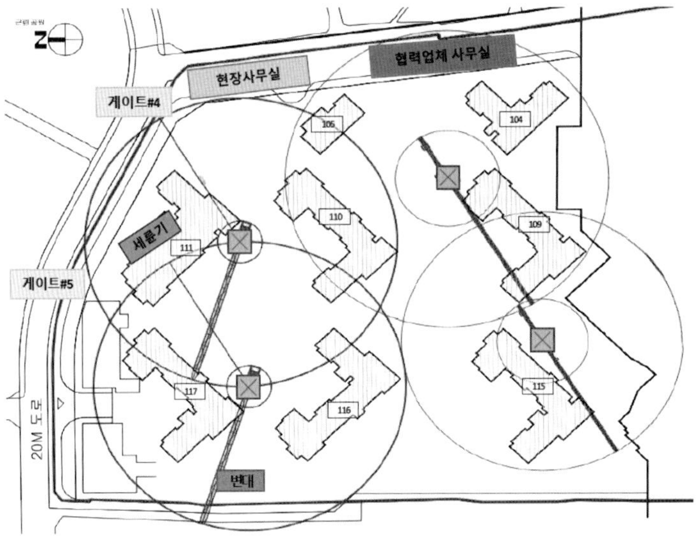

[범례]		
☒	T/C	COMEDIL CTL 260-18/2대 LIEBHRR290HC 12T/2대
▨	현장사무실	36m*8.4m/1EA
■	협력업체사무실	3m*6m/10EA
■	변대	600KW/1개소
□	게이트	H=6m, W=12m/2개소
■	세륜기	1개소

그림 1-1 종합가설 계획도

1.1.2 가설재의 개발방향

항 목	내 용
(1) 경량화	① 취급 및 운반이 용이 ② 가설부재의 체적 축소
(2) 규격화	① 가설재의 대량 생산이 용이 ② 경제적이고 인력절감
(3) 표준화	① Unit 부재의 사용으로 조립 및 해체가 용이 ② 경제적이며 공기단축
(4) 강재화	① 강도상 안전하고 내구성 우수 ② 접합이 구조적으로 안전하고 전용성 향상
(5) 시설의 동력화	① 조립 및 설치의 자동화 ② 기계화에 의한 노무절감
(6) 재질향상	① 경량 가설재의 개발 ② 가설재의 고강도화 개발로 전용횟수를 증가

1.1.3 전체공사에 미치는 영향

항 목	내 용
(1) 사전조사 철저	가설공사 진행시 사전조사 부족에 따른 공법변경 및 수정으로 공기지연 발생
(2) 가설공사 설치시기	가설항목에 따라 본공사 진행속도에 맞추어 설치해 본공사에 영향을 주지 말 것
(3) 설치 위치	본 공사의 진행상 지장이 없고 이용에 적절한 설치위치 선정하여 공사관리
(4) 설치규모 및 성능	본 공사의 구조, 규모에 따라 가설공사 필요항목 결정 및 가설 규모 결정
(5) 공사 공정관리 측면	가설구조물, 시공장비, 시공설비의 효율성 · 적용성 등에 따라 본 공사와의 공정관리에 지장을 초래
(6) 공사 품질관리 측면	가설공사의 가설항목의 부적합 시 품질관리면에 영향 초래
(7) 공사 원가관리 측면	가설공사의 특성상 현장관리자의 경험과 능력에 따라 원가절감 가능
(8) 공사 안전관리 측면	타공정과의 연계성을 고려하여 재해예상부분에 대한 사전예방 및 즉각 조치
(9) 동력 · 용수 설비의 적합성 검토	동력설비 및 용수설비의 적정 용량 산출로 공기지연 방지
(10) 기계장비의 적합 및 반 · 출입 검토	공사 진행에 따라 적정시기에 반 · 출입으로 공기단축

1.1.4 가설공사의 기본방침

항 목	내 용
(1) 반복사용 중시	① 조립 및 해체를 용이하게 하여 반복사용 증대 ② 조립 · 해체시의 인력절감
(2) 가설재료 강도고려	① 가설재료의 안전성 고려 ② 경제성을 고려하여 안전성과 균형유지
(3) 고정설비로 이관	① 가설재의 Unit화로 이관 용이 ② 품질향상 및 인건비 절감
(4) 가설재의 관리	① 강제 가설재의 방청관리 ② 가설재 부품의 손실방지

1.1.5 가설공사의 최소화

본공사의 일부를 가설로 이용하는 예로는 철골조 계단이나 난간을 설치하여 공사중에 이용하거나 바닥판의 PC화로 작업용 바닥판을 확보하는 방법이 있다. 외벽에서도 대형 형틀이나 PC벽판을 사용하면 외부비계를 생략할 수 있고, 커튼월의 유리를 미리 끼우면 양생망을 절약할 수 있다. 하향공법(역구축공법, Top-Down)에서 1층 바닥을 지하공사에 이용하는 것, 철골조의 옥상층을 미리 시공하여 비를 막는 것, 지하층을 미리 마감하여 가설건물로 쓰는 것, 난방공사를 미리 완성하여 겨울철 마감공사를 돕는 것과 급배수공사를 미리 시공하여 가설용도로 사용하는 것도 비용을 검토하여 채택할 필요가 있다.

1.1.6 가설재의 효율적인 운용

가설재의 이용률을 높이려면 전용회수가 높은 튼튼한 재료를 적절히 사용할 필요가 있다. 예를 들어, 비계의 경우 규격화와 경량화로 재료비 절약을 도모하고 현장 내 소운반을 최소화하도록 계획하여야 한다. 운반용 기계류(크레인, 가설 리프트 등)는 공기의 단축과 공사비의 절약을 위하여 운용시간이 적당히 길도록 계획을 세워서 적소에 배치해야 한다.

1.1.7 가설물의 해체

일반적으로 가설물은 외벽공사를 위하여 철거가 시작되는 것으로 가설건물의 경우 건물의 외부에 설치한 위치가 조경공사 등에 지장을 줄 시점이 되면 철거해야 공사진행에 차질이 없다. 가설사무실 등은 계속 필요하므로 본 공사의 기본적 마감(미장 등)이 먼저 끝난 장소로서 남은 마감공사가 적은 위치로 옮겨서 임시로 이용한다.

타워크레인 등의 조립과 해체는 전체적인 공기와 공정에 중요한 영향을 미치므로 현장회의 등을 통하여 실수가 없도록 신중을 도모해야 한다. 작업상의 안전에 관한 주의사항, 관계자 이외의 접근금지에 대한 범위와 경비, 기타의 안전대책을 도상연습할 필요가 있다.

본 공사의 완공이 가까운 준공 전 1~3개월에는 가설급배수 위생설비를 철거해야 마감공사에 지장이 없고 본 공사에서 완료한 급배수 위생설비의 일부사용을 계획할 필요가 있다. 이때 주의할 점으로는 건축주나 현장감리의 허가를 받고 실내의 오염이나 기기의 손상이 없도록 양생에 각별히 조심하는 것이다. 준공 3~6개월 전에는 본 공사의 수전이 이루어지므로 공사용 전기설비는 철거하고 조명용이나 공사용으로 본 공사의 전원을 이용한다.

1.1.8 가설공사의 항목

구 분	항 목	
직접가설 공사	본 공사의 직접적인 수행을 위한 보조적 시설이다.	
	① 규준틀 설치 ② 건축물 보양	③ 비계공사 ④ 건축물 현장정리
공통가설 공사	공사전반에 걸쳐 공통으로 사용되는 공사용 기계 및 공사관리에 필요한 시설이다.	
	① 대지조사 ③ 가설울타리 ⑤ 공사용 동력(가설전기) ⑦ 시험설비 ⑨ 인접건물 보상 및 보양 ⑪ 위험방지설비 ⑬ 냉난방설비 ⑮ 리프트, 호이스트 설비 ⑰ 세륜세차시설	② 가설도로 ④ 가설건물 ⑥ 용수설비(가설용수) ⑧ 공사용 장비 ⑩ 양수 및 배수설비 ⑫ 통신설비 ⑭ 환기설비 ⑯ 타워크레인

그림 1-2 슬러리월 공사

그림 1-3 정문게이트 및 울타리

1.2 주요 가설공사 시공요점

1.2.1 공사 착수 전 준비작업

항 목	내 용
(1) 착공신고	착공신고를 소홀히 할 경우 누락되는 경우가 있으므로 반드시 확인
(2) T.B.M 좌표	T.B.M 좌표를 인수하여 보존조치 한 후 경계측량을 실시하여 경계확정
(3) 합성도면작성	현장 내 지형 지물, 지중 매설물 등을 파악하여 원지형도와 배치도의 합성도면을 작성하여 기초 시공자료로 활용
(4) 현장상황	① 해당지역 지적도에 민원예상 건물 표시 ② 지상건축물 및 지하구조체의 균열, 기울기 등을 조사하여 관리대장 작성 ③ 공사용 도로 사용, 터파기, 항타중 소음 및 분진 발생으로 인한 민원 발생 가능성 ④ 민원 관리대장 및 회의록 작성 비치
(5) 건물배치확정	건물배치 확정 후 가설건물, 작업장 등의 배치와 작업동선, 가설도로 계획, 안전관리 계획 등을 검토하여 확정
(6) 가설전기/설비	가설전기, 공사용수 공급계획 검토
(7) 토사유출 등	우기 시 안전, 배수, 토사유출 방지계획 검토
(8) 현장안내판	현장 진입로 안내판, 홍보판 설치 및 위치 검토

1.2.2 건물 배치 확인사항

항 목	내 용
(1) 대지경계선	① 단지배치도 상에서 B.M 위치 및 지반고 확인 기재 ② 토목감독 및 토목담당과 협의, 입회하여 Main 및 보조 B.M 보존설치 확인 ③ 경계명시 측량에 의한 경계점 확인
(2) 지반고	① 터파기전 지반고 현황 측량실시 확인 ② 기초설계도, 대지평면도, 단지배치도상 계획고를 상호 체크
(3) 건물배치	① 단지배치도의 건물길이, 폭(외벽기준), 계단, 램프를 상세도면에 의하여 확정 ② 건물을 중심으로 전후좌우로 인동거리, 건물길이, 대지 및 도로 경계선과의 이격 거리 등을 감안한 전체단지의 크기를 검토 ③ 현장에 가서 실제거리를 측량(전체 단지의 종, 횡 치수 등) ④ 실제 측량한 단지크기와 단지배치도 도면의 크기(거리 의미)를 비교 검토하여 실측거리가 단지 배치도면 보다 여유가 있거나 같을 경우 인동간격 등을 고려하며 단지배치도를 기준으로 시공 ⑤ 건물배치와 연관하여 공동구 위치, 높이 등을 토목, 기계, 전기와 사전 검토하여 문서화 할 것(협조공문 또는 내부결재)

1.2.3 타공종과 협의사항

항 목	내 용
(1) 가설건물	모든 가설 건물(사무실, 창고, 화장실 등) 및 자재 보관 장소 등의 설치위치는 연관공사와의 중복여부 및 후속공사 착수시기를 고려하여 위치를 선정
(2) 지하수	지하수 개발 예정 위치를 토목과 사전 협의하여 심정호가 아파트 지하실이나 지하주차장에 위치되는 일이 없도록 한다.
(3) 사토장	사토장 선정은 터파기 공사와 밀접한 관련이 있으므로 토목과 긴밀히 협의
(4) 세륜시설	토목공사에 포함되었으나 설치 이후에는 주로 건축공사에서 사용하게 되며, 세륜시설이 미비하면 민원 발생 등으로 공사추진에 상당한 영향을 받게 되므로 설치 단계에서부터 충분한 세륜이 될 수 있도록 검토·협의하고, 필요시 설계변경도 고려한다.
(5) 가설울타리	단지외곽 가설 울타리는 설치전에 토목과 협의하여 공사도중 철거하고 재설치되는 일이 없도록 한다.
(6) 공정협의	토목 등 타공정과 작업순서를 사전 협의하고 공사를 진행하여야 공종간 마찰을 방지할 수 있다.

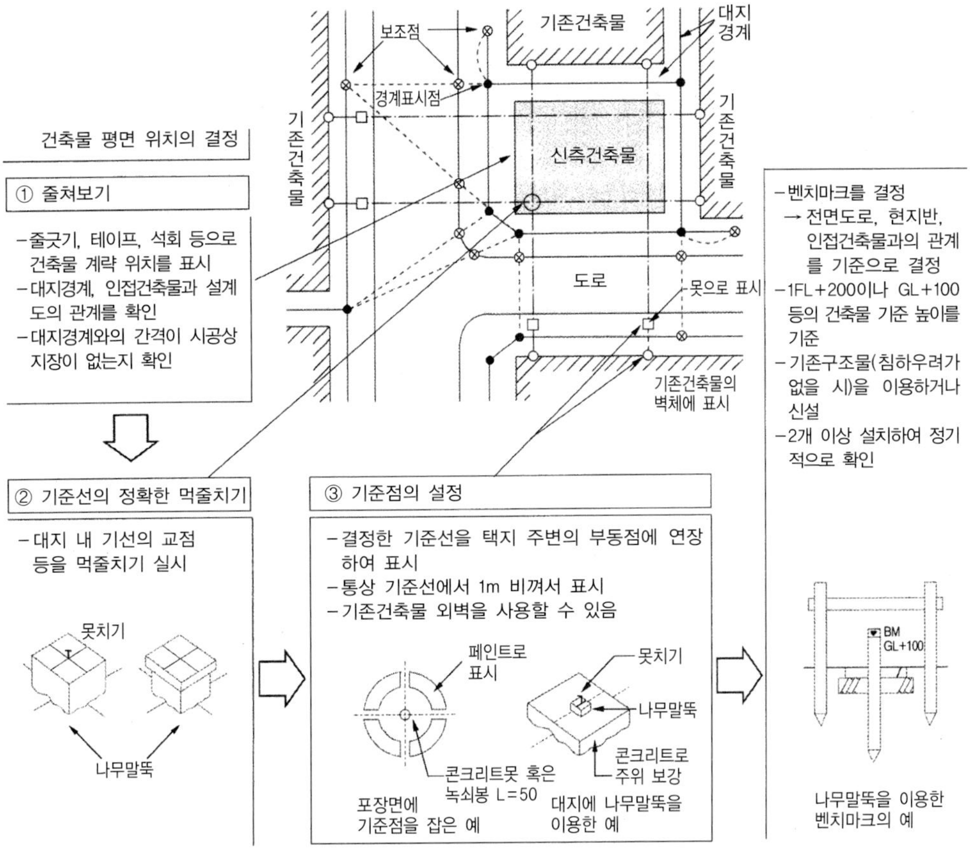

1.2.4 주요 검사항목

1) 공사용 도로 개설 및 우기시 배수 계획 검토

2) 건물배치를 위한 토목으로부터 경계점 및 B.M 확인 인수

3) 건물 배치 시 건물 길이, 폭, 배치각, 인동간격 확인

4) 각 공구별 가설사무소, 식당, 가설도로등 위치 검토승인

5) 분진방지조치 계획 : 울타리, 세륜시설, 안내표시판, 분진방지망, 소각장 설치드

1.2.5 공통가설공사

1) 대지측량

(1) 경계명시 측량

인접지(隣接地) 및 도로와의 경계는 담당원, 인접지 소유자, 기타 관계관의 입회하에 측량하고, 측량결과에 따라 경계 말뚝을 견고히 설치하여 준공 시까지 보호 감시 관리하여야 한다.

(2) 현황측량

현황측량에는 공사대지와 인접대지 또는 도로와의 경계부분 등의 고저가 표시되어야 하며, 대지 내에 있는 지상 구조물, 수목, 상하수도, 통신 및 전력 케이블, 가스라인 등의 위치, 규격 등이 표시되어야 한다.

2) 평판측량(平板測量 : Plane Table Surveying)

평판측량은 평판을 이용하여 거리 · 각도 · 수평 등의 측정을 행하여 이것에 의해서 각종의 측량을 실시함과 동시에 현장에서 즉시 제도할 수 있는 측량법이다. 적은 부지측량에는 편리한 측량법으로서 널리 이용된다.

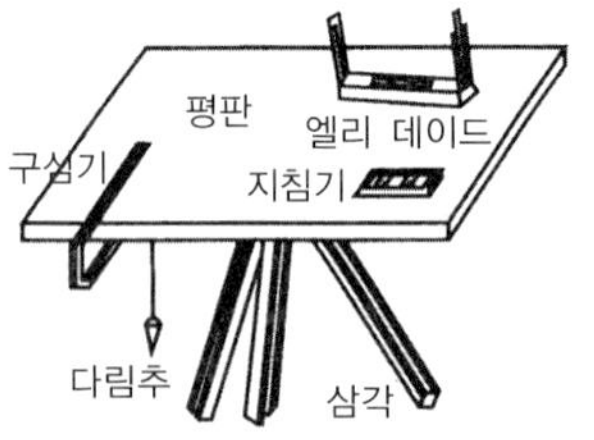

그림 1-4 평판측량용구

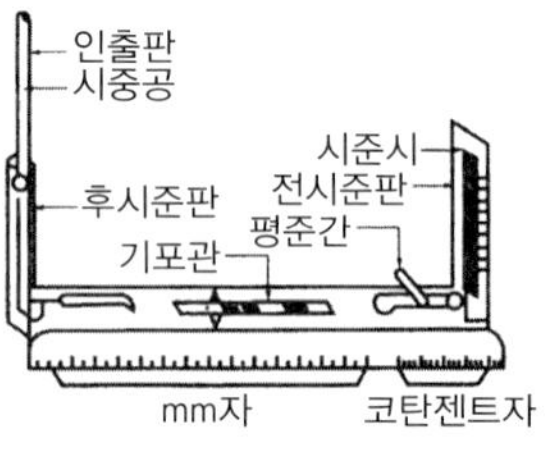

그림 1-5 엘리데이드

3) 고저측량(수준측량, 水準測量)

고저측량은 지구상의 필요한 각 점의 고저차를 측량하는 것으로 그 점의 고저차, 지반의 횡단, 종단 등을 결정한다. 건축에서는 지반면에서 필요한 각 점 또는 각 점간의 고저차를 측량하여 기준점으로부터의 높이를 정하는 측량이다.

고저차(H) = 후시 − 전시

지반고(GL) + 전시(FS) = 기계고(HI)

기계고(HI) − 후시(BS) = 표고 미지점의 지반고

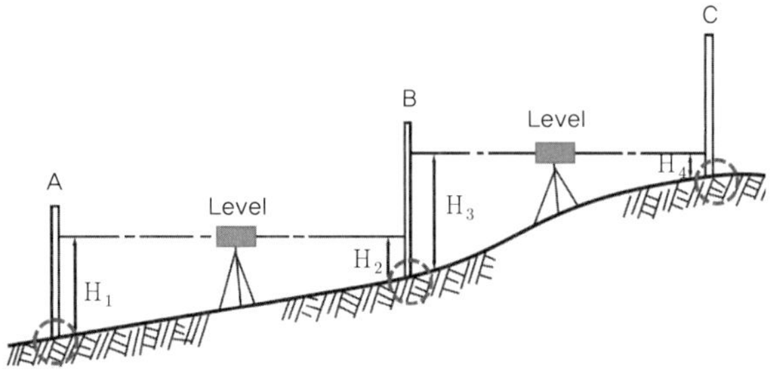

A점을 기준으로 할 때

→ B점의 높이($H_1 - H_2$)

→ C점의 높이($H_1 - H_2 + H_3 - H_4$)

→ B점과 C점 고저차 $H_3 - H_4$

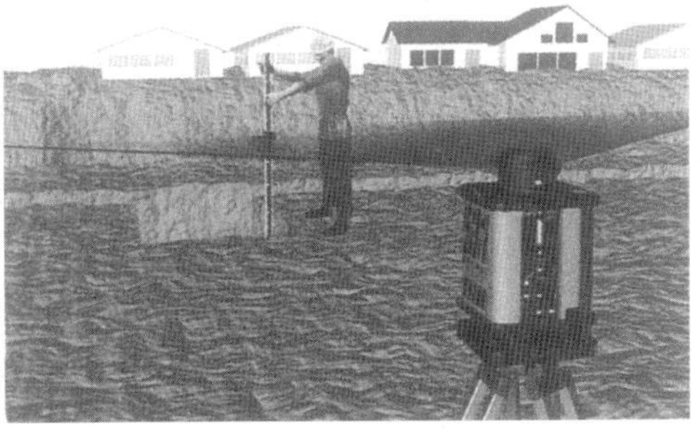

연직·수직·수평 레이저레벨

- 수직선, 연직점, 수평선 투사
- 자동 레벨링
- 360° 수동회전

원격조종 레이저레벨(Robot Laser)

- 리모콘으로 모든 작동 지시
- 자동 레벨링, 수평작업용 보다 강력한 레이저빔

4) 각도측량(角度測量 : 트랜싯 측량)

전경의(轉鏡儀 : Transit)는 망원경과 정밀한 눈금반을 갖추고 있다. 연직축의 주위를 회전시켜 주로 수평면상의 각도측정(수평각 측정)에 사용되며, 수평축을 기준으로 상하로 회전시켜 수직각(앙각, 仰角)의 측정 및 수직선의 연장, 또는 수직보기(Plumbing)에도 이용된다. 또한 다각측량(Traverse Surveying)이나 수준측량도 가능하고, 전술한 바와 같이 시거선을 이용하거나 전자식 거리측정기를 부착하여 거리도 측정할 수 있다.

최근에는 각도가 숫자로 표시되는 디지털 트랜싯이 많이 사용되고 있다.

1.2.6 규준틀 및 기준점(Bench Mark)

규준틀은 건물의 위치를 정하는 기준의 것으로 설계 · 감리자를 입회시키고, 정확하고 견고하게 설치하고, 이동이 없도록 유지관리에 주의한다. 규준틀의 배치는 건물 모서리를 주로 하여 중간에는 최소로 두고 흙파기와 측량을 고려하여 시공이 원활하도록 설치한다.

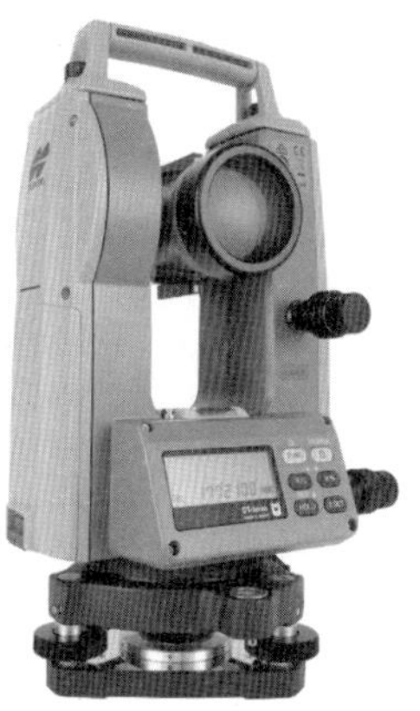

그림 1-6 데오드라이트

1) 규준틀 설치

① 줄띄워보기를 실시한 후 규준틀을 건축물의 모서리 기타 위치에 설치한다.

② 규준틀 말뚝은 통나무 끝마구리 지름 7.5cm 또는 6cm 각목, 길이 1.5cm 이상의 것을 사용하고, 밑둥 처박기는 7.5cm 이상으로 한다. 말뚝머리는 엇빗으로 자른다.

③ 수평띠장은 두께 1.5cm, 너비 12cm 이상의 것을 쓰고, 윗면은 먹줄치고 대패질 한 것을 규준틀 말뚝에 덧대고 못질한다.

④ 경미한 공사에서는 말뚝길이 90cm 이상, 밑둥박기는 30cm 이상, 수평 띠장은 두께 1.2cm, 너비 9cm 이상의 것을 사용하고, 윗면은 대패질하여 규준틀 말뚝에 수평으로 덧대고 못질한다.

⑤ 규준틀에 표시한 기준선은 수시로 검사하여 잘못된 것은 즉시 수정하고 공사진행에 따라 건축물에 옮겨서 표시한다.

⑥ 규준틀의 검사는 중심을 내는 순서를 바꾸는 등 여러 방법으로 점검한다. 검사용 강철 테이프자는 그 공사현장의 전용 기준 테이프자를 사용한다.

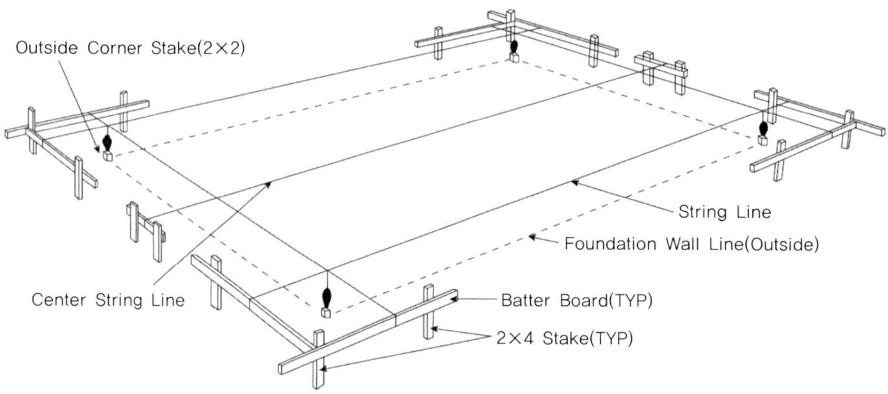

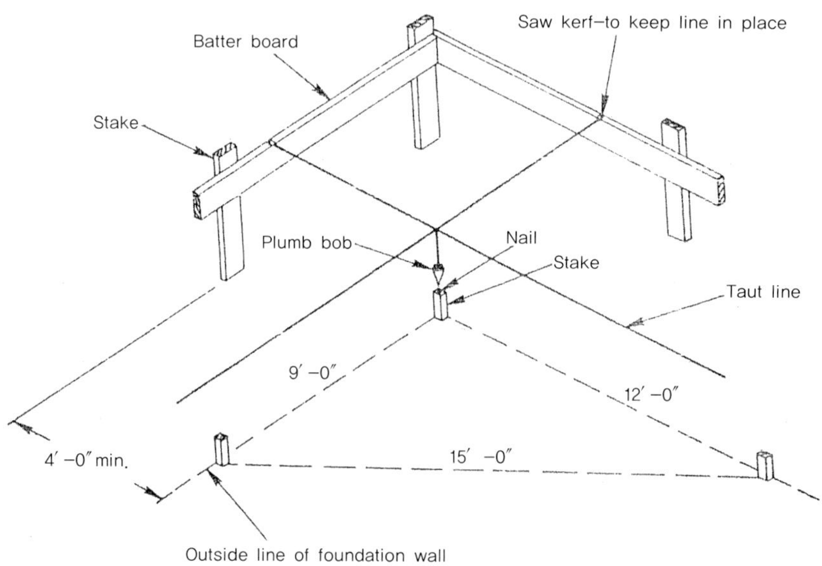

2) 기준점(Bench Mark) 설치

항 목	내 용
설치목적	• 건축물의 높낮이의 기준이 되며 기존 공작물이나 신설한 말뚝 등의 높이의 기준을 표시
설치방법	• 바라보기 좋고 공사에 지장이 없는 곳 • 공사기간 중에 이동될 우려가 없는 장소로 인근 건물 또는 고정된 담장에 설치. • 대지 주위에 적당한 물체가 없을 때는 공사에 지장이 없고 건축의 지표가 될 수 있는 곳에 따로 설치한다.
설치높이	• 지반면에서 0.5~1m위에 두고 그 높이를 기준표 밑에 기록함
설치수량	• 기준점은 2개소 이상 여러 곳에 표시해 두는 것이 좋다.
보조기준점	• 필요에 따라 1~2개소 설치

1.2.7 먹매김(마감)

1) 먹매김 표시방법

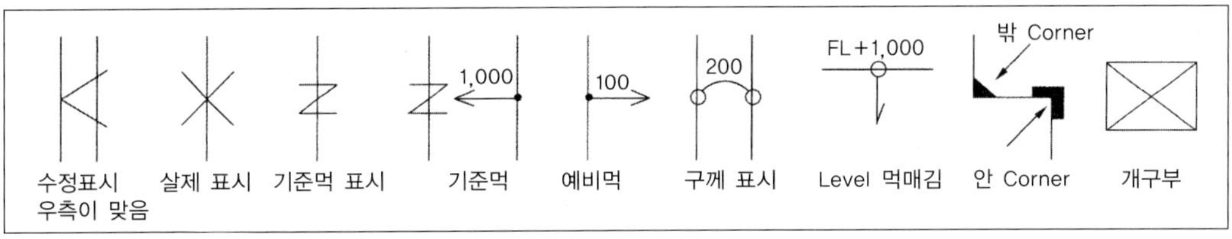

2) 마감(세부) 먹매김

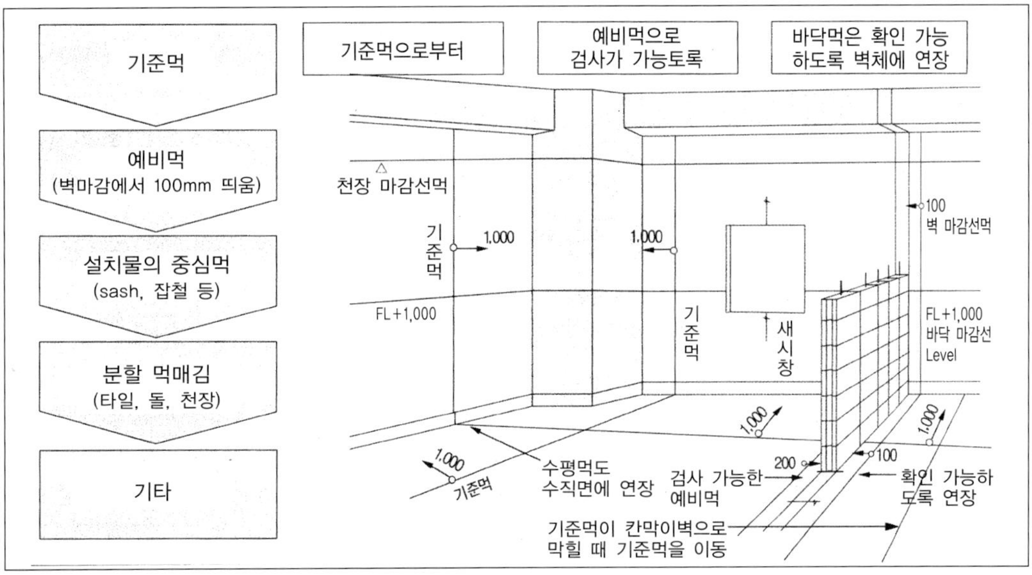

3) Level 먹매김

① 1층의 측정하기 좋은 위치의 기둥 등의 Benchmark로부터 바닥 먹매김을 이설하여 새로운 Benchmark로 한다.

② 각 층의 먹매김은 새로운 Benchmark를 기준으로 한다.

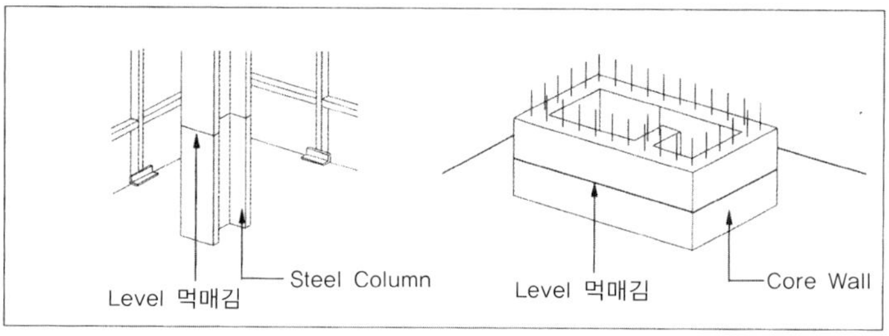

- 골조공사에서 사용하는 Level 먹은 외벽과 Core Wall을 이용하거나 기둥철근과 철골기둥 등에 표시
- 기둥철근에 표시하는 경우는 Hoop 철근 설치 후 표시
  → 이동이나 흔들림이 없도록 고정

1.2.8 가설건축물공사

1) 현장사무소

공사규모, 내용, 입지조건 등에 따라 휴게실, 식당 등의 부대시설이 필요하고 방화와 위생에 주의한다. 위치는 작업장과 작업원을 관리하기에 적당한 장소에 설치하며 규모는 표 1-1을 기준으로 하는데 시가지 소규모 공사에서는 이동식 유닛 하우스(Unit House)를 사용한다.

〈표 1-1〉 공사금액 및 규모에 따른 가설물의 한도단위

공사 규모에 의한 한도							시설물 규모에 의한 한도						
공사금액 \ 구분	사무소	창고	작업소	합숙소	시험실	비고	건물규모 \ 구분	감독 사무소	현장 사무소	창고	작업소	비고	
5천만 원 이상	60	20	80	50	20		200m² 이하						
5,000~1억 원	70	30	120	70	20		1,000m² 이하						
1~5억 원	100	80	150	80	40		3,000m² 이하						
5~10억 원	120	120	180	120	40		6,000m² 이하						
10억 원 이상	현장에 따라 별도 계상						6,000m² 이상						

2) 시멘트 창고

항 목	내 용		
① 방습	• 지면에서 30cm 이상 바닥을 띄우고 방습처리 한다.		
② 배수	• 창고 주위에는 배수 도랑을 두고 우수의 침입을 방지한다.		
③ 개구부설치	• 필요한 출입구, 채광창 외에는 개구부를 설치하지 않는다. (공기유통 차단)		
④ 쌓기	• 시멘트 쌓기 높이는 13포대를 최대로 하고, • 마루면적 $1m^2$에 약 50포대를 적재할 수 있다.		
⑤ 반입반출	• 시멘트는 반입한 순서대로 먼저 반입한 것부터 모조리 내어 쓰도록 한다.		
	• 반입구와 반출구는 따로 두고 내부 통로를 고려하여 넓이를 정한다.		
⑥ 적재면적	• 통로를 고려한 적재면적 : $1m^2$당 30~35포		
⑦ 소요면적	• $A = 0.4 \times \frac{N}{n}$ (m)	• A : 시멘트 창고 소요면적(m^2) • N : 저장할 수 있는 시멘트 포대수량(포) • n : 쌓기 단수(최고 13포)	
	• 포 대 수(N)	• 600포 미만	: N=쌓기 포대수
		• 600포 이상~1,800포 이하	: N=600포
		• 1,800포 초과	: N=1/3만 적용한다.
	• 쌓기 단수(n)	• 단기 저장 (3개월 내) : $n \leq 13$ • 장기 저장 (3개월 이상) : $n \leq 7$	

3) 변전소

전기선의 인입이 편리하고 긴급시 출입이 용이한 장소에 설치하고 담당자만 출입하도록 표시한다. 바닥은 콘크리트로 만들고 출입구는 자물쇠를 채워두고 기기의 주위에는 계원만을 위한 안전한 통로를 만든다.

면적산출	$A = 3.3\sqrt{kW}\,(m^2) = \sqrt{kW}$ (평)	※ 1kW=1,000W 1HP=0.746kW

4) 위험물 창고

① 위치	• 도료, 유류 등의 인화성 재료의 저장은 화재의 위험이 적은 장소에 방화구조로 만든다.
② 구조	• 지붕, 벽, 천장 등을 방화구조, 불연재료로 한다. • 소화기를 비치하고 위험물 표시를 한다.

5) 현장 숙소 및 화장실

현장의 위치나 형편에 따라서 설치하며 복지차원의 각별한 배려가 있어야 한다.

① 가설숙소 : 1실 당 거주인원 50명 이하, 비상구 2개소 이상 설치

② 화장실

상시 취업인원 100명 이하	대변기 20명에 1대	소변기＝대변기×2/3
상시 취업인원 100명 이상	대변기 30명에 1대	

〈표 1-2〉 가설물 기준 면적

종 별	용 도	기준면적	비 고
사무소		3.3㎡	1인당
식당	30인 이상일 때	1㎡	1인당
근로자 숙소		4.2㎡	1인당
휴게실	기거자 3명 당 3㎡	1㎡	1인당
탈의실 · 샤워장		20㎡	1인당
창고	시멘트용	1식	수급계획에 의한 순환저장 용량 비교
목 공 작업장	거푸집용	20㎡	거푸집 사용량 1,000㎡당
철근공작업장	가공, 보관	30~60㎡	사용량 100ton당
철골공작업장	공작도 작성	30㎡	사용량 100ton당 (필요시)
	현장가공 및 재료보관	200㎡	사용량 100ton당
미장공 작업장	믹서 및 재료설치	7~15㎡	미장면적 330㎡당
함석공 작업장	가공 및 재료설치	15~30㎡	함석 330㎡당
석공 작업장	가공 및 공작도 작성	70~100㎡	매월 가공량 10㎡당 (필요시)
콘크리트	주위벽 막을 때	0.7㎡	골재 1㎥당
골재적치장	주위벽 안할 때	10㎡	골재 1㎥당

6) 가설건축물 설치기준

산정기간＝총 공기－3개월로 한다.

(총 공기는 대지조성공사를 제외한 토공사＋건축공사임)

(1) 가설사무실

① 사무실	직원수(정직＋현장채용직＋계약직	건축팀안 기준)×6㎡
② 소장실	1,000세대 이하 : 17㎡	1,000세대 초과 : 23㎡
③ 감리실	300세대 이하 : 27㎡	600세대 이하 : 33㎡
	1,000세대 이하 : 50㎡	1,000세대 초과 : 66㎡
④ 부속동	직영창고 및 자재창고에 포함된다.	
⑤ 기타	소장실과 회의실은 분리함을 원칙 / 회의실은 사무실 면적에 포함한다.	

(2) 직영창고

(부속동 : 화장실, 샤워장, 양수장, 보일러실, 숙직실) 포함하여 산정 : 직원수×5㎡

(3) 기능공 숙소

① 서울지역에는 설치를 하지 않는다.

② 광역시 및 수도권 : 세대수×0.7인×25%×3.77㎡

수도권 : 경기도 내 시 지역, 서울과 접하는 경기도내 군 지역군지역

(단, 교통이 불편하여 숙소인원이 많을 시는 실정보고 후 예산 적용한다.)

③ 기타 지역 : 세대수×0.7인×40%×3.77㎡

(서울과 접하지 않은 경기도내 시·군 지역은 기타지역으로 적용함)

④ 숙소 사용자의 샤워장, 화장실은 숙소면적에 포함된다.

(4) 가설식당

30인 이상 : 1인→1㎡

(5) 시험실

① 건설기술관리법 시행규칙 제15조의 4의 2항에 의거하여 설치한다.

② 고급 품질관리대상공사 : 100㎡

③ 중급 품질관리대상공사 : 50㎡

(6) 안전교육실 : 66㎡~99㎡ 기준

7) 구대(Over Bridge)

대지에 여유가 없는 경우 적법한 절차를 거쳐서 인근 보도의 위에 설치하는 사무실 등의 구조물을 말한다. 상부는 사무소, 창고 등으로 사용하고, 하부는 통행로로 사용한다.

8) 일간

철근가공, 거푸집제작, 창호공사 등의 일간은 작업기간, 정밀도, 인원수에 따라서 위치와 구조를 검토하여 종합적으로 계획한다. 임시작업장이나 헛간은 대개는 벽이 없고 지붕만 씌우는 게 보통이다.

9) 가설울타리

임시울타리는 공사현장의 주위를 둘러싸서 공사구획을 명확히 하기 위하여 설치되는 것이다. 근린대책이나 건설업의 Image Up을 꾀하기 위하여 임시울타리의 일부에 투명한 아크릴판으로 창을 만들어 통행인에게 내부를 소개하기도 하고, 일러스트 처리를 하여 도시미관을 좋게 하기도 한다. 또한 화단을 만들기도 하여 작업장에 대한 친근감을 갖도록 한다.

항 목	내 용
설치목적	공사구획을 명시하고 공사관계자 이외의 출입을 차단하여 자재의 도난을 방지
높이	가설울타리(H=1.8m 이상)+분진망(H=0.6m)=2.4m
재료	Electrolytic Galvanized Iron, Recycling Plastic Panel 차음판넬/흡음판넬, 스틸
설치기간	공사기간
설치방법	기업의 이미지를 높이는 외관을 고려하여 계획하고 미관을 항상 유지

1.3 비계공사

비계는 종사하는 노무자가 안전하게 작업할 수 있도록 견고하게 설치하고 그 유지보존에 항상 주의하여야 한다. 비계는 원래 높은 곳에서 작업을 수행함에 있어 안전성이 우수해야 한다. 파괴 · 도괴 · 동요에 대한 안전성 및 자재의 낙하에 대한 안전성을 확보해야 하는데 이를 확보하지 못한 비계는 도괴 및 추락 등으로 인한 재해를 입게 되어 인명의 피해 및 재산상의 손실을 가져오게 된다. 따라서 비계의 설치 · 사용 및 관리시 안전점검(일일점검 및 월간점검)을 철저히 하여 재해를 사전에 예방하여야 한다.

비계는 구체공사용과 양생 및 마감공사용으로 분류되며, 설치장소에 따라 외부용 비계와 내부용 비계로 나누어진다. 또한 사용재료에 따라 통나무, 강관비계 등으로 분류된다.

비계공사 담당자는 입지조건, 건물의 종류와 형상, 작업시간, 비용 등을 고려하여 다음 항목들을 만족하도록 다른 공사의 책임자들과 협의 후 시공한다.

비계를 설치시는 적재하는 하중 등을 산정해서 반드시 강도계산을 하여 안전성을 확인한다. 이때 최대 적재하중을 정하여 이것을 비계에 표시한다.

① 작업위치와 적당한 거리를 두고 작업에 편리한 높이와 넓이로 안전할 것
② 작업자의 추락방지 및 재료 등의 낙하방지에 대한 안전상의 결점이 없을 것
③ 작업용의 재료와 공구를 싣고 작업 중의 하중을 견딜 수 있는 면적과 강도
④ 조립과 해체가 안전하고 용이하며 소요재료가 적고 반복사용으로 경제적일 것
⑤ 여러 작업에 이용할 수 있고 작업에 지장을 덜 주며 재료의 획득이 쉬울 것
⑥ 조립, 해체는 근로자 모두가 알도록 주지시키고 위험을 최소화 할 것
⑦ 비계공의 안전을 위한 최선의 조건을 갖출 것

1.3.1 비계의 종류

재료상 종류	통나무비계
	대나무비계
	강관비계(파이프비계)
공법상 분류	외줄비계
	쌍줄비계
	겹비계
	틀비계
용도별비계	외부비계
	내부비계
	수평비계
	말비계

그림 1-7 대나무 비계

1.3.2 통나무 비계

비계기둥 간격 : 1.2~2.0m(보통 1.5~1.8m) 땅속에 30~60cm 이상 묻는다.

항 목	내 용
① 비계기둥	• 간격 : 1.2~2.0m(보통 1.5~1.8m) 땅속에 30~60cm 이상 묻는다.
② 띠장	• 간격은 1.5m 이하, 띠장 1.5m 이하 내외
③ 비계목이음	• 겹침이음은 1m 이상, 맞댄이음은 1.8m 이상(이음자리는 2~4개소) 못 박기는 피한다.
④ 결속선	• #8~#10 철선을 달구어 사용하거나 #16~18 아연도금 철선을 여러 겹으로 결속하여 사용(공사기간 3개월 이내로 장마기간이 아닌 때는 새끼로도 가능하다.)
⑤ 구조체와 이격	• 건물 벽에서 이격 거리 : 45~90cm 건물벽에서 떨어지는 거리 : 45~90cm
⑥ 가새	• 45°방향(간격은 수평거리 14m 내외로 한다.)
⑦ 벽체와 연결 간격	• 수직 5.5m 이하, 수평 7.5m 이하
⑧ 비계목	• 눈키(밑둥에서 1.5m) 높이에서 지름 9cm 이상, 끝말구 지름 3.5cm 이상, 길이는 720cm 내외의 낙엽송, 삼나무 등이 이용된다.

1.3.3 강관비계

1) 재료

부재 및 부속철물은 일반구조용 강관(KS F 8002 : 강관비계, 산업안전보건법)에 의한 성능 인정품 또는 동등이상의 것을 사용한다. (바깥지름 48.6mm, 살두께 2.4~2.9mm의 일반강구조용 철관에 아연도금 녹막이 칠을 한 것이 일반적으로 사용)

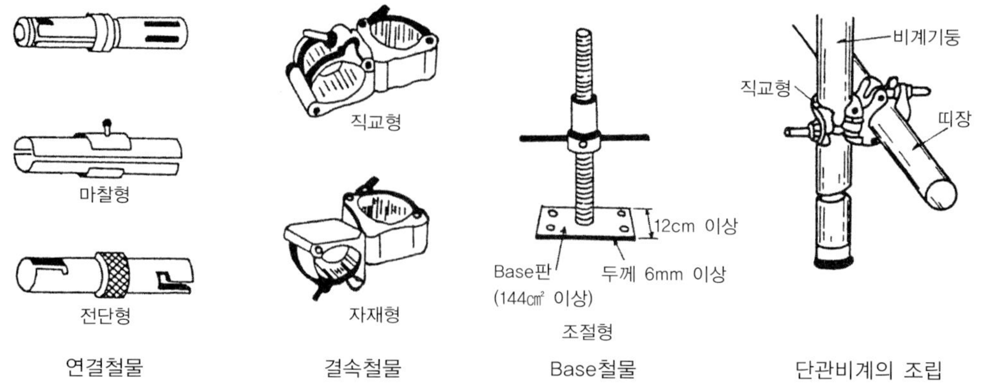

그림 1-8 강관비계

형 태	내 용
	① 크램프 고정 건물의 외부 비계 작업 시 설치되는 단관파이프가 가로와 세로로 교차될 경우 두 파이프를 고정시킴
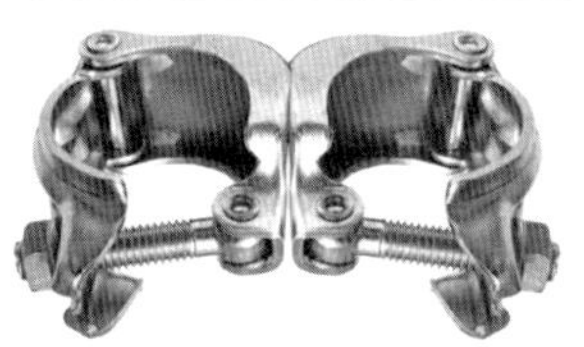	② 크램프 자동(회전) 외부 비계로 설치된 단관파이프를 대각선으로 보강할 경우 사용
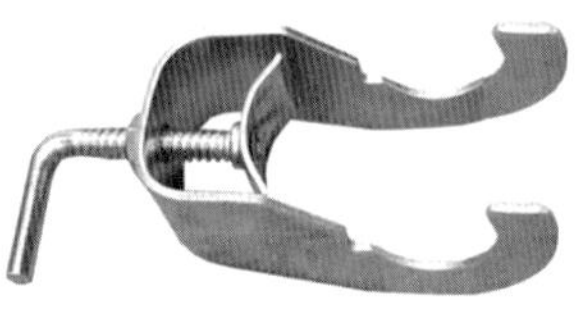	③ 직교 크램프 천장의 거푸집을 받히고 있는 서포트를 보강하기 위해 가로 방향의 단관 파이프와 교차되는 지점에서 서포트와 단관파이프를 고정시킴
	④ 이형(이경) 크램프 자동(회전) 직교 크램프와 동일한 용도로 한쪽은 48.6ϕ(단관파이프용), 다른 한쪽은 60.5ϕ(서포트용)로 크기가 다르게 구성된 크램프
	⑤ 연결핀 2개의 단관파이프 사이에 끼워서 연결핀을 회전시키면 마치 1개의 단관 파이프처럼 그 길이를 늘려 사용 가능함. 이 경우 파이프 양쪽 끝 내부에 리벳핀이 있는 비계용 파이프를 사용해야 함

(a) 크램프 고정형

(b) 크램프 회전형

(c) 크램프 자동형

그림 1-9 크램프 체결

그림 1-10 강관비계 설치

2) 강관비계 조립순서

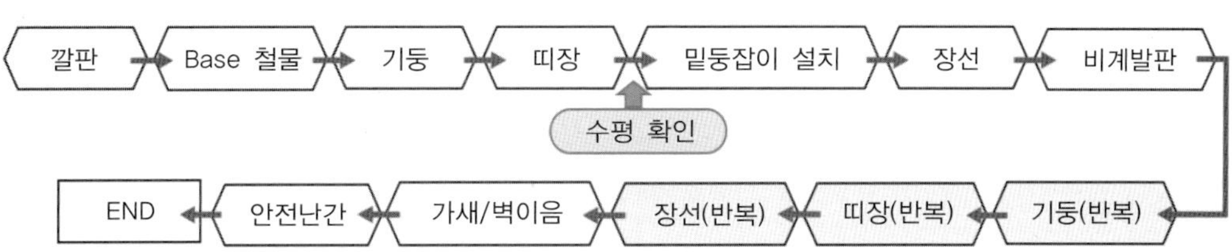

3) 설치

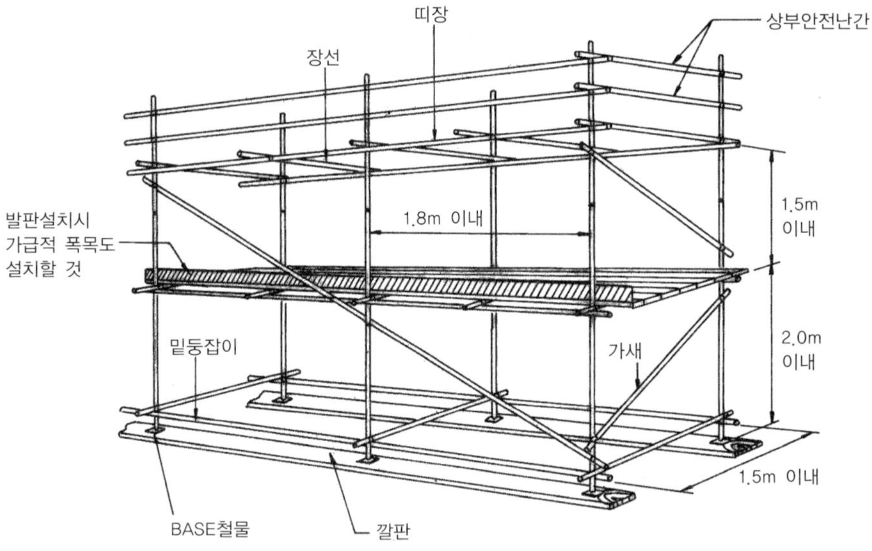

그림 1-11 강관비계 설치도

4) 강관비계 자재

항 목	내 용
① 비계기둥	간격은 띠장(도리)방향 1.5~1.8m, 간사이 방향 0.9~1.5m로 하고, 비계기둥의 최고부에서부터 측정하여 31m까지의 밑부분은 2본의 강관으로 묶어 세운다.
② 띠장	간격은 1.5m 내외로 하며, 최하부인 지상 제1띠장은 지상에서 2m 이하의 위치에 설치한다.
③ 비계장선	간격은 1.5m 이내로 하며, 비계기둥과 띠장의 교차부에서는 비계기둥에 결속하고 그 중간 부분에서는 띠장에 결속한다.
④ 가새	수평간격 약 15m 내외, 각도 45° 로 걸쳐대고 비계기둥 및 띠장에 결속한다. (가새는 모든 비계기둥과 결속되도록 하며, 수평 가새는 필요에 따라 설치함) 수평간격 약 15m 내외, 각도 45° 로 걸쳐대고 비계기둥 및 띠장에 결속한다. (가새는 모든 비계기둥과 결속되도록 하며, 수평 가새는 필요에 따라 설치함)
⑤ 구조체와 연결	수직 및 수평방향은 5.0m 내외의 간격으로 구조체에 견고하게 연결하거나 이에 대신하는 견고한 부축기둥을 설치한다.
⑥ 밑받침 (Base)	비계기둥의 밑둥에는 밑받침 철물을 사용하고 인접하는 비계기둥과 밑둥잡이로 연결한다. 연약지반에서는 소요폭의 깔판을 비계기둥에 3개 이상 연결되도록 깔아댄다. 다만, 이 깔판에 밑받침 철물을 고정했을 때에는 밑둥잡이를 생략할 수 있다.
⑦ 부속철물	특수한 부속철물을 사용할 때에는 그 부위에 발생하는 응력에 충분히 견딜 수 있는 것을 사용한다.

5) 시공시 유의사항

① 작업시 하중한도

- 기둥간격이 1.8m일 때는 비계기둥사이에 등분포하중이 작용할 때 3,920N
- 층수가 3층 이상일 때 비계기둥 1개당 하중한도 6,860N이 되도록 분산
- 변형, 부식된 제품은 사용 억제

② 보강부위

- 비계기둥의 최상부에서 31m 이하의 아래 부분은 2본의 강관으로 설치
- 가새는 45°각도로 교차되는 모든 비계기둥에 결속
- 깔판과 BASE철물을 사용할 경우 밑둥잡이 생략 가능

③ 벽이음처리

- 수직, 수평 5m 간격
- 기둥, 띠장의 교차부에서 직각으로 설치
- 큰 하중이 가해지는 방호망, 리프트주위는 추가 설치

6) 외부용 비계

외벽공사용 비계로 사용하므로 공사기간 전체에 걸쳐서 필요하고 구조적 안정과 외벽마감에 대한 고려가 요구된다.

① 쌍줄비계는 기본적인 형태로 볼 수 있는데 안팎에 두 줄로 비계기둥을 세우고 띠장과 장선을 걸고 발판을 깐다. 건물과의 사이가 30cm 이상이면 보호망이 필요하지만 가까이 할 경우 거푸집의 조립과 해체에 지장을 주게 된다.

② 겹비계는 한줄로 비계기둥을 세우고 띠장을 비계기둥의 안팎에 겹으로 메어 발판 없이 발디딤이 되게 한다.

③ 외줄비계는 벽돌조 건축의 벽쌓기 등에서 건물의 외벽면으로부터 90~150cm 거리에 한 줄로 비계기둥을 세우고 장선의 한 끝은 쌓아 올라가는 벽체에 걸치며, 다른 끝은 비계기둥을 연결하는 띠장에 걸쳐 매고 발판을 까는 것이다.

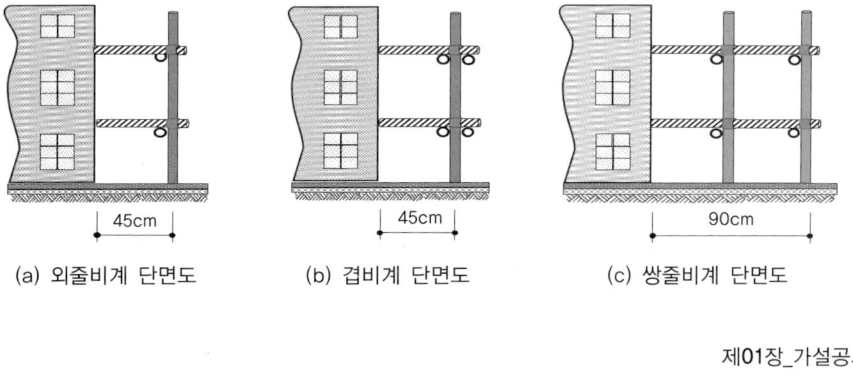

(a) 외줄비계 단면도 (b) 겹비계 단면도 (c) 쌍줄비계 단면도

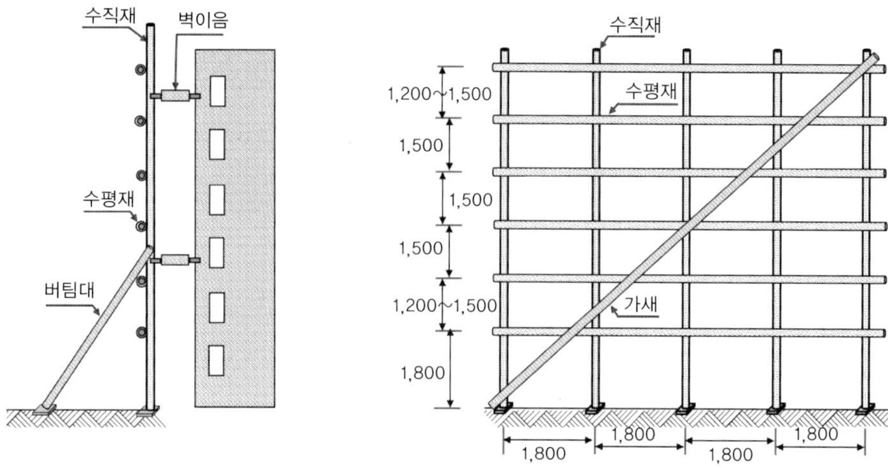

(d) 외줄비계 구성

그림 1-12 외부용 비계

1.3.4 강관틀비계

1) 개요

현장에서는 BT(Built-up Type scaffolding) 아시바, PT(Prefabricated steel pipe scaffolding Frame ; Tubular steel scaffolding Frame)로 불리어지고 있으며, BT아시바는 중저층의 건물에서 손이 닿지 않는 높은 곳의 작업을 위하여 건물 주위에 설치하는 가설 구조물입니다. 아파트 및 조선소에서 상부 용접 작업 시 필수인 제품으로써 조립이나 해체가 용이하며 안전합니다. 사전 제작된 틀의 부속들을 장착하여 쌓아 올리는 방식으로 설치합니다. 그림 1-13은 구형 PT를 보여주고 있으나 신형과 크기는 동일하다.

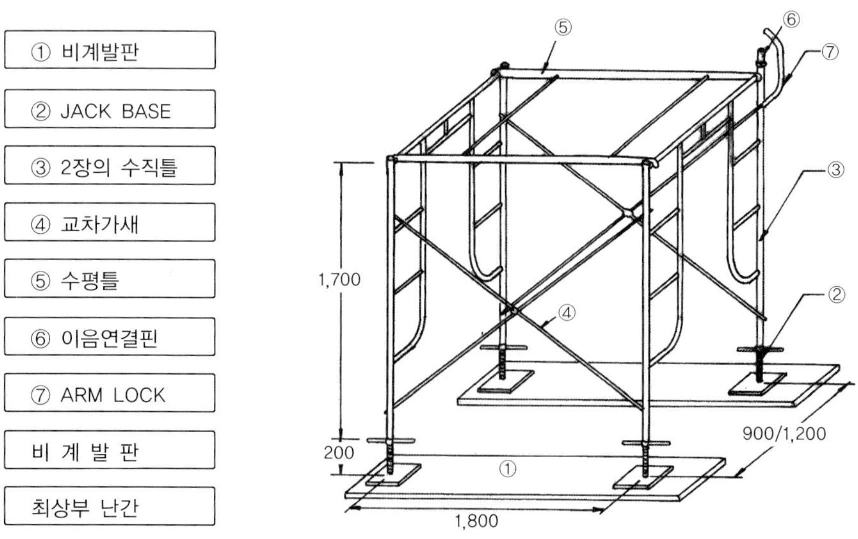

그림 1-13 강관틀비계 조립순서

2) 설치방법

① 기초

㉠ 기둥관의 밑둥에는 밑받침 철물을 사용한다. 밑받침에 고저차가 있을 때에는 필요에 따라 조절형 밑받침철물을 사용하여 각각의 틀비계를 항상 수평 · 수직이 되도록 한다.

㉡ 연약지반에서는 밑받침 철물의 하부에 적당한 접지면적을 확보할 수 있도록 깔판을 깔아댄다.

② 가새 띠장틀 및 수평재

㉠ 도리방향은 각각의 세로틀 사이에 가새 또는 이에 준하는 것을 설치하고 최상층 및 5층 이내 마다 띠장틀 등의 수평재를 설치한다.

㉡ 가새의 조립은 핀 도는 나사못으로 하고 진동 등에 의해 헐거워지지 않도록 한다.

③ 구조체와의 연결 : 세로틀은 수직방향 6m, 수평방향 8m 내외의 간격으로 건축물의 구조체에 견고하게 긴결한다.

④ 부축틀 : 도리방향으로 길이 4m 이하이고 높이 10m를 초과할 때는 높이 10m 이내마다 도리방향으로 유효한 부축틀을 설치한다.

⑤ 보틀 및 내민 틀 : 수평가새 등으로 옆흔들림을 방지할 수 있도록 보강해 주어야 한다.

⑥ 최고높이는 45m 이내가 원칙, 1개 층에서만 작업하는 것으로 가정할 때 57m까지 가능하다.

3) 틀비계 구성품

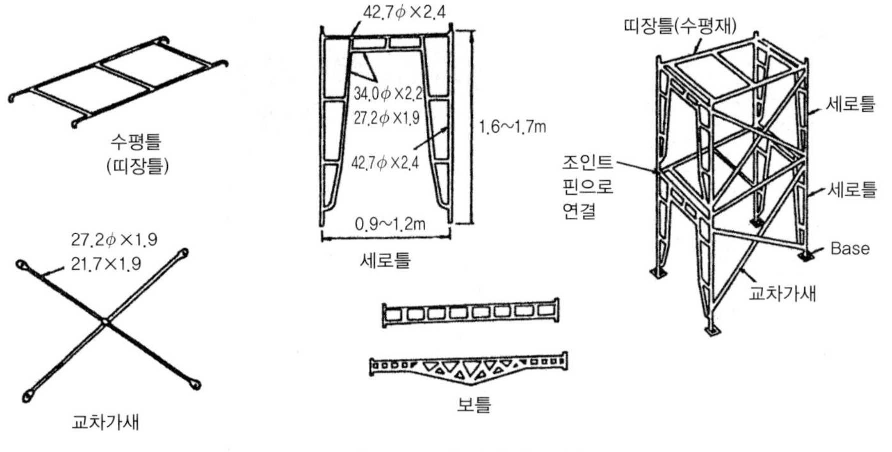

그림 1-14 틀비계의 조립

4) 하중의 한도

① 틀의 간격이 1.8m일 때는 틀 사이의 하중의 한도를 3,920N으로 하고 틀의 간격이 1.8m 이내일 때는 그 역비율로 하중의 한도를 증가할 수 있다.

② 틀의 기둥관 1개당 수직하중의 한도는 틀을 두꺼운 콘크리트판 등의 견고한 기초 위에 설치하게 될 때는 24,500N으로 한다.

③ 깔판이 우그러들거나 침하의 우려가 있을 때 또는 특수한 구조일 때는 실정에 따라 ②항의 값을 낮추어야 한다.

5) 1Set 구성

규격	수량	중량(kg)	규격(가로×세로×대각선)
수직(=문형지주, 문형주, 주축)	2	17	1,219×1,700
수평(수평틀)	1	15	1,829×1,050
가새(=교차가새)	2	4.5	1,829×1,219×2,198
연결핀(조인트)	4	0.5	225
난간대(수직)	2	9.5	1,829×1,000
난간대	4	1	1,219

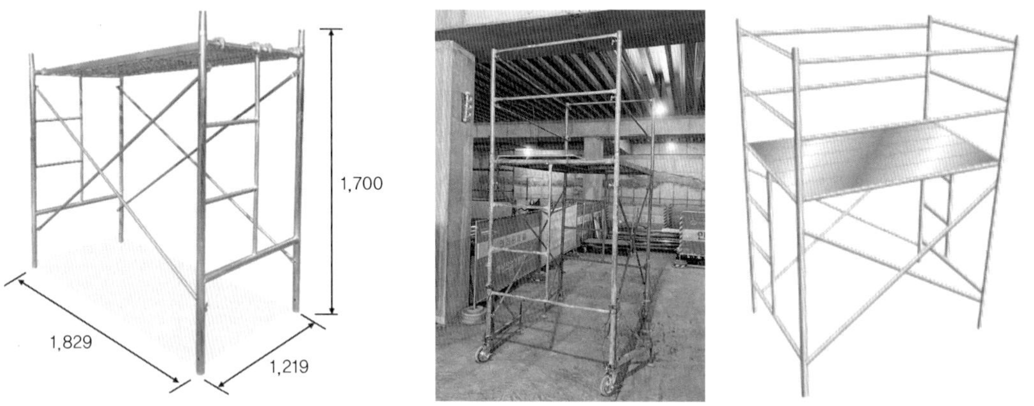

그림 1-15 강관틀비계(신형) 설치

6) 모서리부분의 보강

- 건물의 모서리 부분과 같이 꺾이는 부위는 비계용 강관을 이용하여 틀비계끼리 견고히 결속할 것
- 변형된 제품은 사용을 금하고 가새는 확실히 체결되었는지 확인

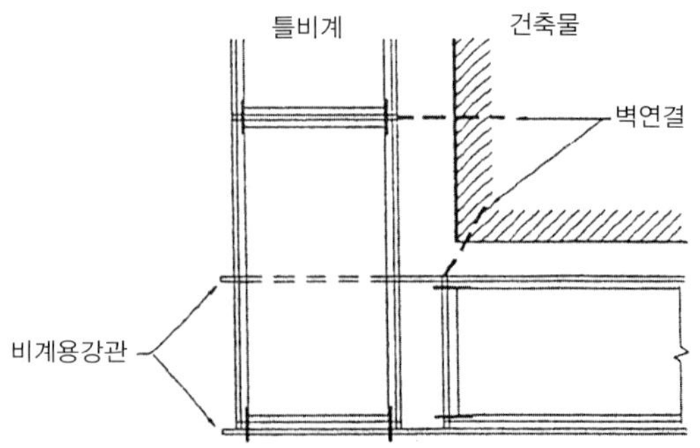

그림 1-16 모서리부분의 보강 평면도

7) 강관틀 비계 사양

① 수직틀(Vertical Frame)	2개의 BT 수직을 일정한 간격을 두고 세워 힘을 지지	
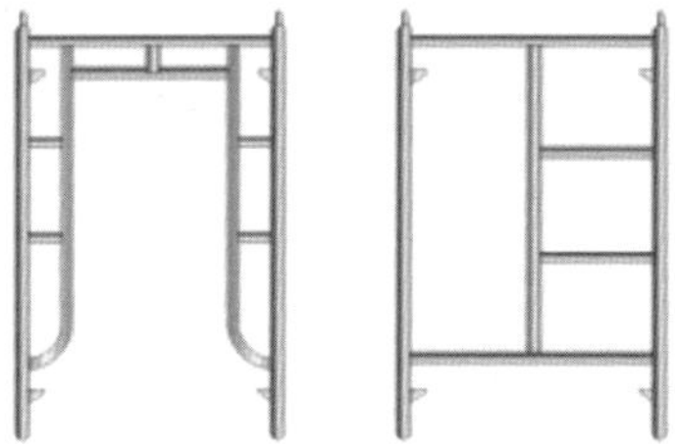	종류	BT 수직(구형) / BT 수직 말비계(신형)
	구형BT	사다리 폭이 좁고 약간 위쪽에 위치(일반 BT 수직)
	신형BT	이를 개선하여 사다리 폭이 넓고 좀 더 아래에 위치(BT 수직 말비계)
	규격	1,700×1,219/914×1,700 (신형과 구형의 사이즈는 동일함)
	허용 하중	5,000kg
	중량	15.6kg
② 수평틀(Horizontal Frame)-BT 수평	세워진 2개의 BT수직재의 상단에 1개의 수평으로 연결하여 보강	
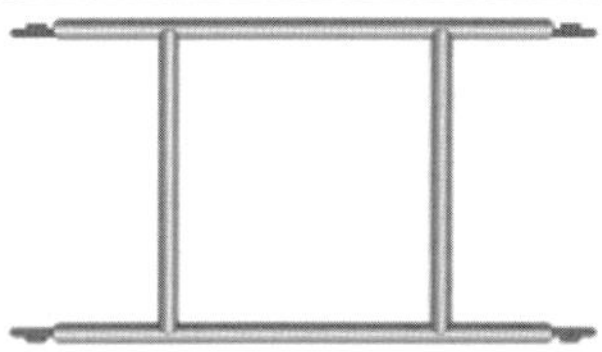	BT 수평 대신 안전 발판 2장으로 대체 사용하기도 함	
	허용 하중	500kg
	중량	14kg
③ BT 가새(Cross Brace)	BT수직과 수평을 조립 후 축방향의 힘을 보강하기 위해 2개의 BT가새를 BT 수직에 달린 고리와 각각 연결	
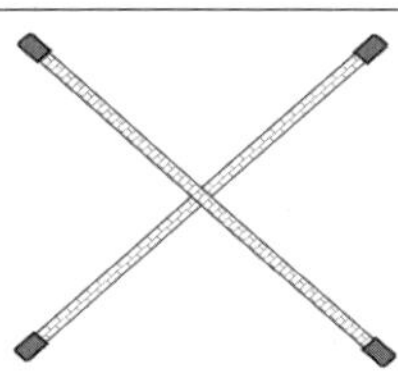	2개의 가새는 힌지핀으로 연결 후 사용하므로 1개의 가새로 취급	
	규격	1,829×1,219/914×1,219
	중량	3.89kg/2.7kg
④ BT 연결핀(Joint Pin)	단관파이프와 단관파이프를 연결할 때 사용하며 파이프 양끝의 리벳핀에 고정시킴	
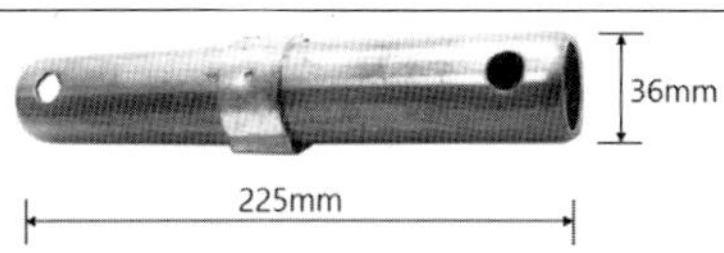	중량	0.5kg
	관경	ϕ36mm
	길이	225mm
⑤ BT 난간대 수직	설치된 BT 1조 위에 작업자의 낙하를 방지하기 위해 설치	
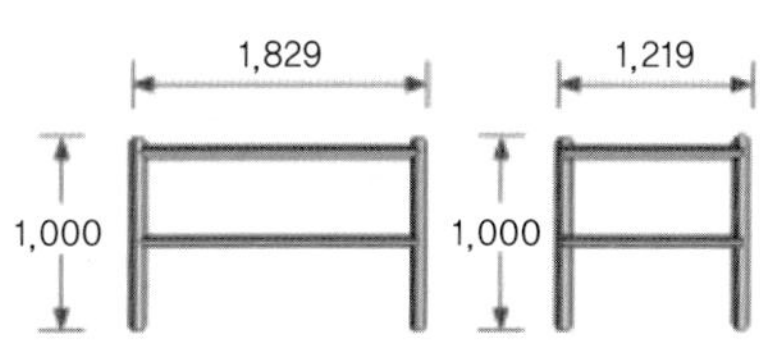	수직재 상단에 조립하여 작업공간을 확보할 수 있게 하는 부속재	
	규격	1,050×1,829/745×1,829
	허용하중	5,000kg
	중량	1세트 중량 20.3kg
⑥ BT 난간대 가새	BT난간대 수직과 1조로 사용되며 작업자의 낙하를 방지하기 위해 설치	
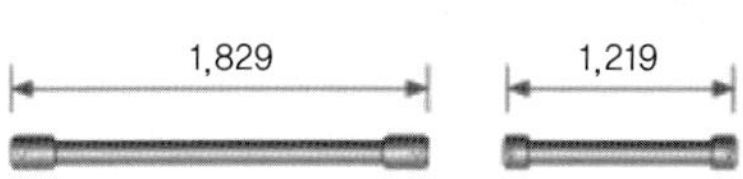		

1.3.5 시스템 비계, 시스템 동바리(System Scaffolding, System Support)

1) 개요

일반적으로 사용하는 거푸집 동바리의 각목, 파이프서포트, 또는 강관틀(B/T) 지주 등은 작용하중이 크거나 층고가 높은 장소에 설치하기 어렵고 위험하기 때문에 지주를 부품화, 조립화 함으로써 설치가 간편하고 작용하는 하중을 안전하게 전달할 수 있게 만든 가설 구조물이다.

그림 1-17 시스템 동바리설치

2) 특징

항 목	내 용
① 구조적 안정성	• 구성이 조립식으로 견고하며, 비틀림이나 이탈이 없음 • 부재의 역할이 다양하여 강력한 고정 및 안전부재 역할을 겸함 • 설치, 해체 작업의 안정성 확보 • 고층설치 및 높은 하중에도 비계의 구조적 안정성 확보 • 부재와 부재가 조립식 구성으로 빠른 시공이 가능 • 부재의 단순화로 시공이 용이함
② 다양한 치수의 부자재	• 직선, 곡선 다양한 설치가 용이 • 넓은 작업공간 확보가 가능함 • 현장사용 여건에 따라 설치 폭 조절이 가능함 • 부재의 종류가 간단하며 그에 따른 치수도 다양함 • 어떠한 형태의 구조물에도 시공이 가능함
③ 기타	• 고층 설치 시 구조적으로 유리함 • 내부설치 시 내벽 천장 작업관리 • 일반비계와 혼합하여 시공이 가능 • 매직패널, 그래픽 보호망, 수직분진망 등 다양한 부재 사용이 가능 • 설치 해체 시 별도의 도구가 필요하지 않다.

3) 종류

항 목	내 용	
① 지주형태 시스템 동바리	• 수직과 횡력에 대한 하중을 동시에 부담하는 형태를 지닌 지주형태의 시스템동바리 • 거푸집 동바리, 가설 작업대 및 승강계단 등 다양한 용도로 사용이 가능함 • 설치 높이가 높고 슬래브 두께가 큰 구조물의 동바리로 많이 사용	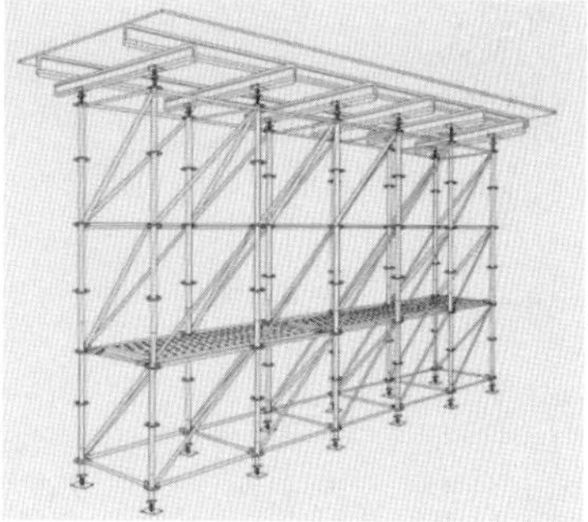
② 보형태 시스템 동바리	• 수평서포트와 수직서포트의 역할을 동시에 수행하는 시스템 동바리 • 기존에 사용하던 파이프 서포트의 약점인 설치 후의 작업공간 부족과 시공기간, 소요인력, 안정성을 개선한 형태 • 경량으로 경우에 따라 서포트를 설치하지 않거나 수량을 줄인 가설 시스템. • 콘크리트조, 철골조 및 철골 철근콘크리트조의 거푸집 공사에 광범위하게 사용됨	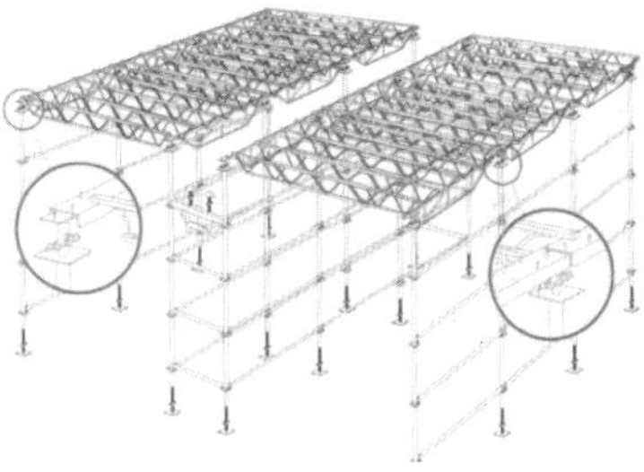

4) 시스템 동바리 도해

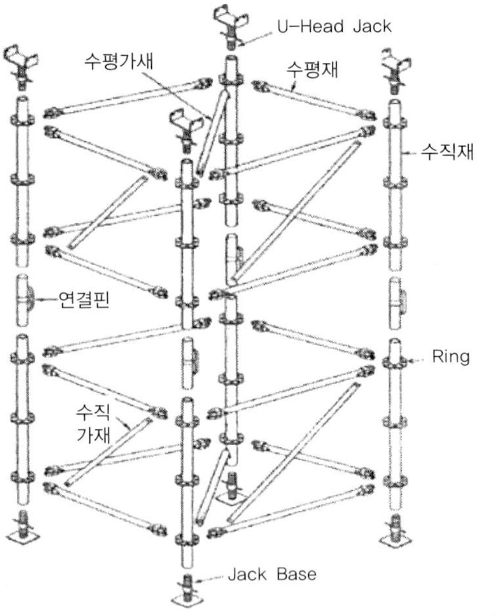

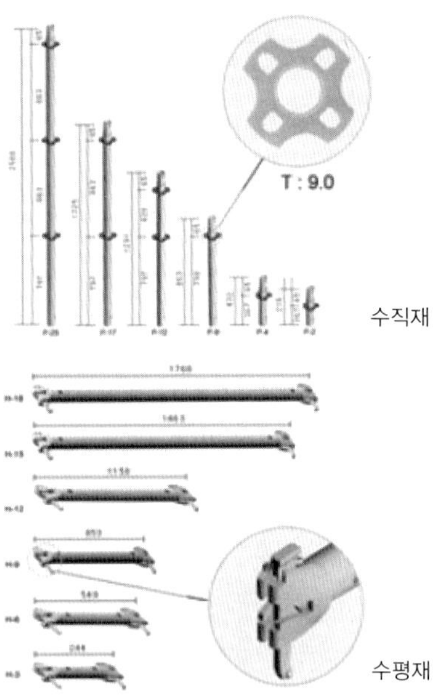

1.3.6 강관비계와 시스템 비계 특징

항목	강관비계	시스템비계
구조적 안정성	• 안전난간 임의 설치 • 작업발판 설치를 위해서 간격조정 및 수평재 추가설치를 고려	• 조립식 구조로 부재의 누락 위험성이 없음 • 작업발판 규격에 맞추어 생산되어 있어 설치 작업이 용이함
작업자 숙련도	• 작업자의 숙련도에 따라 비계구조와 안전성이 다를 수 있음	• 최초 하부구조를 설치한 후에는 작업자의 숙련도와 관계없이 안전하게 조립, 해체가 가능
관리감독	• 안전성을 확보하기 위해서는 작업이전에 작업지시 및 감독이 요구됨	• 외벽과의 이격거리 등 기초 데이터만 제공되면 별도의 관리 감독 요소가 상대적으로 적음
후속공정 및 작업자의 안전	• 기둥간격 등이 일정하지 못하여 수직분진망 설치시 망지(網地)를 말아 시공하는 등 불필요한 비용 및 공기 추가필요 • 비계모서리 등에 강관이 튀어나와 작업자의 안전을 위협할 수 있음	• 기둥간격 등이 일정하여 수직분진망 설치 등 추후 공정이 쉽고 공기단축효과 • 비계 모서리 등이 깔끔하여 별도의 덮개 등 불필요
조립 및 해체	• 작업발판과 안전난간을 기본 비계구조물 조립 후 시공하여 추락사고 등 발생우려 • 강관기중간의 간격이 다양하여 일률적으로 동일 규격의 작업대를 발판으로 시공하기 보다는 통로용 작업발판 사용으로 발판 겹침시공, 내민보 형상 등 재해발생 요인의 구조가 될 우려	• 규격화된 수직재와 수평재 등 부재를 블록쌓기와 같이 조립하여 시간과 인력이 절약 • 작업발판 및 안전난간대를 병행 조립하여 안전성 등대 • 해체 작업도 비교적 안전

1.3.7 이동식 비계

1) 설치기준

① 비계의 높이는 밑면 최소 폭의 4배 이하

② 3단 이상 설치 시 전도방지용 지지대 설치 또는 구조물에 고정

③ 상단에는 안전난간 및 걸침띠 설치

2) 활하중 제한

작업 바닥면적(m²)	활하중(kgf)
2 이상	250
2 미만	50+(작업 바닥면적m²)×100

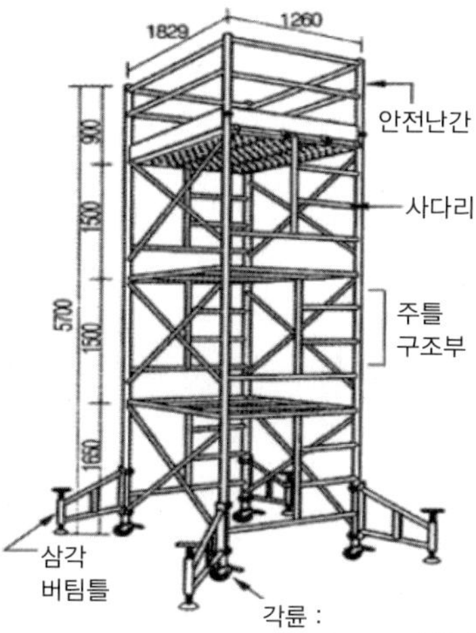

1.3.8 달비계

달비계는 철골공사용의 발판과 현장용접 및 도장 등에 쓰이고 건물 구체가 완성된 이후의 외부작업에 쓰인다. 철골공사용은 철골보에 철근을 용접하거나 체인을 매어 만들고, 외부작업용은 구체에서 형강재를 내밀어 와이어로프로 달아 내리고 상하 이동모터를 설치하면 간편하다.

1) 달비계 구성

① 달비계의 발판은 바닥 전면(全面)을 틈새없이 깐다. 바닥쪽에는 너비 1.5m인 널판을 설치하고, 바닥에서 높이 90cm 이상의 높이로 난간(Hand Rail)을 설치한다.

② 위에서 낙하물이 떨어질 위험이 있을 때는 머리를 보호할 수 있도록 달비계에 유효한 천장을 설치한다.

③ 윈치(Winch)에는 감김통과 일체가 된 톱니바퀴를 설치하고 톱니바퀴에는 톱니 누름장치를 하여 역회전을 자동적으로 방지할 수 있도록 한다.

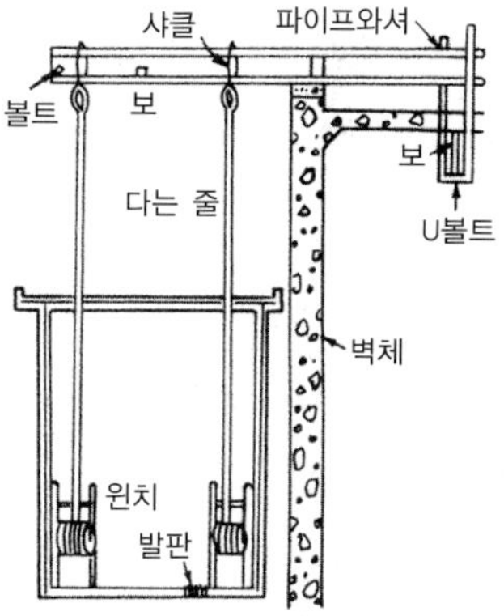

그림 1-18 달비계

④ 와이어로프는 그것에 가해지는 인장하중의 10배의 강도(보증 파단력 : 保證破斷力)의 것을 사용하고, 본 달비계의 와이어로프는 아연도금을 한 지름 1.2cm 이상, 간이달비계는 아연도금을 한 지름 9mm 이상의 것을 사용한다.

⑤ 와이어로프는 아래에 해당하는 것을 사용할 수 없다.
   ㉠ 와이어로프 한 가닥에서 소선(素線)이 10% 이상 절단된 것
   ㉡ 지름이 공칭지름의 7% 이상 감소된 것
   ㉢ 몹시 변형되었거나 부식된 것
⑥ 와이어로프를 걸어댈 때에는 와이어로프용 부속철물을 사용한다.
⑦ 달비계는 다음 각목의 1에 해당하는 달기 체인을 사용하지 아니하도록 해야 한다.
   ㉠ 체인의 길이가 제조 당시보다 5% 이상 늘어난 것
   ㉡ 고리의 단면직경이 제조 당시보다 10% 이상 늘어난 것
   ㉢ 균열이 있는 것
⑧ 작업발판은 폭을 40cm 이상으로 하고 틈새가 없도록 해야 한다.

1.4 비계설치공사

1.4.1 비계의 벽이음 설치

1) 주의사항

항 목	내 용
① 설치간격	단관비계-수직방향 5m 이하, 수평방향 5m 이하
	틀비계-수직방향 6m 이하, 수평방향 8m 이하
② 벽이음	비계기둥과 띠장의 교차부에서 비계면에 대해 직각으로 한다.
③ 인장재와 압축재의 간격	1m 이하로 한다.
④ 벽이음 상부의 자유장 높이	5m 이내로 유지한다.
⑤ 임시해체	작업을 위해 임시해체 시 1개 층씩 부분적으로 풀고 작업종료 즉시 복구

2) 벽이음 설치 예

Form Tie 구멍에 고정하는 Bracket 철물을 주로 이용하나 다음과 같은 방법도 있다.

① 브라켓 설치간격
   ㉠ 15층 이하 : 수직방향 2층, 9층(2개소), 수평방향 1.5~1.8m
   ㉡ 25층 이하 : 수직방향 2층, 10층, 18층(3개소), 수평방향 1.5~1.8m

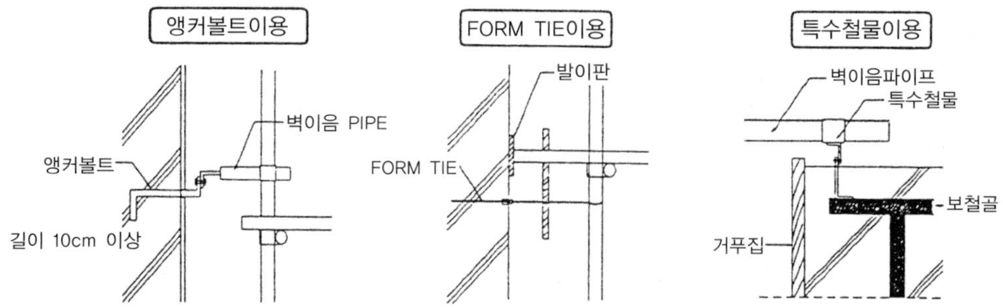

그림 1-19 벽이음 설치 예

3) 개구부의 벽이음 설치 예

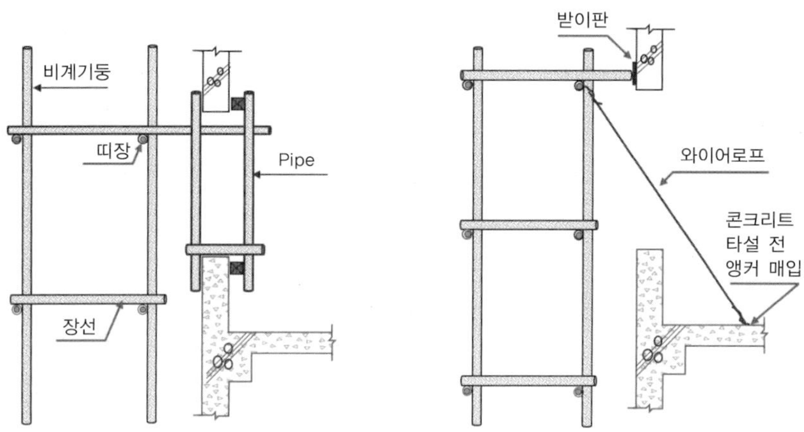

그림 1-20 개구부의 벽이음

1.4.2 내부수평비계

엘리베이터 샤프트에 설치하는 가설비계를 제외하고는 주로 수평면의 가설작업에 쓰이므로 내부마감용은 수평 이동하는 방법으로 전용의 효율을 높인다. 수평비계는 비계기둥을 바닥에 그리드 형태로 배치하고 입체적으로 조립해 올려놓고 장선 위에 발판을 깐다.

1.4.3 자주식 이동발판

철골트러스를 제작하여 크레인으로 들어 올려서 구조대를 세우고, 이 받침대의 하부에 가스타를 4개소 설치하여 전동기를 달아 레일 위를 달리게 하는 수평가설발판이다. 천정공사용의 이동식 발판으로서 큰 공간에서의 수평비계로서 효율적인 가설공법이다.

부재수가 적어지고 발판재의 반출입이 쉬워지며, 조립과 해체가 쉬워 공사기간을 단축할 수 있으므로 코스트 다운 효과가 크다.

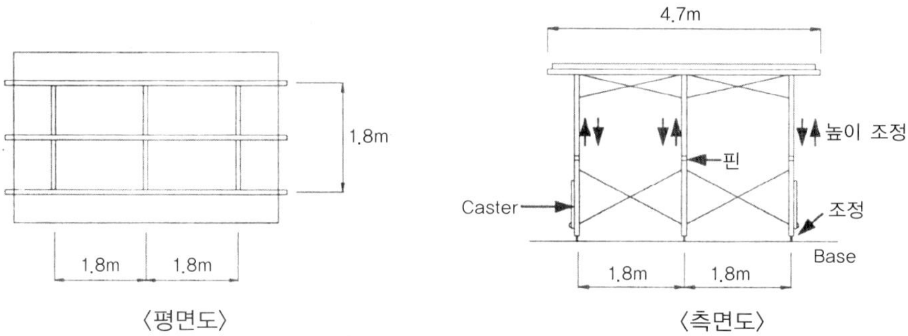

그림 1-21 Flying Shore

1.4.4 비계다리

1) 너비 90cm 이상, 물매 4/10, 경사 30° 이하, 각도 17° 이하를 표준으로 하고 각 층마다 (층의 구분이 없을 때는 7m 이내 마다) 되돌음 또는 다리참을 두고 여기에서 각 층으로 출입할 수 있도록 연결한다.
2) 발판널은 밀리지 않도록 깔고 이음부분은 될 수 있는 한 겹침이음을 피하고 비계장선 등에 완전히 고정시킨다. 발판널에는 단면 1.5cm×3.0cm 정도의 미끄럼막이를 30cm 내외의 간격으로 고정한다.
3) 난간의 높이는 75cm 이상으로 하며, 추락의 위험이 있는 장소에는 표준안전난간을 설치한다.
4) 건물면적 1,600㎡ 마다 1개소 설치한다.

1.5 각종 비계공사

1.5.1 외부비계용 까치발(브라켓 : Bracket)

안정성을 확인하여 2층 바닥부터 설치하되 까치발 설치 부위의 콘크리트 및 볼트구멍의 파손방지를 위하여 충분한 강도일 때 집중하중을 분산하는 조치를 하며 설치한다. 15층 이하에서는 2개소(2층, 9층), 25층 이하에서는 3개소(2층, 10층, 18층)를 기준으로 구조상 안전하게 설치하고 수시로 앵커볼트, 지지마찰판의 조임 상태 등의 안전점검을 실시한다. 설치간격은 수평방향 1.5m~1.8m 이내로 하고, 지지보수대는 구조체와 비계를 견고하고 안전하게 연결하고 설치간격은 수직, 수평 5m 이내로 한다. 측벽에 설치하는 까치발은 작업대 설치가 가능한 제품을 사용하고 고정용 구멍은 철거 후 하자가 없도록 코킹 컴파운드로 메운다.

1) 2층 바닥부터 설치하되 까치발 설치부위의 콘크리트 및 볼트구멍의 파손방지를 위하여 충분한 강도확보 후 설치하고 집중하중의 분산조치가 필요하며 까치발의 안전성을 확인 후 반입, 설치하여야 한다.
2) 재질은 철재로 구조상 안전하고 표면은 부식이 되지 않도록 하여야 하며 안전상 유해요소가 있는 부식부재는 사용치 않아야 한다.
3) 까치발 설치간격은 수평방향 1.5~1.8m 이내로 하고, 용도별로 제작된 까치발을 부위에 따라 설치하여야 하며, 지지보수대는 구조체와 비계를 견고하고 안전하게 연결하고 설치간격은 수직, 수평 5m 이내로 설치한다.
4) 까치발은 콘크리트가 충분히 양생된 후 설치되어야 하며, 수시로 앵커볼트, 지지마찰판의 조임상태 등 안전점검을 하여야 한다.
5) 측벽부위의 까치발은 작업대 설치가 가능한 제품을 사용하고, 까치발의 고정을 위한 관통형 품타이의 구멍은 까치발 철거 후 하자가 발생하지 않도록 코킹컴파운드를 시공 후 시멘트 모르타르로 마감하여야 한다.

1.5.2 난간

1) 난간의 높이는 90cm 이상으로 하고, 각 부재의 연결부는 쉽게 탈락하거나 변형되지 않도록 설치한다.
2) 난간 높이가 너무 높을 경우에는 45cm 위치에 중간대를 설치하도록 한다.
3) 설치위치 : 중량물 취급개구부, 대형 바닥개구부 주위, 작업대, 가설계단의 통로, 흙막이 지보공상부
4) 안전난간 규격

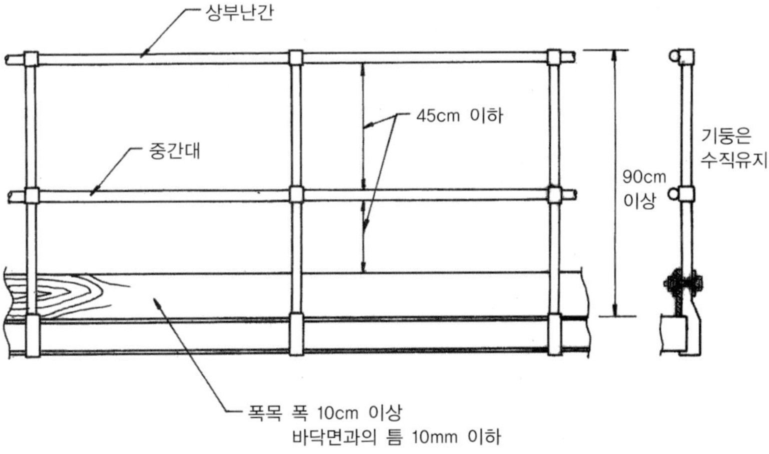

그림 1-22 난간

1.5.3 낙하물 방지망

공사현장에서 낙하물에 의한 공사현장 주변에 위험이 발생할 우려가 있을 때에는 다음과 같은 방호철망 또는 방호시트 및 방호선반을 설치하거나 이와 동등 이상의 효과가 있는 방법으로 위험방지책을 강구한다.

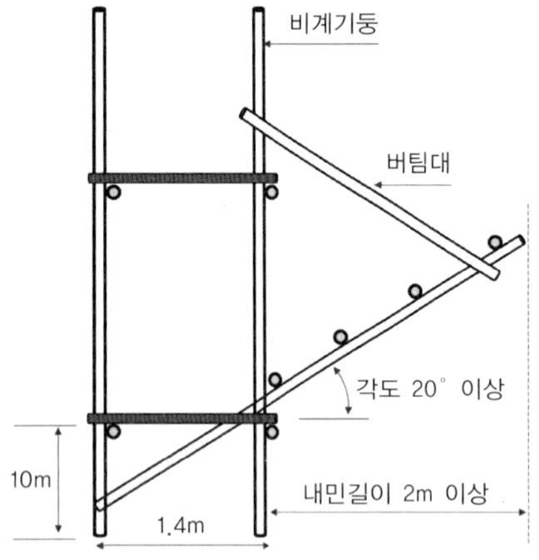

주) 낙하물방지망의 설치높이 사례
① 5층 이하(1개소) : 2층
② 11층 이하(3개소) : 2층, 6층, 10층
③ 16층 이하(4개소) : 2층, 6층, 10층, 14층
④ 21층 이하(5개소) : 2층, 6층, 10층, 14층, 18층
⑤ 25층 이하(6개소) : 2층, 6층, 10층, 14층, 18층, 22층

그림 1-23 낙하물방지망의 조립기준

1) 조립기준

항 목	내 용
① 설치(높이)기준	구조물 높이가 20m 이하인 경우 1단 이상 설치
	구조물 높이가 20m 이상일 때는 10m 이내 마다 1단씩 설치
	최하단은 지상에서 10m 이내(또는 3개 층마다)에 설치함
② 설치각도	수평에 대하여 15°~45°의 각도 보통 20°~30°의 각도 정도로 설치
③ 버팀대	가로방향 1m 이하로 함
	세로방향 1.8m 이내 간격
	강관두께 2.4mm
	안전망 설치 : 외부비계와 벽체사이의 틈에는 안전망을 설치함
④ 방망(방지망)	방망의 겹침 폭은 15cm 이상으로 함
	가장자리는 테두리 로프를 그물코마다 엮어 긴결하여야 함
	방망을 지지하는 긴결재의 강도는 100kg 이상의 외력에 견딜 수 있는 로프 사용
	그물코는 사각 또는 마름모로 그 크기는 가로세로 20mm 이하로 하여야 함
	방망의 소재는 가설기자재 성능검정규격에 따름
	방망사의 강도는 가설기자재 성능검정규격에서 정하는 안전방망의 인장강도에 따름

2) 특수철물이용 고정

외부비계가 없는 경우 Bracket 사용하여 설치한다.

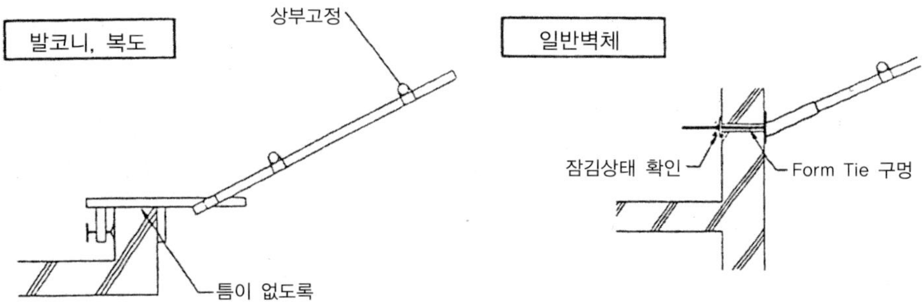

그림 1-24 특수철물을 이용

3) 방호철망

① 철망호칭 #13 또는 #16의 것을 사용한다.

② 아연도금한 철선으로 철선지름 0.9mm(#20) 이상의 것을 사용한다.

③ 15cm 이상 겹쳐대고 60cm 이내의 간격으로 긴결하여 틈이 생기지 않도록 한다.

4) 방호시트

① 재료의 인장강도와 신율의 곱이 500kg /mm 이상의 것을 사용한다.

② 방호시트 둘레 및 네 모서리와 잡아매는 구멍에는 천을 덧대거나 기타의 방법으로 보강

③ 난연처리를 한 것이어야 한다.

④ 구조체에 45cm 이하의 간격으로 틈새가 없도록 설치하고 시트 상호간에도 틈새가 없도록 겹친다.

5) 방호선반(수직낙하물방지망)

낙하물에 대한 위험요소가 있는 주출입구 및 리프트 출입구 상부에는 1.5cm 이상의 판재나 또는 동등 이상의 자재를 이용하여 방호선반을 설치하여야 한다.

① 시공하는 부분의 높이가 20cm 이하의 높이일 때는 1단 이상, 20m 이상일 때는 2단 이상으로 설치한다.

② 방호선반의 내민 길이는 비계발판의 외측에서 2m 이상으로 하고 수평면과 선반이 이루는 각도는 20°~30°로 한다.

③ 선반널은 두께 1.5cm 이상의 나무 판자 또는 이와 동등 이상의 효과가 있는 것을 사용한다.

6) 내부추락방지망

엘리베이터홀 내부 등과 같이 작업 중 추락의 위험이 있는 곳에는 인장강도 180kg 이상 또는 동등 이상의 효과를 가진 추락방지망을 2개 층마다 설치한다.

다음의 표에 의해 산출된 값 이하로 한다.

〈표 1-3〉 방망의 허용낙하높이

높이 종류 / 조건	낙하높이(H_1)		방망과 바닥면높이(H_2)		방망의 처짐길이(S)
	단일방망	복합방망	10cm 그물코	5cm 그물코	
L<A	0.25(L+2A)	0.2(L+2A)	0.85(L+3A)/4	0.95(L+3A)/4	0.25(L+2A)/3
L≥A	0.75L	0.6L	0.85L	0.95L	0.26L

주) L : 단일방망일 때 짧은변의 길이(m), 2개 이상 방망을 연결해 사용하는 복합방망일 때 짧은 변에서 하나의 방망의 길이

A : 긴변의 지지점간격(m)

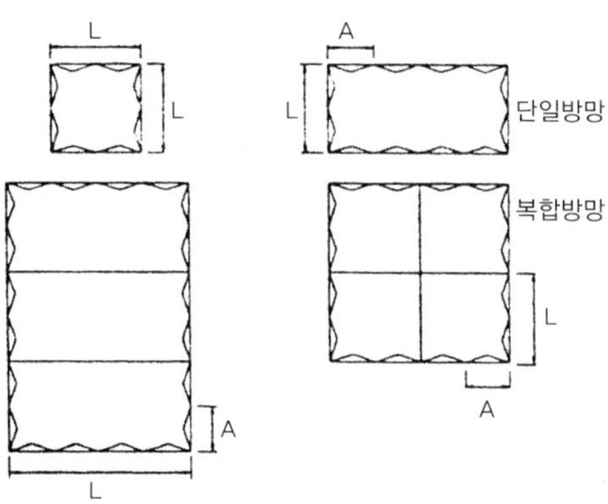

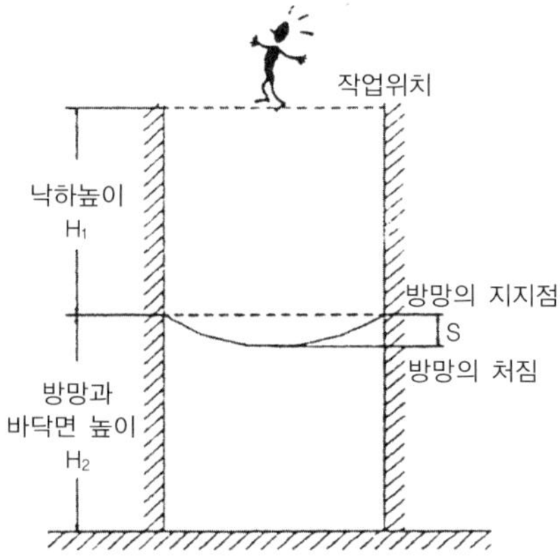

① 낙하물 방호선반

② 대형 개구부 추락방지망

③ 안전난간대 설치

④ 통로덮개 설치

⑤ 철재 mesh 설치

⑥ 승강용 사다리 설치

⑦ 낙하물 방지망

⑧ 최상부 난간대 설치

그림 1-25 추락방지망 시설

① 안전폭망 설치

② Rail Scaf 상승작업

③ 발판연결부 덮개

④ 출입동 호이스트 안전통로

⑤ 가설조명

⑥ 각종개구부 덮개설치

그림 1-26 안전시설

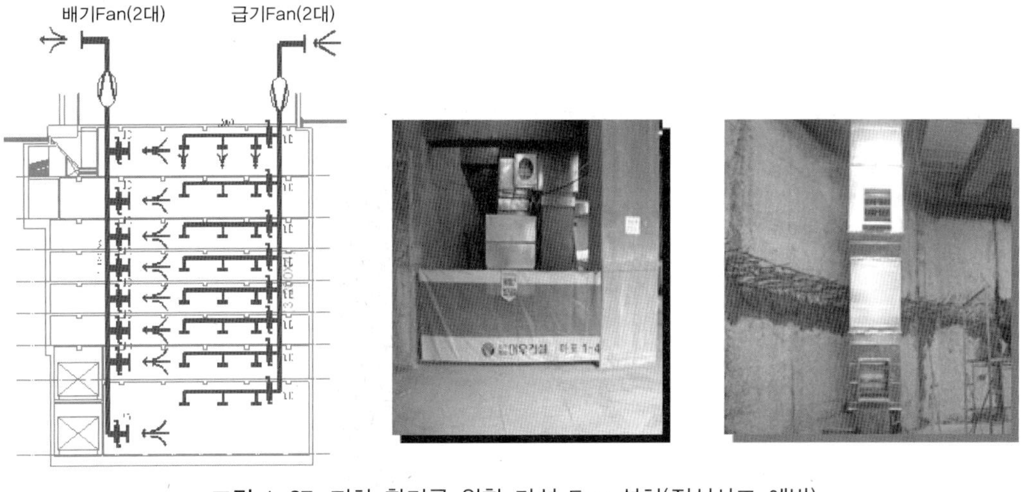

그림 1-27 지하 환기를 위한 가설 Fan 설치(질식사고 예방)

그림 1-28 외부 방진망

1.6 양중기 및 리프트 설치공사

동력을 이용하여 자재를 수직, 수평 운반하거나 조립작업에 사용되는 기계설비의 이동을 위한 가설설비를 말하며 Hoist Car, Jib Crane, Mini Tower, Tower Crane 등을 말한다.

1.6.1 도입 및 관리시 검토사항

① 양중기 작업반경, 높이에 따른 작업효율성을 검토한다.

② 층별단차, 지붕형태(평, 박공), 가설도로 경사도, 온통터파기 등에 따른 운반성을

검토한다.

③ 운반부재의 단위중량을 고려한다.

④ 전체적인 양중 Balance를 유지(효율성 제고)하고 공정표를 검토하여 투입시점과 철수시점을 결정한다.

⑤ 구조물 내 이동계획을 검토 후 설치위치 및 대수, 소요시기 및 투입될 H/C 규격을 확인한다.

⑥ 기초콘크리트는 발코니와의 이격거리를 검토하고, Anchor 위치는 1층 슬래브와 수평되게 시공한다.

⑦ 고압에 의한 안전사고 방지를 위해 H/C 접지상태를 확인한다.

1.6.2 Tower Crane, Mini Crane 설치사항

1) 설치공정에 따른 체크사항

① 장비 설치위치 및 소요대수 결정－회전반경 고려, 양중량 검토, 장비의 진입 및 하역 장소의 확보, 해체 시 장비 설치위치 등을 검토한다.

② 장비 사양 결정－양중능력, 작업반경, Boom Mast Size, 장비이력카드 등을 검토한다.

③ 장비 가동 및 철수 시기 결정－장비가동 전까지 Hyd Crane 사용을 검토한다. 지하 및 지상, 구체 및 마감공사 등의 공정을 고려하여 설치 및 해체시점을 결정한다.

④ 장비 기초의 구조 안전성 검토－지반의 지지력 검토

⑤ 기초 Anchor 설치－수평상태 확인, 피뢰침 용 동선의 매립 확인

⑥ 기초 콘크리트 양생－설계강도, 양생기간, 콘크리트 강도 확인

⑦ 설치 및 운영－차량대기 장소, 차량동선, Crane의 위치 등 고려

⑧ Telescoping(인상작업)－Bracing 방법을 검토하고 안전성 여부 확인

⑨ 해체 후 골조 Opening 부위 마감

2) 크레인 설치 순서

① 기초부 조립－기초앵커 설치 후 기초 콘크리트를 타설하고 베이직 마스트를 연결, 텔레스코핑 게이지를 조립한다.

② 운전실 및 헤드의 조립

③ 카운터 칠의 설치

④ 메인 칠의 설치

⑤ 타이바 연결부의 조립

⑥ 카운트 웨이트의 조립

⑦ 호이스트 훅 및 와이어 조립 완성

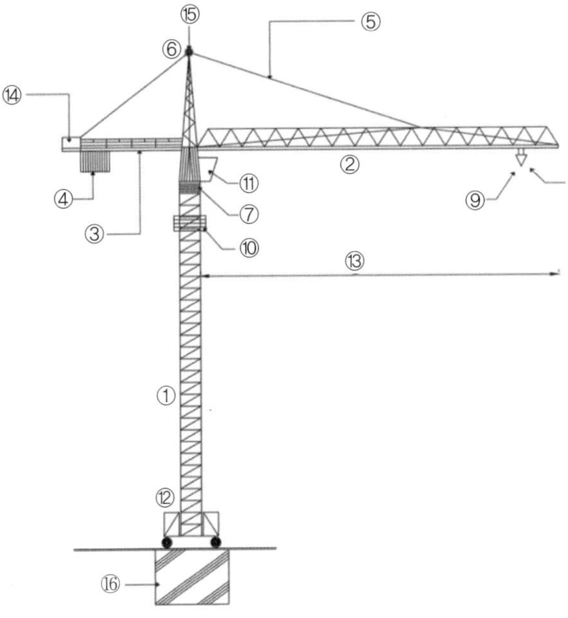

1. 마스트(Mast)
2. 메인지브(Main Jib)
3. 카운터지브(Counter Jib)
4. 균형추(Balance Weight)
5. 연결바(Tic Bar)
6. 캣헤드(Cat Head)
7. 선회장치(Slewing Mechanism)
8. 트롤리(Trolley)
9. 후크블록(Hook Block)
10. 유압상승장치(Hydraulic Climbing Assembly)
11. 운전실(Cabin)
12. 기초 마스트(Base Mast)
13. 선회반경
14. 권상장치
15. 피뢰침
16. 기초구조

1.6.3 타워크레인 사용 방법

① 일일안전점검을 실시한다.

② 신호수는 별도의 복장과 완장, 작업모 및 안전화 착용하고 호각을 소지한다.

③ 자재운반용 정규격의 기구를 사용한다.(Wire Rope 꼬임방지, Shackle의 완전조임, 운반용 Box 중심잡기 등)

④ 무리한 작업을 금지한다.(중량초과 작업, 물건을 비스듬하게 권상/권하 그리고 끄는 작업)

⑤ 운전 중 무선호출은 하지 않는다.

⑥ 작업 풍속은 20m/s 이상이거나 악천후에는 작업을 중지한다.

⑦ 타워크레인 몸체는 다른 목적으로 지지대나 Anchor 수단으로 사용하지 않는다.

1.6.4 타워크레인의 Up-Climbing

타워크레인을 상향으로 이동 시킬 때는 운전실 아래쪽의 타워크레인 지지대를 감싸고 있는 텔레스코핑 케이지(Telescoping Cage)에 의해 기존 구조물을 임시로 들고 있도록 하는데, 유압잭 등으로 구성된 이 장치가 아래 그림에서와 같이 잠시 들고 있는 동안, 그 사이에 끼워 넣을 마스트(Mast : 타워크레인 지지를 위한 철골 프레임)를 들어서 빈 공간에 끼워 넣는다. 이러한 작업을 반복하므로서 타워크레인을 계획된 높이까지 끌어 올릴 수 있다.

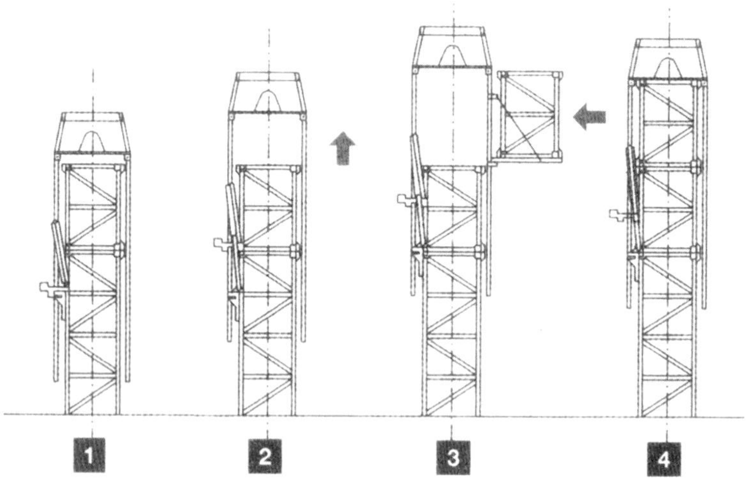

1) 타워크레인 자재반입

① 타워크레인 마스트 반입-1

② 타워크레인 마스트 자재반입

③ 타워크레인 트롤리 반입

④ 카운터 헤드 반입

⑤ 메인 지브(붐) 자재반입

⑥ 웨이트 자재 반입

2) 타워크레인 설치

① 타워크레인 기초설치

② 타워크레인 기초 철근배근

③ 기초 철근배근 완료

④ 타워크레인 베이스 프레임 설치

⑤ 마스터 및 주변기기 세팅

⑥ 타워(켓트)해드 인양

⑦ 타워크레인 조종석 설치 완료

⑧ 카운터 지브 설치

⑨ 카운터 지브 설치 완료

⑩ 카운터 지브 시운전

⑪ 카운터 지브 2차 설치

⑫ 메인 지브 설치

⑬ 2차 웨이트 인양

⑭ 2차 웨이트 설치

⑮ 3차 웨이트 인양

⑯ 5차 웨이트 인양 및 설치

⑰ 인상용 마스터 인양

⑱ 마스터를 텔레스코핑 케이지로 운반

⑲ 마스트 인양(무게중심 유지)

⑳ 마스트 설치 완료

㉑ 마스트-2 텔레스코핑 케이지로 운반

3) 기타

① 웨이트 설치

② 조종석

③ 트롤리

1.6.5 Lift 종류

구 분	고속대형	중속대형	중속일반	저속대형	저속일반
	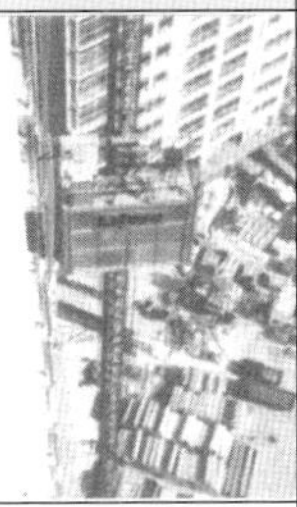				
승강속도	100m/min	60m/min	60m/min	40m/min	40m/min
정격하중	25,00kg	1,500kg	1,200kg	2,000kg	1,000~1,200kg
Control 방식	인버터	인버터	인버터	직입기동	직입기동
적재공간 (L×W×H)	4,000~4,500 ×1,500×2,650	4,000×1,500 ×2,650	3,200×1,400 ×2,650	4,000×1,500 ×2,650	3,000×1,250 ×2,650(2,200)

1.6.6 Cable(동력선) 운송방식

1) Drum 방식

① Cage 운행에 따라 동력선이 1층에 설치한 Drum 통에 쌓였다 풀렸다 하는 방식이다.

② 바람의 영향을 많이 받으므로, 바람이 강한 지역에서는 적용이 바람직하지 않다.

③ 기초 바닥과 Cage 바닥까지 Level 차 → 30cm

2) Trolley 방식

① Cage와 Mast에 고정된 동력선의 움직임을 고정하기 위해 설치한 Trolley가 Cage 운행에 따라 상승, 하강하는 방식으로 Trolley가 지지되는 방식에 따라 아래와 같이 구분된다.

종 류	내 용
㉠ Mast Trolley 방식	• Mast Pipe를 레일로 삼아 Trolley가 상승, 하강한다.
㉡ Wire Rope Trolley 방식	• 별도로 설치한 Wire Rope를 레일로 삼아 Trolley가 상승, 하강한다.

② 바람이 강할 경우 Wire가 흔들려 Trolley가 꼬이는 경우도 발생하므로 바람이 강한 지역은 Mast Trolley 방식이 바람직하다.

③ 기초바닥과 Cage 바닥까지 Level 차 → 60~0cm

Mast Trolley

Wire Rope Trolley

1.6.7 선정시 유의사항

1) 적용 공법 및 인양 자재의 최대 Size를 검토해 Cage Size 선정한다.
2) 바람이 강한 지역은 Mast Trolley 방식이 유리하나, 1층 바닥에서 Cage까지 단자가 60cm 이상 발생하므로 램프를 설치하거나, 1층에 개구부를 두어 지하 1층까지 Cage를 운행시키는 등의 조치가 필요하다.
3) 30층 이상 고층에서는 Control 방식에 있어서 직입 기동보다는 인버터 방식이 장비에 무리가 적다.

1.7 기타 가설공사

1.7.1 가설계단

계단 및 계단참은 한국산업규격 "KS F 8012 작업발판"에서 규정하고 있는 통로의 역할을 하는 비계에 관한 하중을 적용하여 125kg/m² 이상으로 하여야 한다.

① 발판의 폭(L)은 35cm 이상으로 하여야 한다.

② 발판의 너비는 18cm 이상으로 하고, 각각의 너비가 같은 크기로 설치함.

③ 발판의 높이는 24cm 이하 이어야 하고, 동일한 계단에서의 발판 높이는 모두 일정하여야 한다. 단, 이 높이를 일정하게 하는 것이 불가능할 경우에는 출발지점 위치에서 첫 번째 발판에 국한하여 그 높이를 줄이거나 늘려야 한다.

④ 계단을 설치하려는 현장의 여건에 따라 발판의 폭, 너비 또는 높이를 변경하고자 하는 경우에는 다음의 기준을 참고하여 응용하도록 한다.

㉠ 비계를 설치한 곳에 조립형 계단을 설치하는 경우에는 참고자료에 제시한 영국

규격 "BS EN 12811-1 : 2003"을 응용하도록 한다.

㉡ 기계 · 탱크 · 설비의 내 · 외부 계단이나 마루 · 난간 · 피트에 연결된 고정계단을 설치하는 경우에는 참고자료에 제시한 미국 규격 "OSHA 1910.24(e)"를 응용하도록 한다.

⑤ 발판의 겹침(r)은 평면상의 발판일 때는 0 이상($r \geq 0$cm)이어야 하며, 판 모양의 발판일 때는 "$r \geq 1$cm" 이상이 되어야 한다.

⑥ 높이가 3m를 초과하는 계단에는 높이 3m 이내마다 너비 1.2m 이상의 계단참을 설치

⑦ 계단을 설치하는 때에는 발판으로부터 높이 2m 이내의 머리 공간에 장애물이 없도록 설치

⑧ 최상부의 발판은 계단참에 접하거나, 상부 발판과 계단참의 격차가 발판 높이와 같게 하여야 한다.

1) 비계다리 설치기준

항 목	내 용	비고
① 통 로	• 폭 90cm 이상	
② 장 선	• 1.98m 이하의 간격	
③ 계 단 참	• 높이 7m 초과시 7m이내마다 1개소 이상 • 길이 1.8m 이상	
④ 난 간	• 높이 90cm 이상 • 중간대, 폭목설치	
⑤ 방호조치	• 본 건물과의 사이에 낙하방지망 설치 • 통로면에서 높이 2m 이내에 장애물 제거	

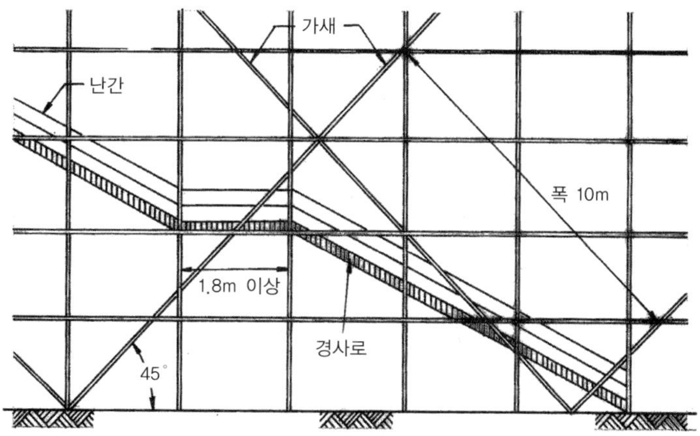

그림 1-29 비계다리 설치기준

2) 비계발판의 연결

① 발판은 움직임이 없도록 지지점에 밀착 고정

② 걸림이 없도록 돌출물 제거, 이음부 등을 최소로 유지

③ 단면 36×250mm, 길이 3.6m 정도의 판재로 하고 발판은 장선에 20cm 이하로 내밀어 걸치고 뒤놀거나 반전되지 않게 30cm 겹쳐 튼튼히 고정한다.

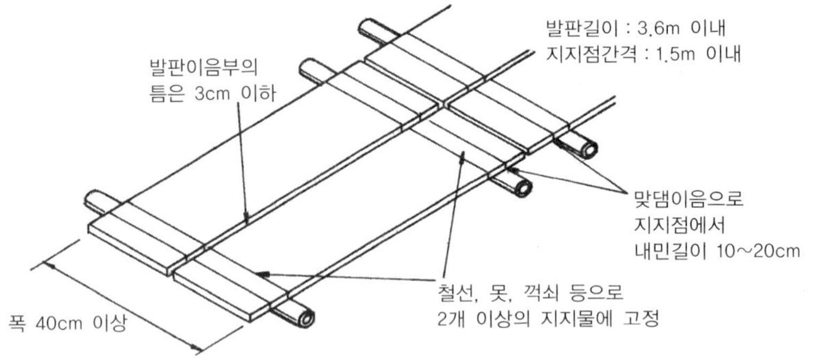

그림 1-30 발판의 연결

3) 미끄럼방지

① 경사각 15° 이상 30° 미만일 때 설치(30° 이상일 때는 계단설치)

② 3cm×4cm 정도의 목재사용

경사각	간격	경사각	간격
30°	30cm	22°	40cm
29°	33cm	17°	45cm
27°	35cm	17°이하	불필요

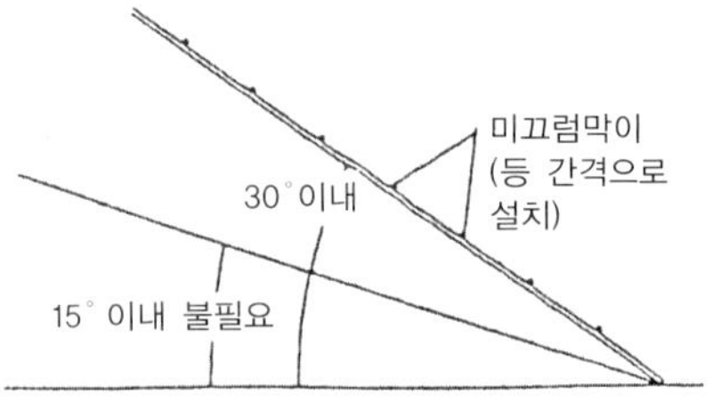

그림 1-31 미끄럼방지

1.7.2 작업발판의 구조

비계의 높이가 2m 이상인 작업 장소에서 다음 각호의 기준에 적합한 작업발판을 설치하여야 한다.

① 비계(달비계를 제외한다)의 폭은 40cm 이상, 발판 재료간의 틈은 3cm 이하로 할 것

② 작업발판재료는 전위하거나 탈락하지 아니하도록 두 곳 이상의 지지물에 부착시킬 것

③ 발판재는 너비 25cm 이상, 두께 4cm 이상, 길이 2.5~3.5m 내외의 구조상 안전한 널재를 사용하거나 이와 동등 이상의 효과를 가진 것을 사용한다.

그림 1-32 비계발판

1.7.3 Working Deck

작업의 안전성을 확보하기 위한 외부비계 대체공법으로 외부비계 설치로 인한 각종 문제점을 방지할 수 있는 가설공사의 일종이다.

1) Working Deck의 종류

종 류	내 용
① Parapet 형태	돌출부 양면에 브라켓을 이용하여 작업발판 설치
② Support 형태	Support를 상하부에 고정시키고 Support를 이용하여 외부에 작업발판 설치
③ Sliding Form 형태	Sliding Form에 설치되어 거푸집 작업, 내외부 Con'c 면처리작업 등에 사용

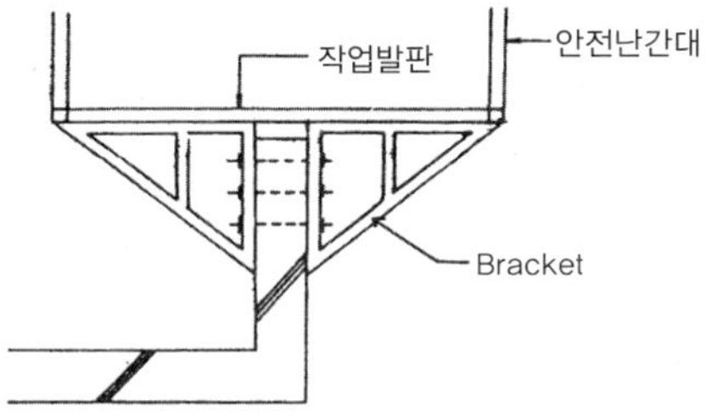

그림 1-33 Parapet 형태

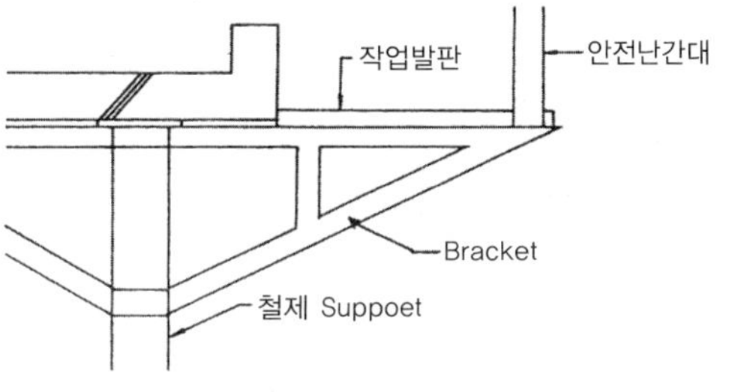

그림 1-34 Support 형태

1.7.4 공사용 보조물 및 잡시설

1) 개요

① 공사용 보조물 및 잡시설에는 가설도로, 구내도로, 구대(構臺), 사다리, 흙막이, 버팀대, 가새, 교량, 난간, 차단벽, 가설벽, 쓰레기용 슈트 등이 포함된다.

② 가설 쓰레기용 슈트(Chute)는 철판제 덕트(Duct), 폴리에틸렌(PE : Polyethylene)관 또는 두꺼운 합판이나 나무판자 붙임으로 하고 가새 등으로 견고하게 설치한다.

2) 가설 쓰레기 투하시설(Dust Chute)

THP(HDP, High Density Pipe)	F400 이상
PET(Polyethylene Terephtalste)	고장력 타이어사
부직포	소방호스 제작용 면

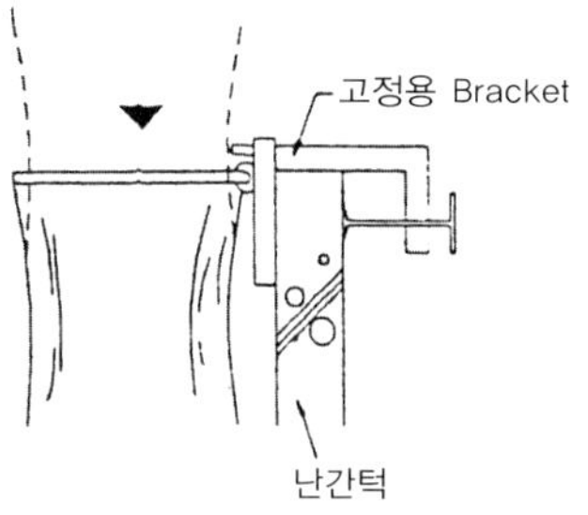

〈PET, 부직포 DUST CHUTE〉

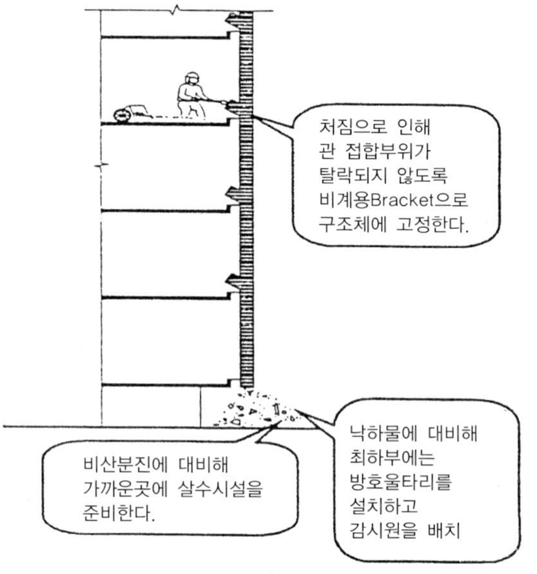

주의사항

① 높이 3m 이상에서 자재투하 시 반드시 설치
② 이음부는 충분히 겹칠 것
③ 투입구 주변에 낙하방지시설 설치
④ 슈트 하부 단말구에 먼지확산 방지용 마대 또는 천막지로 덮개를 설치하고 많은 먼지 발생 시는 살수처리로 먼지발생을 억제한다.
⑤ 소음발생 민원예상지역은 PE관 둘레를 부직포로 감싼다.
⑥ 설치위치는 공사 중 차량 또는 운반기구가 자유로이 왕래할 수 있는 곳으로 선정하고, 기초바닥은 리어카 운반이 용이토록 깊이를 결정

1.7.5 환경보호

1) 유의사항

① 기계 기구는 사용을 피하되, 부득이할 경우에는 시간을 정하여 사용하도록 한다.
② 소음, 진동, 분진 등이 심한 기계기구는 사용을 피하되 부득이할 경우에는 시간을 정하여 사용하도록 한다.
③ 공사 중 발생한 폐기물은 장외로 반출하여 폐기물 관리법에 따라 처리한다.
④ 공사현장을 출입하는 장비의 세척을 위한 세륜시설을 도로와 인접한 현장출입로에 설치한다.

2) 비산먼지발생 억제대책

설치 계획 시 다음 사항을 포함시켜야 한다.

항 목	내 용
① 토사운반 차량	• 적재물이 외부에서 보이지 않게 덮개 설치 • 적재함측면의 상단 5cm 이하까지 적재
② 단지내 도로	• 공사장 내부에서 차량속도는 20km/h 이하로 운행
③ 세륜 세차시설	• 1일 1회 이상 살수 • 자동식 세륜시설 또는 수조를 이용한 세륜시설을 설치
④ 건물 내 작업	• 5층 이상의 건물인 경우 방진막, 방진벽, 방진망을 설치

3) 세륜시설

통행이 원활한 위치에 분진 및 비산방지를 위한 세륜시설을 설치하고, 도로에는 살수차량을 운행시키다.

(1) 자동세륜기 설치도

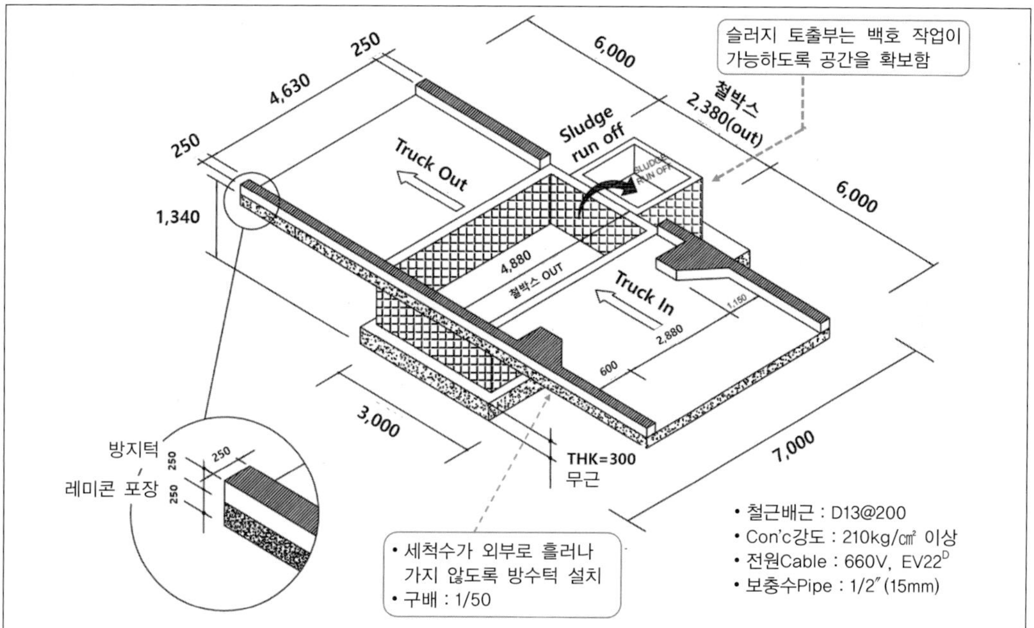

(2) 설치 시 유의사항

자동식 세륜시설의 금속지지대에 설치된 롤러에 차바퀴를 올려놓고 전력 또는 차량의 동력을 이용하여 차량의 바퀴를 회전시켜 차량의 바퀴에 있는 이물질을 제거할 수 있는 시설로 설치시 유의사항은 다음과 같다.

설치기준	내 용
① 세륜 방법	• 차륜 및 차량감지 시설에 의한 자동세륜
② 살수높이	• 수송차량의 바퀴부터 적재함 하단부 까지
③ 살수 길이	• 수송차량 전장의 1.5배 이상
④ 살수압력	• 3.0~5.0kg/㎠
⑤ 슬러지 배출	• 컨베이어에 의한 자동 배출
⑥ 세륜시간	• 25초~45초/대
⑦ 세륜 능력	• 8시간 기준 480대~600대/일

(3) 종류

자동식 세륜시설 종류	특 징	비고
㉠ Roll Type	• Roller에 의한 차륜 강제 구동 • 세륜 성능이 우수하며 도심지에 설치 • 경사지 사용불가	
㉡ Grating Type	• 차량자체의 동력으로 전진 또는 후진 • 세륜 시간이 짧고 외곽지역에 설치 • Roll Type에 비해 고장이 적다.	
㉢ Road Type	• 세륜기용 콘크리트 기초는 생략 • 이동 및 재설치가 용이함	

(4) 수조를 이용한 세륜시설

수조의 규격

넓이 : 수송 차량의 1.2배 이상
깊이 : 20cm 이상
길이 : 수송차량 전장의 2.0배 이상
기타 : 수조수의 순환을 위한 침전조 및 배관 설치 또는 물을 연속적으로 흘려보낼 수 있는 시설을 설치

측면살수시설

높이 : 수송차량의 바퀴부터 적재함하단부까지
길이 : 수송차량전장의 1.5배 이상
살수압 : 3kg/㎠ 이상

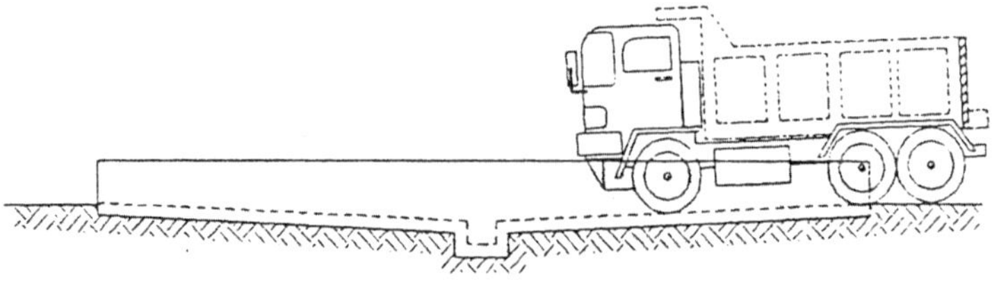

(5) 종류별 특징

① 롤러 구동형

▣ 특징
- 10개 ROLL TYPE 자동 세륜기
- 별도의 관리 인원이 필요 없는 자동 세륜기
- 3.5kg/㎠의 고압세륜
- 24ton 전용 세륜기

② 수조식 세륜시설

▣ 특징
- 설치 및 운영비용이 저렴함
- 벽도의 기초공사가 필요 없는 수조 일체형
- 차수막을 설치하여 세륜수의 비산을 방지함
- 세륜수 순환방식
- 모든 차종 세륜
- 신속한 세륜

③ 그레이팅식 세륜시설

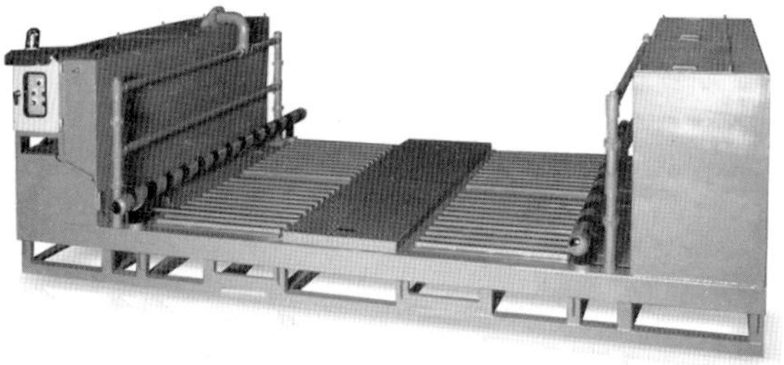

▣ 특징
- 완전한 세륜이 가능하도록 멀티 분사 노즐과 내구성 고려한 고강도 설계
- 침전된 토사를 외부로 자동 배출시키는 스크리퍼콘베어가 장착되어 바퀴사이 진흙까지도 완전하게 세륜이 가능하도록 설계됨
- 세륜시 매우 느린 속도로 진입 및 진출을 해야 하며, 살수가 끝난 후 차량이 세륜기에서 벗어나야 한다.

4) 살수차

살수차는 비산먼지가 발생하지 않도록 건설현장에 물을 뿌릴 수 있게 개조된 차량으로 건설공사로 인한 환경 훼손 및 오염의 방지 등 환경관리를 위해 공사비에 반영한다.

그림 1-35 살수차

1.7.6 안전과 보양

1) 안전 및 보양시설에는 안전시설, 안전표지, 화재방지, 경계신호, 조명, 가설울타리, 인도용 교량, 경비 또는 사원 안전교육 계획, 환경보호, 기타 등이 포함된다.
2) 공사실시에 따른 재해방지는 건축법, 산업안전보건법, 근로안전관리규정, 산재보험법, 소방법 및 전기관계법, 기타 관계규정에 따라 적절한 대책을 강구한다.
3) 조사, 시험, 계량기 검측과 이와 관련된 자료의 사본과 배수, 난방, 환기, 습도조절, 승강시설(자재운반용 포함), 전기배선, 조명, 기타 이와 관련되는 설비를 포함한 가설공사 시설의 작동 시에는 안전을 보장하는 조치가 필요하다.
4) 가설공사 시설은 과부하, 동파, 오염, 홍수, 화재, 질병, 대지침식, 완공된 공사의 손상, 공공질서 방해, 기타 해로운 영향을 배제하고 보호, 유지한다.

Chapter

02 토공사

2.1 토공사 개요

2.1.1 토공사 개요

건축공사에서 시공계획의 수립이나 공사 준비가 완료되면 가장 먼저 착수하는 것이 토공사이다. 이 토공사에는 대지조성을 위한 터닦기로서, 절토(깎아내기), 굴토(터파기), 매토(되메우기), 성토(흙돋우기), 다짐(흙다지기), 정지(흙고르기), 잔토처리 등을 말하며, 대지조성에 관련되는 흙막이벽, 석축, 배수로 등을 토공사에 포함시키는 경우도 있다.

토공사는 지중작업으로 공사착공 전에 지반조사를 하였다고 해도 지하수의 유출이나 암반의 돌출 등 예측하지 못하였던 장애물과 강우, 천후 등의 영향을 받아 공사진행의 지연과 공사비의 증대를 초래할 우려가 가장 많은 공사 중의 하나이다.

토공사 중 흙파기 공사에서 특히 주의할 것은 토질상황을 충분히 조사하여 계획에 차질이 없도록 하여야 한다. 정밀치 못한 시공계획은 불의의 사고 또는 장애를 초래하여 공기, 공사비 등의 낭비가 발생하기 쉽다. 또한 인접한 건물에 균열발생이나 침하 등의 피해를 주지 않아야 하며, 소음, 진동 등 각종 공해에 충분한 대책을 강구할 필요가 있다. 특히 지하수 처리 및 토사붕괴 등에 대해서는 사전대비 계획을 작성해 놓는 것이 좋다. 시공계획은 설계도서를 분석하여 지반성상의 검토와 입지조건의 조사, 시공방법과 순서, 시공기계의 적용성, 공해방지, 공기, 경제성 등의 요점에 대해서 검토한 후에 작성한다.

〈표 2-1〉 토공사(Earth Work)의 분류

항 목	내 용
절토(Cutting)	기존 지반선(계획고)을 기준으로 상부에 있는 토사를 깍아내는 작업
굴토(Excavation)	기초, 지하실을 만들기 위해 지반을 파내는 작업
성토(Filling)	기존 지반선(계획고)을 기준으로 계획고까지 쌓아 올리는 작업
되메우기(Backfill)	지하 구조물 주위 등 여분으로 판 부분에 대해 토사를 메워 복구하는 작업
다짐(Compacting)	토양의 강도를 증가시키거나 투수성 억제를 목적으로 토양에 외부 압력을 가해 다지는 작업
잔토처리(Disposal)	굴착한 흙에서 되메우기, 성토 등에 사용하는 만큼을 제외한 나머지 흙을 처리하는 방법

2.1.2 토공사 사전조사

〈표 2-2〉 사전조사 내용

항 목	내 용
① 설계도서 검토	설계도면 · 시방서 · 구조계산서 검토, 도면과 현장과의 차이점 분석
② 계약조건	공사기간, 제반 계약서 내용숙지, 관계법령 및 법적 규제조건 조사
③ 입지조건	부지의 상황, 매설물, 공작물, 교통상황, 측량, 인접구조물 파악
④ 지반조사	지반의 구성, 지층의 토질성상 조사
⑤ 지하수 상태	수위, 수압, 수량, 피압수 파악
⑥ 지반의 고저	도로와 지반의 고저차, 인접건물의 G.L과 신축건물의 차이 분석
⑦ 계절 및 기상	강우량, 집중호우, 강설량, 하천범람, 지반침하 여부
⑧ 환경공해	소음, 분진, 진동에 따른 민원대책
⑨ 관계법규 조사	행정관청의 인허가 사항 검토, 보건 · 환경 · 소음에 대한 제반 법규
⑩ 공사실적 조사	인근에서 행하여지고 있는 지반공사의 시공법
⑪ 고대유적지 여부	문화재 발굴시 관계기관과 협의

〈표 2-3〉 토공사 조사사항

조사 항목		조사 내용
부지내 조사	부지의 상황	경계선(굴착선과 경계선의 위치관계), 지반의 고저
	매설물	잔존구조물(구 건물의 지하실 · 기초 · 파일)의 매설물의 위치 · 치수
	공작물 등	연못, 우물, 옥외 등의 위치, 수목의 위치

<table>
<tr><th colspan="2">조사 항목</th><th>조사 내용</th></tr>
<tr><td rowspan="4">부지 주변
조 사</td><td>교통상황</td><td>부지까지의 경로(도로폭원), 주변도로의 상황(도로폭원, 교통량, 신호의 유무, 일방통행, 좌 · 우회전 금지), 잔토처리장까지의 경로(도로폭원, 높이 제한, 평균소요시간)</td></tr>
<tr><td>매설물</td><td>상하수도관, 가스관, 전신케이블, 공동구, 지하철, 맨홀 등의 위치 · 치수 · 형상</td></tr>
<tr><td>공작물</td><td>전주 · 전화박스 · 소화전 · 화재탐지기 · 신호 · 교통표지 · 가로등 · 우편포스터 · 가로수 · 버스정류장 등(위치 · 출입구의 위치관계 · 형상 · 치수, 이설의 가능성)</td></tr>
<tr><td>인접구조물</td><td>건물(부지경계선부터의 거리, 구조 · 기초형식 · 중량), 특수구조물(옹벽 · 호안 등의 위치, 구조 · 기초형식 · 중량 등)</td></tr>
<tr><td rowspan="3">지반상황
조 사</td><td>지반구성</td><td>지층 구성순서, 각층 두께</td></tr>
<tr><td>지층의 토질 성상</td><td>물리적 성상(단위용적중량 · 입도분포 등), 역학적 성상(점착력 · 내부마찰각 · 1축 압축강도 · N값 · 압밀 특성 등), 수리학적 성상(투수성 · 간극 · 수압)</td></tr>
<tr><td>지하수 상태</td><td>수위, 수량, 유향(流向), 피압수(被壓水)</td></tr>
<tr><td rowspan="3">기 타</td><td>사회적조건</td><td>소음 · 진동(상시) · 공해에 대한 주민의 반응</td></tr>
<tr><td>지형조건</td><td>기상, 하천(海), 지반침하</td></tr>
<tr><td>공사실적</td><td>근린에서 행한 지하공사의 시공법 등</td></tr>
</table>

2.2 토공사 시공계획

최근 건축물의 규모가 대형화, 고층화하고 도심지에서의 근접시공하는 경우가 많기 때문에 지반의 붕괴나 침하 등에 의해 근린에 미치는 공해성, 위험성이 크고 대형사고를 유발하기 쉽다. 이들 사고의 복구에는 많은 경비, 자재, 공기를 투입하여 공사전체에 치명적인 손실과 사회적인 문책을 받게 된다. 따라서 지하공사계획은 특히 경험을 살려 고도의 기술력을 가지고 신중히 행하여야 한다.

2.2.1 토공사 내용

지하공사 계획을 세우는데 있어서 주요 내용은 다음과 같다.

① 각종 조사자료

② 굴착계획도(굴착단면, 굴착방법, 굴착기종, 동선계획, 잔토처분 등)

③ 흙막이 계획도(흙막이 평면 단면, 건물과의 관계도, 상세도)

④ 배수계획도(배수방법, 배수기계, 동배치도, 배수계통도, 이수처리도)

⑤ 관리계획도(주변 건물, 변형측정계획, 흙막이 계측설비)

〈표 2-4〉 토공사 진행 Flow Chart

사 전 조 사	주변조사, 지반조사, 토질조사
굴착단면의 검토 (흙막이 필요성 검토)	부지 경제의 지하실의 관계, 건물의 구조, 지하수의 종류, 건물기초 구조, 부지 주변의 상황
흙막이 공법의 선정	부지 넓이와 지하부분 깊이, 토질확인, 소음진동허용치, 지수의 필요성, 안전성, 경제적, 공기의 검토, 공해
배 수 계 획	투수계수 조사, 지하수의 조사, 양수량 측정, 주변 지하수 이용자 조사, 하수관 배수능력 조사, 배수펌프능력 조사, 경제성 검토
굴착방법의 검토	굴착순서, 굴착기계의 선정, 전대수의 산정, 동선 및 구대계획, 잔토반출기계의 선정, 동대수의 산정
굴착토 매립토의 운반	잔토반출도록 경로계획, 잔토 매립토 반입방법, 매립토
인가 양생계획 도로 양생계획	인접구조물 중량기초 구조 조사 동양생방법 돌담웅벽 등의 양생방법, 지중매설물 양생, 전주, 수목 등의 이설 양생

2.2.2 토공사 검토사항

1) 공정계획 검토

① 설계도면 및 토량분배계획에 의해 절토, 성토 및 잔토량.

② 토공량, 토질, 지형, 지상조건 및 타공사와의 관련성 및 성토에 의한 주변지반에의 영향 등.

③ 지장물 등을 처리할 경우 조사기간, 이설 또는 방호에 필요한 기간이 충분한지 여부.

④ 터파기 · 되메우기의 시기, 흙막이의 설치 및 철거시기와 후속작업과의 관련성 여부.

2) 토공계획 검토

① 사전 조사된 자료에서 지층의 분포상태 검토

② 토량 배분계획에 명기된 절토, 성토량의 균형, 지층분포의 상태, 운반거리 등

③ 공사목적, 시공량, 공기 · 공정, 규모, 지형, 토질 등을 고려한 토공기계의 투입계획

④ 작업에 따른 충분한 안전계획

3) 기존시설의 처리계획 검토

① 공사 착수 이전 현지조사 내용

② 이전, 보존 및 철거해야 할 기존시설물의 제반대책 및 시공방법
③ 문화재인 경우 사전조사 실시여부 및 시공 중 발견된 경우 처리절차

4) 흙막이계획 검토

① 흙막이 구조계산서, 시공도 등의 적합성 여부
② 존치기간 중의 이상유무
③ 흙막이 철거 시 주변의 침하나 활동에 대한 대책이 충분한지 여부

5) 절토 및 터파기 검토

① 설계서를 근거로 절토의 범위, 토질 및 공법 검토
② 절토 후의 사면의 활동, 붕괴에 대한 안전성, 사면의 구배, 높이(길이)등 검토
③ 터파기면, 절토면의 평탄성, 토사의 붕괴, 용수 또는 집수 유무 확인
④ 절취바닥면, 터파기 바닥면의 토질과 지반의 지지력 확인

6) 되메우기 검토

① 되메우기 재료로 지정된 토사 사용여부 확인
② 최적함수비에 가까운 상태에서 층별 다짐두께 이하로 균일하게 다지는지 확인
③ 구조물 부근의 되메우기 시 작업 중에 구조물이 손상되지 않는 시공방법인지 검토
④ 되메우기는 흙의 침하에 따라 구조물 주변의 매설관 등 기존 구조물에 영향을 주는가를 검토
⑤ 모래로 되메우기 할 경우 충분한 물다짐을 실시하고, 일반흙 되메우기 시는 두께 30mm 마다 다짐밀도 95% 이상 또는 다짐밀도 규정이나 공사시방서에 따라 다진다.

7) 잔토처리 검토

① 장내처리 시 건물주변의 잔토는 가능한 한 공사장 내에 깔아서 처리하는지 여부
② 장외 처리 시 각종 관계법규에 의한 규제사항의 저촉여부 검토(토사의 유출방지 대책, 가설도로의 정비 등)

8) 배수처리 검토

① 배수계획도에 의한 적합한 가설배수구를 설치하였는지 확인
② 토사의 유출방지와 인접지의 보호를 위한 가설물막이, 침사지 등을 설치했는지 확인
③ 터파기 또는 흙막이 설치 후 굴착하는 경우 배수는 비탈면, 터파기 저면 및 막이 등이 안전한 상태로 실시했는지 확인

9) 비탈면 보호 검토

① 비탈면의 구배와 표면이 적절하며 절취 · 성토면이 활동 · 붕괴가 생기지 않는지 확인

② 비탈면 보호의 공종 및 방법이 적정한지 검토

2.3 흙의 성질

2.3.1 흙의 종류별 특징

건축물을 지탱하는 흙의 암반, 돌, 모래 실트(Silt), 진흙, 롬(Loam) 등으로 구성되어 있는데, 각기 다른 성질과 강도를 가지고 단독 또는 혼합하여 층을 이루어 지반을 형성하고 있다.

지반이 모래질이 많은가, 또는 진흙질이 많은가에 따라서 지반의 지지력 또는 토압이 다르다. 흙의 종류는 암반, 조약돌(역암), 호박돌, 이암(Mud stone), 모래(Sand), 진흙(Clay), 실트(Silt), 개흙(Mud), 부식토(Humus), 로움 등이 있으나, 실제 토량은 이들의 혼합물로 존재하고 있는 상태이다.

종 류	특 징
모래 (Sand)	지름 0.05~0.02mm의 모래, 천연 암석이 풍화작용 또는 침식작용에 의하여 생긴 세립의 골재이다. 채취 장소에 따라 강모래(개울모래), 산모래, 바다모래가 있다.
진흙 (Clay)	지름 0.005~0.001mm의 흙, 모래와 달리 점착력은 있으나 내부마찰각은 거의 없다. 장기하중에 대하여 압밀현상을 일으킨다
실트 (Silt)	지름 0.05~0.005mm의 미세분을 말한다. 주로 모래와 같은 광물조성의 것이지만 때로는 규산알루미늄, 알칼리성 흙, 산화철분을 다량으로 포함할 때가 있다
로움 (Loam)	화산재 · 화산모래와 점토와의 혼합물로서 바람에 운반되어 퇴적된 무층리의 황갈색 또는 적갈색의 토양이다

2.3.2 지반의 성질

① 모래질 지반(砂質地盤) : 모래성분이 많고 점착력이 비교적 적거나 아주 무시할 정도의 지반

② 진흙질 지반(粘土質地盤) : 진흙분이 아주 많고 내부마찰각이 적거나 아주 무시할 정도의 지반

2.3.3 흙의 전단강도(Shearing Strength)

흙의 성질은 일반적으로 물리적 성질과 역학적 성질로 구별할 수 있으며 역학적 성질로는 전단강도, 압밀, 투수성 등이 있다. 전단강도는 흙의 가장 중요한 역학적 성질로서 기초의 하중이 그 흙의 전단강도 이상이 되면 흙은 붕괴되고 기초는 침하, 전도되므로 기초의 극한 지지력을 알 수 있다.

1) 전단강도(Coulomb의 법칙)

$$\tau = C + \sigma \tan\phi$$

여기서, τ : 전단강도

C : 점착력

σ : 파괴면에 수직적인 힘(유효응력)

$\tan\phi$: 마찰계수

ϕ : 내부마찰각

① 점토(내부마찰각 zero) : $\tau \fallingdotseq C$

② 모래(점착력 zero) : $\tau \fallingdotseq \sigma \tan\phi$

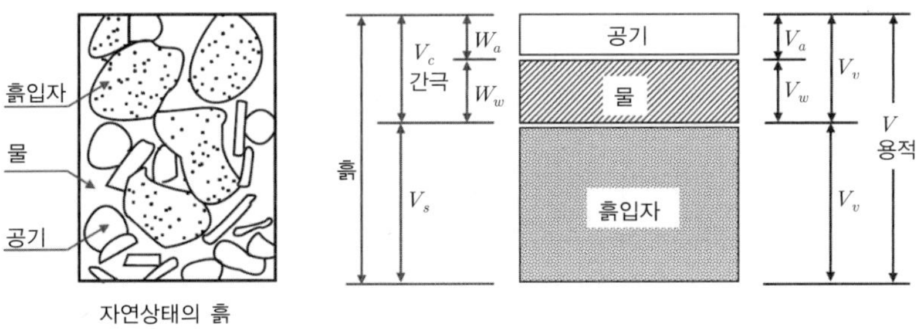

그림 2-1 흙의 구성

2.3.4 흙의 정량적 표시방법

간극비 $= \dfrac{V_v(\text{간극용적})}{V_s(\text{토립자용적})} \times 100(\%)$	함수비 $= \dfrac{W_w(\text{물중량})}{W_s(\text{토립자중량})} \times 100(\%)$
포화도 $= \dfrac{V_w(\text{물의 용적})}{V_v(\text{물· 공기용적})} \times 100(\%)$	예민비 $= \dfrac{\text{자연시료의 강도}}{\text{이긴시료의 강도}}$
※ (예민비는 흙을 이김에 따라 약해지는 정도를 표시한 것임)	

1) 흙의 간극비

(1) 간극비 정의

흙은 흙입자와 간극으로 구성되고 간극은 물과 공기로 구성되어 있다.

간극비는 흙입자의 용적에 대한 간국의 용접비를 말한다.

$$간극비 = \frac{V_v(간극용적)}{V_s(토립자용적)} \times 100(\%)$$

(2) 간극비가 높을 때 토질의 상태(간극비의 성질)

간극비가 크면	전단강도	작아(감소)진다.
	지지력은	적어진다.
	점토지반에서 점착력이	
	모래지반에서 내부마찰력이	
	압축성, 투수성, 압밀침하	커진다.
	보일링 현상	발생한다.

(3) 간극비 감소방법

다짐철저, 연약지반 개량, 탈수공법, 배수공법

(4) 간극비 특징

- 간극비<1 : 예민비가 1에 가까운 경우가 많음(사질토)
- 간극비>1 : 예민비가 4~5 정도의 경우가 있음(점토질)

2) 흙의 예민비(sensitivity ratio)

(1) 예민비 정의

점토에 있어서 자연시료는 어느 정도 강도가 있으나 이것은 함수율을 변화시키지 않고 이기면 약해지는 성질이 있으며, 흙의 이김에 의해서 약해지는 정도를 말한다.

$$예민비 = \frac{자연시료의\ 강도(불교란시료의 강도)}{이긴시료의\ 강도(교란시료의 강도)}$$

(2) 예민비의 성질

① 점토지반 : 점토를 이기면 자연상태의 강도보다 예민비가 작아진다.

② 점토지반 : 진동다짐을 해서는 안되며, 전압식 다짐을 해야 한다.

③ 모래지반에서는 모래를 이기면 자연상태의 강도보다 커진다.

④ 모래지반에서는 진동식 다짐을 해야 한다.

(3) 토질에 따른 예민비(S_t)

① 점토지반	$S_t > 1$ ($S_t = 4 \sim 8$ 예민, $S_t < 2$ 비예민, $S_t > 8$ 초예민, $S_t = 2 \sim 4$ 보통)
② 모래지반	$S_t < 1$

2.3.5 흙의 압밀 특성

1) 압밀현상(Consolidation)

일반적으로 모든 흙은 압축성을 가지고 있다. 따라서 이러한 흙이 하중을 받게 되면 체적이 감소한다. 체적의 감소는 크게 두 가지 이유로 분류할 수 있는데, 첫째는 흙 입자사이의 간극을 차지하고 있는 공기가 배출되어 체적이 감소하는 현상으로 이를 "압축"이라 하고, 둘째는 간극 속에서 물이 빠져 나감으로서 오랜 시간에 걸쳐 흙이 압축되어 체적이 감소하는 현상으로 이를 흙의 압밀이라 한다. 압밀이란 연약점토지반에서 하중을 가하여, 흙 속에 간극수를 제거하는 것을 의미하며, 압밀현상은 장기적으로 침하가 발생하는데 이를 압밀침하 또는 장기압밀침하이다.

2) 압밀특성

① 점토지반에서 발생
② 장기간에 걸친 침하
③ 침하량이 비교적 크다
④ 흙속에 간극수 제거
⑤ 소성적 변형 발생

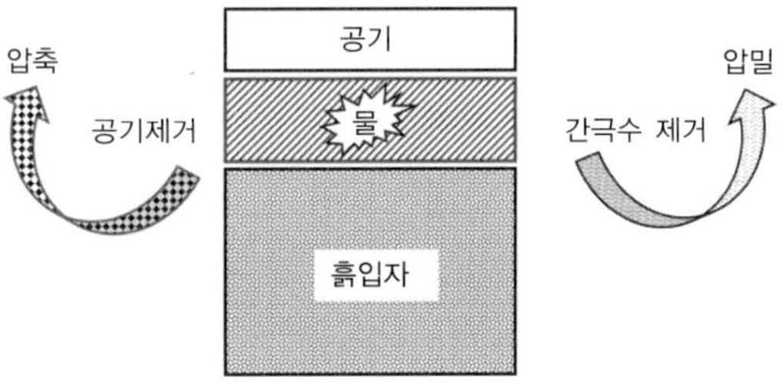

3) 침하의 종류

① 탄성침하	• 재하와 동시에 즉시 침하발생 • 하중을 제거하면 원상태로 복귀함 • 모래지반에서는 압밀침하가 없으므로 탄성침하를 전침하량으로 함
② 압밀침하	• 1차 침하라고도 한다. • 점성토지반에서 탄성침하 이후에 장기에 걸쳐 발생됨 • 흙이 자중 또는 외력을 받아 간극수가 빠져나가면서 그 부피가 줄어들며 침하가 발생되는 것으로 하중을 제거하면 침하상태로 있음
③ 2차 압밀침하	• 점성토의 creep에 의해 일어나는 침하로 creep 압밀침하라고도 함 • 압밀침하 완료 후 계속되는 침하현상으로 구조물 크랙 발생의 원인제공
④ 침하	• 사질토의 침하(S_e), 점토의 침하$= S_{ev} + S_c + S_d$

2.3.6 모래와 점토의 압축곡선

시간의 경과에 따른 모래와 점토지반의 침하량을 도표화하면 다음과 같다.

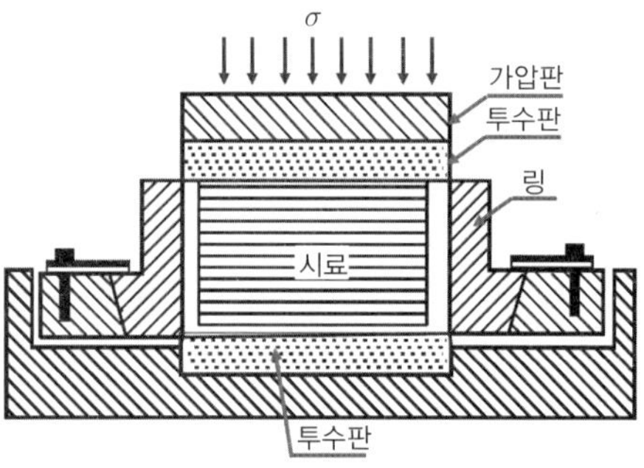

그림 2-2 압밀시험장치

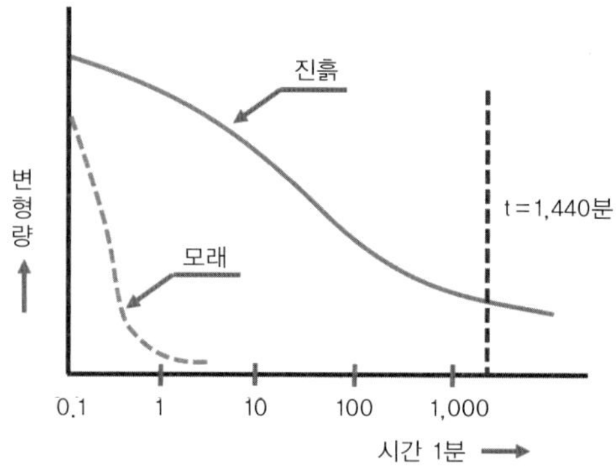

그림 2-3 변형량

모래와 점토의 압축곡선이 차이가 나는 원인은 이들의 공극비와 투수계수가 각각 다르기 때문이다. 즉, 모래는 점토에 비해 공극비가 커서 압축량이 많고, 투수계수가 커서 압축이 빨리 끝나게 된다.

사질지반이 '느슨하다' 함은 공극비가 크다는 것을 의미하고 따라서 압축량이 크게 되어 침하가 증가한다. 이러한 지반은 적당한 진동을 가함으로써 침하량을 감소시킬 수 있다.

반면에 점성토지반은 공극비가 작고 투수계수가 매우 작아서 압축에 소요되는 시간이 길고 침하량이 대단히 크다.

2.3.7 소성한계, 액성한계

흙은 그 함수량의 변화에 따라 그 성질이 변화한다. 건조흙에 물을 가하여 가면 다음과 같은 상태로 변화하고 그 변화추이 상태의 한계를 시험방법으로 정한 것이 소성한계 및 액성한계이다.

〈표 2-5〉 지반의 토질에 따라 변화

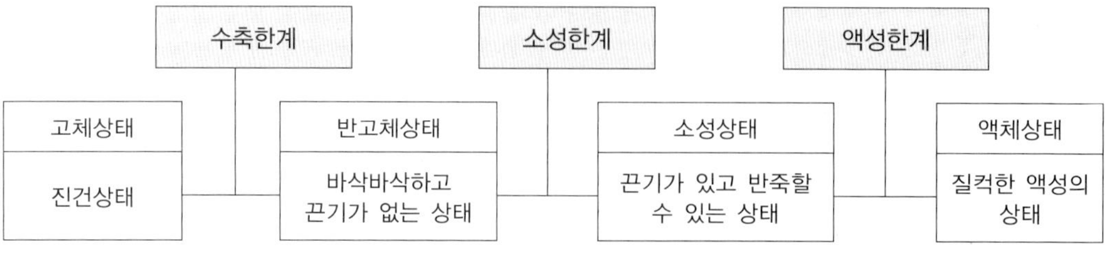

2.4 터파기공사

기초공사를 하기 위해 땅을 파는 일을 기초파기 또는 터파기라 한다. 기초파기에는 독립 기둥 밑을 단독으로 파는 구덩이파기, 벽체, 지붕보의 밑을 도랑 모양으로 파는 줄기초파기, 지하층 밑을 전부 파는 온통파기가 있다.

터파기공법에는 다음과 같은 것을 들 수가 있다.

2.4.1 표토 걷어내기

지표면에서 1m 깊이까지는 나무뿌리, 쓰레기, 구건물의 기초 등이 매설되어 있어 기초파기에 장애가 되므로 이를 제거하는 작업을 표토 걷어내기라 한다.

2.4.2 깎아내기(切土)

보통 한사람의 1일 굴토량(堀土量)은 2~6m³ 정도이며, 삽으로 떠서 무리한 힘을 들이지 않고 던질 수 있는 거리는 수평으로 2.5m, 수직으로 1.5~2m 정도이다. 따라서 2인 이상이 되면 다른 사람의 힘을 빌려 릴레이식으로 흙을 파낸다. 수직파기일 때는 2단 젖힘으로 시공한다.

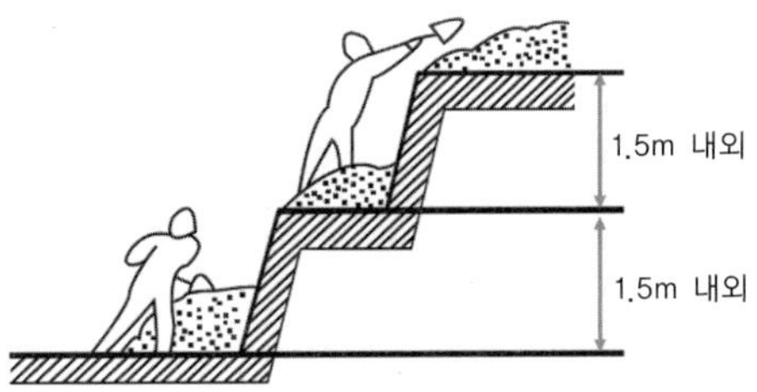

그림 2-4 2단 젖힘

2.4.3 굴삭계획

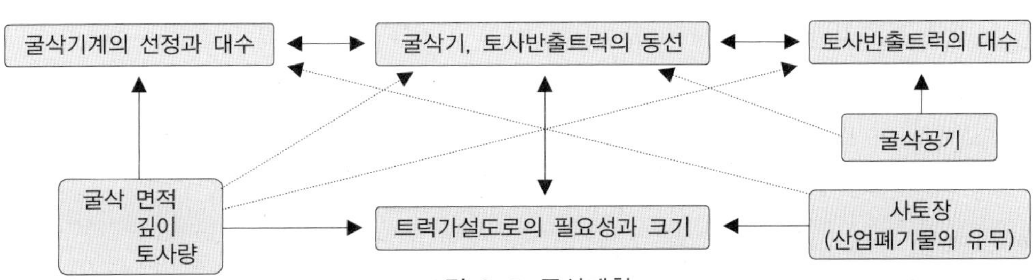

그림 2-5 굴삭계획

2.4.4 흙의 휴식각(안식각, 마찰각, 자연경사각 자연구배)

1) 개요

건조된 모래를 수평면에다 쌓으면 어느 한도까지 흘러내리다가 정지하는데, 이때 모래의 표면과 수평면은 일정한 각도를 이룬다. 이 각도를 그 모래의 휴식각이라 한다.

흙의 휴식각에는 마찰력 외에 응집력, 부착력이 작용하게 되며, 이러한 힘은 함수량에 따라 변화하게 된다.

기초파기에 있어서 그 사면을 해결하는 파기의 경사는 흙막이를 하지 않을 경우, 휴식각의 2배 정도 또는 기초파기의 윗면은 밑면에서 소요되는 너비보다 양쪽으로 파는 길이는 1/3~2/5 정도 더 넓게 파기 시작해야 하며, 견적 시에는 이를 고려하여야 한다.

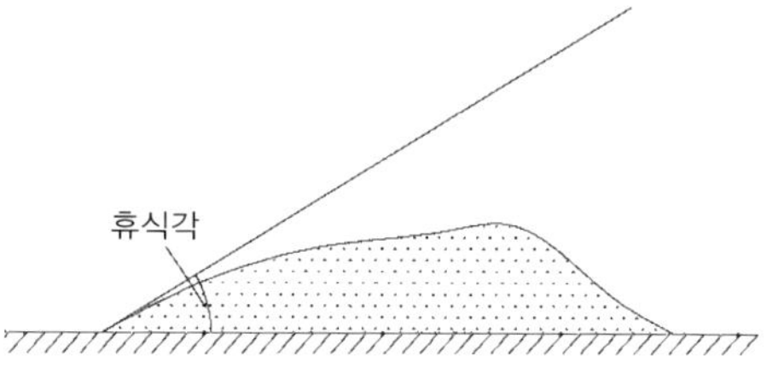

그림 2-6 흙의 휴식각

2) 휴식각의 영향요인

① 흙의 종류
② 흙의 내부 수분상태
③ 흙의 적재 높이

3) 휴식각의 특징

① 토사의 안식각은 토사의 종류, 토사의 함수량에 따라 변화한다.
② 보통 휴식각은 실제로 마찰력 외 점착력 및 부착력이 작용하고 함수량에 따라 변화함
③ 흙파기의 경사각의 안정성은 흙의 밀실도에 따라 다름
④ 성토 흙의 경사면은 절토 경사면보다 각도가 큼
⑤ 보통 흙파기의 경사각은 휴식각의 2배 정도임

4) 토사의 휴식각

① 모래와 점토지반의 휴식각은 함수율에 따라 약간 차이는 있음
② 습윤상태의 진흙의 휴식각 : 20~45도
③ 습윤상태의 모래의 휴식각 : 20~35도

〈표 2-6〉 토질에 따른 휴식각과 변화량

토 질		휴식각	파내기 경사각	무게(t/㎥)	부피 증가(%)	비 고
모 래	건 조	25~40	40~70	1.7~1.9	10	
	보 통	30~45	60	1.8~2.0	15	
	습 윤	20~30	40	2.0~2.2	20	
보통흙	건 조	20~45	40	1.6~1.8	12~20	
	보 통	30~45	50	1.8~2.0	15~20	
	습 윤	15~30	50	1.8~2.0	20~25	
자 갈	일 반	30~40	60	1.7~2.0	10~20	
	모래, 진흙	20~35	40	1.7~1.9	15~20	
	반 석 이					
진 흙	건 조	40~50	80	1.6	20~45	
	보 통	20~35	70	1.8		
	습 윤	20~25	40	2.0		
연 암	암 반	–	–	2.4	30~50	
	경 암	–	–	2.6	70~100	

주) 깊이가 1.0m 미만일 때 20cm 더 넓게 함
깊이가 2.0m 미만일 때 30cm 더 넓게 함
깊이가 4.0m 미만일 때 40cm 더 넓게 함
깊이가 4.0m 이상일 때 50cm 더 넓게 함

2.4.5 토량의 변화

1) 토량 변화율

흙은 취급하는 상태에 따라 밀도와 부피가 변하므로 토공작업에서 부피의 변화는 공사비 산정에 중요한 변수가 된다.

① 원지반 토량	굴착할 토량으로 자연지반, 본바닥 또는 제자리라고도 말한다.
② 흐트러진 토량	운반할 토량으로 느슨한 토량이라고도 한다.
③ 다져진 토량	다져진 후 완성된 토량을 말한다.

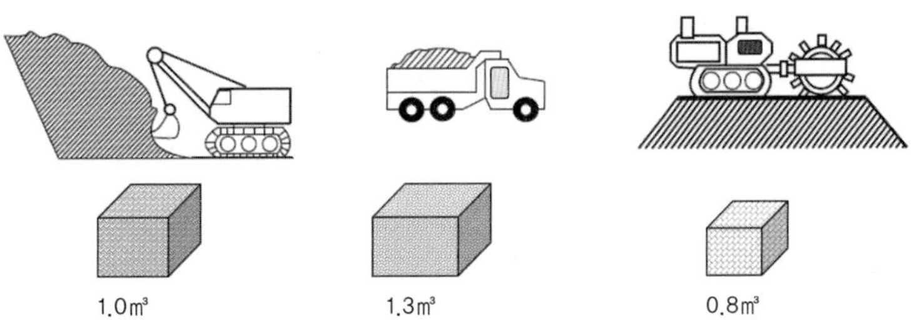

(a) 원지반 토량　(b) 흐트러진 토량　(c) 다져진 토량

그림 2-7 흙의 팽창과 수축

토량의 변화는 세 가지 상태의 체적비를 원지반 토량을 기준으로 C와 L로 표현하며, 이를 토량 변화율이라 하며, 그 표현은 다음과 같다. 토량 변화율 L, C의 값은 각 토질에 따라 다르며, 일반적으로 표와 같다.

$$C = \frac{\text{다져진 토량}}{\text{원지반 토량}} \qquad L = \frac{\text{흐트러진 토량}}{\text{원지반 토량}}$$

【예제】 토량 변화율 L=1.25, C=0.9인 사질토를 가지고 30,000㎥을 성토할 경우 굴착 및 운반토량을 산정하라.

[풀이] 굴착토량 $= 30,000 \times L / C = 30,000 \times 1.00/0.9$
$= 33,333.3\text{m}^3$
운반토량 $= 30,000 \times L / C = 30,000 \times 1.25/0.9$
$= 41,666.7\text{m}^3$

〈표 2-7〉 토량의 변화율

종 별	L	C
경암 보통경암 연암	1.70~2.00 1.55~1.70 1.30~1.50	1.30~1.50 1.20~1.40 1.00~1.30
호박돌	1.10~1.15	0.95~1.05
역 역질토 고결된 역질토	1.10~1.20 1.15~1.20 1.25~1.45	1.10~1.05 0.90~1.00 1.10~1.30
모래 암괴, 호박돌 섞인 모래	1.10~1.20 1.15~1.20	0.85~0.90 0.90~0.95
모래질흙 암괴, 호박돌 섞인 모래 질흙	1.20~1.30 1.40~1.45	0.85~0.95 0.90~0.95
점질토 역이 섞인 점질토 암괴, 호박돌 섞인 점질토	1.25~1.35 1.35~1.40 1.40~1.45	0.85~0.95 0.90~1.00 0.90~0.95
점토 역이 섞인 점토 암괴, 호박돌 섞인 점질토	1.20~1.45 1.30~1.40 1.40~1.45	0.85~0.95 0.90~0.95 0.90~0.95

2.4.6 터파기 공사시 주의사항

1) 잡석지정에 있어서는 잡석다지기로 인한 침하를 고려하여 기초파기 바닥을 약간 높게 한다. 즉 로움(Loam)토에서는 5~10cm의 침하량이 있다. 파기의 깊이는 소정의 바닥

깊이 이하로 파야하기 때문에 검사를 하면서 파야한다.

2) 토사의 붕괴가 우려되는 경우에는 흙의 휴식각을 참조하여 적절한 구배를 잡거나 널말뚝 등에 의한 흙막이를 하여야 한다.
3) 기초파기로 인한 부근지반의 침하에 의해서 인접 건물에 손해를 주지 않도록 조치를 취한다.
4) 용수, 우수, 괴는 물 등은 집수정을 마련하고 펌프로 배수한다.
5) 기초파기에는 삽으로 파기(깊이 약 1.5m 마다 단젓힘)와 기계파기가 있다.
6) 기초파기에 의해 파여진 흙은 용적이 팽창하므로 잔토, 반출토량의 계산에 있어서 이 양을 고려해야 한다. 파해친 흙을 성토하여 다진 경우의 토량의 변화는 표 2-7과 같다.
7) 저 지반면을 직접 지지지반으로 할 경우 기계굴삭을 하면 기계의 중량이나 진동으로 지지지반이 흐트러질 염려가 있으므로 거기에서 약 10~20cm 여유를 두고 기계굴착을 중지하고 잔여분은 삽 등의 인력파기로 한다.

2.4.7 건설기계의 종류

일반적으로 건설기계는 작업의 종류에 따라 분류할 수 있는데, 건설기계관리법에서는 기계종류별로 분류하고 있다.

〈표 2-8〉 작업종류별에 따른 건설기계의 분류

작업 종류	해당 기계
벌개, 제근	불도저, 레이크도저
굴착	파워 쇼벨, 백호, 크램쉘, 트랙터 쇼벨, 불도저, 리퍼, 버킷휠, 드래그라인
싣기	로우더, 파워쇼벨, 백호, 크램쉘, 트랙터 쇼벨
굴착, 싣기	파워쇼벨, 백호, 크램쉘, 트랙터 쇼벨, 드래져
굴착, 운반	불도저, 스크레이퍼 도저, 스크레이퍼, 트랙터 쇼벨, 드래져
운반	불도저, 덤프트럭, 벨트 컨베이어, 웨곤, 토운차, 트레일러, 덤프 트레일러, 덤프터, 가공색도, 기관차
정지	모터그레이더, 골재 살포기
도랑 파기	트랜처, 백호
다짐	로드롤러, 타이어롤러, 탬핑 롤러, 진동롤러, 플레이트 콤팩터, 래머, 탬퍼
기초 공사	디젤 해머, 진동파일 드라이버, 보링기, 어스드릴, 어스오거, 그라우팅 기계
기중기류	트럭 크레인, 휠 크레인, 무한궤도식 크레인, 케이블 크레인, 데릭 크레인, 지브크레인, 탑형 크레인, 엘리베이터, 호이스트, 윈치
콘크리트타설	콘크리트 바차플랜트, 콘크리트 믹서기, 콘크리트 트럭믹서, 아지테이터 트럭, 콘크리트 펌프, 콘크리트 진동기
공기압축	공기압축기, 송풍기, 펌퍼

(a) 탑형 크레인 (b) Ruffing Crane (c) derrick Crane

(d) 케이블크레인 (e) 휠 크레인(All Terrain Crane) (f) 휠 크레인(Rough Terrain Crane)

(g) 휠 크레인(Truck Crane) (h) Double Girder Overhead Crane (i) Out door Gantry Crane

그림 2-8 크레인의 종류(https://blog.daum.net/taehong05/15711086)

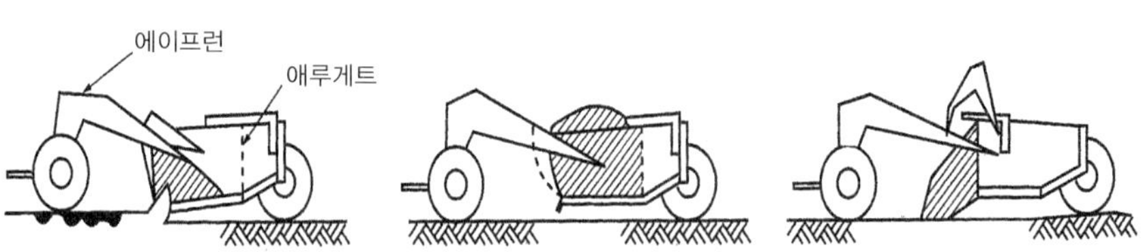

(적토중) (운반중) (사출중)

그림 2-9 스크래이퍼 작업순서

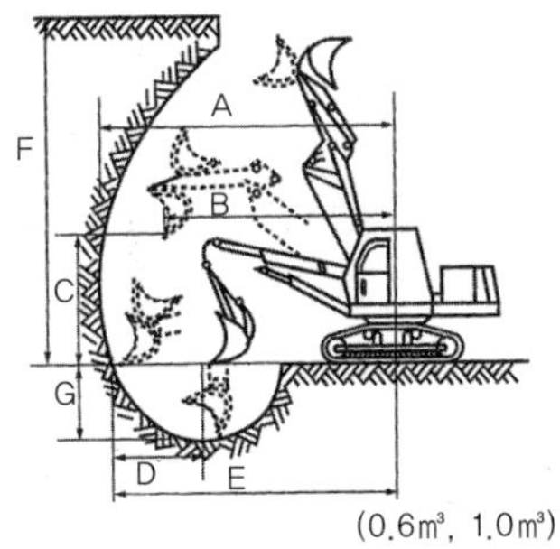

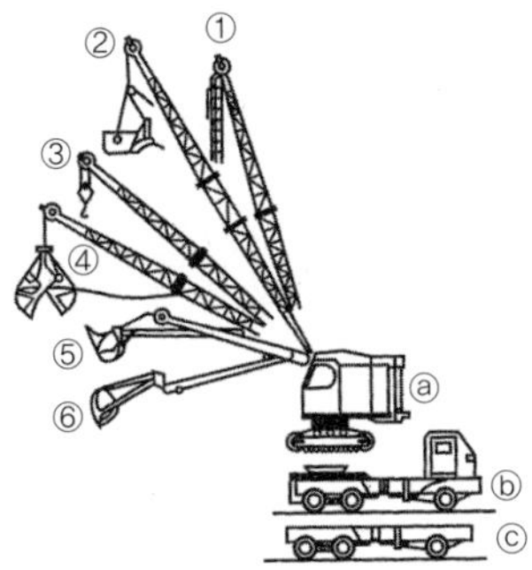

① 파일 드라이버
② 드래그 라인
③ 크레인
④ 클램셀
⑤ 파워쇼벨
⑥ 드래그 쇼벨(백 호우)
ⓐ 크롤러
ⓑ 트럭
ⓒ 휠(Wheel)

① 항타기(Pile Driver)

② 드래그라인(Drag Shovel)

③ 크레인(Crane)

④ 크램쉘(Clamshell)

⑤ 파워 쇼벨(Power Shovel)

⑥ 드레그 쇼벨(Drag shovel)

⑦ 크롤러크레인(Crawler crane)

그림 2-10 쇼벨계 굴착기

2.4.8 굴삭용 기계의 특징과 장 · 단점

<table>
<tr><th>종 류</th><th colspan="2">특징 및 장 · 단점</th></tr>
<tr><td rowspan="4">파워셔블
(Power shovel)</td><td colspan="2">• 기계가 서있는 위치보다 높은 곳의 굴착에 적당하다.</td></tr>
<tr><td>• 굴착 높이</td><td>1.5~3m</td></tr>
<tr><td>• 버킷용량</td><td>0.6~1.0m³</td></tr>
<tr><td>• 선회각</td><td>90°</td></tr>
<tr><td rowspan="4">드래그라인
(Dragline)
(로울러형)</td><td colspan="2">• 기계가 서있는 위치보다 낮은 곳의 굴착에 좋다.
• 넓은 면적을 팔 수 있으나 파는 힘은 강력하지 못하여 연질지반 굴착에 사용한다.</td></tr>
<tr><td>• 굴삭 깊이</td><td>8m</td></tr>
<tr><td>• 선회각</td><td>90°</td></tr>
<tr><td>• 굴삭 폭</td><td>14m</td></tr>
<tr><td rowspan="4">백호
(Backhoe)
(Drag shovel)</td><td colspan="2">• 기계가 서있는 위치보다 낮은 곳의 굴착에 좋다.
• 파는 힘이 강하고, 비교적 경질지반 굴착에 적당하다.</td></tr>
<tr><td>• 굴삭 깊이</td><td>5~8m</td></tr>
<tr><td>• 버킷용량</td><td>0.3~1.9m³</td></tr>
<tr><td>• 굴삭 폭</td><td>4.3~7.7m</td></tr>
<tr><td rowspan="3">크램쉘
(Clam shell)</td><td colspan="2">• 사질지반의 굴삭에 적당하다.
• 좁은 곳의 수직굴착에 좋다.
• 토사채취에도 사용된다.</td></tr>
<tr><td>• 굴삭 깊이</td><td>최대 18m, 보통 : 8m</td></tr>
<tr><td>• 버킷용량</td><td>2.45m³</td></tr>
<tr><td rowspan="2">불도우저
(Bull Dozer)</td><td colspan="2">• 운반거리 50~60m 이내, 최대 100m에서 배토작업에 사용한다.</td></tr>
<tr><td>• 1일 배토량</td><td>운반거리 30m일 때 100~300m³/1일</td></tr>
<tr><td>앵글
(Dozer)</td><td colspan="2">• 산악지역 도로개설 등에 쓰인다. 배토판이 위, 아래 뿐 아니라 진행방향으로 30°까지 좌우로 각도 회전가능, 측면으로 흙을 보낼 수 있다.</td></tr>
<tr><td>스크래퍼
(Scraper)</td><td colspan="2">• 흙을 깍으면서(절토) 동시에 기체 내에 담아 운반하고 깔기를 겸한다.
• 스크레이퍼 작업순서
• 굴착－싣기－운반－사출－고르기－다지기</td></tr>
</table>

참고 : 전압(Rolling) 및 터고르기(Grading)

• 전압기계

① 마카텀 Roller(자갈 다짐) : 도로 등의 1차 또는 마무리 다짐작업, 성토표면의 정지작업
② 탬핑 Roller(경사면 다짐) : 마가텀 롤러 작업 후 마무리 다짐, 아스팔트 포장의 끝마무리
③ 탠덤 Roller(아스팔트 다짐) : 접지압을 증가시켜 깊은 지반이나 고함수비지반의 다짐에 사용
④ 바이브레이션 Roller(사질지반 진동다짐) : 기층이나 노반의 표면 다짐

• 정지 및 배토

① 불도우저 : 50~60m 정도의 배토작업
② Scraper : 150~200m 굴착, 적재, 운반, 사토, 정지등 작업할 수 있는 중 · 장거리용 기계
③ Gradera : 정지작업용 앞 · 뒷바퀴의 중앙부에 흙을 깎고, 미는 배토판 장착한 기계

(a) 바이브레이팅 롤러

(b) 바이브로 컴팩터롤러

바이브로 플레이트 컴팩터

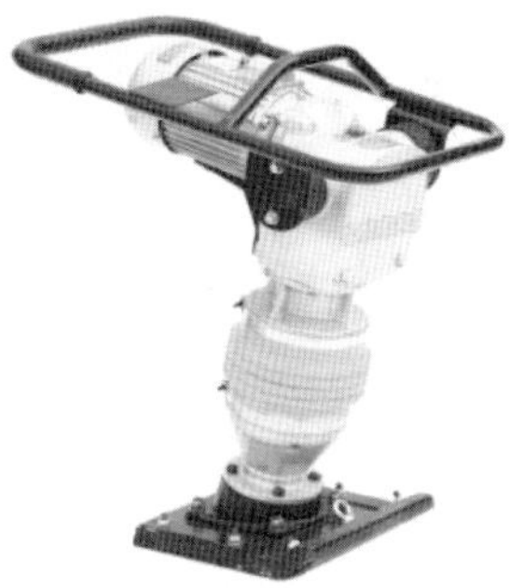

(d) 램머

그림 2-11 충격식 및 진동식 다짐기계의 종류

Chapter 03

지반조사

3.1 지반조사 개요

지반조사는 시공계획 입안과 시공도중에 작업자료로 활용되며 조사방법은 건물, 공사, 지반 등의 종류와 규모에 따라 결정된다.

3.1.1 지반조사 문제점

연약지반에 건설공사를 수행하기 이전에 파악해야 할 것은 대상 지반의 지형, 지질현황, 지반현황 및 현장 현황 등이다. 이러한 정보들은 주로 기존의 자료를 수집하거나 현장답사 및 시험에 의해서 얻어지며, 공사의 목적, 구조물의 규모, 공기, 경제성 등과 밀접한 관계를 갖는다.

현장현황은 계획하고 있는 공사여건과 관계가 있으며, 공사를 시작하기 전에 이러한 정보를 잘 분석하여 설계에 반영함을 물론 공사계획의 수립에도 적용해야 한다. 그러나 실제의 지반은 각 토층이 균일하지 않고, 매우 복잡하게 성상을 이루고 있어 한정된 지반조사에서 얻은 지반정보에는 많은 불확정 요소가 존재하기 때문이다. 이러한 불확정 요소는 설계에 있어서 안전율 등으로 보완하는 경우가 있으나, 실제 시공 단계에서 당면할 수 있는 예상치 못했던 문제들은 사전에 다양하고 충분한 지반조사만이 그 피해를 최소화시킬 수 있다.

설계시점이나 시공단계 중 예상치 못했던 문제가 발생하는 것에 대비하여 정보화 시공에 의한 안전관리나 품질관리 등을 행하고, 필요에 따라서 별도의 대책을 시행해야 한다.

3.1.2 지반조사(지질조사) 목적

① 토질의 공학적 특성 파악
② 경제적 설계 및 시공시 안전성 확보
③ 공사장 주변 구조물 보호
④ 지하매설물의 보호

3.1.3 지반조사 단계

항목	조사시기	내 용
① 사전조사	기획단계	설계공사에 있어서 예비지식을 얻는 것으로 사례를 통한 문헌조사, 현장답사, 기존건물의 위치, 지반 사항들을 파악하기 위한 조사
② 예비조사	계획단계	지반의 개략적인 성질을 파악하고 기초의 형식을 구상 할 수 있는 정도의 조사
③ 본 조 사	설계단계	기초의 설계용 내력의 결정 및 시공의 구체적 계획에 필요한 조사
④ 추가조사	시공단계	본조사와 앞에서 얻어진 결과들이 차이가 클 때, 또는 지내력, 지하수위, 토질 등 시공현황과 다를 경우 재조사 또는 보충조사 실시

1) 대지에 관한 사항
① 지반의 구성과 지층, 지질조사(Boring 및 불교란시료 채취, 토질시험, 물리적 탐사법, Sounding시험 등)
② 지하수 조사(수위, 수압, 투수시험, 간극수압 등)

2) 흙의 안전성 및 강도에 관한 사항
① 사면, 비탈면의 안전토압, 수압, 지하지반의 주위함몰, 침하 등의 계산상 필요.
② 지반의 안전성조사(함수량, 비중, 입도, 소성, 액성한계, 단위체적중량, 압밀, 투수계수 등)
③ 흙의 전단강도 조사(전단시험, 압축시험)
④ 표준관입시험, 지내력시험

3.1.4 관리조사(굴착 시공 중 조사)

계획에 따른 시공, 정밀도에 대한 양, 부를 확인하는 관리상의 지침
① 굴착토질의 확인 및 지하수의 상태

② 흙막이 벽과 지보공의 변형
③ 주변지반의 침하, 균열
④ 인접건물 및 구조물의 상태(침하, 균열, 경사, 기타)
⑤ 지중의 상황(침하, 부상 등)
⑥ 주변 매설물의 영향
⑦ 굴착심도와 그에 따른 공사상황(흙막이 가설시기, 오버커트의 유무, 비탈면의 상태)
⑧ 흙막이 응력 측정(토압, 수압)
⑨ 비탈면의 변화(균열, 이동)

3.2 조사방법

3.2.1 지반 조사방법의 종류

시험항목		시험방법 및 특징
① 지하탐사법		• 짚어보기(Sounding Rod)
		• 터파보기(Test Pit)
		• 물리적 지하탐사
② 사운딩 시험 =Sounding Test =관입시험 =원위치 시험	정적사운딩	• Cone 관입시험 (Cone penetration test)
		• 이스키미터 (Isky meter)
		• 베인테스트 (Vane Test)
		• 스웨덴식 관입시험 (Swedish penetrameter)
		• 화란식 원추 관입시험 (Dutch cone penetrameter)
	동적사운딩	• 표준관입시험 (Standard penetration test)
		• 동적원추관입시험
③ 보링시험 =Boring Test		• 오거보링(Auger Boring)
		• 수세식보링(Wash Boring)
		• 회전식보링(Rotary Boring)
		• 충격식보링(Percussion Boring)
④ 샘플링(Sampling) =시료채취		• 교란시료
		• 불교란시료
⑤ 토질시험 =Soil Test		• 물리적 시험
		• 역학적 시험
⑥ 지내력시험 =Loading Test		• 평판재하시험(Plate Bearing Test)
		• 말뚝박기시험(Rebound Check)

3.2.2 지하조사 방법의 특징

1) 지하 탐사법

시험방법	내 용
① 짚어보기 (Sounding Rod)	ϕ9mm 정도의 철근을 땅속에 때려 박아보고 저항, 울림, 침하력에 의해서 지반의 단단함을 판단하는 것
② 터파보기 (Test Pit)	삽으로 구멍을 파보는 방법 경미한 건축물 기초에 사용(간격 5~10m, 길이 1.5~3m) 얕은 지층의 토질, 지하수 파악에 적용함
③ 물리적 탐사법	전기저항식, 탄성파식, 강제진동식 등이 있으며 주로 전기저항식을 사용함

3.2.3 지하 탐사법

1) 짚어보기(Sounding Rod)

ϕ9mm 정도의 철근을 땅속에 때려 박아보고 저항, 울림, 침하력에 의해서 지반의 단단함을 판단하는 것

2) 터 파보기(Test Pit)

삽으로 구멍을 파보는 방법으로 경미한 건축물 기초에 사용(간격 5~10m, 길이 1.5~3m). 얕은 지층의 토질, 지하수 파악에 적용함

3) 항타시험

말뚝을 Hammer로 항타하여 저항, 울림, 침하력에 의해서 지반의 단단함을 판단하는 것

4) 물리적 지하탐사법

지하지반의 구성층을 대략 판단하는 데 사용

① 전기비저항식 지하탐사법 - 일반적으로 사용

② 탄성파식 지하탐사법

③ 강제 진동식 지하탐사법

④ 전자탐사법

⑤ 레이져탐사법(GPR탐사)

⑥ 중력탐사법

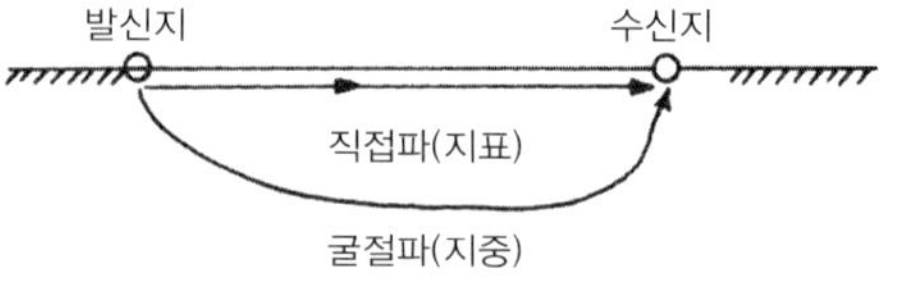

그림 3-1 물리적 탐사법

3.2.4 사운딩(Sounding Test, 관입시험)

종류	시험기명	작동방법	장치형식	적용토질	보링	특징
정적	휴대용원추관입시험기 Portable cone penetrameter	압입	단관원추	연약점성토	×	연약지반 적용 cone 지수측정
	화란식원추관입시험기 Dutch cone penetrameter	압입	이중관원추	큰자갈 이외의 흙	×	로드주변 마찰분리 높은 능률
	스웨덴식관입시험기 Swedish penetrameter	추재하 회전관입	단관 Screw point	큰자갈, 조밀한 모래자갈 이외 의 흙에 적용	×	일반탐사용 S.P.T보간
	이스키미터 Isky meter	인발	저항날개 wire rope	연약점성토 접착력 측정 전단강도 측정	×	연약지반 조사전용 완전 연속자료
	베인테스트 Vane tester	회전	단관베인		×	현장의 전단강도측정
동적	동적원추관입시험 Dynamic cone penetrameter	타입	단관원추	큰자갈, 조밀한 모래자갈 이외의 흙에 적용	×	일반탐사용 S.P.T. 보간 Na≒N
	표준관입시험기 Standard penetration tester	타입	단관 Split spoon sample		◎	N치 측정과 동시 시료채취

① 정의

로드에 부착된 저항체를 지중에 넣고 관입(SPT), 회전(Vane test), 인발(Iskymeter) 방법으로 저항으로부터 토층의 성상을 탐사하는 방법 즉, 지반의 물성치를 구하는 시험으로 원위치 시험 중 하나이다.

② 시험방법

보링구멍을 이용하든지 직접 지표면에 정적 또는 동적으로 시험기를 떨어뜨려서 흙의 저항을 측정하고 그 위치 흙의 물리적 성질을 측정하는 일련의 시험

③ 시험종류

참고 : • 원위치시험에는 사운딩, 보링, 샘플링이 있다.
• 토질의 본 조사에는 지지력, 원위치, 실내시험 등으로 분류된다.
• 현장시험은 현장에서 흙과 암의 특성을 확인하거나 시험결과를 직접적으로 설계에 적용하기 위하여 실시

1) 표준관입시험(Standard Penetration Test-S.P.T)

(1) 개요

원위치에서의 흙의 연경도(Consistency), 상대밀도(Relatively density) 등을 알기 위해

N값을 측정하는 관입시험으로 지반의 지지력을 측정하는 시험이다. (63.5±0.5)kgf의 해머를 (760±10)mm 높이에서 자유 낙하시켜 정해진 규격의 원통시료채취기를 시추공 내에서 300mm 관입시키는데 필요한 해머의 타격 횟수(N값)를 측정하는 시험이다.

지반의 강도, 상대밀도, 내부마찰각 등 지반정수 추정 하거나 흐트러진 상태의 시료 채취를 위한 시험. 국내에서는 모든 종류의 흙, 심지어는 암석(암반) 일부에까지지도 관행적으로 표준관입시험을 적용하고 있으나, 이 시험은 원칙적으로 사질토에 한정하여 적용하여야 한다.

표준 Sampler(스플릿 스푼 샘플러-Split spoon sampler)를 붙여 지층 1.5m 정도 간격으로 지층의 연경도를 파악하고 상대밀도 또는 실내시험에 필요한 교란시료를 채취한다.

(2) 시험 목적

① 항타장비 및 Hammer 중량 결정

② 공사기간 예측

③ 말뚝길이 및 이음여부 확인

④ 말뚝의 정착시 1회 타격의 평균 관입량 결정

⑤ 작업방법 결정

(3) 특징

주로 모래다짐정도(N치)를 내부 마찰각을 추정하는 방법이다.

사질지반의 다짐상태 파악에 적합하며 점토지반에서는 편차가 커서 신뢰성이 없다.

시료를 꺼내어 토질명, 색깔 등을 조사하여 그림 3-3에 나타내는 주상도(柱狀圖)를 작성한다.

(4) N값에서 흙의 내부마찰각을 추정하기 위한 식

$$ø = \sqrt{21N} + 20 \text{(J.W. Pumham)}$$

(5) N값 추정항목

㉠ 사질토	기초지반의 허용지지력
	기초지반의 탄성침하
	액상화 가능성 파악
	상대밀도, 내부 마찰각
㉡ 점성토	전단강도, 일축압축강도
	기초지반의 허용지지력
	연경도(Consistency)

(6) N값 기록

① 시작과 종료의 깊이를 기록함

② 타격 매회 관입량을 측정할 경우 타격횟수와

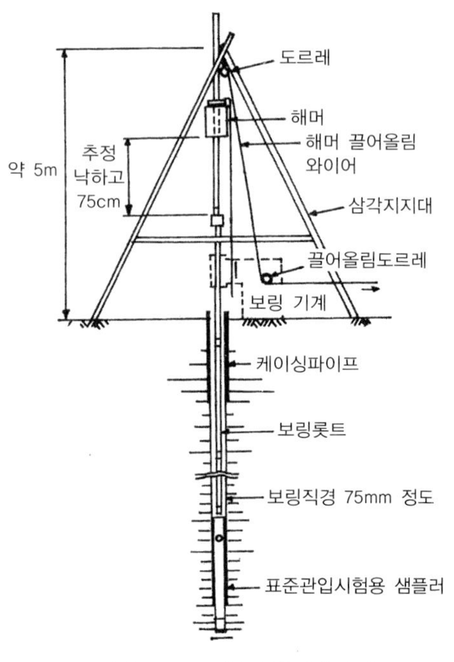

그림 3-2 표준관입시험장치

누계 관입량을 기록

③ 본박기 300mm에 대한 타격횟수를 N값으로 기록

④ 50회 타격에 대해 누계관입량 10mm 미만인 경우 관입 불능 기록

(7) 용도

지내력 측정, 토질주상도 기초자료, 지지층 위치 확인, 연약층 파악, 배수조건검토

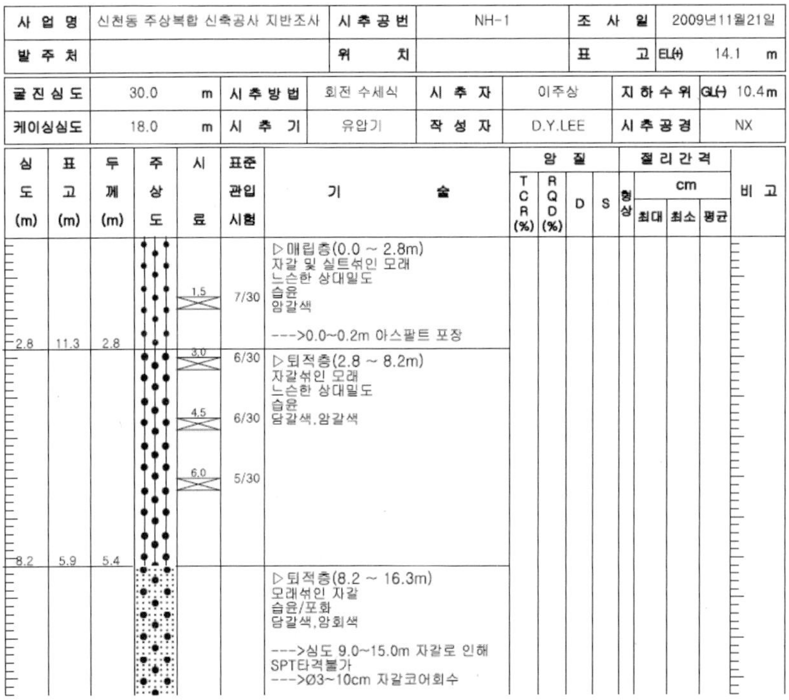

지질주상도 기입내용

- 조사지역
- 조사일자
- 조사자
- 보링방법
- 표준관입시험 N값
- 지하수위
- 지질

그림 3-3 주상도

(8) 시험방법

항 목	내 용
㉠ 바닥정리	시험 위치에서 시험기구 설치를 위해 바닥정지.
㉡ 시험기구 점검	보링기계, 케이싱, 보링로드, 케이싱, 표준관입시험용 샘플러 등 각종 시험기구의 이상 유무 확인
㉢ 보링	보링구멍 크기는 ϕ100mm 내외(65mm~150mm)
㉣ 기구설치	로드선단에 표준관입 시험용 샘플러 부착
㉤ 예비타격	굴착구멍 하부의 슬라임을 피하기 위해 타격 실시
㉥ 본타격	낙하높이 75Cm, 63.5kg의 떨공이를 낙하
㉦ 시료 분석	시료 보관 및 시험 데이터 작성

2) 스웨덴식 사운딩시험

그림에서 표시한 바와 같이 스웨덴식 시험기를 사용하여 하중을 5, 15, 20 50, 75, 100kg으로 점차적으로 증가시켜 그 관입량을 계측하고, 100kg에서 멈춘 이후는 핸들로 회전시켜 반회전마다 관입량을 계측하고, 25cm 피치마다의 반회전수를 기록하여 하중, 회전수, 관입량으로부터 지지력을 조사한다.

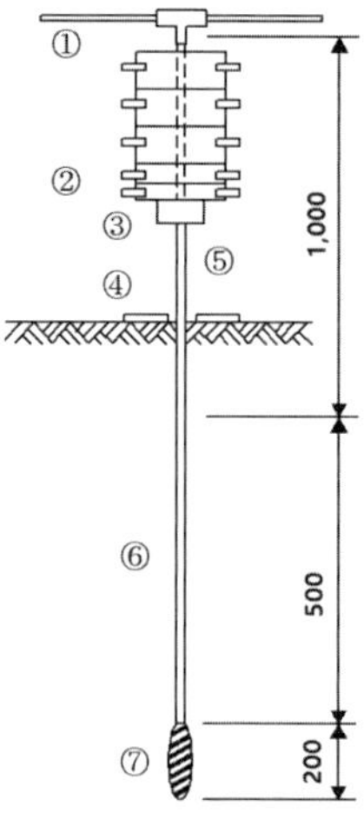

그림 3-4 스웨덴식 사운딩시험기

3) 화란식 관입시험

그림에 표시한 화란식 관입시험기를 사용하여 25cm 간격마다 저면적 10㎠인 맨틀콘을 5cm 관입될 때의 관입저항치를 측정하며, 대단히 연약한 점토의 점성을 조사한다.

$$정적관입저항(q_c) = \frac{맨틀콘의\ 관입력(Q_c)}{콘의\ 지면적(A)}(\text{kg/㎠})$$

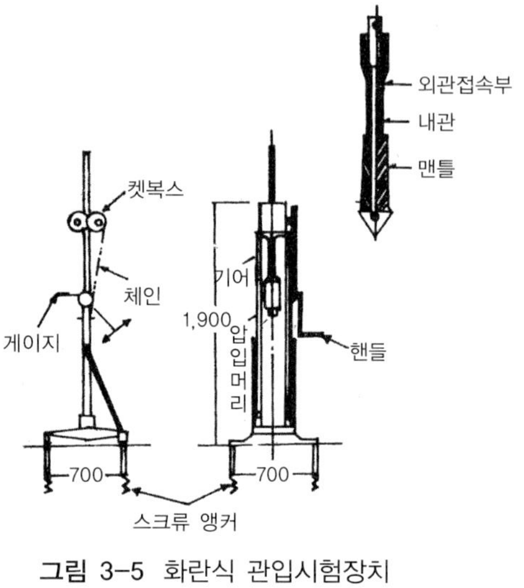

그림 3-5 화란식 관입시험장치

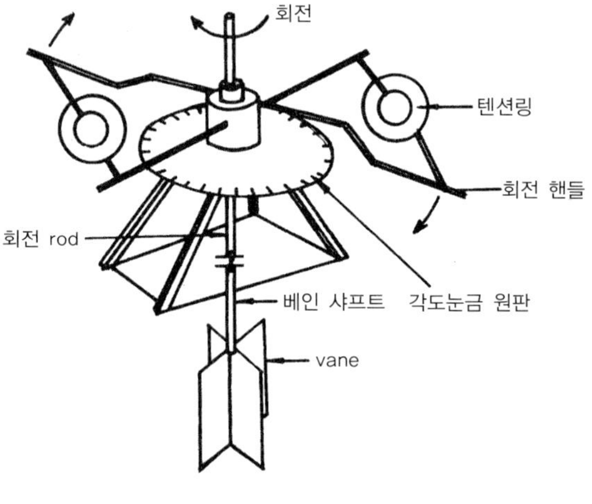

그림 3-6 Vane test 시험장치

4) 베인시험(Vane Test)

주로 연약한 점토질 지반에 사용하는 공법으로 시험장치의 로드 선단에 +자형의 저항 날개(Vane Tester)를 붙여 보링의 구멍을 이용하여 지중에 때려 박고 회전시켜 저항 값을 측정하며, 그때의 최대저항치에서 지반의 전단강도를 구한다.

(1) 특징 및 용도

항 목	내 용
㉠ 특징	• 연한 점성토에 사용 • 굳은 진흙층에서는 테스터의 삽입이 곤란하므로 부적당함 • 로드길이가 10m 이상이면 측정값이 부정확
㉡ 용도	• 점토질 잠착력 판별

〈표 3-1〉 표준관입시험 N값에 의한 밀도 측정

모래질 지반	N값	점토 지반	N값
다진상태 모래	50이상	딱딱한 점토	30~50
조밀한 모래	30~50	매우 단단한 점토	15~30
보통 모래	10~30	단단한 점토	8~15
느슨한 모래	4~10	중정도 점토	4~8
몹시 느슨한 모래	0~4	무른 점토	2~4
		아주 무른 점토	0~2

3.2.5 지내력 시험(재하 시험 : Load Test)

1) 정의

재하시험(Loading Test)이라고도 하며, 지반면에 직접 재하를 하여 시험한다. 각 지반의 지내력은 흙의 밀도, 내부마찰각, 응집력, 지하상수면의 위치, 기초의 크기 등에 의해 정해져, 일괄적으로 규정할 수 없기 때문에 확실한 지내력을 알려면 시험을 실시해야 한다.

2) 지내력 시험의 종류

종 류	내 용
평판재하시험 Plate Bearing Test	기초저면에 재하판을 놓고 하중을 가하여침하량을 측정
말뚝박기시험 (Rebound check)	시험말뚝을 10회 타격할 때 침하량을 평균값으로 사용, 허용지내력 추정

3) 평판재하시험방법

항 목	내 용
① 시험명칭	• 직접지내력시험, 재하시험
② 시험위치	• 예정기초 저면(밑면)에서 수행 • 시험 위치는 최소한 3개소 이상 시험을 실시 • 시험개소 사이의 거리는 재하판 지름의 5배 이상
③ 재하판	• 두께 : 25mm 이상 • 크기 : 300mm, 400mm, 750mm의 원형 철판
④ 재하하중	• 하중은 98kN/㎡ 이하 또는 계획된 시험 목표하중의 1/6 이하로 6단계로 나누고 누계적으로 동일하중을 흙에 가한다. • 재하하중은 98kN/㎡ 과 목표하중 값 중 적은 하중으로 재하 한다. • 하중단계에서 각각의 재하하중을 정확하게 측정하고 • 모든 하중을 충격 및 편심이 작용하지 않도록 함.
⑤ 측정방법	• 침하량 측정은 하중 재하가 시작된 시점부터 측정한다. • 하중이 일정하게 유지되는 동안 15분까지는 1, 2, 3, 4, 10, 15분 간격으로 침하량을 측정하고 그 이후에는 동일 시간 간격으로 측정한다. • 15분까지 침하 측정 이후에 10분당 침하량이 0.05mm/min 미만이거나, • 15분간 침하량이 0.01mm 이하이거나, • 1분간이 침하량이 그 하중 강도에 의한 그 단계에서의 누적 침하량의 1%가 되면 침하의 진행이 정지된 것으로 본다. • 즉, 그 단계에서의 침하가 종료되어 다음 단계로 하중 증가가 진행된다.
⑥ 침하종료	• 시험하중이 허용하중의 3배 이상이거나 • 누적침하가 재하판 지름이 10%를 초과하는 경우로 한다. • 시험의 종료는 극한하중이 발생할 때로 한다.
⑦ 지내력	• 장기하중에 대한 지내력은 다음 중 작은 값으로 한다. −단기하중 지내력의 1/2 −총 침하 하중의 1/2 −침하정지 상태의 1/2 −파괴시 하중의 1/3
⑧ 재하시험 종류	• 재하방법(하중)에 따른 시험의 종류 −직접재하시험 −레벨하중에 의한 시험 −적재물 사용에 의한 시험 −인발저항에 의한 평판재하 시험

4) 재하시험 장치

① 직접재하 시험방법 : 그림에서 나타내는 직접재하시험 장치는 하중이 적은 경우에 쓰이며, 하중의 편심이 생기거나 재하시에 충격을 가하지 않도록 한다.

② 반력을 이용한 재하 시험방법 : 반력보는 견고한 물체에 긴결시킨 이후 오일잭(Oil Jack)으로 하중을 가한다. 장기에 걸친 측정에서는 하중이 일정하도록 주의해야 한다.

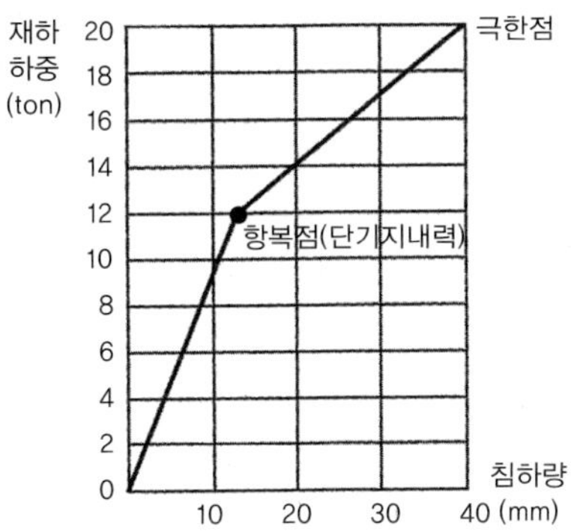

그림 3-7 하중침하량 곡선도

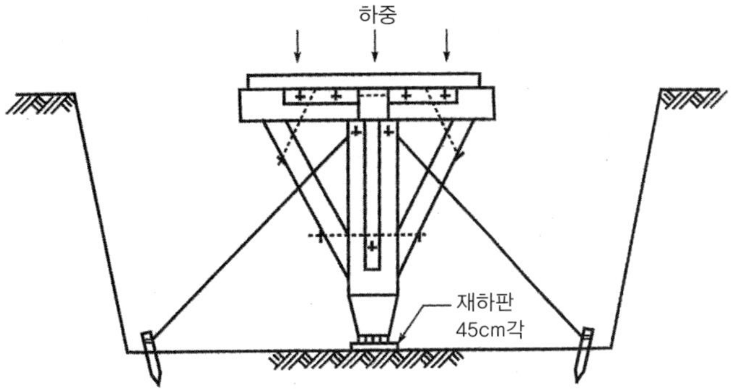

그림 3-8 시험장치의 예

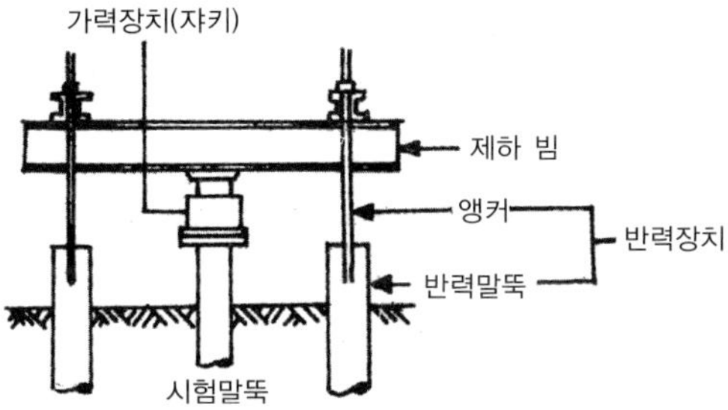

그림 3-9 반력을 이용한 재하방법

3.2.6 Boring Test 및 Sampling

1) Boring Test(시추조사)

(1) 시공개요

① 깊이 : 경미한 건물-기초폭의 1.5~2.0배
일반적인 경우-약 20m or 지지층 이상

② 간격 : 약 30m 정도, 중간지점은 물리적 탐사법으로 보충

③ 개소 : 부지내 3개소 이상이 바람직

④ 시공 : 보링구멍은 수직으로 파는 것이 중요

⑤ 시료 : 채취 시료는 햇빛에 방치하면 안 됨. 충분한 양생 후 취해야 함

(2) 보링목적

① 불교란시료 채취-토질시험, 전단 압축시험

② 지하수위 측정

③ 사운딩시험 : S>P>T, Vane Test 등

④ 지내력 추정

⑤ 지중의 토질 분포, 흙의 층상 및 구성을 파악
⑥ 보링 공내의 원위치 시험

2) 보링의 종류 및 방법

(1) 소규모(간단한) 보링

Auger Boring	깊이 10cm 정도 이하의 간단한 보링 Hand Auger를 사용하고 깊이 10cm 정도 이상은 기계 Auger를 사용한다. Auger를 회전하여 시료를 채취하기 때문에 시료는 교란된다.
Wash Boring(수세식보링)	연약한 토사에 수압을 이용하여 탐사한다. 끝에 충격을 주어 물을 뿜어내어 파진 흙과 물을 같이 배출
지층판단	흙탕물 → 침전시켜 → 지층의 토질 판단.

(2) 충격식 보링(Percussion Boring)

용도	암석이 많은 지반 보링에 유효(경질층의 깊은 굴삭에 사용)
암석파쇄방법	Wire Rope의 끝에 Percussion-Bit를 매달고 주기적인 상하작용(높이 60~70cm에서)으로 토사, 암석을 파쇄하여 굴착
토사배출방법	파쇄된 토사(Slime)를 Bailer로 배출하면서 천공하는 방법 (이수 : Bentonite or 황색점토 사용)

(3) 회전식 보링(Rote Type Boring)

특징	지층의 변화를 비교적 정확히 알 수 있다. 불교란 시료 채취가능(회전 천공 이후 이수사용)
천공방법	Drill 갱의 선단에 첨부한 Bit(날)를 회전속도 40~50회/1분 정도로 회전시켜 천공하는 방법
토사배출방법	침수를 drill 갱을 통하여 공저에 연속적으로 송부하여 Slime을 세굴하고 이것을 지상으로 배출한다.
Bit 종류	Fish Tail Bit, Crown Bit, Auger

3) 샘플링(Sampling, 시료채취)

① Thin Wall Sampling	Sampler의 Sampling Tube가 얇은 실로 된 Sampler로 시료를 채취하는 것	N값 0~4 정도의 부드러운 점토의 채취
② Composite Sampling	Sampling Tube의 살이 두꺼운 소위 Composite Sampler를 사용하여 시료를 채취하는 방법	N값 0~8 정도, 다소 굳은 점토와 모래 채취
③ Dension Sampling		N값 4~20 정도, 경질점토에서 샘플을 채취한다.
④ Foil Sampling	연약지반에 사용	

〈표 3-2〉 교란시료와 불교란시료의 비교

교란시료	불교란시료
흐트러진 상태의 시료채취	자연상태를 유지하는 시료
모래	점토
모래는 현장상태를 고스란히 유지하기 어려우므로 표준관입시험으로 지반을 두들겨 N값을 알아낸다.	시료가 채취될 수 있어 주상도를 꾸밀 수 있다. 단일샘플링과 콤포지트샘플링 등 다양하다.
표준관입 시험의 샘플로 얻는 방법이 대표적	Thin Wall Sampling, Composite Sampling, Dension Sampling, Foil Sampling

3.2.7 토질시험

토질시험은 크게 실내실험과 현장실험으로 구분할 수 있다.

1) 실내시험 종류 및 특징

현장에서 채취한 교란, 불교란 시료에 대하여 지반의 물리·역학적 특성을 파악하기 위하여 실시하는 시험이다.

구분	시험의 종류	시험결과 적용
관찰실험	흙의 판별법	간편한 흙의 분류법
물리적 성질시험	함수량시험(함수비시험)	흙의 기본적인 성질파악, 흙의 예민비 판단
	투수시험	투수성 지반의 설계, 지하수 문제
	입도시험,	흙의 분류, 점토압축성 평가, 사질토 안정성평가, 액상화 판정, 투수계수 간이 예측
	비중시험(흙입자 비중시험)	간극비, 포화도, 단위 중량 등을 계산
	상대밀도 시험	다짐도 판정, 액상화 판정
	현장밀도시험	흙의 기본성질파악, 토압예측, 다짐도 판정
	연경도시험	(액성한계, 소성한계, 수축한계시험)
역학적 성질시험	압밀시험	압밀침하량계산, 압밀속도계산
	다짐시험	다짐도결정, 성토시공방법 결정, 성토의 관리
	입도시험	흙의 분류, 점토의 압축성 평가, 사질토의 안정성 평가, 액상화 판정, 투수계수 간이예측
	일축압축시험	예민비 점성토, 지반 기초, 옹벽안정 계산
	삼축압축시험	압밀 량의 시간변화에 따른 지반개량의 설계, 점성토의 경로전응력, 유효응력법에 의한 안정계산, 사질토의 경우 유효응력에 의한 안정계산
	반복삼축압축시험	액상화 판정
	CBR 시험	도로포장두께 결정

2) 현장실험의 종류와 특징

시험의 종류	시험결과 내용	시험결과 적용
표준관입시험	상대밀도, N값	
현장 배인전단 시험	비배수강도	
콘관입 시험	• 콘 선단저항력 • 콘 슬리브 마찰력 • 간극수압	• 점토의 컨시스턴시 • 모래의 상대밀도 • 지반의 강도
공내 재하시험	• 수평반력 계수 • 탄성계수 • 극한 하중	• 지반의 강도
평판재하 시험	• log p-log 곡선 • p-ds/s log t 곡선 • p-s 곡선 • s-log t 곡선	• 흙 분류 • 지반의 변형 및 강도측정 • 액상화 평가
말뚝 재하 시험		• 기초지반의 지지력 • 기초지반의 침하량

3) 실내실험과 현장시험 비교

	실내시험	현장시험
장점	① 잘 정의된 경계조건을 갖는다. ② 엄격히 조절된 배수조건을 구현한다. -완전포화시료에 대한 시험가능 -배수 또는 비 배수 조건을 선택하여 시험 ③ 시험과정 중 미리 선정되고 잘 정의된 응력경로로 시험할 수 있다. ④ 시료에 일정한 변형률 역역을 가할 수 있다. ⑤ 지반의 성질과 물리적 특징을 정의 한다.	① 지반의 거시적 구조와 영향성을 더욱 정확하게 측정한다. ② 연속적인 지반단면을 기록 할 수 있다. ③ 불교란 시료 채취가 불가능한 지역에서 시 험이 가능하다. ④ 실내시험에 구현이 불가능한 현장 응력조건에서 시험이 가능하다. ⑤ 실내시험에 비해 경제적이며, 시간이 적게 든다.
단점	① 점성토의 시료 교란 영향을 측정하기 어렵다. ② 사질토의 불교란 시료의 샘플링이 곤란 ③ 소량으로 실시한 실내시험 결과가 거시구조이고 분균질한 지반특성을 완벽히 구현할 수 없다. ④ 전단면이 발달되면 변형이 그 면을 따라 집중된다. ⑤ 시험으로부터 얻어진 정보가 불연속적인 성질을 갖는다.	① 경제조건 설정이 어렵다. ② 시험 동안 배수 조건을 알 수 없다. ③ 지반 속의 장비타입에 의해 큰 교란이 발생할 수 있으며, 이것이 시험결과에 미치는 영향을 알 수 없다. ④ 일정하지 않은 변형률 기초에서 예상되는 변형률보다 큰 변형률을 유발시킨다. ⑤ 결험적인 해석기법이다.

4) 실내 토질 · 암석시험

실내 토질시험	함수량, 비중, 체가름, 입도, 액성 · 소성시험, 일축시험, 직접전단시험, 압밀시험, 삼축압축시험, 다짐시험, 실내 CBR시험
실내 암석시험	비중, 흡수율, 다위중량, 포하송비, 일축압축, 삼축압축시험, 인장시험, 점하중시험, 탄성파속도, 마모시험, 체가름, 풍화내구성지수시험 팽윤시험, 절리면전단시험

3.2.8 흙의 연경도(Consistency)

1) 정의

흙의 연경도는 점성토가 함수량에 따라 변화하는 성질이며, 각각의 변화한계를 Atterberger 한계라고 한다. 흙의 함수량에 따른 단계는 고체－반고체－소성－액성상태로 변화하며, 고체에서 반고체로 가는 한계를 Shrinkage limit(SL)수축한계, 반고체에서 소성상태로 가는 한계를 Plastic limit(PL)소성한계, 소성에서 액성으로 가는 한계를 Liquid limit(LL) 액성한계로 표현한다.

2) 특징

① 점성토는 일반적으로 물을 포함하고 있으며, 함수량의 변화에 따라 흙의 강도와 체적이 변한다.

② 건조한 흙에 물을 가하면 흙의 상태가 변하고 수축한계, 소성한계, 액성한계는 각 변화추이의 한계를 일정한 시험방법으로 정한 것으로, 이들의 변화하는 한계를 Consistency 한계 또는 Atterberg 한계라 한다.

3) 흙의 연경도

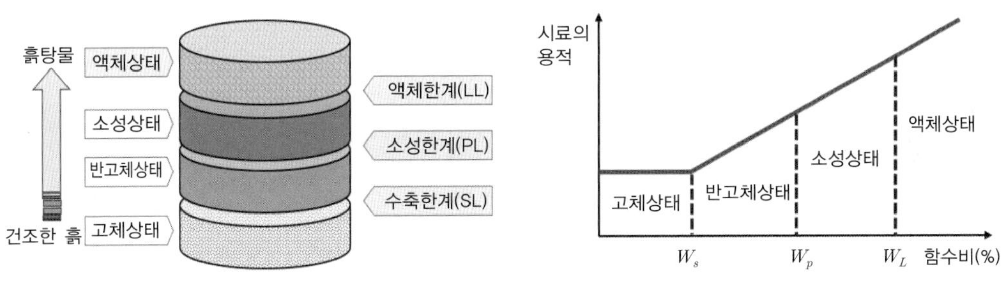

① 수축한계 (Shrinkage Limit : SL)	함수량을 감소해도 흙의 부피가 감소하지 않고 함수량이 어느 양 이상으로 늘어나면 흙의 부피가 증대하게 되는 한계의 함수비
② 소성한계 (Plastic Limit : PL)	파괴 없이 변형시킬 수 있는 최소의 함수비로 압축, 투수, 강도 등 흙의 역학적 성질을 추정할 때 사용
③ 액성한계 (Liquid Limit : LL)	외력에 전단저항력이 제로가 되는 최소의 함수비
④ 소성지수 (Plasticity Index : PI)	· PI＝LL－PL · 소성상태에 있을 수 있는 물의 범위로 소성상태가 클수록 물을 많이 함유

4) 흙의 연경도에 의한 소성지수(PI) 활용

① 성토지반의 양부판단자료

② 연약지반 판단자료

③ 점성토의 정성적 분류

④ PI(소성지수)=LL−PL

3.2.9 말뚝박기 시험방법

전술한 재하시험이 직접지내력시험인데 비하여 말뚝시험은 간접지내력시험이라고 할 수 있다. 지질조사 결과, 건물용도, 규모, 구조 등에 따라 말뚝시험이 적당하다고 생각될 때에 이 시험을 실시한다.

1) 목적

말뚝박기시험에는 낙하법과 타격법이 있으며 시항타라고도 한다. 낙하법일 때에는 떨공이에 의한 자연낙하법으로 하고, 타격법일 경우에는 디젤해머나 단동공기추를 사용한다.

해머의 중량은 말뚝 중량의 1/2 이상으로서 통상 2~3배 정도로 한다.

① 말뚝길이 결정

② 말뚝관입량 결정

③ 이음방법의 결정

④ 지지력의 추정

⑤ Hammer의 용량 확인

⑥ 시공정도 check

2) 시험말뚝을 시공할 때의 주의사항

① 시험말뚝은 실제 사용말뚝과 동일한 조건으로 시공한다.

② 말뚝은 연속적으로 관입하되 휴식시간을 두지 않는다.

③ 공이가 떨어지는 높이는 가벼운 공이는 2~3m, 무거운 공이는 1~2m로 한다.

④ 소정의 침하량에 도달하면 그 이상 무리하게 박지 않는다.

⑤ 시험말뚝은 정확한 위치에서 수직으로 박는다.

⑥ 최종 관입량은 5회 또는 10회 타격한 평균값을 적용한다.

⑦ 5회 타격 총관입량이 6mm 이하일 때를 거부현상으로 판단한다.

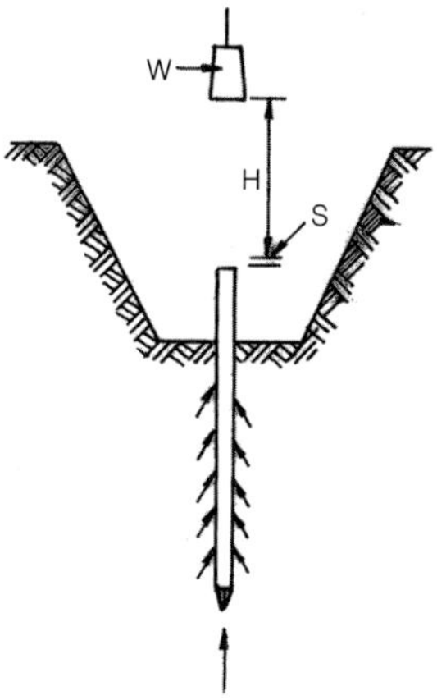

그림 3-10 시험말뚝

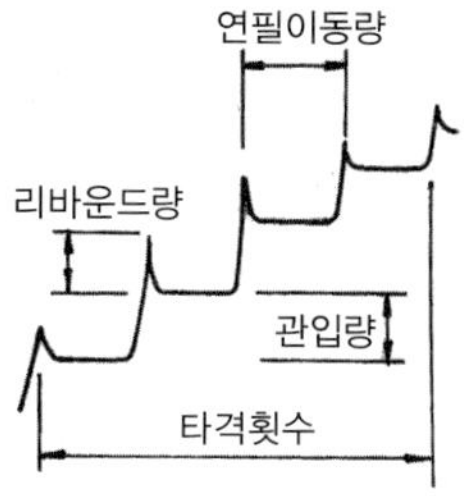

그림 3-11 관입량 기록 예

3) 최종관입량 측정

최종관입량의 측정은 말뚝박기가 최종단계에 근접한 시기에 말뚝에 용지를 붙이고 지상의 공정대에 설치한 연필로 기록을 한다. 말뚝의 허용지지력의 산정은 말뚝의 종류, 지반 상황, 말뚝박기 기계의 종류에 따라 표와 같이 계산식이 다르다.

〈표 3-3〉 말뚝의 허용지지력의 산정식

	장기응력에 의한 지반의 허용지지력	단기응력에 대한 허용지지력
(1)	$R_a = \frac{1}{3}R_u$	장기응력에 대한 허용지지력의 2배로 한다.
(2)	$R_a = \frac{F}{5_s + 0.1}$	
(3)	$R_a = q_p A_p \frac{1}{3} R_F$	

상기 식 중에서 다음 (2)의 판정식이 가장 많이 사용되고 있다.

$$R_a = \frac{F}{5_s + 0.1}$$

여기서, R_a : 항타 공식에서 구해지는 허용지지력(t)

F : 해머의 타격 에너지(t · m)

디젤해머 : $F : 2W \cdot H$

W : 해머중량(t)

H : 해머 낙하높이(m)

s : 말뚝의 최종관입량(m)

3.3 연약지반 특성

3.3.1 연약지반 정의

건축물에 있어서의 연약지반은 일반적으로 함수비가 높은 점성토 지반을 가리키며, 지진이 일어날 경우를 생각하면 이것에 포화한 완만한 사질토지반(砂質土地盤)을 포함할 수 있다. 이와 같은 지반에서 건축물의 문제점으로는 지반침하, Negative의 마찰력, 액상화(液狀化) 등이 발생하게 된다. 건축물을 위의 연약지반에 세울 경우 기초로서는 지반개량, Floating(lifting) 기초, 마찰말뚝, 지지말뚝 및 이들의 병용기초가 있다.

지지말뚝은 연약지반에서 길이가 긴 말뚝이 소요되는 경우에 사용되며, 마찰말뚝에는 비교적 짧은 것(12m 이하)과, 보통 원형단면의 비교적 긴 길이 마찰말뚝(20~40m 정도)을 사용한다.

3.3.2 연약지반의 문제점

1) 액상화현상(液狀化現象)

액상화란 모래지반에서 순간충격, 지진, 진동 등을 받으면 간극수압의 상승 때문에 유효응력이 감소되어 전단저항을 상실하고 지반이 액체와 같이 되는 현상을 말한다. 포화된 느슨한 모래가 진동과 같은 동하중을 받으면 모래의 부피가 감소되어 간극수압이 발생하여 유효응력이 감소되어 발생하는데, 그 결과

① 건물의 부동침하

② 가벼운 구조물 부상(맨홀, 정화조)

③ 지반의 이동이 발생한다.

2) 원형 Slip

연약지반은 지표면에 가까운 곳에 존재하므로 일반적으로 그 강도가 작아 Excavation 공사 등에 있어서 굴착경사면의 자립성을 확보하기가 곤란한 경우가 많다. 연약지반에 있어서는 건설공사 중이나 준공 후의 구조물(보통은 지진력 등의 단기하중)의 안전성을 확보하기 위하여 지반·토질조건을 충분히 재검토한 후에, 필요에 따라서 지반을 개량한다.

3) 지반침하현상

① 직접기초의 건축물에는 절대침하량이 커지기도 하며, 특히 유해한 부동침하가 발생하기도 한다.

② Pile기초의 건축물에 있어서는 Pile에는 (−)의 마찰력(Negative Friction)이 작용하는 경우가 있다. 또 Pile머리부 주위에 공극이 생기기도 하며 공극부에 지하수가 고여 진흙화하기도 하여 Pile의 수평저항력이 저하하게 된다.

③ 건축물 자신의 침하와 건축물 주변지반의 침하량이 크게 다른 경우 건물에의 Approach 장해, 설비용 배관 등의 장해가 생기는 요인이 된다.

3.3.3 연약지반의 지반조사

현지답사시 조사내용은 주변지반의 고저차(高低差), 하천상황, 지반침하의 유무, 매설물 및 가공시설 상황(架空施設狀況), 주변환경 등이다. 연약지반의 표층(表層) Slide, 말뚝박기 또는 굴착에 의한 연약지반의 측방유동(側方流動) 및 그것으로 인한 주변지반의 솟아오름이나 외구(外構) 매설배관과의 부조화, 부동침하(不同沈下)로 인한 콘크리트의 Crack, 시공기계 및 시공재료의 반출입 가부(可否), 지하수의 배수 가부(可否)등이 조사관점이다.

지반개량의 설계에는, 얕은 위치에서의 연약층 분포를 상세하게 조사하기 때문에 스웨덴식 사운딩이 적용되고 있다. 시료채취의 일반적인 것은 연약점성토용의 고정피스톤식 Thin Wall Sampling과 경질점성토용(硬質粘性土用)의 2중관식 Denison Sampling이 있다.

3.3.4 연약지반에 있어서 기초의 종류

지반개량에는 사질토지반(砂質土地盤)을 단단하게 조이는 방법(Sand Compaction Pile 공법, Vibro-Floatation공법 등)과, 점성토지반을 강제 압밀시키는 방법(Preloading 공법, Sand Drain 공법 등) 그리고 양질지반을 굳히는 방법(혼합처리공법, 분사각반공법 등)이 있다. 깊은 위치의 연약부분을 지지층으로 하는 기초로는 긴마찰말뚝(길이는 대강 20~40m 정도)이 있다. 마찰말뚝방법은 주면(柱面)마찰력을 주체로 하기 때문에 비교적 가는 지름의 원형단면 스트레이트 말뚝이 쓰인다. 압밀하지 않은 층(層)이 상부에 있을 경우는 부(負)(−)마찰력의 검토도 필요하다. 연약지반의 말뚝공법에는 쳐넣는 공법과 매입공법이 있으며 역시 타격공법은 주위의 지반을 단단하게 하기 때문에 성능은 좋지만 소음진동의 환경문제가 생긴다.

3.3.5 지하구조물의 부력에 대한 검토와 대책

지하수위는 예측이 어렵고 가변성을 가지기 때문에 지반조사시 작성한 지질조사서를 토대로 설계수위를 가정하여 지하구조물을 설계할 경우 여름철 집중호우 등 예상치 못한 지하수위의 상승으로 구조체의 내력부족 및 부력으로 인한 건물의 부상 또는 구조체의 균열 등 심각한 문제를 초래할 수 있다. 특히, 공사 중 구조물의 중량이 부력에 비해 현저히 작을 때는 배수, 양수작업이 철저히 이루어져야 할 것이며 공사완료 후의 구조물 안정에 관해서도 충분한 검토가 수행되어야 한다. 이에 대한 대책으로

① 지하굴착심도가 낮은 경우는 기초의 형태를 이중매트, 통매트 형식으로 한다.

② 굴착심도가 커지면 구조물의 사하중을 증가시키는 방법으로 저층부 및 기초의 두께를 증가시키거나, 비중이 큰 재료를 계획된 공간에 채우는 방법을 쓴다.

③ 건물의 순수자중과 건물에 작용하는 마찰력이 양압력보다 작은 경우에 그 차의 양압력에 대한 부분 만큼을 기초바닥 아래 암반층에 영구앵커를 설치하여 부족한 하중만큼을 상쇄시키는 방법을 쓴다. 영구앵커는 기초에 발생되는 토압 및 수압에 의한 휨모멘트를 감소시켜 구조체의 안정을 기하게 한다.

3.4 지반개량공법

3.4.1 개량공법 개요

지반이 연약할 때는 하부의 경질지반까지 말뚝을 관입하고 심초공법 등에 의해 기초를 축조하는 것이 보통이지만, 연약지반이 깊을 때에는 연약지반에 마찰말뚝 등을 관입하여 하중을 지지 시킨다. 이러한 경우 연약지반의 침하로 건물의 부동침하가 생기게 되므로 이것을 방지할 목적으로 지반을 개량하지 않으면 안 된다.

어떤 지반개량법을 선택하느냐는 필요한 개량항목, 지반의 상태, 사용 가능한 기기, 그 지역에서의 경험, 그리고 비용 등 몇 가지 요소에 의한다. 가장 널리 사용되는 지반개량법은 프리로딩(Preloading)이다. 압밀기간을 단축하기 위해서 버티컬 드레인(Vertical Drains)을 병용하는 경우가 있다.

비교적 가벼운 구조물에 대해서는 전 침하량이나 부동침하량을 줄이기 위해서 Lifting기초가 사용된다. 예를 들면 1.5m 깊이로 굴착하면 배토중량은 거의 2층 건물의 전 중량과 같아진다. 그러나 지하수위의 저하나 건물에 인접한 성토(Embankment)등에 의해서 건물의 침하나 피해가 생기는 경우가 있다.

3.4.2 개량공법의 종류

분 류		특 징
사질토 개량 공법 (N≦10)	다짐방법	• 진동다짐공법 (Vibro floatation method) • 모래다짐말뚝공법(Sand compaction pile=Composer) • 전기충격공법 • 폭파다짐공법 • 동다짐공법(동압밀공법; Dynamic compaction method)
	배수방법	• Well point 공법
	고결방법	• 약액주입공법
점성토 개량 공법 (N≦4)	탈수방법	• Sand drain • Paper drain • Pack drain 공법
	치환방법	• 폭파치환 공법 • 미끄럼치환 공법 • 굴착치환 공법 • 동치환 공법(Dynamic replacement 공법)
	재하공법 (압밀공법)	• 선행재하공법 • 사면선단재하공법, • 압성토 공법
	배수공법	• Deep well 공법 • Well point 공법
	고결공법	• 생석회말뚝공법 • 동결공법 • 소결공법
	기타공법	• 전기침투공법 • 침투압공법 • 대기압공법(진공 공법) • 표면처리공법
혼합공법 (사질토 · 점성토)		• 입도조절공법 • Soil cement공법 • 화학약제 혼합공법

1) 치환공법

연약한 토층부분을 전면적 혹은 부분적으로 제거하여 양질의 토사로 대치하는 공법이다. 기계굴착에 의한 방법, 활동치환에 의한 방법, 폭파에 의한 방법 등이 있으며, 원리가 가장 간단하고 효과가 확실하다. 또한 설비가 간단하고 시공관리가 용이할 뿐만 아니라 장비 투입에 따라 공정을 빨리할 수도 있다. 활동치환에 의한 방법은 토사의 측방에 소단 모양의 성토를 하여 활동에 대한 저항모멘트를 증가시켜 성토 지반의 활동파괴를 예방하는 공법이다.

2) 재하공법

(1) Preloading 공법

구조물을 축조하기 전에 미리 성토하여 하중을 가함으로써 압밀을 마치게 하는 공법이다. 공사비가 저렴하고 특히 도로의 성토, 제방 축조 등 하중으로 이용하여 개량 후 하중을 제거할 필요가 없을 때 유리하다. 그러나 압밀에 소요되는 시간이 길어진다는 단점이 있다.

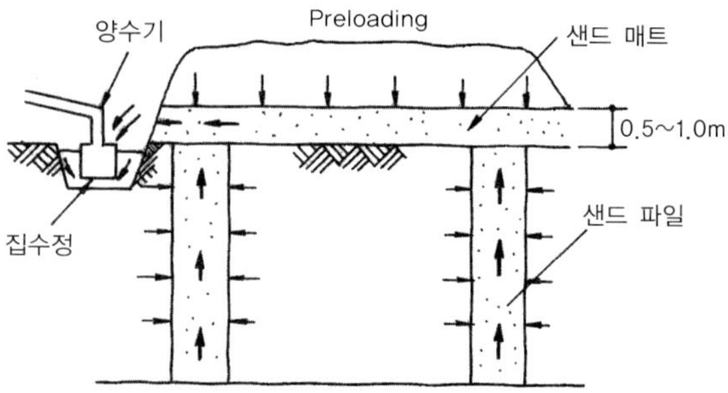

그림 3-12 Preloading 공법

하중을 부과하는 방법은

① 토사 또는 암석 성토
② 물탱크 설치
③ 지하수위 낮춤
④ 진공 mat 사용
⑤ Anchor 또는 Jack 사용

(2) Surcharge 공법

도로 포장시 계획높이 이상으로 성토하여 압밀시킨다. 또한 연약지반에 성토를 하면 지지력의 부족으로 성토가 과다한 침하를 일으켜 성토부의 측방에 융기를 일으키게 되므로 융기하는 부위에 하중(Surcharge)을 가하여 균형을 취하는 방법이다.

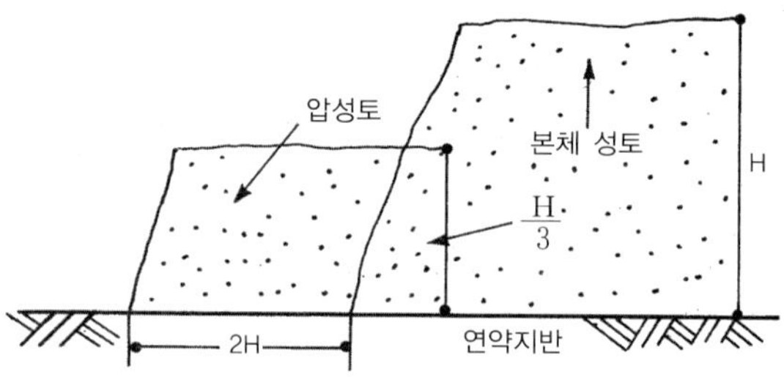

그림 3-13 압성토공법

3) Dewatering System

기초바닥 하부에 인위적인 배수층을 설치하여 일정 위치로 지하수를 집수하여 배수시키는 방법으로 시공성이 용이하고 지하수에 의해 작용되는 상향의 수압문제를 장기적으로 처리할 수 있는 공법이다.

(1) 외부배수 시스템(Exterial Drainage System)

① 외부배수 시스템은 지하 벽체 외부의 소정의 심도를 배수층을 만들어 유공관을 통하여 집수정으로 지하수를 모은 후 펌프에 의한 배수처리로 지하 벽체에 작용하는 양압력을

감소시켜 지하외벽의 단면을 조절할 수 있는 방법이다.

② 이 시스템은 외부 지하수위의 조절로 지하층 바닥에 걸리는 양압력을 원천적으로 감소시키므로 지하구조물 전체의 안정에는 효과적이나 건축대지 상황에 따라 설치가 불가능한 부분이 발생할 수 있으며, 유공관이나 집수정 부위의 Joint에 대한 시공관리에 주의를 기해야 한다.

③ 강제배수로 자연 지하수위를 조절하는 인공수위 저하 방법으로서 인접 구조물의 침하등의 피해가 발생할 수도 있기 때문에, 건물밀집 지역에서는 적용성 여부를 철저히 검토해야 한다.

(2) 기초바닥 영구배수 시스템(Permanent Under Drainage System)

① 기초 슬래브 아래에 인위적인 배수층을 만들고 유공관을 통하는 집수정으로 지하수를 모아 펌프에 의한 배수처리로 수압을 감소시키는 방법이다.

② 이 시스템은 지하벽체 선단이 투수성이 적은 지반까지 시공되었을 때 이 지층수작업 방법에서 야기되는 주변 침하문제는 해결될 수 있다.

③ 지하수가 많고 터파기 하부 지층이 견고한 지반에서 수압을 완화시키는 방법으로 널리 적용한다.

④ 기초 바닥 슬래브의 경제적인 단면 설계가 가능하고 시공이 간편하여 공사비가 저렴하다.

4) 탈수법

연약한 점성토지반에 주상의 투수층(모래기둥 혹은 Drain Paper)을 박아서 배수함으로써 조기에 압밀시키는 공법이다.

(1) 샌드드레인 공법

점성토 층의 투수성은 대단히 나쁘므로 단시간에 개량할 수가 없다. 그러므로 그림과 같이 점토지반에 Sand Pile을 조성하고, 성토에 의해 하중을 가하면 장기간에(2~3개월) 걸쳐 점토 중의 물이 Sand Pile에 집중되고, Pumping에 의해 지반에 배수시켜 압밀촉진한다.

① 시공간격 : 지반조건, 시공방법에 따라 다르나 일반적으로 1.0m~2.0m가 많다.

② 시공관리 : 개량 중 및 개량 후의 일축강도 등의 측정 및 개량 중의 간극수압, 침하량의 측정에 따른다.

③ 흙자체의 하중으로서 흙쌓기(1m당 약 1.5t/m²), 웰포인트공법(수위저하 1m당 약 1t/m²), 대기압공법(지중의 기압의 저하 0.1기압당 1t/m²) 등이 사용된다.

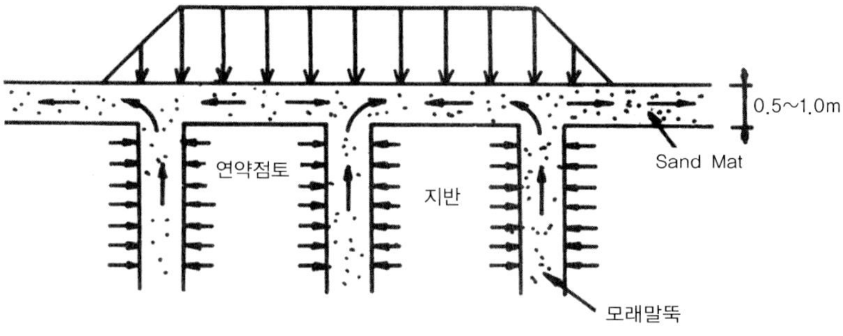

그림 3-14 Sand Drain 공법

(2) Paper Drain공법(P.D.B)

점성토로 형성되거나 매립된 지반은 그 토질 자체가 높은 함수비를 가지면서 투수계수가 대단히 낮아 항상 토중의 물을 배수시키지 못하고 그 자체가 갖고 있기 때문에 지반 자체가 연약한 상태가 된다. 압밀을 촉진시키기 위해서는 배수거리를 짧게 하며 배수공은 특수 투수재를 사용하여 수직으로 조성하여 단시간에 많은 양의 배수를 계속적으로 진행시켜 나간다.

시공방법은 다음과 같다.

① 배수 및 모래포설의 선행작업으로 습지도자 등으로 바닥 leveling을 한다.

② 성토시 장비의 하중을 견디고 자외선 및 해수에 의한 부식을 방지할 수 있는 내구성이 좋은 재질의 P.P Mat(P.E Mat)를 포설한다.

③ Mat 위에 일정 두께로 균등하게 모래를 포설(침하판 설치)하여 끌어올린 공극수를 배수시켜 주는 배수층 역할을 하게 한다.

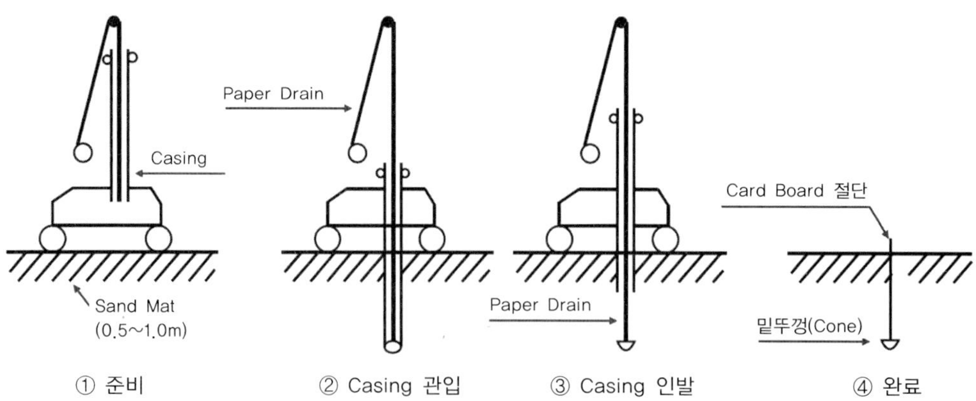

그림 3-15 Paper drain 시공순서

〈표 3-4〉 드레인보드의 단면도

종 류 \ 재 료		보드 단면
카　　드	페이퍼	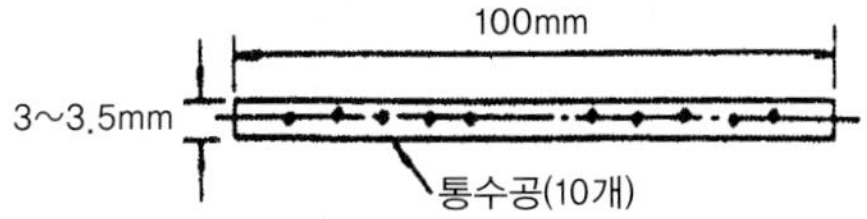
합성수지	다공질 단일구조	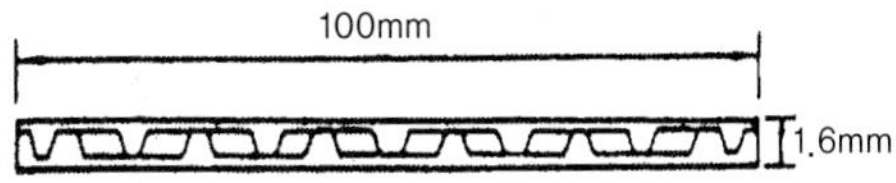
	복합구조	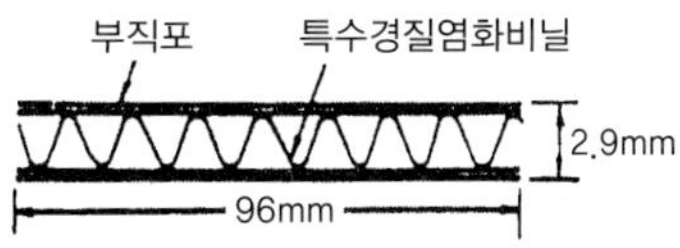

페이퍼 드레인의 설치방법에 맨드릴을 사용하는 방법과 맨드릴을 사용하지 않는 간이 타설법이 있는데 맨드릴 식 타설법은 다음과 같다.

① 압입용 가이드의 선단에 드레인 보드를 고착시켜 지반 위에 닿게 한다.

② Drain Board(또는 케미칼보드)는 뒤쪽의 드럼에서 활차를 지나서 맨드릴 안으로 유도된다.

③ Drain Board는 맨드릴의 이송로울러에 끼어서 동시에 지중에 압입된다.

④ 소정의 깊이에 맨드릴이 도달하면 이송장치에 의해서 Drain Board를 지중에 남기고 맨드릴만 끌어올려져서 커터로 Drain Board가 절단된다.

⑤ 설계된 피치로 다음의 타설점에 이동한다.

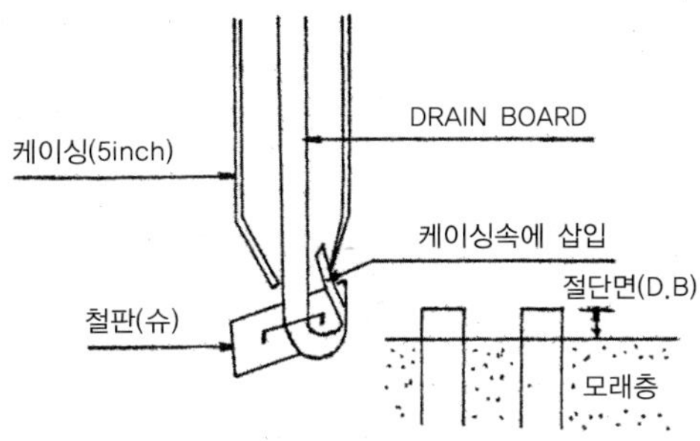

그림 3-16 페이퍼 드레인

(3) Well Point 공법

웰포인트공법은 선단에 Well Point를 부착한 집수관을 매입시켜 진공펌프를 사용해서 집수관 내를 진공상태로 만들어 지하수를 진공흡인 탈수하는 것이며, 용수량이 비교적 많은 약간 투수성이 나쁜 사질시트층 정도까지의 지하수를 강제적으로 배수할 수가 있다. 이 공법을 채용함으로써 흙의 안정성을 대폭적으로 증가시킬 수가 있으며 공기의 단축이나, 공비의 경감에도 유리하다.

이와 같이 해서 타설된 다수의 웰포인트 두부에는 각기 스윙죠인트가 부착되며 이 스윙죠인트를 지름 6인치(약 15cm) 정도의 헤더파이프(집수관)에 연결하고 헤더파이프의 한쪽을 웰포인트펌프(강력한 진공펌프와 센트리퓨걸 펌프와를 조합한 특수펌프)에 접속하여 양수하는 것이다.

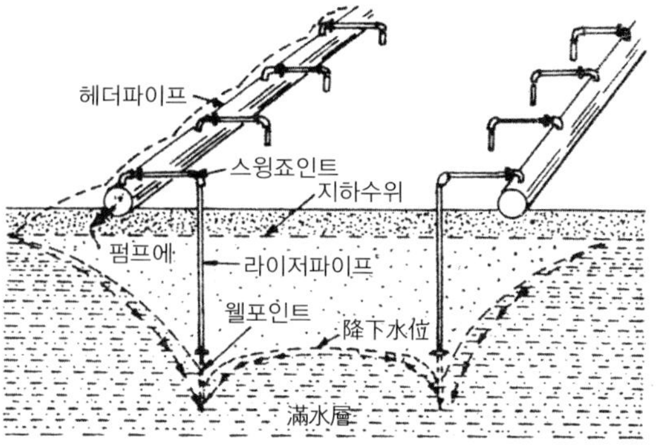

그림 3-17 웰포인트공법

(4) 생석회 말뚝공법

연약한 점토층에 모래말뚝과 같은 방법으로 생석회 말뚝을 박아서 생석회가 흡수 팽창하는 원리를 이용하여 연약지반 중의 수분을 탈수하고 소화한 소석회와 말뚝주변 점성토와의 포졸란 반응에 따라 지반을 개량하는 공법이다. 침하가 작고, 지반개량이 균일하지 않다. 발열이 시공상 문제가 될 수 있으며 생석회 사용에 따른 인체에 유해한 영향이 우려된다.

말뚝직경은 0.3~0.5m, 설치간격은 0.75~1.5m 정도가 보통이다.

(5) 시공순서

① 소정의 위치에 말뚝타설기를 설치하고 수직으로 조정
② Casing을 회전시키면서 소정의 심도까지 관입
③ 관입완료 후 Casing의 회전을 멈추고 Casing 상부의 Hopper로 생석회 투입
④ 재료투입 후 Casing 상단의 기밀밸브를 닫고 Casing 내 기압이 소정의 값에 이를 때까지 컴프레서에 의해 압축공기 보냄.
⑤ Casing 내압이 소정의 값에 이르면 Casing을 역회전시키며 인발
⑥ 내압을 서서히 내리면서 Casing 인발을 완료하고 공동부가 생긴 경우 토사로 메움

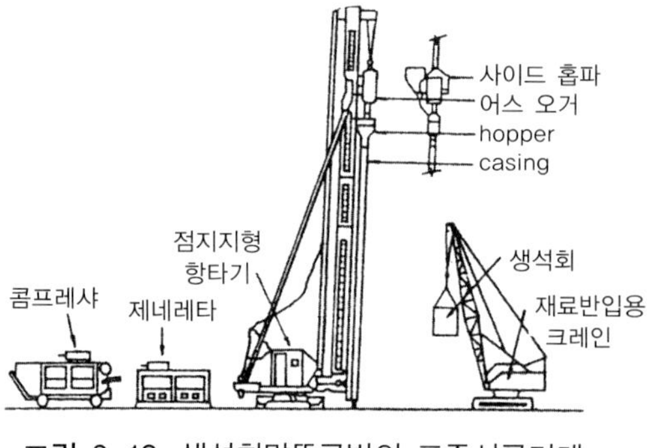

그림 3-18 생석회말뚝공법의 표준시공기계

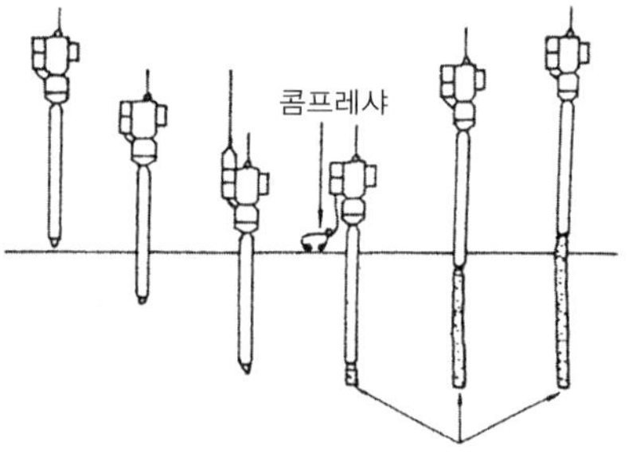

그림 3-19 시공순서

5) 기타 공법

(1) 고결안정 공법

토립자 간의 공극을 충진하며 지반을 불투수성으로 하여 방수효과를 높이는 것과 동시에 연약지반을 고결시켜 지내력을 증가시키는 두 가지 목적에 이용한다.

① Grouting공법(시멘트 주입공법)

파이프를 지중에 박아 놓고 시멘트페이스트를 Compressor에 의해 지반 중에 주입하는 공법

② 약액주입공법

주입제 : 시멘트, 점토, 벤토나이트, 아스팔트, 약액

(2) 인공동결공법

① 개요

인공동결공법은 인공적으로 지반을 동결시켜 일시적인 흙막이벽, 방호벽 등으로 이용하는 보조공법의 하나로서 다른 보조공법을 이용할 경우 공사의 안전과 확실성에 의문이 따르는 현장 즉, 공사로 인해 하천의 유로 단면적이 줄어들 염려가 있다거나, 도로 교통량에 많은 제한을 받을 우려가 있는 곳, 또는 지하수 오염 가능성이 있거나, 기존 매설물을 이설하지 않고 공사를 수행하려는 현장 등에서 주로 적용된다.
냉각제의 종류, 열교환 형식 등에 따라 브라인(Brine) 방식과 Gas 방식으로 나눌 수 있으며, 공장기초, 지하철 굴착공사, 지하 저장탱크, 상하수도 공사 등에 사용되고 있다.

② 분류

㉠ Gas 방식

액체질소(LN_2) 등의 저온액화 Gas를 지중의 동결관 내에 공급하여 주위 지반을 동결시키는 방식으로 종류에는 주입방식, 순환방식, 주입, 순환 병용방식이 있다.

㉡ 브라인(Brine)방식

염화칼슘, 염화마그네슘 등의 수용액(Brine)을 냉동기에서 -20℃~-30℃ 정도로 냉각하여 지중에 순환시켜 지반을 동결시키는 방식이다.

③ 원리 및 방법

지반을 동결시키기 위해 미리 직경 10~20cm되는 선단부분이 폐쇄된 강관(동결관)을 지중에 매설한 후 강관 속으로 Brine부동액 또는 액체질소를 순환시켜 강관을 계속 빙점이하의 온도로 냉각시킨다. 시간이 경과하면 강관 주변지반의 간극수가 얼기 시작하면서 강관을 중심으로 동심원 모양의 동토주가 형성된다. 강관을 필요한 간격으로 연속적으로 매설하면 인접한 동토주가 서로 합쳐져 연속적인 동토벽체를 이루게

된다. 이러한 동토벽체는 차수성이 높고, 역학적으로 큰 강도를 발휘하므로 이를 흙막이벽 또는 방호벽으로 사용하여 목적하는 공사를 수행한다. 시공완료 후에는 자연적 또는 강제적으로 동토벽을 융해시킨다.

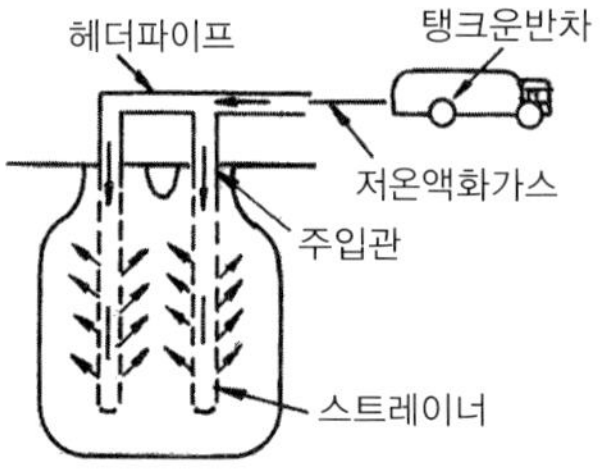

그림 3-20 저온액화가스 주입방식

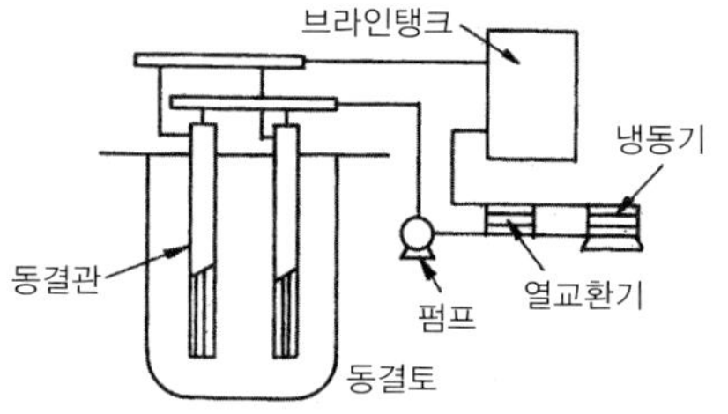

그림 3-21 브라인 방식

(3) 전기화학공법

점토입자의 Ion을 화학반응을 일으켜 전기화학적 경화로 지반을 강화시키는 공법으로, 전기침투공법과 전기고결공법이 있다. 물이 양극에서 음극으로 흐르는 원리를 이용한 공법이며 강재배수공법의 일종이다.

투수성이 매우 작은 점토지반에 효과가 있으나 현재는 Vertical Drain 공법(수직배수공법)에 밀려서 현재는 거의 사용되지 않고 있다.

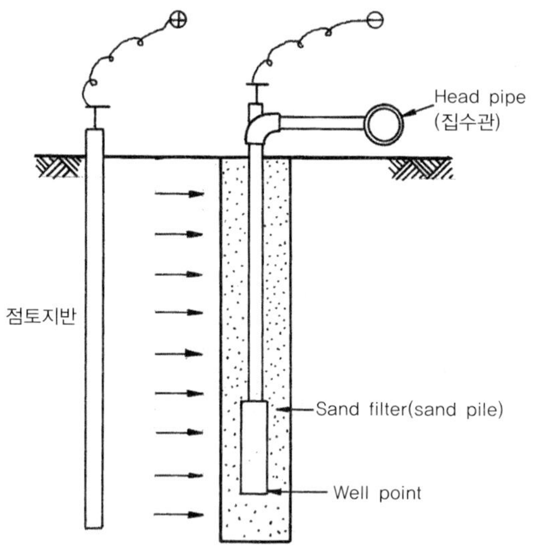

그림 3-22 전기침투공법

① 시공원리

㉠ 음극에는 Well Point를, 양극에는 Well Point에서 분리하여 설치한 철봉이나 강널말뚝을 지중에 삽입한다.

㉡ 전기를 통과시키면 물은 양극에서 음극으로 흐르게 되며, 이때 Well Point를 통하여 배수시킨다.

(4) 진동다짐압밀공법(Dynamic Consolidation Method)

8~40톤 되는 강제, Concrete Block 등을 낙하하여 크레인 또는 타워 등의 특별한 장치를 이용하여 10~40m 높이에서 지표면에 타격함으로써 동적 압밀작용을 일으켜 지반의 강도를 개량하는 공법이다. 초기에는 사질지반에 국한하여 사용되었으나 최근 공법의 원리에 대한 이해가 높아지고 장비의 발달로 인하여 점토질 지반, 비균질한 지반에 적용이 확대되고 있다.

① 특징

㉠ 타격에너지를 대폭적으로 증가시켜 깊은 심도까지 개량 가능

㉡ 모래, 자갈, 세립토, 폐기물 등 광범위한 토질에 적용 가능

㉢ 지반 내 장애물이 있어도 가능

㉣ 부지의 전역에서 확실한 개량효과 확보

㉤ 불균일성 지반은 타격을 더하여 개량 촉진

② 타격방법

㉠ 1회 타격에너지와 총 소요에너지의 크기를 비교하여 전면적에 고르게 필요한 에너지를 공급하도록 격자망을 짜서 타격한다.

㉡ 타격순서 : ①→②

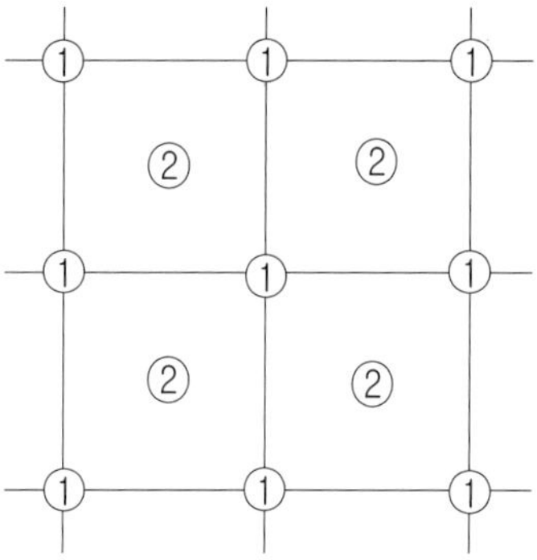

(5) 진동다짐 공법(Vibro flotation Method)

① 지경은 약 20cm이며, 길이는 약 1m의 대형 봉상진동기인 바이브로 플로트(Vibroflotation)를 진동과 워터젯에 의하여 소정의 깊이까지 삽입하고 모래를 진동시키면서 그 사이에 생긴 공간에 자갈을 넣고 막대를 빼내며 지반을 다지는 방법이다.
단, 점토층에는 효과가 없다.

② 특징

㉠ 지지력 증대

㉡ 공사비 저렴

㉢ 공기단축

㉣ 지반균일화 효과 우수

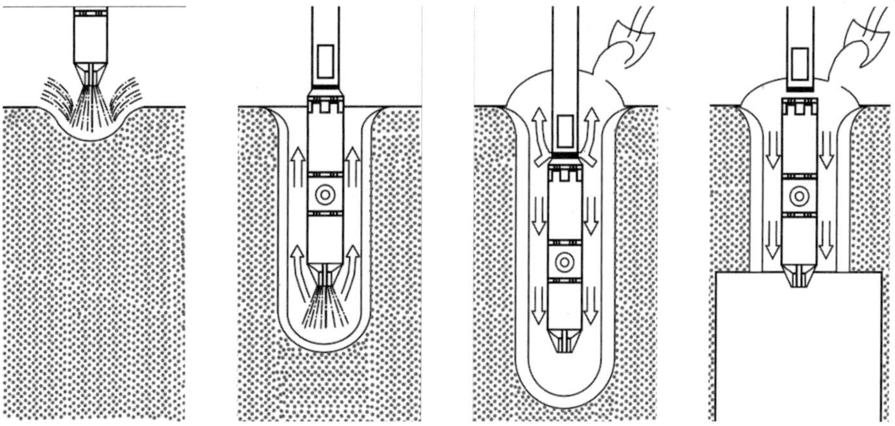

그림 3-23 바이브로 플로테이션 공법의 시공순서

③ 시공순서

㉠ Float 선단의 Water Jet과 Float의 수평진동으로 관입

㉡ 골재를 충전하고 Float의 상하운동을 반복하여 다짐

㉢ Vibro Float를 0.3m 정도씩 점차적으로 상승시키며 진동을 가해 다짐 완료한다. 이때 선단에서의 사수는 중단하고 가로분출 사수로 투입재 다짐

(6) 진동다짐 공법 (Vibro Compozer Method)

특수 Pipe를 관입하여 모래를 투입하고 이것을 진동하여 다지면서 파이프를 빼내어 Compozer Pile(Sand Compaction Pile)을 구성하여 가는 공법이다. Compozer Pile이 간극수의 배수로 역할을 함으로써 압밀 촉진 및 Pile자체의 다짐에 의한 지반개량을 한다.

① 시공순서

㉠ Casing을 지상에 설치하고 Pipe 선단에 모래 Nozzle을 설치한다.

㉡ 진동기를 작동하여 Pipe를 지중에 관입시키고 Water Jet를 병행한다.

㉢ 소정의 깊이까지 도달했을 때 Casing 속에 일정량의 모래를 투입한다.

㉣ Casing을 소정의 높이만큼 끌어 올리며 압축공기로 Casing속의 모래를 땅속에 밀어 넣는다.

㉤ Casing을 다시 박고 투입된 모래를 진동에 의해 다진다.

㉥ 다시 Casing을 소정의 높이로 끌어 올려 모래를 투입한다.

㉦ '㉤'과 '㉥'의 작업을 되풀이 하여 모래말뚝을 완성한다.

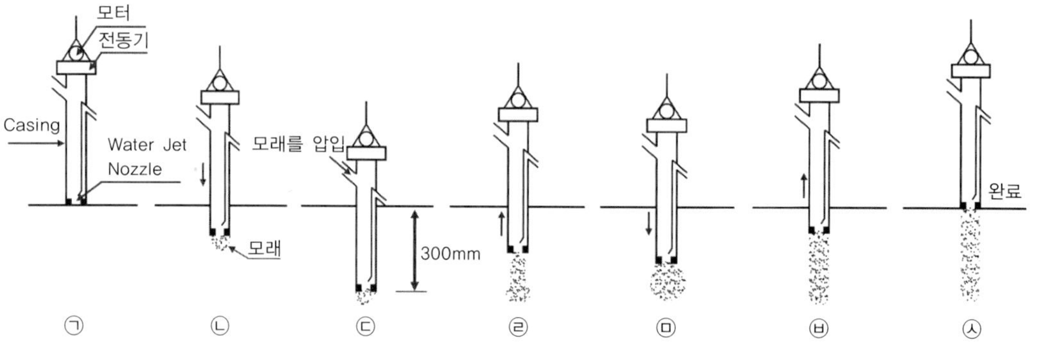

그림 3-24 Vibro Compozer 공법

② 특징

㉠ 시공관리가 쉬우며, 대규모 공사에 적합

㉡ 별도의 발전설비가 필요함

㉢ 시공상 무리가 없으므로 기계 고장이 적다.

㉣ 큰 진동에 의한 모래다짐공법으로 균질한 모래말뚝의 품질이 확보됨

㉤ 충격, 진동, 소음이 작다.

구분	샌드드레인	팩드레인	플라스틱보드 드레인
공법원리	모래말뚝 설치 이후 배수거리 단축을 통한 압밀침하 촉진	모래말뚝 대신 섬유망에 모래를 충전	모래말뚝 대신 플라스틱드레인 보드를 설치
시공심도	평균 25m	평균 25m	평균 20m
배수재	모래	섬유망, 모래	드레인 보드
시공기간	중장기	장기	장기
N치 관련	N값이 25 이상이면 압입이 어려움	N값이 20 이상이면 압입이 어려움	N값이 8 이상이면 압입이 어려움
장점	• 상부에 매립 층이 있을 경우 관입저항을 극복 • 국내시공사례 및 경험 풍부 • 모래말뚝이 활동에 대한저항효과가 있으며 투수효과가 우수함	• 샌드드레인에 비해 재수재와 샌드심 절단우려가 적다. • 모래량을 절감할 수 있고 배수재 타설 기간 단축이 가능함 • 시공속도가 빠르며 시고영부를 육안으로 확인 가능함	• 샌드드레인에 비해 배수재와 샌드심 절단우려가 적음 • 장비가 경량이며 국내 시공사례가 많음 • 샌드드레인에 비해 공사비가 저렴하고 재료 구입이 용이함
단점	• 모래말뚝 설치시 교란영역이 확장됨 • 소성유동으로 인한 모래말둑 및 자연적으로 형성된 샌드심 절단이 우려됨 • 양질의 모래가 다량 필요 • 장비 중량이 커서 통행성 확보가 어려움 • 시고속도가 느리며 공사비가 고가임	• 연약지반 심도가 불규칙한지역은 타설심도의 조절이 어려움 • 장비 중량이 커서 접지압 관리가 어려움 • 철저한 품질관리가 요구됨	• 드레인보드 제품의 철저한 품질관리가 요구됨 • 주행성 확보용 공사용도로가 요구됨

Chapter

04 흙막이공사

4.1 흙막이 공법 개요

흙막이 가설공법은 직접기초, 말뚝기초, 지하구조물 등을 만드는 경우의 굴착에 있어서 주변의 토사나 지하수가 굴착지반 내에 침입하지 않도록 하기 위한 가설 구조물이다. 가시설은 공사 중에 사용되며 공사완료 후는 철거되는 가설구조물로 본체 구조물 축조를 위하여 일시적으로 사용되고 있으며 최근에는 공사가 대형화, 복잡화되어 비용과 공사량 그리고 공기 등 전체 공사에 차지하는 비율이 높아졌기 때문에 매우 중요시 되고 있다.

이러한 가시설 계획은 설계단계에서 고려해야 하며 그 내용은 다음과 같다.

① 지반조건(토질, 토층구성, 지하수)

② 지중매설물(위치, 깊이, 구조)

그림 4-1 버팀대+흙막이벽 붕괴

그림 4-2 오프컷 토사 붕괴

③ 대지 주변상황과 흙막이벽, 그리고 본체 구조물의 위치 관계

④ 시공기계와 작업환경

4.1.1 흙막이벽의 선정

지하수대책의 적부, 굴착깊이, 경제성, 지반 및 현장조건 등을 고려하여 선정한다.

배수식 → 토류판벽
차수식 → Sheet Pile
주열식
연속벽

⇨

배수
차수계획

⇨

벽면 굴착 (Open Cut)

주변에 안전한 경사각 형성
가능한 경우에 적용

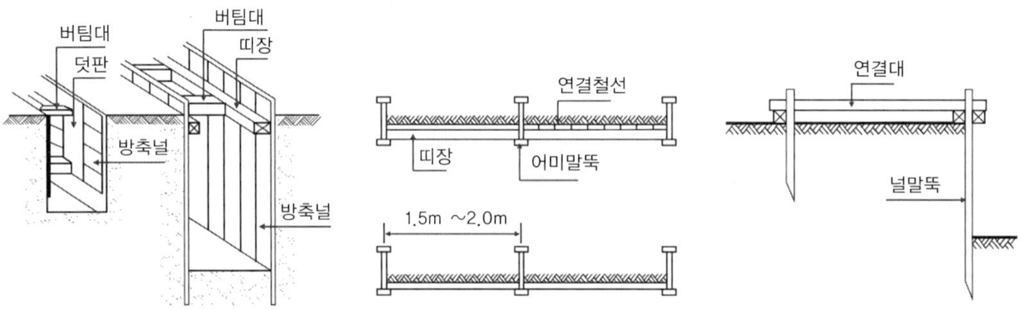

(a) 줄기초 흙막이 (b) 어미널말뚝 흙막이 (c) 연결재 또는 당겨매기식

그림 4-3 간단한 흙막이

4.1.2 흙막이와 굴착시공

1) 흙막이벽에 작용하는 응력(토압)

이론상으로 a : b=1 : 2일 때 MC(최대 Moment)가 최소로 되어 버팀대는 흙파기 바닥면에서 1/3 위치에 설치하는 것이 가장 효과적이나 실제로 버팀대는 작업상 지장이 없는 곳에 설치한다.

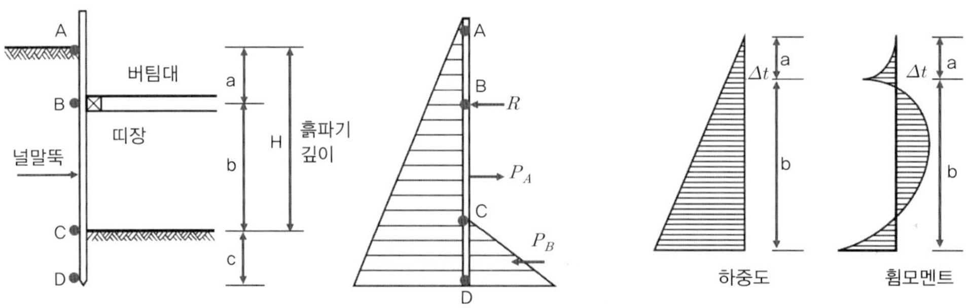

그림 4-4 흙막이의 응력도

간단한 흙막이인 경우 a : b : c=1 : 2 : 1로 하고 AC가 10m 이상이면 CD는 2m 이상 필요하다.

(1) 주동토압 (PA ; Active Earth Pressure)	① 벽체가 전면으로 변위가 생길 때의 토압 ② 배면 흙이 가라앉음. ③ 정지토압보다 토압이 감소 ④ 주로 옹벽에서 발생
(2) 수동토압 (PB ; Passive Earth Pressure)	① 벽체가 배면으로 변위가 생길 때의 토압 ② 배면 흙이 부풀어 오름 ③ 정지토압보다 토압이 증대 ④ 흙막이벽에서 주로 발생
(3) $P_A < P_P + R$일 때 안전	$P_A < P_P + R$일 때 안전 $P_A = P_P + R$일 때 정지토압 $P_A > P_P + R$일 때 붕괴

2) 굴착시공상의 유의점

굴착시공시 여러 가지 문제 발생 원인 중 가장 크게 문제가 되는 것은 지하수 문제이다. 지하수 상황을 정확하게 파악하여 시공계획시 예상되는 문제에 대한 충분한 검토가 이루어져야 한다.

굴착저면에 얇은 불투수층이 있는 경우 상부의 물은 배수가 되어도 하부가 배수되지 않아 그 물은 상부 흙중량보다 큰 압력으로 굴착저면을 들어 올려 흙막이의 파괴를 야기시킨다. 굴착시공시 유의사항은 다음과 같다.

(1) Boiling 현상

① 개요	• 흙파기 저면의 침수성이 좋은 모래질 지반에서 지하수가 얕게 있든가, 흙파기 저면 부근에 피압수(被壓水)가 있을 때에는 흙파기 저면을 통하여 상승하는 수류(水流)로 말미암아 모래입자는 부력(浮力)을 받아 저면 모래지반의 지지력이 없어지는 현상
② 발생원인	• 흙막이벽의 근입장 길이가 부족할 경우 • 흙막이벽의 배면 지하수위와 굴착저면과의 수위차가 클 때 • 굴착하부 지반의 투수성이 큰 모래층이 있을 때
③ 방지대책	• 흙막이벽의 근입장을 불투수층까지 근입시킨다. • Well Point, Deep Well Point 공법 등으로 지하수위를 저하시킨다. • Sheet Pile 등의 수밀성 있는 흙막이를 실시한다. • 지수벽, 지수층을 설치한다. • 방축널의 하단에 적당한 배수시설을 하여 굴착저면 밑의 수압을 저하

(2) Quick Sand와 Boiling 현상

① 개요	• Sheet Pile 또는 댐하부의 접착력이 없는 모래지반에서 물의 상방향 침투력이 모래의 수중단위체적중량보다 커져 물이 상향으로 흐르면서 토립자가 물과 함께 유출되는 액상화 현상 • 수두차에 의한 침투압으로 인하여 발생
② 발생원인	• 수두차가 크면 발생 • 지반조건이 불리하면 발생
③ 방지대책	• 지하수위를 저하시킨다.(Well Point 공법, Seep Well공법 등을 적용) • 약액주입공법, 앖성토 공법 등을 적용

(3) 히빙(Heaving)현상

① 개요	• 흙막이나 흙파기를 할 때 하부지반이 연약하면 흙파기 저면선에 대하여 흙막이 바깥에 있는 흙의 중량과 지표 제 하중의 중량에 못견디어 저면 흙이 붕괴되고, 흙막이 바깥에 있는 흙이 안으로 밀려 불룩하게 되는 것을 말한다. • 흙막이 배변의 중량(MA)이 굴착 저면 이하의 흙의 중량(MB)보다 클 경우 흙막이 배면에 있는 흑이 흙막이 안쪽으로 밀려들어 굴착 저면이 부풀어 오르는 현상
② 발생원인	• 흙막이벽 내부와 외부의 중량차이가 클 때 • 흙막이벽의 근입장이 부족할 때 • 지반이 연약지반일 경우
③ 방지대책	• 흙막이 근입장을 경질지반까지 시공한다. • 흙막이벽 외부의 표토층을 제거하여 하중을 경감한다. • 트랜치 컷 공법 또는 부분 굴착을 한다. • 지반개량을 한다.

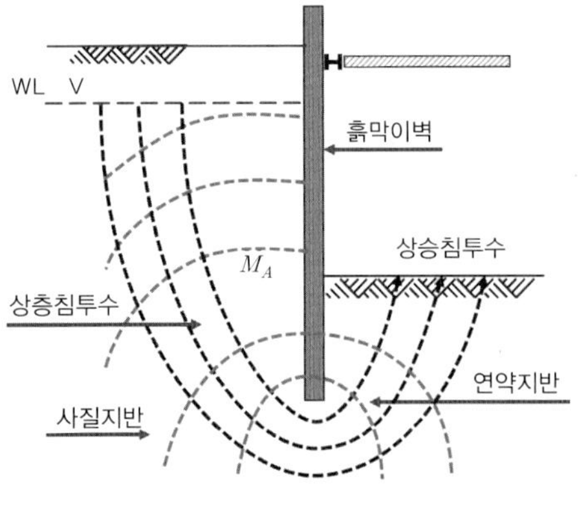

그림 4-5 Boiling 현상

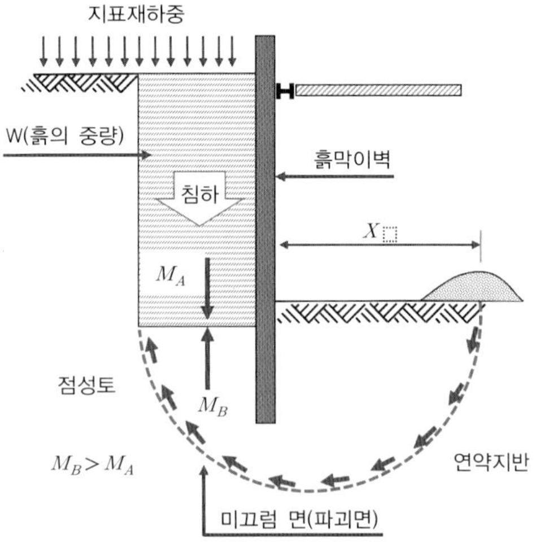

그림 4-6 히빙(Heaving)현상

(4) Piping 현상(흙막이벽 중간에서 누수에 의한 주변지반의 함몰)

느슨한 사질지반 굴착시 흙막이 널 재료의 불량 또는 시공의 부실로 인하여 흙막이널에 구멍이 뚫린 경우 벽체 배면의 토사가 용수로 유실되어, 흙막이벽 배면에 공극이 발생하여 물의 흐름이 그 공극에 집중하여 공극이 점차로 넓어져서 결국에는 주변지반이 함몰되는 현상을 말한다.

구분	흙막이 배면 Piping	굴착저면 Piping
① 개요	• 차수성이 적은 흙막이 공법에서 흙막이 배면의 지하수가 흙막이벽으로 유출될 때 지반토가 유실되어 물의 통로를 형성 할 때 발생된다.	• 사질지반에서 흙막이벽 배변에 굴착저변과의 수위차가 현저히 클 때 굴착저면이 상향의 침투수에 의해 지반토와 함께 물이 분출하여 지반에 물의 통로가 형성되는 것 • 보일링에 의한 Piping이다.
② 도해	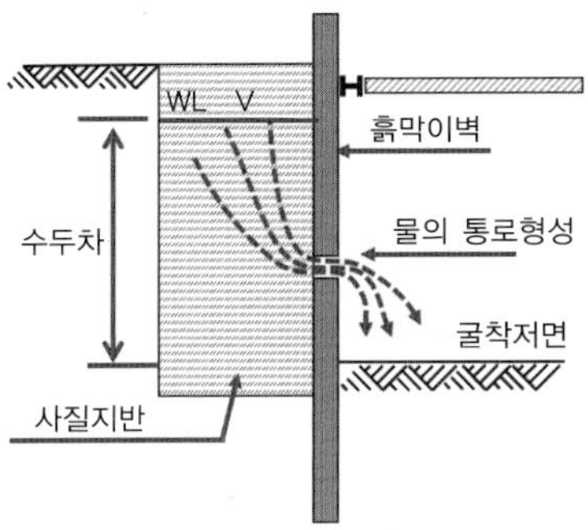	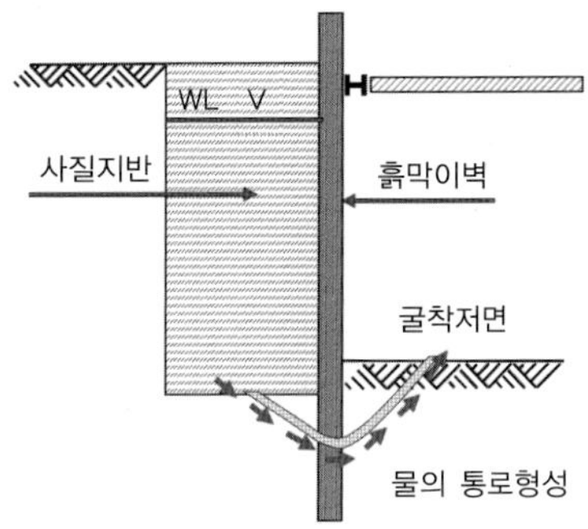
③ 발생 원인	• 지하수 과다 • 흙막이 배면 피압수 존재 • 흙막이벽 차수성 부족	• 굴착면관의 높은 지하수위차 • Boiling 발생 • 투수성이 큰 사질지반 • 흙막이 근입 깊이 부족
④ 방지 대책	• 차수성이 높은 흙막이 공법 시공 • 흙막이벽 밀실 시공 • 지하수위 저하 • 지반고결	• 흙막이벽 근입을 불투수층까지 깊게 근입 • 지하수위를 저하시킨다. • 지반 고결 • 수위차의 상, 하를 저하시킨다. • 굴착저면을 고결시키다.

(5) He]aving, Boiling, Piping의 비교

구분	Heaving	Boiling	Piping
지반	점성토	사질토	사질토
원인	중량차	수위차	유입수
문제점	부풀음	전단강도 저하	토사반출
범위	전반적	국부적	국부적

4.1.3 배수공법

지하수를 처리하는 공법에는 다음과 같이 분류할 수 있다.

배수(지수)공법	중력배수법	집수정(sump pit)공법
		깊은우물(deep well)공법
		지멘스웰(siemens)공법
	강제배수법	웰포인트(well point)
		진공깊은우물공법(Vacuum deep well)
		전기삼투압공법(Electro osmosis method)
		뉴메틱메이슨공법(압축공기법)
		동결공법
	지수공법	지수흙막이공법
		약액주입공법

1) 배수공법

(1) 중력식 배수공법

물의 중력차이에 의하여 발생하는 물을 작업장의 가장 낮은 곳으로 유도하여 집수통에 지하수를 모으고 이를 수중펌프를 사용하여 외부로 배출시키는 방법이다.

① 집수정공법

공사에 지장이 없는 위치에 깊이 2~4m 정도로 굴착하여 집수통을 설치하고, 집수통에 모인 지하수를 수중펌프로 사용하여 외부로 배출시킨다(그림 4-7 참조).

본 공법은 설치가 간단하고, 저렴하며, 함유량이 많은 지반에 채용하고 있다.

② 지멘스웰(Siemens Well)공법

지름 20cm인 스트레이너를 갖춘 우물을 4~6m 간격으로 배치하고, 양수관을 설치하여 한 개의 집수관(Head Pipe)에 연결해서 지하수를 외부로 배출시킨다. 지멘스웰 공법을 근간으로 웰 포인트 공법으로 발전되었으며, 그 결과 지멘스 웰공법은 사용 빈도가 줄었다.

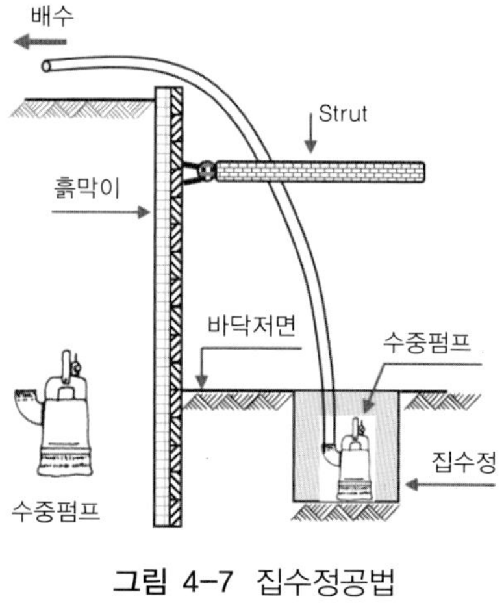

그림 4-7 집수정공법

(2) 강제식 배수공법

공사장 주변의 지하수를 펌프를 통하여 강제로 배수시킴으로서 필요한 부위의 지하수 높이를 소정의 깊이까지 낮추는 방법으로 웰포인공법이나 전기침투공법 등이 이에 해당된다.

① Well Point 공법

지중에 Pipe(집수관)를 1~2m 간격으로 박고 Well Point를 사용하여 지하수를 진공 Pump로 흡입 탈수하여 지하수위를 저하시키는 공법

㉠ 투수층이 비교적 낮은 사질 Silt층까지도 강제배수 가능

㉡ Heaving 및 Boilong 방지

㉢ 공기단축 및 공비절감

㉣ 압밀침하로 인한 주변대지, 도로 균열발생

㉤ 지하수위 저하로 주변 우물고갈

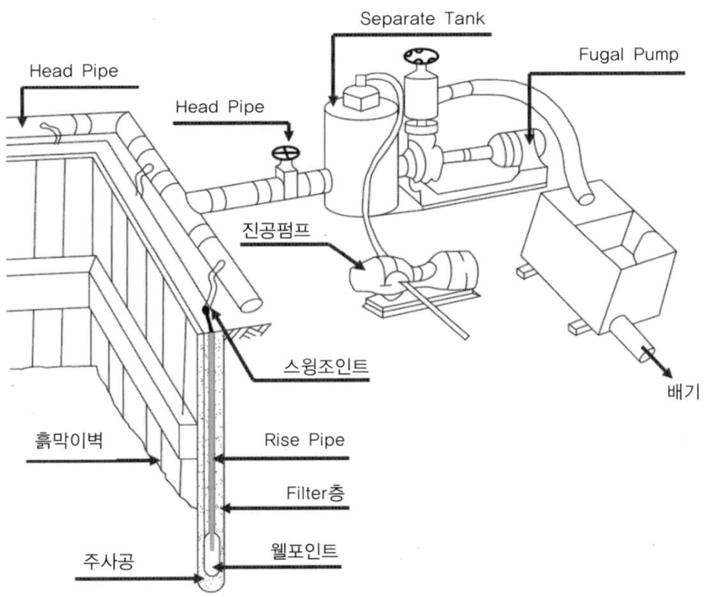

그림 4-8 Well Point 공법

② 전기침투공법

물이 양극에서 음극으로 흐르는 원리를 이용한 공법으로 투수성이 매우 작은 점토지반에 사용하며, Vertical Drain 공법(수직배수공법)에 밀려서 현재는 거의 사용되지 않는다.

㉠ 점토지반의 간극수 탈수

㉡ 강제배수와 함께 압밀촉진

㉢ 점토지반의 강도증가

4.2 흙막이 공법의 분류

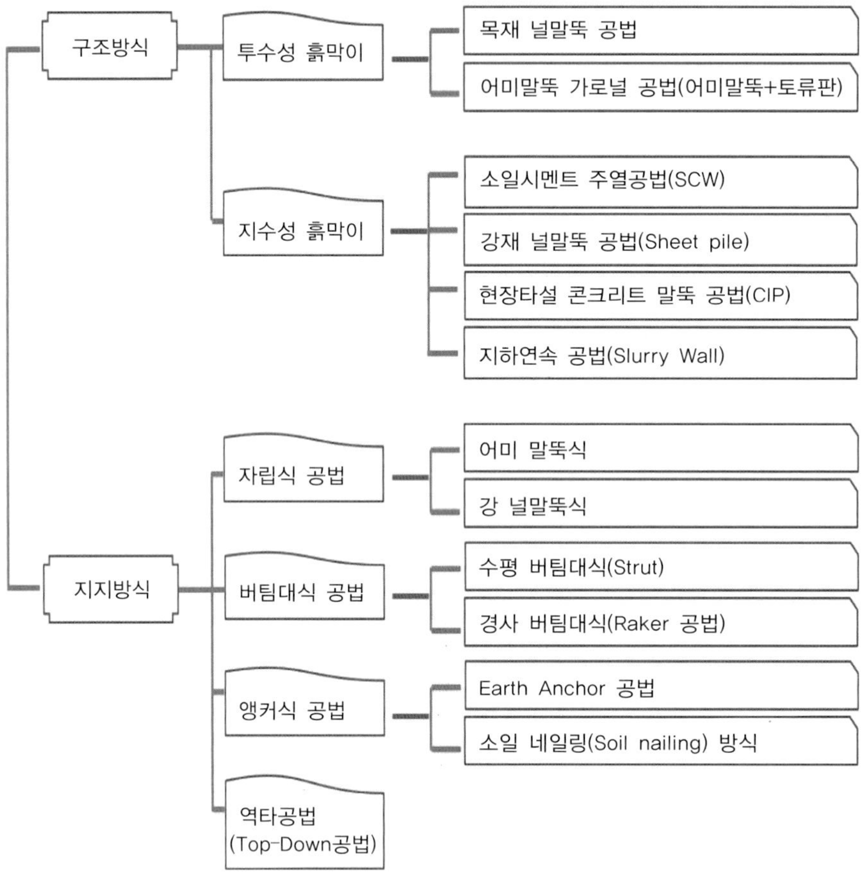

4.2.1 흙막이 벽체공법에 의한 분류

1) 어미말뚝 가로널(H-pile+Timber)공법

(1) 일반사항

터파기에 따른 흙막이 측압에 대한 응력 부담재(어미말뚝)로서 레일 또는 H형강 등을 계획된 흙막이 벽선 위에 일정한 간격으로 박고, 터파기 진척에 따라 가로널을 어미말뚝 사이에 건너질러 흙막이벽으로 하는 공법이다.

(2) 시공순서 및 개요도

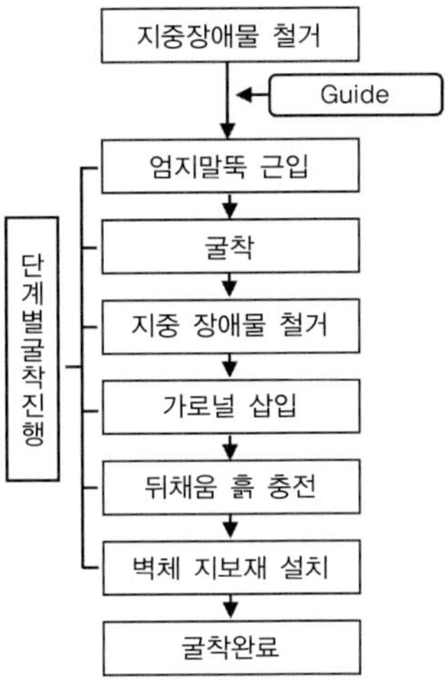

그림 4-9 시공순서

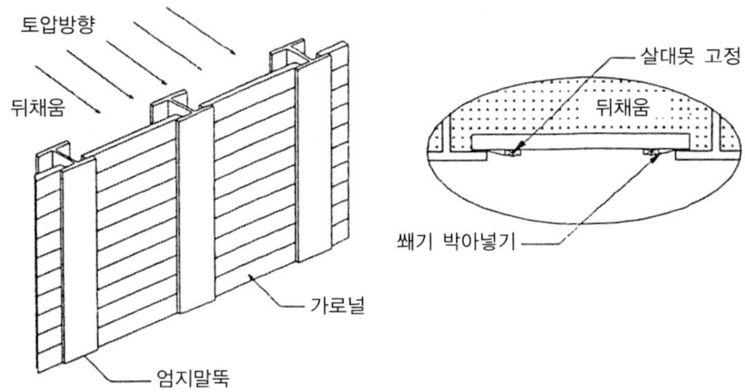

그림 4-10 어미말뚝 가로널 공법

(3) 시공방법

① 엄지말뚝(어미말뚝) 설치

소정의 위치에 오거(Auger) 등으로 미리 구멍을 파고 어미말뚝을 심는 이른 바 프리보링 공법이 일반적이다. 이때 어미말뚝의 밑둥 깊이부분을 소일시멘트 등으로 충분하게 굳힘과 동시에 그 도중부분도 이완되지 않도록 되메우기를 한다.

② 가로널 설치

굴착과 동시에 실시하는 가로널의 설치는 굴착 후에 신속하게 실시한다. 어미말뚝에 대한 걸림은 4cm 이상으로 하여 벗겨지지 않도록 한다. 가로널과 굴착면의 사이는 틈이 없도록 토사로 충분히 충전하며 차례로 진행한다. 어미말뚝과 가로널은 밀착이 좋도록 하고 쐐기로 다지는 가로널은 서로 어긋나지 않도록 졸대(Wooden Lath) 등으로 고정한다.

③ 엄지말뚝(어미말뚝) 제거

어미말뚝 가로널의 철거는 때에 따라서는 주변의 지반침하를 초래하는 것이 많다 그 원인은 주변의 토사도 일제히 따라 올라와 그 공극에 주위의 토사가 붕괴하여 들어가기 때문이다. 엄지말뚝을 인발할 때 생기는 공극을 시멘트페이스트 등으로 충전하는 등의 처치가 필요하다. 피해가 크다고 예상될 때는 매몰한다는 것을 미리 협의해 둘 필요가 있다.

제거 방법에는 정적인 것으로서 바이브로 해머(Vibro Hammer), 유압 잭, 도르래 등이 있다.

(4) 시공 유의사항

① 차수성(遮水性)이 없다.	배수 공법 고려
② 트랜싯(Transit)으로 수직성을 확인	정밀도 높은 엄지말뚝 타입이 중요
③ 적절한 타이밍 준수 : 단계별 굴착	가로널 삽입−뒤채움 흙 충전
④ 뒤채움 및 가로널 미시공 부위의 터파기 높이	1m 이하로 유지−미굴착 방지
⑤ 가로널의 위치 준수 및 상호 긴결	쐐기, 살대 시공
⑥ 가로널 뒷면 틈새 확인	배면 토사 및 지하수 유출 그리고 지반침하 방지
⑦ Auger 천공시와 엄지말뚝 삽입시 수직도 및 공벽 안정에 주의	장비의 Setting 하부는 고르게 하고, 연약지반 : Steel Plate 또는 버림 콘크리트로 포설
⑧ 토류판 반입시 규격(두께) 및 목재 종류	수종 및 사이즈 확인

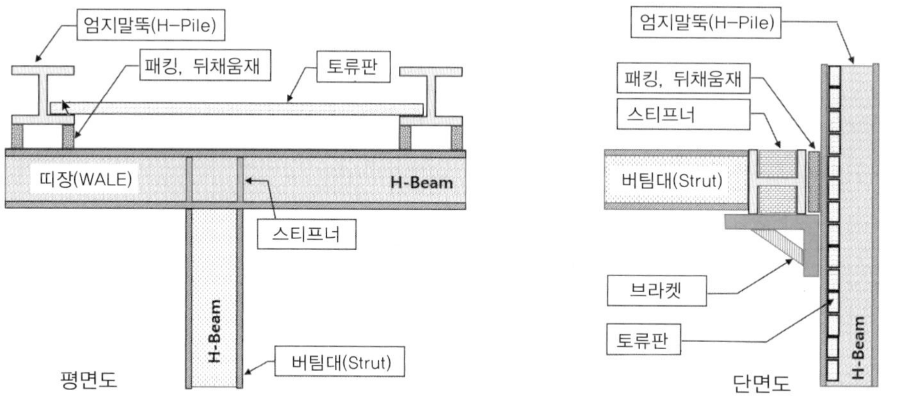

그림 4−11 띠장과 버팀대

2) 강재 널말뚝공법

(a) Sheet Pile 흙막이 (b) Sheet Pile+Sheet Pile 접합부 (c) Sheet Pile+스트러트 공법

그림 4−12 Sheet Pile 흙막이 공사

(1) 일반사항

① 연속성이 있는 이음 맞춤을 가진 U형, Z형, H형, I형 등의 강제 널말뚝(Steel Sheet Pile)을 연결하면서 지반 속에 박거나 매입하여 흙막이벽으로서 설치한다.

② 강관에 이음을 설치한 흙막이벽으로 하는 경우는 강관 널말뚝이라고 한다. 또 이음을 설치하지 않는 경량 간이의 것도 있다.

③ 강제 널말뚝의 설치시 소음과 진동이 발생하는 타격공법은 거의 사용할 수 없는 입지조건이 많다. 그래서 바이브로 해머, 유압 잭, 오거 스크류(Auger Screw)또는 케이싱 있는 오거 스크류를 사용한다.

④ 박아 넣는 정밀도를 올리기 위해서는 안내하는 유도틀이 견실하여야만 한다. 또 소정의 깊이까지 도달하기 위해서는 기계 능력의 여유가 필요하다.

⑤ 강재 널말뚝은 차수성능이 중요하므로 이음불량이나 이음의 어긋남이 없도록 시공하여야만 한다.

⑥ 강제 널말뚝의 철거에 있어서는 어미말뚝 가로널 공법의 어미말뚝을 뽑는 경우와 같은 문제가 있고, 또 강제 널말뚝 공법의 붕괴가 현저하기 때문에 뽑아낸 다음의 충전을 충분하게 한다.

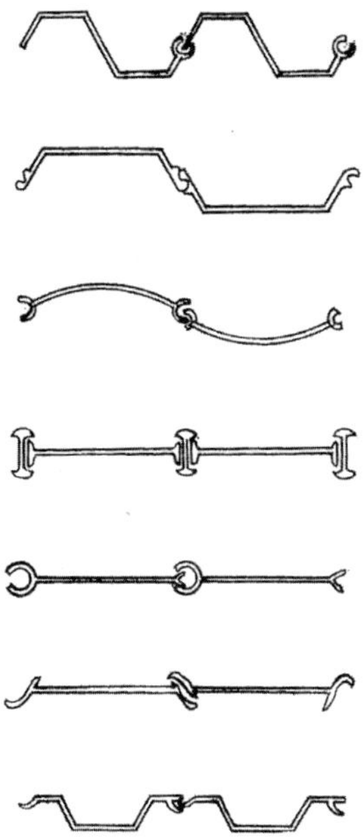

그림 4-13 강재 널말뚝의 단면

(2) 시공방법

① 강재 널말뚝은 용수(湧水)가 많고 토압이 크며 깊이가 깊을 때 사용한다.

② 박을 때에는 그 위치를 정확하고 줄을 바르게 하기 위하여 양 옆에 15cm 각 이상의 목재를 대고 볼트 조임 등으로 고정한 후에 박는다.

③ 떨공이의 무게는 말뚝무게의 2~3배 정도의 것을 사용한다.

④ 박아 나아가는 방향으로 기울어지기 쉬우므로 다림추 등으로 검사하면서 박는다.

⑤ 철재말뚝머리에는 5cm 정도의 구멍을 뚫어 당김줄의 연결 또는 빼내기에 대비한다.

(3) 공법의 장 · 단점

장 점	㉠ 현장용접이음으로 장척의 시공이 가능하다.
	㉡ 강도, 신뢰성, 수평하중에 유리하다.
	㉢ 운반, 취급이 용이하다
	㉣ 타입시 중간경질지반에 관통가능하다. (N=50~70 가능)
단 점	㉠ 부식대책 고려해야 한다.
	㉡ 단척은 비경제적이다.
	㉢ 시공상 장점이 적다.

그림 4-14 널말뚝 시공도

(4) 시공시 유의사항

항 목	내 용
① 강널말뚝 타입	원칙적으로 병풍모양으로 설치하며, 수평천공을 정밀하게 시공하지 않으면 배면 띠장 설치시 시공이 곤란하다.
② 정밀도 확보	타입용 가이드(규준대) 설치(경사, 이음의 어긋남, 비틀림 방지)
③ 안전확보	지중 및 공중장애물 철거 및 이설 등 대책을 강구한다.
④ 환경	이설 및 기름유출 방지를 위하여 비산방지 시트 사용
⑤ 이음부	어긋남 방지(겹침타입, 그라우트 보강)
⑥ 표층침하	근접매설관 주의
⑦ Water Jet병용 공법	이완과 Piping방지대책 강구
⑧ 벽체안정성	소정의 근입장 또는 지지력 확보 등 벽체안정성 확인

3) 주열식 연속벽 공법(주열식 흙막이 공법)

제자리 콘크리트 말뚝을 연속적으로 벽체를 형성함으로써 흙막이 벽체를 형성하는 공법이다. 말뚝시공방법은 보링(boring)이나 어스오거(earth auger) 장비를 이용하여 지반을 미리 천공하고 천공된 구멍 속에 조립된 철근망이나 강재를 삽입하고 콘크리트나 모르타르를 주입하여 말뚝을 형성시키는 공법이다.

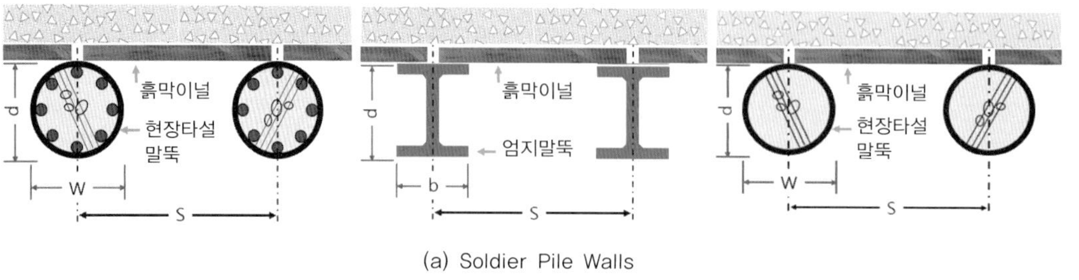

(a) Soldier Pile Walls

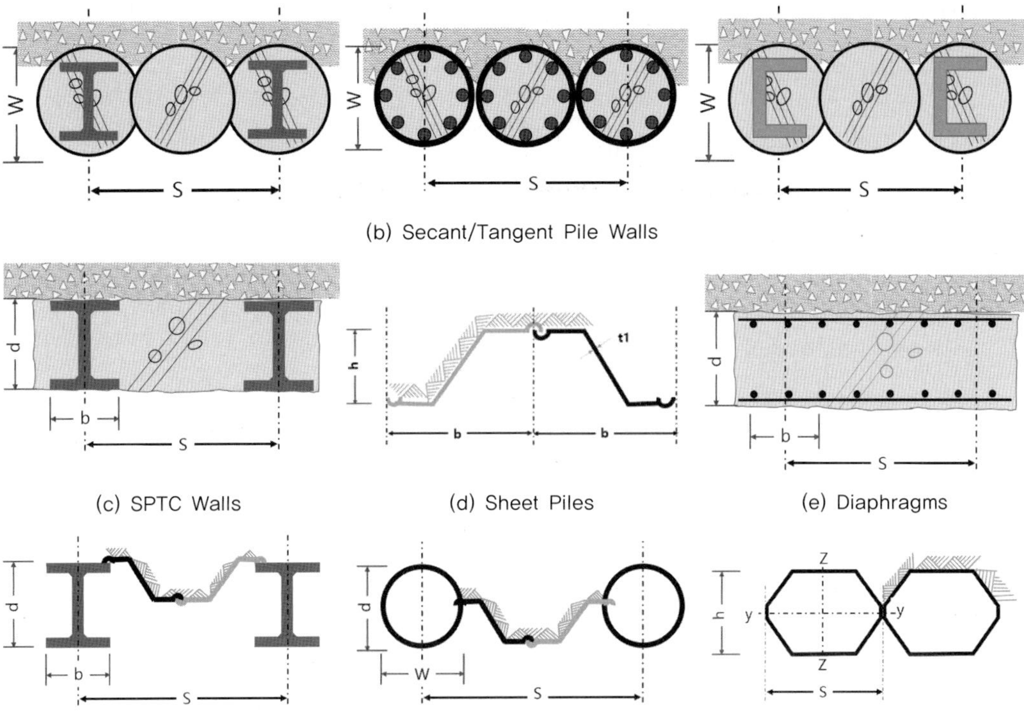

(b) Secant/Tangent Pile Walls

(c) SPTC Walls (d) Sheet Piles (e) Diaphragms

(f) Combined Sheet Pile (g) Box Sheet Pile

그림 4-15 주열식 흙막이 설치방법

(1) Soil Cement Wall(SCW) 공법

소일시멘트 주열벽공법은 흙막이 경계선을 따라 3축 오거(Earth Auger)에 의(Earth Auger)에 의해 지반을 천공하고 시멘트, 생석회, 소석회, 슬래그 등 경화재를 주입하면서 자연 상태의 흙과 함께 오거(Auger) 등으로 교반하여 고결시키는 주열식 흙막이 공법이다. 또한 지중 천공내부에 응력 부담재(철근, H형강, ㄷ형강 등)를 삽입하여 구조성능을 보강하는 공법으로 M.I.P 공법이라고도 한다.

① 특징

㉠ 말뚝타입공법에 비교하여 소음 및 진동이 거의 없어 도심지 공사에 유리하다.

㉡ 현장토사를 골재로서 이용하기 때문에 발생 슬라임이 적어질 수 있다.

㉢ 흙막이 벽으로서 토류판이 필요 없으며, 별도의 차수시설이 필요 없다.

㉣ 흙막이 벽으로서 강성이 높기 때문에 구조적 안정성 높으며 굴토시 주변지반 침하가 미소하다.

㉤ 연약지반, 물이 많은 지역, 그리고 인접구조물 밀집지역에 유리하다.

② 시공순서

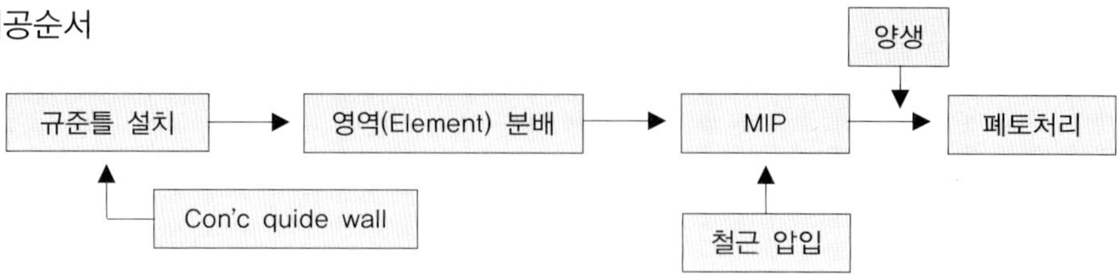

③ 굴착방식

㉠ Auger는 단축~6축까지의 것이 있으며, 연약지반일수록 여러 개의 축을 가진 Auger의 이용이 가능하다.

㉡ 전석층 등 굴착이 곤란한 지반에서는 단축 Auger 등을 이용하여 심재 설치부는 보조굴착을 실시

④ 사용재료 및 배합

㉠ 심재 : H 형강, 강관, Sheet Pile, PC Pile 등(H 형강이 보편적)

㉡ 경화제 : Portland Cement, 고로 Cement 등

시멘트계 경화재는 종래의 시멘트에 석고, 슬래그(Slag), 플라이애쉬, 알루미나시멘트 등을 첨가한 것으로 해당 지반의 각 토층에 대해서 시험 비비기 등을 실시하여 적절한 것을 선택한다.

㉢ 벤토나이트(Bentonite)

－첨가제의 일종으로 Cement Milk의 블리딩(Bleeding) 방지

－초기 경화 지연에 의한 심재 삽입의 용이성 확보

첨가제로 사용하는 벤토나이트는 시멘트액의 브리징을 늘려 빨리 굳는 것을 막는다. 또, 초기경화를 지연시켜 응력 부담재를 쉽게 삽입할 수 있는 등의 효과가 있다.

㉣ Cement Milk 물시멘트비는 350%를 넘지 않도록 한다.

㉤ 유기질 토질과 염류함유층, 점성토 등은 Soil Cement의 강도 저하 발생

그림 4-16 SCW 굴착기계

⑤ 시공시 유의사항

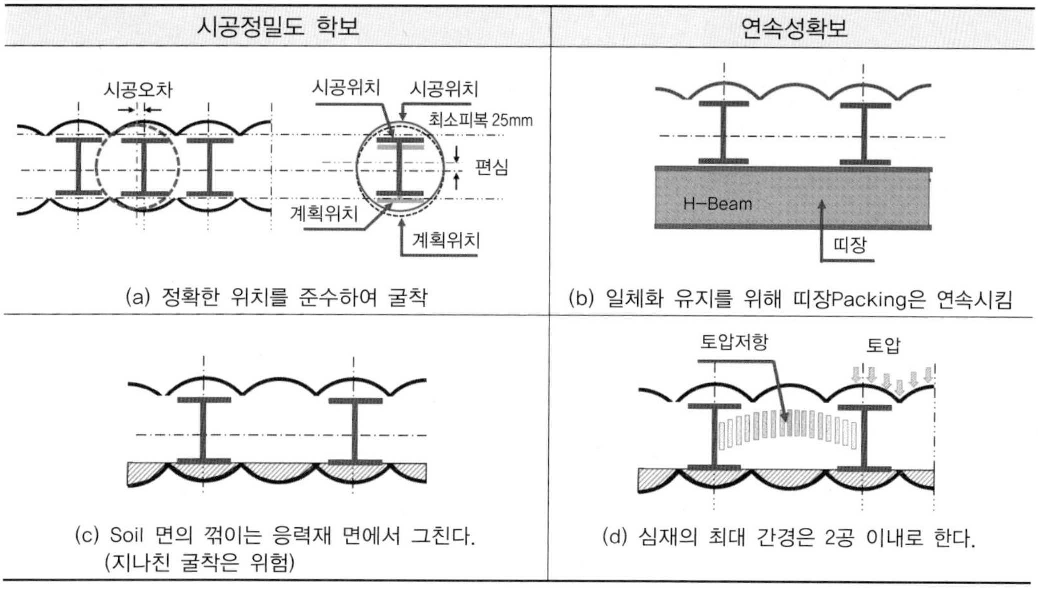

(a) 정확한 위치를 준수하여 굴착

(b) 일체화 유지를 위해 띠장Packing은 연속시킴

(c) Soil 면의 꺾이는 응력재 면에서 그친다. (지나친 굴착은 위험)

(d) 심재의 최대 간경은 2공 이내로 한다.

그림 4-17 시공시 유의사항

⑥ 철거

소일 주열벽의 철거는 곤란한 경우가 많다. 그러나 응력 부담재인 H형강을 뽑아 회수하는 것도 있다. 그러기 위해서는 미리 강재에 그리스의 도포나 벤토나이트 지수막을 부착해 두는 등의 처리가 되어 있어야 한다.

⑦ S.C.W 토질별 배합비

토질	배합			일축압축강도
	시멘트(kg)	벤토나이트(kg)	물(l)	(kgf/㎠)
점성토	250～450	5～15	400～800	5～30
사질토	250～400	10～20	350～700	10～80
사력도	250～350	10～30	350～700	20～100

(2) C.I.P(Cast in Place) 공법

지하수가 없는 비교적 경질인 지층에서 어스오거로 구멍을 뚫고 그 내부에 자갈을 채운 후, 미리 삽입해 둔 파이프를 통해 저면에서부터 모르타르를 채워 올라오게 한 것이다. 이것을 줄지어 만들면 흙막이벽이 된다.

이 공법을 차수 및 지반 보강을 위한 보조공법으로 사용하는 것은 주로 C.I.P에 의한 주열식 흙막이벽체의 이음부위 및 시공오차에 의한 차수성 결함을 보강하기 위하여 무근으로 C.I.P 흙막이벽체와 함께 이중 주열벽을 형성하여 사용되는 것이 일반적이다.

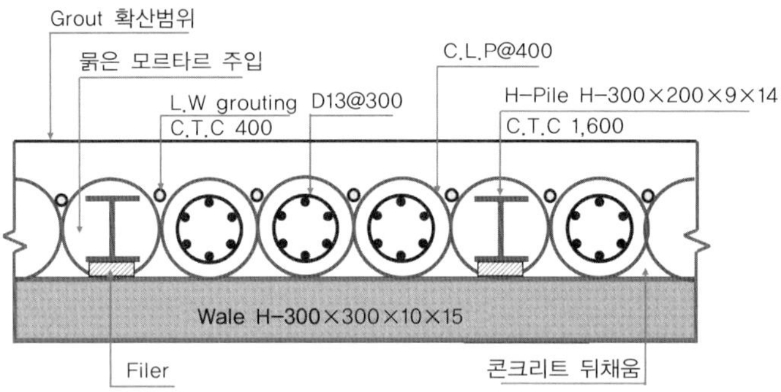

그림 4-18 C.I.P 평면도

4) 지하연속벽 공법(Diaphragm or Slurry Wall)

(1) 정의

지하연속벽공법은 특수하게 고안된 클램 쉘(Clam shell), 하이드로밀(Hydromill), 커터 등으로 길이 2.5~6m, 폭 60~80cm, 최대깊이 120m인 트렌치를 굴착하여 철근콘크리트를 타설하는 작업을 연속함으로써 지중에 연속된 철근콘크리트 벽을 형성하는 공법으로 다이어프램공법, 슬러리 월 공법이라고도 한다. 최근 들어 도심지 구조물의 기초로 많이 사용되고 있는 공법이다.

지하연속벽공법은 굴착면이 무너지는 것을 막고 지하수의 유입을 막기 위하여 안정액(Slurry)을 굴착부분에 채워 넣고 작업하는 것이 특징이다. 안정액은 주로 벤토나이트의 수용액을 사용하는데, 물보다 비중이 높아 굴착면의 안정을 유지할 뿐 아니라, 굴착면의 토사공극에 침투하여 차수막을 형성하여 지하수의 차수효과를 얻게 한다. 또한, 지중에 연속되어 형성된 철근콘크리트 벽은 차수벽의 역할을 하며, 차수벽은 댐의 기초로 활용되거나 내진벽, 진동차단벽의 탁월한 역할을 한다. 또한, 건축물의 지하구조물을 건설하기 위해 토사를 굴착할 때는 가설 토류벽으로 역할을 할 수 있고, 가설 벽이 아닌 본체 벽으로 활용되기도 한다. 이 공법에서는 굴착된 흙막이 벽면이 벽체의 거푸집으로 되므로 굴착 정밀도나 흙막이 벽면의 상태가 벽체의 평면적·단면적 정밀도, 벽두께, 벽길이 및 벽면의 평활도를 결정하는 것이다. 따라서 굴착정밀도 관리는 연속지중벽에 요구되는 성능을 만족시키는 것이므로 중요한 관리 항목이다.

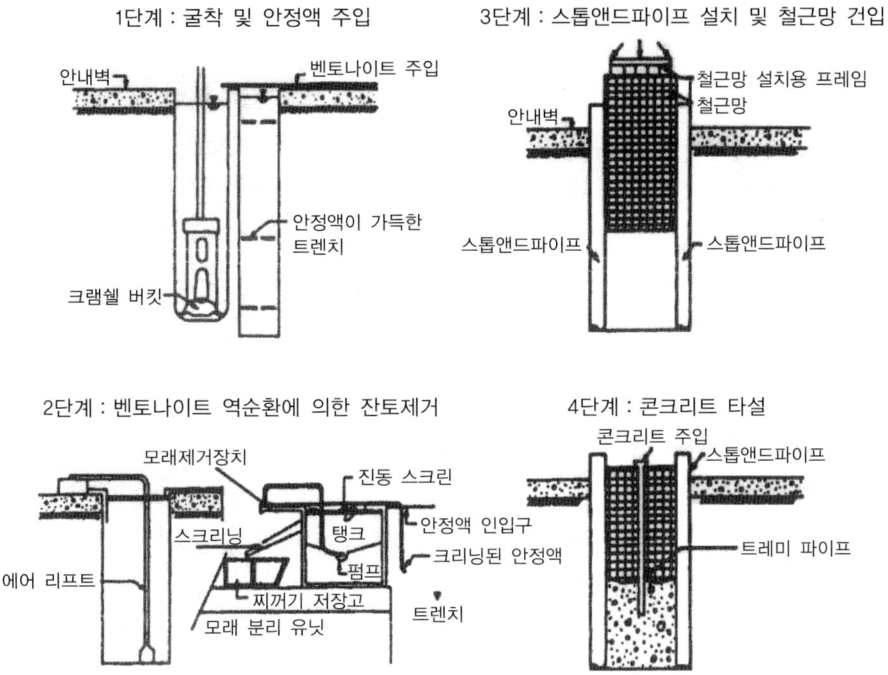

그림 4-19 지하 연속벽 시공 순서도

(2) 용도

지하연속벽공법은 많은 뛰어난 특징을 지니고 있기 때문에 각종 공법에 대신하여 다목적으로 이용하고 있으며, 사용 목적별로 토류벽, 차수벽, 지하구조벽, 내진벽, 기초, 방호벽, 진동차단벽 등의 용도로 사용된다. 지하연속벽공법의 용도중 단일목적으로 사용되는 경우는 적고, 가설물로 쓰일때는 토류 차수벽으로 사용된다.

(3) 지하연속벽공법의 장 · 단점

① 장점

㉠ 저공해공법이다. : 무진동, 무소음 → 저진동, 저소음

㉡ 벽체의 강성이 크다. : 큰 토압에 견디며, 주변지반 침하방지에 강하다.

㉢ 영구 구조물로 이용한다. : 지하외벽(Top Down공법에서도 이용)

② 단점

㉠ 공사비가 비교적 고가이다.

㉡ 고도의 경험과 기술을 필요로 한다.

㉢ 굴착토의 분리를 위해서 침전설비와 기계적 설비가 필요하다.

㉣ 콘크리트 타설시의 관리에 많은 노력을 기울여야 한다.

㉤ 일련의 토류벽으로서는 수평방향의 연속성이 부족할 때가 있다.

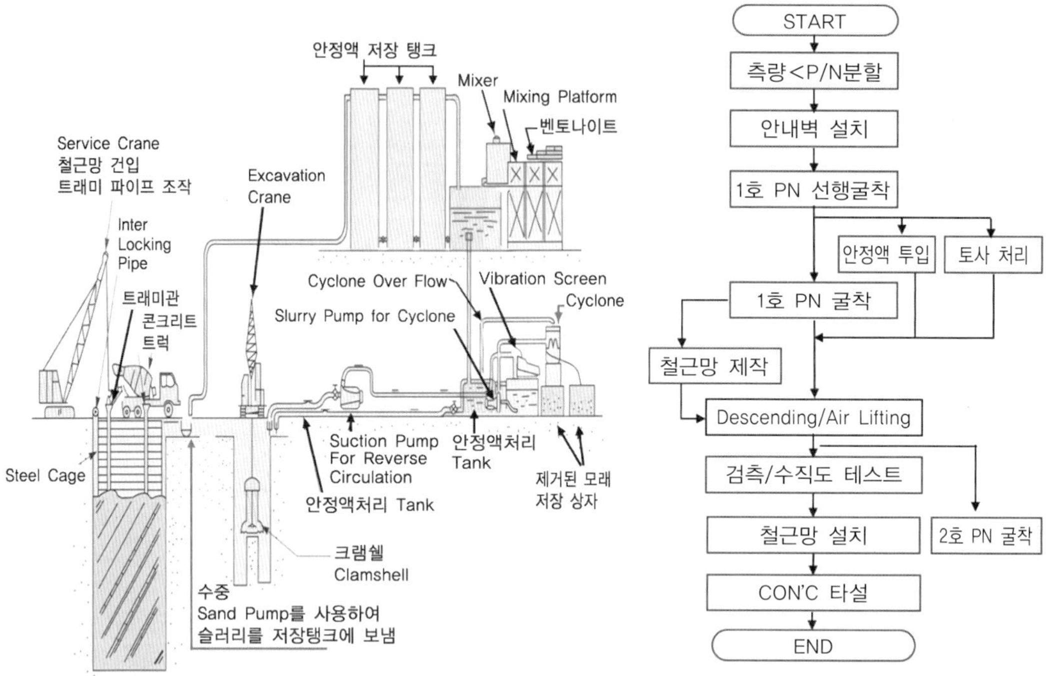

그림 4-20 지하연속벽 작업순환도

그림 4-21 지하연속벽 작업도

(4) 시공순서

지하연속벽공법의 주요 시공순서는 다음과 같으며, 안내벽 시공, 굴착, 안정액 플랜트, 스톱엔드 파이프(Stop End Pipe) 설치, 철근망 조립 및 근입, 콘크리트 타설 등 주요 시공사진은 그림 4-20, 4-22와 같다.

① 설계된 벽두께와 벽의 위치에 따라 안내벽을 현장타설 콘크리트로 설치한 후 안정액을 채워 넣음과 동시에 폭 2.5~6m의 굴착을 하는 것으로 시작된다.

② 일단 요구되는 깊이까지 굴착이 완료되면 에어 리프트 방식으로 안정액을 디샌더(Desander)에 보내어 잔존하는 토립자를 제거해 낸다.

③ 굴착부분에 철근망을 근입하기 전 인접 지하연속벽과의 시공조인트를 반원형 단면으로 만들기 위해 스톱 엔드(Stop-end)파이프를 굴착부분 양단에 설치한다.

④ 굴착부분 하단부터 트레미 파이프를 이용하여 콘크리트를 타설해 올라오면서 안정액을 회수하고, 스톱 엔드 파이프를 인발한다.

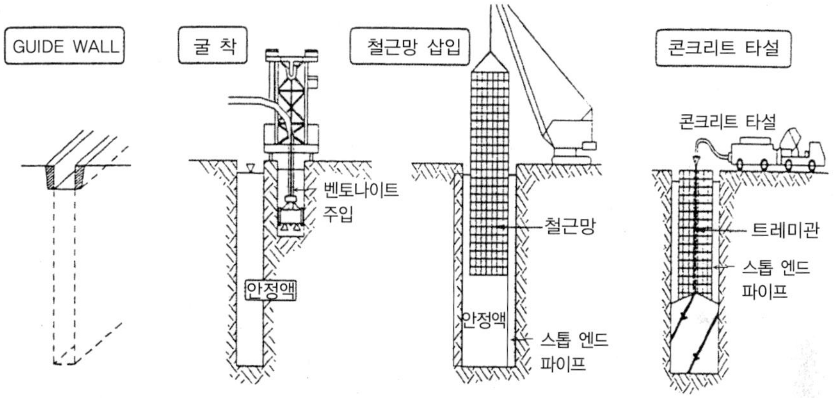

그림 4-22 지하연속벽 시공순서

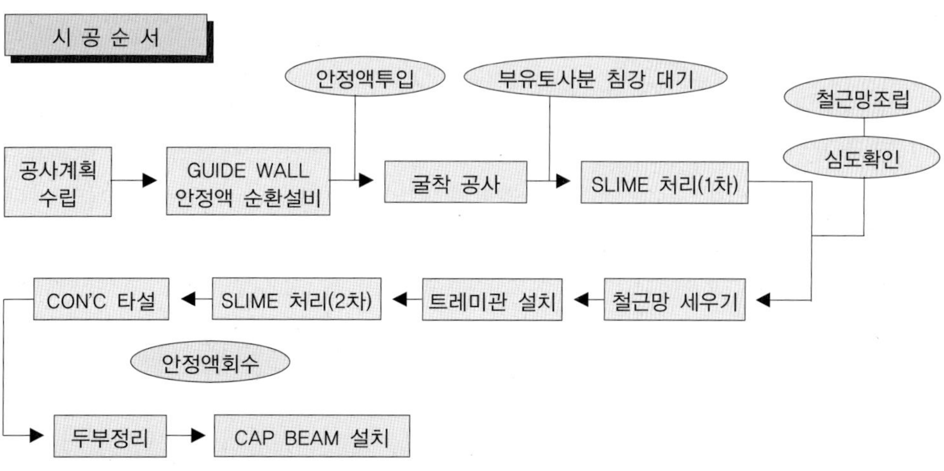

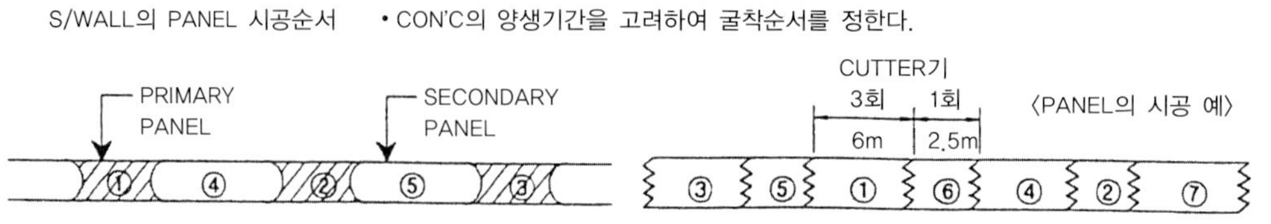

그림 4-23 지하연속벽 공법의 시공순서도

(5) 시공시 유의사항

① 철근 케이지의 세워넣기 유의사항

철근 게이지의 세워 넣기에는 작업상의 안전, 철근 케이지(Cage)가 변형을 받지 않을 것 및 세워 넣기 정밀도에 유의한다. 세워 넣기 전의 점검사항은 다음과 같다.

㉠ 매달기 : 강도, 편심에 대한 체크를 한다.

㉡ 낙하물 : 세울 때 낙하물이 없는 것을 확인한다.

㉢ 유지하기 : 세워 넣어서 고정할 때의 유지재의 강도와 치수를 확인한다.

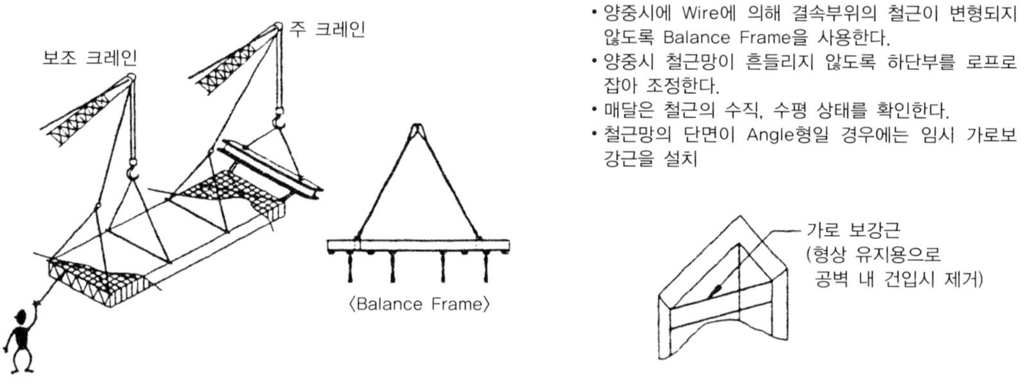

그림 4-24 철근망 세우기

② 콘크리트 부어넣기 유의사항

콘크리트의 부어넣기 관리의 포인트는 부어넣은 콘크리트 속에 안정액이나 슬라임 등의 불순물이 섞이지 않아야 하므로, 굴착 밑부분에 유해한 슬라임이 없을 것, 트레미관 이음부의 수밀성이 높을 것, 콘크리트가 엘리먼트(Element) 안에서 거의 수평으로 부어넣으며 올라오는 것이 중요하다.

㉠ 부어넣기 준비

㉮ 부어넣기에 앞서 굴착 밑부분에 유해한 슬라임이 없다는 것을 확인한다. 필요하다면 2차 슬라임 처리를 한다.

㉯ 트레미관의 설치는 단위 길이(3m, 2m, 1m)를 조합하며, 선단 깊이를 밑바닥

+30cm로 하는 것은 부어넣기 초기의 콘크리트가 원활하게 흘러 안정액이 유입되지 못하도록 하기 위한 것이므로 선단 위치를 반드시 확인한다.

㉰ 호퍼의 주변에서 콘크리트가 구멍 속으로 직접 떨어지지 않도록 주의한다. 이것이 안정액의 겔화를 가장 일으키기 쉬운 원인이 된다.

㉱ 콘크리트의 최종 부어넣기 높이는 겔화한 안정액 및 슬라임의 영향을 고려해서 설계 부어넣기 높이보다 30~50cm 정도 여분으로 덧붓기를 한다.

㉡ Slime 혼입 방지를 위한 콘크리트 재료

• 최대골재치수	13~25mm 이하	• 공기함유율	4.5±1.5%
• 설계기준강도	20.6~29.4N/㎟	• 단위시멘트량	350kg/㎥
• 물시멘트비	50% 이하	• 잔골재율	40~45%
• Slump	18~21cm	• 배합설계	설계강도의 125% 이상

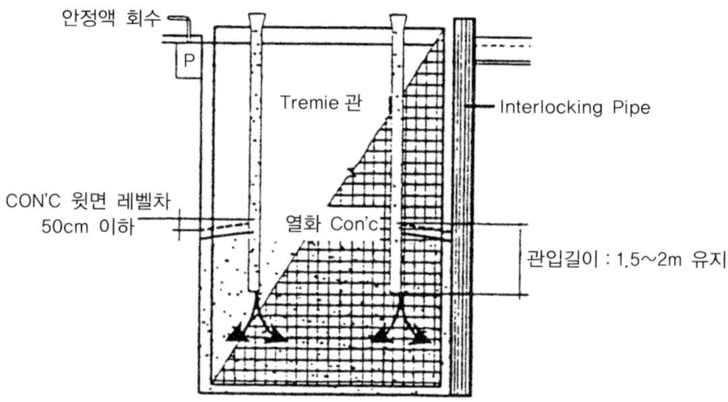

그림 4-25 트레미 타설방법

5) 일수 현상

① 개요	슬러리월의 지하 연속벽 시공단계에서 성토한 전석층이나 투수성이 웅수한 사질토 등에서 안정액이 공벽 밖으로 빠져나가는 현상을 말한다.	
② 문제점	㉠ 공사기간 지연 ㉡ 공사비용 증가 ㉢ 콘크리트 손신량 증가 ㉣ 공벽 붕괴	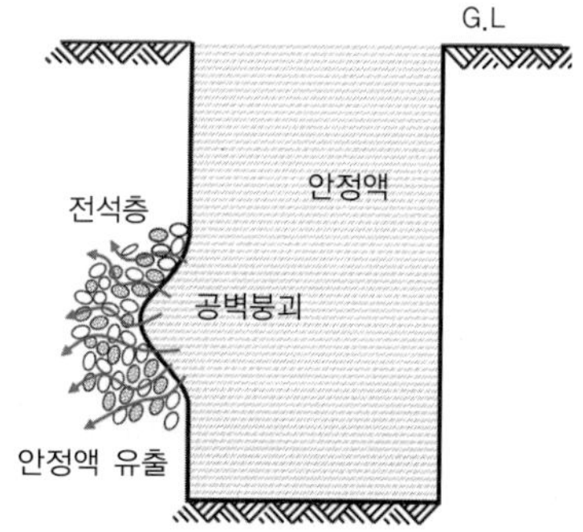
③ 발생원인	㉠ 성토한 전석층이 있는 경우 ㉡ 투수성이 양호한 지반 ㉢ 지하매설물 ㉣ 지하에 묻힌 바위 덩어리	
④ 방지대책	㉠ 지하수위보다 높게 안정액 관리 ㉡ 사전 명확한 토질조사 필요	

4.2.2 흙막이 지지방법에 의한 구분

1) 지지구조물이 없는 공법

(1) 자립식 흙막이공법

① 흙막이 벽을 터파기 외주에 자립시켜 버팀대 등의 가설구조물을 이용치 않는 시공 방법으로 지하층 구조물 공사를 수행하는데 장애물이 없어 시공능률이 좋다.

② 흙막이벽 근입 부분에서 지지된 켄틸레버로서 취급한다.

③ 흙막이벽 머리부에서 변형이 크게 발생될 수 있어 주의가 필요함

④ 일반적으로는 얕은 굴착에 한정된다. (단단한 점토질 : 3~4m, 연약지반 : 2~3m)

⑤ 이 공법은 엄지말뚝의 밑둥 넣기 및 토질이 양질인 곳에 사용하기에 좋고 점토, 실트 등의 연약지반에 사용하는 것은 좋지 않다. 연약지반에 사용할 경우는 밑둥 넣는 길이를 충분히 길게 한다.

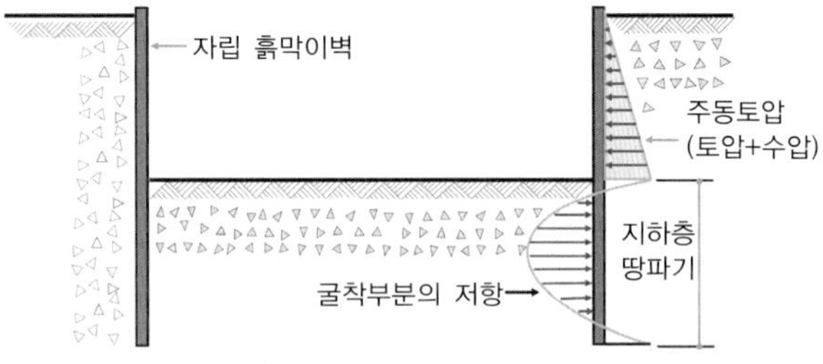

그림 4-26 자립식 흙막이공법

2) 지지구조물이 있는 공법

굴착하고자 하는 부지의 외각에 흙막이벽을 설치하고 이것을 버팀보, 띠장 등의 지보공으로 지지하며 굴착을 진행해 가는 공법으로, 현재 가장 많이 채용되고 있는 공법중의 하나이다.

(1) 버팀대(Strut) 흙막이 공법

① 공법의 개요

이 공법은 대지경계면까지 경제적으로 굴착할 수 있으며, 버팀보의 압축강도 그 자체를 이용하여 흙막이공사를 수행하기 때문에 그 응력상태도 확인하기 쉽고 연약지반과 지하수위가 높은 지층에서도 사용할 수 있는 등의 이점이 있다. 그러나 굴착면적이 크게 되면 버팀보 자체의 비틀림과 이음부분의 좌굴 등으로 흙막이 전체의 변형도 크게 되며 주변지반 침하가 발생될 우려가 있다.

버팀대 흙막이공법은 가시설이기 때문에 지하 구조체공사를 수행하는 단계에서 해체하여야 하며, 해체과정에서 아래와 같은 불합리성을 가지고 있다.

㉠ 흙막이벽의 갑작스런 응력 불균형 발생

ⓒ 해체시 발생하는 위험성

ⓒ 구조체와 상호 간섭에 의한 시공의 어려움

ⓔ 자재의 손실

ⓜ 해체공사 기간의 소요 등

② 공사계획

구분	내용
평면계획	• 가시설 Strut와 본체 기둥과의 간섭이 발생하지 않도록 사전에 가설계획검토
	• 서로 직교하는 Strut는 교차 부분을 보강철물로 긴결시켜 좌굴 방지
	• Strut 배치계획 수립시 작업용 복공판 설치계획도 함께 작성
단면계획	• 엄지말뚝은 벽체 및 굴착면 안정에 대해 충분하도록 근입 깊이를 확보한다.
	• 스트러트(Strut) 각단의 설치 Level이 각층 Slab Level과 적당한 간격을 유지하도록 계획한다.(작업성 확보)
	• 하단 부 토압 및 해체 계획에 의한 Strut 간격 사전검토
	• 지지말뚝은 Strut의 연결부분 가까이에 설치해서 Strut의 자중을 지지함과 동시에 상하 방향의 좌굴을 방지한다.
	• 브라켓(Bracket) 등의 보강으로 Level 변화가 발생하지 않도록 한다.

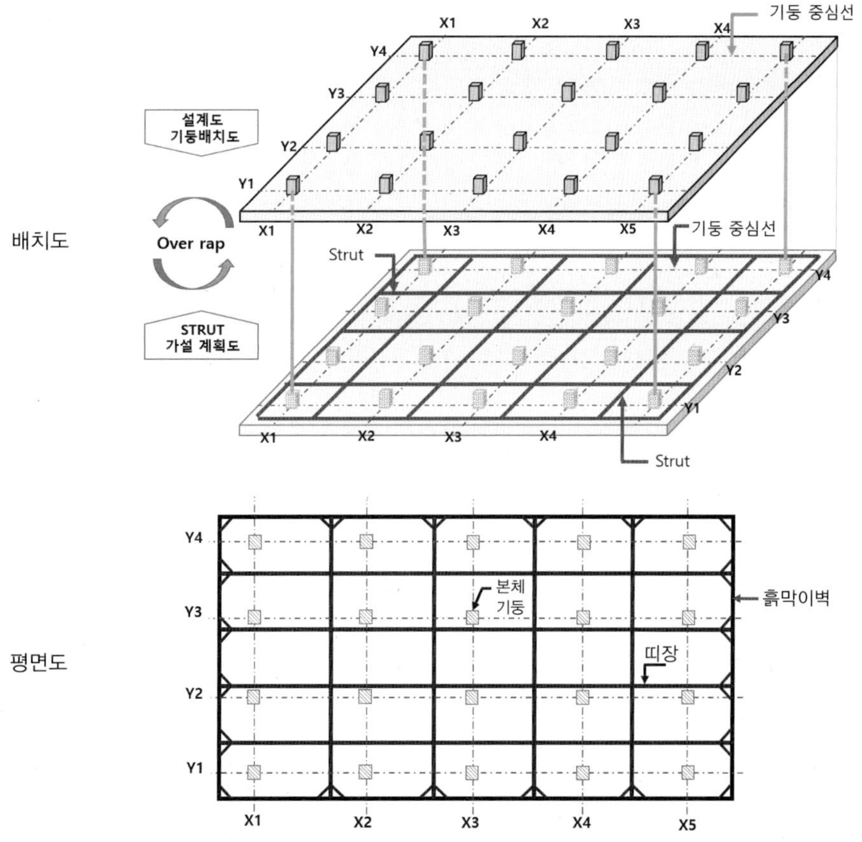

그림 4-27 평면계획

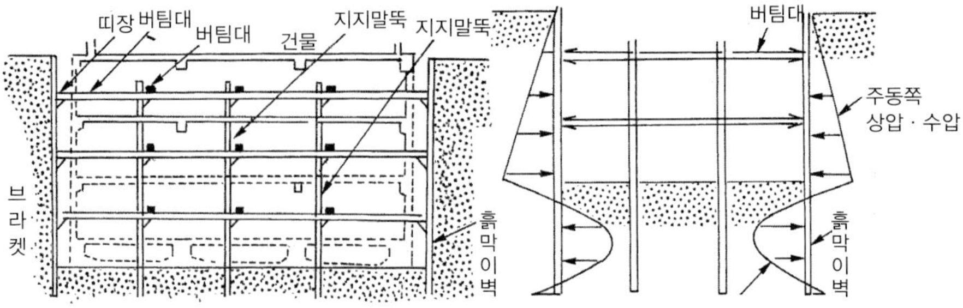

그림 4-28 수평버팀대공법

③ 시공방법 및 주의사항

구분	내용
띠장	• 토압과 수압에 의해서 흙막이 부재 중 가장 큰 휨모멘트(Bending Moment)를 받으므로 그 이음은 버팀대 간격의 1/4 지점, 즉 연속보로 생각할 경우 휨모멘트가 Zero 에 가까운 위치에 두는 것이 합리적이다. 이음은 덧판의 길이와 볼트 수를 충분히 하여 안전한 구조가 되게 한다.
	• 띠장과 버팀대는 장척물(長尺物)을 써서 이음을 적게 하고 줄바르게 한다.
버팀대	• 버팀대의 설치 위치는 슬래브의 위치와 간섭이 발생하지 않도록 배치한다.
	• 버팀대의 이음은 응력이 충분하게 전달되는 구조로 한다.
	• 버팀대를 대는 부분에는 띠장이 부러지지 않도록 철재를 대어 보강하고 각 부재가 교차하는 곳에는 수평, 수직면에 다같이 버팀대, 가새 귀잡이 등으로 보강한다.
	• 수평버팀대의 상부가 재료보관소나 작업장소 등으로 쓰일 때에는 보강을 충분하게 하고 버팀대가 내려앉지 않게 볼트 등으로 달아매야 한다.
	• 지주, 버팀대 등의 하부 끝은 침하되지 않도록 한다.
	• 받침 기둥, 수평버팀대 등이 떠오르지 않도록 하중 또는 인장재를 설치한다.
	• 수평버팀대는 경사 1/100~1/200 정도로 중앙부가 약간 처지게 한다.
공통	• 모든 부재는 토압계산에 의하여 구조상 안전하고 구축하기 쉬운 형식을 선택한다.
	• 건물 내부공사에 지장이 없도록 설치하고 가급적 바꾸어 대기는 하지 않도록 한다.
	• 접합부는 형상을 간단히 하고 지렛대나 쐐기 등으로 조이고 철물로 충분히 보강한다.
	• 용수가 많은 현장에서는 널말뚝의 밑둥넣기를 깊게 하고 집수통(集水筒)을 두어 계속 물을 퍼내서 기초파기 저면에 물이 고이지 않도록 한다.
	• 흙막이용으로 쓰이는 재료는 강도가 충분한 것으로 사용해야 한다.

그림 4-29 스트러트 공법

3) 경사버팀대(Raker) 공법

(1) 공법개요

흙막이벽을 시공한 이후 내측 하부에 비탈면을 남기며 굴착을 시공한다. 먼저 시공한 기초 구조물에 반력을 가하고 흙막이벽에 레이커를 설치하여 굴착을 진행해가는 공법이다.

장점	① 부재가 적게 소요된다.
	② 경사 스트러트 길이가 짧기 때문에 수축이나 접합부의 유동성이 적다.
단점	① 레이커의 내부 구조물 시공 단계에서는 작업공간이 좁고 작성성이 나쁘다
	② 연약지반에서 사면의 안정성에 문제가 있으며, 깊은 굴착에는 적합하지 않다.
	③ 지하부분 구조물을 2회로 나누어 시공함으로써 공기가 길어진다.

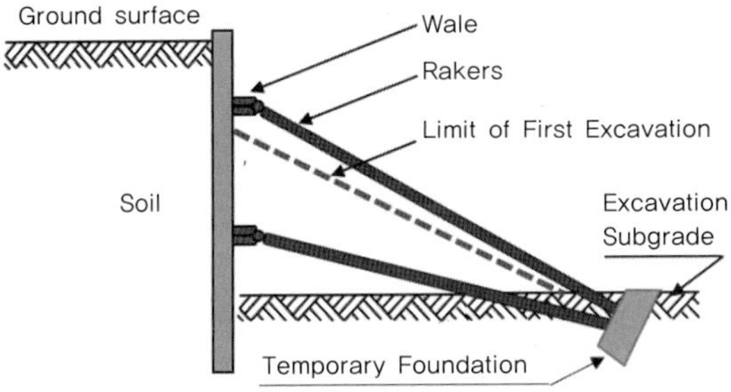

그림 4-30 Raker 공법(사진 출처 : (주)유준개발)

4) Soil Nailing 공법

(1) 공법개요

굴착 사면에 Welded Wire Mesh 등을 설치하고 그 위에 압축공기를 이용하여 모르타르나 콘크리트 급결제(시멘트 중량의 5%)를 혼합한 Shotcrete를 시공면에 뿌려서 사면을 보강하는 공법이다. Driven Nail, Grouted Nail, Jet Grouted Nail 등을 사용하여 고정하는 공법으로 굴착면의 토질이 풍화암 등으로 자립기능은 확보되나 낙석, 누수 등의 위험부담이 예상되는 현장에서 적용하는 공법이다.

네일의 길이와 굴착고가 비교적 짧은 경우에도 겉보기 점착력이 거의 없는 사질토지반이나 굴착시 안정성을 확보할 수 없는 지반에서는 시공이 곤란하다. 또한 주입에 의한 지반의 처리, 굴착 높이를 보다 낮게 하는 등의 확실한 선행 조치가 가능한 경우에도 겉보기 점착력이 없고, 조립질이며 건조한 지반에서는 사용하기가 어려우며, 비용절감 면에서 경제성 또한 떨어지게 된다.

소성이 지배적인 점토질 지반이나 매우 예민한 지반에서는 흙과 보강재 사이의 마찰력이 비교적 작기 때문에 적용이 어렵다.

장 점	① 급속시공으로 거푸집이 필요하지 않다.
	② 공사비가 저렴하다.(25% 정도 절감)
	③ 소규모 기계설비로 시공이 가능하여 현장 적용성이 높다.
	④ 협소한 장소나 급경사 구간에서도 시공이 가능하다.
단 점	① 지하수위가 높은 지반 및 연약지반에는 사면파괴의 발생 우려가 있다.
	② 대도심공사시 토공사의 장기화로 인한 벽체변위의 위험이 있다.
	③ 시공 이후의 보강이 어렵다.
	④ 천공 홀에 대한 별도의 차수대책이 필요하다.

(2) 시공방법

① 천 공	천공장비는 지반, 설계조건에 맞는 장비를 선택하여 주변 시설물이나 지반이 교란되지 않도록 하여야 한다. 천공은 설계도서에 표시된 위치, 천공지름, 길이 및 각도를 충분히 만족시켜야 한다.
② 네일준비	네일은 자체 결함이 없어야 하고, 규격에 맞아야 하며, 네일에 그리스를 충분히 도포하여 부식을 방지한다.
③ 삽 입	소정의 깊이에 정확히 위치하여야 하며, 네일(Nail)체 커버(Cover)가 손상이 되지 않도록 설치해야 한다. 필요시 네일이 천공구의 중앙에 위치하도록 스페이서를 설치한다.
④ 그라우팅	그라우팅 배합비는 설계기준에 준하여 배합 시공한다. 토사층에 실시되는 네일의 경우 천공 후 그라우팅을 하고, 네일체를 삽입, 케이싱을 제거한 후, 보충 그라우팅을 한다.
⑤ 양 생	그라우팅이 종료 후 소요강도를 얻기 위한 양생기간이 필요하며 이 기간 내에 네일 인장이나 충격을 하는 일이 없도록 해야 한다.

(3) Short crete 공법의 종류별 특징

항목	습식	건식	레미탈
시공방법	재료를 물과 함께 현장에서 비며 노즐로 뿜칠하여 시공	건식재료를 뿜어낼 때 노즐에서 물과 함께 믹싱함	미리 혼합된 재료를 운반하여 시공
압송거리	짧다	길다	길다
운반시간	짧다	제약 없음	길다
반발량	적다	많다	적다
품질관리	용이함	불리함	용이함
적용성	일반적 시공장소	시공장소에 용출수가 있을 경우	중요구조물

5) Earth Anchor(Tie-Back Anchor) 공법

(1) 공법 개요

버팀대 대신 흙막이벽을 Earth Drill로 천공한 후 그 속에 PC강선이나 철근 등의 인장재를 넣고, 그 주위를 모르타르로 Grouting 하여 굳힌 후 외부에서 PC강선이나 철근 등에 인장력을 가해서 정착시키는 흙막이 공법이다. 어스앵커의 수직 분력이 가해지므로 흙막이벽의 지지력이 클 필요가 있다. 어스앵커가 대지 밖으로 나오는 경우 인접대지 측 이해가 필요하며, 경우에 따라서는 지하공사 완료 후 철거가 필요하다.

① 시공 시 유의사항은 앵커에 적당한 지층의 확인, 앵커시공의 가능성, 앵커의 시공과 터파기 공사의 공정 관련, 영구앵커의 경우 앵커체 자체의 내부식성 처리, 정착력의 불변성 확보 등이다.

② 용도

㉠ 영구 Anchor	㉠ 지하구조체벽 전도방지
	㉡ 교량의 반력용
	㉢ 건축구조물 부력 상승 방지용
㉡ 가설 Anchor	㉠ 흙막이벽 Tie Back Anchor
	㉡ 교량의 반력용
	㉢ 파일지내력시험 반력용

③ Grouting재

㉠ 배합	그라우팅 재료의 표준배합
㉡ 앵커	가설 Anchor : $\sigma^{28}>20$MPa, 영구 Anchor : $\sigma^{28}>25$MPa
㉢ 골재크기	골재 최대직경은 2mm 미만의 골재를 사용한다.
㉣ 용수	산, 염, 무기물이 없는 양질의 청정수를 사용한다.
㉤ 혼화제	팽창을 위해 알루미나 분말을 사용한다.

〈표 4-1〉 그라우트 재료의 표준배합 (단위 : 중량비)

구 분	시멘트	물	모래
시멘트 페이스트	1.0	0.55 ± 0.03	0
모르타르	1.0	0.55 ± 0.03	0.5~1.0

소일(Soil) 또는 록(Rock) 앵커는 기초공사 분야에 Prestressing기법을 도입한 것이다. 이는 주로 사면보호, 옹벽 및 굴착면 앵커, 양압력의 기초슬래브 앵커 등에 사용된다.

㉠ 굴착작업공간이 넓어 기계화 시공이 가능하고 공기단축이 가능하다.

㉡ 인접대지 소유자 또는 도로 및 공공부지에 시공할 경우에는 공공기관의 허가를 득해야 한다.

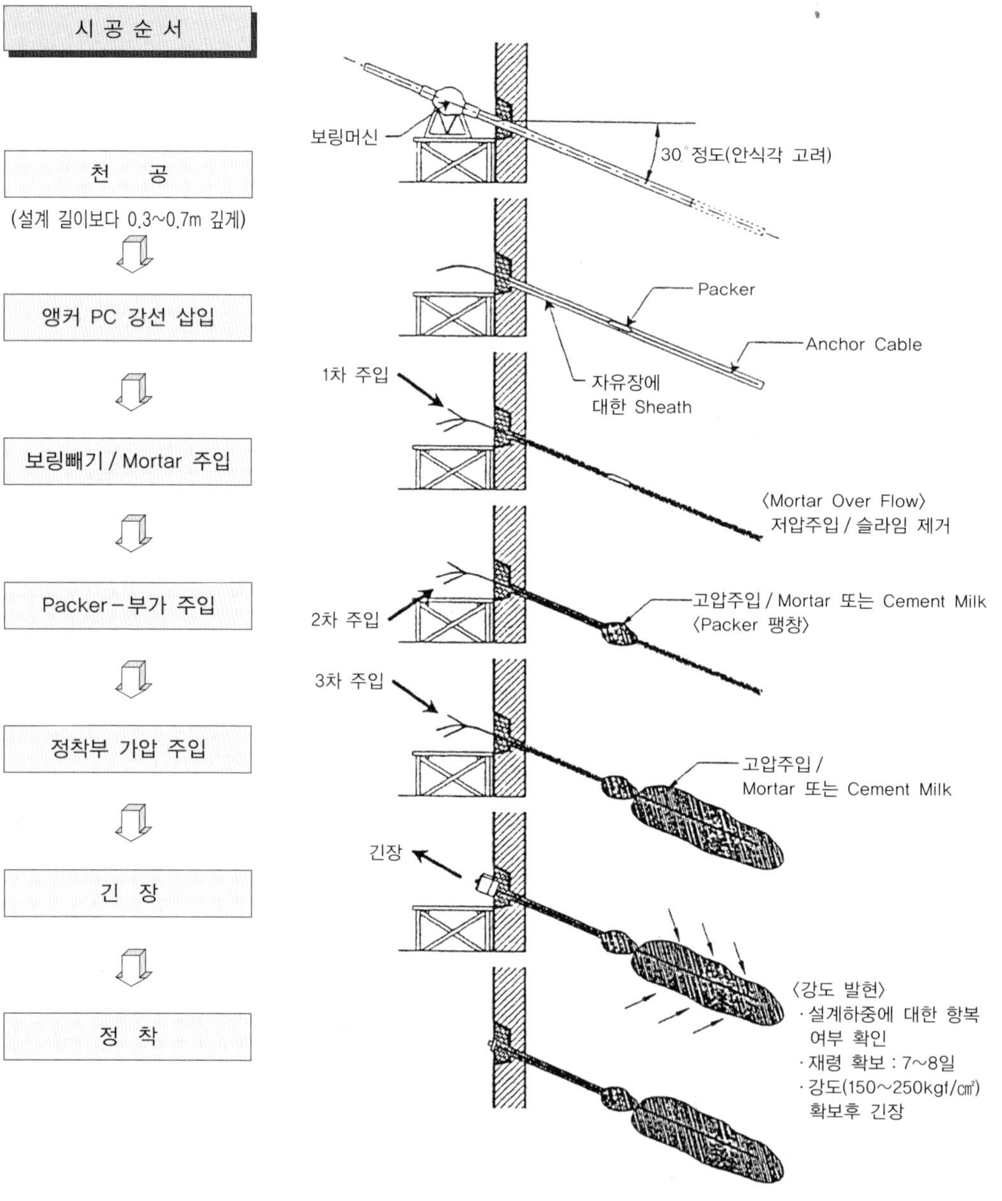

그림 4-31 Earth Anchor 시공도

(2) 시공방법

시공순서	공사방법
① 엄지말뚝설치	• H-Pile/Sheet Pile/ 콘크리트 말뚝 등을 소정 깊이까지 수직으로 박아 어미말뚝을 설치.
② 띠장설치	• 어미말뚝이 견딜 수 있는 만큼 흙을 판 후 띠장(토류판)을 설치한다.
③ 천공	• 어스드릴로 구멍을 천공+PC케이블을 삽입+그라우팅 한다.
④ 띠장설치	• 띠장을 설치하면서 계속해서 흙을 파내려 가며 이 방법을 반복한다.
⑤ 내력확인	• 그라우팅재의 압축강도가 150kg/㎠ 도달할 때 내력을 확인.
⑥ 띠장정착	• 앵커를 긴장시켜 띠장에 정착시킨다.
⑦ 엄지말뚝 간격	• 여러 개의 앵커가 설치되는 지반에서 앵커 상호간의 영향 등을 고려하여 좌우상하로 15~2.0m 이상의 간격으로 설치한다.

(3) Earth Anchor의 구성

앵커의 기본 개요도

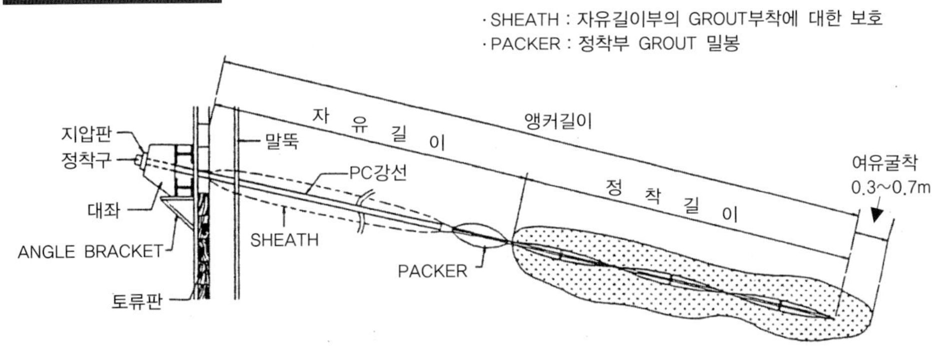

구분	앵커의 자유길이	앵커체 정착길이
앵커	4.0m 이상(단, ANCHOR체의 위치가 활동 면보다 깊게)	3.0~10m

① 앵커체(Anchor Body)

앵커체는 인장재로부터의 하중을 지반으로 전달한다. 이는 정착장 부분에 시멘트 그라우트를 주입하여 형성하며 이 그라우트는 전체 정착장 공간을 채워 스트랜드를 완전히 덮게 된다. 록 앵커의 앵커체는 완만한 원통형이고 소일 앵커는 구근형이며 그 크기는 토질에 따라 다르다. 앵커체에 재그라우트 할 필요가 있을 때는 특수한 앵커가 작용된다. 정착장은 토질특성과 현장시험 결과에 의하여 결정하며 소일 앵커는 4~7m, 록 앵커는 3~10m의 범위로 앵커의 작용력과 토질에 따라 설계된다.

② 텐던자유장(Free Tendon Length)

앵커체와 정착머리 사이를 텐던의 자유장이라고 부르며 이는 인장시 장애 없이 자유스럽게 신장하는 길이이다. 앵커의 텐던 자유장의 시공방법은 아래의 기본적인 요소에 따라 달라진다.

㉠ 앵커의 수명(가설 또는 영구 앵커)

㉡ 텐던의 보호정도(부식 또는 기계적 손상)

㉢ 단계적 인장의 필요성

㉣ 재인장 또는 감인장의 필요성

㉤ 필요할 때마다 정착력(Anchor Forces)의 측정 가능성

㉥ 지반 횡변위의 허용 가능성

③ 정착구(Anchor Head)

정착구는 기본적으로 정착머리(Head), 쐐기 및 지지판으로 구성된다. 정착구에 계측목적으로 부착해야 할 경우 보호캡을 정착구 위에 씌운다. 앵커의 모든 스트랜드는 동시에 긴장되나 정착머리의 원추형 구멍에 쐐기에 의하여 독립적으로 물린다.

(4) Earth Anchor 시공시 주의사항

천공	• 천공지름은 규정치수 이하가 되지 않도록 한다.
	• 천공 여유길이는 0.3~0.7m 정도
	• 수평천공을 정밀하게 시공하지 않으면 배면 띠장 설치시 시공이 곤란하다.
	• 천공중의 공의 휘어짐, 단면의 변화가 발생치 않도록 주의한다.
	• 천공시 배면 토류벽이 원형으로 천공이 되지 않으므로 천공 완료 후 쉬스관을 삽입하고 파손된 구간은 Mortar 등으로 채워서 배면 토사의 유출을 방지해야 한다(주변지반의 침하 원인제거).
	• 띠장과 엄지말뚝(H-Pile)사이의 간격은 부재의 일체화를 위하여 Stiffner 등으로 보강한다.
오차	• 천공위치의 오차한계 : 100mm
	• 설계축과 시공축의 허용오차 : ±2.5mm
	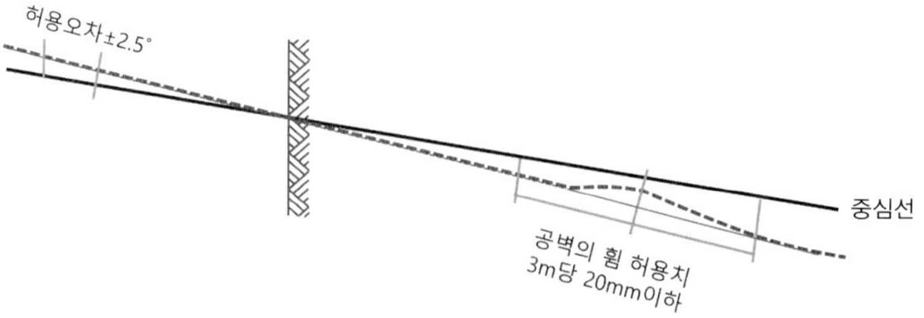

그림 4-32 Earth Anchor 설치도

6) Rock Anchor 공법

Rock Anchor는 토목이나 건축의 지반에 접하는 구조물 부분과 지층의 어떤 깊이의 안정한 정착지반(또는 암반)과의 사이를 고강도 강재로 연결하여 그 강재의 높은 인장력을 도입하는 것으로서 지하수에 의한 부력방지, 옹벽보강, 사면안정, 지진의 진동에 의한 구조물 안정등 앵커력의 영구적 확보를 필요로 하는 곳에 적용시킨다.

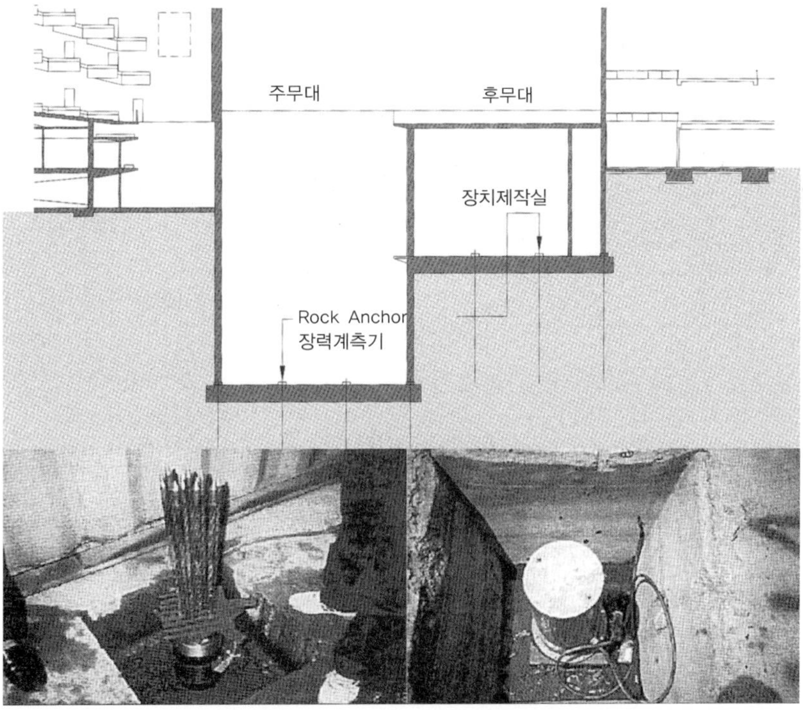

그림 4-33 Rock Anchor 장력계측기

4.3 대지조건, 공사의 규모, 시공순서, 시공방법 등에 의한 특수공법

4.3.1 경사오픈컷공법

1) 굴착구역의 경사면을 취하여 흙막이벽이나 가설구조물이 없이 굴착하는 공법으로, 비탈면은 라스모르타르바르기, 그라우팅 및 가마니 쌓기 등으로 한다.
2) 주변에 비탈의 대지여유가 필요하고, 사면의 안정, 사면의 양생에 주의해야 한다. 비탈면이 용수 등으로 붕괴되지 않는 경우 가설구조물 등의 장애가 없으므로 시공능률이 좋다. 굴착토량 및 되메우기 토량이 많다.
3) 터파기의 일반사항
   ① 흙막이 설치하지 않을 경우 : 흙파기 경사는 휴식각의 2배 또는 기초파기 윗면 너비는 밑면너비$+0.6H$
   ② 기초파기시 여유길이 : 좌우 15cm
   ③ 보통 1인 1일 흙파기량 : 5~7m^3
   ④ 삽으로 던질 수 있는 거리 : 수평 2.5m, 수직 1.5~2m

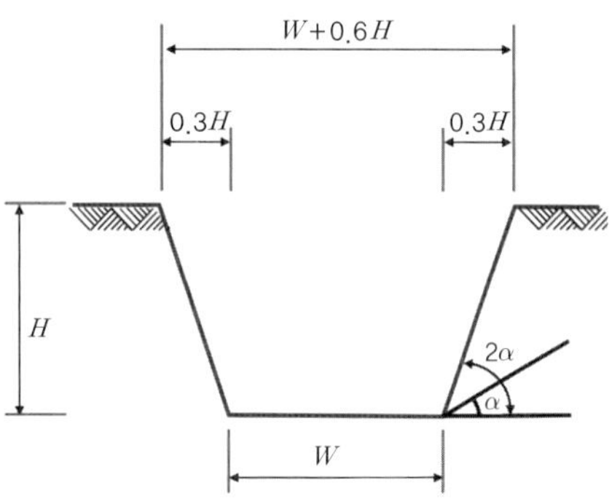

그림 4-34 흙파기 경사

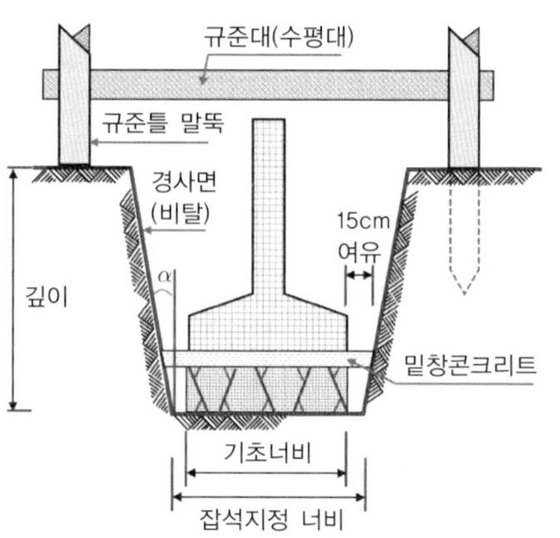

그림 4-35 기초파기

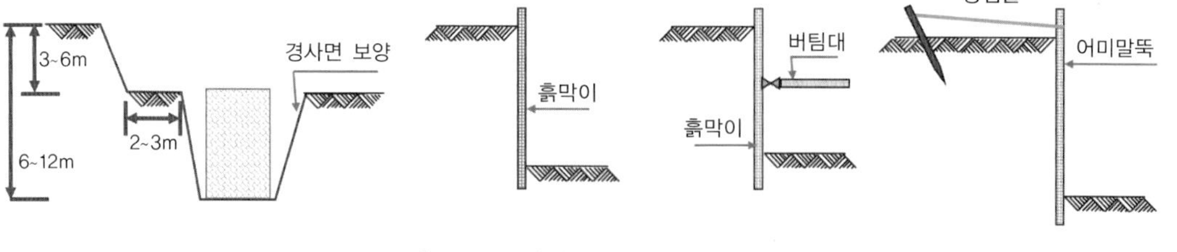

그림 4-36 비탈면 open cut 공법

4.3.2 Island Cut 공법

사면이 있는 Open Cut 공법과 흙막이 Open Cut공법의 장점을 살리고 결점을 시정하려고 하는 공법으로 굴착면적이 넓은 대지에 적용한다.(또 깊이가 비교적 얕은 경우에 유리)

흙막이벽에 접해 비탈면을 남기고 이것에 의해 토압을 지탱하고 중앙부를 우선 굴착하여 구조물을 축조한다. 이 구조물에서 사면버팀대로 흙막이벽을 지지하며 주변부를 굴착하고 그 부분의 구조물을 축조하므로 공정이 2종이 된다.

Strut 공법에 비하여 버팀대와 폼이 절약된다. 대부분 기계굴착이 가능하나 주변에 남은 흙의 굴착이 문제가 된다. 넓고, 얕은 굴착에 적당하다.

시공시 유의사항은 주변경사 부분의 기초파기 방법, 골조의 이어치기 방법, 경사보 구체관통(構體貫通), 경사보 받침 및 띠장의 조인트 방법 등이다.

① H-pile이나 Sheet Pile 등을 소정의 깊이까지 박는다.

② 흙막이벽이 자립할 수 있는 깊이까지 비탈면을 남기고 내부를 굴착한다.

③ 중앙부 구조체를 완성한다.

④ 중앙부 구조체에 버팀대를 걸쳐가면서 외주부분을 굴착한다.

⑤ 외주부분 구조체를 완성한다.

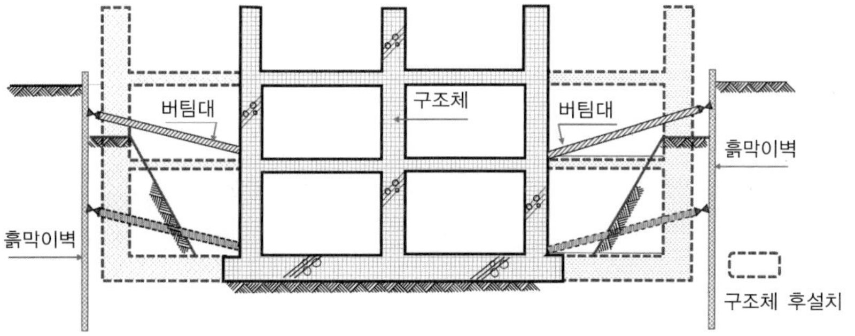

그림 4-37 Island cut 공법

4.3.3 Trench Cut 공법

예상되는 히이빙(Heaving) 현상이나 굴착단면의 활동파괴를 방지하기 위해 채용되는 공법으로 굴착작업 형식상 Island cut 공법과 반대의 형식을 취하는 공법이다. Sheet Pile을 2중으로 박고 널말뚝 사이를 굴착한 뒤 외주 Span 구조체를 선시공하여 토압을 받게 하는 공법이다. 가설재가 많이 들고 공사비가 증대되며 공기가 길어지는 것이 단점이다.

(1) 적용 장소

① 흙이 대단히 연약하여 전체를 일시에 굴착할 수 없는 경우

② 면적이 아주 넓고 굴착깊이가 얕은 경우

③ 점성토층의 파괴가 대단히 예민한 경우

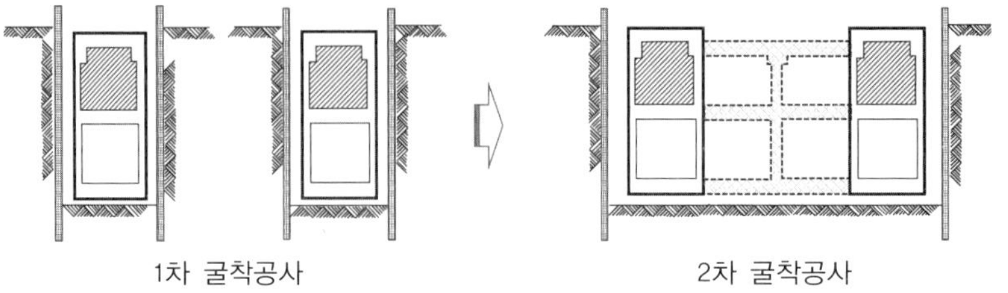

그림 4-38 Trench cut 공법

(2) 트렌치의 굴착

① 80~100톤의 크롤러크레인(Crawler Crane)에 행잉 그래브(Hanging Grab) 또는 트랜치 커터(Trench Cutter)를 장착시켜 안내벽 속에 안정액을 주입하면서 굴착한다.

② Panel의 길이는 보통 2~9m이며, 시공법에 따라 Primary, Secondary, Successive Panel로 구분한다.

③ Panel길이 결정 요인은 지층의 종류, Joint수, 철근망 규격(운반 및 취급 우려), 굴착된 Trench의 안정성, 타설 콘크리트의 양을 고려한다.

④ 안정액은 지하수위 보다 약 1.5m 이상 높게 유지한다.

(3) 굴착순서

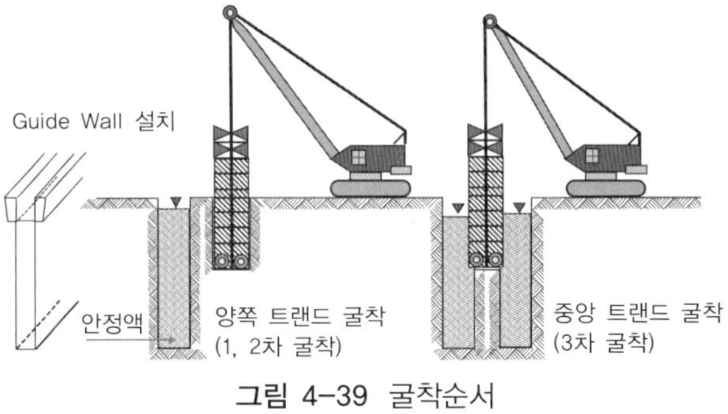

그림 4-39 굴착순서

(4) 모서리 부위의 굴착

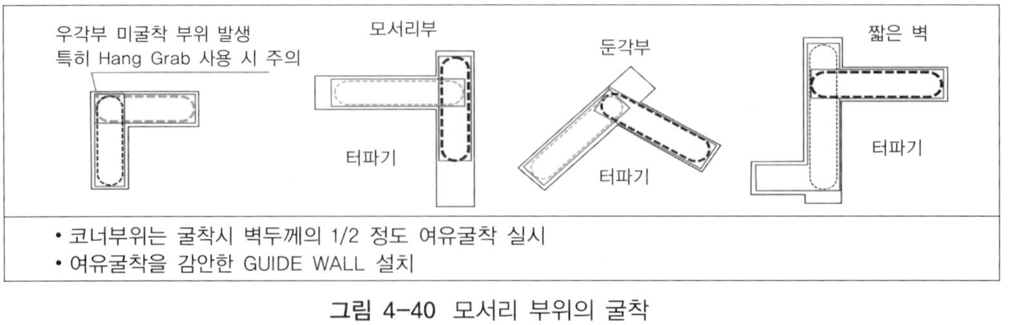

그림 4-40 모서리 부위의 굴착

4.3.4 Top Down 공법(역타공법)

1) 공법개요

흙막이벽을 설치한 후 본체 구조의 1층 바닥을 축조하여 이것으로 흙막이벽을 지지하고 아래쪽으로 굴진하여 지하 각 층 바닥, 보를 가설구조물로 하여 차례로 굴착해 가며 동시에 지상부의 구체 시공도 추진하는 공법이다. 지층이 깊고 넓은 경우에 효과적이며, 구조체를 지하공사의 가설에 사용한다. 콘크리트가 역타되므로 이어치기 부분에 문제가 있다. 철근 콘크리트조 구체의 건조수축에 의한 흙막이벽의 내측에 대한 변위가 크기 때문에 주의를 요한다. 시공시 주의사항은 흙막이 가구 전체의 밸런스, 지주·바닥의 거푸집 지보공, 콘크리트의 이어치기 공극의 충진, 바닥 개구부의 위치, 보강 등이다.

2) 역타공법의 특징

토압과 수압에 대하여 대응하는 구조 system이 흙막이 말뚝 또는 띠장, Tie-back Anchor 등이 아닌 건물구조체 자체가 단계별로 대응하게 된다.

장 점	지상공사가 진행되는 동안, 지상층 공사를 계속 진행할 수 있어 공기가 단축된다. 주변지반 및 인접건물에 미치는 영향이 타 공법에 비하여 훨씬 작게 된다. 소음 및 진동이 적어 도심지 공사로 적합하다. 초기 단계에서 1층 바닥의 선시공으로 작업장으로 활용이 가능하다. 기상조건과 무관하게 지하공사를 진행할 수 있다. 안전도가 높다 - 주변 지하수위와 토질조건에 관계없이 안전시공 가능
단 점	선 시공된 지하층 내의 작업공간이 작다. 기둥, 벽 등 수직부재의 구조이음에 기술적인 어려움이 있다. 지하 작업공간의 통풍시설과 폭파작업에 대한 대비책이 면밀히 검토되어야 한다. 공사중 토압, 수압 등에 대한 계측관리가 필요하다. 결과적으로 지하공사비가 상승된다.

3) 구조형식에 의한 탑다운 공법의 분류

구 분		보춤 크기	적용공법
철골구조	① Single Beam Type	650~750mm	SPS(Strut as Permanent System) ESD(Economic Steel Downward) CWS(Continous Wall System)
	② Double Beam Type	550~600mm	S-Frame
	③ Double Beam+RC 기둥	550~600mm	DBS(Double Beam System)공법
RC구조	④ Flat Slab 구조	550~600mm	BRD(Bracket Support RC Down Word)
		Slab THK 250~300mm	STD(Strut Top Down)
	⑤ 라멘구조	600~700mm	STD(Strut Top Down)

4) 탑다운 공법의 종류

<table>
<tr><th colspan="2">항 목</th><th>내 용</th></tr>
<tr><td rowspan="2">① 적용에 의한 분류</td><td>완전역타공법
Full Top Down</td><td>지하층 전체를 탑다운 공법으로 시공
지상과 지하를 동시에 시공함으로써 공기절감 및 탑다운의 장점을 최대화 가능</td></tr>
<tr><td>부분역타공법
Partial top-down</td><td>지하층일부만 탑다운 공법을 적용하고 나머지 구간은 오픈 컷 공법을 적용하여 스트럿이나 어스앵커를 시공하는 방법으로 지하층 형상이 복잡하거나 완접 탑다운 공법 적용에 따른 무리가 발생시 적용한다.</td></tr>
<tr><td rowspan="2">② 방법에 의한 분류</td><td>뉴탑다운 공법
New Top down</td><td>지하 흙막이 벽체를 연속벽(Sllury wall) 대신 엄지파일과 토류판으로 형성하는 공법이다.</td></tr>
<tr><td>SPS 공법</td><td>건축물의 철골보를 이용하여 지보공 역할을 담당하도록 하며 연속벽 측에 면한 외측 슬래브만 콘크리트로 구축하는 공법으로 트랜스퍼거더(Transfer girder)가 설치되는 주상복합 건물에 주로 적용함.</td></tr>
<tr><td rowspan="4">③ 보드파일의 종류에 의한 분류</td><td>임시기둥
Temporary Column</td><td>간이 역타공법시 적용되는 기둥공사로서 ϕ400~600까지 시공이 가능하며, T4 또는 Barber drill로 천공작업이후 소형 철골을 설치하는 공법이나 허용 내력이 작기 때문에 완전 역타 공법시에는 적용이 불가능하다.</td></tr>
<tr><td>P.R.D공법</td><td>Percussion rotary drill 공법</td></tr>
<tr><td>바렛공법
Barrette</td><td>연속벽장비로 사각형의 단면을 굴착한 이후 대형 철골을 설치하는 공법으로 탑다운 공법에서 사용되고 있음.
단점 : 경함굴착이 불가능</td></tr>
<tr><td>RCD공법</td><td>ϕ1,500~2,500까지 원형으로 굴착하여 대형 철골을 설치하는 공법으로서 경함 굴착이 가능하며, 탑다운 공법시 널리 적용되고 있는 기둥공사 방법으로 RCD공법, 베네토(Benoto)공법, 어스드릴 공법 등으로 나뉘어진다.</td></tr>
<tr><td rowspan="2">④ 지보공의 종류</td><td>R.C공법</td><td>지보공을 철근 콘크리트 구조로 시공-슬래브 및 보</td></tr>
<tr><td>S.R.C공법</td><td>지보공을 철근콘크리트 구조(슬래브) 및 철골구조(보)로 시공</td></tr>
<tr><td rowspan="5">⑤ 거푸집 공법에 의한 분류
(바닥 슬래브 시공방법에 의한 분류)</td><td>SOG 공법
Slab on grade</td><td>무량판 구조 등에 적합한 공법으로서 굴토지반을 평탄하게 한 이후에 슬래브 거푸집을 설치하거나 버림 콘크리트를 타설하여 슬래브 철근을 시공하는 공법</td></tr>
<tr><td>BOG 공법
Beam on grade</td><td>일반적인 라멘구조(거더/빔) 등에 사용되는 공법으로, 굴토지반을 평탄하게 다지거나 버림콘크리트를 타설한 이후 서포트를 설치하지 않고 바로 거더와 빔의 거푸집을 설치하는 공법</td></tr>
<tr><td>서포트 공법
Support</td><td>모든 구조에 적합한 공법으로 일반 오픈 컷 공법에서 적용하는 서포트 공법과 동일한 방법</td></tr>
<tr><td>N.S.T.D 공법
Non supporting form work</td><td>거푸집 지지틀에 고정시켜 동바리를 설치하지 않고 현수식으로 골조 공사를 진행하는 방법</td></tr>
<tr><td>동바리현수식공법</td><td>거푸집을 지지틀에 고정시키되 동바리를 사용하여 골조공사를 진행하는 공법</td></tr>
</table>

5) 바닥 슬래브 시공방법에 의한 분류

항 목	내 용
① SOG(Slab On Grade) 공법 • 특징 －플랫슬래브에 적합한 공법으로 굴토 공사의 바닥레벨 등 정확성이 요구됨 －골조레벨로 굴토 이후 바닥에 합판 또는 버림 콘크리트 타설 －철근배근 및 콘크리트 타설	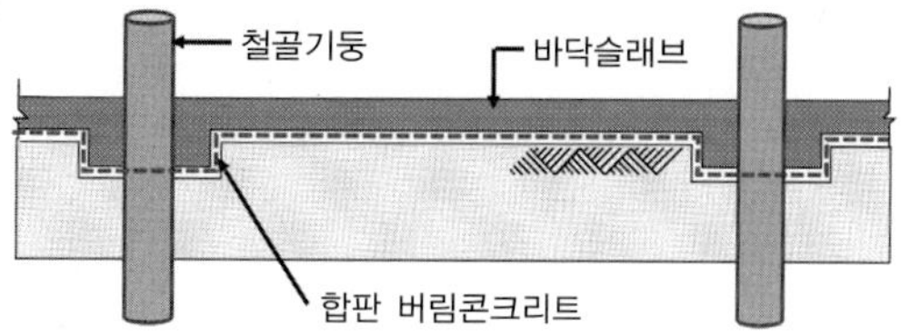 슬래브 및 보하부 구체레벨을 고려하여 토목바닥 정지작업 이후 바닥면에 직접슬래브, 보, 하부 거푸집 또는 버림콘크리트를 타설하고 구체작업을 진행
② BOG(Beam On Grade) 공법 • 특징 －라멘구조에 사용 공법 －보하부 레벨로 굴토 이후 바닥 합판 또는 버림 콘크리트 타설 －거더와 빔 옆면에 합판 거푸집 설치작업 －슬래브, 보 철근 배근 및 콘크리트 타설작업	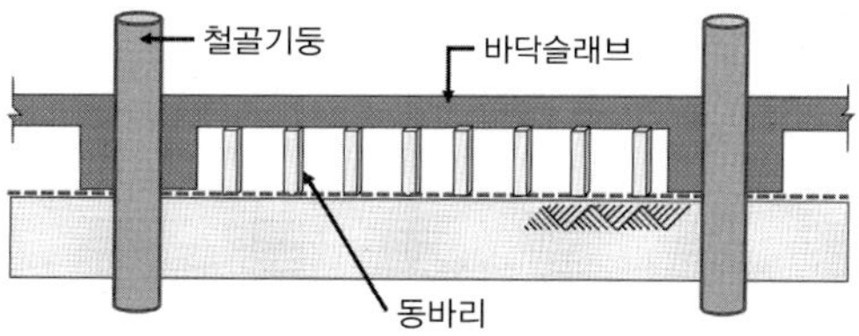 보하단 레벨에서 200~250mm까지 터파기를 하고 토공바닥의 정지면에서 보와 슬래브 거푸집을 제작하여 지반이 지보공 역할을 하면서 구체공사를 진행 지면지지 보 거푸집 공법
③ SOS(Slab On Support) 공법 • 특징 －골조 바닥레벨보다 2m정도 더 깊게 굴토 －재래식 공법과 동일하게 지반위에 동바리를 세우고 거푸집 조립작업 수행함 －지하 하부 굴착시 토공사 효율이 좋다. －가설재 증가로 소운반이 증가된다.	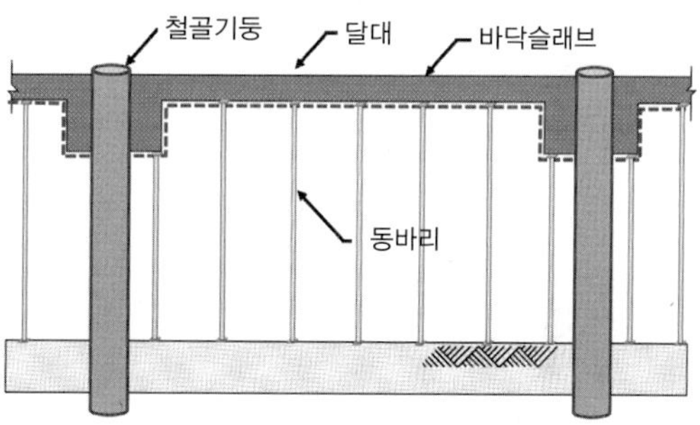 보하부 레벨보다 3~5m 아래로 토공 바닥면을 정지한 이후 기둥 측량작업을 거쳐 지번에 동바리를 지지하고 슬래브 거푸집을 설치
④ NSTD공법 (Non Support Top Down, Hanging Type) • 특징 －가설재의 소요량이 적다. －슬래브 거푸집 해체되지 않은 상태에서 하부층 굴토작업이 가능함 －공기단축 및 콘크리트 품질향상이 가능함 －구조검토와 구조보강이 필요	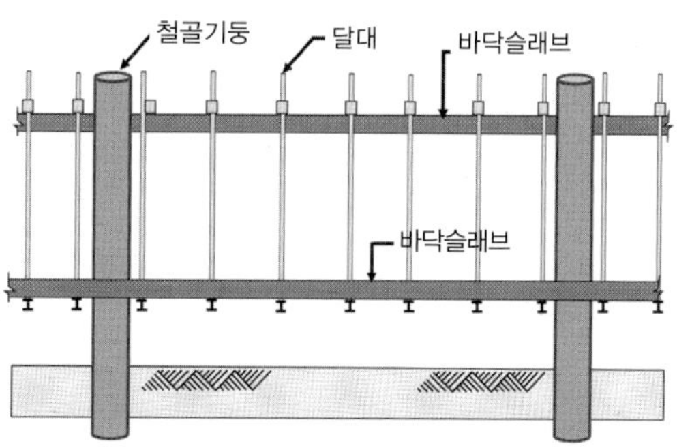 거푸집 지지를 상부층 구조물에 달아매는 공법

6) 시공단계별 역타공법 분류

항목	Up-Up 공법	Full Top-Down 공법
개요	• 역타시공 • 기초타설 이후 기둥, 코어, 지하외벽 시공 과 동시 지상층 시공. • 지하층 순타공사 동시 지상층 순타공사 • King Post와 기초가 지상층 하중을 부담 하도록 설계되어 기초가 마무리 되어야 지상층 시이 가능함. • 즉 King Post가 지상층 하중을 일부 부담하여 지상층 시공에 제한이 있음	• 역타시공 • 지하층 시공과 동시에 지상층 시공이 구조적으로 가능 • King Post가 지상층 전체하중을 모두 부담으로 지상층 공사 층수 제한이 없음 공기가 우선
이미지	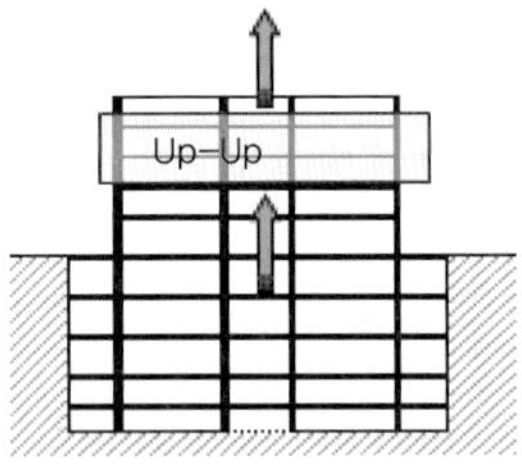	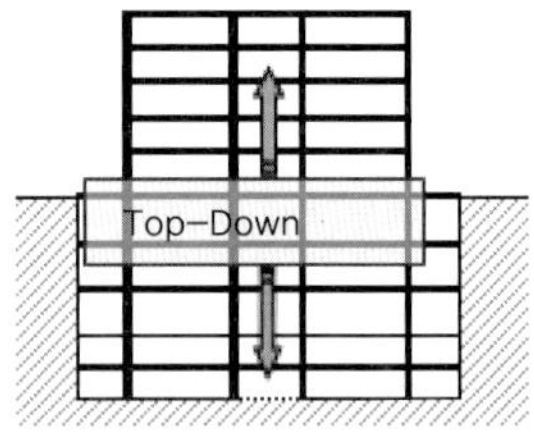
장 · 단점	• PRD 최소화 → 경제성 확보 • 코어부 기둥 불필요 ← 설계변경 불필요 • 공기단축효과 비교적 적음	• 외벽부 PRD 필요 • 코어부 Transfer 계획 필요 • 지상 1층 작업구대 필요 • 지상층 및 지하층 공정 혼선 • 공기단축 효과 큼
공기분석	• 0~1개월	• 4~5개월 • 지상 10~12층 골조공사 완료

항목	Semi Top-Down 공법	Down-up 공법
개요	• 역타시공 • 지하 1층 바닥 및 지하외벽타설 후 지상층 시공 • 기초가 마무리 되기전 지상 3층 이상 시공불가 • 기초가 마무리되기 이전 지상층수 건축 층수 시공 제한이 있음 • King Post가 지상층 일부 하중 부담하여 지상층 시공에 제한이 있음	• 공기단축이 목적이 아니라 주변 공사 여건 때문에 공법선정 • 지하층 구조체 공사가 모두 무리되어야 지상층공사를 수행함. • 공기단축이 목적이 아니라 주변 공사 • 여건 때문에 공법 선정
이미지	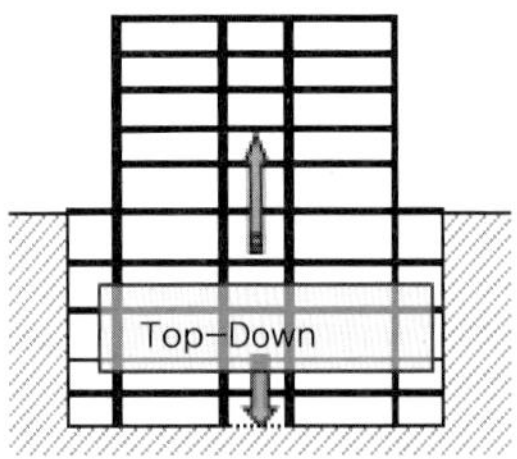	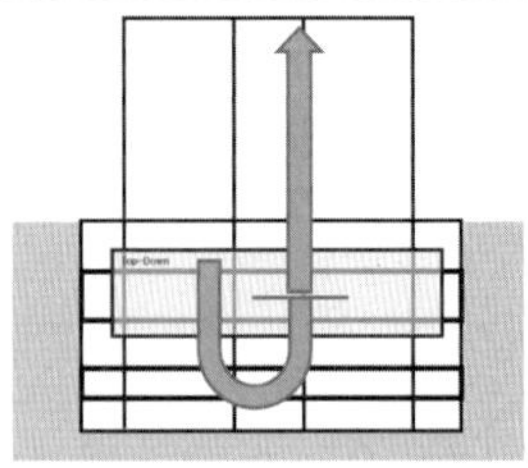
장 · 단점	• 외벽부 PRD 필요 • 코어부 Transfer 계획 필요 • 공기단축 효과 큼	• 외벽부 PRD 필요 • 코어부 Transfer 계획 필요 • 지상 1층 작업구대 필요 • 지상층 및 지하층 공정 혼선 • 공기단축 효과 큼
공기분석	• 3~4 개월 • 지상 10층~12층 골조공사 완료	• 4~5개월 • 지상 10~12층 골조공사 완료

7) 역타공법 계획

(1) 공정계획

① 공기단축가능	• 지하구조체가 완성되지 않아도 1층 이상의 지상공사 작업이 가능
② 공정에 따른 가설기둥 구조계획 수립	• 지하구조체가 완성되는 동안 기시공된 부분의 하중을 지지하게 되므로 공사 초기단계에서 지하기둥 및 기초에 대한 구조검토가 요구됨
	• 지하층 기초, 보의 구조체 콘크리트 타설이 완료되는 시점까지 지상층 공사를 어느 부위까지 해야 할는지를 계획하여 예상 부담하중에 어느 정도의 여유를 둘 필요가 발생되기 때문에 공정가설계획, 지하 시공순서 등 전체 공정계획이 필요하다.
③ 종합공정계획 수립	• 역타공법은 말뚝공사, 굴착공사, 구조체 공사 등을 포함한 시스템적인 공법이다. 따라서 역타공법에 대한 시공관련 세부요소기술을 설계단계에서부터 반영될 수 있도록 각각의 요소기술을 공유와 설계검토가 필요하다.

(2) 구조계획

① 이음부 품질	• 지하기둥 및 보의 보강검토와 구체의 선타설과 후타설 이음부 품질
② 단면검토	• 지하기둥 계획 : 각공사의 진행상태를 검토 • 1층 바닥은 많은 작업기계와 자재들이 적게 되므로 단면검토
③ 선시공과 후시공 검토	• 지하구조체의 선시공과 후시공부분의 수평분할 콘크리트 타설로 타설 이음부분의 성능확보를 위해 여러 가지시공공법이 개발되어 성능을 확보할 수 있게 되어 있으나 세밀한 시공계획 및 관리가 요구됨

(3) 철골기둥의 설계

① 원칙	• 건물의 기둥 분할에 맞게 설치
② 단면형상과 크기	• 기둥 콘크리트 단면의 중간에 매립시 피복두께를 유지할 수 있도록 확보
③ 수직도관리	• 시공오차 고려 기둥철골의 수직도가 나쁘게 될 경우 대비
④ 구조성능 유지	• 굴토 작업시 휨모멘트와 좌굴의 안전성 유지
⑤ 기둥재료	• 건축물 본체의 구조제로 사용이 가능하게 신재로 사용
⑥ 관통구멍	• 관통구멍 발생시 보강

(4) 보 바닥판 보강

① 구조검토	• 1층 바닥을 작업장으로 사용 시에는 작업하중과 이동하중을 고려한 바닥판을 보강하여 구조적인 안전성을 유지하여 사고방지 하기 위해 사전검토가 필요함
② 보강시 주의점	• 보강 시 단면을 크게 하면 설비, 전기 공사로 인한 층고가 낮아질 우려가 발생할 수 있어 주의 요망

(5) 경제성 검토

원가상승	• 역타공법은 재래식 공법에 비해 공사비 상승 원인제공 • 원가 절감을 위하여 설계, 구조, 공정, 시공면의 요소기술을 분석하고 공법 개선, 공법개발 등을 검토하여 경제성

8) 보드파일의 시공방법의 특징

구분	RCD Percussion rotary drill	Barrette	PRD Reverse Circulation
공법의 개요	• 케이싱(Casing)을 이용해 굴착 공보호 • 연약층은 버킷(Bucket), 암반층은 회전식 비트(Bit)로 굴착한 뒤 굴착토를 역배출 시키는 공법 • 지중을 ϕ1,500~2,000mm의 크기의 원형으로 천공하여 대형의 철골을 설치하는 공법	• Bentonite 이수를 이용해 굴착공을 보호 • 회전형 드럼 비트(Drum Bit)로 암층까지 천공하는 공법 • 지중연속벽 장비로 사각형의 단면을 굴착 이후 철골을 설치하는 공법	• 토사층 굴착공을 Casing으로 보호 • Percussion식으로 천공하는 공법 • Casing Screw를 사용하여 소음과 진동을 최소화한 지반 천공공법
기초형상	원형	사각형	원형
장점	• 철골 설치 후 케이싱으로 철골을 고정하고 Con'c 타설이 이루어져 수직도 확보에 유리함 • 암반층 대구경 천공이 가능 • 경암굴착이 가능하고 탑다운 공법에서 가장 널리 적용	• 굴착기에 Inclinometer가 부착되어 수직도 확보에 유리함 • 케이싱이 필요 없고 연속벽 시공 및 동시 작업이 가능	• 암반에서 천공성능이 우수함 • 전체 지층에 대해 적용이 가능함
단점	• RCD 장비는 별도의 수직도를 관리 및 계측이 필요함 • 경암층에서는 천공 속도가 느려짐	• RCD와 비교해 철골의 수직도 관리가 불리함 • 경암반의 굴착이 불가능함	• 천공경에 제한이 존재함 • 깊은 천공일수록 오차가 발생함

9) 역타공법 시공순서

(1) 시공순서 Flow Chart

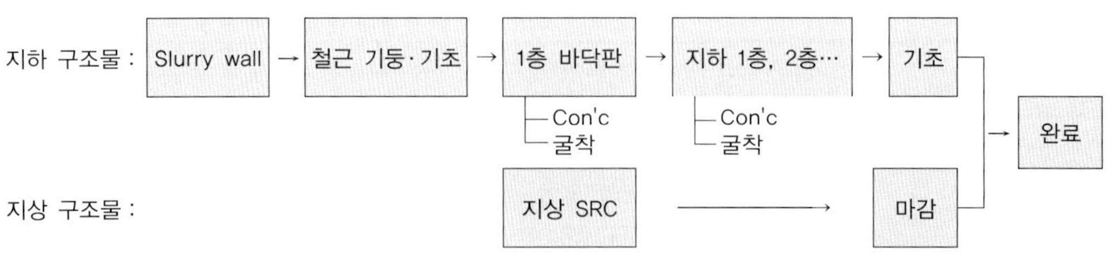

(2) 역타공법의 시공순서(도해)

① Slurry Wall 완성

② 심초기초공사 진행→Reverse Circulation 등 적용

③ 심초기초 콘크리트타설+철골기둥 Erection

④ S-Wall 상부 Chipping Cap Beam 설치

⑤ Ground FL. 정지 후 1층 바닥 콘크리트 타설

⑥ 지하층 굴착공사 진행+지하 1층 철골보 세우기

⑦ 지하 1층 바닥 콘크리트 타설한다.

⑧ 지하 2층 굴착 및 철골, 콘크리트 타설

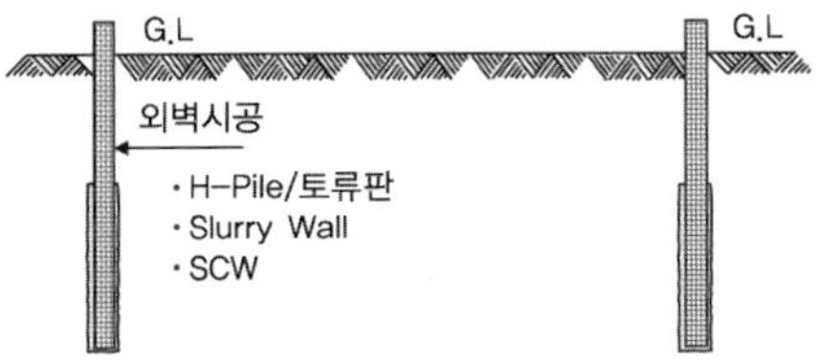

(a) 외벽시공

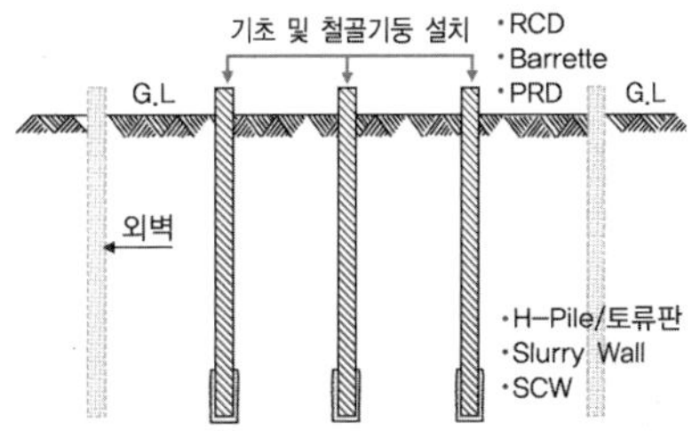

(b) 기초 및 철골기둥 설치

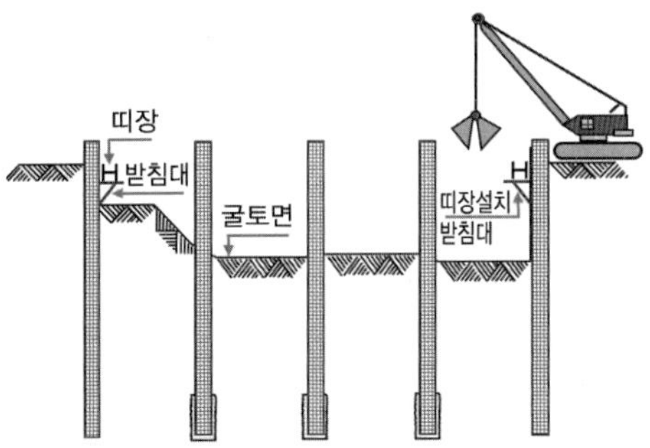

(c) 굴토 및 띠장 설치

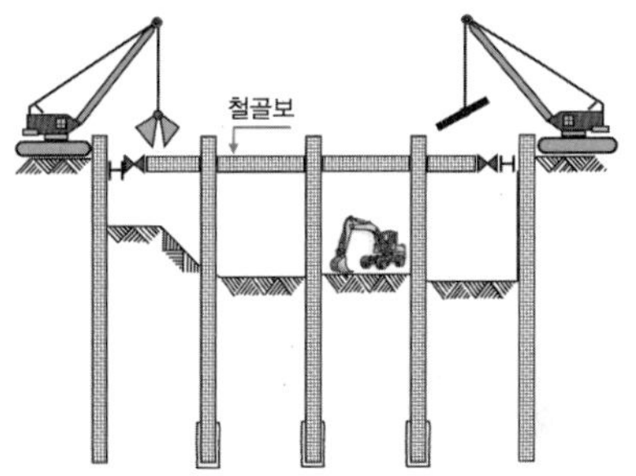

(d) 지상1층 바닥 철골설치

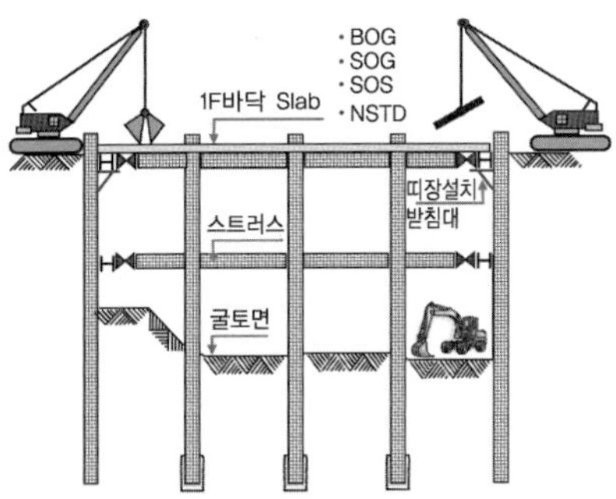

(e) 지하 1층 및 하부층 반복설치

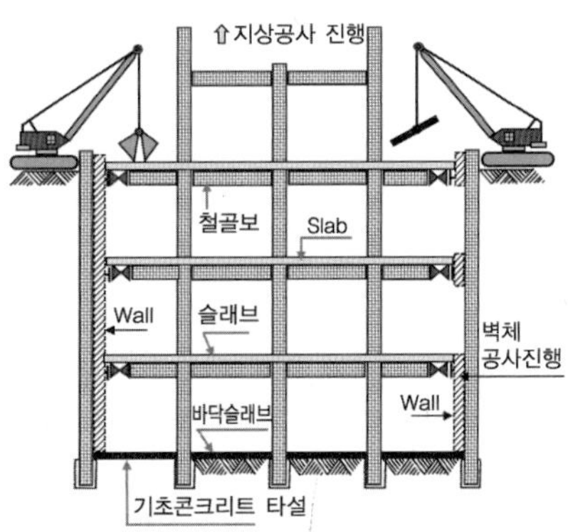

(f) 벽체, 슬래브, 기둥, 옹벽 순타 시공

그림 4-41 역타공법 시공순서

⑨ 같은 방법으로 그 아래 지하층 공사를 진행하며 기초 바닥면까지 공사가 진행된다. 이때 지상층 공사도 병행하여 시공이 가능하다.

(3) 시공시 유의사항

① 지하 연속벽 공사 시 벽체 위 수직도와 Panel Joint의 슬라임(Slime) 제거
② 기둥 및 기초공사 시 기둥의 수직도와 Buckling 점검
③ 연속벽과 기둥의 연결철근(Dowel Bar)의 확인 시공
④ 이음부 처리에 세심한 주의
⑤ 지하수위 유동과 지반변위를 조사하여 안전하고 합리적인 시공관리
⑥ 공벽의 붕괴를 방지하기 위하여 안정액의 사용에 주의한다.

10) 역타설 콘크리트 공사

(1) 기둥

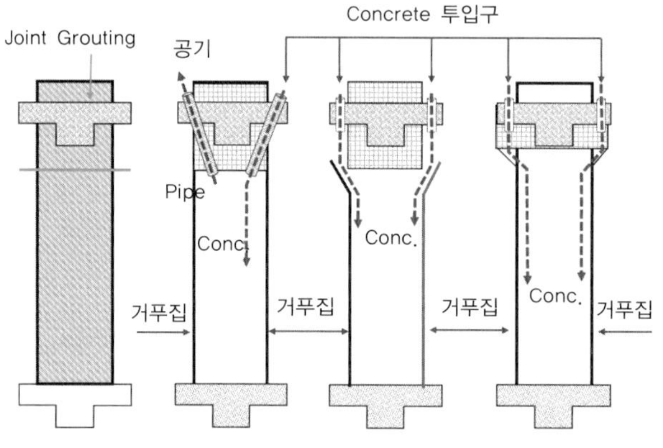

(2) 벽체

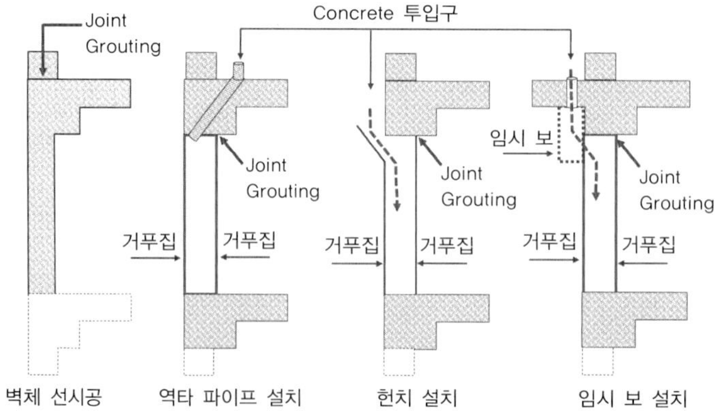

11) 가설 및 장비계획

(1) 조명설비

① 작업에 필요한 조도 : 75LUX

② 조명설치

㉠ 거푸집 설치시 PVC파이프를 설치하여 가설전등 설치

㉡ 거푸집 해체시에도 파이프를 통해 해체 부분만 상부로 이동

㉢ 1층바닥의 가설전선 배관은 신설배관을 이용하거나 가설배관 골조에 매설함

(2) 환기설비

① 환기 계획시 고려사항

㉠ 굴토공사 진도에 따라 환기 체적이 변화기 되기 때문에 단계별 환기계획이 요구됨

㉡ 처음 굴착 시작단계는 환기가 매우 불리하기 때문에 별도의 환기계획이 요구됨

㉢ 급배기구 설치 위치는 전체 공사에 영향이 없고 민원이 없는 장소에 설치

㉣ 환기를 위한 기계설치 배치공간 확보

② 환기방식

환기방식	제1종 환기방식	병용(제1종+제3종)	제2종 환기방식
급기	지하공간 전체 강제 기계급기	굴착부위 강제 기계급기	굴착부위 기계급기
배기	지하공간 전체 강제 기계배기	다른부분 강제 기계배기	전체자연배기
각층환기	양호함	양호함	불량
각층제어	풍량 제어는 곤란함	약간은 가능	약간은 가능
설치비	대	중	중

(3) 타워크레인

① 설치 위치 선정시 수평적, 수직적 작업 동선을 고려하여 배치계획 수립

② 작업초기 단계부터 타워크레인 설치계획을 수립하여 조기에 사용할 수 있도록 가설계획 수립

③ 타워크레인이 여러 대 설치할 경우 회전반경과 높이 등을 고려하여 배치계획을 수립함으로써 부분적으로 타워크레인 활용 영역이 누락되지 않도록 계획 수립

④ 현장에 적합한 타워크레인 기종을 선정 할 것

⑤ 현장에 알맞은 양중부하를 갖는 기종을 선택할 것

⑥ 설치 및 운영시 안전성이 확보될 것

⑦ 조립 및 해체가 용이하고, 운반에 지장이 없을 것

4.3.5 안정액(Stabilizer Liquid)

1) 정의

굴착 공사중 굴착벽면의 붕괴를 막고 지반을 안정시키는 비중이 큰 액체를 총칭하여 안정액이라고 하며 물과 벤토나이트, 첨가제 등으로 만든 혼합액을 말한다.

2) 안정액의 재료(종류)

종 류	종류별 특성
① 벤토나이트 안정액	• 벤토나이트는 점토광물의 하나로 응회암, 석영함 등의 유기질 부분이 분해하여 생성된 미세점토로 물을 흡수하여 크게 팽창하는 성질이 있다.
② CMC 안정액	• Carboxy methyl Cellulose 펄프를 화학적으로 처리하여 만든 인공 풀로서 물과 혼합하면 물에 쉽게 녹아 점성이 높은 액체가 형성된다. • 혼합량은 100cc에 0.1~0.5g
③ 벤토나이트+CMC	• CMC 용액에 Bentonite를 2~3% 혼합한다.
④ 폴리머 안정액	• 친수성 고분자 화학물질로서 물에 용해되어 점성을 나타내는 것으로 전분, 알티산 소다, 한천, 고무, 젤라틴 등이 있다. • 저농도로 필요점성 및 불투수막을 형성 • 굴착시 혼입되는 토사는 벤토나이트계보다 쉽게 분리된다.
⑤ 염수 안정액	• 해수에 의해 안정액의 오염이 우려될 때 상황에 따라 해수 또는 염수를 사용한다. • 벤토나이트 안정액에서 필요한 성질을 얻을 수 없을 때 염수 중에서 점성이 높은 내열성 점토를 1~2% 정도의 농도로 첨가한다.

3) 안정액 사용목적(안정액의 기능)

① 굴착 벽면 붕괴를 방지

② 지하수위 유입방지

③ 안정액 유출 보호막 형성

④ 굴착토사 배출

⑤ 장기간 굴착면 유지

4) 안정액의 요구성능

① 물리적 안전성

장시간 정치하면 중력에 의해 고형입자가 분리, 침전되어 굴착면 유지 성능이 저하됨

② 화확적 안전성

안정액을 반복사용하면 시멘트, 지하수 및 지층에 포함되어 있는 양이온에 의해 성질의 변화가 발생된다. 즉 안정액이 응집되면 불투수막 기능이 상실함

③ 불투수막 형성

굴착면 공극사이로 안정액이 침투하여 차수성이 큰 층(Filter Cake)을 만듦

④ 적당한 비중

비중이 증가하면 압력차가 커져 굴착벽면 안정성 높아짐

비중이 높아지면 혼입된 토사의 부력이 증가되어 굴착토사 운반을 돕는다.

5) 안정액 사용시 주의사항

항 목	내 용
① 농도유지	농도 낮다 : 붕괴발생률이 많다. 농도 높다 : 콘크리트와 치환의 불안전하게 됨
② 선택방법	지질, 지하수, 투수층, 공법 종류 등에 따라 결정
③ 비중관리	좋은 성질의 안정액의 상태가 될 수 있도록 비중, 점성, 여과성 등을 관리

4.3.6 영구스트러트(SPS ; Strut as Permanent System)공법

1) 공법개요

지지공법 중 버팀대 방식인 가설 Strut공법의 성능을 개선한 공법으로 흙막이를 지지하는 Strut를 가설재로 하지 않고 영구구조물 철골구조체(기둥, 보)를 이용하여 굴토공사 중에는 토압에 대해 지지하는 역할을 하고 Slab타설 후에는 연직하중에 대해서도 지지하게 하는 공법이다. 이 공법은 흙막이벽을 시공한 후 터파기 공사 전에 소구경(ϕ600~800mm) 천공기를 이용하여 정확한 수직도로 본기둥(철골기둥)을 근입 설치하고, 소정의 지지력을 갖도록 기둥의 기초부에 콘크리트를 타설하여 구근을 형성한 후, 매층 단위로 본 구조물(보)을 설치, 이용하여 토압을 지지하면서 목표깊이까지 굴토 완료하고, 건물 기초 타설 후에는 지상과 지하층 골조 공사를 동시에 진행(Up-Up공법)하는 공법이다.

2) SPS공법의 장점

(1) 공기 단축

① 기초공사 완료후 지하 구조물 시공과 지상 구조물 시공이 동시 진행

② 가설 Strut 해체 공정의 불필요 및 지하 골조 공사시 간섭 최소화로 공기 단축

(2) 원가 절감

① 영구용 건축철골로 토류벽체를 지지함으로써 공정간 간섭이 적으며 그로인한 장비 작업 효율성이 극대화됨

② 지상 1층 필요 구간의 Slab 선 타설로 바닥을 작업장으로 활용하고, 하중부담이 작은 소구경 현장타설말뚝 (ϕ800)을 사용하여 공사비 절감

(3) 구조적 안전성

① 띠장 해체시 발생하는 옹벽변위로 균열발생 원천적 봉쇄

② 건축 철골 및 RC슬래브 띠장 형성으로 인한 구조 안전성 확보

③ 가설Strut 해체 시 발생하는 작업 위험 요소 배제

④ 영구지지체 형성으로 다른 철저한 품질 · 시공관리로 배면변위 안전성 확보

(4) 시공성 향상

① 지하 본 구조물과 가설 Post Pile의 상호 간섭 배제로 시공성 향상

② 구조용 철골의 간격이 가설 Strut보다 넓어 넓은 작업공간의 확보 및 굴토공사시 장비의 작업성 향상

③ 폐기물 발생 저감 : 가설 Strut로 인하여 발생하는 폐기물 저감

(5) 공사환경 및 구조물 친화성

지상부가 Open되어 있어 채광, 환기 등에 있어서 별도의 시설이 필요 없으므로 공사환경상 유리하고 지하건축 보(Beam)가 철골 부재이므로 시각적인 친화성 유도

3) SPS공법의 단점

① 대진가 넓을 경우 공사비용 증대

② 철골보의 단면이 증대될 수 있다.

4) 공정순서

시공순서	내 용
① 흙막이벽 시공	• 모든 흙막이 벽체 종류가 가능하며 기존 공법을 이용하여 시공 • CIP+H-Pile 공법과 차수공법 그리고 Diaphragm Wall 등의 공법적용
② 기둥 천공 및 설치	• 1차 천공 : 외부 Casing을 설치한 후 암반 위까지 굴착하고, • 2차 천공 : 내부 케이싱(Casing)을 설치하여 수직도(허용한도 1/300)를 정확하게 측정 • 기둥의 역할 : -흙막이를 지지하는 스트러트의 기둥 역할 -지하공사 완료후 상부층에서 내려오는 수직력을 지지
③ 1층 바닥굴토 및 띠장 (Wall Girder) 설치	• 터파기 레벨을 설정한 이후 지하층 굴착 • 띠장용 형틀을 설치하고 철근을 배근한다. • 철근배근시 나중에 타설될 지상 1층과 지하 1층 벽체용 철근 앵커를 사전에 배근하도록 한다. • 이때 별도로 Embed Plate가 부착된 철골보를 띠장에 설치하고 • 띠장의 배근을 한 뒤 지하 1층 벽체 콘크리트 타설을 위한 Sleeve를 매입하고 띠장 콘크리트를 타설한다.

시공순서	내 용
④ 지상 1층 철골설치 및 지상 1층 슬래브 부분 시공	• 철골보의 설치가 완료된 이후에는 작업 공간 필요시 Slab를 부분적으로 설치하여 콘크리트를 타설함으로써 1층에 대한 Strut가 완성된다.
④ 지상 1층 철골설치 및 지상 1층 슬래브 부분 시공	• 철골보의 설치가 완료된 이후에는 작업 공간 필요시 Slab를 부분적으로 설치하여 콘크리트를 타설함으로써 1층에 대한 Strut가 완성된다.
⑤ 지하 1층 및 하부층 반복 시공	• 지하 1층 바닥까지 굴착하며 굴토 후 띠장설치는 1층과 동일한 방법으로 시공한다. • 하부층에 대해서도 동일한 방법으로 반복한다.
⑥ 기초 설치	• 최하부 층까지 굴토한 후 기초를 시공하며,
⑦ 내부벽체 설치	• 내부벽체와 코아벽체는 하부에서 상부로 순차적으로 시공한다. • 콘크리트 타설은 띠장에 미리 매입된 슬리브를 통하여 이루어진다.
⑧ 슬래브 및 SRC 기둥 시공	• 내부옹벽과 병행하여 슬래브, 기둥, 코아벽체 등을 점진적으로 시공 • 본 건물 기초를 타설한 후 지상 상부 구조물에 대한 공사를 병행하여 진행할 수 있다(Up-Up방식).

① 흙막이 및 내부 기둥설치

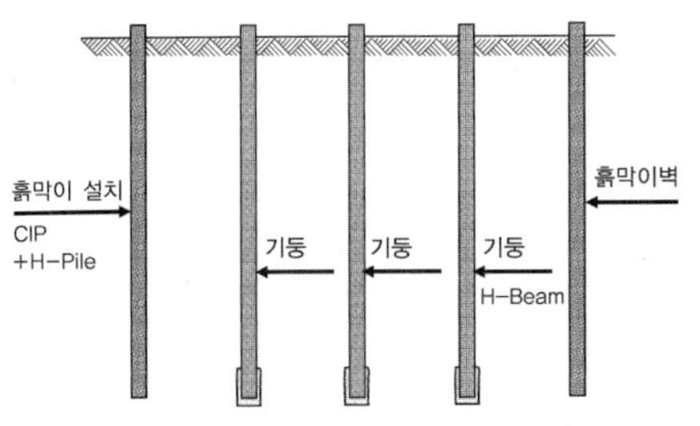

② 1단 굴착 및 띠장 설치

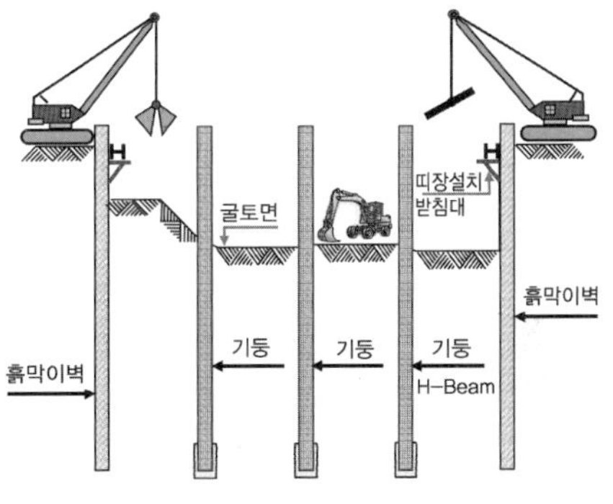

③ 1층 철골보 설치

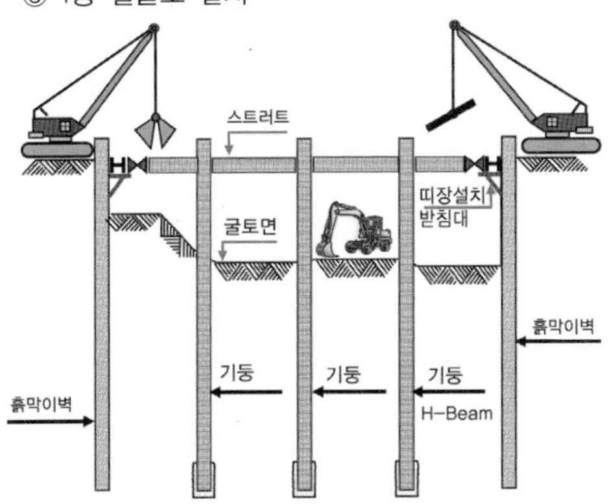

④ 지하2층 철골보 설치

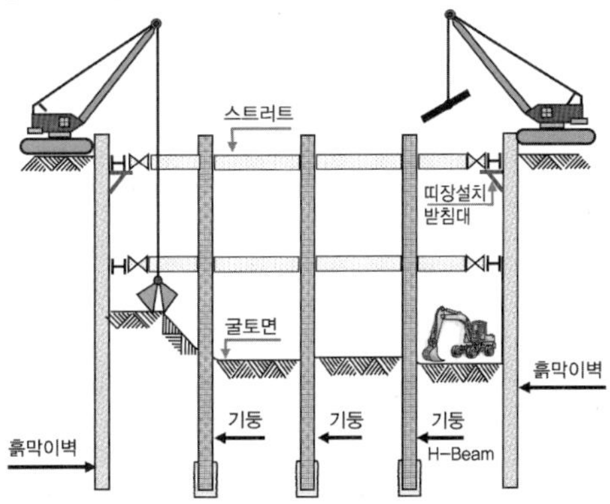

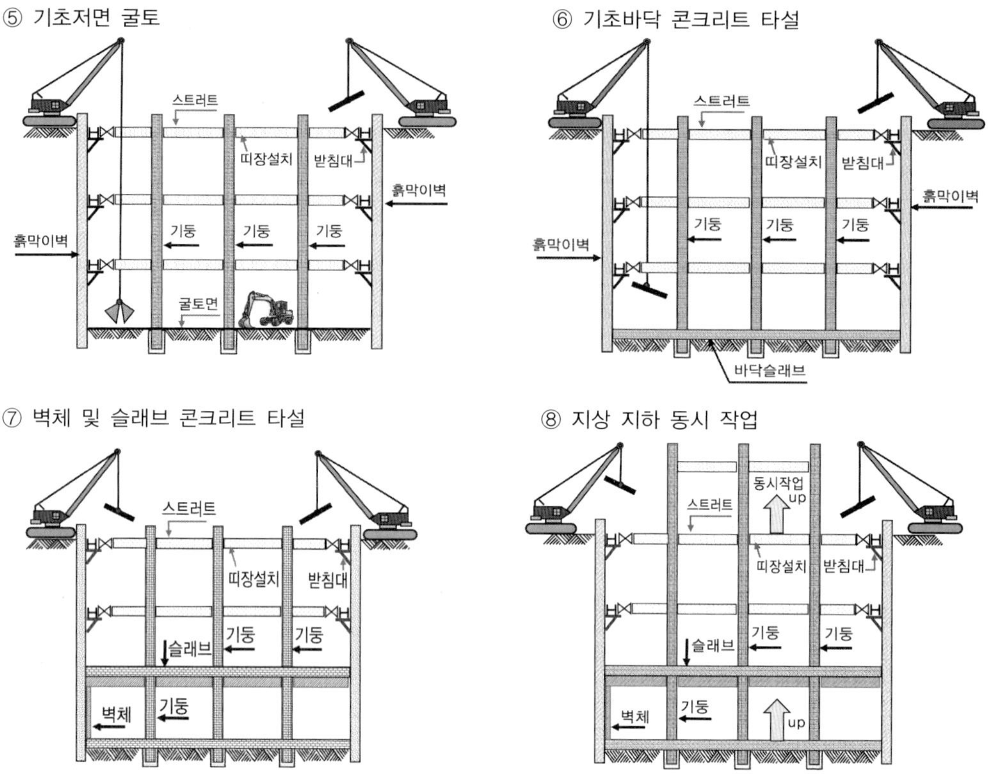

그림 4-42 SPS 공사 순서

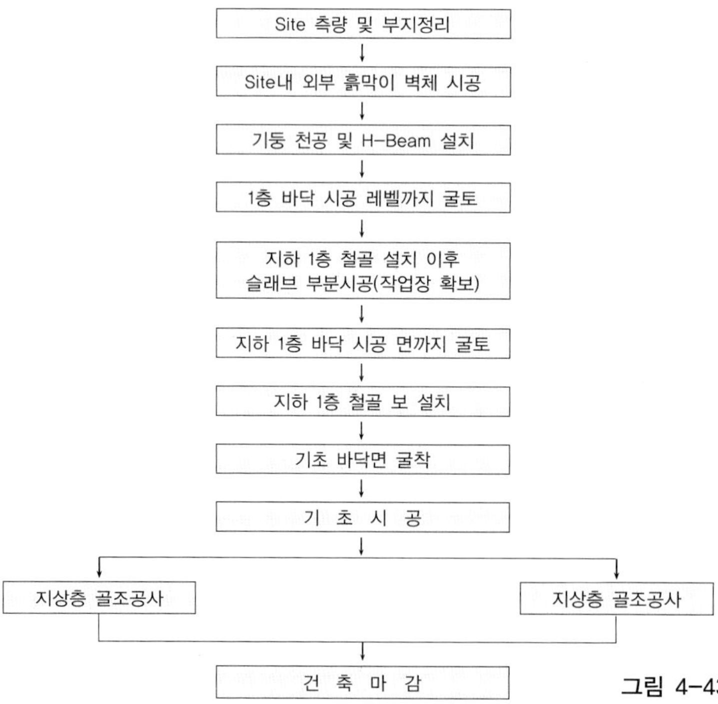

그림 4-43 SPS공법의 시공순서도

4.4 도심 지하공사

4.4.1 개요

경제의 발달과 함께 인구의 도시집중은 오래전부터 시작되었고 현재 대도시에서는 지하공간의 필요성은 점점 더 크게 인식되어지고 있다. 이렇게 복잡하고 협소한 도시 공간 이용의 효율화를 통해 도시문제의 해결을 하고자 지상개발의 억제와 지하공간특성의 활용을 위하여 보다 합리적인 지하공간의 개발을 축구하는 시도가 나타나고 있다. 도심지 지하공간을 개발하기 위한 지하공사는 주변의 건물 피해 및 소음, 진동, 분진, 붕괴 등 많은 문제와 민원 우려가 있어 지하공법 개발의 요구는 끊임없이 이어지고 있다. 더불어 비용의 절감, 기간의 단축, 탄소절감 친환경 공법으로의 전환도 요구된다. 건축에서 지하공사를 구축하는데 있어서 가장 많이 활용되고 있는 도심지 지하 건축공사에서는 배면의 지반이완과 지하수 이동을 차단하기 위하여 흙막이벽(토류벽)과 차수벽을 설치한 후 지하 굴착하고 철근콘크리트 구조물을 타설하여 지하공사를 완성한다. 그러나 여기서 기술한 제안공법은 지상에서 지하층 구조체를 완성하고 지하방향으로 지하층을 인하하여 신축하는 공법(Made Down 공법)이다.

4.4.2 지하공사 시공방법(재래식 공법)

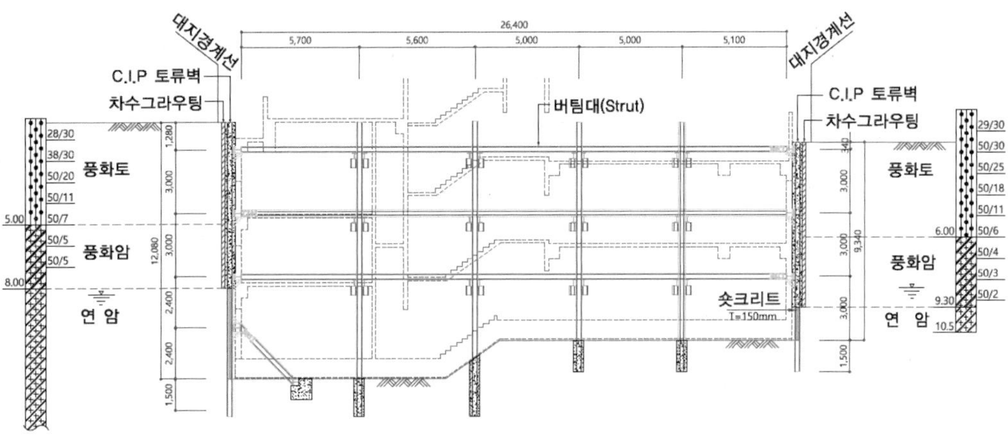

그림 4-44 흙막이벽(CIP)+버팀대(strut)+차수벽(sgr grouting) 사례

현재 국내에서 가장 많이 사용하고 있는 지하층 구조체 시공방법은 흙막이벽(Sheet Pile, H빔+CIP, Slurry wall 등)과 차수벽을 설치한 후 굴착과 버팀대(earth anchor, strut 등) 설치 흙막이벽 지지를 반복하며 굴착함으로써 흙막이벽 유동을 방지하고 지하수

이동을 차단한다.

버팀대의 설치간격과 1회의 굴착 깊이는 구조해석 결과에 의하여 결정된다. 그런데 과굴착과 버팀대 설치 지연은 시공과정에서 불가피하게 발생되고 있는 것이 현실이다. 이는 흙막이벽 유동, 차수벽 파손을 유발할 수 있고, 굴착 전 수직 시공된 차수벽이 암 굴착 진동 등에 의하여 파손되는 경우에는 굴착 중 파손된 차수벽을 보강하거나 복원 방법은 용이하지 않으며, 잘못하면 대형사고로 이어지기도 한다.

4.4.3 Made Down 공법(출처 : 고려 E&C http://www.krenc.co.kr/)

1) 지상타설 인하신축 개요

본 공법은 Caisson공법과 유사하게 지하층을 지상에서 제작하고 제작된 구조물 전체를 Jack-Up작업으로 약 3m 정도를 상부로 들어 올린다음 가이드 월(Guide Wall)을 지하층 구조체의 외단부에 고정하되, 지중방향으로 설치한다. 가이드 월 작업이 완료되면 지하층 터파기 작업을 수행하고 계획된 터파기 작업이 완료되면 지상에서 작업이 완료되어 상승된 구조물을 지중 방향으로 인하작업을 실시한다. 이러한 방법으로 지하층 구조물을 지상에서 제작하고 지하층 터파기를 수행하는 지상타설 인하 신축공법(이하 Made Down 공법 ; MD공법)이다.

2) 특징

① 흙막이벽, 버팀대 및 차수벽 역할은 지하층 철근콘크리트 본 구조물과 가이드 월이 수행한다. 제안 공법은 굴착, 버팀대 설치 지연으로 인한 현상이 근본적으로 없고, 굴착 중 발생되는 수직 차수벽 파손, 여굴 등은 기초 하부의 가이드 월에서 굴착 중에 차수 보강 및 여굴 복원/보강을 할 수 있다.

② 흙막이벽, 버팀대 가시설이 없이 지하층을 지상에서 타설하고, 기초에 가이드 월 설치하여 구조물의 자중으로 지하건축물이 인하하며 내부 굴착하여 지하층 완성하는 탄소 절감친환경 공법이다.

③ 대지 형상이 비정형 형태이어도 제한 없이 지하공간을 구축할 수 있어 대지를 최대로 활용(Dead Space 없이)하여 구조물을 건축 할 수도 있다.

④ 굴착은 기초 하부에서 이루어지므로 민원은 최소화 된다. 버팀대로 인한 지하층 철근콘크리트 옹벽 이음 최소화 되고 지상에서 지하층을 타설하기 때문에 콘크리트 품질 향상된다.

⑤ 인하 전 외벽 방수도 할 수 있다. 기존 지하구조물 철거와 신축도 동시에 할 수 있다. 연약지반, 암, 토사 모든 지층에 적용할 수 있고, 깊은 굴착에서도 효과적이다. 인하신축 절차 소개한다.

3) MD 공법 시공 프로세스

(출처 : 잭-파일을 이용한 지상타설 하강 신축공법에 대한 연구, (사)대한건축학회 논문집, 2020.06)

(1) 잭파일 배치도 작성

잭파일 위치 결정을 위한 잭파일 위치도 작성단계 이다. 구조계산에 따라 기둥을 중심으로 잭파일 위치와 수량을 결정하여 잭파일 배치도를 작성한다.

(2) 시공순서

① 시공 1단계(가압 앵커/말뚝 매입)

가압앵커를 설치하는 단계로 시공방법은 두 가지로 분류된다.

첫 번째, 기초타설 이전에 매입하는 방법으로 바닥매트 콘크리트 타설 이전에 가압 앵커/말뚝을 지중에 설치하고 바닥 슬래브를 완성하는 것이다.

두 번째, 바닥슬래브 콘크리트를 타설하기 이전에 가압앵커/말뚝의 슬리브를 매입하여 최하층 바닥 콘크리트를 지상에서 타설하고 콘크리트 양생이후에 가압 앵커/말뚝을 설치하는 방법이다.

② 시공 2단계(기초 콘크리트 타설)

최하층 기초 콘크리트 타설 작업 공정에서는 품질을 확보하기 위하여 지상층 바닥 슬래브는 최대한 평활도를 유지한 이후 바닥에 비닐을 설치하거나 버림콘크리트를 타설하고 일련의 바닥슬래브 구조체를 제작한다.

③ 시공 3단계(기초 상승작업)

지상에서 타설된 최저층 매트기초(또는 독립기초) 전체를 약 3m 상승작업을 한다. 매트기초 상승작업의 목적은 다음과 같다.

첫 번째는 지하층 굴착 작업을 위하여 지중 반대방향으로 상승하는 작업이며, 두 번째는 흙막이벽 역할을 할 수 있는 가이드 월을 설치하기 위한 작업이다. Jack-up 파일을 이용한 Mat 기초 상승 단계에서는 Mat기초의 무게를 계산하고 여기에 안전율을 가산하여 자중을 구하여 기초를 Jack-Pile을 이용하여 기초를 상승한다.

④ 시공 4단계(가이드 월 설치)

외벽에 가이드 월을 설치하는 작업이다. 가이드 월은 H-200×150×9×10와 프레이트(THK 6)로 구성되어 있으며, 설치 위치는 외벽 하부에 설치한다. 외벽에 설치되는 가이드 월의 강재의 크기결정은 지하층 토질 성상과 지하수위 그리고 터파기 속도 등에 따라 구조계산서를 기준으로 가이드 월의 규모가 결정된다.

⑤ 시공 5단계(가이드 월 내부 굴착)

기초 하부 굴착단계로서 가이드 월 내부에서 굴착작업이 이루어진다. 최하층 바닥 슬래브 가장자리에 설치된 가이드 월은 지중굴착 작업 단계어서 발생되는 공간의 소음,

진동, 분진 등이 외부와 차단되어 주변 민원발생 요인을 감소시킬 수 있으며, 경계벽 외부에서 토사의 붕괴를 방지하는 역할을 한다. 가이드 월과 지하층 터파기 작업의 단면도를 보여주고 있다.

⑥ 시공 6단계(상승 기초 인하)

지하층 설치를 위하여 Mat기초 하부를 굴착한 이후 상승된 바닥슬래브를 지중 방향으로 지상 1층 바닥레벨까지 인하한다. 이때 토공사 터파기 작업공간을 고려한 인하 높이를 결정한 이후 상승한 Mat기초(독립기초)의 인하레벨을 결정한다.

⑦ 시공 7단계(지하 5층 구조체 공사)

Mat기초를 지중방향으로 인하 이후 지상에서는 지하 2층 구조체를 제작하고, 지하에서는 지하층 흙파기 작업과 토사 반출작업이 동시에 이루어진다.

⑧ 시공 8단계(지하 5층 구조체 인하)

지상에서 작업이 이루어지고 있는 지하 5층 구조체 작업의 공정에서 외부벽체 거푸집이 제거되고 소정의 콘크리트 양생이 이루어지면 지하 구조체를 지하방향으로 인하한다.

⑨ 시공 9단계(지하 4층 구조체 공사)

지하 5층 구조체를 지하1층 레벨까지 인하작업이 완료되면 다음 작업이 동시에 진행된다. 시공방법은 첫 번째는 지상에서 지하 4층 구조체 작업(지상에서)을 실시하며, 두 번째는 지하층 터파기 작업이 실시된다.

⑩ 시공 10단계(지하 1층 구조체 인하신축 완료)

지하 4층 구조체 공사가 완료되고 지하 2층 터파기 공사 작업이 완료되면 지하 4층 인하작업이 가능하다.

⑪ 반복작업

지하층 구조체의 반복작업 실시로 지하층을 완성해간다.

4.4.4 Made Down 공법 적용사례(출처 : 고려 E&C http://www.krenc.co.kr/)

1) 지하 신축건물 개요

다음은 국립정동극장 재건축 설계 현상공모에서 선정되어 MD공법이 적용된 사례이다.

① 공사명		국립 정동극장 재건축 현장－현상공모 선정
② 면적	대지면적	1,633㎡
	건축면적	1,547㎡ (대지경계 ↔ 지하층 외벽 이격 400~500㎜)
③ 굴착 깊이		38m
④ 토질성상		풍화토 5m, 풍화암 10m, 연암 13m, 경암 10m

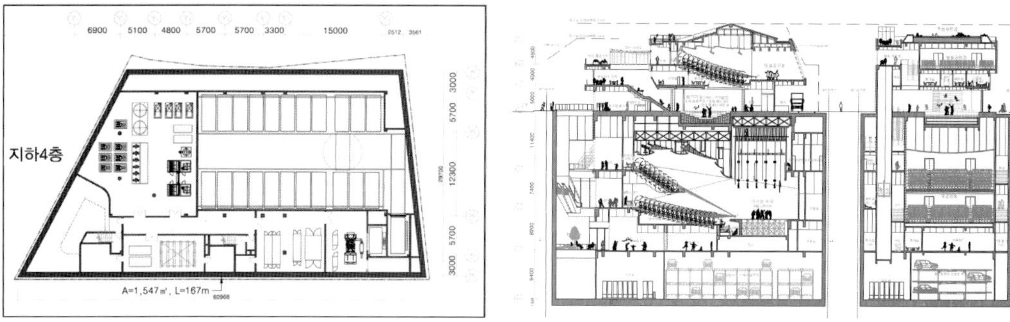

그림 4-45 준공 후 평면 및 단면

2) Made Down 공법 적용 사례

(1) 지하 4층 구조체를 지상에서 제작

① 지상에서 Mat 기초를 제작하고 설계된 위치에 강관파일을 배치하였다.

② 강관파일에 유압잭을 활용하여 콘크리트 양생된 Mat 기초를 약 3m정도 상승시킨 다음 지하 굴착 작업을 실시하였으며, Mat 기초 외부에 가이드 월을 제작 설치하였다. 가이드 월 철판은 지하층 외부 옹벽보다 약 25㎜ 돌출되도록 설치한다.

③ 굴착작업은 가이드 월의 구조적 안전성을 기준으로 지하 4층높이 이내로 터파기를 실시하였다.

④ 상승 기초를 바닥레벨까지 인하 이후 지상에서 B4층 구조체 공사를 제작하였다.

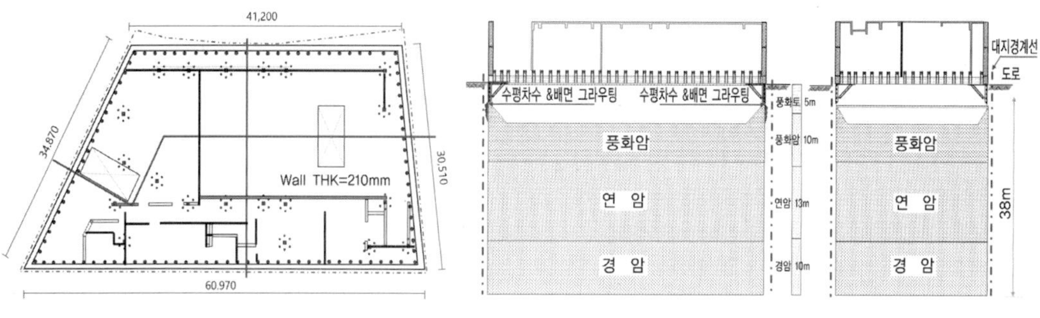

(a) 지하 4층 평면 (b) 지하 4층 구조체 제작/단면도

그림 4-46 지하 4층 구조체 지상제작 완료

(2) 완성된 지하 4층 구조체 하강 및 지하층 굴착 공사

① 완성된 지하 4층 구조체의 슬래브가 지상 바닥레벨 위치까지 지하 4층 구조체를 인하시키다. 인하 전 지하 4층 외벽 철근콘크리트 옹벽의 수직도 및 배부름 현상 여부를 면밀하게 점검하고, 이상 부위는 인하 전 조치하여야 한다.

② 지하층 굴착공사는 계속 진행된다.

③ 지하 4층 구조체 인하 작업완료

④ 인하 전 지하층 외벽에 방수작업도 가능하기 때문에 MD공법 적용은 구조체의 품질이 향상될 수 있다고 생각된다.

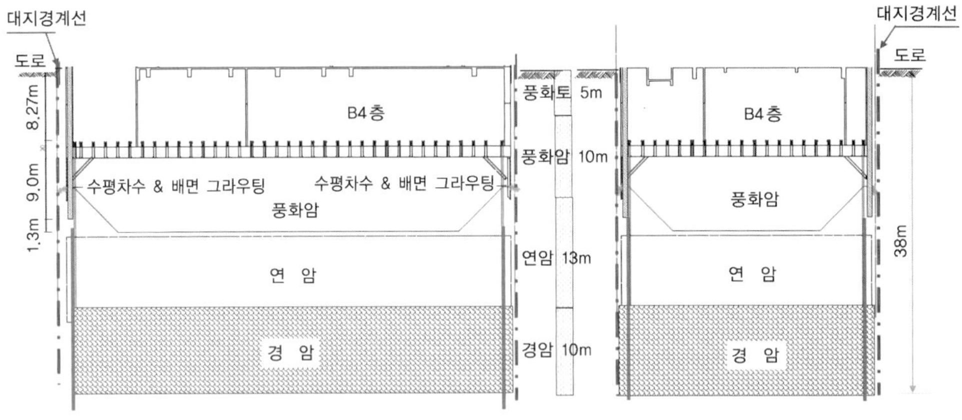

그림 4-47 지하 4층 구조체 하강 및 지하층 굴착

(3) 지하 3층 구조체 제작 및 지하층 굴착공사

① 지하 3층 구조체를 제작한다.

② 지하층 굴착공사는 계속 진행된다.

③ 지하 3층 구조체 제작 완료

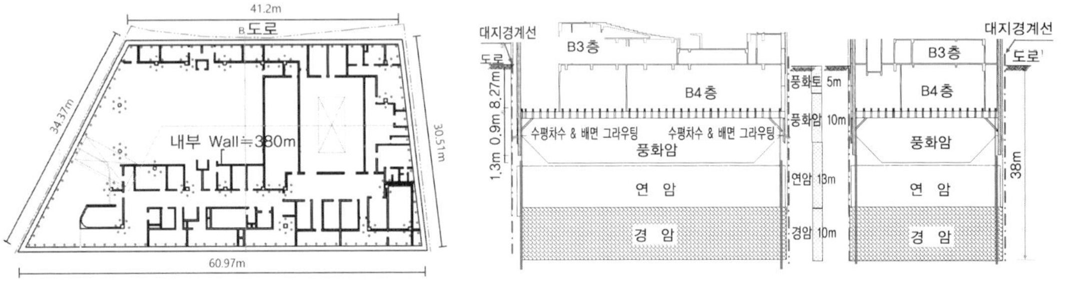

(a) 지하 3층 평면 (b) 지하 3층 구조체 제작/단면도

그림 4-48 지하 3층 구조체 제작 및 지하층 굴착

(4) 지하 3층 구조체 인하 및 지하층 굴착공사

① 제작이 완료된 지하 3층 구조체를 지하 방향으로 하강시킨다.

② 지하층 굴착공사는 계속 진행된다.

③ 지하 3층 구조체 인하 완료

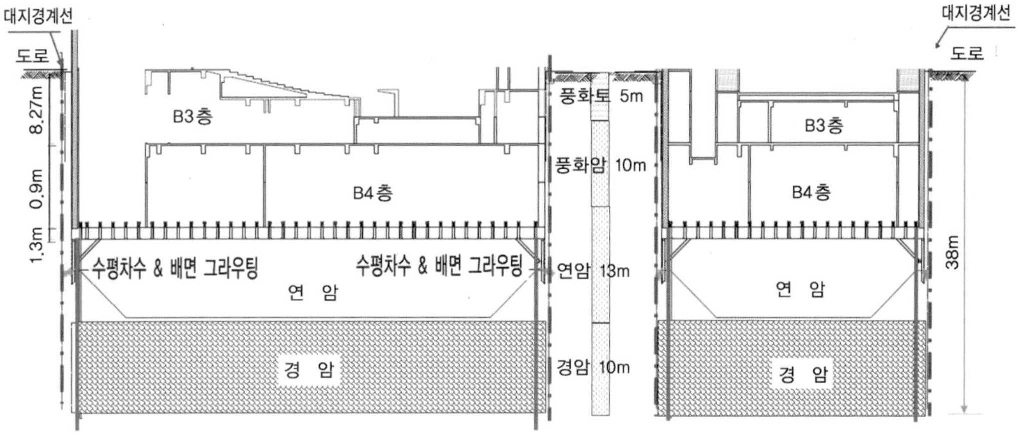

그림 4-49 지하 3층 구조체 제작 및 지하층 굴착

(5) 지하 2층 구조체 제작 및 지하층 굴착공사

① 지하 2층 구조체를 제작한다.

② 지하층 굴착공사는 계속 진행된다.

③ 지하 2층 구조체 제작 완료

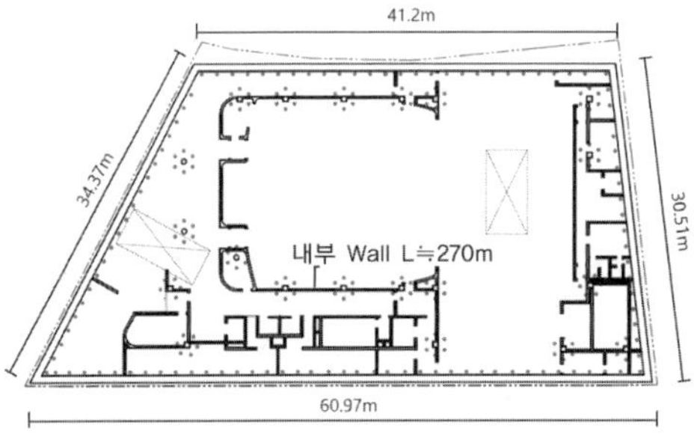

(a) 지하 2층 평면

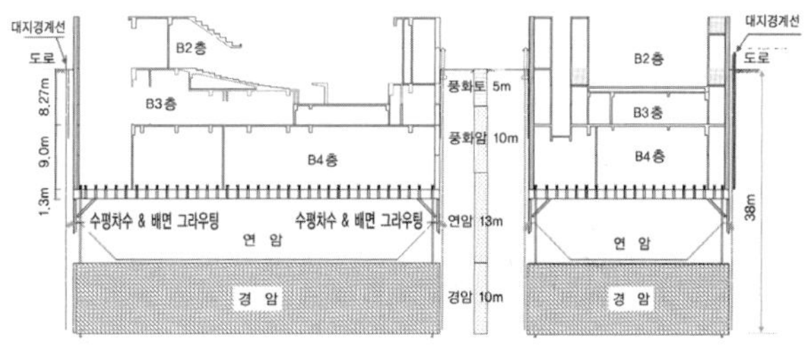

(b) 지하 2층 구조체 제작/단면도

그림 4-50 지하 2층 구조체 제작 및 지하층 굴착

(6) 지하 2층 구조체 하강 및 지하층 굴착공사

① 제작이 완료된 지하 2층 구조체를 지하 방향으로 하강시킨다.

② 지하층 굴착공사는 계속 진행된다.

③ 지하 2층 구조체 인하 완료

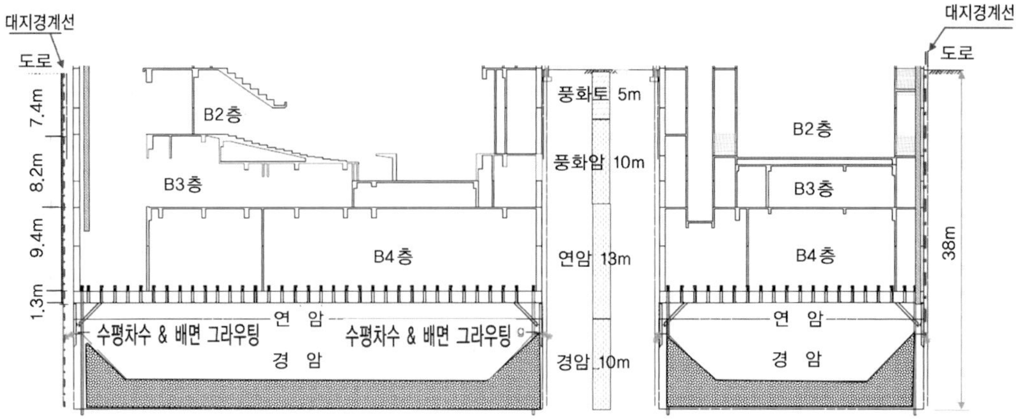

그림 4-51 지하 2층 구조체 하강 및 지하층 굴착

(7) 지하 1층 구조체 제작 및 지하굴착

① 지하 1층 구조체를 제작한다.

② 지하층 굴착공사는 계속 진행된다.

③ 지하 1층 구조체 제작 완료

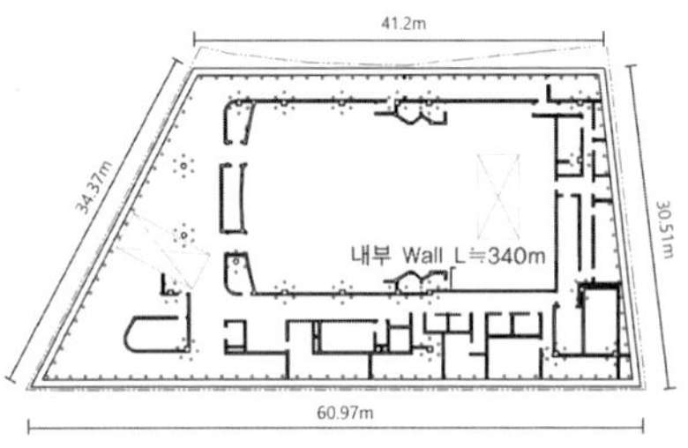

(a) 지하 1층 평면

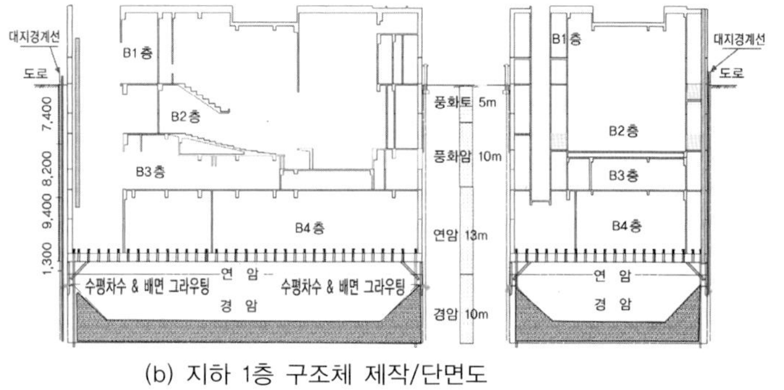

(b) 지하 1층 구조체 제작/단면도

그림 4-52 지하 1층 구조체 제작 및 지하굴착

(8) 지하 1층 자중 인하 및 굴착저면 마무리

① 제작이 완료된 지하 1층 구조체를 지하 방향으로 하강시킨다.

② 지하 1층 구조체 인하 작업 완료

③ 잭파일 정리 및 지하 4층 바닥 슬래브와 지지층 공간 시멘트 밀크 주입.

④ 지하층 마무리 작업

⑤ 각각의 설치된 잭파일의 압력을 기록하고 보관한다.

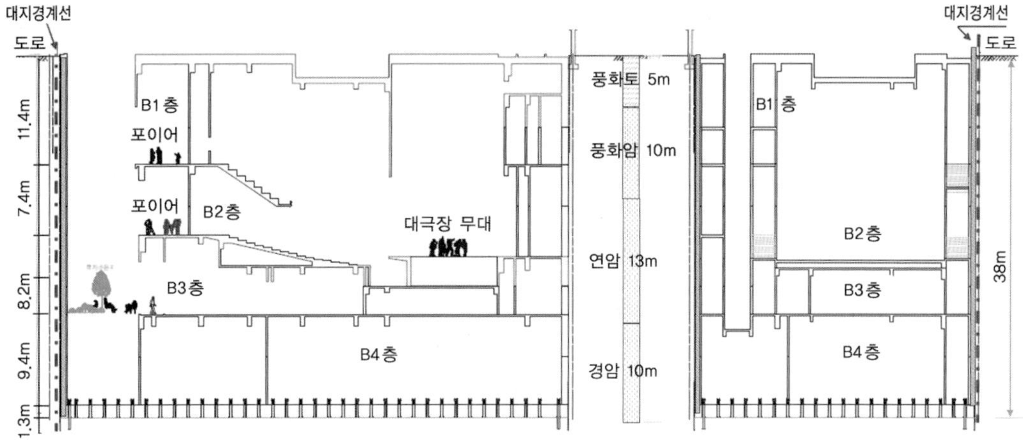

그림 4-53 지하 1층 자중 인하 및 굴착저면 마무리

4.4.5 Made Down 공법 적용 요소기술

1) 강관파일 설치

① 국립 정동극장 재건축 현장의 경우 강관파일 설치를 위한 지중천공의 크기는 ϕ300~ϕ400mm 정도 이었으며 강관파일의 크기는 ϕ216mm를 사용하였다. 천공 크기와 강관파일의 크기와 파일의 두께 등의 결정은 건축 규모에 따라 다르다.

② 기초 타설 후 Jack 설치 계측 압입

③ Mat 기초 타설 이전에 Jack Pile과 Guide wall 앵커를 매입한다.

④ 지반 등 현장 조건에 따라 기초 타설 이후 ϕ216 강관 비 굴착 계측 압입할 수도 있다.

그림 4-54 오거 굴착

그림 4-55 강관파일 앵커 매입

(a) 매트기초 철근배근

(b) 바닥 콘크리트 타설

그림 4-56 Jack Pile 설치

2) 외부 차수

① 외부 차수시설을 파괴하지 않도록 잭파일을 먼저 압입시공하고 이어서 차수시설 공사를 수행한다.

② 차수 주입관은 일반적으로 ϕ65mm~ϕ114mm를 사용한다.

③ Jack Pile 천공/삽입 전에 지반을 천공하지 않고 압입한다.

④ 주입관은 압입되지 않는 단단한 지반까지 무리하게 압입하지 않아도 무방하다.

⑤ 주입은 기초 타설 이후에 하는 것이 주입 관과 지반의 일체화 형성 및 전체 공정관리 측면에서 보다 더 효과적이다.

⑥ 주입관은 시멘트 페이스트가 지반에 주입될 수 있도록 선 가공한다.

⑦ 그림 4-59는 압입강관(ϕ114mm) 파일을 설치한 그림이며, 외벽은 터파기 공사에 있어서 지하수의 유입을 차단하기 위하여 다단그라우팅 차수벽 형성하고 지하를 굴착(GL-20m)한 상황을 그림으로 보여주고 있다.

그림 4-57 차수 주입 강관 가공 및 비굴착 압입/주입 차수벽 형성

그림 4-58 ϕ114 강관 압입/주입 형성된 차수벽/토류벽_현대백화점 현장(2009년 적용)

3) Mat 기초 상승 및 Guide wall 설치

① 하중제어 및 변위제어 기법을 적용하여 Jack Pile을 동시에 가압하여 Mat기초를 들어올린다.

② Guide wall을 Mat 기초 가장자리 하부에 수직으로 설치한다.

③ Mat기초 상승 높이는 통상 5m로 한다. 이 높이는 현장 조건에 따라 변화 할 수 있다.

④ Guide wall의 수직도는 지하층의 수직도 및 자중 인하에 중대한 요소이고 구조는 구조해석에 의한다.

⑤ Guide wall은 지하에 매설된 구조물, 암 등 자중인하 장애물과, 굴착 배면지반의 원형유지, 굴착 중 발생 될 수 있는 선 시공된 차수벽 파손 그리고 여굴 등을 굴착 작업 중에 즉시 보강 및 복원하는데 효과적인 기능을 수행한다.

그림 4-59 Jack Pile 동시가압 승상(하중제어 & 변위제어)

4) 승상 기초 자중 인하 & 내부 굴착

① Jack Pile을 동시에 가압하고 하중제어 및 변위제어 기법을 적용하여 상승된 기초를 자중으로 지하방향으로 인하 한다.

② 내부는 가이드 월의 선단이 1m 이상 매입된 상태에서 토사 안정각도 이내를 유지하며 자유 굴착한다.

③ 가이드 월의 선단에 전석, 암, 기존 구조물 등 인하 장애물이 있을 때에는 자중 인하 되지 않는다. 이때에는 인하 정지한 상태에서 장애물을 제거하고 제거한 부분은 토사 치환 한 후에 인하한다.

④ 토사 치환으로 손상된 배면 지반은 가이드 월 내부에서 철판 천공하여 ϕ25 강관 삽입 하여 강관 다단그라우팅 주입하여 손상된 배면 원 지반 복원, 차수 및 보강한다.

그림 4-60 내부굴착(서울○○현장 연립신축공사 현장)

그림 4-61 기초인하

5) 인하단계에서 장애물 제거 방법

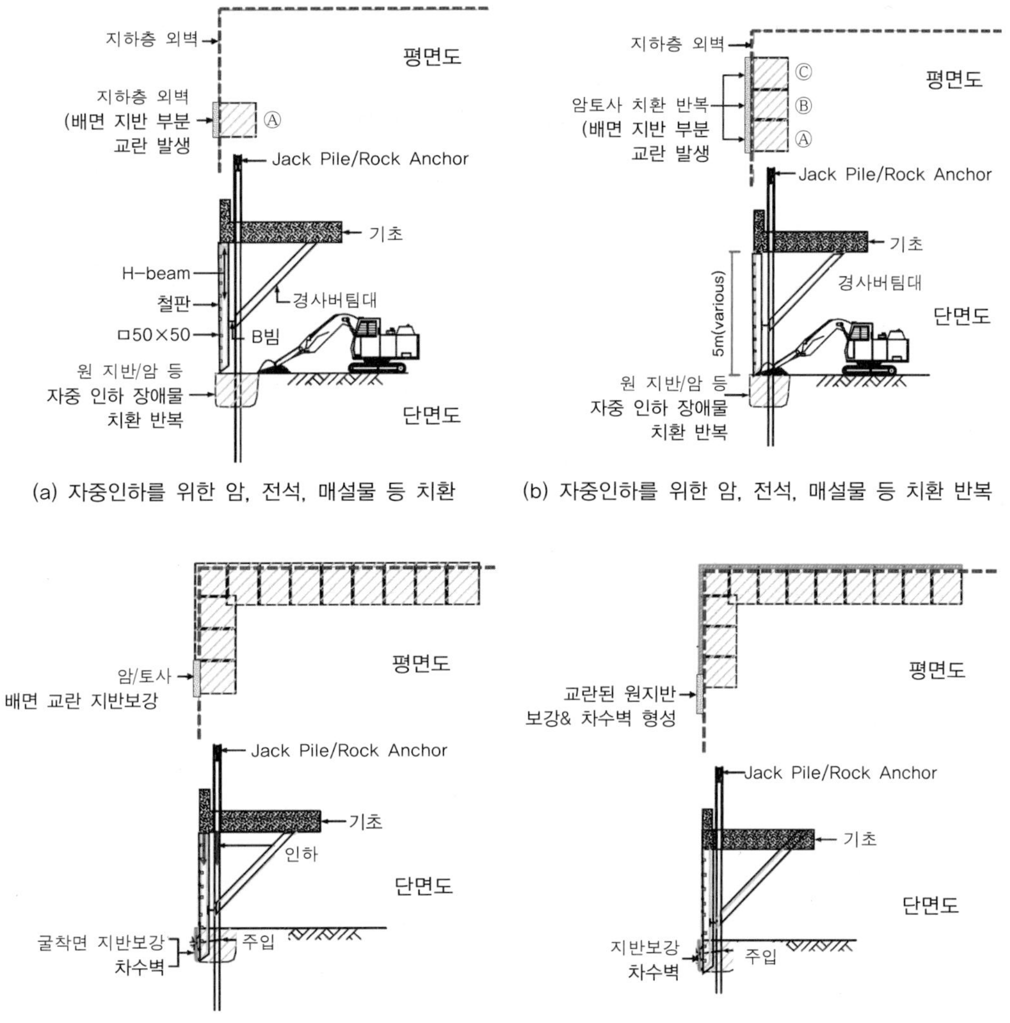

(a) 자중인하를 위한 암, 전석, 매설물 등 치환

(b) 자중인하를 위한 암, 전석, 매설물 등 치환 반복

(c) 구조물 인하–Jack pile 동시가압

(d) 구조물 인하–Jack pile 동시가압 반복

그림 4–62 가이드 월 선단 자중 인하 장애물 및 인하 중 배면 지반 보강/복원 방법

상기 그림의 단계 작업내용은 다음과 같다.

① 굴착 'Ⓐ' 단계에서 암, 전석, 매설물 등 자중인하 장애물을 치환한다.

② 굴착 'Ⓐ~Ⓒ' 단계에서도 암, 전석, 매설물 등 자중인하 장애물을 치환작업을 반복한다.

③ Jack pile을 동시가압 하면서 인하단계에서 교란된 원지반을 보강함으로써 하자원인 제거

④ Jack pile을 동시가압 하면서 인하단계에서 교란된 원지반을 보강방법을 반복한다.

4.5 언더 피닝(Under Pinning)공법

4.5.1 공법개요

기존건물과 근접하여 신축공사를 수행할 때 기존건축물의 지반과 기초부분을 신설, 개축, 혹은 증설하여 영구적 또는 일시적(가설적)으로 보강하는 공법으로 지상구조물의 기초를 밑받이를 함으로써 그 지지면적을 증가시키든가 또는 지지력이 저하되지 않도록 지지층을 이전시키는데 있으며 일반적으로 다음과 같은 경우에 필요하다.

항 목	내 용
(1) 건축물 침하로 복원	• 부동침하 발생으로 건축물 복원이 필요한 경우
	• 기존건물 침하로 인한 지반 이완
(2) 건축물 위치를 이동	
(3) 기존건축물 지지력 부족	• 파일주변 마찰력의 하향으로 작용하는 부마찰력 등에 의해 지지력이 부족할 경우.
(4) 기존구조물 하부에 지중구조물 설치시	

건물이 침하나 경사지는 원인으로서는 자연지반 침하나 인근에서의 공사에 의한 지하수위 저하로 인한 압밀침하, 혹은 인접지의 굴착 등 외적인 것 외에 이종(異種)기초에 의한 지지 또는 개축에 의한 하중증가 등의 내적인 것도 있다. 언더피닝은 기존건물에 대해서 실시되므로, 그 건물의 사용이나 기능을 가급적 방해하지 않고 극히 한정된 공간에서 더구나 인근건물이나 주변에 유해한 영향을 미치지 않도록 하지 않으면 안되며 보통의 기초공사에서는 생각할 수 없는 여러 가지의 엄격한 조건 제약하에서 실시되는 수가 많고 일반적 기초공사에 비해서 많은 공비와 공기를 요하는 것이 통례이다.

4.5.2 공법의 분류

- Underpinning
  - 기초보강
    - 바로받이 공법
    - 보받이 공법
    - 바닥판받이 공법
  - 지반보강
    - 지지(支持)지반개량
    - 약액주입공법(CGS공법 : Compaction Grouting System)
    - 굴착영향차단공법
      - 이중널말뚝 공법
      - 차단벽 공법

1) 현장타설 콘크리트말뚝 설치

인접 건물의 기둥, 벽(또는 목조)의 토대 밑에 우물 모양의 구멍을 파고 현장타설콘크리트말뚝을 설치한다(그림 (a) 참조).

기둥, 기초 등의 직하에 말뚝설치가 곤란한 경우에는 기초 그 부분만을 이어대는 경우도 있다(그림 (b) 참조).

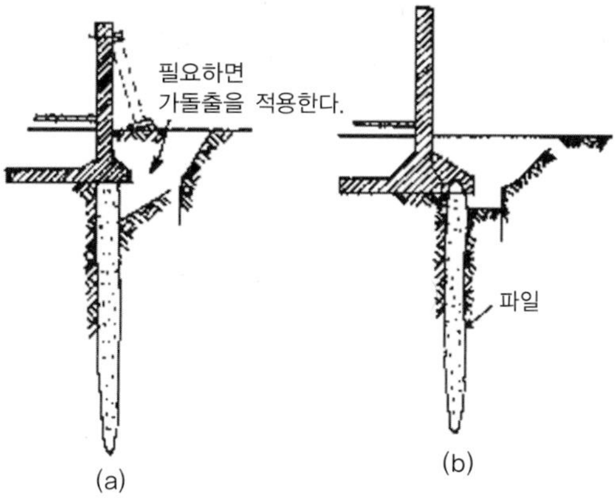

그림 4-63 현장타설콘크리트말뚝 설치

2) 강제말뚝공법

전술한 (2)의 현장타설콘크리트공법 대신에 강제말뚝을 지지층까지 박고 기초 또는 기둥을 이 말뚝 위에서 잭(Jack)에 의해 지지시킨다(그림 (a) 참조).

인접 건물의 벽, 기둥에 따라 강제말뚝을 박고 벽에 설치한 연결재를 이용하여 지지시킨다(그림 (b) 참조).

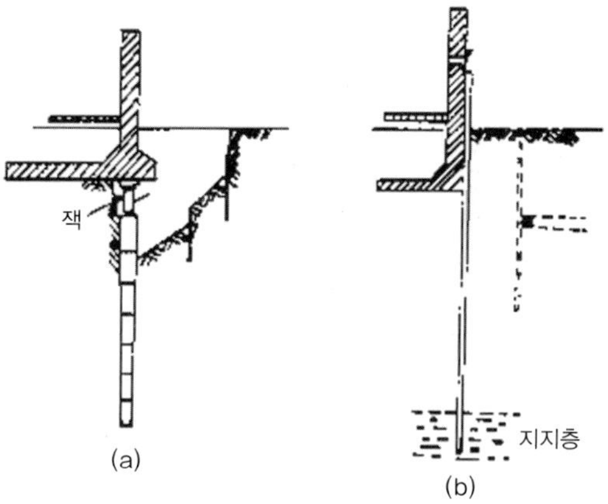

그림 4-64 강제말뚝공법

3) 모르타르 및 약액주입법

① 공법 개요

토질이 사질인 경우 널말뚝 외부에 모르타르 또는 약액을 주입해서 지반을 고결((固結)시킨다(그림 (a) 참조). 경우에 따라서는 터파기 도중에 널말뚝을 통해서 인근 건물의 기초에 모르타르 또는 약액을 주입시킨다(그림 (b) 참조).

② 시공방법

고압으로 약액을 주입하면서 서서히 인발

③ 공법 적용효과

지반의 고결 경화로 지지력 증대

④ 약액 종류

물유리, 시멘트 페이스트 등

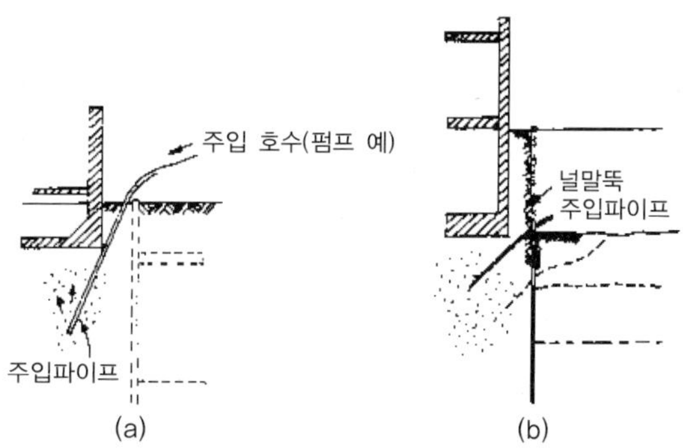

그림 4-65 모르타르 약핵 주입법

4) 2중 널말뚝공법

① 공법 개요

인접 건물과의 사이에 거리가 있을 때 흙막이 널말뚝의 외측에 2중으로 널말뚝을 박아 흙과 물의 이동을 막는 공법이다.

② 공법 적용효과

지하수위를 안정하게 유지하여 침하방지

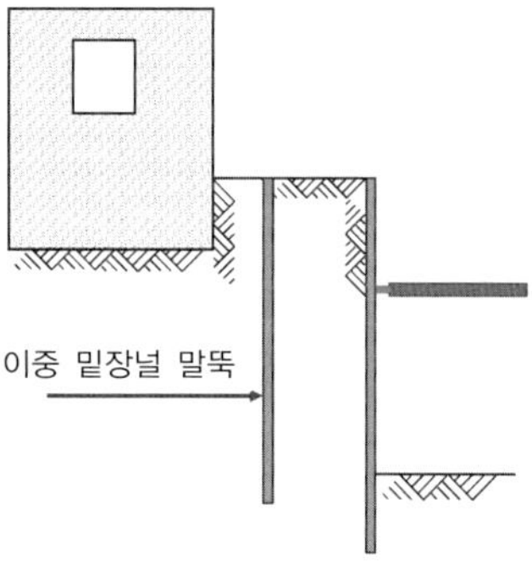

그림 4-66 2중 널말뚝공법

5) CGS공법(Compaction Grouting System)

① 공법 개요

부동침하 등으로 발생으로 기울어진 구조물의 복원에 적용

기존 건축물의 지지력이 부족할 경우 적용

② 시공방법

모르타르를 초고압(20MPa 이상)으로 지반에 주입하는 공법

1차 주입 후 모르타르가 양생하면 재천공하여 주입을 반복

③ 공법 적용효과

지반의 강도조정 가능으로 지반보강 효과가 우수함

④ 주입재료 : 모르타르

6) 차단벽 공법

① 공법 개요

상수면 위에서 공사가 가능한 경우 적용

② 공법 적용효과

건물하부 흙의 이동을 막음

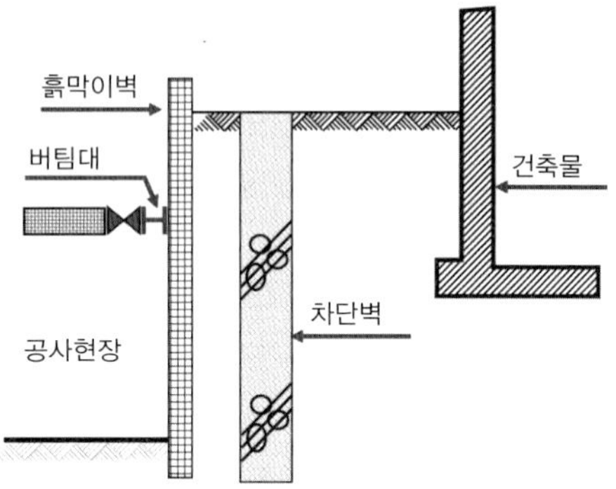

그림 4-67 차단벽 공법

4.5.3 기초보강 공법

1) 가받이 공사

(1) 지주에 의한 가받이

① 적용대상 : 기존건축물의 지지력이 부족한 경우

② 효과 : 기존 건축물의 지지력 보강

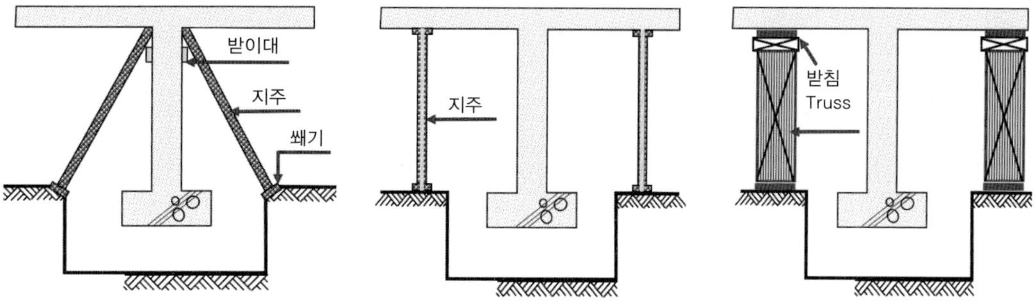

① 사주법　　② 수직 지주법　　③ Truss 지주법

(2) 신설 기초 일부를 이용한 가받이

① 적용대상 : 기존구조물 아래 지중구조물을 설치한 경우

② 효과 : 기존 구조물 기초보강

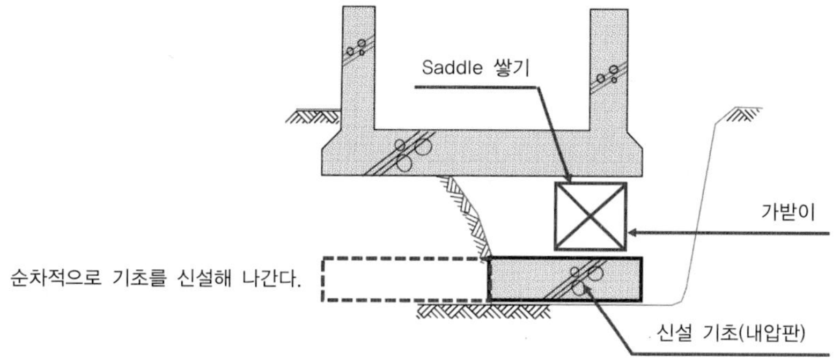

(3) 보에 의한 가받이

① 적용대상 : 기존구조물 아래 지중구조물을 설치한 경우

② 효과 : 기존 기초보 보강

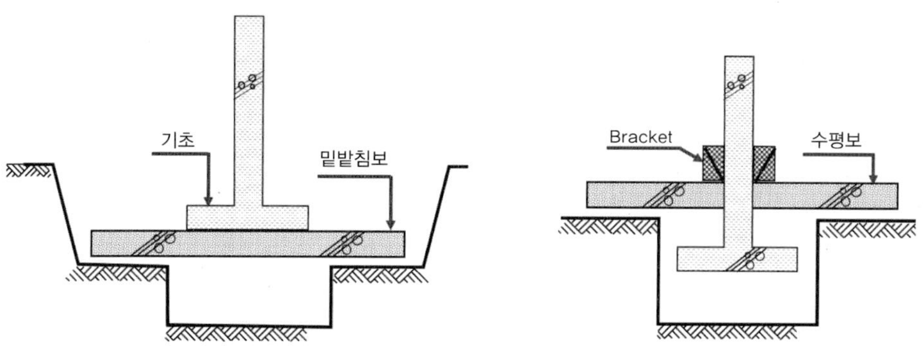

① 밑받이보 방식　　② 붙임보 방식

2) 본받이 공사

(1) 바로받이 공법

① 적용대상 : 철골조나 자중이 비교적 가벼운 건물에 적용

② 효과 : 기존 기초 하부를 바로 받칠 수 있도록 신설기초 설치

③ 종류

㉠ 하받이 방식

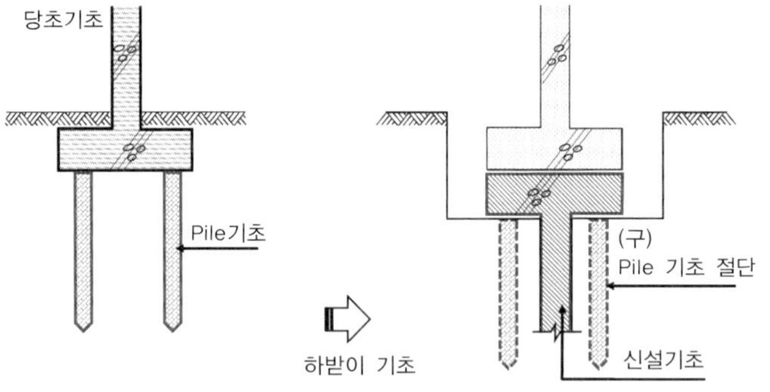

㉡ 겹기둥받이 방식

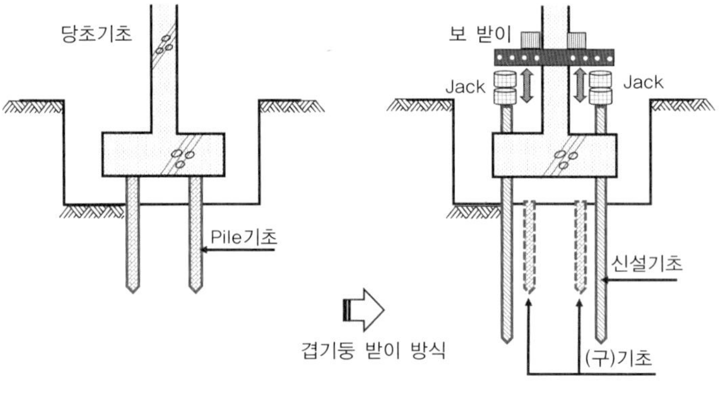

㉢ 측방증설 방식

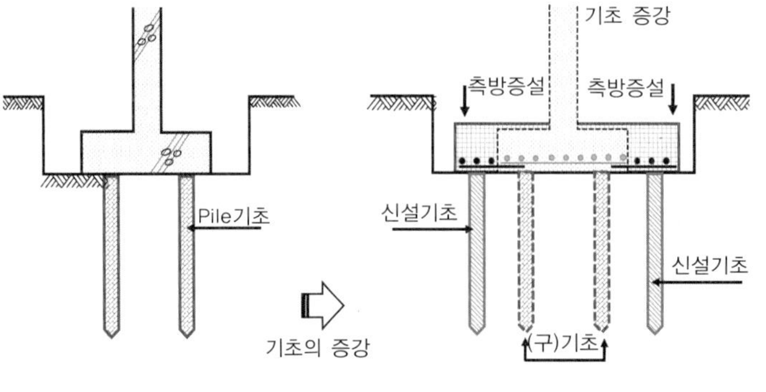

㉣ 첨부기초 중설방식

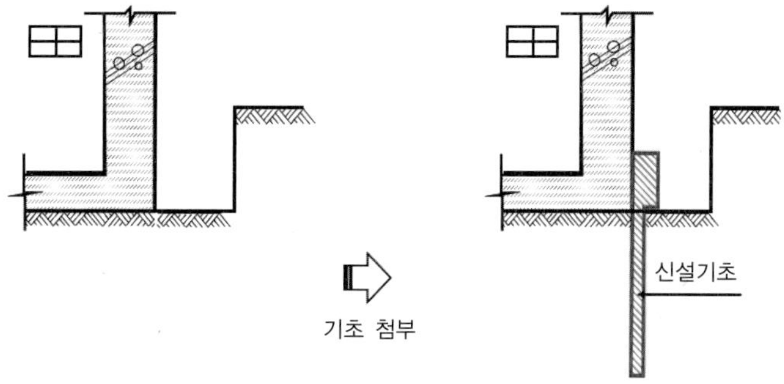

(2) 보받이 공법

① 적용대상 : 기초하부를 보받이 하는 신설보 설치에 적용

② 효과 : 기존 기초 보강

③ 종류

㉠ 하받이 방식

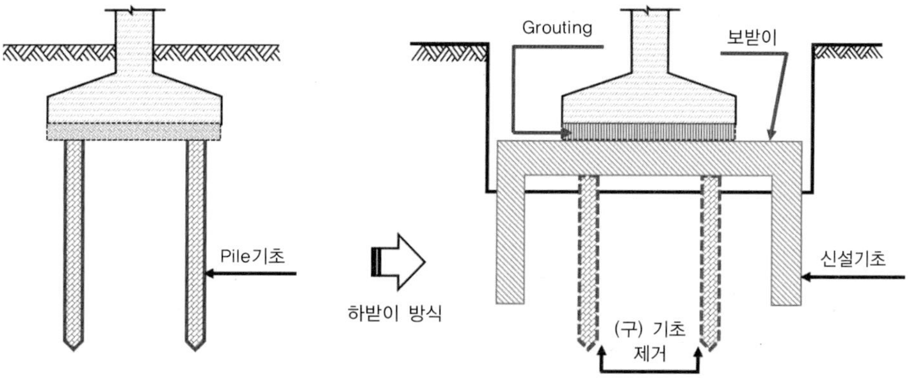

㉡ 첨보받이 방식

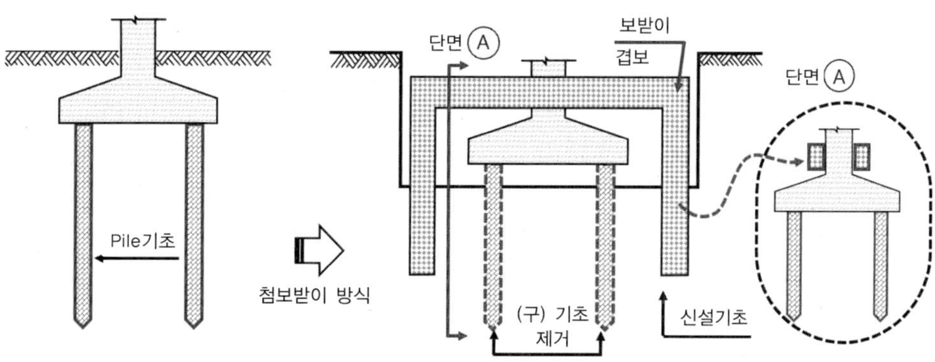

④ 보강용 보 방식(가새설치 방법)

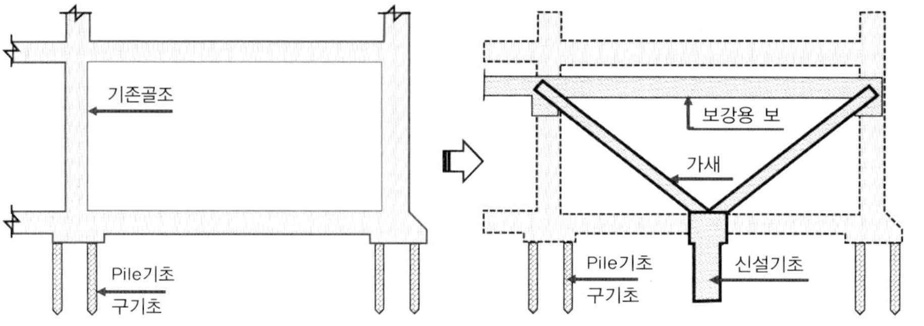

⑤ 보강용 보 방식(역아치보 설치방법)

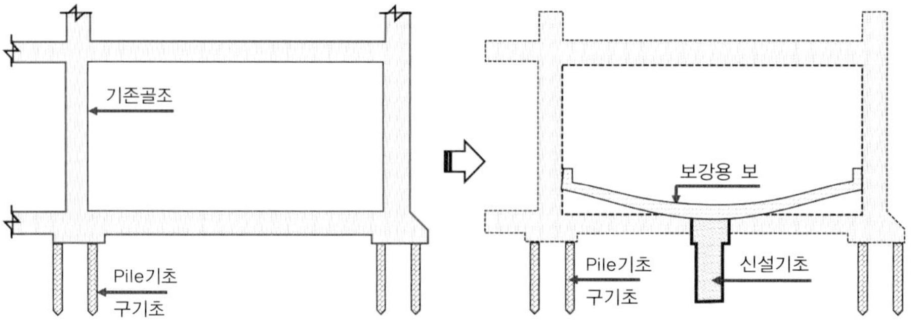

(3) 바닥판받이 방식

① 적용대상 : 건축물이 침하하여 복원하는 경우 적용

② 효과 : 가받이인 콘크리트 쐐기로 기존구조물을 제거시킨 후 바닥판 전체를 신설 구조물로 받치는 공법

③ 종류

㉠ 신설바닥판 방식

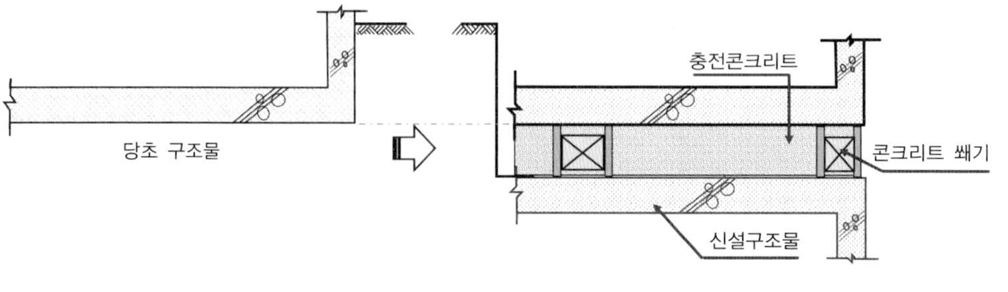

㉡ 신설 구조물의 상바닥판방식

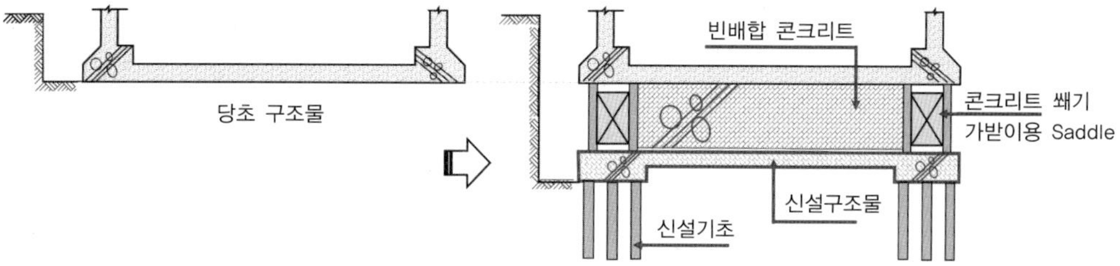

4.5.4 시공시 유의사항

항 목	내 용
① 구조물의 제원 사전 검토	• 기초의 깊이 • 기둥의 배치 • 하중의 분포 • 건물 형상 및 중량 배분
② 가능한 기초 형식 변경 금지	• 기초형식이 다를 경우 부동침하 발생 • 기초형식을 기존의것과 동일하게 시공
③ 계측관리 철저	• 시공단계에서 기초의 부동침하가 허용값 이내로 관리
④ 인접구조물 사전관리	• 흙막이 주변 상황을 조사
⑤ 지반조사 실시	• 기초하부의 지반상태를 Boring을 통해 검토 • 지질에 따른 시공공법 변경 검토
⑥ 굴착기의 크기 및 형태 고려	• 지하 여건과 용량에 따른 굴착기의 크기와 형태 결정

4.6 차수 및 지반보강 공법

지하수위가 높은 지반에서의 굴착공사에서는 지하수의 유출로 인한 주변토사의 침몰이나 공사 시의 장해가 발생하게 되므로 지하수의 차수를 위한 충분한 검토가 필요하게 된다. H-Pile+토류판의 경우 차수효과가 전혀 없기 때문에 지하수위가 높은 경우에는 반드시 차수공법을 적용하여야 한다. 특히 흙막이벽이 차수성이 없는 경우에는 차수성을 확보하기 위하여 보강차수 그라우팅이 실시되어야 한다.

4.6.1 차수공법

차수공법이란 차수성능이 있는 흙막이벽의 깊이를 지하수가 침투할 수 없는 불침투층까지 내려서 지하수가 흙막이 내부(공사지역)로 침투하지 못하도록 차단하는 공법으로서 주열식 연속벽공법이나 지하 연속벽공법이 이에 해당된다.

1) 차수 흙막이공법

(1) Sheet Pile 공법(강널말뚝공법)

Sheet Pile을 지중에 박아 토압을 지지하고 이것을 띠장, 버팀대로 지지하는 공법으로 지하수위가 높고 연약지반에 적합하다.

(2) Slurry Wall 공법

안정액으로 벽체의 붕괴를 방지하면서 지하로 트렌치를 굴착하여 철근망을 삽입 후 Concrete를 타설한 지하벽을 연속으로 축조하는 공법이다.

2) 약액주입 차수공법

(1) Cement 주입공법

사질 연약지반에 Cement Paste를 Grouting하여 지반을 강화하는 공법으로 낮은 농도로 주입을 시작하여 차츰 농도를 높여 완료한다.

(2) L.W(Labiles Wasserglass)공법

물유리 용액과 Cement 현탁액을 지중에 주입시켜 지반을 강화하는 공법으로 균일하게 일정범위 주입이 가능하므로 확실한 주입효과가 있다.

3) 고결공법

(1) 생석회말뚝공법

지반 내에 생석회(CaO)에 의한 말뚝을 설치하여 흙을 고결화시켜 지지력의 증대와 말뚝 주변의 지반강화를 도모하는 공법이다.

(2) 동결공법

지중의 수분을 일시적으로 동결시켜 지반의 강도와 차수성을 향상하고 그 동안에 목적된 본공사를 실시하는 일종의 가설공법이다.

(3) 소결공법

점토질의 연약지반에 Boring하여 구멍을 뚫고 그 속을 가열하여 그 주변의 흙을 탈수시켜 지반을 개량하는 고결공법의 일종이다.

4.6.2 약액주입 공법의 종류

1) 약액주입방법

공법	형상	내　　용
침투주입	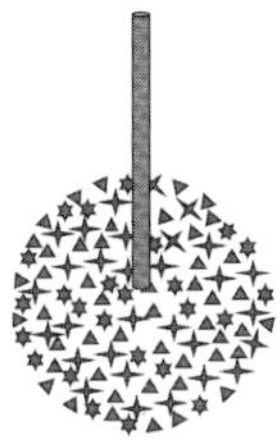	• 약액주입의 주류 • 주입재가 토립자 간극에 침투하여 소정의 시간(Gel Time)에 고결하여 지반을 강화시키는 방법
맥상주입	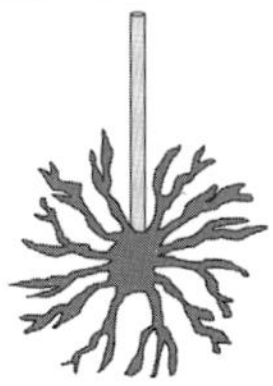	• 지반내 할열한 극간에 주입재를 침입하여 맥을 형성하여 고결방법 • 암반 : 기존균열이나 새로운 주입압에 주입재로 충전 수밀성을 향상 • 연약지반 : 인위로 균열을 형성하여 주입재를 충진
충전주입	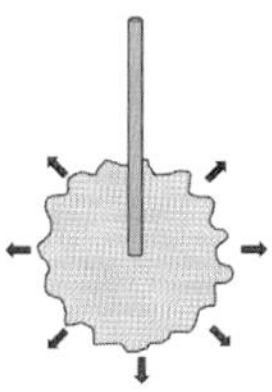	• 주입재를 지반 속에 충만시키는 공법 • 공동충전 : 지반내 존재하는 공동부분을 충전시킴 • 충전주입 : 지반침하 등으로 생성된 건물과 지반의 공극을 그라우트로 충전 • 강재압입형(콤팩션그라우팅공법) : 본 공법은 종래 국내에서 사용되었던 3가지 방식과 전혀 다른 방식으로 최대한 비유동성의 주입재료를 지반 내에 압입하여 강제 주입하는 비배출형그라우팅으로서 균일한 고결체의 Column을 형성함과 동시에 주변의 지반을 압밀강화 시킨다. 고결체는 지반전체를 융기하게 함으로써 부등침하건축물 복원 또는 언더피닝에 사용
치환주입	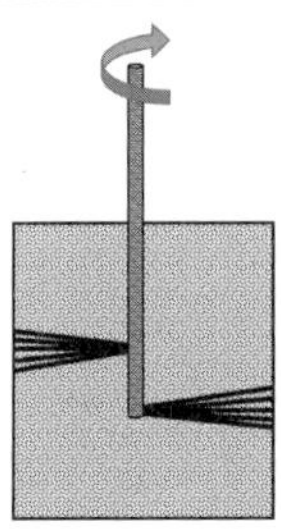	• 고압분사에 의해 주입범위의 흙을 교반하여 주입재를 충진시키는 공법

2) 주입압력에 따른 분류

구분	저압주입	고압주입
압력	1～20kgf/㎠	200～400kgf/㎠
적용 공법	LW공법, SGR공법, MSG공법	JSP공법, RJP공법, SIP공법
적용 장비	소규모장비 사용	중/대규모 장비 사용

3) 약액주입방식

1.0shot	1.5shot	2.0shot
저유속시 적용함	겔타입으로 조절이 다소 어려움	겔타입으로 조절이 용이

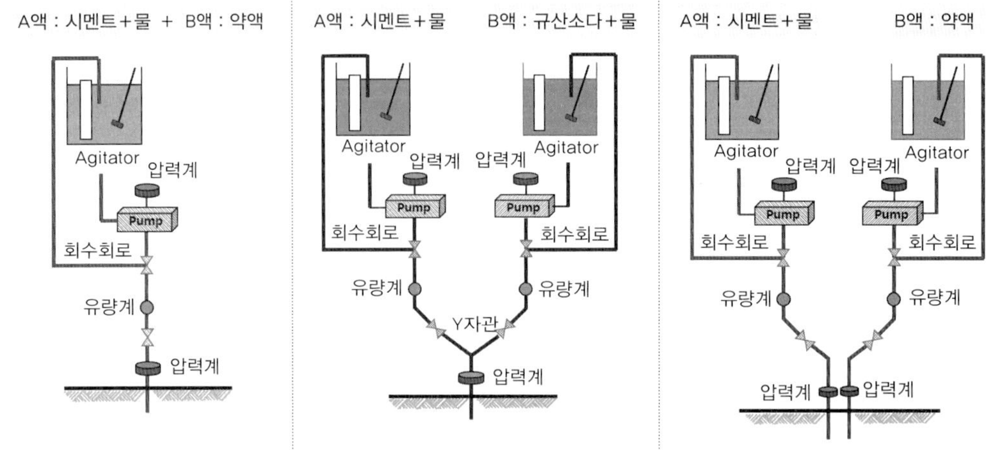

(a) LW공법 (b) SGR 공법

4.6.3 J.S.P 공법(Jumbo Special Pile)

1) 공법 개요

연약지반 개량공법으로서 이중관 로드 선단에 부착된 제트노즐로 시멘트밀크 경화제를 200~400kg/㎠의 고압으로 분사시킴으로써 원지반을 교란 혼합시키면서 로드를 회전 인발하여 지중에 원주상의 고결체를 형성시키는 강제교반 방식의 주입공법이다.

J.S.P 공법은 지반보강이냐, 차수냐에 따라 그 적용이 달라지며 지반조건에 따라 효과가 다를 수도 있다. 사질토에서는 공극의 채움을 위해 많은 약액주입공법이 있지만, 점성토층에서는 적용이 가능한 공법의 선택을 적절하게 하여야 한다.

2) 특징

장 점	단 점
① 지반개량 강도가 높다.	① 슬라임(Slime) 발생이 많다.
② 연약지반의 차수 효과가 우수하다.	② 주입재 손실이 크다.
③ 지반 강화가 우수하다.	③ 고압주입으로 지반의 융기 발생 우려
④ 장비가 소형으로 협소한 공간에도 시공이 가능	④ 지하수 오염이 가능하다.
⑤ 토사층이 깊어도 개량효과가 우수함	⑤ 암반층 적용이 불가능하다.
⑥ N≤30 모든 지반 적용이 가능함	

3) 시공순서

① 천공 : 프랜트 설치공간은 최소 100㎡ 이상으로 한다.

② 천공완료 : 슬라임의 처리대책을 세운다.

③ J.S.P 개시 : 주입재는 계량기, 유량계, 기타 필요한 계측기에 의하여 충분한 관리를 해야 한다.

④ J.S.P 시공 : 수직성과 시공심도 등을 신중히 관리한다.

⑤ 시공완료 : 필요한 자료를 수집하고 서류로 작성한다.

그림 4-68 JSP 공법

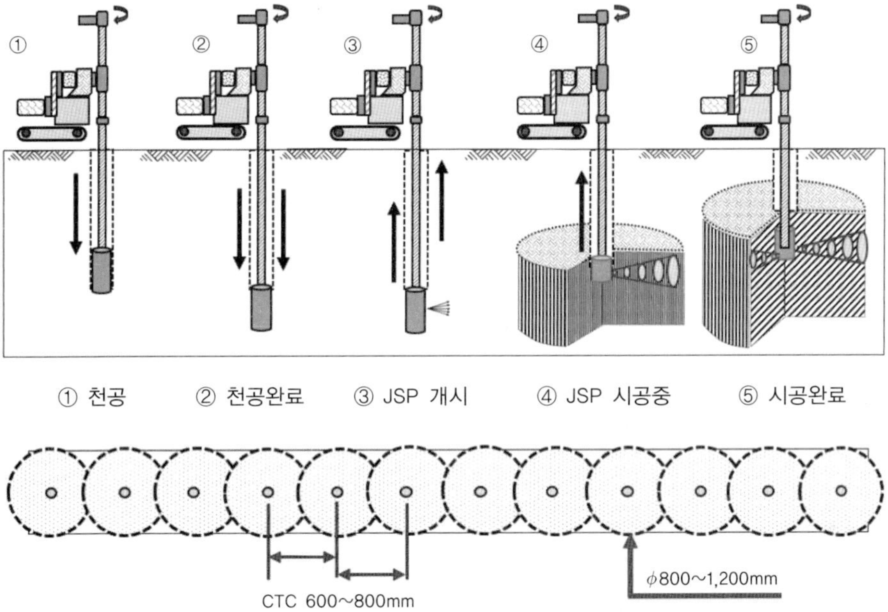

그림 4-69 JSP 시공순서

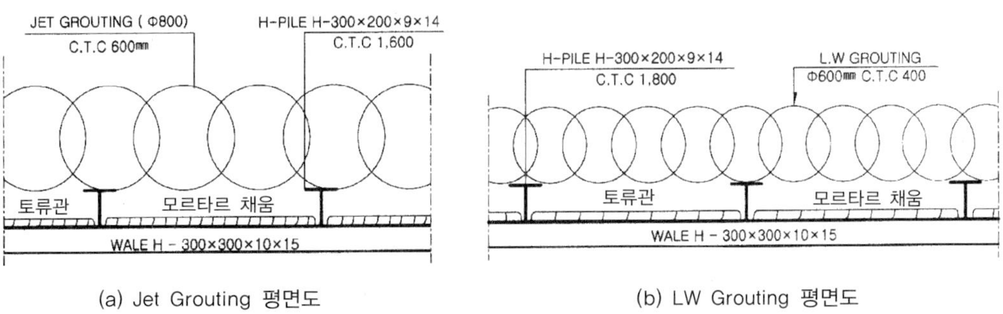

그림 4-70 Jet Grouting과 LW Groutingrhd 공법

4.6.4 L.W 공법(Labiles Wasserglass)

1) 공법 개요

L.W는 불안정화한 물유리(규산소다)를 뜻하는 독일어 Labiles Wasserglass의 주입재료 약칭이다. 이것은 A액(시멘트 현탁액)과 B액(규산소다 수용액)을 각각의 별개의 펌프를 통하여 동압동량으로 주입호스를 통해 압송하며, 주입호스의 선단에 설치된 Y자관에서 A액과 B액이 합류 혼합되도록 하는 이른바 2액 1공정(1.5 Shot System)으로 약액을 지반에 주입시키는 공법이다.

이 공법은 지반의 공극을 시멘트입자로 충전시킴으로써 지반의 밀도를 높여 지반강화 및 지수성을 향상시키는 저압 침투공법으로 재료의 낭비가 없어 재료비가 적게 들고, 공정이 단순하여 공사비가 저렴하다는 장점이 있다. 이 공법은 지중 균열에 액상주입 효과가 있으며, 큰 누수간극에 차수효과가 있고, 지수효과 및 강도 또한 크다. 그러나 전석층에서는 굴진경이 커져야 되기 때문에 굴착에 어려움이 있고, 투수계수가 10~20cm/sec 이하의 세사 및 점토층에서는 주입효과가 적다.

(1) 장점

① 장비가 소형이며 간단하여 협소공간에서도 시공이 가능하다.

② 공극이 큰 지반에 유리하다.

③ 배합비 조절로 겔 타임(Gel Time) 조절이 가능하다.

④ 일반적으로 사질토 및 점토층에 적용되며, 전석층을 제외한 전지질에 적용 가능하다.

⑤ 일정 주입대상 범위를 균일하게 보강할 수 있다.

⑥ 천공과 주입작업 공정을 분리하여 진행할 수 있다.

⑦ 작업의 단순화 및 인력절감을 기대할 수 있으며, 철저한 시공관리가 가능하다.

⑧ 약액주입공법 중에서 침투성이 양호하다.

(2) 단점

① 지하수 유동 시 효과가 저하된다.

② 미세공극의 지반에서는 효과가 불확실하다.

③ 1열 시공 시 차수효과를 기대하기 곤란하다.

2) 주입재 구성

(1) 재료 : 시멘트+규산소다+벤토나이트+물

① 시멘트 : KSL 5201에 의한 1종 보통 포틀랜드 시멘트

② 규산소다 3호 : 비중 1.4 전후(온도에 따라 비중 차이가 있음)

③ 벤토나이트 : 분말(토목 그라우팅용)

④ 작업용수 : 점토, 이토, 알칼리, 유기물 및 기타 유독물질이 함유되지 않은 청수

(2) 용도 : 토공사 중 지반 차수공으로 활용

3) 시공순서

순 서	내 용
① 천공	• 목적 깊이까지 지반을 천공(ϕ100mm)한다.
② 케이싱 설치	• 케이싱(ϕ75mm)을 설치하며, 공내를 압력수로 청소한다.
③ 맨젯튜브 (Manjet Tube) 설치	• 30~50cm 간격으로 주입공이 뚫려있고 그 위에 밸브 작용을 하는 고무슬리브가 부착된 맨젯튜브를 삽입한다. • 맨젯튜브와 케이싱 사이에 적당한 실(Seal)재를 주입하여 맨젯튜브와 지반의 공극을 밀봉하나 현장의 여건에 따라 LW약액으로 실재를 대체 시공할 수 있다.
④ Double Packer 삽입	• 24시간 경과 이후에 더블패커가 장치된 주입관을 맨젯튜브 속에 넣는다.
⑤ 약액주입	• 계획된 위치부터 주입을 한다. (주입 압력은 3~7kg/㎠를 유지한다. • 이때 주입재는 맨젯튜브의 주입 공을 통해 고무 슬리브를 밀고 나와 Seal재를 파괴하며 지반 속으로 침투한다. • 주입 방식은 1.5 Shot 방식으로 한다. • L.W약액의 표준 배합비는 현장의 토질 조건에 맞게 조정하며, 시멘트 배합비를 최대 300kg까지 높여 강도를 보강할 수도 있다.

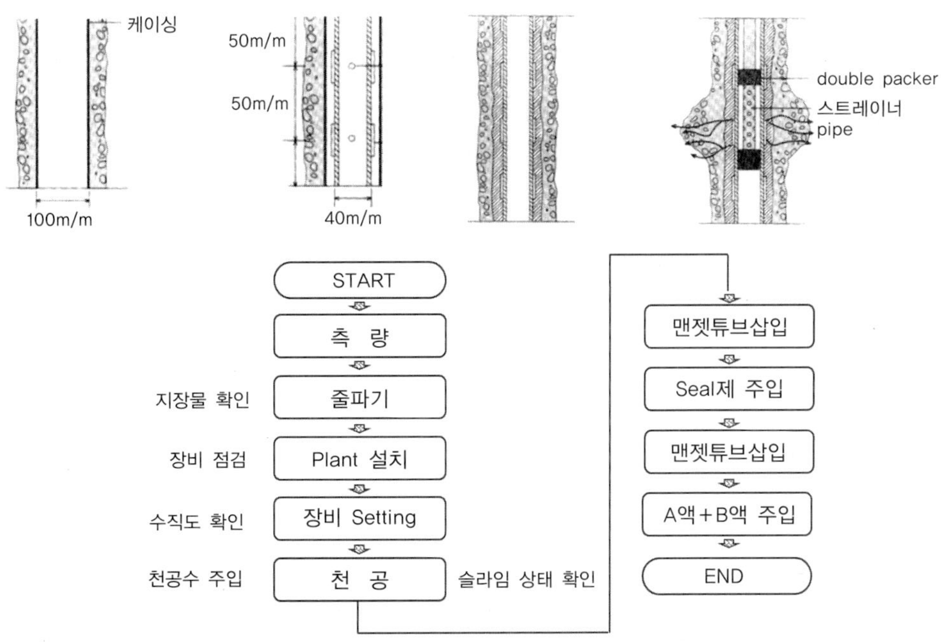

그림 4-71 LW공법의 시공순서

4.6.5 S.G.R(Space Grouting Rock System) 공법

1) 공법 개요

특수 선단장치(Rocket)와 3조식 교반 장치를 갖춘 장비를 이용하여 대상지반에 유도공간을 형성시켜 급결성과 완결성의 주입재를 저압으로 연속 복합 주입하는 공법이다. 설계심도까지 천공하고 그라우트액을 주입한 다음, 1단계(50cm)씩 상승하면서 반복 주입한다. 이때 주입하는 주입액은 반현탁형(규산소다+SGR약품+시멘트)과 용액형(규산소다+SGR약품) 등이 있다.

2) 공법의 특징

(1) 장점

① 저압으로 지반교란 없이 원지반 상태에서 시공하기 때문에 안정성이 높다.

② 대공극의 지층이나 투수성이 큰 지층(유속이 빠른 지층)에서도 GEl TIMR을 자유롭게 조정이 가능하여 시공효과가 양호함.

③ 천공 및 주입작업이 한 공정으로 동시 시공이 가능하다.

④ 장비가 간단하며 취급이 쉽다.

⑤ 공사비가 저렴하다.

⑥ 모든 토질에 주입제가 균등하게 침투 가능함.

(2) 단점

① 주입심도가 40m 이상의 사력층에서는 주입효과가 떨어진다.

② 저압 저속주입으로 주입시간이 다소 느리다.

③ Grout액이 주입되므로 지하수 오염 가능성이 있다.

④ 양생시 수축현상이 발생하기 때문에 내구성이 작다.

⑤ 점토층에서는 침투주입이 안되고 액상주입이 된다.

⑥ 약액주입으로 시간의 경과에 따라 내구성이 약해져 영구적 목적으로 사용이 불가능.

3) 시공순서

(1) 천공 : 이중관 로드의 내관으로 천공수를 보내며 소정의 지반심도까지 천공한다.

(2) 천공완료 이후 외관으로부터 압력수를 보내면서 로드를 제1 Step 만큼 인발하면 특수 선단 장치(Rocket)가 돌출된다. 따라서 실린더 형태의 공산이 형성된다. 이때 제 1Step 의 길이는 특수 선단 장치가 돌출되는 길이와 같게 한다.

① 주입관의 위치 : 2중관 롯드의 내관으로부터 천공수를 보내고 제1 Step의 심도까지 천공한다.

② 특수선단장치의 작동 : 외관에서 압력수를 보내면서 롯드를 제 1 Step길이를 올려서 특수선단 장치를 돌출시킨다.

③ 제1 Step 주입 : 물을 그라우트로 바꾸어서 제1 Step에 주입한다.

④ 제2 Step의 주입 : 제1 Step의 주입이 끝나면 곧바로 제1 Step 길이를 올려서 제2 Step에 주입한다.

(3) 이때 내관과 외관 모두 A액, B액을 주입한다. 약액의 주입은 1Step마다 급결성 주입재와 완결성 주입재를 연속으로 주입하는 복합 주입을 실시한다.

(4) (2)항과 (3)항의 작업을 2Step, 3Step 등으로 반복하여 계획된 위치까지 반복한다.

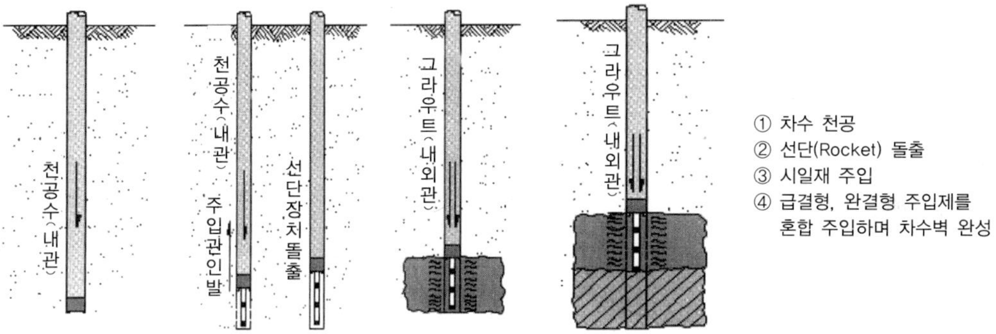

그림 4-72 SGR 공법의 시공순서

4.6.6 M.S.G(Micro Silica Cement Grouting) 공법

1) 공법 개요

지반을 천공하여 1.5 Shot 또는 2.0 Shot 방식으로 이중관 롯드를 이용하여 마이크로실리카 또는 특수규산 주입재를 지중에 침투 주입하는 저압공법이다.

2) 특징

장점	① 실트질, 모래 등 미세한 압만 틈새까지 침투주입이 가능
	② 차수효과 및 지반 강도 증대효과가 양호함
	③ 균질한 지반개량이 가능함
	④ M.S.G 약액의 호모겔 고결체는 고강도가 발현되고 장기재령에서도 시편변형이 적기 때문에 내구성이 우수함
단점	① 지하 40m 이상의 경우 사력층에서는 주입효과가 떨어짐
	② 점토층에서는 침투 주입이 안되고 맥상주입이 가능함
	③ 암모니아 가스가 발생된다.
	④ 주입재의 겔타입 조절이 용이하지 못함
	⑤ 공사비가 고가이며, 국내 시공사례가 많지 않다.

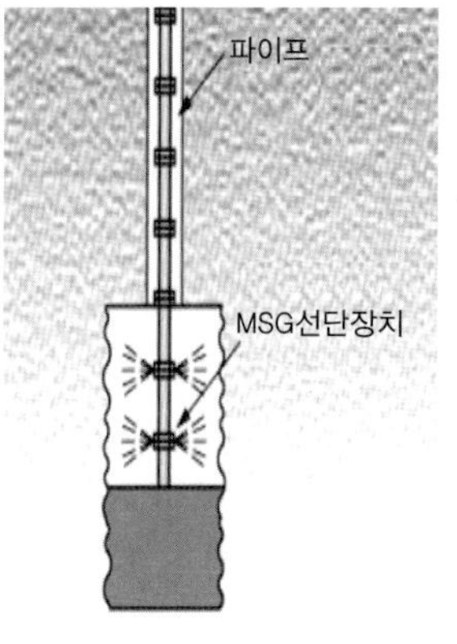

3) 주재료

① 마이크로 복합 실리카

② 겔타입 조정재

4) 기대효과

① 차수효과 : $K=10^{-6}\ 10^{-7}$cm/sec

② 일축압축강도 : 10~30kgf/㎠

③ 개량범위 : 0.8~1.0m

4.7 흙막이벽에 관한 계측관리

4.7.1 일반사항

계측관리란 Strut, 토압, 인근건물 및 지반의 변형, 균열 등에 대비하고 흙막이 벽체의 변형 등을 미리 발견·조치하기 위하여 계측기기를 설치·관리하는 것을 말한다. 계측에는 여러 종류의 계기가 사용되며, 흙막이벽의 종류에 따라서도 사용되는 계기가 다르다. 또한 안전하고 경제적이며 실정에 맞는 항목을 선정하여 합리적인 방법으로 시행해야 한다.

1) 목적

계측관리의 목적은 굴토공사 중 토류벽 및 인접지반의 거동을 측정하여 현재 상태의 안정성을 파악하고 토류벽의 향후 거동과 안정성을 예측하여 다음 단계의 시공에 반영할 수 있는 정보를 신속하게 제공하며 안전하고 경제적인 공사수행이 가능하도록 하는 데 있다. 즉 토류벽이 적절한 데이터와 소프트 웨어로 설계되어 있어도 몇 개의 지점에서 파악한 토질 조건이 현장 지반 전체를 대표하지 않을 확률이 있으며, 지반 토류벽의 상호작용은 공사방법, 공사기간, 순서 등 시공조건에 따라 크게 다르다.

이러한 불확실성에 대비하여 지하수위의 변화, 토류벽의 변화, 지점반력, 토압 및 수압의 변화, 인접대지의 침하 등이 지하층 시공 중 계속적으로 추적되도록 하여 설계치와 비교, 검토되도록 하는 것이다.

따라서 토류벽 지반의 전반적인 거동 경향을 알 수 있으며 이것으로 안정성을 사전에 진단할 수 있게 된다.

2) 사용 계기와 계기의 설치 방법

연속 지중벽에 작용하는 측압은 연속지중벽 안에 토압계를 설치하여 계측한다. 토압계의 설치 방법의 일례를 그림 4-73에 나타낸다. 이 방법에는 철근 케이지(Cage)를 굴착 구멍 속에 세워 넣은 다음 오일 잭을 사용하여 토압계를 홈벽면에 접촉시킨다. 측압을 양호하게 계측하느냐의 여부는 이 설치 방법의 좋고 나쁨에 관계가 있으므로 확실한 방법으로 토압계를 설치하여야 한다.

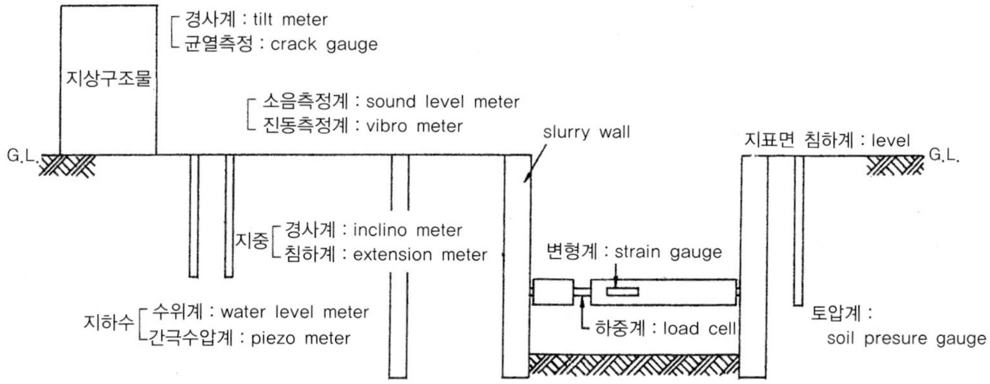

그림 4-73 계측기 배치

3) 계측 방법 및 내용

토압계에서 지상에 설치한 켑타이어 코드(Cabtyre Code)를 지시계에 접속하고 전기적(電氣的)으로 측정한다. 측정치에서 측압을 아래 식에 의해 구한다.

측압＝(측정치－초과치)×교정 계수

4) 계측 계기

측정대상		계측기기	계측항목
① 흙막이 구조물	㉠ 흙막이벽	• 삽입식경사계(inclinometer)변위계 ＝지중경사계	변형
		• 변형률계(Strain Gauge)	응력
		• 토압계, 수압계	토압 · 수압
		• 트랜싯, 레벨(level)기	두부변위
	㉡ 버팀대	• 변형률계, 하중계(Lode Cell)	축력, 응력
		• 변위계, 트랜싯(Transit)	휨
		• 온도계	온도
	㉢ 띠장	• 변형률계(Strain Gauge)	응력
		• 트랜싯(Transit)	처짐
	㉣ 중간말뚝	• 변형률계(Strain Gauge)	응력

측정대상		계측기기	계측항목
② 주변지반/ 주변구조물	㉠ 주변지반	• 경사계, 지중침하계	지표침하, 지중침하
		• 변형계, 삽입식 경사계	수평변위
	㉡ 주변구조물	• 트렌싯, 레벨, 이중관식침하계	침하
		• 고정식경사계, 수준기	경사
		• 트렌식, 레벨계, 수준기	경사
		• 트렌싯, 레벨	수평변위
		• 간극수압계, 지하수위계	지하수위
		• 크랙게이지(Crack Gauge)	균열
		• 소음측정기(Sound Level Meter), • 진동측정기(Vibro Meter)	작업소음, 진동소음

4.7.2 계측방법

1) 굴착깊이

① 굴착깊이가 모자라면 터파기 시 보일링 현상 발생, 구축 후 지지력 부족

② 측정→중력법 이용 : 검측 테이프에 소정 무게의 추를 달아 깊이를 측정하는 방법

- Panel이 1 Cut인 경우 : 중앙부 1개소 검측
- 복수 Cut의 경우 : 양단+중앙의 3개소 검측

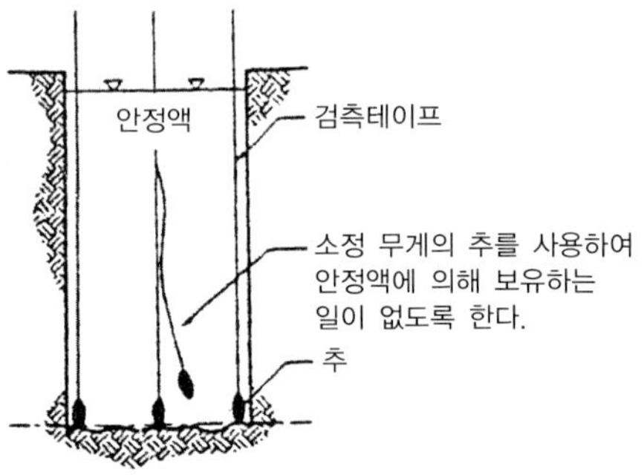

그림 4-74 굴착깊이의 측정

2) 수직정밀도

① 연직허용오차 1/300~1/500 또는 ±5cm 보다 작은 값

→수직도가 불량하면 구조내력 확보 곤란, Con'c 과잉 투입

② 3방향에서 Transit에 의한 수직도를 확인하면서 굴착하거나 초음파 송수파기를 이용한 벽두께 측정 시 수직도도 함께 확인한다.

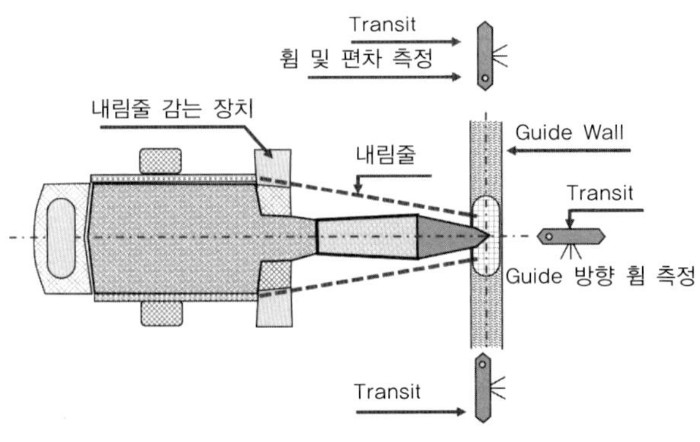

그림 4-75 수직정밀도 측정

3) 벽두께 정밀도

소정의 두께 확보로 Interlocking Pipe와 철근망의 건립을 원활하게 한다.

→ 60~150cm

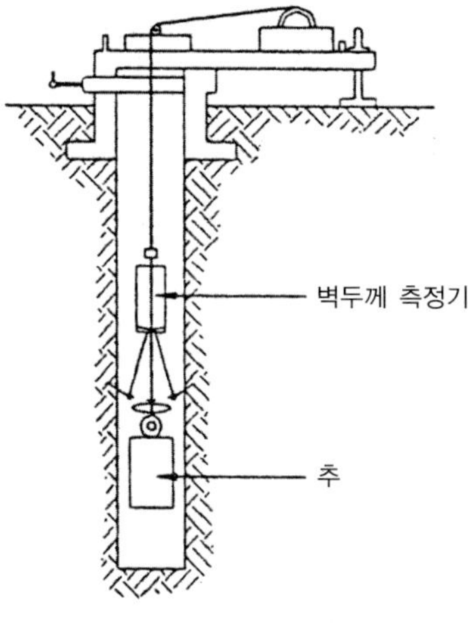

그림 4-76 굴착구 측정기

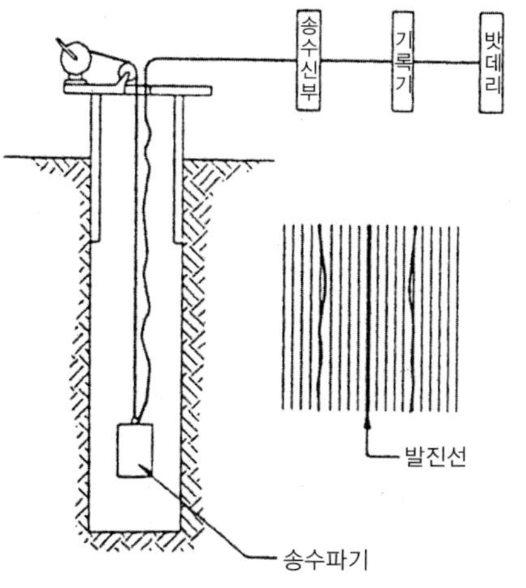

그림 4-77 측벽 측정기

4.7.3 계측기 종류 및 설치위치

종 류	설치위치	설치방법	용 도
경사계 (Inclinometer)	토류벽 또는 배면지반	굴토 심도 보다 깊게 부동층까지 천공	굴토진행시 각 과정의 인접지반 수평 변위량과 위치, 방향 및 크기의 실측과 이를 이용, 토류구조물 각 지점의 응력상태 판단가능
지하수위계 (Water level Meter)	토류벽 배면지반	대수층까지 천공	지하수위 변화를 실측하여 각종 계측자료에 이용, 지하수위의 변화원인 분석 및 관련된 대책 수립
간극수압계 (Piezometer)	배면 연약지반	연약층 깊이별	굴착에 따른 과인 간극수압의 변화를 측정하여 안정성 판단
토압계 (Pressure Cell)	토류벽 배면	토류벽 종류에 따라 다름	주변지반의 하중으로 인한 토압의 변화를 측정하여 토류 구조체가 안정한지 여부 판단
하중계 (Load Cell)	버팀보 또는 앵커부위	각 단계별 굴토시 설치	버팀보, 앵커 등의 축하중 변화상태를 측정하여 이들 부재의 안정상태 파악 및 원인 규명에 이용

종 류	설치위치	설치방법	용 도
변형률계 (Strain Gauge)	토류벽 심재, 버팀보, 띠장, 각종 강재 또는 콘크리트	용접 또는 접착제	토류구조물의 각 부재와 인근 구조물의 각 지점 및 타설 콘크리트 등의 응력변화를 측정하여 이상 변형 파악 및 대책 수립에 이용
건물경사계 (Tiltmeter)	인접구조물의 골조 또는 벽체	접착 또는 볼팅	주변건물, 옹벽, 철탑 등 인근 주요구조물에 설치하여 구조물의 경사 변형 상태를 실측, 구조물 안전진단에 이용
지중침하계 (Extensometer)	토류벽 배면, 인접 구조물 주변	부동층까지 천공	인접지층의 각 층별 침하량의 변동상태를 파악하여 보강대상과 범위의 결정 또는 최종침하량을 예측
지표침하계 Surface Settlement)	토류벽 배면, 인접 구조물 주변	동결심도보다 깊게	지표면의 침하량 절대치의 변화를 측정, 침하량의 속도 판단 등으로 허용치와의 비교 및 안정상태를 예측
균열측정기 (Crack Gauge)	균열부위	균열부 양단	주변 구조물, 지반 등에 균열발생시 균열크기와 변화를 정밀 측정하여 균열방생속도 등을 파악, 다른 계측결과 분석에 자료제공
진동소음 측정기 (Vibration Monitor)		필요시 측정	시공단계에서 굴착, 발파 및 장비작업에 따른 진동과 소음을 측정하여 구조물 위험에 대한 예방과 민원예방에 활용

4.7.4 관리기준 및 평가

1) 변화 추이 파악

결과의 변화 추이를 파악하는 것이 중요하며, 위험값 이하의 경우에도 계속적 · 누적적으로 진행되는 변화에 대해서는 사전에 대책을 수립한다.

2) 관리기준

시공 이전에 설정한 관리기준값과 실측값을 비교, 검토하여 그 시점에서 안정성을 평가하는 방법이다.

대 책		관리 기준값
흙막이구조물	흙막이벽의 응력	(장기허용 응력+단기허용응력)×1/2~단기허용응력
	흙막이벽의 변형	1/200 이면서 설계 허용값 이하
	버팀보 축력	(장기허용 응력+단기허용응력)×1/2~단기허용응력
	버팀보 구조의 평면도	1/100
	띠장 응력	(장기허용 응력+단기허용응력)×1/2~단기허용응력
흙막이주변	주변 지반의 침하	• 경사 : 1/200~1/500
	주변 지하매설물	• 경사 : 1/300~1/1000
	Gas	• 유해한 영향을 주지 않는 값을 시설 관리자와 협의하여 결정
	상 · 하수도	
	통신 전력 Cable	
	지하철 · 지하도	
	주변 구조물	

3) 평가의 예

• 적합한 실측값

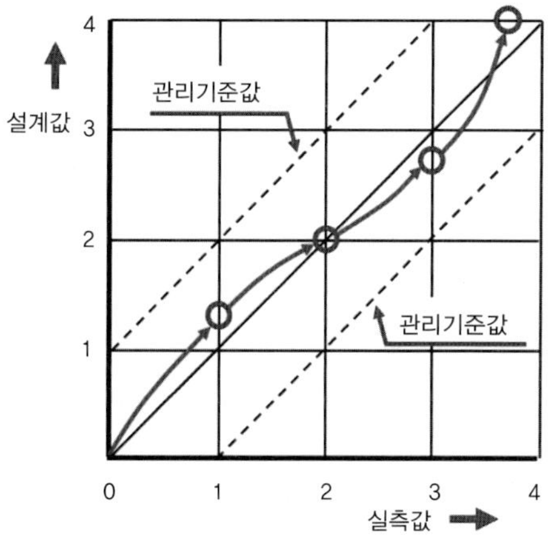

4) 지하수 양수에 따른 지하수위 저하에 따른 주변 문제점

우물의 마름(강수), 지반의 압밀침하, 인접건물의 부동침하이다.

Chapter

05 지정공사

5.1 개요

지정은 기초를 안전하게 지지하기 위하여 기초를 보강하거나 지반의 내력을 보강하는 것을 말한다. 얕은 지정에는 모래지정, 밑창콘크리트지정, 자갈 및 잡석지정, 긴 주춧돌지정 등이 있으며 깊은 지정에는 기성콘크리트 말뚝지정, 현장타설 콘크리트말뚝지정 등이 있다.

5.1.1 지정의 분류

- 보통지정
  - 잡석지정
  - 모래지정
  - 자갈지정
  - 긴주춧돌 지정
  - 밑창콘크리트 지정
  - 레플콘크리트 지정
- 말뚝지정
  - 나무말뚝 지정
  - 기성콘크리트 말뚝 지정
  - 강말뚝 지정
  - 현장타설콘크리트 말뚝지정
- 깊은기초지정
  - 우물통기초지정
  - 잠함기초지정

5.1.2 연약지반과 기초

규모와 구조, 용도의 조합에 의한 다종다양한 건축물을 연약지반에 구축할 경우의 가능한 기초방법은 지반개량, Floating(Lifting)기초, 마찰말뚝, 지지말뚝 및 이들의 병용기초가 있다. 지지말뚝은 연약지반에서는 길이가 긴 말뚝이 소요되는 경우가 많은데, 마찰말뚝에는 마디를 붙이는 등의 비교적 짧은 것(12m 이하)과 보통 원형단면의 비교적 긴 길이 마찰말뚝(20~40m 정도)이 있다.

일반적으로 지지말뚝은 양호한 지지층으로 정착시키기 때문에 변형(침하)이 작은 평면적인 하중분포를 하는 구조물에 적당하다. 그러나 부동침하의 염려가 적은 대신에 Negative 마찰력을 검토해야 한다.

깊은 위치의 연약부분을 지지층으로 하는 기초로는 긴 마찰말뚝이 있다. 길이는 약 20~40m 정도 이하로 하며, 주변마찰력을 주체로 하기 때문에 비교적 가는 지름의 원형단면 스트레이트말뚝이 쓰인다. 압밀하지 않은 층이 상부에 있을 경우는 부(-)마찰력의 검토도 필요하다. 타격공법과 매립공법이 있으며 역시 타격공법은 주위의 지반을 단단하게 하기 때문에 성능은 좋지만 소음진동의 환경문제가 있다.

5.2 보통지정의 종류별 특징

공법의 종류	특 징
잡석지정	① 지름 10~25cm정도의 호박돌을 옆세워 깐다.(전단력 유지 목적) ② 그 사이 사춤자갈을 넣고 가장자리에서부터 중앙부로 다진다. ③ 두께 : 100~300mm 정도 ④ 사춤자갈량 : 잡석량의 30% ⑤ 다짐기기 : 손달고, 몽둥달고, 래머 ⑥ 지정폭(기초판끝) : 10cm(목조, 조적), 15cm(Concrete) ⑦ 지반이 굳은층(모래, 자갈). Loam층에서는 오히려 지반약화 ⑧ 사용목적 ㉠ 콘크리트 두께 절약 ㉡ 기초바닥판의 배수, 방습 ㉢ 이완된 지표면 다짐
모래지정	① 지반이 연약하고 2m 이내 굳은층이 있어 말뚝을 박을 필요가 없을 때 ② 30m 마다 물다짐 ③ 방축널 설치시 제거하지 않는다.
자갈지정	① 4.5cm 정도의 자갈, 깬자갈, 모래반 섞인 것을 5~10cm 정도 깐다. ② 잡석대신 지정 ③ 하부에 경질 토량일 때 시공

공법의 종류	특　징
간주춧돌지정	① 간단한 건물, 비교적 지반이 깊을 때 사용 ② 잡석지정, 자갈지정 위 30cm 정도의 콘크리트관, 토관에 콘크리트 채운 것이나 긴주춧돌을 세운다.
밑창 Concrete지정	① 잡석, 자갈다짐 위 5~6cm 정도 콘크리트(배합비 : 1 : 3 : 6)를 편편히 친다. ② 설치기준강도 : 150kg/㎠ ③ 사용목적 ㉠ 먹메김이 가능　　㉡ 거푸집설치 ㉢ 철근배근용이　　㉣ 바깥 방수의 바탕 이용

5.3 말뚝지정

5.3.1 말뚝의 분류

말뚝 자체의 강도 및 허용응력 등은 말뚝 재질에 따라 달라지기 때문에 일반적으로 말뚝의 분류는 다음과 같다. 말뚝의 선택은 기초의 지지력을 증대시키기 위한 것으로 말뚝 선정에 있어서 고려사항은 건물구조, 지내력, 하중 그리고 말뚝 지지력 등이 있다.

- 재료상 말뚝
  - 강 말 뚝
    - 강관말뚝
    - 널말뚝(Sheet Pile)
    - H말뚝
  - Con'c말뚝
    - 기성콘크리트말뚝
      - 원심력 RC말뚝
      - P C 말 뚝
        - 프리텐션 PSC
        - 포스트텐션 PSC
      - PHC말뚝
    - 현장타설 Con'c말뚝
      - 관 입 공 법
        - Compressol Pile
        - Frankly Pile
        - Simplex Pile
        - Pedestal Pile
        - Raymomd Pile
      - 굴 착 공 법
        - Earth drill 공법
        - Benoto 공법
        - RCD공법
      - Prepacked Con'c Pile
        - CIP
        - PIP
        - MIP
  - 합 성 말 뚝
    - 강관합성말뚝
- 기능상 말뚝
  - 지 지 말 뚝
  - 마 찰 말 뚝
  - 다 짐 말 뚝
  - 인 장 말 뚝
  - 앵 커 말 뚝

5.3.2 말뚝의 최대허용하중

말뚝의 허용지지력은 지지력 산정식, 말뚝재하시험, 말뚝치기시험 등에서 구할 수 있으며, 설계단계에서는 「지지력 산정식」에서 허용지지력을 구해 말뚝기초를 설계하고, 시공시에는 「말뚝재하시험」 또는 「말뚝치기시험」으로 설계치를 확인하는 것이 일반적이다. 지지력 산정식은 지지방식, 말뚝재의 종류, 말뚝공법에 따라 여러 산정식이 있으나 어떠한 경우라도 허용지지력은 말뚝의 최대허용하중 이하가 되어야 한다.

1) PC 말뚝의 제원과 최대허용하중

외경 D(mm)	두께 t(mm)	단위무게 W(kgf/m)	단면적 A(㎠)	유효단면적 A_e(㎠)	장기허용 압축응력도 Lf_c(kgf/㎠)	최대허용하중(tonf)	
						정밀치	개략치
318.5	6.0	46.24	58.9	39.0	1,431	55.8	50
	9.0	68.69	87.5	67.6	1,506	101.8	90
339.7	9.0	73.40	93.5	72.3	1,492	107.9	90
	12.0	96.97	123.5	102.3	1,563	159.9	140
355.6	9.0	76.92	98.0	75.8	1,482	112.3	100
	14.0	117.93	150.2	128.0	1,595	204.2	180
406.4	9.0	88.20	112.4	87.0	1,457	126.8	110
	12.0	116.71	148.7	123.3	1,516	186.9	160
	16.0	154.04	196.2	170.8	1,595	272.4	240
457.2	9.0	99.47	126.7	98.1	1,437	141.0	120
	16.0	174.08	221.8	193.2	1,560	301.4	270
508.0	9.0	110.75	141.1	109.3	1,422	155.4	140
	12.0	146.78	187.0	155.2	1,469	228.0	200
	16.0	194.12	247.3	215.5	1,532	330.1	290
557.2	9.0	121.67	155.0	120.1	1409	169.2	150
	46.0	213.54	272.0	237.2	1,510	358.2	320
609.6	9.0	133.30	169.8	131.6	1,398	184.0	160
	16.0	234.21	298.4	260.2	1,490	387.7	340
660.4	9.0	144.57	184.2	142.8	1,389	198.3	170
	16.0	254.25	323.9	282.5	1,474	416.4	370
711.2	16.0	274.30	349.4	304.9	1,460	445.2	400
812.8	16.0	314.39	400.5	349.6	1,437	502.4	450
914.4	16.0	354.47	451.6	394.3	1,420	559.9	500

2) H형강 말뚝의 제원과 최대허용하중

공칭치수	표준단면치수	단위중량 W(kgf/m)	단면적 A(㎠)	유효단면적 A_e(㎠)	최대허용하중(tonf)			
					정 밀 치		개 략 치	
					SS400	SM490	SS400	SM490
200×200	H−200×204×12×12	56.2	71.53	47.9	67.1	91.0	60	80
	H−204×206×14×14	65.8	83.80	59.9	83.9	113.8	70	100
250×250	H−244×252×11×11	64.4	82.06	52.7	73.8	100.1	60	90
	H−250×255×14×14	82.2	104.70	75.0	105.0	142.5	90	120
300×300	H−294×302×12×12	84.5	107.70	72.4	101.4	137.6	90	120
	H−300×300×10×15	94.0	119.80	84.3	118.0	160.2	100	140
	H−300×305×15×15	106.0	134.80	99.1	138.7	188.3	120	160
350×350	H−338×351×13×13	106.0	135.30	94.3	132.0	179.2	110	160
	H−344×354×16×16	131.0	166.60	125.4	175.6	238.3	150	210
	H−350×350×12×19	137.0	173.90	132.4	185.4	251.6	160	220
	H−350×357×19×19	156.0	198.40	156.7	219.4	297.7	190	260
400×400	H−388×402×15×15	140.0	178.50	131.4	184.0	249.7	160	220
	H−394×405×18×18	168.0	214.40	167.0	233.8	317.3	210	280
	H−400×400×13×21	172.0	218.70	171.2	239.7	325.3	210	290
	H−400×408×21×21	197.0	250.70	202.9	284.1	385.5	250	340
	H−414×405×18×28	232.0	295.40	247.2	346.1	469.7	310	420
	H−4728×407×20×35	283.0	360.70	311.8	436.5	592.4	390	530

3) PHC 말뚝의 제원과 최대허용하중

직경 D(mm)	두께 t (mm)	종류	단위중량 W(kgf/m)	콘크리트 단면적 A_c(㎠)	환산단면적 A_e(㎠)	허용축방향 하중(tonf)	실용축방향 하중(tonf)
300	60	A	118	452	464	72	50
		B			476	54	30
		C			484	45	25
350	60	A	142	547	561	88	60
		B			578	66	40
		C			585	55	30

직경 D(mm)	두께 t (mm)	종류	단위중량 W(kgf/m)	콘크리트 단면적 A_c(㎠)	환산단면적 A_e (㎠)	허용축방향 하중(tonf)	실용축방향 하중(tonf)
400	65	A	178	684	702	109	80
		B			721	82	60
		C			735	68	50
450	70	A	217	836	859	134	100
		B			883	100	80
		C			899	84	60
500	80	A	274	1,056	1,084	169	120
		B			1,113	127	100
		C			1,132	106	80
600	90	A	375	1,442	1,480	231	160
		B			1,519	173	140
		C			1,546	144	120
500	80	A	274	1,056	1,084	169	120
		B			1,113	127	100
		C			1,132	106	80
600	90	A	375	1,442	1,480	231	160
		B			1,519	173	140
		C			1,546	144	120

주) ① 종별 A, B, C는 KS제품 A종, B종, C종
② 말뚝 Prestress : A종 40kgf/㎠, B종 80kgf/㎠, C종 100kgf/㎠
③ 허용축방향하중은 완벽한 시공을 전제로 한 재료허용하중을 의미
④ 실용축방향하중은 지질조건 및 시공조건을 감안한 평균치이며, 현장특성에 따라 증감기능
⑤ PHC 300Series와 C종은 현재 국내에서 거의 생산되지 않음
⑥ B종은 A종에 비하여 25%정도 비싸며, 휨응력에 유리하므로 수평하중을 받는 경우에 사용

5.3.3 말뚝기능상 분류

말뚝기초는 기능상 분류와 재료상 분류로 나눌 수 있다. 말뚝기초는 기초지반의 지내력이 부족하여 직접기초로 구조물의 하중을 지지할 수 없는 경우 지내력이 충분한 지지층까지 말뚝을 도달시켜 구조물의 하중을 전달하는 기초구조를 말한다.

항 목	내 용
① 지지말뚝 (Bearing Pile)	• 선단지지말뚝(End Bearing Pile)이라고도 한다. • 말뚝을 연약한 지반을 관통시켜 단단한 지지층에 도달시켜서 상부구조물의 하중을 말뚝선단의 지지력에 의존하여 지지하는 말뚝. • 말뚝 단면에 받는 하중은 말뚝의 선단과 두부가 거의 같다.
② 마찰말뚝 (Friction Pile)	• 연약한 지층이 깊어 굳은 지층까지 말뚝을 도달시킬 수 없을 때 말뚝 전체 길이의 주면 마찰력에 의해서 지지하는 말뚝이다. • 말뚝의 두부가 받는 하중은 말뚝길이에 따라 점차 감소하여 말뚝의 선단에서는 하중을 거의 받지 않는다.
④ 다짐말뚝(무리말뚝) (Compaction Pile)	• 말뚝을 무리지어 박음으로서 연약지반을 밀실하게 다지는 말뚝이다. • 느슨한 사질 지반에 사용한다.
⑤ 인장말뚝 (Tensile Pile)	• 큰 Bending Moment를 받는 기초의 인장측이나 말뚝의 재하시험 시 하중재하말뚝과 같이 인장력에 저항하는 말뚝
⑥ 횡말뚝(Oblique Pile)	• 횡방향에 저항하는 말뚝으로 빗말뚝(횡말뚝)이라고도 한다.
⑦ 앵커말뚝(Anchor Pile)	• 반력말뚝 재하시험 시 유압잭에 의한 반력용으로 사용하는 말뚝.

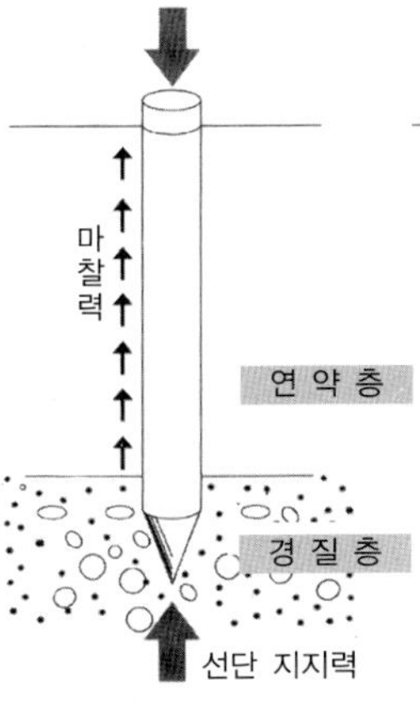

그림 5-1 지지말뚝

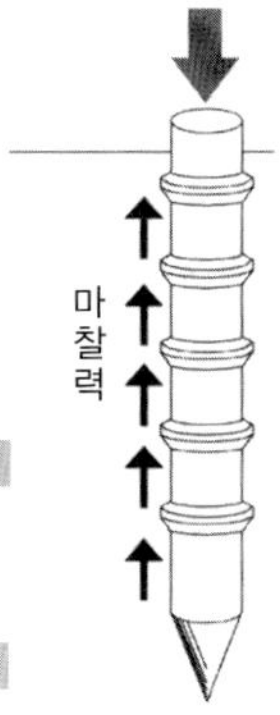

그림 5-2 마찰말뚝

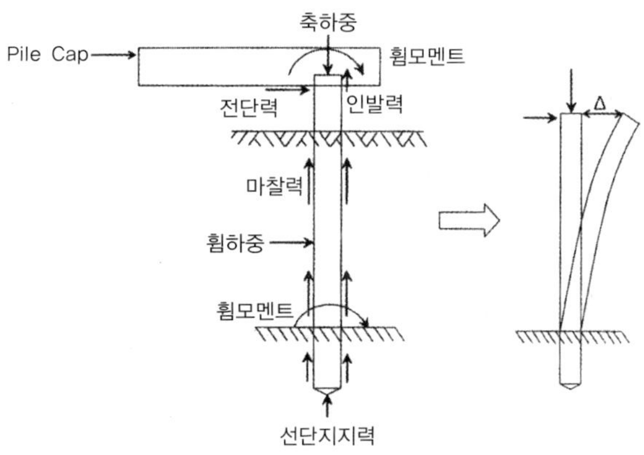

그림 5-3 말뚝에 가해지는 하중

5.3.4 마찰말뚝과 지지말뚝의 비교

말뚝은 기초의 일종으로 연약지반이 깊어 지지력이 좋은 경질지반에 말뚝을 도달시킬 수 없을 때 말뚝 전길이의 주면마찰력에 의해 지지하는 마찰말뚝과 말뚝을 연약지반을 관통하여 지지력이 좋은 경질지반에 도달시켜 상부구조의 하중을 말뚝의 선단지지력에 의해 지지되는 지지 말뚝이 있으며 각각의 특성은 다음과 같다.

구 분	마찰말뚝	지지말뚝
지 지 력	• Pile 주변 마찰력	• Pile선단 지지력
Pile깊이	• 보통	• 깊다
공기제한	• 공기에 제한이 적다. • 공기가 짧다.	• 시공에 많은 시간이 소요됨 • 공기가 길다.
기초신뢰도	• 보통	• 신뢰성이 높다
지반변화에 대한 영향도	• 지반 변화에 예민	• 영향을 거의 받지 않음
시공성	• 양호	• 특별한 장비 필요
경제성	• 경제성이 있음	• 경제성이 다소 떨어짐
기초 신뢰성	• 보통	• 신뢰성이 높다.
부마찰력(Negative Friction)	• 거의 발생하지 않음	• 발생
특 징	• 말뚝의 두부가 받는 하중은 말뚝 길이에 따라 내려갈수록 점차 감소 • 말뚝의 선단에는 하중을 거의 받지 못함	• 선단지지 말뚝(end bearing pile)이라고도 함. • 말뚝 단면이 받는 하중은 말뚝의 두부와 선단이 거의 일치 • 구조상 안전성 확보

5.3.5 정마찰력과 부마찰력

1) 정의

① 정마찰력	–지지말뚝은 일반적으로 선단지지력과 주면마찰력에 의해 상부하중을 지지시키다. 이때 주면마찰력을 정마찰력이라 한다. –그러나 지반이 연약지반일 때는 주면마찰력이 하향으로 작용하는 바 이때 주면마찰력을 정마찰력이라 한다.
② 부마찰력	–연약지반일 경우에는 주면마찰력이 하향으로 작용하는 데 이때의 마찰력을 부마찰력 또는 부주면마찰력이라 한다. –지지말뚝에서만 발생한다.(마찰말뚝에서는 발생하지 않는다.)

2) 정마찰력(Positive Friction)

지지말뚝에서의 지지력＝선단지지력＋주면마찰력

여기서, 주면마찰력은 상향의 정(Positive)마찰력으로 파일의 지지력을 증대시킨다.

$$R_p + PF > P$$

여기서, P : 하중, PF : 정마찰력, R_p : 선단지지력

3) 부마찰력(Negative Friction)

지반의 침하 원인으로 주면마찰력이 하향으로 작용하여 Pile의 지지력을 감소시킨다.

$$P + NF < R_p$$

여기서, P : 하중, NF : 부마찰력, R_p : 선단지지력

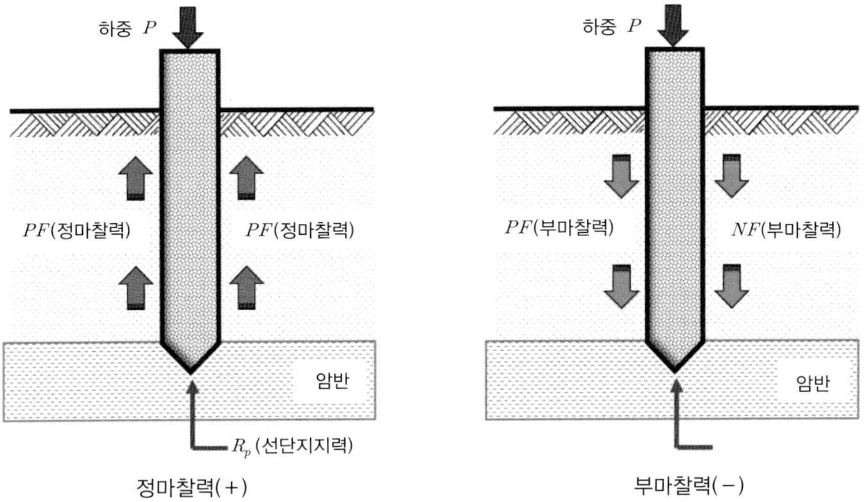

그림 5-4 정마찰력과 부마찰력

4) 부마찰력 발생원인과 방지 대책

부마찰력 발생원인	부마찰력 발생 방지 대책
• 지질이 연약지반일 경우	• 항타 이전에 연약지반을 개량하여 지지력 확보
• 지질이 되메우기 상태 또는 치환상태가 불량한 지역	• 치환공법, 재하공법, 혼합공법을 사용함
• 진동으로 인한 압밀침하	• 말뚝에 진동을 주지 않도록 함.
• 파일 간격이 조밀한 경우	• 파일 표면적을 작게 하여 마찰력을 감소시킴
• 함수율이 큰 지반일수록 부마찰력 증가	• 지하수위를 저하시켜 수압변화를 방지함.
• 피압수의 영향이 큰 지반	• 중력배수공법, 강제배수공법 등을 사용하여 지하수위를 낮춘다.

5) 부마찰력 영향

① 지반이 침하

② 파일 지지력 감소

③ 구조물 균열 발생

④ 건축물 누수 발생

5.3.6 타입순서

말뚝의 타입순서는 다음의 원칙에 따라 시공해야 한다.

1) 원칙적으로 중앙부에서 가장자리로 항타를 한다.
2) 사질토 지반에서 항타 순서는 반대로 시행한다.
3) 기존 구조물 부근은 그림 5-5(a)와 같이 구조물 측면부터 박아 나간다.
4) 교대나 두부와 같이 한쪽으로 경사진 곳은 그림 5-5(b)와 같이 육지 쪽에서 해안쪽으로 박아 나간다. 만약, 반대로 박으면 먼저 박은 말뚝에 손상을 주며, 먼저 박은 말뚝 때문에 배가 접근할 수 없어 나중에 말뚝 항타가 어려워진다.

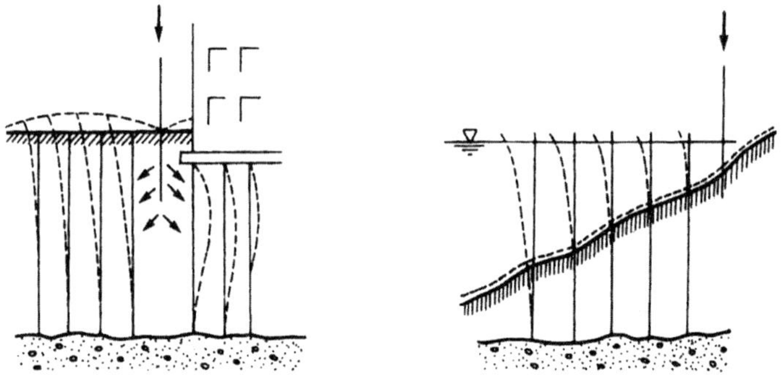

(a) 구조물 부근　　(b) 해안

그림 5-5 말뚝 타입순서

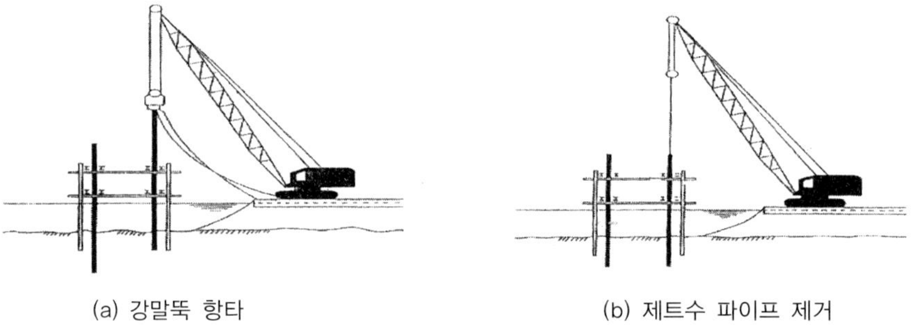

(a) 강말뚝 항타　　(b) 제트수 파이프 제거

그림 5-6 암반 항타공법 시공순서

5.4 각종 말뚝지정 공법

말뚝기초는 크게 기성말뚝과 현장 콘크리트 말뚝으로 대별 할 수 있다. 기성말뚝의 항타공법은 말뚝 기초공사의 주류를 이루어 왔지만 타격에 의한 소음, 진동의 공해문제가 있어 현장타설 콘크리트 말뚝이 최근 많이 채용되고 있는 실정이다.

말뚝박기 공법 선정시에는 공사기간 및 공비, 말뚝의 종류, 중간층을 비롯한 지질상황, 항타기계의 능력 등을 고려하여 선정하여야 한다.

〈표 5-1〉 말뚝지정의 비교

종별	나무말뚝	기성콘크리트말뚝	강관말뚝	제자리콘크리트말뚝
간격	• 2.5d 이상 또는 70cm 이상	• 2.5d 이상 또는 75cm 이상	• 2.5d 이상 또는 90cm 이상	• 2.5d 이상 또는 90cm 이상
길이	• 보통 1.5~5.4m • 7m 이상은 곤란	• 보통 6~104m • 최대 12m	• 보통 30m • 최대 7m	• 최대 30m
지지력	• 보통 5t 내외 • 최대 10t 내외	• 보통 50t 내외 • 최대 50t 내외	• 보통 50t 내외 • 최대 100t 내외	• 40~50t
특징	• 상수면이 얕고 경량건물에 적당 • 현재는 거의 사용치 않음	• 상수면이 깊고 중량 건물에 적당 • 주근은 6개 이상 • 말뚝 단면의 0.8% 이상 • 말뚝지름 이상을 지지층에 관입	• 깊은 연약층에 지지 • 중량건물에 적당 • 부식 고려 • 수평방향 빗나감은 설계 위치에서 10cm 이하로	• 연약점토층이 깊을 때 적합 • 1m 이상 지지층에 관입 • 주근은 6개 이상 • 설계단면적의 0.4% 이상 • 피복두께는 6cm 이상

5.4.1 나무말뚝

가장 오래된 기성말뚝지정이지만 건축물의 대형화와 기성콘크리트 말뚝의 보급, 말뚝재로서 저렴하게 구입하기 어렵고, 지하수면 하에 항상 있어야 하며 내력을 얻을 수 없다는 이유 등으로 현재는 일부의 소규모 공사를 제외하고는 거의 사용하고 있지 않다. 육송, 미송, 낙엽송 등의 통나무를 반드시 지하상수면 이하로 박아서 지정으로 한다. 나무말뚝의 허용압축강도는 50kg/㎠ 정도이며, 말뚝의 간격은 2.5d 이상 또는 60cm 이상으로 한다.

1) 장점

① 취급관리가 용이하다.

② 공기, 시공, 가격이 유리하다.

③ 하중이 적고 상수면이 얕은 곳에 유리하다.

2) 단점

① 재질이 불균등하고 결함이 있다.

② 상수면 이하로 제한해야 한다.

③ 장척 구입이 어려운 문제

3) 시공상 유의사항

① 소나무재의 생나무를 껍질을 제거하여 사용한다.
② 부식 방지를 위해 전장이 상수면 아래에 있게 한다.
③ 끝마구리 지름 12cm 이상으로 양단중심선이 말뚝 내에 있어야 한다.
④ 중심거리 : 말뚝지름의 2.5배 이상 또는 60cm 이상이어야 한다.
⑤ 말뚝길이는 7m 이하, 지지력은 최대 10ton 이하로 한다.
⑥ 기초 밑면으로부터 150~300mm 위의 위치에서 박기를 중단한다.

4) 말뚝다듬기 및 바심질

말뚝을 박을 수 있도록 매만져 다듬는 일을 말뚝 만들기 또는 바심질이라 하는데, 바심질은 다음과 같이 한다.

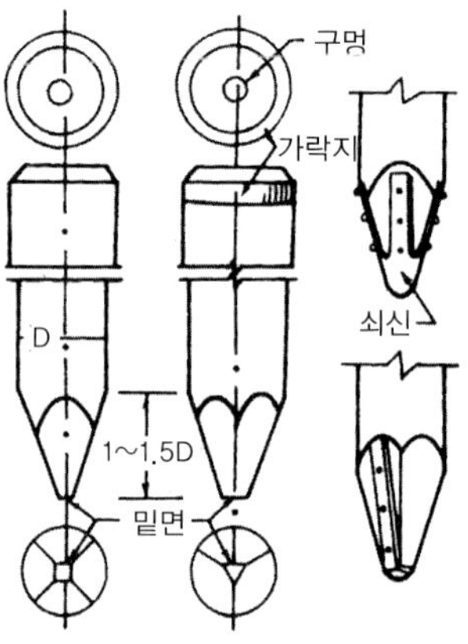

그림 5-7 말뚝 바심질

① 껍질을 벗기고 큰 옹이, 혹 등은 다듬는다(껍질을 벗기지 않고 사용하면 껍질 부분에 균(菌)이 발생하여 나무를 썩게 한다).
② 말뚝머리는 쪼개짐을 막기 위하여 쇠가락지 또는 두겁(Capping)을 끼우므로 그에 맞도록 가공하고 면접기(말뚝머리 둘레를 빗깎는 것)를 하고 떨공이(落錘)로 박을 때에는 심대구멍을 파는데 깊이 5cm, 지름은 심대 지름보다 약간 가늘게 파는 것이 좋다.
③ 끝면은 지질의 경연(硬軟)에 따라 밑면(底面)(3~5cm 각정도)을 두고 3방(三方) 또는 4방 빗깎아 뾰족하게 하며, 이때 빗깎는 길이는 말뚝지름의 1~1.5배로 한다.
④ 지질이 굳거나 자갈, 돌이 섞인 지반에 박는 말뚝 끝에는 쇠신(Pile Shoe)(띠쇠 또는 통쇠)을 끼운다. 말뚝이 짧아서 이어서 쓸 경우에는 상하 말뚝의 접촉면(接觸面)은 수평으로잘라 밀착시키고 철관, 꺾쇠 또는 덧판을 대고 볼트조임 등으로 보강한다.

5.4.2 기성콘크리트말뚝(RC말뚝, Centrifugal Reinforced Concrete Pile)

1) 개요

기성콘크리트 말뚝은 공장에서 만든 콘크리트 말뚝으로 그 종류는 다음과 같다.

- 기성콘크리트말뚝
  - 원심력 RC말뚝(중공말뚝, PC Pile)
  - PSC말뚝 (PSC Pile)
    - 프리텐션 PSC 말뚝 (Pres-tensioning Centrifugal Psc Pile Concrete Pile)
    - 포스트텐션 PSC 말뚝 (Post-tensioning Centrifugal Psc Pile Concrete Pile)
  - PHC말뚝

2) 시공 Flow chart

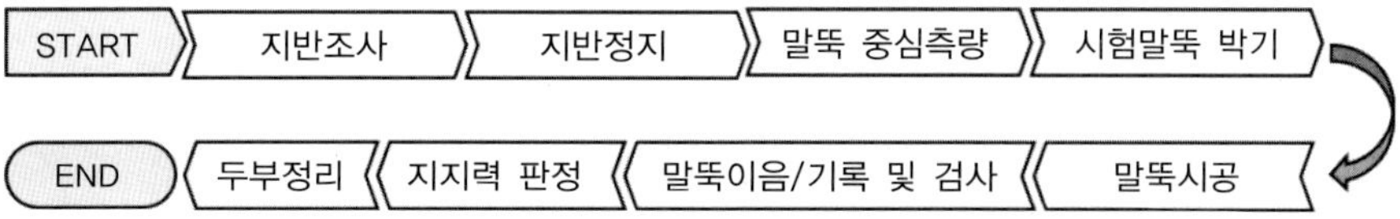

5.4.3 원심력철근콘크리트말뚝(Centrifugal Reinforced Concrete Pile, RC말뚝)

1) 개요

공장에서 특수형틀을 사용해서 원심력을 이용하여 제조된 중공(中空)철근콘크리트 말뚝이다. 일반적으로 RC말뚝이라 하며, 제작단계에서 원심기를 사용하여 여분의 물을 탈수하기 때문에 물 · 시멘트비를 작게 할 수 있어 치밀하고 높은 강도의 콘크리트말뚝을 만들 수 있다. 말뚝직경은 20~60cm 정도이고 말뚝길이는 3~15m까지 할 수 있다.

2) 장 · 단점

① 말뚝 재질이 균등하여 신뢰성이 높다.
② 이음방법은 간단하나 이음부분에 대한 신뢰성이 비교적 적다.
③ 중량이 크고 시공 및 운반취급시에 균열이 발생할 우려가 있다.
④ 표준관입시험 N값이 30 정도의 중경질 점토층에 박을 경우에는 어스오거를 사용할 필요가 있다.
⑤ 선단지반에의 접착성이 우수하다.

3) 시공시 유의사항

① 말뚝 자체 및 이음매 강도가 충분할 것
② 변형이 없고 내구성이 있을 것
③ 말뚝 캡을 필히 씌울 것
④ 안전한 지지와 허용침하 한도 고려할 것
⑤ 소음, 진동, 공사비, 공기를 고려할 것
⑥ 인접건물 및 기존 건물에 대한 영향을 고려할 것
⑦ 말뚝의 수직을 유지할 것

4) 말뚝 간격

① 말뚝간격은 말뚝지름의 2.5배 이상
② 75cm 이상

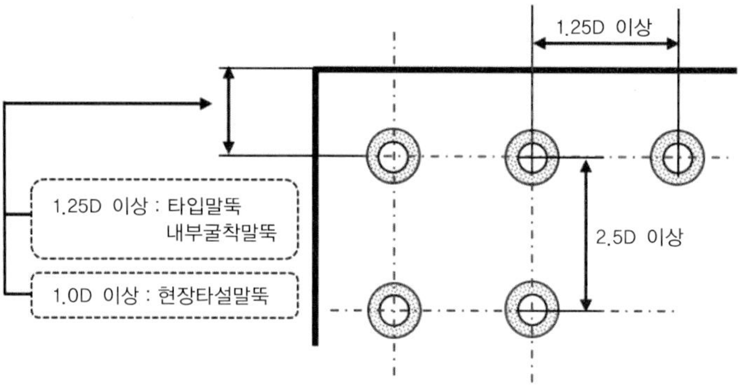

5.4.4 원심력프리스트레스트 기성콘크리트말뚝(PSC말뚝)

1) 개요

철근콘크리트 말뚝의 휨모멘트와 인장력에 대한 강도를 더욱 높이기 위해 콘크리트에 프리스트레스를 준 것과 포스트텐션을 준 것이 있으며 PSC말뚝은 프리텐션방식이 주로 사용된다.

말뚝직경은 30~80cm 정도이고, 말뚝길이는 7~15m까지로 하며, 설치간격은 75cm 이상으로 한다. 기성 PC말뚝의 설계기준강도는 500kgf/㎠이다. 말뚝의 길이는 지지층까지 도달되는 길이+지지층관입길이(0.5~1.0m)+두부정리길이(0.5m)로 한다.

2) 종류

종 류	내 용
프리텐션방식 원심력 PSC말뚝	• Pre-tensioning Centrifugal PSC Pile • PC강선을 미리 인장시켜 놓고 그 주위에 콘크리트를 부어넣어 경화시킨 후, PC강선의 인장장치를 풀어 콘크리트에 프리스트레스를 도입한 방식.
포스트텐션방식 원심력 PSC말뚝	• Post-tensioning Centrifugal PSC Pile • 콘트리트 타설 전에 쉬스관을 설치하고 콘크리트 경화 이후에 쉬스관 내부에 PC강재를 설치하고 긴장하여 단부에 정착시켜 프리스트레스를 도입하고 쉬스관 내를 시멘트 밀크로 그라우팅하는 방법

3) 기성 PC말뚝 시공의 장·단점

(1) 장점

① 품질이 균질이고 강도가 높으며 충격저항이 크다.

② 말뚝길이 15m 이하는 경제적이다.

③ 내구성이 양호하다.

④ 콘크리트 내부에 설치된 강재는 부식이 없다.

⑤ 항타시 발생하는 반사파에 의한 인장응력을 흡수하기 때문에 균열발생이 어렵다.

⑥ 상수면이 깊고 중량건물의 말뚝에 사용한다.

(2) 단점

① 취급시 균열이 발생할 수 있고 취급이 곤란하다.

② 이음 접합부의 신뢰성이 문제

③ 말뚝 길이가 15m 이상은 곤란하다.

4) 시공시 유의사항

① 말뚝과 말뚝 이음부의 강도가 충분할 것

② 변형이 없고 내구성이 있을 것

③ 말뚝캡을 씌울 것

5.4.5 복합파일(합성파일, 강관콘크리트말뚝, Steel & PHC Composite pile)

PHC 파일은 콘크리트 압축강도가 78.5MPa(800kgf/㎠) 이상의 프리텐션 방식에 의한 고강도 콘크리트 파일을 말한다. 강관콘크리트말뚝은 프리스트레스로 보강된 콘크리트말뚝이 강말뚝의 재료 특성에 미치지 못하는 점을 보완한 것으로 강관과 콘크리트말뚝의 결합으로 보강된 합성말뚝이다. 즉 콘크리트의 단점을 보강하고 강관말뚝의 축방향 단면을 증가시켜 서로 보강을 실시한 말뚝이다. 고온고압 증기양생 중에 팽창 반응하는 특수 혼화제를 사용하여 인장에 강한 강관과 압축에 강한 콘크리트를 일체화 시켜 말뚝의 수평내력을 증가시킨 것이다. 외경은 30~60cm 정도이고 강관의 두께는 0.45~1.9cm의 것이 사용된다.

1) 개요

복합 파일은 강관파일과 PHC파일의 장점을 혼용하여 파일 재료의 효율을 극대화 시킨 경제적인 공법의 제품으로 지반상부에서는 모멘트와 전단력에 강한 강관파일을 적용하고 지반하부에서는 축 하중 저항에 유리한 PHC파일을 배치한 합성파일이다.

2) 종류

종 류	내 용
프리텐션방식 원심력 PSC말뚝	• Pre-tensioning Centrifugal PSC Pile • PC강선을 미리 인장시켜 놓고 그 주위에 콘크리트를 부어넣어 경화시킨 후, PC강선의 인장장치를 풀어 콘크리트에 프리스트레스를 도입한 방식.
포스트텐션방식 원심력 PSC말뚝	• Post-tensioning Centrifugal PSC Pile • 콘트리트 타설 전에 쉬스관을 설치하고 콘크리트 경화 이후에 쉬스관 내부에 PC강재를 설치하고 긴장하여 단부에 정착시켜 프리스트레스를 도입하고 쉬스관 내를 시멘트 밀크로 그라우팅하는 방법

3) 특징

(1) 타격에 대한 저항력이 크다.

파일을 Autoclave 양생으로 제작하여 콘크리트 압축강도가 상당히 높다. 따라서 타격에 의한 저항력이 높아 항타시 발생하는 반사파에 의한 인장응력을 흡수하기 때문에 균열발생 대처에 강하다.

(2) 설계지지력이 크다.

설계기준강도가 78.5MPa(800kgf/㎠)로 종래의 PS파일의 설계기준강도 49.1MPa(500kgf/㎠) 보다 크며, 장기허용 압축응력도 19.6MPa(200kgf/㎠)로 높기 때문에 PC pile 지지력{12.3MPa (125kgf/㎠)} 보다 높은 지지력이 발현된다.

(3) 경제적인 설계가 가능하다.

큰 지지력과 타격력에 대한 저항력이 있으며, Autoclave 양생으로 단기간에 고강도 파일 생산이 가능하다. 따라서 현장 지반의 특성에 따라 파일길이를 자유롭게 변경하여 파일을 발주하고 현장에 반입이 가능하기 때문에 경제적인 설계가 가능하다.

(4) 건조수축이 적다.

파일의 Autoclave 양생은 상압 증기양생한 콘크리트에 비해 크리프, 건조수축이 적다.

(5) 휨모멘트가 크다.

축력(N)의 증가에 따라 PC 보다 PHC 파일의 파괴 휨 모멘트가 크다.

4) 시공단계 주의사항

① 말뚝 항타중 전석층, 호박돌이 있을 때 타격주의

② 말뚝 캡의 구조는 타격력의 강성이 유지되는 재질을 사용할 것

③ 말뚝이음부의 편심량은 2mm 이하로 유지
④ 말뚝이음은 용접이음으로 한다.

5) PHC Pile 생산시 주의사항

① PHC Pile 생산시 삽입되는 강선은 증기양생시 발생되는 고온에 강한 특수 PS강선을 사용한다.
② 파일 선단부에 강재 Flat Shoe 적용하여 파일의 직진성과 항타 단면의 성능을 향상
③ 프리텐션에 가해지는 800kgf/㎡에 이상이 고강도 콘크리트를 사용함으로써 다양하게 요구되는 성능을 만족시켜야 한다.

6) 복합파일 특성비교(출처 : 스마텍엔지니어링)

구분	개요도	특 징
SC복합파일 PHC+강관+ Con'c		• 상부는 PHC말뚝 중공부에 강관을 삽입, 콘크리트로 충전하고 하부는 PHC말뚝으로 구성한 말뚝 • 강관+콘크리트 합성효과로 강성이 우수함 • 기성 강관삽입+Con'c 타설로 시공이 간단함 • 강재 부식이 없어 내구성이 우수함 • 기성PHC사용으로 별도 이음장치 불필요함
복합말뚝 SCP말뚝 강관+PHC		• 상부는 강관말뚝+하부는 PHC말뚝으로 구성한 말뚝 • 접합부에 이질재료의 사용으로 응력 집중시 취약 • PHC말뚝+강관말뚝 접합부 이음장치가 요구됨. • 강재의 부식 발생 • 철저한 시공관리가 요구됨. • 고가의 강관 손실발생으로 경제성 결여
ICP말뚝 PHC+RC		• 철근콘크리트 합성효과로 접합부 강성이 다소 미흡 • 공장제작품 사용으로 접합부 이음작업이 요구됨 • 전단철근망이 배근된 고가의 ICP말뚝 손실로 경제성 결여 • 강재 부식성이 없어 내구성이 우수

5.4.6 복합파일 사례도

1) 삼일 CNS 복합파일(출처 : http://www.dcp.co.kr)

(1) 구조도

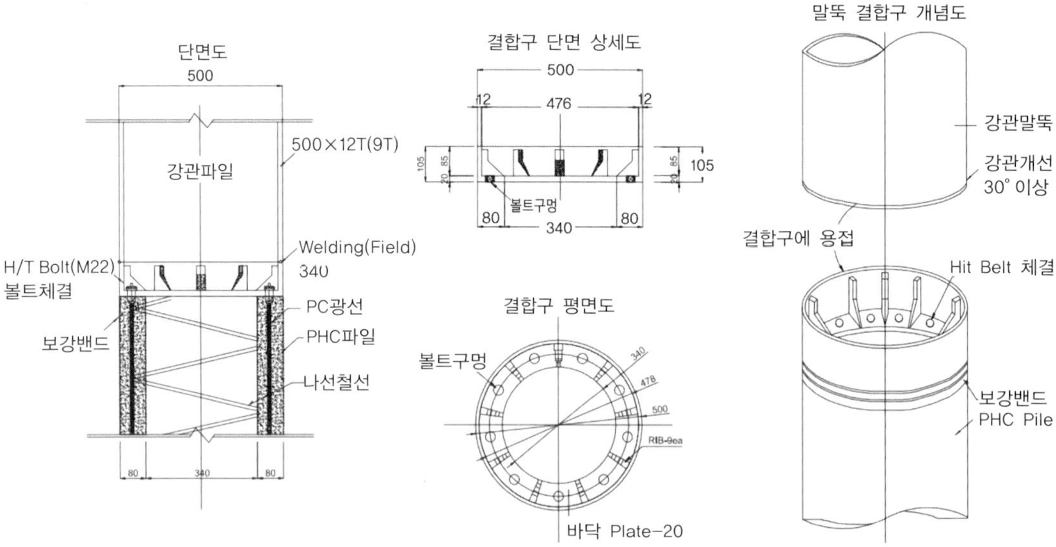

(2) 복합파일 제품

그림 5-8 복합파일(출처 : 삼일씨엔에스(http://www.dcp.co.kr)

2) 스마텍 엔지니어링 복합파일(출처 : http://smarteceng.co.kr)

(1) 개념도

수평력과 휨모멘트가 큰 상부는 강관말뚝으로 하고, 수평력과 휨모멘트가 작은 하부는 축하중을 지지할 수 있는 PHC말뚝으로 구성하여, 재료비를 절감한 말뚝으로 기성PHC 말뚝에 스마트 결합구를 볼트로 연결하고, 스마트 결합구와 강관말뚝을 볼팅 또는 용접하여 PHC 말뚝과 강관말뚝을 일체로 형성한 복합말뚝이다.

그림 5-9 복합파일 개념도

(2) 합성말뚝 공법비교

항 목	내 용	
개요도		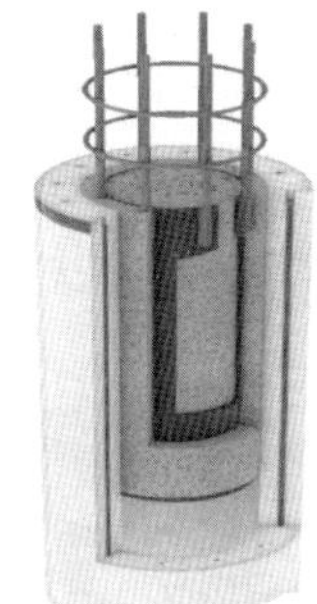
	PHC+강관+콘크리트	
공법개요	• PHC 말뚝을 시공한 후, PHC말뚝 상부에 강관을 삽입하고 콘크리트를 충전한 말뚝 • PHC말뚝 시공→말뚝 두부정리→강관 삽입→콘크리트 타설	
특징	• 말뚝길이 변화에 관계없이 소요 보강길이 만큼을 설계와 동일하게 시공할 수 있는 공법 • 설계길이와 시공의 불일치로 인한 공사지연 및 시공관리 어려움 해소 • 합성말뚝 제작 시 이음작업이 없어 공기단축 및 시공성 우수 • 기성말뚝을 사용하므로 자재수급이 용이함	

5.4.7 콘크리트 양생 방법(Autoclave curing)

1) 개요

콘크리트의 양생이란 콘크리트를 믹싱하고 나서 경화하기까지의 사이에 적당한 온도와 습기(수분)를 주어 충분히 경화력을 발휘 할 수 있도록 하거나, 콘크리트의 강도가 충분히 크게 되기까지 과도한 충격이나 하중을 주지 않도록 하거나 또는 풍우, 서리, 햇빛 등에 대해서 콘크리트의 노출면을 보호하는 것을 말하며 콘크리트 양생방법은 보통양생, 증기양생, Autoclave 양생 등이 있다.

2) 콘크리트 양생방법

① 보통양생	콘크리트의 강도부족, 건조수축에 의한 균열의 방지, 동결방지 등의 목적으로 특별히 온도를 올리는 것 같은 것은 하지 않고 틀에 다져 넣은 후 1주간 정도 물을 뿌리기도 하고 젖은가마니, 톱밥 등으로 덮어서 콘크리트가 표면건조하지 않도록 하는 방법으로 현장에서 타설하는 콘크리트의 양생법이다.
② 증기양생	콘크리트를 믹싱하고 나서 수시간 후에 증기로 콘크리트에 온도와 수분을 주어 일찍 강도를 발현시키는 방법으로 도로용의 콘크리트 제품이나, 프리캐스트 제품 등이 있다.
③ Autoclave 양생	증기양생이 끝난 콘크리트를 오토클레이브라고 하는 특수한 양생가마에 넣고 180℃ 10기압 정도의 고온·고압의 증기로 다시 양생하는 방법으로 이에 의해 800~1,800kgf/㎠ 정도의 압축강도를 갖는 콘크리트를 얻을 수 있는데 일반적으로 초기 콘크리트 재료 외에 규석 등의 실리카질 분말을 혼합하는 것이 특징이다. 이 방법으로 만들어지는 제품에는 고강도 콘크리트파일 등이 있다.

3) Autoclave 양생방법

Autoclave 양생이란 강철재의 용기 속에서 시멘트 제품을 고압증기 양생된 말뚝으로 콘크리트를 고온·고압 증기하에서 양생하면, 시멘트 중에 실리카와 칼슘이 결합하여 토버모라이트 결정 또는 준결정을 형성하면서 단시간 내에 고강도를 얻을 수 있는데 이를 수영양생반응이라고 한다. 고온·고압으로 양생한 콘크리트는 고성능감수제와 병용에 의해 생산된 콘크리트 파일은 1톤 이상의 고강도 콘크리트가 되는데 인장 및 휨강도는 향상되지는 않으나 탄성계수는 낮아진다. 크리프는 상온에서 습윤양생한 경우와 비교해서 상당히 적게 발생한다.

① 고성능 감수제 혼입방법	시멘트의 일부를 실리카 분말로 대체하는 방법
② 실리카 분말 혼입방법	콘크리트에 고성능 감수제를 다량으로 혼입시켜 파일 제작

5.4.8 강말뚝(Steel Pipe)

1) 개요

강말뚝은 단면 형상에 따라 강관말뚝(Steel pipe pile)과 H형강말뚝(H-steel Pile) 그리고 Sheet Pile로 대별할 수 있으며, 강관말뚝은 강판을 둥굴게 접어 용접해서 만들고, H형강은 가설구조물에 많이 쓰이고 있다.

강관 말뚝은 무거운 구조물의 기초, 교각, 잔교 등 광범위하게 사용된다. 굳은 사층이나 역층에 타입하여 관입시킬 경우는 말뚝 선단부와 말뚝 머리는 보강하여 실시한다.

강말뚝은 부식의 문제가 있으나 그 결점을 보충하기 위하여 콘크리트를 타설하거나 도장, 전기방식을 하는데 설계 단계에서 미리 부식 두께만큼 여분을 주어 두껍게 하는 방법이 있다.

2) 종류별 특징

(1) H말뚝(H-steel pile)

강관말뚝보다 싸고 흙의 배제량이 적어 도심지 공사에 적용한다.

① 강재이기 때문에 균질한 재료를 대량 생산할 수 있고 재질에 대한 신뢰성이 높다.
② H형 단면으로 된 형강재로 압연형강재와 용접형강재로 구분되나 말뚝으로는 압연형 강재가 주로 쓰인다.
③ 휨강성이 크고 자중이 RC말뚝에 비해 가벼워 운반 취급이 용이하다.
④ 표준관입시험 N값 50 정도의 경질지반에도 사용할 수 있다.
⑤ 말뚝의 이음방법으로는 맞댄용접과 덧판모살용접이음의 2종류가 있으며, 용접강도상 모살용접이 좋다.
⑥ 선단지지말뚝으로 많이 사용한다.
⑦ 지중에서 부식하기 쉬우며 재료비가 높은 편이다.

(2) 강관말뚝(Steel Pipe Pile)

강관말뚝은 지반이 침하할 우려가 있거나 기초가 약한 경우 구조물을 지지하기 위해 사용되며, 구조물의 하중을 상층부의 연약지반을 통과시켜 지지내력을 가진 지반에 전달하는 역할을 한다. 이때 구조물의 하중이 확대기초를 통하여 강관말뚝에 원활히 전달되도록 확대기초와 강관말뚝 간의 결합상세가 필요하다. 일반적으로 적용하는 결합방법은 작업상과 배근의 용이성 등을 고려하여 강관말뚝 머리를 확대기초 내에 얕게 10cm 근입하는 방법이다.

① 강판을 원통형으로 전기저항용접 또는 Arc 용접에 의하여 제조된 용접강관이 주로 쓰이며, 용접강관 중에서도 나선강관(Spiral Pipe)이 많이 쓰인다.
② 등강성이므로 공학적 특성이 H말뚝보다 유리하지만 가격이 비싸다.
③ 관의 외경은 약 40~100cm까지의 36종이 있고, 길이는 12~15m 정도이다.
④ 강관말뚝은 장척말뚝으로 사용되는 수가 많으며, 현장용접에 의하여 이어 쓴다.
⑤ 강관말뚝 타입에는 주로 Diesel Hammer를 사용한다.

(3) 널말뚝(Sheet-Pile)

강널말뚝이라 하며, 차수성이 뛰어나 항만이나 지하수위가 높은 지역에 많이 사용된다.

3) 강말뚝의 장점 및 단점

항 목	내 용
장점	㉠ 재료의 강도가 커서 지지층(N－50)에 깊게 관입할 수 있어 지지력이 크다. ㉡ 지지층에 도달하였을 때 2~3m 정도 더 타입함으로써 침하량도 적고, 완전한 지지말뚝의 기능을 발휘한다. ㉢ 압축, 인장강도가 같은 정도로 강하고 수평하중과 충격력에 대해서도 저항이 크다. ㉣ 이음에는 현장용접이 가능하고 모재와 동일한 강도를 발휘할 수 있다. ㉤ 임의의 길이로 절단할 수 있으며, 운반 및 취급이 용이하다. ㉥ 지름 1~1.6m의 대구경 강관말뚝의 제조가 가능하다.
단점	㉠ 부식하기 쉽다.(0.05~0.1mm/year) ㉡ 지지층의 지지력이 그다지 크지 않을 때는 길이가 길어지고 비경제적이다. ㉢ 바찰말뚝이나 다짐말뚝으로는 유효하지 않다.

4) 강관말뚝의 이음

<table>
<tr><th></th><th>A방법
(매입길이 : 말뚝지름 이상)</th><th>B방법
(매입길이 : 10cm 이상)</th></tr>
<tr><td>덮개판 방법
</td><td>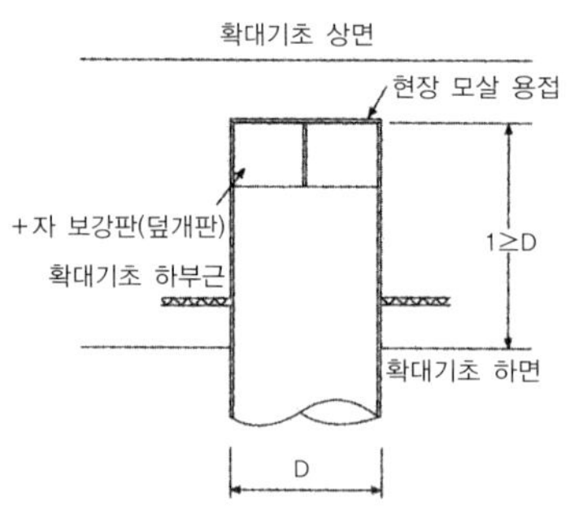</td><td>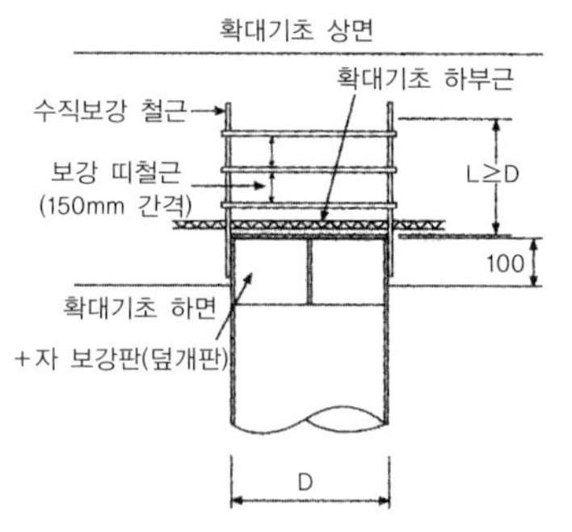</td></tr>
<tr><td>속채움 방법
</td><td>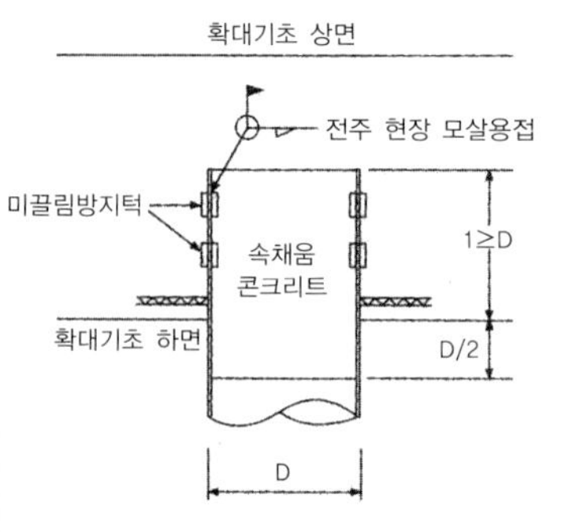</td><td>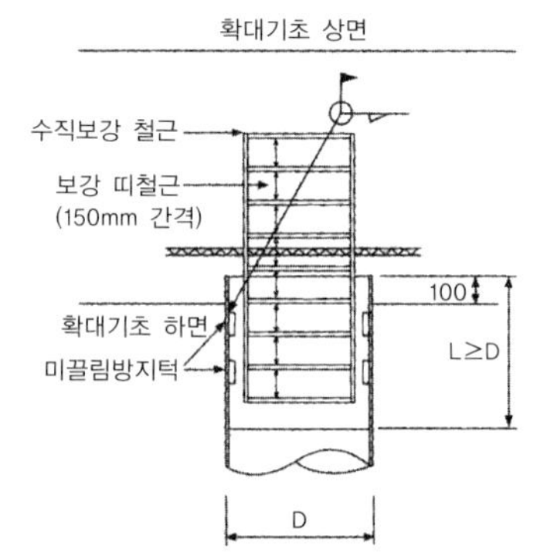</td></tr>
</table>

그림 5-10 강관말뚝 이음

5.4.9 강관콘크리트말뚝

SC말뚝은 프리스트레스로 보강된 콘크리트말뚝이 강말뚝의 재료 특성에 미치지 못하는 점을 보완한 것으로 강관과 콘크리트말뚝의 결합으로 보강된 합성말뚝이다. 즉 콘크리트의 단점을 보강하고 강관말뚝의 축방향 단면을 증가시켜 서로 보강을 실시한 말뚝이다.

고온고압 증기양생 중에 팽창 반응하는 특수 혼화제를 사용하여 인장에 강한 강관과 압축에 강한 콘크리트를 일체화 시켜 말뚝의 수평내력을 증가시킨 것이다. 외경은 30~60cm 정도이고 강관의 두께는 0.45~1.9cm의 것이 사용된다. SC말뚝은 제조회사에 따라 제조방법이 다소 다르며, 강관 중에 팽창제를 첨가한 콘크리트를 원심력을 이용하여 성형하고, 고온고압으로 증기양생하여 제조한다.

5.4.10 말뚝지정의 비교

〈표 5-2〉 말뚝 지정의 비교

종별	나무말뚝	기성콘크리트말뚝	강관말뚝	제자리콘크리트말뚝
간격	2.5d 이상 또는 70cm 이상	2.5d 이상 또는 75cm 이상	2.5d 이상 또는 90cm 이상	2.5d 이상 또는 90cm 이상
길이	보통 1.5~5.4m 7m 이상은 곤란	보통 6~104m 최대 12m	보통 30m 최대 7m	최대 30m
지지력	보통 5t 내외 최대 10t 내외	보통 50t 내외 최대 50t 내외	보통 50t 내외 최대 100t 내외	40~50t
특징	• 상수면이 얕고 경량건물에 적당 • 현재는 거의 사용치 않음	• 상수면이 깊고 중량 건물에 적당 • 주근은 6개 이상 • 말뚝 단면의 0.8% 이상 • 말뚝지름 이상을 지지층에 관입	• 깊은 연약층에 지지 • 중량건물에 적당 • 부식 고려 • 수평방향 빗나감은 설계위치에서 10cm 이하로	• 연약점토층이 깊을 때 적합 • 1m 이상 지지층에 관입 • 주근은 6개 이상 • 설계단면적의 0.4% 이상 • 피복두께는 6cm 이상

5.4.11 Top-Based공법(콘크리트 팽이형 파일기초공사)

1) 공법의 개요

구조물의 기초 지반면에 팽이파일의 시공을 위한 위치근을 설치하고 그 위에 팽이파일을 부설한 다음 팽이파일의 간극을 쇄석으로 채워서 다짐을 하고 팽이파일 연결철근을 고정시키는 공법이다.

본 공법은 연약지반에 건설하는 구조물의 기초에 이용하므로서 지지력의 증대와 침하의 억제에 상당한 효과를 얻을 수 있다. 또한 표층의 안정처리 및 보강의 조건을 갖추고 있으며, 팽이형의 안정효과에 의하여 토질과 기초와의 조화를 잘 이루게 하는 기초공법이다.

연약지반에 있어서 지지력이 부족한 경우 길이가 긴 말뚝기초를 사용하는 등 과잉설계가 있어 왔고, 또한 중소규모의 구조물에 있어서도 말뚝기초를 사용해 왔다. Top-Based공법을 사용하면 경제성도 얻을 수 있으며 시공성도 매우 좋아진다. 특히 측방유동의 방지에 따른 즉시침하와 압밀침하의 억제 및 지지력의 증대효과를 가져오게 된다.

2) 공법의 Mechanism과 지지효과

(1) 측방유동의 억제

팽이파일과 채움쇄석이 일체가 될 뿐만 아니라 팽이 각부가 효과적으로 작용하여 기초 아래지반의 측방변형을 구속하기 때문에 부(-)의 Dilatancy가 일어나기 어렵고 표면침하가 억제되어 일차원적 침하만이 발생하게 된다.

(2) 즉시침하의 억제

하중-침하량곡선을 보면 침하량은 무처리에 대하여 팽이형 1층은 1/2이며, 팽이형 2층은 1/4이 되는 것으로 나타났다.

(3) 압밀침하의 억제

최종하중에 도달할 때까지의 침하는 탄성침하로 하고, 그 이후에 발생하는 침하를 압밀침하로 취급한다. 압밀하중을 동일한 크기로 환산하여 압밀침하량을 비교하면 무처리에 대하여 팽이형 1층은 1/3, 팽이형 2층은 1/6이며, 장기침하에 대한 억제효과가 대단히 크게 나타난다. 팽이파일과 쇄석채움 및 팽이축각부의 상승효과에 의하여 응력분포를 균등화함과 동시에 국부파괴를 방지하고 측방유동을 구속하는 효과가 발생하여 일차원적인 압밀침하로서 침하가 억제된다.

(4) 지지력의 증가

무처리의 경우 국부전단파괴가 일어나나 팽이형 기초는 전반전단파괴를 일으키는 것으로 생각할 수 있다. 국부전단파괴에 대한 전반전단파괴는 1.5배의 지지력을 증가시키는 것이 된다.

3) 침하억제효과의 해석

팽이형 기초는 기초하중이 팽이파일을 통하여 채움쇄석을 압축하고 구속함으로써 팽이파일과 채움쇄석이 일체로 되는 강성지반구조가 되어 하중의 증가와 동시에 기초의 강성이 증가되면서 근입의 효과가 발생하게 된다. 또한 팽이형 기초가 강성지반구조로 됨으로서 채움쇄석이 응력집중을 방지하고 하중을 분산시킴으로서 지반 내의 응력분포를 등분포에 가깝도록 하는 것으로 국부파괴를 방지하고 하중의 영향을 깊게 미치지 않게 한다. 더욱이 팽이파일 각부의 효과적인 작용도 상승하여 측방변형을 방지하고 침하억제의 효과가 크게 나타나게 된다.

5.5 각종 말뚝 설치공법

5.5.1 말뚝박기 공법의 분류

말뚝의 연직지지력은 말뚝 시공법에 따라 그 크기가 달라지는 특성을 갖기 때문에 일반적으로 말뚝의 분류 다음과 같다.

- 타입공법 (타격공법)
  - 타격공법 : Drop Hammer, Steam Hammer, Diesel Hammer, 유압 Hammer
  - 진동공법
- 매입공법 (매설말뚝)
  - 압입공법 ─ 무소음 무진동공법
  - 프리보링공법(Pre-boring 공법, 선행굴착공법) ─ 무소음 무진동공법
  - 중공굴착공법 ─ 무소음 무진동공법
  - 워터 제트공법(Water Jet공법) ─ 무소음 무진동공법
- 현장타설공법
  - 기계적 굴착 공법
    - 올케이싱공법
    - RCD공법
    - 어스드릴공법
    - 마이크로 파일공법
    - 기타 어스오거 공법
  - 인력굴착공법
    - 심초공법

5.5.2 기성콘크리트 말뚝설치공법(PC말뚝)

1) 직타공법(타격공법, 타입공법)

(1) 개요

항타기를 이용하여 직접 타격하여 말뚝을 박는 공법으로 항타기의 종류, 지반의 상태, 파일의 종류, 파일의 총수량 등을 고려하여 적정 Hammer를 선택하여야 한다.

(2) Hammer의 종류 및 특징

기성말뚝 설치에 이용되는 Hammer는 Drop Hammer, Steam Hammer, Diesel Hammer 등이 있다.

종 류	내 용	
떨공이 Drop Hammer	• Rod	• 지름 45mm 정도의 쇠막대 또는 철관
	• 공이	• 공이(떨공이)무게는 중량 300~600Kg 것을 사용
	• 중추 무게	• Hammer 무게(중추무게)는 말뚝 무게의 2~3배 정도를 선택
	• 낙하고	• 1~2.5m 정도로 말뚝머리 손상을 방지한다.
	• 가설틀	• 사각틀, 평틀식으로 비계목을 만들고 그 중심에 심대를 세운다.
Diesel Hammer	• 종류	• 단동식과 복동식이 있음
	• 구성	• 기계틀, 기동장치 및 공이(Hammer)
	• 특징	• 비교적 좁은 장소에서도 작업이 가능 • 최근 가장 널리 쓰이는 기계로 타격에너지가 크다.
Steam Hammer	• 구성	• 증기압을 이용해서 타입하는 기계 • 실린더, 피스톤, 자동증기주작 벨브 등으로 구성
	• 형태	• 기계가 완전히 말뚝머리에 올려져 있어 말뚝머리 파손이 적다.

(3) 타격공법의 특징

① 시공속도가 빠르고 시공이 용이하다.

② 시공에 유의하면 양호한 품질의 말뚝기능을 얻을 수 있다.

③ 소음, 진동을 수반하는 결점을 갖고 있다.

2) 진동공법

상하방향으로 진동이 발생하는 Vibro Hammer를 사용하여 박는 공법

① 말뚝 두부의 손상이 적다.

② 비교적 연약지반에서의 적응성이 풍부하다.

③ 경질층에서의 관입은 타격공법보다 떨어진다.

④ 소음, 진동을 수반한다.

⑤ RC 말뚝에서의 적용이 곤란하다.

3) 압입공법

유압기구를 갖춘 압입장치의 반력을 이용하여 말뚝을 압입하여 박는 공법으로, 압입하중의 측정에 의하여 말뚝의 지지력을 판정할 수 있다.

① 저소음공법으로 소음 진동이 없으며, 기름 · 연기의 비산이 없다.

② 말뚝두부의 손상이 없다.

③ 대규모 반력장치가 필요하다.

④ 램 낙하고 조절이 가능하다.

⑤ 기동성이 좋지 않다.

⑥ 비교적 연약지반에서만 적용가능하다.

4) Water Jet 공법(수사법(水榭法)

모래층, 모래 섞인 자갈층, 진흙층에 고압으로 물을 분사시켜 마찰을 제거함으로써 말뚝을 관입시키는 공법. 느슨해진 사질토층에 적용가능하다.

① 소음, 진동이 적다.

② 물러진 지반의 복구가 어려우므로 재하를 목적으로 하는 말뚝에는 사용할 수 없다.

5) 중공굴착공법

말뚝의 중공부에 스파이럴 Auger를 삽입하여 굴착하면서 말뚝을 관입하고 최종단계에서 말뚝선단부의 지지력을 크게 하기 위하여 타격처리나 시멘트 밀크 등을 주입하여 처리하는 공법이다.

① 대구경 말뚝에 적합한 공법으로 말뚝파손이 없으며 지질판단이 용이하다.

② 스파이럴 오거로 굴착하기 때문에 경질층 제거가 용이하다.

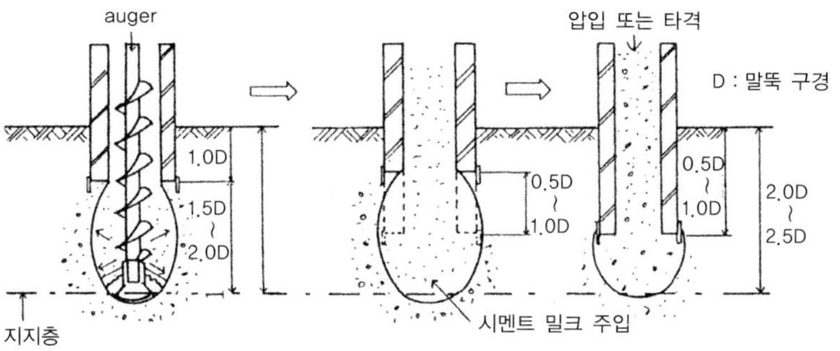

그림 5-11 중공굴착공법 시공순서

6) Pre-Boring(선행굴착)공법

오거(Auger)로 구멍을 미리 뚫어 기성말뚝을 구멍에 넣은 다음 1~3m 타격관입시키거나 구멍바닥에 콘크리트를 타설한다.

(1) Soil Cement Injected Precast Pile 공법

① 개요

SIP 공법은 토질 및 기초공학에서는 깊은 기초(deep foundation) 공법

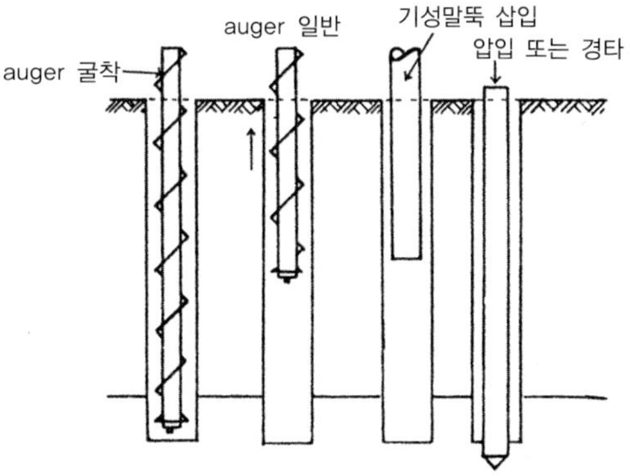

그림 5-12 Pre-boring 공법

으로 분류하고 있으며, 기초 공법 중 가장 안정된 공법으로 평가받고 있다. 본 공법은 오거장비로 소요 말뚝의 구경보다 10cm 정도 크게 굴착하며 오거비트를 통행 시멘트 페이스트와 벤토나이트를 배합한 용액을 주입하여 공벽을 보호하면서 설계심도까지 굴진한다. 지지층 부근에서는 부배합의 시멘트 페이스트를 주입하여 원지반 토사와 충분하게 교반함으로써 확장된 선단 지지층을 형성한다. 교반작업이 완성되면 기성말뚝을 자중에 의해 공의 내부로 압입한 이후 선단부 1.0m~1.5m을 햄머에 의해 타입시키는 공법이다.

② 특징

㉠ 소음, 진동이 적다.

㉡ 중간층에 다짐 불능한 전석층이 있어도 시공이 가능하다.

㉢ 말뚝머리 파손이 적다.

(2) D.R.A(Double Rod Auger, Double Rod Auger & Injected Precast Pile) 공법

① 개요

㉠ 한 개의 리더에 상부에 오거 스크루(Auger Screw Auger) 하부에 케이싱 스크류(Casing Screw)의 두개장비를 장착하여 상, 하로 자유롭게 움직이면서 천공작업(상호 역회전)을 수행함

㉡ Auger 중공부를 통해 압축공기를 주입하여 흙을 배토하고 소요 깊이에 도달하면 시멘트 페이스트를 주입하고 경타를 하여 말뚝을 설치하는 말뚝 공법

② 시공순서

㉠ 항타기 설치

㉡ 한 개의 리더에 설치된 Auger와 Casing가 각각 역회전하면서 동시 굴착

㉢ 천공 : 항타 가능한 토층까지 천공

㉣ Auger를 인발하면서 시멘트 페이스트 주입 및 교반

㉤ Casing 안으로 Pile 삽입

㉥ Casing 인발

㉦ 경타로 지지층 정착

③ D.R.A 공법의 특징

㉠ 저소음, 저진동 공사가 가능하다.

㉡ Auger Screw를 상단으로 올린 상태에서 크레인을 회전시켜 파일을 삽입하므로 별도의 서비스 홀이 필요 없어 작업능률이 높다.

㉢ 선단에 Bit를 부착한 Casing Screw 사용으로 실트층, 점토층, 연약층이나 모래, 자갈 등 퇴적토층, 자갈 및 전석층 등 모든 지층 굴착 가능

㉣ 사력층과 지하수가 있는 지층에서 공벽이 붕괴되지 않고 특히 지하수위가 높은 지반에서도 지하수에 영향을 받지 않는다.

㉤ Auger Screw와 Casing Screw가 동시에 선단지반을 굴착하므로 굴착효율이 높아 연암반까지 굴착함으로써 매우 큰 지지력 확보가 용이하고 배토되는 굴착토로 선단지지 지반의 확인이 가능하다.

㉥ 공벽이 붕괴되지 않으므로 항타 회수가 적어 소음 진동발생이 매우 적고 Casing Screw의 사용과 Cement Milk 충진으로 지반이 이완을 방지하여 큰 선단지지력과 수평지지력이 확보되며 세장비에 따른 말뚝 좌굴을 감소한다.

㉦ 상하 2중 Screw 방식으로 굴착하고 아울러 장비에 장착된 전자각도계(X, Y축)와 수동각도계, 수준기 및 광파측정기 등을 사용하여 굴착하므로 수직도가 양호하다.

㉧ 말뚝의 지지기반이 경사진 경우에도 암반층에 말뚝선단을 충분히 근입시킬 수 있어 말뚝선단이 회전하거나 미끄러지지 않는다.

㉨ 천공속도가 빠르며, 주로 모래, 자갈층으로 분포되어 있는 지질에서 Pile 천공시 Hole의 붕괴를 막고 풍화암에 근입 정착시킬 수 있고, 주변 도심지역의 소음 및 분진, 진동 등 민원예방에 적합한 공법이다.

(3) T-4 공법(비트, 에어햄머)

① 개요

㉠ 미국 잉가솔랜드에서 제작하여 판매하고 있는 천공용 시추장비.

㉡ 천공기 비트의 모델명으로 에어해머, 비트를 장착한 천공항타공법을 T-4로 불리고 있음

㉢ 국내에서는 정확한 장비명칭이 없어 T-4 사용하고 있음.

㉣ 해머와 비트는 단부에 공업용 다이아몬드를 사용함으로써 내구성, 고정밀도가 우수하여 작업능률 향상, 공기단축, 공사 비용 절감을 할 수 있음

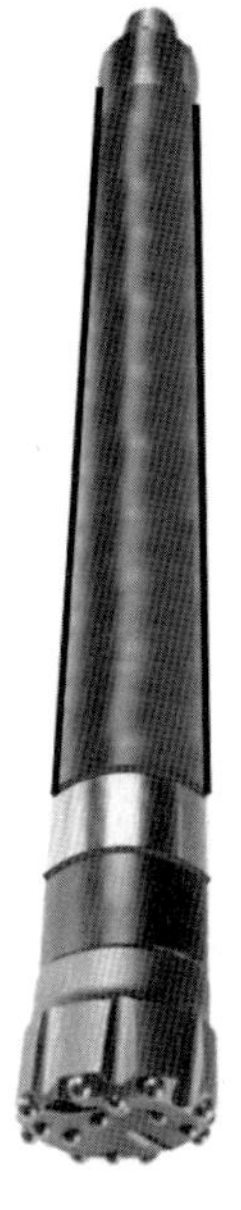

② 천공방법

㉠ 로타리 드릴로 회전과 타격에 의하여 암반과 같은 지반을 천공

㉡ Earth Auger 하단에 T-4햄머를 장착하고 고압의 압축공기를 사용하여 피스톤의 왕복운동으로 Hammer bit를 타격하여 천공함

㉢ 일반적으로 스크류 오거로 천공이 어려운 지반을 T-4비트로 천공

③ 장점

㉠ 공기압으로 Slime의 배출이 용이함

㉡ 공내 시멘트 페이스트 주입으로 지지력을 극대화 할 수 있음

㉢ 난지층 시공이 용이함

㉣ 거의 모든 지층의 천공이 가능하다.

④ 단점

㉠ 연약지반 천공시 작업효율 저하

㉡ 천공시 비산먼지 및 소음발생

㉢ 모래자갈층 및 자갈층의 천공시에는 공벽이 무너질 우려가 있음

5.5.3 타입공법의 종류별 특징

구 분	내 용
타입공법 (직타공법) (타격공법)	• 주변에 소음, 진동 등 건설공해의 민원제기가 없는 곳 • Pile의 지지력이 확보와 적정심도 유지가 가능하고, 지지층의 하부에 연약층이 없을 때(지층의 분포가 하부로 갈수록 안정된 지반) • 유압해머로 직항타 가능 심도 표준관입시험 N치 50/15층
S.I.P공법	• 작업방법 : (Auger의 굴착+교반) → 파일압입 → 직항타 • 민원이 우려되어 저소음, 저진동이 요구되는 곳 • 공벽이 붕괴되지 않을 때 Pile을 지지층 근입하는 방법 • Auger의 굴착 가능심도는 표준관입시험 N치 50/8~50/6 지층
D.R.A공법	• 작업방법 : Auger의 굴착 → 인발 → 파일자유낙하 → 시멘트 페이스트 주입+경타 • 저소음, 저진동 공법 • Auger의 굴착 심도는 S.I.P와 동일하게 산출 • 지지층 중간에 사력층이 있는 경우 지하수 및 피압수 등으로 공벽 붕괴를 방지목적
T-4해머	• 작업방법 : T4 All Casing 굴착 → 파일자유낙하 시멘트 페이스트 주입 → 경타 • SIP+T-4 굴착, SAIP+T-4굴착 • 지지층 중에 전석층이 분포하는 경우 • Pile의 심도가 적정하게 확보되어야 하는 경우

5.5.4 기성 PC말뚝 항타 시공방법

1) 시항타

시험말뚝은 말뚝박기에 앞서 말뚝길이결정 · 허용지지력추정 · 항타장비 선정 · Hammer의 용량확인 · 이음방법 결정 · 작업방법 등을 조사하는 시험으로, 실제 말뚝과 동일한 조건으로 시행한다.

① 시험말뚝의 시공목적 : 말뚝의 허용지지력, 토질상태, 말뚝길이, 시공시간 및 계획한 시공기계의 적합 등의 확인

② 시험말뚝, 시공기계 및 장치는 원칙적으로 실제 말뚝박기(본항타)에 사용 예정의 것을 사용한다.

③ 시항타의 간격은 15m 이내가 되도록 감독원 입회하에 위치, 길이 및 관입량에 대한 지시를 받고 시행하되 지반 상태가 불규칙하여 설계심도와 상이할 경우 전반적인 지반상태의 파악이 가능하도록 시항타 본수를 적절히 조절 시행하여 본항타 파일의 길이를 결정하여야 한다.

④ 시험말뚝 시공기록은 정확하게 기록하여야 한다.

⑤ 시험용 말뚝은 3본 이상 수직으로 박으며, 말뚝공이의 중량은 말뚝무게의 1~3배로 한다. 떨공이의 낙하고는 가벼운 공이일 때 2~3m, 무거운 공이일 때 1~2m 정도로 한다.

⑥ 연속적으로 박되 휴식시간을 두지 말고, 소정위치에 도달하면 무리하게 박지 않는다.

⑦ 최종관입량은 5회 또는 10회 타격한 평균값으로 한다.

그림 5-13 오거공법

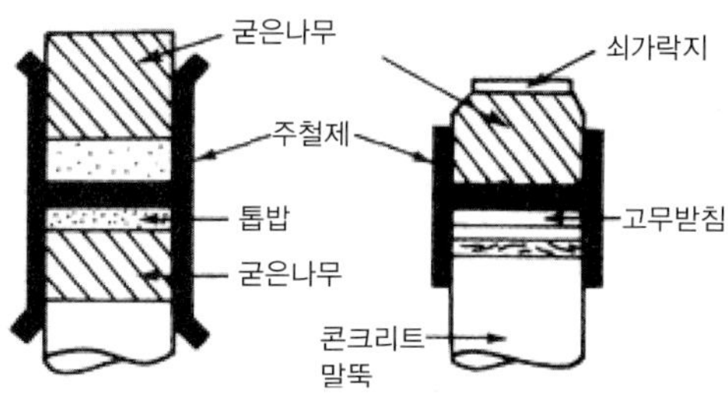

그림 5-14 콘크리트 말뚝 모양

2) 본항타

항 목	내 용
① 말뚝머리보호	• 말뚝머리 보호조치를 KSF 7001에 따라 시행한다. (그림 5-14 참조)
② 디젤햄머	• 디젤해머로 항타를 시작할 때에는 램을 수회 공타해서 관입방향을 확인한다.
③ 유압해머	• 초기 항타단계에는 낙하높이를 10~20cm 정도로 하는 것이 좋다.
④ 드롭해머	• 말뚝은 흔들리기 쉽기 때문에 말뚝 경사나 좌굴 등이 발생할 우려가 있으므로 초기 관입 시에 신중해야 한다. • 드롭해머의 낙하 높이는 원칙적으로 1m 이하로 한다. • 이것은 타격에 의해 말뚝이 파손되지 않고 안전하게 소정의 심도까지 관입시키기 위함이다. • 타격에너지가 같더라도 가벼운 해머로 1m가 넘는 항타 높이에서 항타하면 파손 우려가 있기 때문이다.

항 목	내 용
⑤ 연약지반항타	• 작은 낙하 높이로 타격해야 한다.(말뚝에 인장력이 작용할 때가 있다. 특히 긴 말뚝이나 중간의 비교적 단단한 지층을 뚫고 시공하는 경우에 말뚝에 균열이 발생하는 수가 있으므로 작은 낙하 높이로 타격해야 한다.) • 인장력에 강한 프리스트레스가 큰 말뚝을 사용하는 등 설계 시에도 충분한 주의가 필요하다.
⑥ 항타방법	• 항타 작업중 중간에 중지하면 시간의 경과와 함께 주변마찰이 증대되어 항타가 곤란해지는 일이 있으므로 타격을 시작하면 연속항타 유지가 좋다. • 소정의 관입깊이와 관입속도로 정확한 위치에 수직으로 타입하고 말뚝이 소정의 깊이에 도달하면 그 이상 무리하게 박지 않는다. • 항타시 인접한 말뚝이 솟아오를 경우는 말뚝을 재항타하여 원지점 이하까지 다시 박는다.
⑦ 허용편차	• 파일의 위치 허용편자는 150mm 이하로 하고 기초보강 없는 허용한계는 75mm 이하로 하며 수직에 대한 허용경사도는 말뚝길이의 1/50 이하로 한다.
⑧ 전석층항타	• GL.4.0m 상부에서 전석에 의해 계속항타가 불가능한 경우 전석을 제거하고 되메우기를 한 이후 말뚝을 항타한다. • GL.4.0m 또는 그 이하에서 전석에 의해 계속항타가 불가능한 경우는 뽑아내거나 절단하여 다시 새로운 말뚝 1본을 1m 주위에 추가 항타하여 최종 침하량이 공사기술시방서에 만족할 때까지 항타한 후 완료한다.
⑨ 관입깊이측정	• 타가 완료되면 말뚝 표면에 표시되어 있는 길이를 확인하여 항타깊이를 측정해야 하고 말뚝 선단부는 랜턴 등으로 육안 검측해야 한다.
⑩ 말뚝선단보강	• 말뚝 밑끝에는 쇠신을 신기고 윗머리에는 보강철물을 대기도 한다. • 박을 때 추의 타격을 무르게 하고 소음(騷音)을 방지할 목적으로 말뚝 상부에 굳은 나무나 헌 타이어 등으로 패킹(Packing)을 설치한다. • 9m 이상의 긴 말뚝은 달아매어 세울 때 자중으로 부러질 우려가 있으므로 2개소 이상 매어야 한다. • 최근에는 P.S. 콘크리트 말뚝(Prestressed Conerete Pile)이 많이 쓰이기도 한다.

3) 최종관입량

① 최종관입량은 자립식의 측정대 또는 자동항타검측기 등을 사용하여 정밀하게 측정하여야 하며 최종관입량의 산정은 특기가 없는 한 아래의 기준 타격회수의 평균값으로 한다.

㉠ 일반 풍화토 : 10회

㉡ 사질섞인 지반 : 15회

㉢ 점토섞인 지반 : 20회

② 디젤해머의 표준용량은 램중량 3.5ton을 표준으로 하며 최종관입량은 5mm 이하로 한다.

4) 시공기록

시공 완료 후 항타기록 및 기초 시공기록을 확보하여 지지력 확인 등 시공관리를 해야 하며, 이때 사용되는 기록용지 양식은 그림 5-15와 같다.

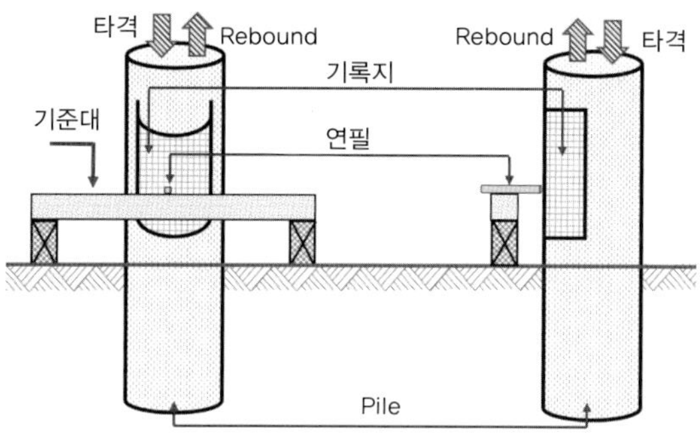

그림 5-15 타격시의 기록 방법

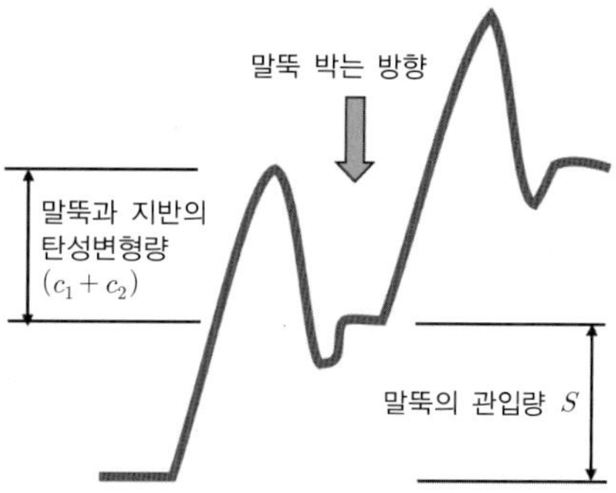

그림 5-16 관입량과 리바운드 측정 예

〈표 5-3〉 항타 기록용지

측정 말뚝 번호	시공 일자	최종 관입 깊이	타격종료 시의 10회 타격시			최종 타격시 리바운드량 (cm)	말뚝경사나 파손상태	동적 지지력	시공시간	
			해머 질량(tf)	해머의 평균 낙하고(m)	평균 관입량(cm)				이음용접	타격

5) 시공시 유의사항

① 중간에 전석층, 호박돌 등이 있을 때는 타격에 주의한다.

② 타격방향이 수직을 유지토록 한다.

③ 보관, 운반 시 주의한다.

④ 두부처리 철저→방수, 정착길이

⑤ 이음매 처리를 철저히 한다.

㉠ 이음형식－상하부 끼워 잇기 또는 장부식 이음

㉡ Steel Band 용접－용접 이음

㉢ Ring 설치 Bolt 이음－볼트식 이음, 충진식 이음

6) 말뚝의 이음공법

① 장부식 이음(Band식 이음)

㉠ 이음부에 Band를 채워서 이음하는 공법

㉡ 구조가 간단하여 단시간 내 시공 가능

㉢ 타격시 <형으로 구부러지기 쉬우며, 강성이 약해 연결부위 파손율이 높음

② 충전식 이음

㉠ 말뚝 이음부의 철근을 따내어 용접한 후 상하부 말뚝을 연결하는 Steel Sleeve를 설치하여 Con'c로 충진하는 방법으로 일반적으로 많이 쓰이는 공법이다.

㉡ 압축 및 인장에 저항할 수 있으며, 내식성이 우수하다.

㉢ 이음부 길이는 말뚝직경의 3배(3D) 이상이다.

③ Bolt식 이음

㉠ 말뚝 이음부분을 Bolt로 죄여 시공하는 방법으로 시공이 간단

㉡ 이음내력이 우수하나 가격이 비교적 고가

㉢ Bolt의 내식성과 타격시 변형 우려

④ 용접식 이음

㉠ 상하부 말뚝의 철근을 용접한 후 외부에 보강철판을 용접하여 이음하는 방법

㉡ 설계와 시공이 우수한 가장 좋은 방법으로 강성이 우수

㉢ 용접부분의 부식성이 문제

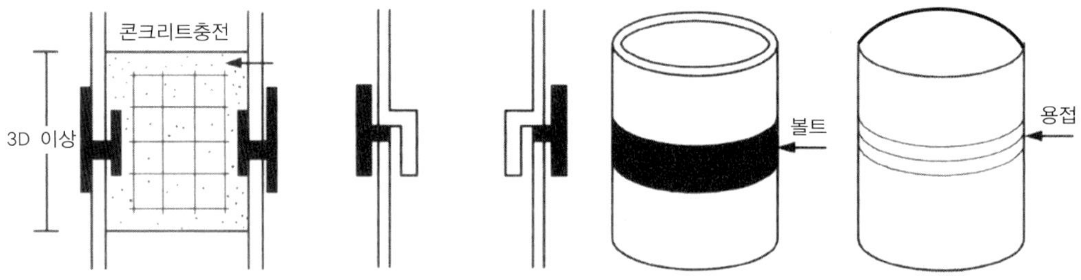

그림 5-17 말뚝의 이음공법

5.5.5 원심력 고강도 프리스트레스트 콘크리트말뚝(PHC말뚝)

1) 개요

고성능 감수제 등을 첨가하거나 고온고압 증기양생(오토클레이브 양생) 혹은 그 양자를 이용하여 만든 고강도콘크리트에 프리스트레스를 도입하여 제조한 말뚝으로 설계기준강도 800kgf/㎠ 이상의 것을 말한다. 말뚝의 직경은 30~80cm이고, 길이는 7~15m까지로 할 수 있다.

① 허용축방향 하중이 크다.

② 재령 1~2일 정도에서 사용할 수 있다.

③ 타격에 강하다.

④ 휨에 대한 저항력이 크다.

⑤ 경제적인 설계가 가능하다.

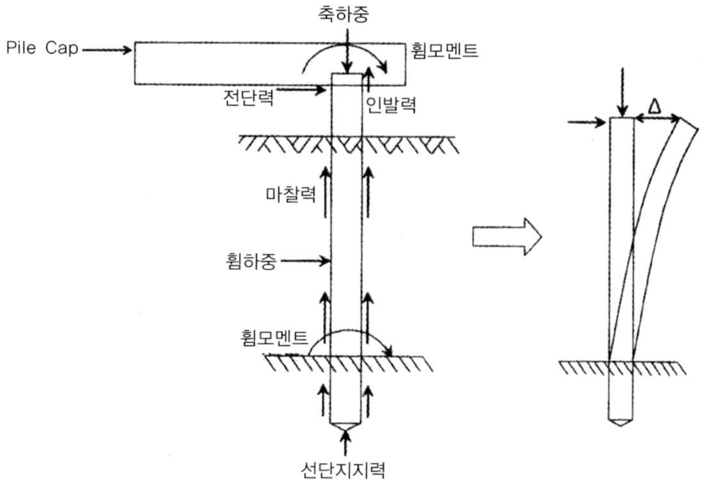

그림 5-18 말뚝에 가해지는 하중

그림 5-19 제조과정 중인 PHC 말뚝

그림 5-20 제조과정(양생) 중인 PHC 말뚝

2) 말뚝의 품질기준

(1) 말뚝

말뚝 본체는 원심력을 응용하여 만든 콘크리트의 압축강도가 80MPa 이상의 프리텐션(Pretension)방식에 의한 프리스트레스트 고강도콘크리트말뚝이어야 한다.

(2) 이음부

① 뚝의 이음부는 몸체와 동등 이상의 성능을 가진 구조이어야 한다.

② PC강재의 단부는 이음부에서 반드시 이음철물에 정착시켜야 하며, 이음철물에 정착

되지 않고 관통되어 절단된 상태가 되어서는 안 된다.

③ 이음부터 끝 면은 고강도 말뚝의 축선에 대하여 직각이어야 한다.

④ 고강도 말뚝을 이을 때 이음부 철물 상호간에 바깥지름의 차는 2mm 이하이어야 한다.

(3) Shoe

① PHC말뚝 선단부 Shoe Type는 Flat Type을 사용해야 한다.

② Flat Shoe의 강판두께는 다음과 같은 성질과 동등 이상이어야 한다.

Pile구경	강판두께
PHC Pile ϕ300~ϕ450	9mm 이상
PHC Pile ϕ500~ϕ600	12mm 이상

(4) 캡(Cap) 및 보조항타 Pile

① 캡은 완충재를 붙여야 하며 완충재는 해머에 따른 면 캠버(Camber)와 말뚝에 따른 면쿠션으로 되어 있다. 캔버 및 쿠션은 캡의 축과 직각이어야 한다.

② 캡의 구조는 타격력에 충분히 견디는 강성의 것을 사용한다.

③ 캡 내경과 말뚝의 경과의 여유가 적당해야 한다.

④ 말뚝 중공부에 토사 또는 물이 유입되고 있는 경우 구멍을 메우지 않고 타격을 하면 말뚝에 커다란 내압이 가해지므로 캡 집게 및 완충재에 압력을 빼는 구멍을 뚫어야 한다.

(5) 쿠션재는 두께 50mm 정도의 견고한 목재를 사용하거나 또는 합판쿠션(8~12mm 2~5장)을 겹쳐서 사용해야 한다.

(6) 말뚝 세우기

① 말뚝은 설계도면 및 시공계획서에 따라 정확하게 세워야 하며 세우기 위해 이동할 때에는 충격을 주지 않아야 한다. 또한 경사면과 요철이 심한 곳에 세울 경우에는 중심위치에 구멍을 파는 등 적당한 고정방법을 강구해야 한다. 세운 후 수직도 검측은 서로 다른 두 방향에서 시행하는 것이 좋다(X-Y 양방향).

② 말뚝을 세울 때 매다는 위치는 말뚝 선단부의 3/10 지점에 Wire Rope를 걸어 세운다.

(7) 말뚝 항타

① 말뚝이 비교적 근접한 간격으로 항타할 때 인접말뚝의 융기현상을 관찰하고 융기가 일어나는 말뚝은 재항타하여 요구되는 지지벽 및 소요높이가 되도록 원상태로 복구시켜야 한다.

② 말뚝이 손상되었거나 잘못 위치되어 선열을 벗어난 말뚝은 철거하거나 절단하여 새로운 말뚝으로 대치하여야 한다.

③ 디젤해머로 항타된 말뚝의 최종관입량은 8mm 이내가 되도록 하며, 말뚝의 예상치 않은 원인이나 변경사항이 발생하지 않는 한 소요관입길이, 요구되는 말뚝선단 깊이 또는 지지층 깊이까지 중단없이 항타되어야 한다.

5.5.6 PHC 말뚝의 두부정리

1) 개요

두부정리 방법은 말뚝의 PC강재나 이형철근을 필요길이를 남기고 브레이커로 파일의 콘크리트를 제거하는 방법과 두부를 잘라 고르게 하는 경우로 나눌 수 있다. 브레이커 사용시 절단부 주위에 밴드를 설치하여 파일에 균열 등의 손상이 발생하지 않도록 한다.

파일말뚝머리 처리는 Breaker로 깎아내는 것이 주체가 되고 종래의 충격에 의한 말뚝머리 처리는 철근을 세게 누르기 때문에 말뚝에 세로로 균열이 생긴다. 이러한 현상은 말뚝의 내력이 저하되는 위험성이 있거나 진동 · 소음이 발생되는 문제를 안고 있었다.

2) 말뚝 전단방법

① 말뚝 강선 노출방법 (외압방식)	• 외압방식 • 유압실린더나 콘크리트 브레이커 장비를 이용하여 파일에 많은 구멍을 뚫고 콘크리트 해머로 파일을 부수어 정리하는 방법 • 충격이 PC 강재 등에 힘이 전달되면 본체에 세로균열이 발생됨.
② 말뚝 강선 절단방법 (다이아몬드 커터방식)	• 다이아몬드 Cutter에 의하여 말뚝 머리를 잘라서 고르게 하는 방법으로 말뚝 강선이 절단된다. • 말뚝본체에 유해한 균열이 발생되지 않는다.

3) 두부정리 작업순서(강선노출방법)

① 측량 및 마킹 : 두부정리 Level을 표시한다(버림콘크리트 두께+100mm)

② 절단 : 15mm 깊이로 Saw Cutting을 실시한다.

③ 압쇄 : 유압자키를 이용하여 Level 상부를 파쇄한다.

④ 파쇄 : 큰망치로 Level 표시까지 파쇄한다.

⑤ 강선절단 : 강선을 필요만 만큼 남겨두고 강선을 절단한다.

⑥ 잔다듬 : 잔망치로 파일 상부면을 평탄하게 정리한다.

⑦ 강선정렬 : 강선을 정렬한다.

4) 유의사항

① 파일에 유해한 충격 및 손상을 주지 않는 기구를 사용한다.

② 세로균열이 발생하지 않도록 유의한다.
③ Saw Cutting 작업시 PC강선이 절단되지 않도록 한다.
④ S.I.P공법은 항타 후 최소 2주 경과 이후 두부정리를 실시한다.
⑤ 설치 완료시 두부의 수평방향 허용오차는 D/4(D=말뚝직경)와 100mm중 큰 값 미만
⑥ 말뚝머리 절단시 PC강선이 손상이 없도록 한다.

5) 두부절단기 사용

(1) 말뚝 두부절단기의 특징

절단과 두부정리기능을 함께 수행하도록 설계되었는데 굴착기 또는 백호우의 부움(Boom)에 절단기를 부착함으로써 절단기는 하이드로릭 레버(Hydraulic Lever)의 작동에 의해 계획된 지점에 위치한다.

다음절차는 보강철근의 배치를 손상시키지 않으면서 콘크리트를 절단 할 수 있도록 특별히 고안된 칼날(Blade)을 부착시키는 것이다. 콘크리트 파괴와 철근띠의 노출은 두부에서 최종 절단위치까지 200mm의 간격으로 내려오면서 이루어진다.

(2) 말뚝 두부절단기의 장점

① Hair Crack, 균열이 생기지 않으므로 절단면을 손상시키지 않는다.
② 기성말뚝으로써 지지력의 신뢰성을 확보할 수 있다.
③ 파일 속의 철근도 동시에 절단할 수 있다.
④ 중량은 모터가 약 7kg, 고정링도 직경 600mm용이며 25kg으로 경량이다.
⑤ 에어모터로 인한 소음이 적다 등을 들 수 있다.

6) 두부정리 방법

(1) 말뚝 강선이 노출시

말뚝이 지정바닥레벨에서 연결철근 길이 이상으로 남아있을 때 두부정리 방법으로 그 내용은 다음과 같다.

① 버림 콘크리트 위 6cm 남기고 콘크리트만 절단
② 연결 Joint 철근은 30cm 이상 확보(파쇄 후 30mm 이상 여장길이 확보)
③ 내부 받이판은 Pile 직경의 1/2(0.5D)되는 밑지점에 둘 것
④ 콘크리트 절단점의 10cm 아래에 Band 조여 Crack 방지
⑤ 강선을 수직으로 세움

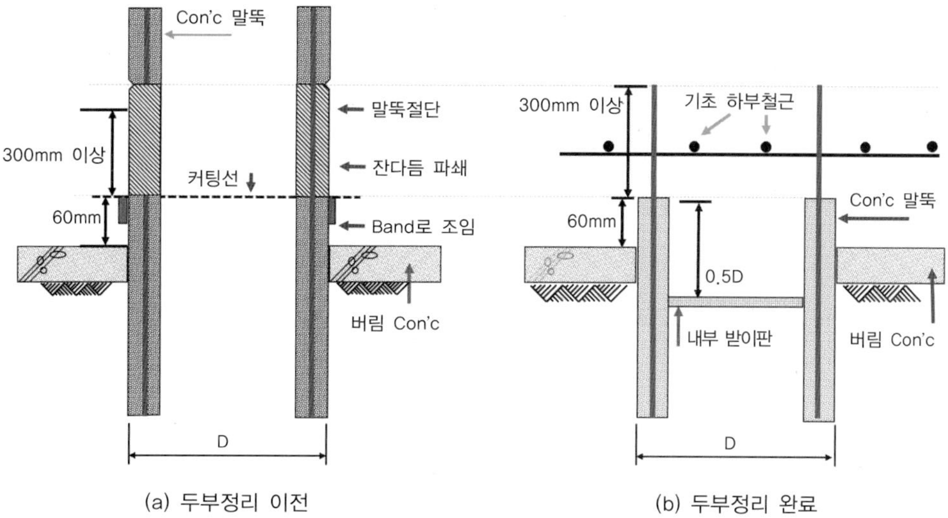

(a) 두부정리 이전 (b) 두부정리 완료

그림 5-21 말뚝 두부정리

(2) 말뚝길이가 짧을 때

말뚝 두부위치가 기초바닥 레벨 보다 낮은 경우이며, 말뚝 강선을 절단할 경우와 말뚝 강선이 노출될 경우로 나누어 볼 수 있으며, 두부정리 방법으로 그 내용은 다음과 같다.

① 두부 위치가 기초바닥 레벨보다 낮은 경우

㉠ 말뚝이 짧을 때는 기초의 깊이를 낮추어 설계도서 또는 시방규정에 적합하게 보강

㉡ 보강철물은 P.C pile 본체 철근길이 이상으로 배근한다.

㉢ Joint 철근은 밑창 콘크리트면 위로 30cm 이상 배근한다.

㉣ 말뚝머리 주근의 수직도는 30° 이내 벌려서 기초 속에 매립

㉤ 내부 받이판은 Pile 직경의 1/2(0.5D)되는 밑지점에 둘 것

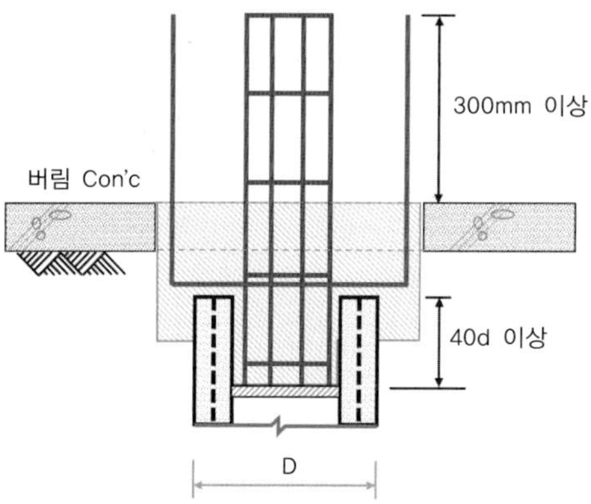

그림 5-22 말뚝강선 절단시

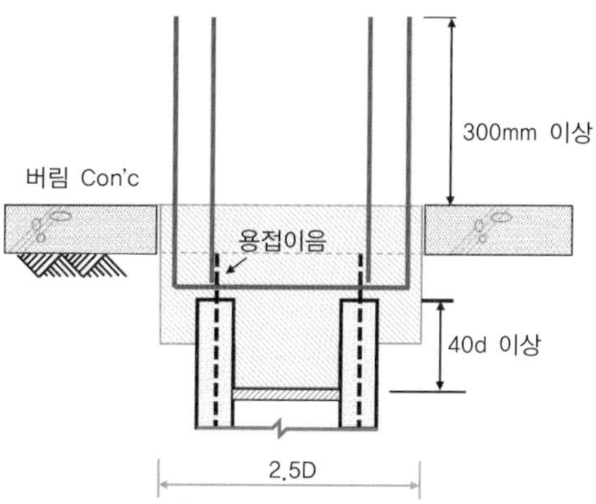

그림 5-23 말뚝강선이 노출된 경우

② 두부 위치가 기초바닥 레벨보다 높으나 연결강선이 부족한 경우

파일이 짧은 경우, PC 강선이 길이가 짧은 경우, 보강철근 설치하는 경우는 다음과 같다.

㉠ 내부 받이판을 설치하고 철근을 파일내부에 보강철근을 배치한다.

㉡ 파일두부 정리를 하여 강선을 노출시킨 다음 철근을 배근하고 용접이음을 한다.

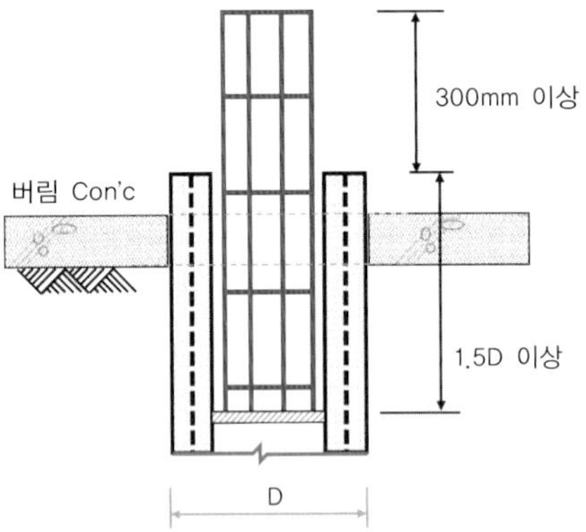

그림 5-24 말뚝강선 절단시

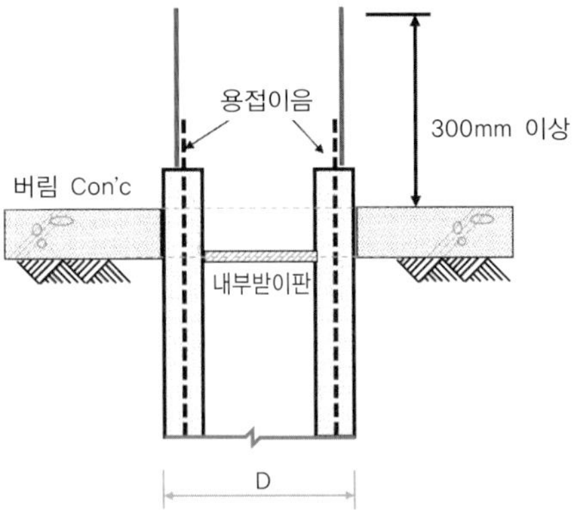

그림 5-25 말뚝강선이 토출된 경우

그림 5-26 말뚝두부정리 이전

그림 5-27 말뚝두부정리 완료

5.5.7 기성콘크리트 말뚝의 두부파손

1) 개요

기성콘크리트 말뚝의 두부파손의 원인은 해머의 용량과다 및 말뚝 강도부족 그리고 편타에 의한 파손 등이 있다.

말뚝의 파손은 건축물의 수명에 절대적인 영향을 끼칠 뿐만 아니라 구조적인 불안전요소를 제공하기 때문에 말뚝재의 강도확보, 연직도확보와 두부파손을 방지하여야 한다.

2) 말뚝 파손 유형

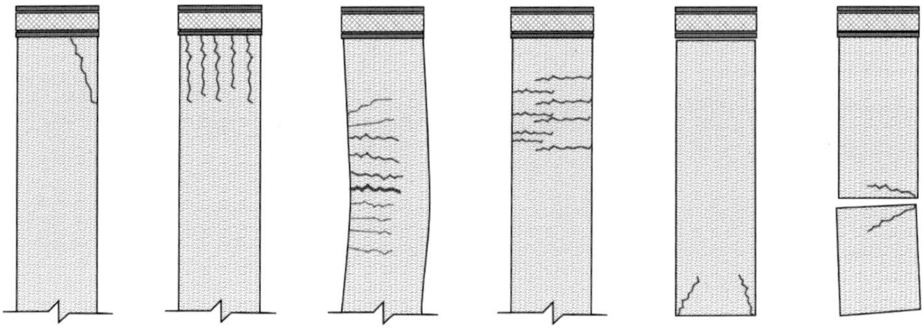

(a) 두부파손 (b) 종방향크랙 (c) 휨크랙 (d) 횡방향크랙 (e) 선단부 크랙 (f) 말뚝 이음부파손

그림 5-28 말뚝파손 유형

3) 파손원인 및 대책

파손원인	파손방지대책
① 말뚝 운반 및 취급 부주의	① 말뚝 운반 및 보관시 취급주의
② hamme의 용량과다	② 적정 Hammer의 용량선택
③ 말뚝 강도 부족	③ 말뚝의 강도확보
④ 편심항타	④ 편타 금지, 수직도 유지
⑤ Cushion 두께 부족	⑤ Cushion 두께 확보 및 보강
⑥ 이음부 불량	⑥ 이음부 용접 철저
⑦ 축선불일치	⑦ Hammer와 말뚝 축선 일치
⑧ 지반경사	⑧ 말뚝 박기 공법변경
⑨ 타격회수 과다	⑨ 타격에너지, 낙하고 조정

5.5.8 기성콘크리트 말뚝 지지력 판단

1) 개요

말뚝의 지지력은 선단지지력과 주면마찰력의 합을 말하며, 말뚝의 허용지지력은 말뚝 선단의 지지력과 주면 마찰력의 합을 안전율로 나눈 것을 말한다.

2) 허용지지력

$$R_a(\text{허용지지력}) = \frac{R_u(\text{극한지지력})}{F_s(\text{안전율})}$$

항 목	정역학적 공식	동역학적 공식	
		Sander	Engineering news 식
F_s(안전율)	3	8	6

3) 말뚝의 지지력 판단방법

① 말뚝 박기 시험(Rebound check, Pile driving test)
관입량과 Rebound check로 말뚝과 지반의 탄성 변형량 확인

② 말뚝재하시험(정재하시험, 동재하시험)

③ 표준관입시험

④ 지반의 허용응력도에 의한 방법

⑤ 토질시험에 의한 방법

⑥ 소음과 진동에 의한 방법
말뚝 박기 시 소음과 진동의 크기로 설계지지층 도달 유무 확인

⑦ Pre-boring시 전류계 지침에 의한 방법

5.5.9 말뚝 박기시험(Rebound check, Pile driving test), 시항타, 시험말뚝 박기

재하시험이 직접지내력시험인데 비하여 말뚝시험은 간접지내력시험이라고 할 수 있다. 지질조사 결과, 건물용도, 규모, 구조 등에 따라 말뚝시험이 적당하다고 생각될 때에 이 시험을 실시한다.

1) 시험방법

① 가이드 설치

② Rebound check Sheet(모눈종이)지 설치

③ 말뚝 최종 10회 이상의 타격시 타격에 의한 평균값으로 동적지지력 산출

2) 목적

말뚝박기시험에는 낙하법과 타격법이 있으며 시항타라고도 한다. 낙하법일 때에는 떨공이에 의한 자연낙하법으로 하고, 타격법일 경우에는 디젤해머나 단동공기추를 사용한다.
해머의 중량은 말뚝 중량의 1/2 이상으로서 통상 2~3배 정도로 한다.

① 말뚝길이 결정
② 말뚝관입량 결정
③ 이음방법의 결정
④ 지지력의 추정
⑤ Hammer의 용량 확인
⑥ 시공정도 check

3) 시험말뚝을 시공시 주의사항

① 시험말뚝은 실제 사용말뚝과 똑같은 조건으로 시공한다.

② 말뚝은 연속적으로 박되 휴식시간을 두지 않는다.

③ 공이가 떨어지는 높이는 가벼운 공이는 2~3m, 무거운 공이는 1~2m로 한다.

④ 소정의 침하량에 도달하면 그 이상 무리하게 박지 않는다.
⑤ 시험말뚝은 정확한 위치에서 수직으로 박는다.
⑥ 최종관입량은 5회 또는 10회 타격한 평균값을 적용한다.
⑦ 5회 타격 총관입량이 6mm 이하일 때를 거부현상으로 판단한다.

4) Rebound Check

① 말뚝이 50cm 관입할 때마다 측정한다.
② 말뚝이 약 3m 이내로 남았을 때는 말뚝관입량 10cm 마다 측정한다.
③ Hammer의 낙하고는 말뚝관입량 범위에서 평균낙하고 측정한다.

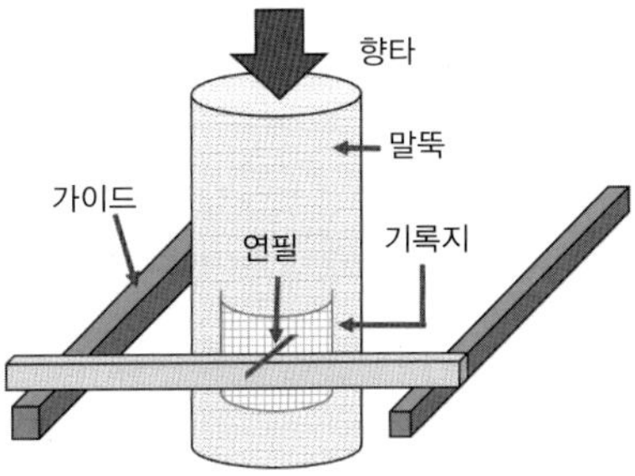

그림 5-29 시험말뚝(말뚝 박기 시험)

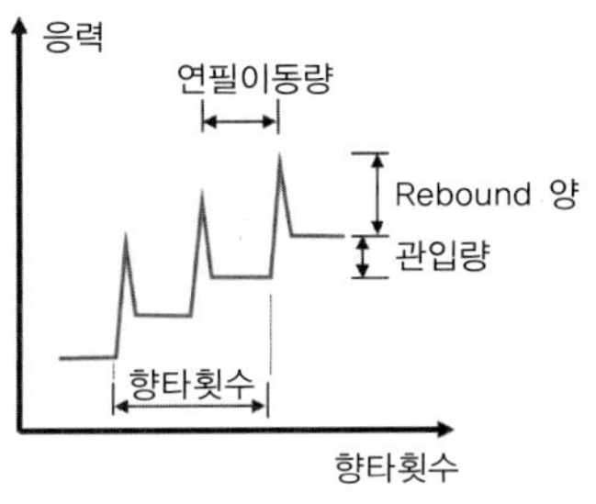

그림 5-30 관입량 및 Rebound 양

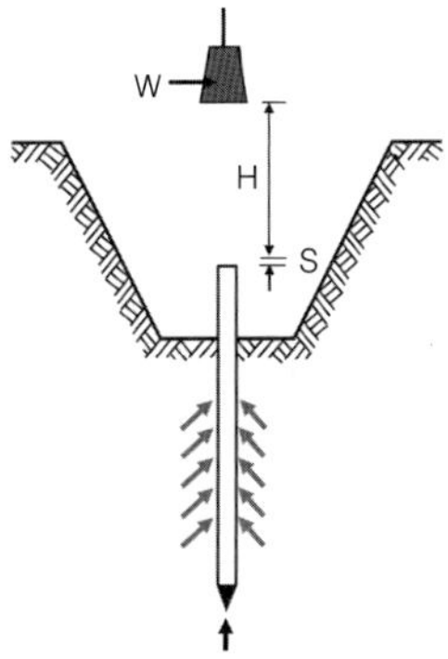

그림 5-31 시험말뚝

5) 최종관입량 측정

최종관입량의 측정은 말뚝박기가 최종단계에 근접한 시기에 말뚝에 용지를 붙이고 지상의 공정대에 설치한 연필로 기록을 한다. 말뚝의 허용지지력의 산정은 말뚝의 종류, 지반상황, 말뚝박기 기계의 종류에 따라 표와 같이 계산식이 다르다.

〈표 5-4〉 말뚝의 허용지지력의 산정식

	장기응력에 의한 지반의 허용지지력	단기응력에 대한 허용지지력
(1)	$R_a = \frac{1}{3} R_u$	장기응력에 대한 허용지지력의 2배로 한다.
(2)	$R_a = \frac{F}{5_s + 0.1}$	
(3)	$R_a = q_p A_p \frac{1}{3} R_F$	

상기 식 중에서 다음 (2)의 판정식이 가장 많이 사용되고 있다.

$$R_a = \frac{F}{5_s + 0.1}$$

여기서, R_a : 항타 공식에서 구해지는 허용지지력(t)

F : 해머의 타격 에너지(t · m)

디젤해머 : F : $2W \cdot H$

W : 해머중량(t)

H : 해머 낙하높이(m)

s : 말뚝의 최종관입량(m)

5.5.10 말뚝 재하시험

말뚝의 동적거동측정 및 해석 기술은 1964년 미국의 Case Western Reserve 대학에서 시작되었나. 이와 같은 연구의 목적은 현장에서 전자측정장비를 이용하여 말뚝거동을 측정하고 그 결과로부터 말뚝의 지지력을 산정하기 위함이었다. 말뚝 재하시험에는 하중-침하 관계로부터 지지력을 평가하는 정재하시험과 항타시 말뚝의 거동으로부터 지지력을 평가하는 동재하 시험이 있으며, 정재하시험은 고정하중에 의한 방법과 인장(반력)말뚝에 의한 방법으로 구분된다.

1) 말뚝재하시험의 분류

- 말뚝재하시험
  - 압축재하시험
    - 정재하시험
      - 수직재하시험
        - 고정하중 재하시험
        - 인장(반력)말뚝 재하시험
        - 지중 Anchor 재하시험
      - 수평재하시험
        - 쌍둥이 말뚝 수평재하시험
        - 외말뚝 수평재하 시험
    - 동재하시험
      - 초기항타
      - 재항타
    - 기타 새로운 개념의 시험
      - 정 · 동적재하시험
      - SPLT
      - 기타
  - 인발재하시험
  - 수평재하시험

2) 말뚝 정재하시험(말뚝 정역학적시험)

말뚝의 지지력을 구하는 방법 중 가장 신뢰할 수 있는 시험이 말뚝재하시험으로 말뚝을 설계깊이까지 설치한 이후 일련의 하중을 가하여 말뚝의 극한하중이나 허용침하량 이내에서 지지할 수 있는 하중의 크기를 구하는 시험이다.

(1) 정재하시험의 목적

기시공된 말뚝기초에 대하여 정재하시험을 실시하여 말뚝기초의 허용지지력을 설계하중과 비교하여 말뚝기초 시공의 안전성을 검토하는데 그 목적이 있다.

(2) 시험방법

시험단계	내 용
① 하중단계	8단계(설계하중의 25%, 50%, 75%, 100%, 125%, 150%, 175%, 200%)
② 재하하중 유지	최소 30분 유지 이후 침하량이 0.25mm/h 이하가 될 때까지(최대 2시간)
③ 재하종료	설계하중의 200%에서 침하량이 0.25mm/h 이하시 12시간 유지(이상인 경우 24시간 유지)
④ 재하하중	시험하중의 25%식 단계별로 1시간 간격으로 재하

(3) 측정

시간, 하중 그리고 침하량(변위량)을 측정한다.

(4) 분석

① 하중(P)－침하(S)곡선 분석

② 하중(P)－시간(t)－침하(S) 등의 관계곡선

③ $\log P - \log S$곡선 분석

④ $S - \log t$곡선 분석

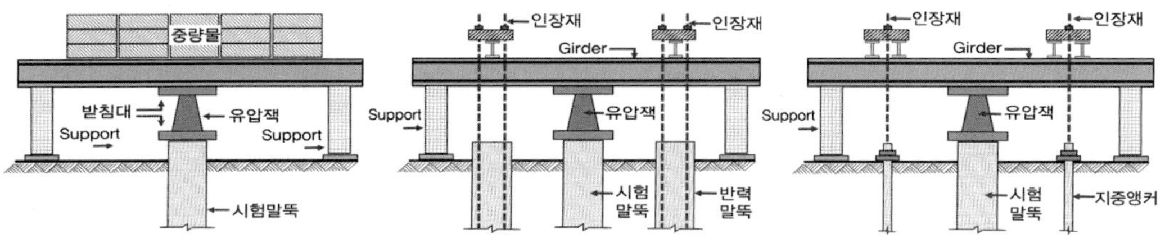

(a) 고정하중 재하시험 (b) 반력 Pile 재하시험 (c) 지중앵커 재하시험

그림 5-32 재하시험

3) 말뚝동재하시험(말뚝동역학적시험)

말뚝항타분석기(PDA, Pile Driving Analyzer)를 이용하여 항타작업으로 인한 말뚝의 변위와 가속도를 즉시 분석하여 항타기의 효율적인 작동과 말뚝에 작용하는 압축력, 인장력, 예상지지력 그리고 말뚝의 손상여부를 판단하는 시험을 말한다. 말뚝에 변형률계와 가속도계를 부착하고 말뚝 머리에 타격을 가함으로써 발생하는 응력파(Stress wave)를 분석하여 지지력을 측정하는 방법이다.

(1) 동재하시험의 목적

현장의 기초말뚝에 대한 지지력을 말뚝항타분석기(PDA, Pile Driving Analyzer)를 이용하여 측정하고 설계지지력과 허용지지력을 분석 제시함으로써 항타의 시공관리기준을 제시하고 항타시 기초말뚝의 건전도, 압축응력 및 지지력 등을 확인함으로써 최적의 시공관리와 허용지지력을 분석하여 구조물의 안정성을 확인하는데 그 목적이 있다.

(2) 특징

① 비용 및 소요시간 절감

② 말뚝관입 중간시험의 말뚝 지지력 측정가능

③ 말뚝의 파괴 위치, 깊이별 저항력 분포 측정 가능

④ 항타장비 적합성, 말뚝의 건전도 측정기능

⑤ 대구경 현장타설 말뚝이 재하시험 용이

(3) 시험 방법

시험단계	내 용
① 두부정리	시험말뚝 두부정리{지상부분의 길이가 3D(D : 말뚝지름)정도}
② 천공	게이지 부착을 위해 두부에서 1.5~2.0D 이하 지점 구멍천공
③ 게이지 부착	고강도 볼트 사용하여 변형율계, 가속도계 부착
④ 초기값 입력	항타분석기에 말뚝길이, 단면적, 탄성계수 등 초기값 입력
⑤ 보정계수 입력	가속도계와 변형율계의 보정계수 입력
⑥ 해머거치	말뚝타격 해버를 말뚝에 거치
⑦ 게이지 체크	게이지 점검 테스트 실시, 이상유무 확인
⑧ 측정	항타시 가속도계와 변형율계에 의한 힘과 속도를 측정

(4) 분석

① 항타분석기에 저장된 자료를 분석 프로그램을 이용하여 정밀 분석

② 측정된 파와 분석 재현된 파가 근접할 때까지 반복계산, Matching 이라고 함

③ 매칭의 정도는 가능하면 3 내외

④ 매칭정도가 수치상 표현이 가능하면 안전율 2.5, 불가하면 3.0

⑤ 극한지지력, 하중 침하량곡선

(5) 유의사항

① 동재하시험은 한 개의 동에서 제일 불리한 조건의 말뚝에 시행

② 게이지 설치시 볼트는 고강도 볼트 사용

③ 게이지 부착구멍의 크기, 말뚝표면과의 연직성 등은 시험결과에 큰 영향을 미치므로 주의

④ 측정을 위한 항타 시 편타가 발생하지 않도록 축선일치

⑤ 시험용 Hammer는 진동해머(Vibro Hammer)를 제외한 유압해머, 드롭해머 등 모두 사용 가능함

⑥ 시험용 Hammer는 시험하중의 1% 이상의 Ram 중량을 가져야 한다.

(6) 시험빈도

구분	시험방법	시험빈도
정재하시험	KS F 2445	구조물별 1회 말뚝 250본 당 1회
동재하시험	KS F 2591	구조물별 1회 말뚝 1~80본 : 2회 말뚝 81~160본 : 3회 말뚝 160본 초과 4회 이상

5.6 프리팩트파일(Pre-packed Pile) 설치공법

1) 정의

프리팩트 공법이란 소정의 위치에 구멍을 뚫고 콘크리트 또는 소일시멘트 파일을 만드는 제자리말뚝을 말한다. 기초지정공사, 흙막이벽, 차수벽을 형성하기 위해 프리팩트 파일을 설치한다.

2) 공법의 종류

(1) CIP공법(Cast in Place Pile)

(2) PIP공법(Packed in Place Pile)

(3) MIP공법(Cast in Place Pile)

3) 특징

장 점	단 점
① 무소음 무진동공법	① 지중에 형성되므로 지지층 확인 곤라한다.
② 굴착기계가 소형으로 협소한 장소 작업용이	② 경암반층에서는 시공이 곤란
③ 공사비가 저렴	③ 공벽 붕괴우려가 있으므로 이에 대한 관리가 필요
④ 지반여건에 따라 길이, 규격 조정이 가능함	

4) 시공시 주의사항

① 굵은 골재 및 모르타르 주입시 흙과 모래가 혼입되지 않도록 한다.

② 모르타르 주입 이전에 자갈에 물기가 없을 경우 물을 부처 자갈이 물에 잠기도록 한다.

③ 오거 선단에서 모르타르를 주입하는 경우 오거 밑바닥에 공극이 생기지 않도록 주의한다.

④ 모르타르 주입은 중단하지 않고 연속으로 타설한다.

⑤ 모르타르 주입시 상승 속도는 1m/분 이하로 한다.

⑥ 모르타르 주입관의 이음은 방수로하고, 관은 모르타르에 표면 이하에 매입한다.

⑦ 주입완료시 말뚝머리에 굵은 골재를 두께 500mm 이상 여분으로 둔다.

⑧ 나선 및 띠철근과 주근의 교차점은 결속선으로 고정시키고 주근의 길이 1m마다 점용을 한다.

5.6.1 CIP(Cast in Place Pile) 말뚝공법

1) 천공방법

어스오거 장비를 사용하여 소정의 위치까지 미리 말뚝구멍을 천공한다.

2) 말뚝형성

① 천공위치에 모르타르 주입관과 조골재를 충전한다.

② 조골재 속에 세운 모르타르 주입파이프를 통해서 유동성이 좋은 프리팩트모르타르를 주입하여 지지말뚝을 만든다.

③ 순환수 : 맑은 물 또는 벤토나이트 이수를 쓴다.

④ 굴착 깊이 : 30~40m 정도에서 500m까지 가능하다.

⑤ 지지층 말뚝 깊이 : 말뚝지름 이상 또는 1m 이상 되어야 한다.

⑥ 말뚝보강 : 철근콘크리트 말뚝을 조성할 경우 미리 제작해놓은 철근망을 조골재 투입 전에 말뚝 구멍에 세운다.

⑦ 말뚝장비 : 이 공법은 어스오거머신 외에 그라우트믹서, 그라우트펌프, 에어콤프레셔, 급수용 펌프 등이 필요하다.

3) 주의사항

① 표층 케이싱 설치

② 골재 균일하게 충전

③ 철근망 삽입과 모르타르 주입관은 동시에 설치
④ 공벽 붕괴 우려시 지반시공은 중단할 것

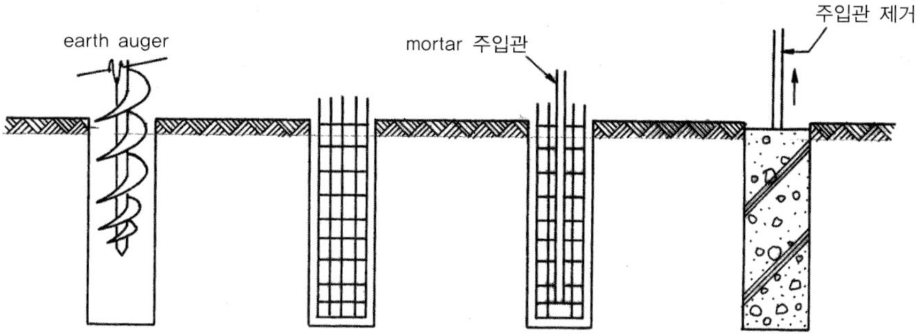

그림 5-33 C.I.P

5.6.2 MIP(Mixed in Place Pile) 말뚝공법

1) 목적 : 소일시멘트 말뚝형성
2) 천공방법 : 중공회전축의 선단에 날개모양의 커터를 부착시킨 드릴을 회전시키면서 천공
3) 말뚝형성 : 중공축의 선단에서 에멀전그라우트재(모르타르)를 사출시켜 지중의 토사와 함께 교반 혼합해서 소일콘크리트를 형성한다.
   토질이 사질층, 자갈층인 경우에는 모르타르말뚝, 콘크리트 말뚝에 가까운 조성품을 얻을 수 있어서 간이 기초말뚝으로써 이용할 수 있으므로 현장치기 콘크리트 말뚝의 특수공법의 일종이라고 할 수 있으나 현재는 이것을 연속적으로 겹쳐서 조성하여 지수벽 혹은 흙막이 벽으로 사용되고 있다.
4) 주의사항
   ① 굴착시 공벽붕괴 우려
   ② 수직도 관리 철저골재 균일하게 충전

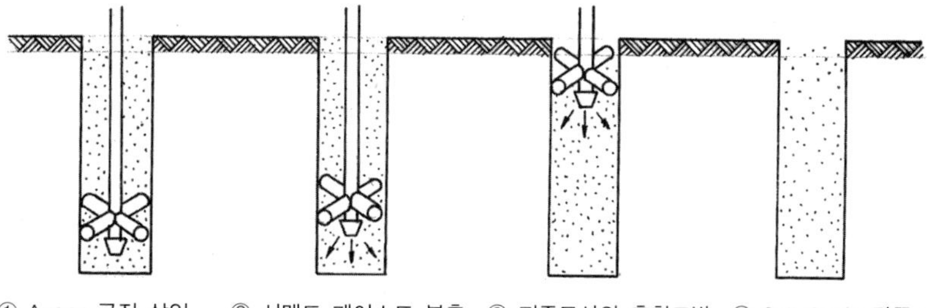

그림 5-34 M.I.P

5.6.3 PIP(Packed in Place Pile) 말뚝공법

1) 목적 : 모르타르 현장타설말뚝 생성
2) 장비구성 : 중공의 오거샤프트(Auger Shaft)+두부에 구동장치를 부착
3) 천공방법 : 이 장치 전체를 틀에 매달고 소정의 깊이 혹은 견고한 지반에 닿을 때까지 지중에서 회전하면서 지중에 삽입하고
4) 말뚝형성 : 모르타르를 오거축의 중공을 통해서 압입하면 서 오거를 끌어올려 모르타르의 현장치기 말뚝을 조성함.
5) 말뚝보강 : 오거를 끌어올린 뒤 바로 따로 조립한 바구니모양 철근 혹은 형강 등을 이 모르타르말뚝 속에 삽입하여 말뚝을 완성시킨다.
6) 슬라임의 세거 : 선단지반의 이완 등의 문제가 없어 지지말뚝으로써 사용되나 최근은 PIP말뚝을 연속해서 타설하여 주열식 지하연속벽으로 사용된다.
7) 주의사항
   ① 주입효과를 높이기 위해 일정한 간격 유지
   ② 오거를 빼는 즉시 철근망 또는 H-Beam 설치

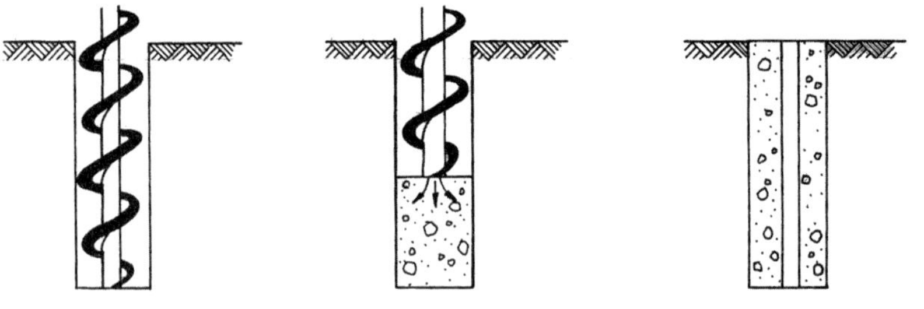

① Screw auger 삽입 ② 프리팩트 mortar 주입 ③ 철근망 또는 H형강 압입

그림 5-35 P.I.P

5.6.4 SIP(Soil Cement Injected Precast) 말뚝공법

1) 천공방법

① 오거장비를 사용하여 소요말뚝 구경보다 직경은 10cm정도 크게 하여 천공한다.
② 굴진시 오거빗트를 통해 Cement Paste와 Bentonite를 혼합한 용액을 주입하여 공벽을 보호하면서 설계심도까지 굴진한다.

2) 말뚝형성

① 지지층 부근에서는 부배합의 Cement Paste를 주입하여 원지반토와 충분히 교반함으로 해서 확장된 선단지지층으로 사용할 수 있게 한다.

② 교반작업이 완료되면 기성말뚝을 자중에 의해 공의 내부에 삽입한 다음 선단부 1.0~1.5m를 햄머에 의해 타입시킴으로 말뚝선단부가 이완되지 않고 오히려 더욱 조밀해지도록 하는 효과를 얻는다.

③ 이렇게 함으로써 말뚝선단부의 지지력이 증대될 뿐만 아니라 말뚝 주변의 마찰력이 타입말뚝보다 오히려 크게 나타나 말뚝 본체의 지지력을 100% 발휘할 수 있게 된다.

④ 또한 말뚝의 선단이 개구식인 경우 말뚝 내부에도 Soil Cement로 충진되어 말뚝의 유효단면적이 확대되므로 말뚝 자체의 강성에도 더욱 양호한 효과를 주며 말뚝에 가해지는 충격응력이 작아 품질관리면에서도 우수하다.

⑤ 뿐만 아니라 소음 및 진동이 작아 도심지에서의 작업이 가능하며 지지층까지의 관입이 확실하여 하자발생의 원인이 거의 없다.

3) 주의사항

① 스크루오거(Screw Auger) 및 리더(Leader)의 수직도 확인 후 굴착

② 굴착액을 주입하며 중간지층 굴착

③ 지지층을 확인하고 설계심도까지 굴착

④ 근고액을 주입하며 오거로 수회 수m, 상하왕복 교반

⑤ 충진액을 주입하며 오거 인발

⑥ 파일을 자중에 의해 침설

⑦ 항타장비로 경타하여 허용오차 이내까지 타입

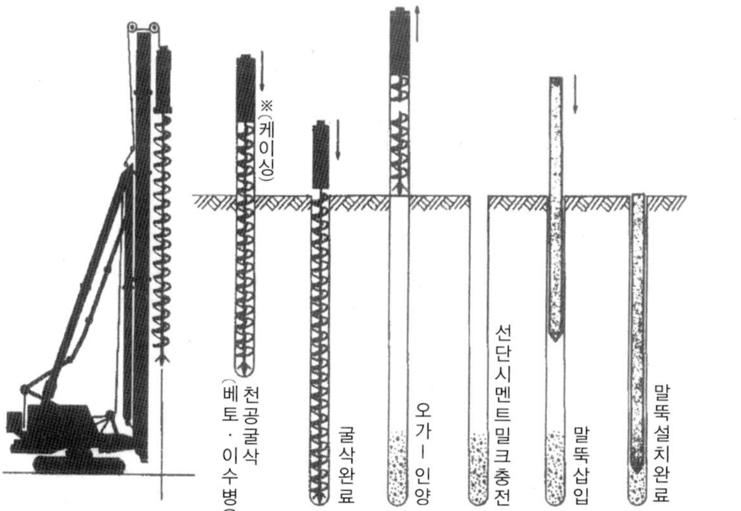

그림 5-36 S.I.P 시공순서

5.7 기타말뚝 설치공법

5.7.1 저치환율 SCP(Sand Compaction Pile)공법, 모래다짐말뚝

1) 개요

모래다짐 말뚝공법이라 하며 연약지반을 대상으로 진동을 이용하여 모래(또는 유사재료) 말뚝을 타설하는 공법이다. SCP공법은 느슨한 사질토를 다짐하여 지진시의 액상화 방지 등을 목적으로 개발된 공법이지만 현재에는 점성토 지반을 대상으로 다짐 모래말뚝과 원 지반으로 된 복합지반을 조성하는 공법으로도 이용되고 있다.

2) 파일크기

현재 일반적으로 사용되는 모래말뚝의 직경은 70~100cm 정도이나 대상 구조물이나 지반조건에 따라 타설범위 및 타설간격을 변화시켜 모래말뚝을 조성한다.

성토 등 상부구조물이 비교적 경량인 경우에는 치환율이 20~40% 정도의 저치환율도 많이 사용되고 있으나 일반적으로 모래말뚝에 의한 지지력 및 전단강도의 증가 효과를 고려하여 70% 정도의 고치환율을 사용하고 있다.

5.7.2 현장타설 콘크리트 말뚝공법

1) 개요

제자리 콘크리트 말뚝은 현장에서 지중에 구멍을 뚫고 그 속에 콘크리트 또는 철근콘크리트를 충전하여 형성하는 말뚝을 말한다. 건축물의 고층화, 대형화 추세와 도심지 지가상승으로 지하층 깊이가 깊어지고 있고, 민원관리의 중요성이 부각됨에 따라 무소음·무진동 공법에 대한 필요성으로 앞으로 사용빈도가 늘어날 것으로 예상된다.

2) 현장타설 콘크리트(제자리콘크리트) 말뚝 공법의 종류

① 관입공법(재래식)	㉠ 컴프레셜 파일(Compressol Pile)
	㉡ 심플렉스 파일(Simplex Pile)
	㉢ 페데스탈 파일(Pedestal Pile)
	㉣ 레이먼드 파일(Raymond Pile)
	㉤ 프랭키 파일(Franky Pile)
② 굴착공법(기계식)	㉠ 베노토 공법(Benoto Method)-요동식 올케이싱공법
	㉡ 어스 드릴 공법(Earth Drill Method)
	㉢ 이코스 공법(ICOS Method)

② 굴착공법(기계식)	㉣ 역순환 공법(RCD, Reverse Circulation Drill Method)
	㉤ 확저말뚝 공법
③ 프리팩트 파일 공법	㉠ CIP 파일(Cast-In-Place Pile)
	㉡ PIP 파일(Packed-In-Place Pile)
	㉢ MIP 파일(Mixed-In-Place Pile)

3) 대구경 굴착 현장타설공법 특성 비교

구분	베노트공법	어스드릴공법	RCD공법
굴착기계	Hammer grab	Drill buckt	특수 Bit+Suction pump
공벽보호	Casing	안정액	정수압
적용지반	자갈	점토	모래, 암반
말뚝지름	0.8~2.0m	0.6~2.0m	0.8~3.0m
말뚝 심도	20~50m	20~50m	60m 이상
유의사항	• 장비가 중량으로 지반 안정에 유의 • Casing Tube 연결철저	• 공벽붕괴 방지를 위한 안정액 유지관리	• 절절한 굴착속도 • 공벽 수압유지 • 지하수위보다 +2m 정수압 0.02N/㎟ 유지

4) 대구경 굴착 현장타설공법 시공시 문제점 및 대책

구분	원 인	대 책
① 말뚝머리	• 연약지반	• 트레미파이프를 남겨두어 2차 충진 • Stand Pipe(표준케이싱)매설검토
② 말뚝상부 가늘어짐	• 말뚝체에 슬라임 혼입	• 슬라임 처리 철저 • 트레미관 선단 2m 이상 매입
③ 콘크리트 재료분리	• 트레미관 부상으로 연속타설 실패 • 콘크리트 유동성 부족	• 트레미관 선단 2m 이상 매입 • 슬럼프 유지, 연속작업 유지
④ 공벽붕괴	• 안정액 성능저하(불안정) • 안정액 유출 • 공재 수위유지 실패 • 부적절한 굴착속도	• 안정액 관리 철저 • 지층(모래층, 자갈층) 사전 확인 • 공내 수위 2m 이상 유지 • 적정 굴착속도 유지
⑤ 철근 Cage 부상	• 철근가공조립 정밀도 불량 • Casing과 철근간격이 좁다. • 유동성이 나쁜 콘크리트 사용 • 슬라임이 많은 경우 케이싱 인발	• 정밀도 및 연결부위 시공 철저 • 철근간격 유지 • 슬라임유지, 혼화제 사용 • 슬라임 처리 철저 • 부상방지 철근망 선단에 설치
⑥ 굴착불능/ 능률저하	• 지반내 호박돌 있는 경우 • 경사진 지지층 굴착 • 세사층 케이싱 관입반출불가 • 정비불량으로 인한 능률 저하	• 흡수구 철망 설치, 공법 변경 • 굴착속도 천천히, 굴진각도 확인 • 세사층 두께 5m 이상 공법 변경 • 장비정비 철저

구분	원 인	대 책
⑦ 지지력 부족	• 슬라임 처리불량 • 말뚝불량	• 슬라임 처리철저 • 재료분리 주의 유동성 유지
⑧ 수직도 불량	• 경사진 지지층 굴착 • 적절한 굴착속도 • 굴착공에 편심발생, 공벽 붕괴	• 굴진각도 확인 • 굴착속도 유지

5.7.3 페데스탈 파일 공법(Pedestal Pile Method)

① 지중에 구근을 형성한 다음 내관과 외관을 뽑으면서 콘크리트를 채워 만든 말뚝으로 시공성이 좋지 않아 많이 사용되지 않는다. 심플렉스 파일을 개량한 공법이다.

② 시공순서

㉠ 외관과 내관을 동시에 지지층 깊이까지 박는다.

㉡ 콘크리트를 타설하고 내관을 타격하면서 콘크리트를 다지면서 내관을 빼낸다.

㉢ 다짐을 확인하면서 단부에 구근을 형성하면서 외관을 조금씩 빼낸다.

㉣ 외관을 뽑으면서 콘크리트를 기둥 상부까지 타설한다.

③ 특징

㉠ 구근의 지름은 800mm 정도

㉡ 말뚝 몸체는 ϕ450mm 정도

㉢ 길이는 30~40m

㉣ 한 개의 지지력은 40~50ton

㉤ 지내력을 증가시키기 위해 말뚝 선단에 구근형성

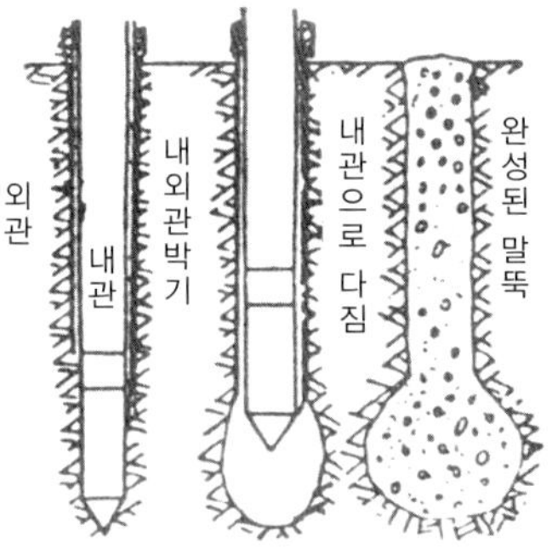

그림 5-37 페데스탈 파일

5.7.4 이코스 공법(Icos Method), 웨더공법

1) 개요

프랑스에서 개발된 공법으로 고안한 사람의 이름을 붙여 웨더공법(Weather's Method)이라고도 한다. 차수벽 흙막이(지수벽)으로 사용할 경우 말뚝구멍을 하나 걸러가며 굴착하고 콘크리트를 부은 다음 그 사이사이에 구멍을 뚫어 말뚝을 만들어 지수벽으로 사용함

벤토나이트 사용의 시초가 된 공법이다.

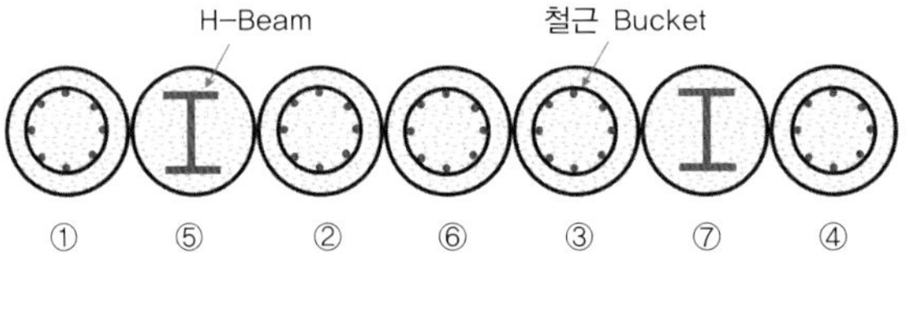

2) 특징

① 양호한 흙막이 지수벽 구축

② 주변지반에 변화를 주지 않는다.

③ 무소음 무진동 공법

④ 월형의 것과 세장(細長)한 말뚝형성

⑤ 주변지반에 변화를 주지 않는다.

5.7.5 컴프레설 파일(Compressol Pile)

1) 개요

추를 크레인에 매달아 높이 끌어 올렸다가 낙하시키는 작업을 반복하여 필요한 깊이까지 구멍을 파고 말뚝구멍 속에 잡석과 콘크리트를 교대로 투입하면서 다져서 만든 말뚝이다.

2) 특징

① 추의 무게 : 1.0ton～2.5ton

② 추의 용도 : 구멍 뚫기용, 콘크리트 다짐, 말뚝 마무리용

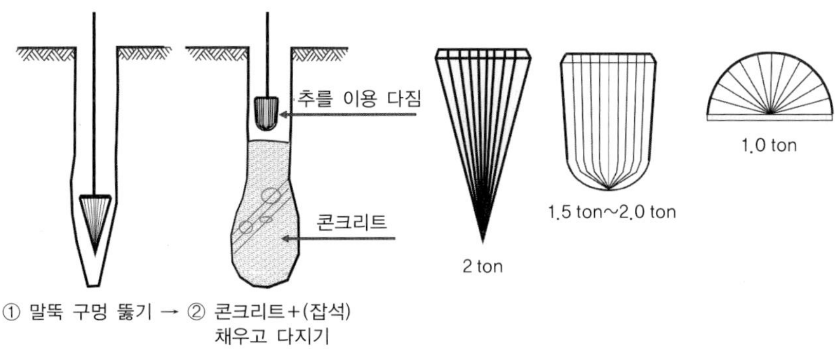

5.7.6 레이몬드 파일(Raymond Pile)

1) 개요

외관으로 두께가 얇은 철판을 사용하고 심대를 타격하여 지지층까지 박아 강관 끝이 가는 원뿔형 캡슐을 만든 다음 심대를 빼내고 콘크리트를 부어넣고 다져서 파일을 만든다.

또한 철관을 박고 내부의 흙을 꺼내고 콘크리트를 부어넣은 케이스 달린 말뚝도 있다.

2) 구조강도상 주의사항

① 콘크리트 압축강도 18MPa 이상

② 말뚝의 최소지름 : ϕ250mm 이상, 무근의 경우 말뚝 길이의 1/20 이상

③ 말뚝의 중심간격은 지름의 2.5배 이상 또는 90cm 이상

④ 주근의 철근비는 0.5% 이상 피복두께는 60mm 이상

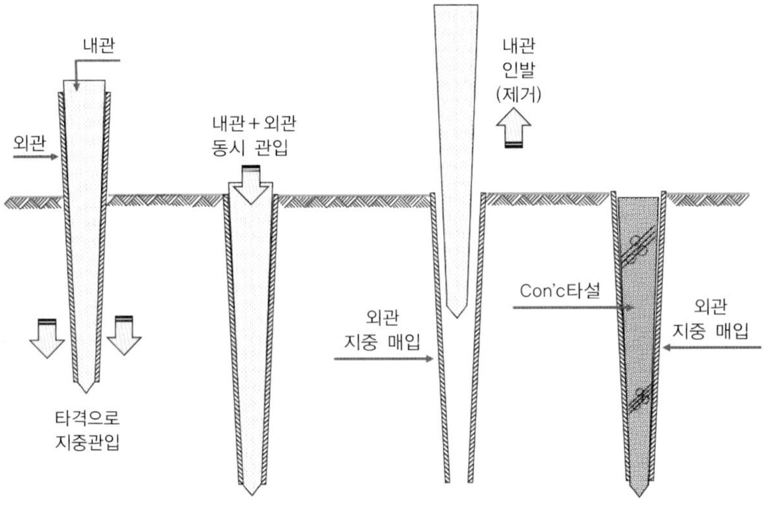

5.7.7 심플렉스 파일(Simplex Concrete Pile)

1) 개요

외관의 선단에 쉽게 떨어지는 답철을 붙여 이와 함께 지반 속에 삽입한다. 소정의 깊이에 이르면 외관 중에 콘크리트를 투입한 다음 외관을 뽑는다. 이때 선단의 답철은 땅속에 남겨둔다. 때에 따라서는 각관을 사용하기도 한다.

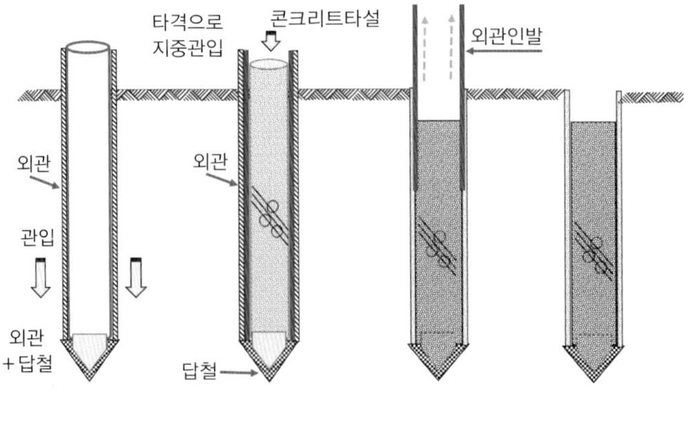

5.7.8 프랭키 파일(Franky Concrete Pile)

1) 개요

구근 콘크리트를 되게 반죽하여 강관에 채우고 강관 내에서 그 위를 드롭해머로 타격하면 콘크리트와 강관 내벽사이에 마찰저항 때문에 강관과 콘크리트가 분리되지 않고 같이 지반에 관입된다. 요구하는 지지층에 도달되면 강관을 약간 끌어 올려 지표에 고정시키고 강관내의 콘크리트에 다시 타격을 가하면 콘크리트가 광관에서 밖으로 밀려나와 강관 선단에 구근이 형성되도록 한다.

이러한 방법으로 일정한 간격으로 되풀이 하면 말뚝 선단에 구근이 만들어진다(혹 같이 돌기가 발생됨). 이러한 방법은 강관 주변의 지반을 압축시켜 지반의 강도가 증대된다. 케이싱 내부에서 콘크리트만을 해머로 타격하므로 소음과 진동이 적어서 도심지 시공에 적합하다.

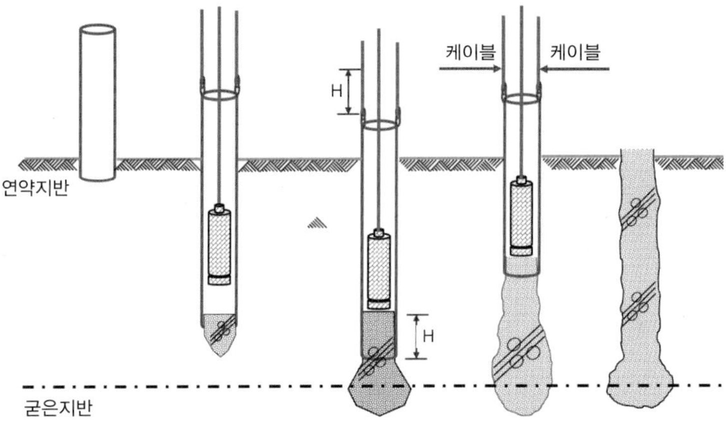

5.7.9 베노토공법(Benoto Concrete Pile, All Casing 공법, 요동식 올케이싱 공법)

1) 개요

프랑스 Benoto회사가 개발하여 베노토 공법이라고 하며, 공벽붕괴 방지를 위해 Casing tube를 용동압입장치로 관입 시키면서 동시에 햄머 그래브(Hammer grab)로 내부를 굴착, 공 내부에 철근을 설치한 이후 트레미 파이프를 이용하여 콘크리트를 타설한다.

2) 특징

(1) 장점

① 파일 크기 : 지름 0.8m~2.0m, 심도 20~50m까지 가능(40m 정도가 적합)

② All Casing 공법으로 천공내부 공벽붕괴 없음

③ 적용지반 : 적용지층의 범위가 넓다. 큰 자갈을 포함한 호박돌 층까지 굴착이 가능하다.
④ 무진동, 무소음 공법으로 굴착중 지지층 확인이 가능하다.
⑤ 장비의 자중이 크고 요동반력이나 케이싱튜브 인발시 큰 반력이 필요함
⑥ 모래층이 두꺼울 경우 케이싱 인발이 어려움
⑦ 연약지반과 지하수를 포함한 사질토에서 Tubing 조작으로 주변지반이 느슨해질 우려가 있음

(2) 단점
① 장비가 고가이다.
② 굴착 속도가 느림(1m/시간)
③ 작업을 위한 넓은 장소가 필요함
④ Hammer grab로 내부를 굴착하여 선단지반이 느슨해짐
⑤ 보링현상으로 선단지반이 느슨해짐
⑥ 콘크리트 타설 이후 케이싱 튜브를 뽑아낼 때 철근이 함께 올라오는 현상이 발생

3) 시공순서
① 케이싱튜브 관입→② 해머그레이브로 관내 토사 굴착→③ 동시에 케이싱튜브 삽입 →④ 철근망 삽입→⑤ 트레미 파이프 설치→⑥ 콘크리트타설→⑦ 케이싱 튜브 인발

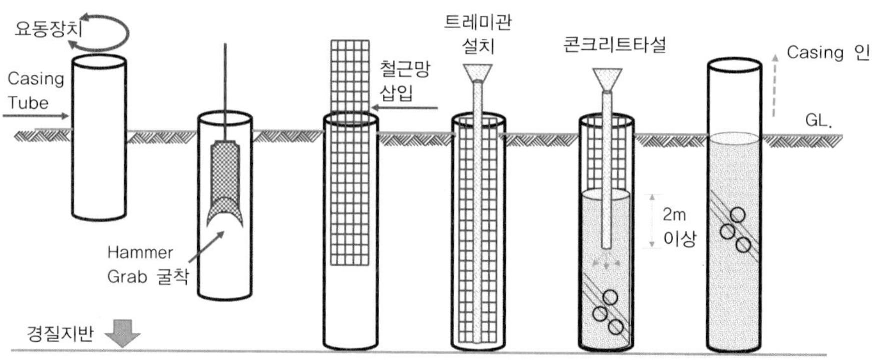

5.7.10 어스드릴 파일공법(Earth Drill Pile Method, Calweld공법)

1) 개요
미국 칼웰드사가 개발한 이 공법은 굴착에 있어 안정액으로 벤토나이트 이수를 사용하고 표준케이싱 이외의 케이싱은 사용하지 않는다. 굴착 및 배토는 회전시 버켓에 의하고 굴착이 완료된 후에는 철근망을 삽입해서 트레미관을 사용하여 콘크리트를 타설한다. 지반이 양호한 곳에서는 안정액을 사용하지 않는 경우도 있다.

2) 특징

(1) 장점

① 파일 크기 : 지름 0.6m~2.0m, 시공심도 20~50m까지 가능
② 굴착용 칼날이 붙은 어스드릴링 버켓으로 굴착하여 깊은 심도 굴착이 가능함
③ 점성토, Loam 층에서는 안정액이 필요 없고 굴착효율이 높다.
④ 기계장비가 소형으로 기동성이 있으며, 굴착속도가 빠름
⑤ 좁은 장소에서 작업이 가능하고 지하수위가 낮은 점성토에 적합하다.
⑥ 벤토나이트 액이 필요함
⑦ 무소음 무진동 공법이다.

(2) 단점

① 붕괴하기 쉬운 모래층, 호박돌, 자갈층에는 부적합하다.
② 슬라임 처리가 불확실하여 말뚝의 초기 침하가 우려됨
③ 용수 유출시 주벽토사의 붕괴위험
③ 타공법에 비해 지지력이 다소 떨어진다.

3) 시공순서

① 굴착 → ② Stand pipe(표준케이싱) 삽입 → ③ 안정액주입 → ④ 1차 슬라임처리 → ⑤ 철근망 근입 → ⑥ 트레미 파이프 설치 → ⑦ 콘크리트타설 → ⑧ 2차 슬라임처리(필요시) → ⑨ 콘크리트 타설 → ⑩ 스탠드 파이프(표준케이싱) 인발

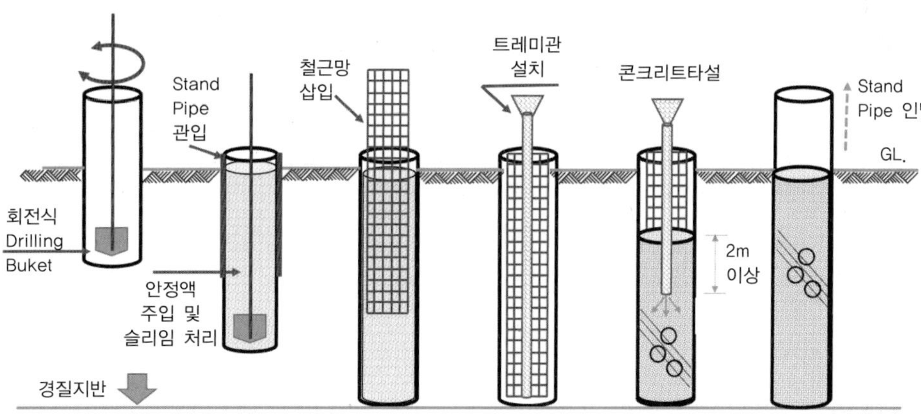

4) 시공시 주의사항

① 보링현상, 지하용수 유출 방지

② 장비 설치시 지반상태 체크, 연약지반일 경우 복공판 사용 검토

③ 콘크리트 품질관리 철저

④ 안정액등의 이수관리 철저

⑤ 말뚝의 수직정밀도 유지를 위해 굴착중 Kelly bar의 연직도를 수시로 체크한다.

5.7.11 리버스서큘레이션(Reverse Circulation Drill, RCD)공법

1) 정의

① 독일의 Salz Gitter회사에서 개발한 공법으로 현장타설 말뚝 공법 중 가장 대구경 공법이다.

② 보통의 로터리 보링기는 드릴파이프에 압력수를 주입하여 드릴파이프와 공벽과의 사이에 상승하는 월류수와 함께 굴착토사가 배출되는 정순환방식인데 비해 RCD공법은 드릴파이프 내에 물과 함께 토사를 흡입하여 배출하는 역순환방식으로 리버스 서큘레이션(RCD)이라 한다.

③ RCD 공법은 선단의 드릴비트에서 물을 뿜어 굴착토사와 안정액 및 공내의 혼합물을 드릴 파이프 내부를 통해 강제로 역순환시켜 지상으로 배출하는 공법이다.

④ 굴착시 굴착구멍 내에 지하수위보다 2m 이상 물을 채우고 0.02N/㎟의 정수압으로 공벽을 유지한다.

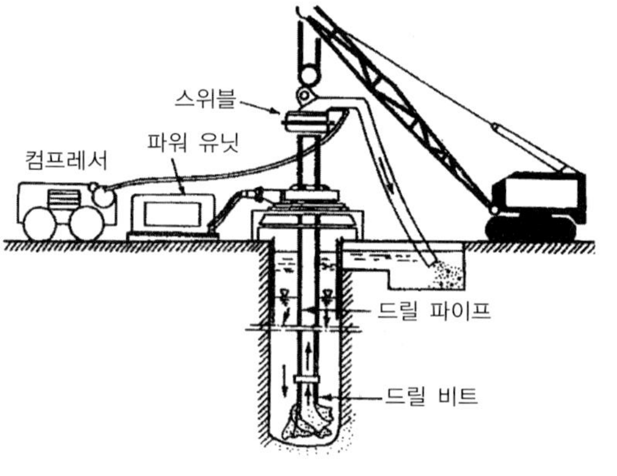

그림 5-38 RCD공법 시공 모식도

⑤ 굴착토사 흡입배출방법 : RCD 공법은 물이나 안정액을 이용해서 공내의 정수압을 0.2kgf/㎠로 유지하여 공벽을 보호하면서 굴착한다. 안정액과 굴착토사가 그림 5-38과 같이 굴착선단으로부터 드릴 파이프의 내부를 통해 지상으로 순환하므로 역순환이라 한다.

2) 특징

(1) 장점

① 적용지반 : 연약지반에서 암반까지 굴착가능한 공법으로 모래층의 굴삭에 용이하다.

② 시공심도는 60m 이상(깊은 심도 굴착가능)

③ 말뚝지름은 0.8~3m 정도(초대구경 Max ϕ6m)까지로 하고 있다.

④ 버켓, 해머그램 등을 사용하고 굴삭기구의 상하 운동이 필요하지 않아 시공속도가 빠르다. 시공능률은 굴착토량 환산하면 50㎥/일로 보고 있다.

⑤ 저소음 저진동 공법이다.

⑥ 슬라임 침적이 적고 역순환방식 공법으로

(2) 단점

① 드릴파이프 내경이 150~200mm 이상의 옥석, 목편 등과 지중장애물이 있는 경우 시공이 곤란하다.

② 오폐수 처리량이 많고 다량의 물이 필요함

③ 호박돌, 자갈층 굴착이 곤란하다.

④ 현저한 피압수나 복류수가 있는 경우는 지반개량 등을 필요로 하는 경우가 있다.

⑤ 콘크리트 관리 불량에 의한 품질저하

⑥ 슬라임 불안전 제거에 의한 지지력 저하

3) 시공순서

① Stand pipe(표준케이싱) 삽입→② 순환장치 조립→③ 굴착→④ 1차 슬라임 처리→⑤ 철근망 근입→⑥ 트레미 파이프 설치→⑦ 2차 슬라임처리(필요시)→⑧ 콘크리트 타설→⑨ 스탠드 파이프(표준케이싱) 인발

5.7.12 소구경 말뚝공법

1) 마이크로파일(Micro pile)

(1) 개요

마이크로파일은 1950년대 이탈리아에서 시작되어 전 세계적으로 지반보강과 구조파일로 활용되어 왔다. 적용목적과 범위에 따라 Mini pile, Micro pile, Root pile, Needle pile 및 Gewi pile로 구분하고 있다. 마이크로 파일은 250mm 이하 직경의 모든 소구경 파일을 호칭하지만, 간혹 150mm 이하의 직경을 마이크로파일, 150~250mm의 직경을 Mini pile 이라고도 한다.

마이크로파일은 지반을 천공하면서 케이싱을 설치한 이후 설계된 정착 길이만큼 고강도의 연속적인 나선형 강봉(Thread Bar)을 삽입하고 케이싱 내부를 그라우팅 작업을 함으로써 말뚝체를 형성하는 공법이다.

이 파일 구조는 강봉과 그라우트의 마찰력 및 그라우트와 지반의 주면마찰력(skin friction

force)을 극대화할 수 있도록 설계되어 있으며, 압축력과 인장력 또는 두 가지 하중이 동시에 작용하는 경우에도 그라우트재와 지반의 주면마찰력에 의해 높은 지지력을 확보할 수 있다. 그리고 연결부에서는 커플러를 사용하여 다양한 길이로도 연장이 가능한 장점이 있다.

(2) 마이크로파일 공법 적용분야

마이크로파일의 적용분야는 주로 다음과 같이 세 가지 용도로 사용되고 있다.

종 류	내 용
① 구조물 지지파일 (Bearing pile)	연약지반, 토류벽기초, 신설구조물 기초, 국부적인 기초 보강용과 기존 구조물 보강공사 등으로 사용
② 지반보강용 파일 (Soil Reinforcement Pile)	사면안정, 지반강화보강, 침하삼소와 구조적 안정 등의 목적으로 적용
③ 인장용파일 (Tention pile)	부력 구조물용, Tower Element 하부, 수평토압, 지지 구조물용, 풍화암층에 의한 전도방지 구조물 보강용으로 적용

(3) 마이크로파일(Micro pile) 시공순서

① 천공 및 케이싱 설치→② 천공비트제거→③ 강봉조립 및 설치→④ 보강재 설치→⑤ 그라우팅→⑥ 케이싱 제거(필요시 추가 주입 및 가압)→⑦ 두부정리

2) 마이크로파일의 특징

(1) 장점

① 소형 천공 이용으로 협소하고 접근성이 불량한 지역도 적용 가능

② 소요되는 어떠한 길이도 운반, 시공 가능

③ 경사시공이 용이(교각 등의 수평력 지지에 유리)

④ 인장과 압축 동시에 저항가능

(2) 단점

① 설계과정은 체계적으로 정립된 상태가 아님

② 재료의 낭비 발생

③ 선단지지력은 무시하고 암반에 관입된 주면 마찰력에 의해 지지되는 것으로 가정

3) 시공시 주의점

① 천공시 천공벽면이 교란되지 않도록 조치를 취함

② 천공시, 벤토나이트 현탁액을 사용하지 않음

4) 마이크로파일의 종류 및 특징

구분	일반마이크로 파일	복합마이크로 파일	파형마이크로 파일
개요도	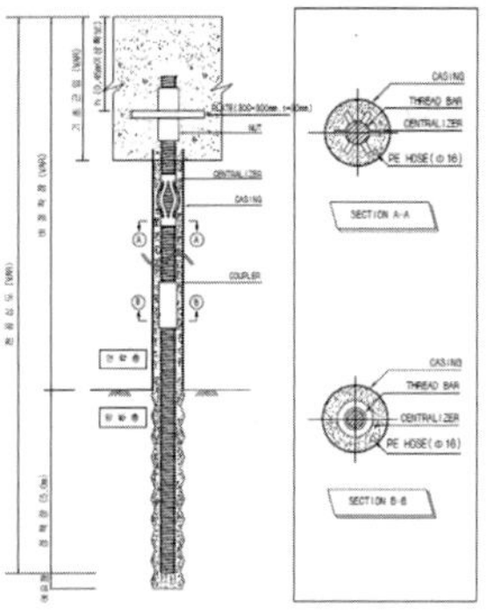	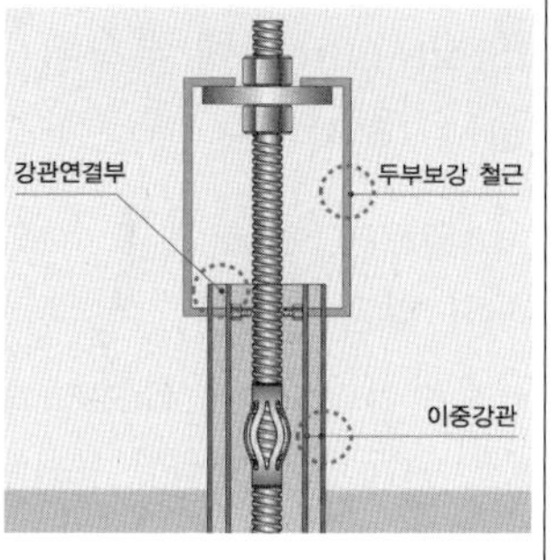	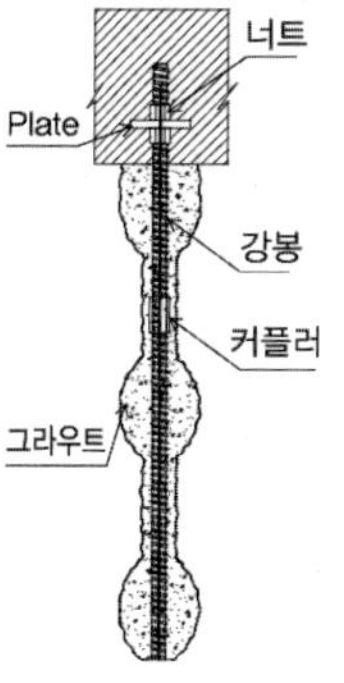
	• 소구경 장비로 지반을 천공 후 고강도의 강봉이나 강선을 삽입하고 시멘트계의 밀크를 주입하여 지지파일을 형성하는 공법 • 연결부위에서는 커플러를 사용하여 다양한 길이로 연장	• 소구경 장비로 지반을 천공 후 강관과 강봉을 삽입하고 그라우트를 주입하여 파일체를 형성하는 공법으로 마이크로 파일에 이중강관을 적용하고 두부 보강을 개선하여 수평지지력을 향상 시킨 공법	• 제트그라우팅 분사공법을 사용하여 지반을 파형으로 고결화 시켜 파형의 전단키를 형성함으로써 지지력을 극대화 시킨 공법 • 근입깊이 및 시공시간을 단축하여 공사비 절감이 가능하다.
공법특징	• 직경 300mm 이하 소구경파일 • 작업공간이 협소한 지역에 적용 • Steel Casing만 존재로 휨성능, 전단성능 저하 • 두부보강근 없이 휨모멘트 저항성능이 저하(말뚝머리 힌지) • 소구경으로 허용 수평지지력 확보가 어려우며, 수평지지력이 작아 본수 증가에 의한 공사비가 과다발생	• 직경 300mm 이하 소구경파일 • 작업공간이 협소한 지역에 적용 • 파일 상부를 이중강관으로 보강하여 휨성능, 전단성능을 보강함.(말뚝머리 고정) • 마이크로파일 성능을 유지하면서도 휨성능, 전단성능 및 수평지지력을 향상시켜 본수 감소 및 공사비 절감	• 직경 300mm 이하의 소구경파일 • 작업공간이 협소한 지역에 적용 • 압축력 및 인장력 또는 복합하중에 동시 저항. • 두부보강근이 없이 휨모멘트 저항성능이 저하(말뚝머리 힌지) • 파일의 전단키를 형성하여 지지력 및 인발에 대한 저항성 우수 • 수평지지력이 작아 본수 증가에 의한 공사비 과다 발생
제원	• 강봉 : 50mm • 케이싱 : 165.2mm(4.5T)	강봉 : 50mm 내부강관 : 165.2mm(4.5T) 외부강관 : 267.4mm(9T)	• 강봉 : 50mm • 케이싱 없음
허용지지력	• 허용 연직지지력 : 50Ton • 허용 수평지지력 : 1.5Ton	허용 연직 지지력 : 50Ton 허용 수평지지력 : 7Ton	• 허용 연직 지지력 : 50Ton • 허용 수평지지력 : -
비고	• 복합마이크로 파일의 수평지지력은 마이크로파일 대비 약 460% 향상으로 파일 본수 절감 • 출처 : 티쉐어건설(http://www.tshare.co.kr) ㈜아리터(http://ariteo.com) 대련건설(http://daeryeon.co.kr/)		

5) 덕타일 파일(Ductile Iron Pile, DIP)

DIP는 한쪽은 원뿔형 커플러, 다른 쪽에는 선단이 있는 형태로 연성 주철관으로 제작된 고강도 소구경 말뚝이다.

DIP 공법은 소형 굴삭기(18ton~30ton)에 부착된 유압해머를 사용하여 타입하기 때문에 빠르고 간단한 시공이 가능하다. 통상 5m 정도의 주철관을 연속적으로 이어서 시공하는데, 타입과 동시에 구조적 결함을 통해 몸체가 자동으로 결속되기 때문에 추가적인 연결 작업이나 이음 작업이 필요하지 않다.

DIP 공법은 선단부에서 지지력이 충분히 확보가 될 때는 그라우팅을 실시하지 않기 때문에 이때의 주면마찰 지지력은 기대할 수 없다. 그러나 선단지지력이 충분히 확보되지 않을 경우는 선단부를 그라우트슈(Grout Shoe)로 교체하여 내외부에그라우팅을 실시하여 주면마찰 지지력을 얻게 된다. 독일에서 개발된 공법이기 때문에 국내 시공시 독일 코드(DIN 1045)를 사용하여 설계하고 있다.

그림 5-39 덕타일 파일(Ductile iron pile)

6) 헬리컬 파일(Helical Pile), 스크류파일

헬리컬 공법은 서구지역에서는 건축분야 및 토목분야에서 이미 200년 이전부터 사용되어지고 있는 공법으로서 최초 기록은 1836년 Alexander Michell이 영국에 있는 Maplin Sands Lighthouse라는 등대를 지지하기 위하여 사용되었다고 기록되어 있다.

헬리컬파일 공법은 고강도관에 선단부로부터 일정 간격으로 나선형 날개 모양의 Helix plate를 부착한 소구경 강관 말뚝을 직접 회전, 압입시킨 후 선단지지력 및 마찰저항으로 파일의 압축하중과 인장하중에 대한 지지력을 발휘하는 비배토 직접 천공 공법이다. Helix plate에 있는 그라우트 분출구로 그라우트를 분출시켜 Helix plate 주변부를 충진함으로써 지지력을 확보한다.

안정성 검토는 기본적으로 Helix가 부착된 부분과 강관 부분을 각각 고려하여 적용하나, 산정식은 시공사별로 상이하다. 일반적으로 구조물기초설계기준의 경험식을 사용하지만 미국 기준의 실무가이드(Perko, 2009)를 사용하기도 한다.

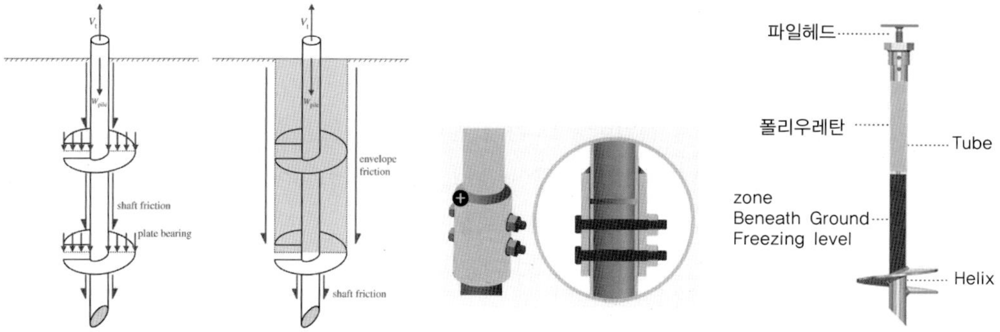

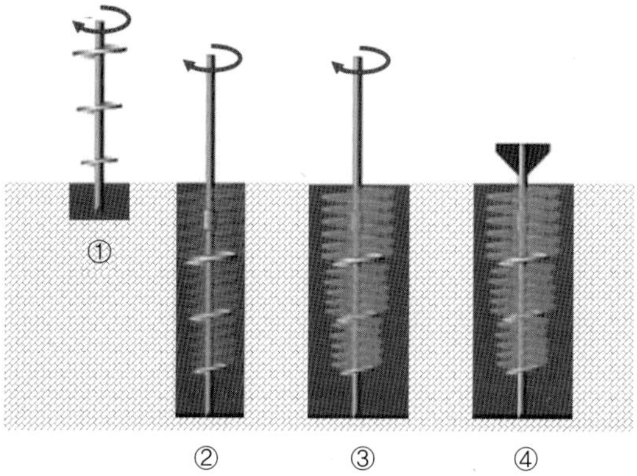

※ 작업 순서
① 파일 시공
② 파일연결 및 관입
③ 그라우팅
④ 시공완료

그림 5-40 헬리컬 파일(Helical Pile), 출처 : www.dongnamenc.co.kr

7) 스크류 앵커 파일(Screw Anchor Pile, SAP)

(a) SAP 단면도

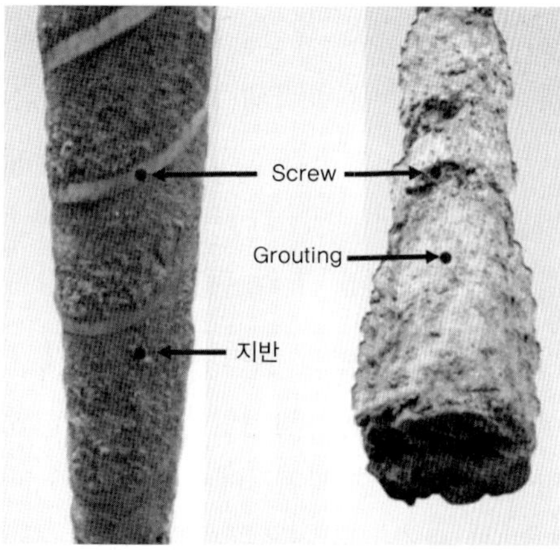

(b) 비배토 관입/그라우팅주입

그림 5-41 스크류 앵커 파일(Screw Anchor Pile), 출처 : KH건설, http://www.se-all.com

8) HAP 파일(Hollow Pile)

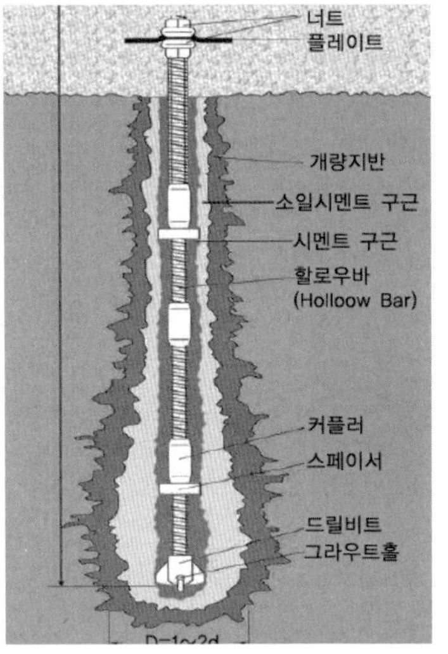

(1) 공법의 개요

압입강관파일 공법은 유압잭의 압입하중에 의해 말뚝의 지지력을 확인할 수 있는 무소음 HAP(Hollow Anchor Pile)파일 공법은 중공형 강봉 선단에 드릴 비트를 장착하여 직천공하고, 그라우트재를 주입하여 지중에 말뚝체를 형성하는 공법으로 천공과 그라우트가 시공 중에 동시에 이루어지는 새로운 타입의 공법. 본 공법은 그라우트에 의해 말뚝체 주변의 지반개량효과로 말말뚝과 지반의 부착력을 향상시켰으며, 드릴비트에 의해 식천공이 가능하므로 시공용 외부케이싱이 필요 없다는 장점이 있다. 또한 공정이 단순화되므로 시공속도가 향상되며, 영구 구조체로서 부식에 대한 조치가 불필요하다. 토사층에서 구근을 형성하여 주면마찰력을 최대화하므로 파일의 길이를 최소화 할 수 있는 특징이 있다.

9) 압입강관파일(Press in Steel Pile, PSP)

(1) 공법의 개요

압입강관파일 공법은 유압잭의 압입하중에 의해 말뚝의 지지력을 확인할 수 있는 무소음, 무진동 공법으로 협소한 공간(폭 0.4m, 높이 1.0m, 근접 1.0m)에서도 작업이 가능하고 매연과 슬라임이 없고 비산먼지가 배출이 되지 않아 시공 현장이 타 공법에 비해 청결하게 유지된다. 이 공법은 시설물의 기초 부위에 코어를 천공하고 기초하부에 파일 정착 장치를 설치한 다음 상부에 반력체를 설치한다. 유압잭(Hydraulic Jack)과 유압유니트(Hydraulic Unit)만을 이용하여 강관을 압입하고 유압게이지(Hydraulic Gauge)를 통하여 설계지지력이 확보되면 강관 내부에 그라우트재를 충전함으로써 기초하부에 설치된 파일 정착 장치와 강관을 일체화하여 기초의 지지력을 보강하는 공법이다.

(2) Jack Pile 공법의 원리

Jack Pile(일명 계측 압입말뚝)공법은 기존구조물의 자중을 활용하여 말뚝을 소요 지지층에 도달할 때까지 유압 게이지에 의하여 과학적으로 계측 압입하고 기초에 정착하여 기존 구조물의 기초를 보강하는 기초보강공법이다. 풍화암(N=50/10) 지반까지는 비굴착 · 무진동 · 계측 압입한다. 필요시 보다 단단한 지반(암)은 말뚝 내부에서 선 천공 후 압입한다. 계측 압입말뚝을 활용하여 침하된 건물 인상, 기존건축물 지하증축, 지상증축, 이동, 회전, 층고 확장, 기둥 제거, 인하신축 등에 활용되고 다음 그림은 압입강관파일 공법의 원리를 나타낸 그림이다.

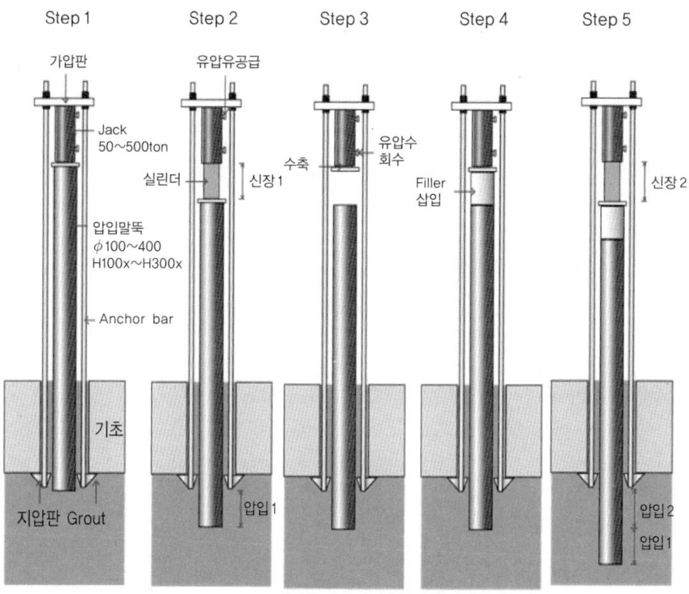

(a) 비굴착 · 무진동 · 계측 압입

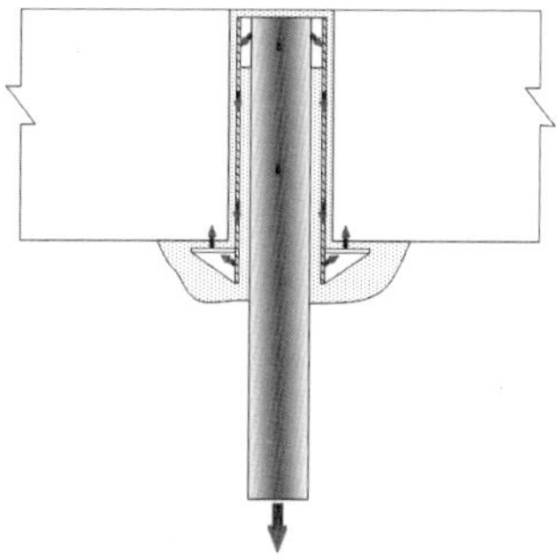

(b) 기초 지지 청착 개념

(c) 계측 압입 시공

그림 5-42 Jack Pile공법의 원리(출처:http://www.krenc.co.kr/)

(3) 지하증축

기존 지상 노출콘크리트 구조물 및 지하 1층을 '후 시공말뚝 Jack Pile'로 지지하여 뜬 구조상태를 형성한 이후 지하 굴착 공사를 수행하여 지하 2층을 증축한 사례이다.

(a) 리모델링 이전

(b) 리모델링 이후

(c) 뜬구조 굴착

(d) 뜬구조 굴착

(e) 뜬구조 굴착

그림 5-43 서울 상도동 ○○대학교 학생회관동 지하 2층 증축

(4) 층고 인상

본 프로젝트는 층고 4.8m로 시공된 수서 역사 구조물을 Jack Pile로 3m를 들어 올린 다음 기둥을 절단하여 층고 7.8m로 리모델링한 사례이다.

(a) 준공 後 ○○역사

(b) 승상 전 층고 4.8m (c) 승상 후 층고 7.8m 현재 준공된 상태

그림 5-44 서울 ○○역사

다음은 중국 광서에서 200년 이상된 벽돌구조를 1.3m 승상한 사례이다.

(a) 호박돌 기초 → Tie Girder 보강 승상 중

(b) 승상 전 도교 사원 전경 (c) 1.3m 승상 후 도교 사원 전경

그림 5-45 중국 광서 문화재 프로젝트

(5) 부등침하 건물 인상

지반의 지지력이 구조물의 자중보다 작으면 부등침하가 발생되고, 침하된 구조물을 복원하는 최선의 방법으로는 말뚝을 설치하는 것이다. 팽이기초는 구조물의 자중을 증가시켜 침하를 촉진시킬 가능성 있다. 다음 광주 ○○아파트 복원사례로 기초하부 지반 연약하여 콘크리트로 기초부위를 치환하였으나 10년이 경과한 이후 부등침하가 다시 발생하였다. 연약지반을 콘크리트 등으로 치환하면 자중이 증가되어 문제가 발생될 수 있다.

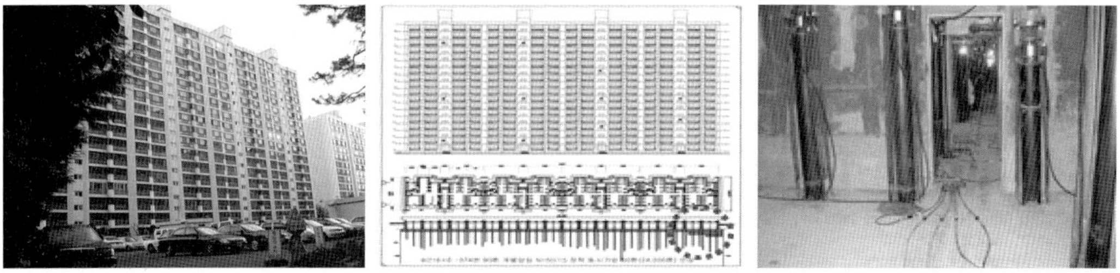

(a) 광주 B—18층 J 아파트 144세대_Jack Pile 374본 24,000톤 동시가압 인상

(b) 아부다비 정유공장인상 (c) 서울 송파 9호선 영향 씽크 홀 침하 빌라 인상

그림 5-46 부등침하 건축물 인상 사례

다음 사례는 말뚝 기초를 사용한 구조물의 부등침하를 복원한 사례이다.

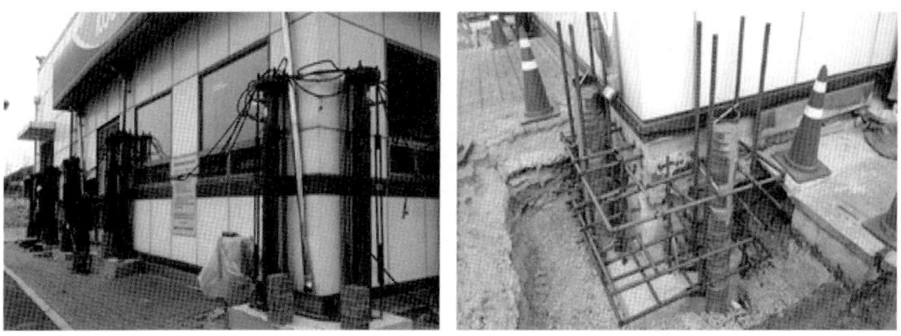

(a) ϕ400-30m 시공 침하된 포항 충전소 인상

(b) 부산 강서 ϕ400-20m (c) 안산 ϕ500-40m 시공 침하 타워기초 인상

그림 5-47 말뚝기초 부등침하 Jack Pile 보강 인상 사례

10) 소구경말뚝의 특성

소구경 말뚝의 특성은 표 5-5와 같다.

〈표 5-5〉 소구경말뚝 공법 비교

항 목	마이크로파일 (Micro Pile)	헬리컬파일 (Helical Pile)	SAP (Screw Anchor Pile)	압입강관파일 (Press in Steel Pile)
			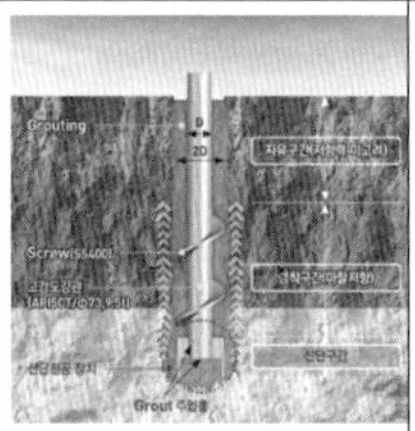	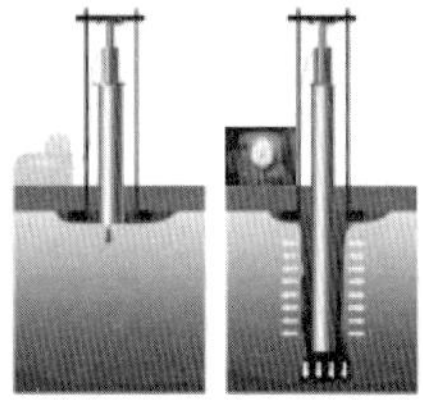
적용토질	모든 지층 가능	전석층, 자갈층, 암층을 제외한 전층	모든 지층 가능	전석층, 자갈층, 암층을 제외한 전층
설계지지력	30~100톤/본	50~70톤/본	30~80톤/본	80톤으로 재하
규격(mm)	ϕ40~ϕ71	ϕ88.9~ϕ300	강관 ϕ73 스크류 ϕ150	ϕ50~ϕ404
항복강도(Mpa)	540	552	758	
인장강도(Mpa)	740	689	862	
자재규격	JIS G 4501 S50C[1)]	API 5CT N80[2)]	API P110[2)]	
작업속도(1대)	60m/day~120m/day	100m/day~200m/day	70m/day~130m/day	80m/day~100m/day
시공장비	크롤라드릴, 개조형 시추기	굴삭기	자체제작	코아천공기, 유압잭
기타	매우 협소 공간 작업 어려움	매우 협소 공간 작업 어려움	협소 공간 작업 가능	협소 공간 작업 가능

1) Japanese Industrial Standard : 일본표준공업규격 KS D3752의 SM55C와 유사규격

2) American Petroleum Institute : 미석유협회, 시추용 강관을 말뚝재료로 사용

5.7.13 확저말뚝(Under-reamed pile 擴底杭) 공법

1) 정의

최근 구조물이 대형화, 고층화됨에 따라 말뚝의 선단지지력도 크게 요구되고 있다. 확저말뚝의 역사는 오래 되었지만, 일본에서는 1978년경부터 건축구조물의 기초로서 시공되었다고 한다. 확저말뚝이란 선단지지력을 증대하기 위하여 말뚝의 선단부를 종모양으로 확장 굴착해서 말뚝 축보다 굵게한 말뚝으로 공법의 특징은 다음과 같다.

① 굴착방식 : 베노트방법, 리버스방법, 어스드릴 방법

② 말뚝지름은 최대 4m

③ 바닥 면적이 같은 비확저말뚝에 비해서 확저 현장타설 말뚝은 축경부를 가늘게 할 수 있으므로 천공에 따르는 배니수(排泥水)량이 적고, 타설하는 콘크리트도 소량이다. 특히 최근에는 오니 처리가 문제가 되고 있기 때문에 조금이라도 배니수량을 억제하는 것이 환경보전을 위해서도 바람직하고, 또 경제적이기도 하다.

④ 말뚝 1개당 지지력이 늘어남으로써 말뚝 개수를 줄일 수 있고, 축경부를 축소함으로써 푸팅면적을 줄일 수 있다.

Chapter

06 기초공사

6.1 일반사항

6.1.1 기초의 분류

기초란 상부 구조물의 각층의 하중(Dead Load + Live Load)이 기둥으로 전달되어 기초를 통해 지반에 전달시키는 구조물의 일부로서 기초형식은 상부구조의 형태, 지질, 지형, 공사난이도, 환경 등을 고려하여 결정한다.

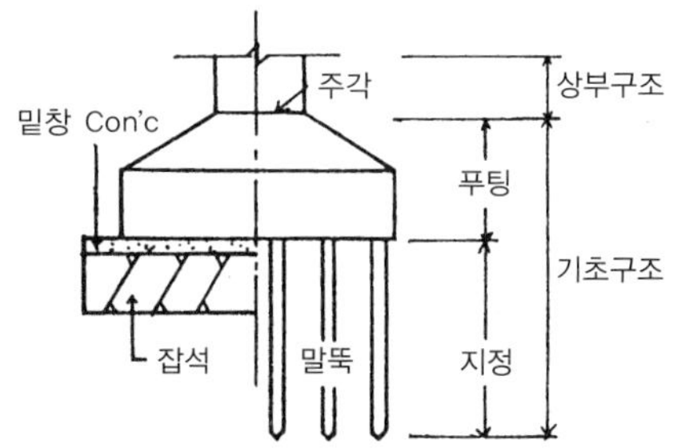

〈표 6-1〉 기초의 분류

얕은기초	직접기초		독립기초, 복합기초, 연속기초(확대기초)
			매트기초(전면기초)
깊은기초	말뚝기초	기성말뚝	나무말뚝, RC or PC말뚝, 강말뚝, PHC Pile
		현장타설말뚝	① Compressol Pile
			② Simplex Pile
			③ Pedestal Pile
			④ Franky Pile-관입공법
			⑤ Raymond Pile
			⑥ Benoto Pile
			⑦ Earth Drill Pile－굴착공법

깊은기초	말뚝기초	현장타설말뚝	⑦ Earth Drill Pile－굴착공법
			⑧ Reverse Circulation Pile
			⑨ Prepacked Pile(CIP, PIP, HIP)－특수공법
	Pier 기초	인력굴착	심초기초, Chicago 공법
		기계굴착	Benoto 공법, Earth Drill 공법, Reverse Circulation 공법
	Caisson 기초		Well 기초
			Pnenmatic Caisson
			Open Caisson

1) 얕은 기초

상부구조의 하중을 기초 슬래브에서 지반에 직접 전달시키는 형태의 기초, 구조물의 하중을 소위 접지압으로 지지하는 기초를 말한다(그림 6-1(a) 참조). 얕은 기초는 적절한 토층 아래의 압축성이 큰 층이 없는 경우 직접 설치하는 기초이므로 직접기초에 해당된다.

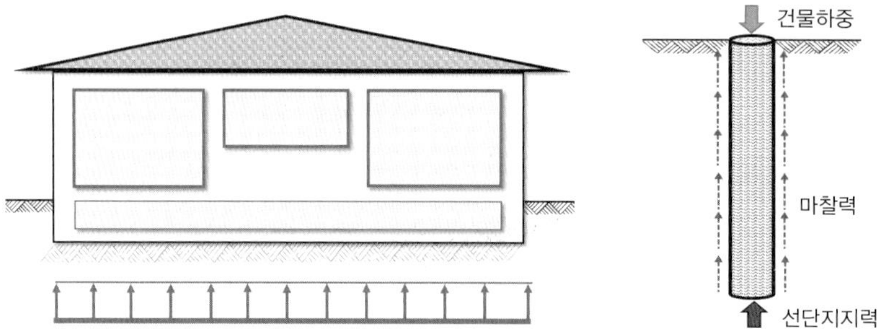

(a) 얕은 기초 (b) 깊은 기초

그림 6-1 기초의 형태에 따른 지지원리

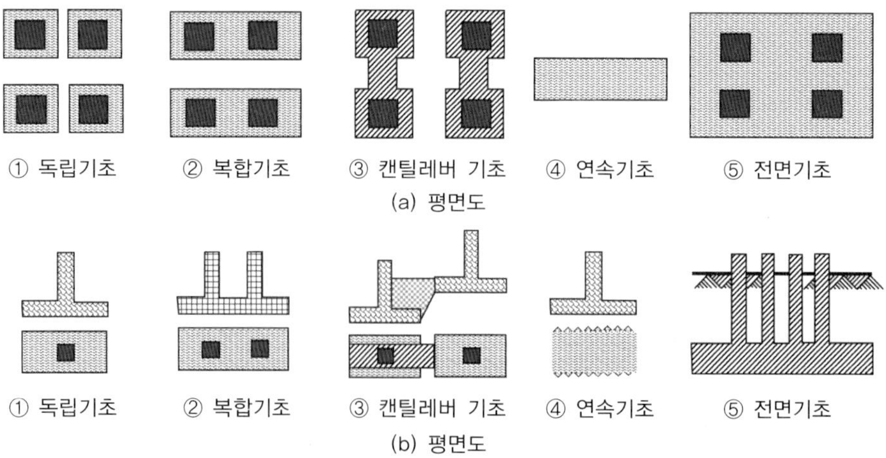

그림 6-2 얕은 기초의 종류

2) 깊은 기초

깊은 기초는 구조물 하중을 선단지지력과 주변 마찰력으로 지지하는 형태의 기초를 말한다(그림 6-1(b) 참조). 지반의 상황, 구조물의 기초 및 규모, 공사기간, 공사비 등의 조건을 고려하여 가장 유리한 것을 선택해야 하며, 일반적으로 다음의 경우에 적용한다.

① 지지 가능한 지층이 깊게 위치하고, 구조물의 자중을 줄일 수 없는 상황에서 지표 부근의 연약층을 개량하는 비용이 깊은 기초 시공에 비하여 상대적으로 많이 필요한 경우
② 지표 부근의 지반 굴착시 지하수의 배제가 어렵거나 불가능하다고 판단되는 경우
③ 구조물이 침하에 매우 민감한 경우
④ 장차 구조물에 인접하여 지반굴착이나 다른 지하구조물의 설치가 예상되어 이로부터 구조물을 보호할 필요가 있는 경우

6.1.2 기초의 근입깊이 결정시 유의사항

1) 지반 지지력이 상부구조를 지지할만한 강도를 갖지 못한 경우
   ① 지면을 후팅(Footing)과 같은 크기로 굴착하여 빈배합의 콘크리트를 타설
   ② 지면을 후팅보다 좀 깊게 굴착하여 다져진 모래나 쇄석으로 치환
2) 기초는 지반의 건조수축, 습윤팽창 등을 방지하기 위하여 동결깊이 아래까지 내려가야 한다.
3) 동결작용을 받지 않는 경우라도 풍화의 영향을 고려하여 1.2m 이상을 내린다.
4) 경사지 기초의 경우 그림과 같이 경사면에서 60~100cm 떨어져야만 풍화의 영향이 없다.
5) 각 후팅의 고저차는 그림과 같이 지반에 전달되는 응력이 중복되지 않도록 다음과 같이 고려해야 한다. 빗금치지 않은 새로운 기초의 시공시 상부를 교란시킬 수 있으므로 유의해야 하며, 기존 기초의 끝이 새로운 기초 밑면 끝에서 45°보다 작은 각도가 되어야 한다.

   흙 : b</2

   암반 : b<a

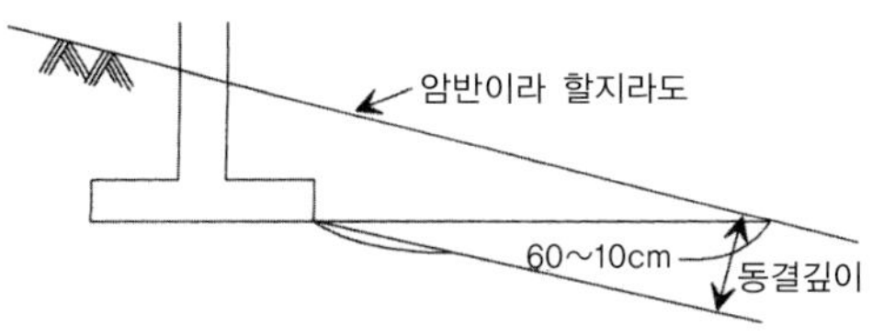

그림 6-3 경사지 기초의 동결깊이

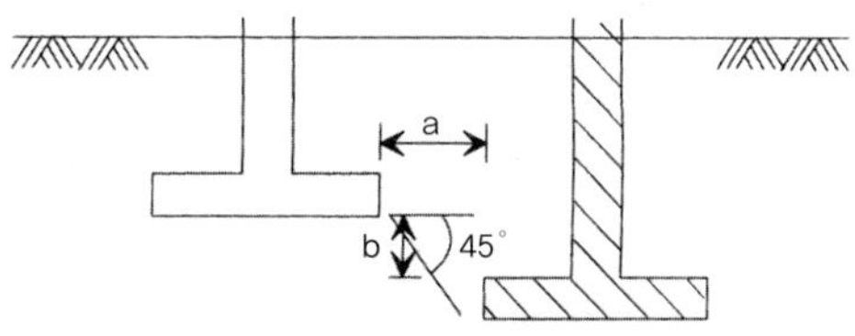

그림 6-4 기초의 고저차

6.2 기초의 특징 및 적용조건

6.2.1 기초구조의 종류

구조물의 기초지반은 구조물의 상재하중과 자중 및 구조물에 작용하는 토압이나 수압 등에 의한 연직, 수평하중 및 모멘트에 의해 파괴되거나 부등침하, 수평변위 등이 발생하지 않도록 구조물을 지지하여야 한다.

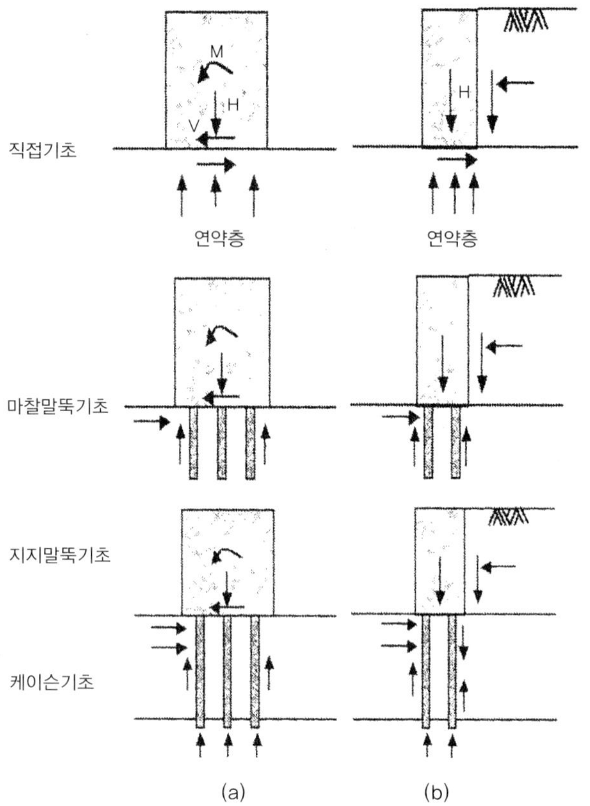

그림 6-5 기초구조의 종류

연약지반에서는 구조물이 가벼워 다소의 변형에 견딜 수 있는 구조를 갖고, 연약지반의 층두께가 얇고, 특성도 그다지 나쁘지 않을 때는 직접기초를 채택할 수 있다. 그러나 대형 구조물이나 가해지는 외력이 큰 구조물이고 약간의 침하밖에 허용할 수 없는 영구구조물일 때는 마찰말뚝기초나 견고한 지지층까지 하중을 전달하는 지지말뚝이나 케이슨 기초형식을 택해야 한다.

연약지반에서는 연직지지력이 작을 뿐 아니라 수평지지력도 매우 낮은 것이 보통이다.

이 때문에 토압을 받는 구조물은 경사, 측방변위 등의 치명적인 피해를 받는 일이 많으므로 이에 대한 고려가 있어야 한다. 또한 구조물의 접지폭은 연약지반의 두께와 비교하면 대체로 작은 것이 많기 때문에 점상 · 좁은면상 · 선상 · 가는대상의 하중을 형성하므로 넓은 재하와 다른 특별한 고려가 필요하다.

6.2.2 직접기초(Footing Foundation)

1) 개요

① 상부구조의 하중을 말뚝 등을 사용하지 않고 기초 Slab에서 지반에 직접 전하는 형식의 공법이다.
② 지지층이 얇고, 지하수위가 낮으며 배수처리가 가능한 장소, 동일 구조물을 축조할 때는 지지층의 깊이가 거의 동일할 때 가능하다.
③ 직접기초의 Slab지면은 지반의 동결이나 지하수위의 변동 및 풍화작용에 의해서 지반의 강도가 저하되지 않는 깊이에 위치해야 한다.
④ 직접기초의 시공상 가장 중요한 것은 기초바닥의 지반을 흐트려 놓지 않는 것이다.

2) 종류

(1) 독립기초(獨立基礎, Isolated Footing)

기둥 하나를 기초 하나로 받는 것으로 저면은 보통 정방형이나 장방형으로 하고, 말뚝기초의 경우는 6각형 등 다각형으로 되기도 한다. 기초 바닥판 배근은 세로 · 가로로 배치하고 대각선 방향으로도 배치한다.

기초보(基礎梁, Foundation Beam)는 기초와 기초를 연결하는 보로서 지중보(地中梁, Footing Girder)라고도 하며, 기둥의 부동침하나 이동 등 변형을 방지하고, 주각에서 전달되는 휨모멘트를 받도록 주각을 고정으로 만들기 위해서는 계산상의 단면보다 상당히 커야 된다.

(2) 줄기초

줄기초(Wall Foundation)는 연속기초라고도 하며, 건축물 밑부분에 공기층을 형성하여 환기 등이 원활하여 일반적으로 더운 지방에서 많이 이용하거나 지하실이 없는 경우 활용성이 높고 경제적인 기초형태이다.

그림 6-6 줄기초

줄기초 위에 벽체를 설치하게 되므로 줄기초

에서는 기초의 직선상태 및 벽체의 두께에 유의하여 상부벽체를 시공하는데 있어서 문제점이 발생하지 않도록 유의해야 한다.

(3) 복합기초

Strap이 크고 깊은 위치의 시공일 때 사용하는 것으로 2개 이상의 기둥이 근접하여 독립기초를 2개 설치하기가 곤란하거나 편심의 우려가 있는 경우에 쓰인다. 기초 지지력이 좀 큰 경우는 캔틸레버 기초가 사용된다.

(4) 온통기초

건물의 하부 전체 또는 지하실 전체를 하나의 기초판으로 구성한 기초이다. 연결보와 바닥판의 구성방법에 따라 격자형, 상자형, 상방보형, 하방보형 등의 형식이 있다.

기초지빈 지지력이 작은 경우 개개의 기초를 하나의 큰 슬래브로 연결하여 지반에 작용하는 단위압력을 감소시킨다. 사질토는 N>10 이상의 경우에 가능하고, 기초면적이 시공면적의 2/3 이상되는 경우는 온통기초로 취급한다.

그림 6-7 온통기초

온통기초는 그림에서 $W-W_o$ 만큼의 지지력이 있으면 된다. 즉 굴착하여 버린 만큼 구조물 무게가 가벼워진다는 장점을 지니고 있다. 그러나 절대 침하량이 커지는 단점이 있다. 사일로나 굴뚝, 활주로의 기초 등에 적용한다. 온통기초(Mat Foundation)는 줄기초에 비하여 자재의 투입이 많으나 작업이 원활하고, 조이스트 및 보로 기초바닥을 구성할 필요가 없으며, 연약지반 등 적용가능한 지반의 범위가 넓은 것이 특징이다.

온통기초는 바닥슬래브 위에 바로 상부 벽체를 조립할 수 있으므로 콘크리트 슬래브가 평탄하며, 요철이 없도록 마지막 마무리작업에 특히 유의해야 한다.

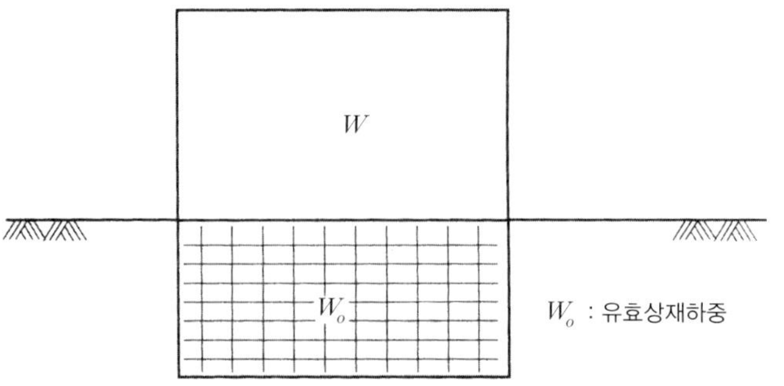

그림 6-8 전면기초

6.2.3 말뚝기초

1) 특성

말뚝기초는 타입공법, 내부굴착공법(매입공법) 및 현장타설공법에 의하여 타설된 말뚝의 머리를 연결시킴으로써 일체가 된 탄성체 기초이다. 지반 중에 설치된 말뚝의 상태는 지반조건, 시공법 종류, 실제 시공조건, 시공관리방법 등에 따라 영향을 받아 말뚝의 지지력이나 하중침하량 곡선에 큰 영향을 끼친다.

① 기초지반이 깊은 위치에 있는 경우 가장 경제적이고 일반적인 공법으로 이용된다.

② 지지층이 꽤 깊고 Footing의 터파기가 가능하며 중간층에 전석, 호박돌 등이 없을 때 적용

③ 타입말뚝은 소음이 문제가 되고 지하매설물이나 지중 장해물 때문에 시공 불능일 수가 있다.

2) 설계 및 시공시 고려사항

(1) 말뚝 및 구조물 조건

연약층에 타입된 말뚝기초에 대한 설계 및 시공조건에 대한 검토를 하는 경우 다음의 조건에 특히 주의해야 한다.

① 말뚝의 선단 지지력이 차이가 나는 경우(그림 6-9(b))

② 기초당 말뚝의 수가 차이가 있는 경우(그림 6-9(c))

③ 기존 건축물을 증축하는 경우(그림 6-9(d))

이 경우 기존건물의 침하는 일단 종료되었지만 증축부는 부마찰력이 발생한다.

④ 좁은 건물에서 구조 조인트가 없어 건물 전체의 강성이 작은 경우

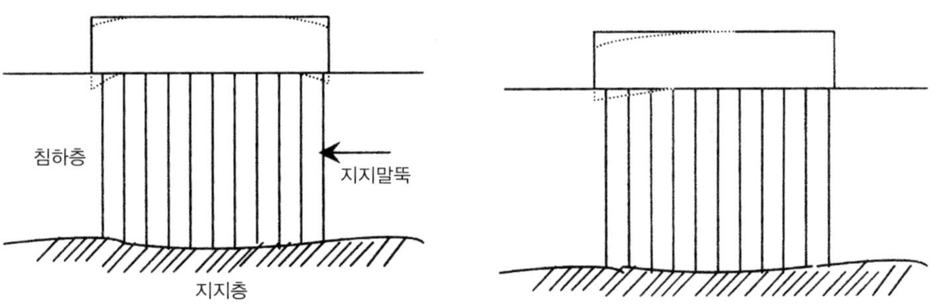

(a) 외주말뚝의 N_f 가 크기 때문

(b) 말뚝의 선단 지지력에 부등이 있기 때문

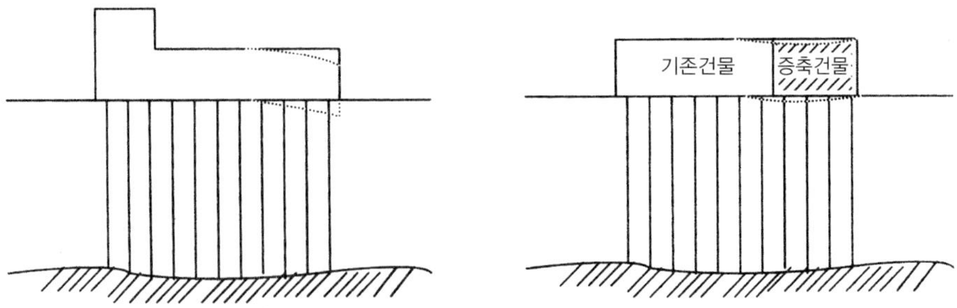

(c) 말뚝간격의 부등, 또는 말뚝수가 다른

(d) 증축부가 N_f 에 의해 침하하기 때문

그림 6-9 침하층의 두께 및 강도가 다른 경우의 부등침하

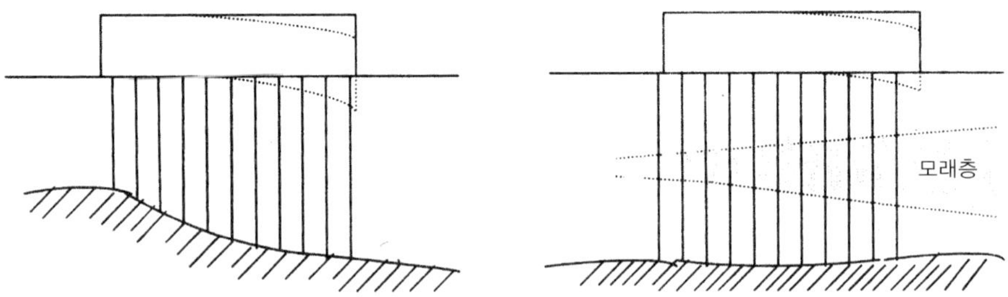

(a) 말뚝길이에 따라서 N_f 의 크기가 부등이 되기 때문

(b) 모래층 등으로 N_f 의 크기가 부등이 되기 때문

그림 6-10 침하층의 두께 및 강도가 다른 경우의 부등침하

(2) 지반조건

말뚝을 시공하는 지역을 선정하면 이 지역에 대한 상세한 지반조사가 이루어져야 한다. 연약층의 심도가 깊거나 비록 연약층의 심도가 얕더라도 지층의 중간층에 연약층이 있는 경우를 포함하여 다음과 같은 경우에는 특별히 주의해야 한다.

① 연약층의 두께가 상당히 차이가 있어 지지층의 깊이도 일정하지 않고 말뚝길이도 수m 이상의 차이가 발생하는 경우(그림 6-11(a))

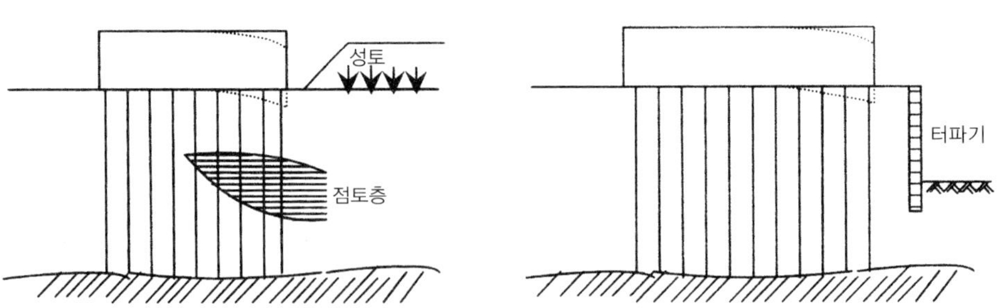

(a) 성토, 점토층의 편재 등으로 국부적인 지반 침하가 생겨 이 부분에 N_f 가 발생하기 때문

(b) 터파기 공사로 지하수위 강하, 지반의 이동 등으로 국부적인 지반 침하가 생겨 이 부분에 N_f 가 발생하기 때문

그림 6-11 근처의 공사로 인한 부등침하가 국부적으로 발생하는 경우

② 연약층 깊이가 30m 이상으로 중간에 수 미터의 모래층이 있는 경우(그림 6-11(b))
③ 침하량이 연간 수cm 이상이며, 매립이나 성토에 의한 강제 침하가 일어난 경우

6.2.4 Pier 기초(굴착 천공식 기초)

1) 정의

피어기초(Pier Foundation)는 구조물의 하중을 굳은 지반까지 전달하기 위하여 지중에 수직공을 굴착하고 그 속에 현장콘크리트를 타설하여 만든 주상기초이다.

피어(Pier) 기초는 구조물의 하중을 견고한 지반에 전달하기 위하여 먼저 지반을 굴착한 후 그 속에 현장콘크리트를 타설하여 만든 직경이 750mm 이상인 기둥 모양의 기초를 말하는데, 일반적으로 대구경 현장타설말뚝이라 한다. 종래의 타입말뚝만으로는 막대한 하중이나 내력을 처리하기에 부적합하여 보다 직경이 큰 대구경 말뚝이 필요하게 되었는데, 이러한 말뚝기초를 피어기초라 한다. 피어공법은 무소음, 무진동 등 여러 가지 이점이 있지만 지반이 연약하면 말뚝의 주위와 선단의 지반을 이완시킬 우려가 있다. 이러한 결점은 정도의 차이는 있지만 각종 피어공법에 공통적이며, 피어의 지지력에 중대한 영향을 미치므로 철저하게 시공을 관리해야 한다.

2) 종류

피어 기초는 일반적으로 굴착하는 방법에 따라 인력굴착공법과 기계굴착공법으로 구분하며, 최근에는 각종 굴착기계가 많이 개발되어 쉽고 빠르게 굴착할 수 있어 기계굴착에 의한 공법이 널리 사용되고 있다. 그러나 기계 굴착 시에는 인력굴착에 비하여 육안으로 직접 굴착공 내부를 확인하지 못하는 단점이 있다.

항 목	기초 종류
① 인력에 의한 굴착	Chicago 공법, Gow공법
② 기계에 의한 굴착	Benoto 공법, Earth Drill(Calweld) 공법, Reverse Circulation(R.C.D) 공법

3) 공법별 특징

(1) Chicago 공법

본 공법은 피어기초 공법중 가장 오래된 공법으로 인력으로 직경 1.1m의 원형구멍을 굴착하는 방법으로 한번에 0.6m~1.8m 정도로 굴착한다.

굴착 측벽의 붕괴를 방지하기 위하여 연직토류판(Laggings)을 설치하고 두 개의 원형

강재링으로 고정시켜 토압을 지지하며 지속적으로 굴착작업을 진행한다. 소요깊이까지 굴착작업이 완료되면 선단부는 확대굴착 작업을 하고 구멍은 콘크리트로 채운다.

(2) Gow 공법

시카고공법과 같이 인력으로 굴착하는 공법으로 구멍의 직경 1.2m 이상이며, 굴착내부의 흙막이 재질로는 강재 원통(Telescopic steel casing ; 접이식 강재 케이싱)을 사용하는 공법이다. 케이싱을 다단으로 설치할 경우 하단에 설치하는 케이싱은 바로위에 설치한 케이싱의 직경보다 약 50mm 정도 작은 것을 사용하도록 한다. 케이싱은 콘크리트 타설시 한번에 한 층의 케이싱을 끌어 올린다.

(3) Benoto 공법(All casing method)

굴착기의 요동운동에 의하여 공벽붕괴 방지용 케이싱을 압입하면서 특수굴착장비인 해머그래브(Hammer grab)를 이용하여 대구경의 구멍을 굴착하며, 이때 케이싱 튜브의 끝에 Cutting Edge는 지반의 굴착 선진을 쉽게 해 준다. 콘크리트 타설은 트래미관을 사용한다.

(4) 어스드릴공법(Calwelde Earthdrill 공법)

본 공법은 절삭날이나 절삭톱니가 부착된 나선형 오거를 회전하여 구멍을 굴착하는 공법이다. 켈리(kelly)라고 불리는 정사각형 축에 부착된 오거를 지중에 관입하고 회전하며, 날개에 흙이 채워지면 오거를 지표면 위로 인발한다. 오거의 직경은 다양하게 개발되어 있으며 직경 3m 이상이 되는 오거도 있다. 굴착공의 선단을 확장하려면 오거를 인발하고 선단확공기(피어직경 3배까지 확장이 가능)를 교체하여 굴착저면에 관입하고 저면에서 굴착확장 작업을 수행한다. 선단확공기의 선단에는 두 개의 절삭날이 부착되어 있으며 굴착공에 선단 확공기를 관입할 때는 절삭날이 접혀진 상태로 유지되고 있으나 굴삭공 저면에 도달하면 날이 밖으로 벌려지도록 설계되어 있다. 굴착에 있어 안정액으로 벤토나이트 이수를 사용하고 굴착 및 배토는 회전식 버켓에 의하고, 완료된 후에는 철근망을 삽입해서 트래미관을 사용하여 콘크리트를 타설한다.

(5) 리버스서큘레이션공법(R.C.D 공법)

독일에서 개발된 공법으로 원칙적으로 물을 사용하고, 수압에 의해 공벽면을 안정시키고 스탠드파이프 이외에는 케이싱을 사용하지 않는다. 비트를 회전시켜 굴착이나 배토를 하며, 배출한 이수는 저장조에서 토사를 침전시켜 순환시킨다. 굴착 완료 후 철근망 삽입하고 트래미관을 통하여 콘크리트를 타설한다.

(6) 기타

도심지 건축기초로 이용되고 있는 Benoto 공법, Earth Drill 공법, Reverse Circulation 공법이 있다. 어느 공법이나 굴착에 따른 Slime 처리가 새로운 공해문제로 대두되고 있다.

4) 특성

① 직경이 큰 구조물이므로 지지력도 크고, 횡력에 의한 휨모멘트에 저항성이 크다.
② 인력 굴착시에는 선단지반과 콘크리트를 잘 밀착시켜서 선단지지력을 확보할 수 있고, 지지층의 토질상태를 직접 조사하여 지지력을 확인할 수 있다.
③ 선단을 확장할 수 있으므로 큰 양압을 받을 수 있다.
④ 무진동, 무소음 공법으로 도심지 공사에 적합하다.
⑤ 시공 시에 인접구조물에 피해를 주는 지표의 히빙과 지반진동이 일어나지 않는다.
⑥ 주위의 흙을 배제하지 않으므로 인접한 조밀한 자갈층이나 사질토층도 잘 관통시킬 수 있다.
⑦ 기계굴착을 하는 경우에 말뚝으로 관통이 어려운 조밀한 자갈층이나 사질토층도 적합하다.
⑧ 공사비는 다른 공법에 비해 일반적으로 싸다.

6.2.5 케이슨(Caisson) 기초

1) 특징

① 철근 콘크리트 구조물을 육상에서 제작, 내부 토사를 굴착하며 침하시켜 소정의 지반에 기초를 형성시키는 Open Caisson 공법과 압축공기를 보내면서 육상에서와 같이 인력으로 기초 굴착하는 Pneumatic Caisson 공법이 있다.
② 지지층이 깊고, 대형구조물을 시공할 때 적용한다.
③ 수위나 지반조건 때문에 Footing을 설치하기 어려울 때

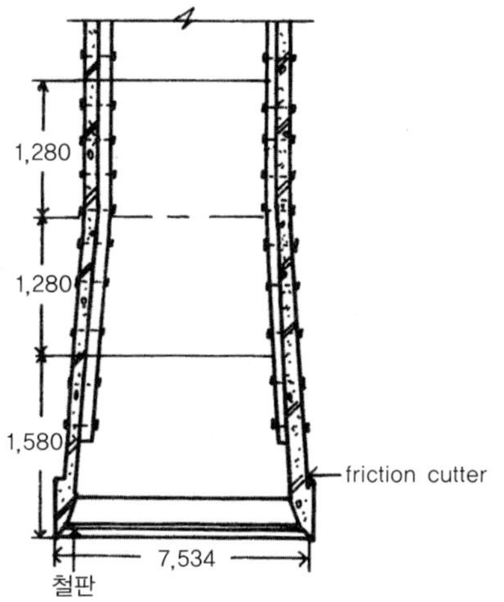

2) Well 공법(우물통기초)

(1) 개요

① 현장에서 상·하단이 개방된 철근 Con'c조 우물통(지름 1~1.5m)을 지상에서 만들어 내부를 굴착·침하시킨 후 Con'c를 타설하여 기초기둥(Pier)을 구축하는 공법이다.
② 우물통 모양에는 밑벌린 우물통과 원통형 우물통이 있다.

(2) 특징

① 장점

㉠ 소음 및 진동이 없다.
㉡ 지지층 확인이 가능하다.
㉢ 경질지반에 정착되므로 신뢰도가 높다.
㉣ 좁은 장소에도 시공이 가능하다.

② 단점

㉠ 말뚝형식에 비해 준비가 대규모
㉡ 공사비가 비교적 고가
㉢ 주위지반을 침하시켜 인접건물 피해 우려
㉣ 자중침하로 필요 이상의 Well 두께 필요
㉤ 침하를 위한 재하(載荷)작업이 번잡함

(3) 시공시 주의사항

① 굴착은 중앙부에서 시작하고 점차 주변으로 나가 주변과 대칭되게 할 것
② 굴착은 침하에 필요한 만큼만 파고 밑창날 여굴파기를 주의할 것
③ 하중에 의한 침하는 우물통 위에 재하(載荷)하여 서서히 침하시킬 것
④ 재하(載荷)하여 침하시킬 때 중심이 기울어지기 쉬우므로 주의할 것

(4) 개량우물통기초공법

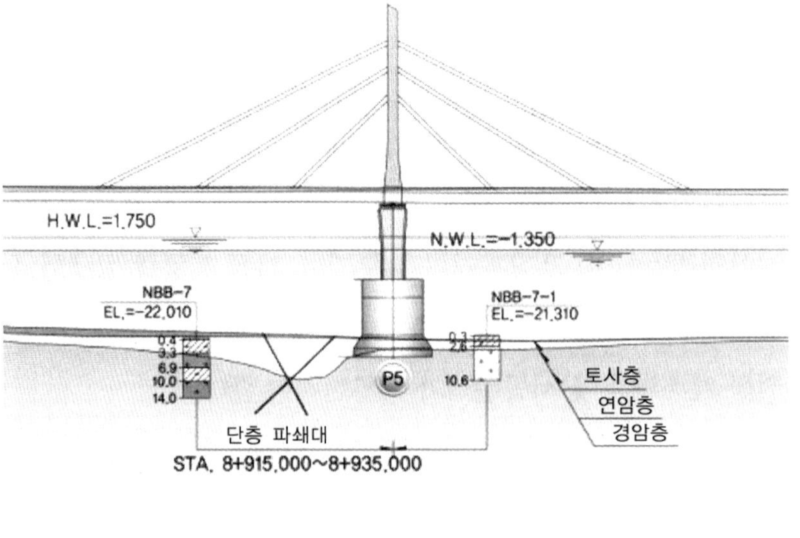

〈표 6-2〉 우물통기초 시공방법

구분	거치식	침설식
개요도	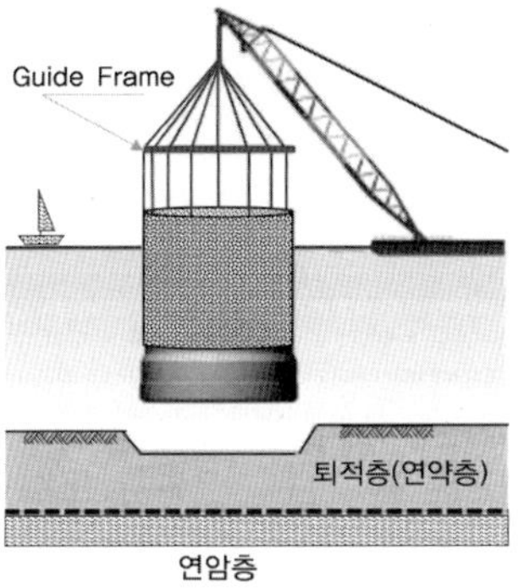	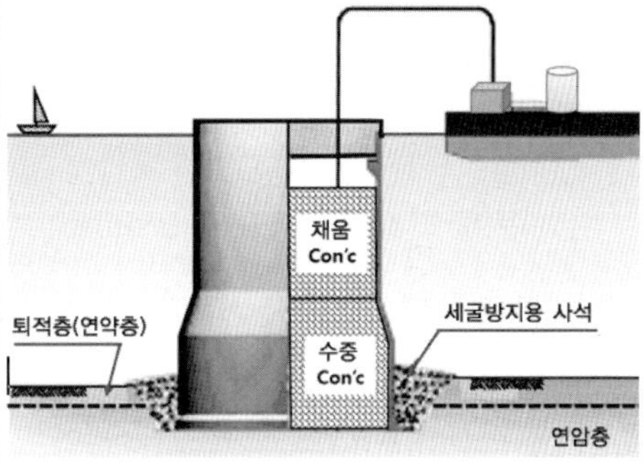
시공방법	• 우물통 거치장소 준설 및 면고르기 • 크레인에 의한 기성 우물통 운반 및 거치 • 기초저면 차수 및 양수 또는 Grouting 실시 • 속채움 및 구체 콘크리트 타설	• 토사층 면고르기 또는 가축도 시공 • 우물통 내부 굴착과 동시에 우물통 침설 • 로드별 시공에 의한 소정의 심도까지 침설 • 속채움 및 구체 콘크리트 타설
특징	• 공정이 비교적 단순 • 하상준설에 의한 수질오염 우려 • 기초저면 차수를 위한 별도의 공정 필요 • 수중공사이므로 기초저면 기반암 확인 곤란	• 상부 토상층에 의한 우물통 침설 용이 • 차수가 용이하므로 기초품질 양호 • 가축도 조성 및 제거에 따른 추가비용 소요 및 수질오염 우려
적용성	• 상부 토사층 두께 및 지지층 심도가 얕은 구간 적용시 유리 • 기반암 심도가 깊은 경우 준설량 과다로 불리	• 상부토사층 심도가 깊은 경우 유리 • 수심이 깊은 경우 가축도 시공이나 대형 기성 우물통 제작이 필요

3) Open Caisson 공법(개방잠함공법)

오픈케이슨공법(Open Caisson Foundation Method)은 개방잠함공법이라고도 하며, 굴착작업으로 펌프에 의한 수잠(水潛)굴착과 수중굴착기에 의한 수중굴착이 있다. 개방잠함공법을 적용할 경우에는 지중의 토사를 굴착하고 구조물을 가라앉히기 위해 크고 무거운 하중이 필요하다. 이 때문에 벽체와 개방잠함과의 접합면의 마찰을 줄이기 위하여 Caisson 외벽과 토사의 경계면에 물을 사출(射出)함으로써 마찰효과를 줄이는 방법을 사용하고 있다.

(1) 정의

① 지하 구조체를 지상에서 구축하여 바깥벽 면에 끝날을 붙이고 하부 중앙 흙을 파내어 구조체의 자중으로 침하시키는 공법으로 압축공기를 사용하지 않는다.

② 잠함을 정착시키기 위하여 중앙부는 굳은 지반까지 먼저 파내고 철근 콘크리트의 기초를 구축한 다음 여기에 정착시킨 후 주변의 기초는 그 후에 구축한다.

③ 준비공사 완료 후 건물 내부를 굴착하여 구조체 전체를 침하

④ 시공 중 지하수는 수위강하법에 의하여 수위를 낮추면 건조상태로 공사 가능

⑤ 압축공기를 사용하지 않음
⑥ 부지의 최대한 이용

(2) 시공시 유의사항
① 구조체 편심에 주의할 것
② 굴착 시 중앙부 기둥이 매달리기 때문에 철골 또는 R.C조 Bracing을 넣어 보강
③ 끝날(Cutting Edge)을 강재로 보강하여 침하를 촉진

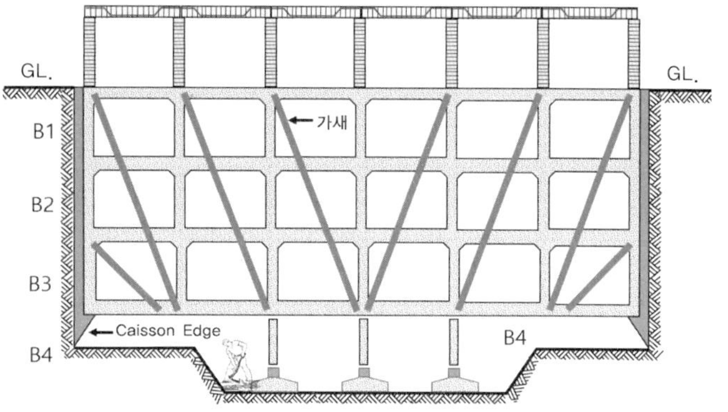

그림 6-12 Open Caisson 공법

4) Pneumatic Caisson 공법(용기잠함공법)

뉴매틱케이슨공법은 공기잠함공법이라고도 하며, 잠함 밑에 작업실을 만들고 그 속에 압축공기를 보내서 물을 배제하여 대기 속에서와 같은 상태에서 굴착하는 특수한 공법이다. 물속에 잠함기초를 만들 경우, 우선 잠함을 육지에서 제작하고 배처럼 물에 뜨게 만들어, 기초를 설치할 지정된 장소에 예항하여 콘크리트를 채워 넣고 물 밑에 가라앉힌다. 이렇게 설치되는 잠함을 부잠함(浮潛函)이라고도 한다.

이 공법의 특징은 바닥은 개방되어 있으나 상부는 닫혀있으며, 외벽에 구조체를 세울 수 없는 장소 즉, 물깊이가 12m 이상인 장소에서 활용이 더욱 효과적으로 알려져 있다. 뉴매틱케이슨공법에서 압축공기의 역할은 작업실 내부로 유입되는 물을 차단하는데 사용되며 터파기 작업시 토사를 건조상태로 유지시켜 작업효율을 높이도록 한다. 뉴매틱 케이슨 공법의 박스의 재질은 나무, 콘크리트 또는 스틸로 제작 한다. 본 공법은 교량, 건축물의 기초 및 하수처리시설의 주요구조, 지하수 조절 저수지, 지하터널 및 지하철도 등 다양한 구조물에 많이 사용되고 있다.

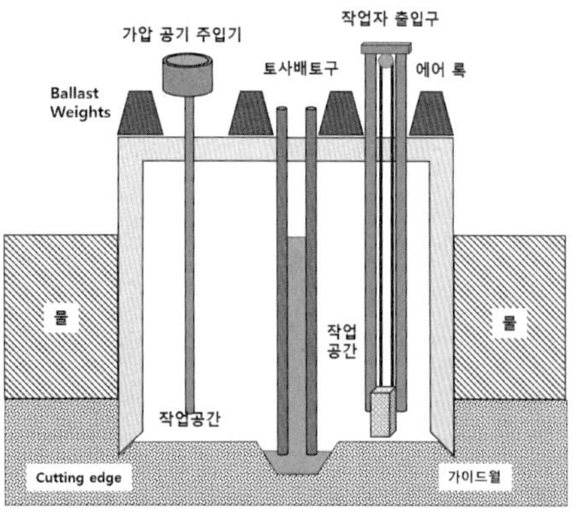

그림 6-13 Pneumatic Caisson 공법(출처 : https://civiconcepts.com)

(1) 정의

① 용수량이 대단히 많고 깊은 기초를 구축할 때에 쓰이는 공법으로 최하부 작업실은 밀폐되어 여기에 지하 수압에 상응하는 고압공기를 공급하여 지하수의 침입을 방지하면서 흙파기 작업을 하여 지하 구조체를 침하시키는 공법이다.

② 지하 구조체는 침하되는 대로 지상에서 이어 만들어 소기의 지반에 도달하면 작업실에 콘크리트를 채워넣어 기초를 구축한다.

(2) 특징

① 용수량이 많은 지반의 기초에 적합하며 기초저면의 지반확인 가능

② 지하수를 Pumping 하지 않으므로 수위저하에 의한 지반침하가 없음

③ 대형 기계설비로 공사비가 고가

④ 대형은 유압식 굴착기를 사용하고 소형은 인력굴착을 하므로 공기가 길어짐

(3) 시공시 유의사항

① 작업실은 높이 1.8m 이상으로 끝날과 천장 Slab는 일체 콘크리트 타설

② 정전에 대비하여 비상전원 필요

③ 굴착은 중앙부터 파고 주변파기를 할 것

④ 고기압 내에서 작업하므로 케이슨(잠함)병에 유의

5) Box Caisson 공법

박스케이슨공법은 개방잠함공법과 매우 유사한 공법이나 차이점은 하단은 닫혀있고 상단은 열려있다는 특징이 있다. 본 공법은 박스(Box)형으로 그 재질은 목재, 철근콘크리트 또는 강철로 만들어져 있다. 지상에서 제작된 박스형태의 콘크리트 구조체의 잠함을 지정된 위치로 이동시킨 다음 물속에 가라앉히고 박스내부에 모래나 자갈 또는 콘크리트를

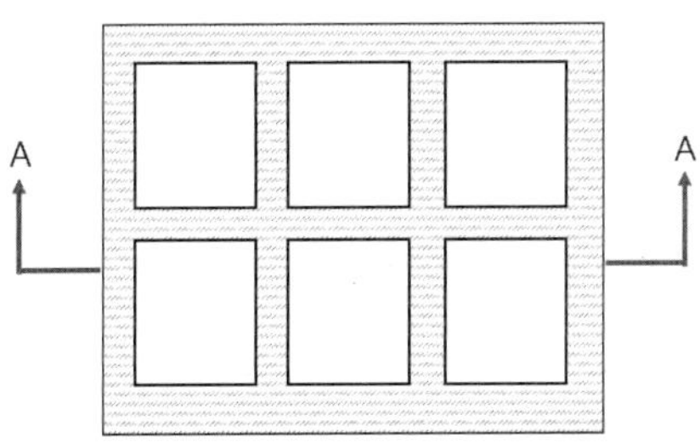

(a) 평면도

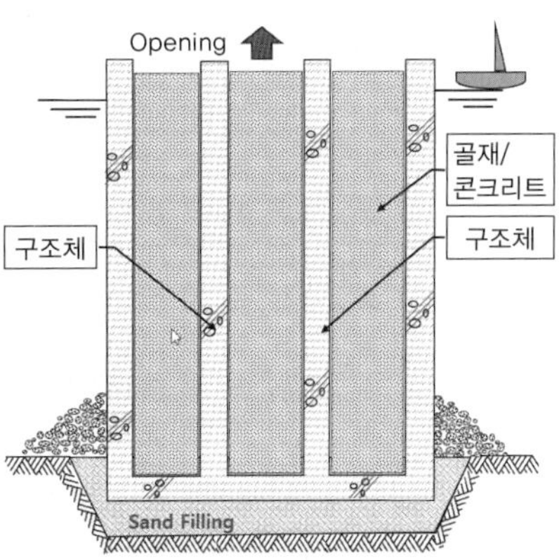

(b) 단면도

그림 6-14 Box Caisson 공법

채운 다음 기초를 형성 시키는 공법으로 오픈케이슨 공법과 공기 케이슨 공법이 주로 교량에 사용되는데 비해 이 공법은 항만 구조물에 많이 사용된다. 콘크리트 박스를 제작할 경우 기초는 평활해야 하며, 지내력이 충분히 유지되는 지층에서 제작함으로써 품질과 안전을 유지해야 한다. 또한 설치위치에서 최대한 가까운 거리에서 제작하는 것이 구조물의 지정된 위치까지 이동하기 편리하다. 설치방법은 지정된 위치의 강바닥은 준설작업으로 부드러운 토사를 제거하여 지내력이 유지될 수 있도록 하고 모래를 포설한다. 이때 모래층의 기능은 박스구조물의 하중을 균일하게 분산시켜 구조물이 기울어지지 않도록 하는 것이다.

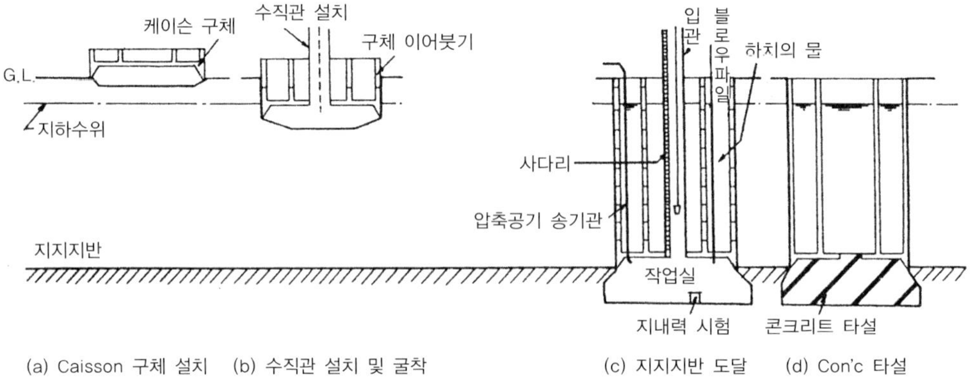

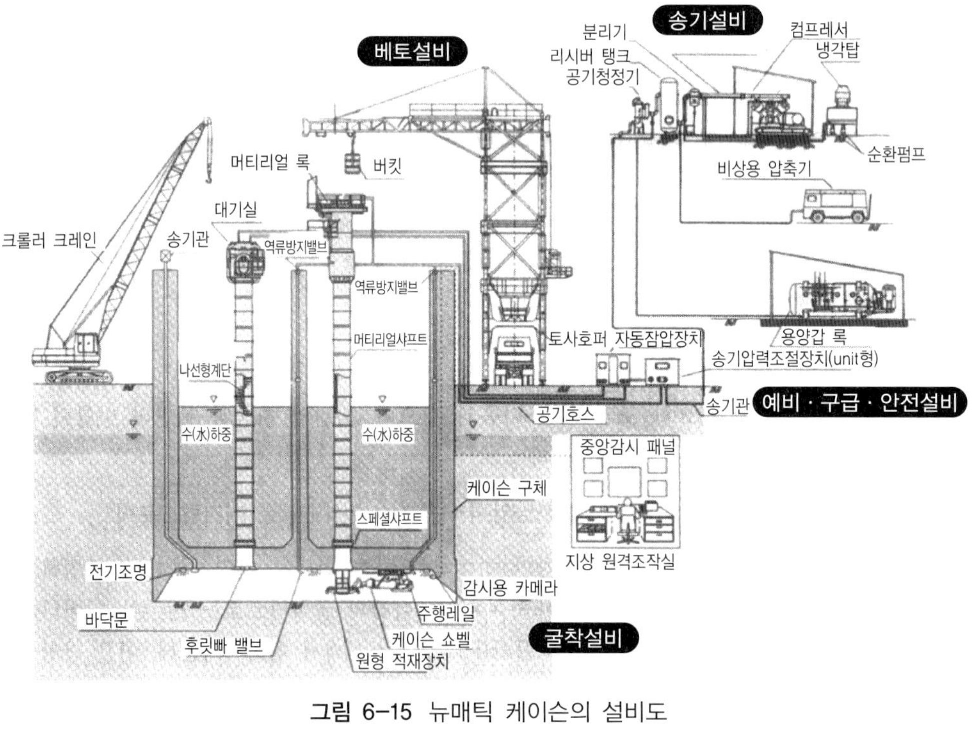

그림 6-15 뉴매틱 케이슨의 설비도

6.3 기초의 침하

6.3.1 침하 원인 및 종류

얕은 기초에 있어서 침하는 일반적으로 지반의 압축 또는 압밀에 의하여 발생되는 구조물 전체 또는 구조물 일부의 연직변위를 말한다. 구조물의 모든 부분의 침하가 같으면 균등침하라고 하는데, 균등침하가 발생되면 구조물에는 균열이 생기지 않고 다만 구조물의 연직위치만 달라진다. 반면, 구조물의 위치에 따라 침하의 크기가 다른 부등침하가 일어나면 구조물에 균열이 발생하거나 구조물이 기울어져 기능과 안전에 영향을 미친다.

1) 침하의 종류

침하는 즉시침하(탄성침하), 압밀침하, 2차압축 등 세 가지로 구성된다. 이 세가지 침하에 의하여 전체 침하량(S)는 이들을 합한 크기가 된다. 실제 문제에서 이들 세 가지 침하를 명백하게 구분하는 것은 어려우나 탄성침하는 비교적 짧은 시간 내에 일어난다. 이론상으로 탄성침하는 순간적으로 일어나게 되나, 실제로 대부분의 경우 재하 후 1주일 내에 완료하는 것으로 알려져 있다.

	S(전체 침하량)$=S_i+S_c+S_s$
① 즉시침하(Si)	기초에 하중이 가해지면 재하가 이루어지는 순간 지반이 압축되는 이를 즉시침하 또는 탄성침하(Elastic Settlement)라고 한다. (사질지반)
② 압밀침하(Sc)	시간이 지남에 따라 간극의 물이 빠져나가면서 지반의 체적이 감소되어 일어나는 현상을 압밀침하(Consolidation Settlement)라 한다. (점성토지반)
③ 2차 압축(Ss)	유기질토나 점성토에서는 2차 압밀에 의하여 발생하는 압축침하를 2차 압축이라 한다. (점성토의 크리프 침하-구조물의 Crack 발생원인) 2차 압밀침하(Creep Settlement)

2) 기초침하의 원인

구조물의 침하는 다음과 같은 원인들에 의하여 발생한다.

항 목	내 용
① 구조물	• 구조물하중에 의한 지중응력 증가(지반의 탄소성 변형)
② 지반	• 지지력 약화(함수비 증가)
	• 지반의 기초파괴
	• 점성토 지반의 건조수축
	• 지하수위 강하로지반 유효응력 증가
	• 지반 지지력 약화(동상(凍傷)후의 지반연화 원인)
③ 함몰	• 지하공동이나 지하매설관 등 지중공간의 함몰

3) 기초침하의 분류

① 균등침하	② 부등침하	③ 전도침하
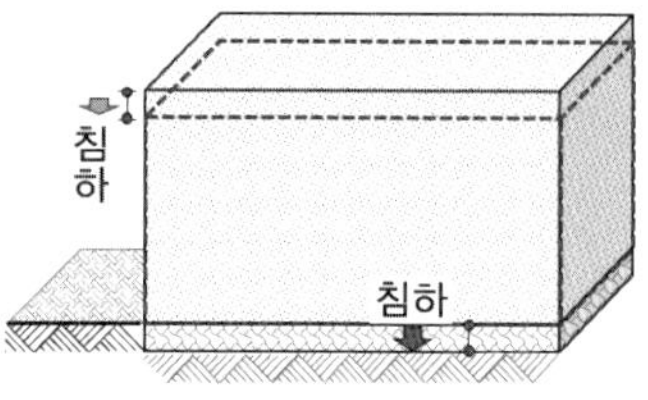	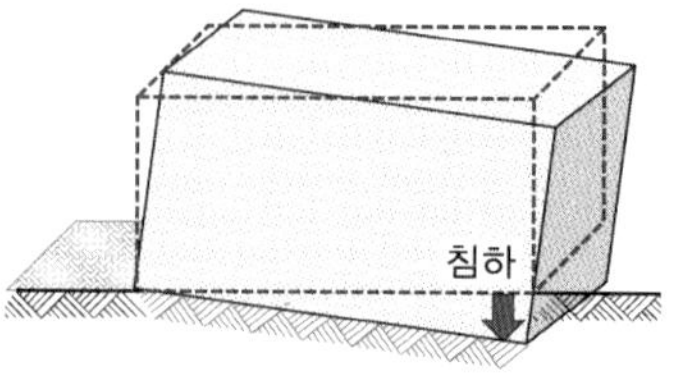	
• 균질한 지반	• 불균질 지반, 점토지반	• 불균질 지반
• 강성기초에서 발생	• 연성기초에서 발생	• 편심하중으로 발생

4) 침하대책

구조물을 설계할 때 허용치보다 큰 부등침하가 예상될 경우 침하 방지대책은 다음과 같다.

항 목	내 용
① 구조물	• 구조물의 경량화
	• 구조물의 형상과 중량을 침하에 유리하도록 배분
	• 구조물이 길고 큰 경우 20~30m 마다 신축이음(Expansion Joint) 설치 (그림 6-17)
	• 지붕보, 즉 지중에 수평보를 두어 강성을 증대시킨다.(그림 6-18)
	• 변형이 발생하지 않는 암반 등의 견고한 지반에 구조물을 설치할 때에는 중간에 압축이 가능한 중간층을 설치
② 지 반	• 연약지반 개량
③ 기 초	• 모든 기초의 침하량을 동일하게 조정
	• 말뚝, 피어, 케이슨을 지지 가능한 지반까지 깊게 설치

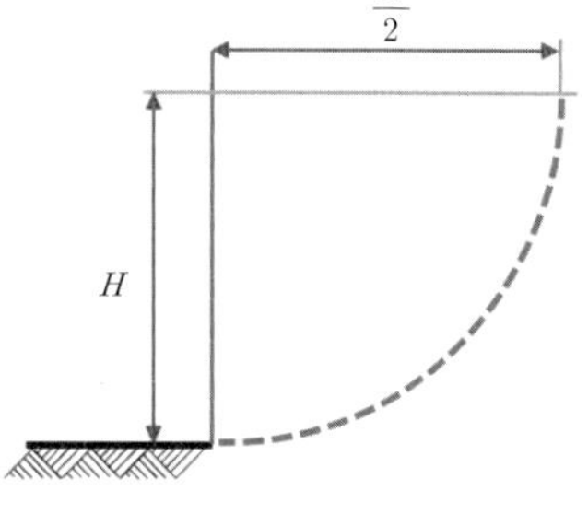

그림 6-16 일반적인 허용침하량

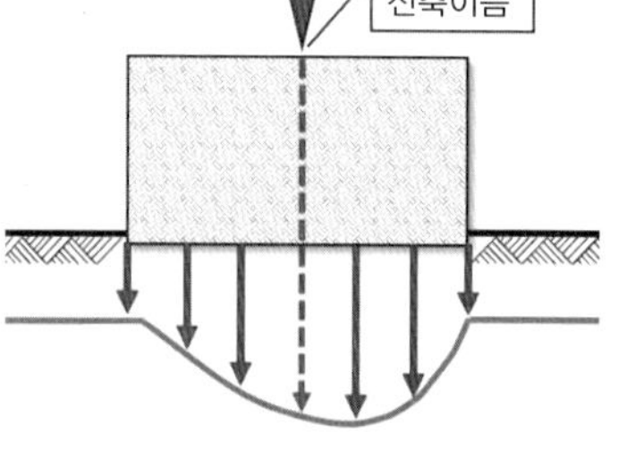

그림 6-17 신축이음

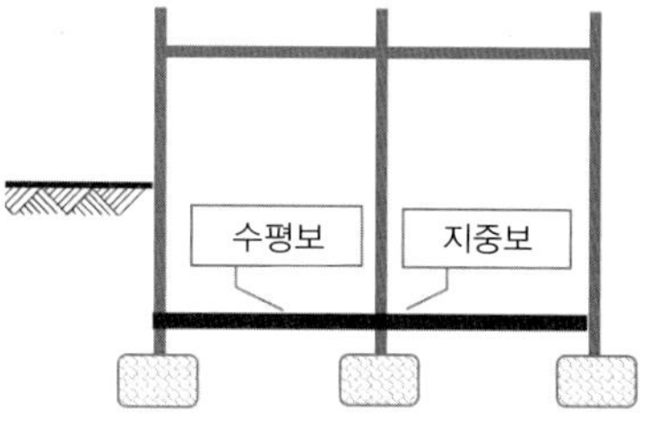

그림 6-18 지중보 설치

6.3.2 부동침하(부등침하)의 원인과 대책

1) 개요

부동침하는 상부구조에 일종의 강제변형을 주는 것으로 인장응력과 압축응력이 생기고, 균열은 인장응력에 직각방향으로, 침하가 적은 부분에서 침하가 많은 부분에 빗방향으로 생기는 것이 보통이다.

2) 부동침하의 종류

① 연약지반의 부분적인 침하가 있는 경우
② 연약층의 두께 차이로 지반 반력에 변화가 심한 경우
③ 이질지반으로 지반 반력의 차이가 큰 경우
④ 지하매설물(암거 등)의 붕괴에 의한 경우
⑤ 경사지반의 지반 반려기 변화가 있는 경우
⑥ 건축물의 기초가 다른 경우
⑦ 건축물의 기초 제원이 현저하게 차이가 나는 경우
⑧ 인접한 대지에 굴토작업을 하는 경우
⑨ 지하수위의 변동으로 부력이 발생한 경우
⑩ 액상화에 의한 지반 붕괴로 부등침하가 발생한 경우

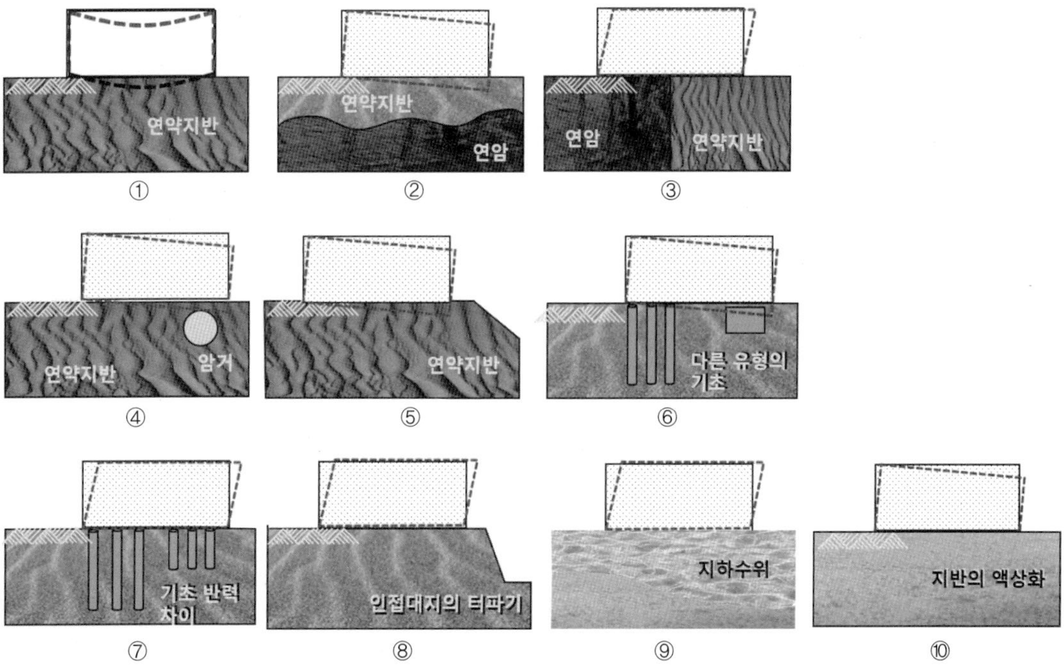

3) 부동침하의 원인

항 목	내 용
① 지반	지지력부족(연약지반 위체 기초 시공)
	연약지반위에 기초시공/연약지반 분포 깊이가 다른 지반에 기초 시공
	이질지반(종류가 다른 지반) 위에 기초 시공
	경사지반
② 시공	증축 : 부주의한 증축으로 인한 하중 불균형
	서로 다른 기초 복합시공
	인근지역에서 부주의한 터파기로 인한 토사붕괴로 부동침하
	함몰 : 지하공동이나 지하매설관 등 지중공간의 함몰
③ 지하수위	지하수위 변동으로 인한 지하 수위 상승

4) 부동침하 방지대책

항 목	내 용	
① 지반	• 치환공법, 탈수공법, 다짐공법, 고결공법, 주입공법, 재하공법 등 연약지반개량	
② 기초구조	• 지반	• 경질지반에 기초 설치로 지지력 확보
		• 이질지반 분포시 복합기초 적용
	• 기초보강	• 기존구조물의 Under Pinning 적용으로 기초보강
③ 상부구조	• 구조물 경량화로 자중감소	
	• 구조물 길이를 짧게 설계하여 하중 불균형 방지	
	• 구조물 길이가 긴 경우 신축줄눈(Expansion) 설치	
	• 구조물 강성 증대	
	• 구조물 증축시 편심하중 예방설계	

Chapter 07 철근공사

7.1 일반사항

철근에는 원형철근(Round Steel Bar), 이형철근(Deformed Steel Bar), 고장력철근(High Tensile Bar)이 주로 쓰이고, 철선(鐵線), 피아노선(中硬鐵線, Piano Wire, Music Wire), 용접철망(鎔接鐵網, Welding Wire Fabric), 스테인리스철근 등도 쓰인다.

철근의 강도는 극한강도설계법에 의한 설계기준항복강도 또는 Tensile Strength를 기준으로 SD30, SD40, SD50 등으로 분류하며 일반적으로 SD40(항복강도 f_y=400MPa)와 SD50(항복강도 f_y=500MPa)을 많이 사용한다. 철근의 길이별로는 표준생산규격 기준으로 8m, 9m, 10m, 11m의 철근이 주로 사용되며 일정한 수량 이상 주문을 하면 원하는 길이로 생산이 가능하다.

그림 7-1 철근 표기방법

7.2 철근의 종류 및 특성

7.2.1 원형철근(Round Steel Bar)

원형철근의 지름은 ϕ로 표시하며 SR24, SR30(KSD3504) 등이 있다. 지름은 6mm에서 9, 13, 16, 19, 22, 24, 32mm가 있다. 부착력이 부족하므로 마디와 리브(Rib)가 있는 이형철근으로 만들어 사용(부착력 40%정도 증가)한다. 철근의 단부는 반드시 후크(Hook)를 두어야 하고 이음, 정착길이도 충분히 해야 한다.

7.2.2 이형철근(Deformed Steel Bar)

이형철근의 공칭지름은 D로 표시하며 1종(SD 24), 2종(SD 30), 3종(SD 35), 4종(SD 40), 5종(SD 50)으로 나뉜다(KSD 3504). 부착강도를 높이기 위하여 표면에 마디와 리브를 붙였으며. 원형철근보다 부착력이 40% 이상 증가하는 등 여러 가지 장점이 많아 철근콘크리트에서 가장 많이 쓰인다.

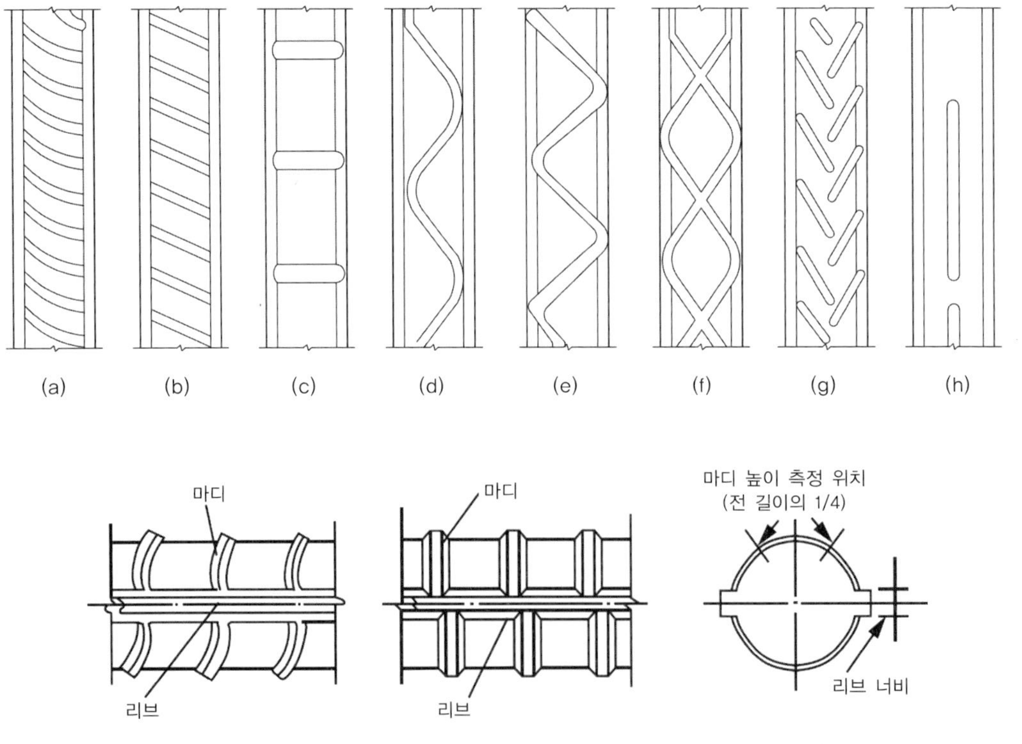

그림 7-2 이형철근

〈표 7-1〉 이형철근의 치수, 무게

호칭명	단위무게(kg/m)	공칭지름 d(mm)	공칭단면적 s(㎠)	공칭둘레 l(cm)
D6	0.249	6.35	0.3167	2.0
D10	0.560	9.53	0.7133	3.0
D13	0.995	12.7	1.267	4.0
D16	1.56	15.9	1.986	5.0
D19	2.25	19.1	2.865	6.0
D22	3.04	22.2	3.871	7.0
D25	3.98	25.4	5.067	8.0
D29	5.04	28.6	6.424	9.0
D32	6.23	31.8	7.942	10.0
D35	7.51	34.9	9.566	11.0
D38	8.95	38.1	11.40	12.0
D41	10.5	41.3	13.40	13.0
D51	15.9	50.8	20.27	16.0

〈표 7-2〉 이형철근 표시

종 류		기호	설계강도 (MPa)	항복강도 (N/㎟)	인장강도 (N/㎟)	표기방법
이형철근	일반용	SD 300	300 이상	300~420	항복강도의 1.15배 이상	철근에 표시
		SD 400	400 이상	400~520	항복강도의 1.15배 이상	철근에 표시
		SD 500	500 이상	500~640	항복강도의 1.08배 이상	철근에 표시
		SD 600	600 이상	600~780	항복강도의 1.08배 이상	철근에 표시
		SD 700	700 이상	700~910	항복강도의 1.08배 이상	철근에 표시
	용접용	SD 400W	400 이상	400~520	항복강도의 1.15배 이상	철근에 표시
		SD 500W	500 이상	500~650	항복강도의 1.15배 이상	철근에 표시
	특수내진용	SD 400 S	400 이상	400~520	항복강도의 1.25배 이상	철근에 표시
		SD 500 S	500 이상	500~620	항복강도의 1.25배 이상	철근에 표시
		SD 600 S	600 이상	600~720	항복강도의 1.25배 이상	철근에 표시

그림 7-3 이형철근 개별 표기방법

7.2.3 고장력이형철근(High Tensile Deformed Bar)

고장력철근(高張力 鐵筋)은 항복점강도가 3,500kg/㎠ 이상으로서 보통 하이바(High Tensile Bar)라고도 한다. 이 철근은 탄소강에 소량의 니켈, 망간, 규소 등을 첨가하여 만든 것으로 특수강을 재료로 한 고강도 철근이기 때문에 보통 철근보다 인장력이 큰 것이 특징이고, 이것을 쓸 때에는 콘크리트의 강도도 큰 것으로 하는 등의 주의가 필요하다.

휨재에 SD500 철근을 사용할 경우, SD400 철근사용시보다 강도가 25% 증가하므로 20% 줄일 수 있다. 그러나 이음길이 및 정착길이가 증가하므로 실제 철근감소량은 약 14~16% 정도이며, 균열 및 처짐 등의 사용성 문제가 주의 깊게 검토 되어야 한다. 따라서 기둥 SD500 철근사용효과를 높이기 위해서는 기계적 이음이 요구된다.

7.2.4 용접철망(Welding Wire Fabric)

구조용 용접철망은 공장에서 연강선재를 냉간압연된 또는 신선된 고강도 철선을 사용하여 낱개의 철근을 전기저항 용접에 의해 유니트화한 것을 말한다. 콘크리트 보강용 용접철망은 유니트화된 부재를 양중기를 이용하여 조립하며, 배근방법이 단순하여 시공성이 우수하므로 공기단축이 가능하다. 또한, 시공정밀도 확보가 용이하고 소재의 고항복강도로 자재절감이 가능하여 공사비를 절감할 수 있는 공법이다.

그림 7-4 용접철망

1) 용접철망의 특성

① 용접철망은 Sheet Type으로서는 철선을 간격 15cm정도로 직교하여 배치하고 각 교차점에서 용접하여 1m×2m 정도의 크기로 하거나 2m~4m 너비의 두루마리(Fabric Mat)로 제작된다.

② 철망에 쓰이는 철선은 지름 3.75mm(#10) 또는 4.36mm(#8)로 하고 철근으로 할 때는 지름 6mm 정도의 원형철근 또는 이형철근으로 한다. 이것은 넓은 바닥판 또는 도로 포장에 많이 사용된다.

7.2.5 피아노선 및 경강선(Piano Wire, Piano String)

피아노선은 탄소함유량이 0.6~1.05%의 고탄소강을 반복 냉간인발 가공하여 가는 강선으로 만든 것이다. 피아노선은 인장력이 아주 큰 중경강선(中硬鋼鐵, Midle Gard Steel :

지름 10mm 이하)으로서 피아노, 기타 등의 악기줄로 사용하였기 때문에 피아노선이라 불리어 왔다. 프리스트레스트콘크리트(Prestressed Comcrete)제조에 주로 쓰인다.

7.2.6 스테인리스철근

탄소강 철근에 비해 내식성이 5~10배 정도 좋으며, 내구성이 뛰어나 콘크리트구조물의 수명이 125년 이상 유지될 수 있다. 스테인리스 철근을 사용할 경우 콘크리트 단면적을 줄일 수 있어 구조물의 경량화가 가능해지고 탄소강 철근에 비해 기계적 특성(항복, 인장강도)이 우수하다. 이밖에도 표면코팅한 탄소강 철근보다 취급 및 시공이 편리하다. 스테인리스 본연의 부동태 피막층은 불변의 성질을 지니고 있기 때문이다. 또 용접이 쉽고 원하는 형상으로 굽힘이 용이하며 콘크리트의 열팽창계수와 일치하는 장점이 있다. 스테인리스철근은 주로 해안구조물과 교량의 상판, 난간벽체 등의 지지구조물, 내구성이 요구되는 건축물, 화학공장, 내식 내구성을 요하는 복구공사, 특수시설 등에 쓰인다.

7.3 철근부식

7.3.1 철근의 부식 원인과 방지 대책

철근의 부식은 산화에 의한 녹과 전식으로 발생되며, 염화물이온이 철근에 침입하여 철근의 부동태피막이 파괴되어 부식을 진행시킨다. 철근이 부식하면 철근의 체적팽창으로 피복 콘크리트에 균열이 발생하여 철근콘크리트 구조물의 성능을 저하시키므로 철근콘크리트 구조물의 완공 후 정기적인 점검과 유지보수 등의 종합적인 관리체계가 유지되어야 한다.

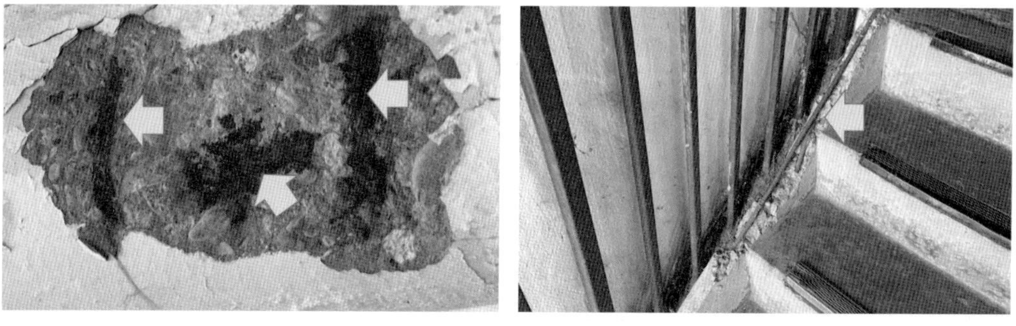

그림 7-5 철근부식

1) 부식의 구조

항 목	내 용
① 양극반응	$Fe \rightarrow Fe^{++} + 2e^{-}$
② 음극반응	$H_2O + \frac{1}{2}O_2 + 2e^{-} \rightarrow 2OH$ $Fe^{++} + H_2O + \frac{1}{2}O_2$, $Fe^{++} + 2OH^{-} \rightarrow Fe(OH)_2$ $Fe(OH)_2 + \frac{1}{2}H_2O + \frac{1}{4}O_2 \rightarrow Fe(OH)_3 \rightarrow$ 수산화 제2철(붉은녹)
③ 부식촉진재	물, 산소, 전해질

2) 부식의 분류

항 목	내 용
① 건식부식	수분을 동반하지 않은 부식으로 공기 또는 반응성 가스로 인한 넓은 의미의 산화
② 습식부식	수분을 동반한 부식으로 수중, 지중, 대기 중에서 발생하는 부식(저온의 대부분은 습식부식에 해당 한다.)

3) 철근 부식의 원인

항 목	내 용
① 동결융해	콘크리트가 팽창, 수축작용에 의해 균열이 발생하여 철근이 부식
② 중성화	콘크리트가 공기 중의 탄산가스의 작용을 받아 서서히 알칼리성을 잃어가는 현상
③ 알칼리 골재반응	골재의 반응성 물질이 시멘트의 알칼리 성분과 결합하여 일으키는 화학반응
④ 염해	콘크리트 중에 골재의 염분 함량이 규정 이상 함유되어 철근 부식
⑤ 기계적 작용	구조물에 진동 및 충격으로 콘크리트에 결함이 발생하여 철근 부식
⑥ 전류에 의한 작용	철근콘크리트 구조물에 전류가 작용하여 철근에서 콘크리트로 전류가 흐를 때 철근이 부식

4) 방지대책

항 목	내 용	
① 골재	• 양질의 재료사용 및 혼화재료 사용	
② 콘크리트	• 밀실한 콘크리트 타설 및 양생철저	
③ 철근부식 방지법	• 철근표면에 아연도금	• 철근 표면 에폭시 코팅처리
	• 철근피복두께 증가	• 콘크리트 균열부위 보수철저
	• 단위 수량 감소	
	• 콘크리트 방청제 혼합 및 콘크리트 표면피막제 도포	

항 목	내 용
④ 해사 염분 제거방법	• 야적하여 2~3회 충분한 자연강우에 의해 제거 • 80cm 두께로 깔아놓고 스프링클러로 간헐적 살수에 의해 염분 제거 • 제염플랜트에서 모래체적의 1/2 담수를 이용하여 세척 • 준설선 위에서 모래 1㎥, 물 6㎥ 비율로 6회 세척 • 제염제를 혼합하여 염분제거
⑤ 염화물량은 허용치 이하로 사용	• 비빔시 콘크리트 중의 염화물이온량 : 0.3kg/㎥ • 상수도의 물을 혼합수로 사용할 때 염화물이온량 : 0.04kg/㎥ • 잔골재의 염화물이온량 : 0.02%(염화나트륨으로 환산시 0.04%)

7.3.2 철근부식에 대한 허용치

1) 한국도로공사

철근의 녹은 부착응력에 대한 순기능과 역기능을 동시에 가지고 있다. 철근의 부식도가 2%~4%(중량비) 이하일 경우 철근 부식이 부착응력에 대한 역기능보다 순기능이 더 크게 작용한다.

2) 한국건설기술연구원

ACI 규준과 KS규격(부착강도 영향을 미치는 리브 마디)을 기준으로 종합판단 한다.
녹이 심한 경우에는 쇠브러시로 녹을 제거한 시편이 KS DE 3504 허용치를 만족한다.

3) ACI Code(Concrete Inspection)

얇은 박판형태의 녹이나 Mill Scale은 부착력에 지장을 주지 않는다.

4) ACI Code(Good Painting Practice)

가볍게 녹슨 철재는 콘크리트 속에 들어갈 때에는 유해하지 않다.

5) CEB-FIP Model Code(1990) 철근부식도가 철근지름의 1% 이하 또는 철근단면적의 3~5% 이하이면 인장력에 영향을 주지 않는다.

6) Building Design And Construction Handbook

심하게 녹슨 철근이라도 공칭중량의 6% 이하의 부식도는 사용 시 문제가 되지 않는다.

7) 이형봉강 마디 높이 및 무게의 허용오차

철근호칭	마디높이(mm)		무게 허용차이		비고
	최대	최소	최대	최소	
D10	0.8	0.4	6%	−6%	
D13	1.0	0.5	6%	−6%	
D16	1.4	0.7	5%	−5%	
D19	2.0	1.0	5%	−5%	
D22	2.2	1.1	5%	−5%	
D25	2.6	1.3	5%	−5%	

7.3.3 철근 부식정도의 평가 방법

콘크리트 내의 철근은 피복 콘크리트의 강알칼리(pH 12.5 이상) 환경에서 철근표면에 형성된 부동태피막(passive oxide layer)에 의해 부식으로부터 보호된다. 그러나 대기 중의 탄산가스에 의한 콘크리트의 중성화나 해사 및 동절기 제설제 등의 사용으로 유입되는 염화물이온(Cl^-)에 의해 철근의 부동태피막은 파괴되고 부식이 시작되며, 결국 피복콘크리트의 박리 및 탈락현상으로 진행하여 철근콘크리트 구조물의 성능을 크게 저하 혹은 붕괴시킨다. 일반적으로 콘크리트의 중성화에 의한 내부철근의 부식은 철근 표면 전반에 걸쳐 넓게 발생하며, 염화물이온(Cl^-)에 의한 부식은 염화물이온의 공격을 받는 부위를 중심으로 국부적으로 발생하는 특성이 있다.

분류	평가방법	특 징
직접법	육안에 의한 분류법	정성적인 평가방법으로 5단계의 등급으로 부식도 평가법
	부식면적률 계산법	부식발생비율(%) $= \dfrac{\text{부식발생면적}}{\text{철근전체면적}} \times 100$
	중량감소율 계산법	부식발생 중량감소비율 평가 방법(가장 정확한 측정방법)
간접법	인장강도 측전법	부식된 철근의 인장강도 감소유을 이용한 평가법
	단면감소 측정법	부식으로 패인 공식 깊이를 활용한 평가법
	공식깊이 측정법	부식으로 제거된 녹의 깊이를 이용한 평가법
전기화학적 방법	자연전위법	콘크리트 표면에서 불활성전극(half-cell)을 이용하여 내부철근의 부식전위(corrosion potential)를 측정하는 방법.
	선형분극저항법	철근에 미소전류를 흘려 보냈을 때 발생하는 전위변화량을 측정하여 평가
	콘크리트 비저항법	철근의 기하학적 영향요소를 고려하며 철근 직상부에서 콘크리트 비저항을 추정할 수 있는 비저항추정모델(REM : Resistivity Estimation Model)이 제안되어 콘크리트의 평균비저항, 콘크리트 층간비저항 등의 개념을 통한 철근부식과 관련한 콘크리트의 비저항을 분석하고 평가하는 기법
	교류 임피던스법	철근의 분극(分極)에 미소한 교류전류를 사용하고, 철의 이온화의 빠르기 즉 부식속도와 관련된 수치(분극저항 : Rp)를 얻는 방법
	정전류/정전위 펄스법	내부철근의 분극저항 결과로서 측정

7.3.4 철근 보관 및 녹 발생

항 목	내 용
철근보관	비, 습기 등에 노출 되지 않도록 Sheet 등으로 덮고 통풍이 잘되는 장소에 보관하여 녹 발생이 촉진되지 않는 환경에 철근을 보관할 것
철근보양	Sheet 보양은 통풍 방해 및 습기 존재 등 녹 방지에 크게 도움이 되지 않음
녹발생	공장생산에서 현장에서 가공, 조립까지 장기간 대기 중에 노출되어 있어 녹 발생은 필연적이다.
부착력증가	철근의 부식도가 2%~4% 이하일 경우 철근 부식이 부착응력에 대한 역기능보다 순기능이 더 크게 작용한다.

7.3.5 에폭시수지 도장철근

철근의 전식(Electrochemical)에 의한 부식에는 수분과 산소의 역할이 크며 염화이온(Chloride Ion) 함유가 높은 환경에서 부식이 빠르게 진행되므로 이들과 직접적인 접촉을 피하는 방법으로 에폭시수지 도막철근 등을 사용할 수 있다.

해안지역에 건설되는 철근콘크리트 구조물과 같이 염해에 의한 철근 부식이 우려되는 경우는 철근의 표면에 분체 에폭시수지 도료를 사용하여 정전분체도장을 실시하여 콘크리트 속으로 침입한 염화물이온이 직접 강재에 접촉하지 않도록 한 에폭시수지 도장철근을 이용하는 것이 유효하다.

에폭시수지 도장철근은 수지도료의 품질, 철근의 원재료의 조정, 도장 두께 혹은 핀홀의 존재 등에 의해 그 방식 성능이 크게 좌우된다. 또, 충격이나 구부림 가공 등에 의해 도막에 균열이나 박리가 생기는 수가 있으며, 이들의 결함이 생기면 에폭시 수지 도장철근의 내식성이 현저해 손상되는 경우가 있다.

그림 7-6

7.4 철근공사 가공 및 조립

7.4.1 이형철근의 생산 표준길이

이형철근은 제강사에서 생산단계에서 8m(표준길이)로 절단 생산한다.

(단위 : m)

길이	3.5	4.0	4.5	5.0	5.5	6.0	6.5	7.0	8.0	9.0	10.0	11.0	12.0

7.4.2 철근의 가공

1) 원형철근 말단부에는 반드시 Hook을 설치한다.
2) 이형철근은 부착력이 크므로 말단의 Hook을 생략할 수 있지만 다음의 경우에는 반드시 Hook를 설치한다.
   ① 보, 기둥, 단부
   ② 대근
   ③ 굴뚝의 철근
   ④ 캔틸레버보, 단순보의 지지단
3) 과거에는 철근을 대부분 현장에서 절단하거나, 구부리는 등의 가공을 하였으나 현재는 공장에서 가공 이후 현장으로 운반 배근한다. 가공이 정확히 하지 못하면 구조상 중대한 영향을 주므로 가공하기 전에 설계도에 의거하여 정확한 현치도 및 가공도를 작성하고 이에 명시된 치수 및 형상에 맞추어 쉬어 커터(Shear Cutter) 또는 쇠톱으로 절단하고 구부리기를 한다.
4) 철근 구부리기 표준

〈표 7-3〉 철근의 구부림 각도 및 지름

위치	각도	180°	135°	90°
끝마구리부	철근지름	$\phi 16$ 이상	$\phi 13$ 이하	$\phi 13$ 이하
	용도	주근 (기둥, 보)	늑근, 띠근	경미한 바닥근, 띠근
	구부림 반지름	$r \geq 1.5d_b$	$r \geq 1.5d_b$	$r \geq 1.5d_b$
		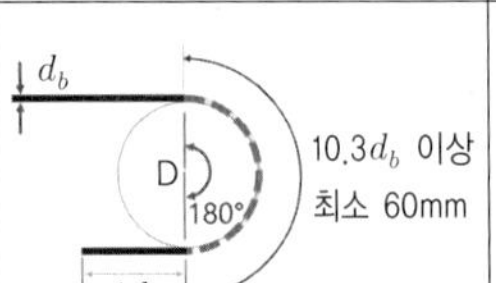	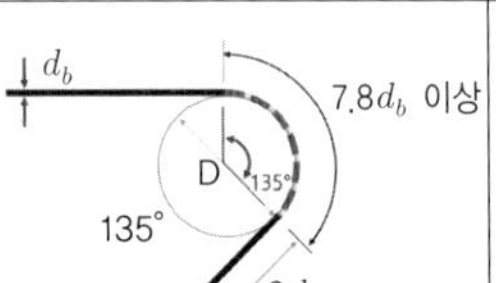	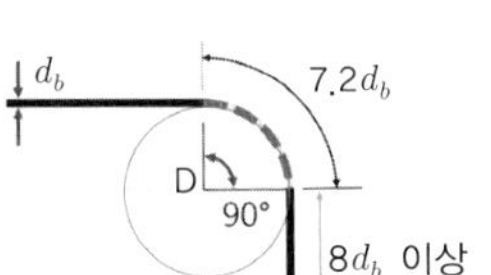

5) 철근의 구부리기는 절곡기(折曲機 ; 철근구부림 기계)를 사용하여 지름 25mm 이하는 상온에서, 28mm 이상은 적당히 가열하여 구부린다. 구부림기는 구부림판(Bar Bender), 집게(Hooker), 파이프(Pipe)로 구성되고 구부림판의 핀(Pin)은 철근 지름의 1배 이상으로 한다.

그림 7-7 절곡기

7.4.3 조립 순서

1) 일반적인 건축물의 철근조립 순서

기초철근 → 기둥철근 → 벽철근 → 보철근 → 슬래브철근 → 계단철근으로 한다.

2) 철근콘크리트의 경우

기초 및 지하실 바닥철근을 조립하고 콘크리트를 부어넣어 콘크리트가 굳은 다음, 지하층 벽체 또는 그와 동시에 일층 바닥까지 완료하고, 다음층의 순서로 전공정을 완료한다.

7.4.4 철근 결속선의 용도 및 사용방법

철근 결속선은 버팀재(Bar-spacer)와 더불어 철근의 위치를 유지하는데 필요한 재료로서 #20 철선을 불에 달구어 누그린 것을 사용한다. 철근 결속선의 결속간격은 대부분의 경우에 철근이 교차되는 4~5번째 교차점마다 한 번씩 결속해 주어야 하며, 철근의 이음부는 1개소마다 2군데 이상 두겹으로 감아 결속하고 경미한 곳은 하나 또는 걸름으로 결속한다. 특히 중요한 부분은 3군데를 결속할 수도 있다. 철근 교차부는 0.9mm 결속선으로 결속하며, D19 이상은 결속선을 겹쳐 사용한다. 현장이 아닌 다른 곳에서 선조립해서 현장으로 운반하여 시공하는 경우에 선조립된 철근망(Preassembled Mats)은 운반하고 양중하기에 충분한 강성을 가져야 한다. 따라서, 이러한 경우에 선조립된 철근망의 외주부는 매 교차점마다 결속시켜주고 내부는 하나 걸러서 결속하되 결속방향은 서로 엇갈리도록 해야 한다. 결속선의 길이는 350/450/550/600mm가 있다.

그림 7-8 철근 결속선 생산과정(사진 출처 : ㈜태산타이)

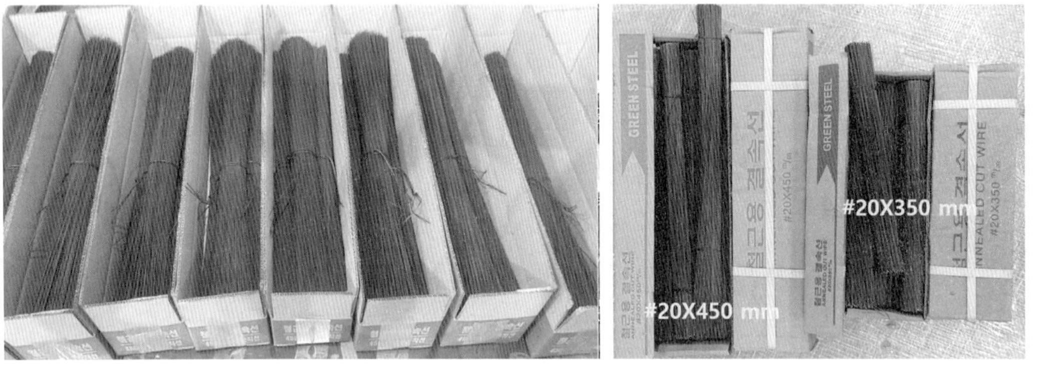

그림 7-9 철근 결속선 및 결속선 핸들

7.4.5 철근의 표시방법

1) 철근 표시

15 – D 22 @ 250

- 15 : 철근 갯수
- D : 이형 철근
- 22 : 철근 지름
- @ 250 : 철근 간격

2) 철근의 종류

(https://www.idaehan.com/kr/business/steel/rebar_view?seq=9&keyword=&field=)

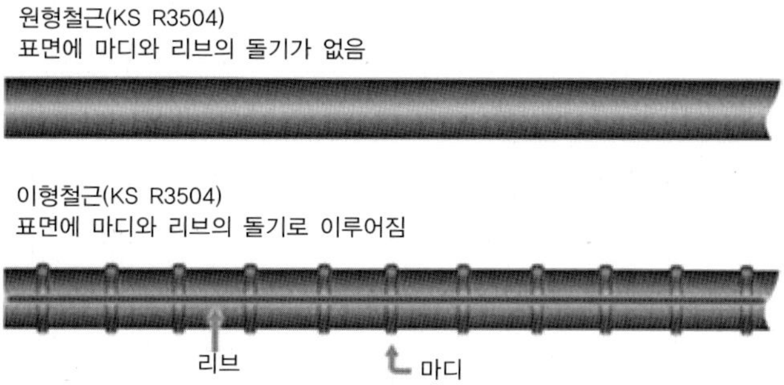

3) 배근의 표기

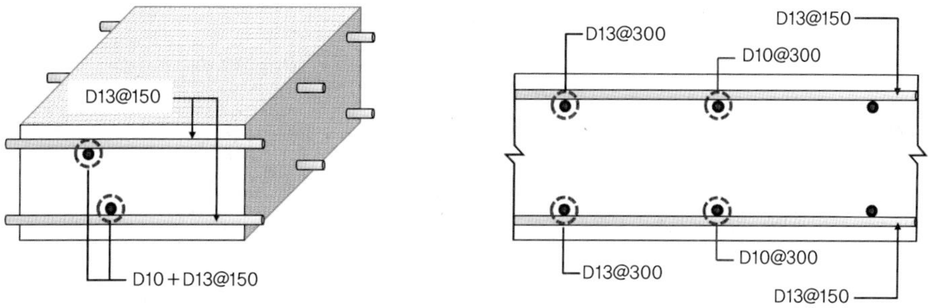

(a) 슬래브 철근 배근 투시도　　(b) 슬래브 철근 배근도

그림 7-10 슬래브 철근 표기방법

7.5 부재별 철근조립

7.5.1 기초철근의 조립

기초철근 조립순서는 거푸집 위치 먹줄치기→철근 간격표시→직교철근 배근→대각선 철근 배근→스페이서 설치→기둥주근 설치→띠근(Hoop)감기 순서이다. 도면에 의하여 가로근 및 세로근을 놓고 직교하는 부분은 결속 철근으로 결속하는데, 이때 기초바닥판의 폭이 좁은 방향으로 배근하는 철근이 밑으로 가게 한다. 직교하는 철근 위에 대각선 방향으로 각기 2~3개의 철근을 배근하고 결속한다. 바닥철근 밑에는 피복두께를 유지하기 위하여 6cm 각 정도의 모르타르제 스페이서를 넣어 철근을 괴어 주도록 한다. 기초에 정착시키는 기둥의 철근은 굄을 정확히 하여 기초판 철근 위에 방사형으로 벌려 결속하고

띠근을 둘러 감는다.

① 철근은 이음이 없도록 하되 불가피한 경우에는 인장이음 길이 이상 겹쳐 배근한다.

② 독립기초의 경우, 기둥으로부터 기초 단부까지의 거리가 긴 쪽을 하부에 배근한다.

③ 줄기초의 경우, 벽체의 직각방향 철근을 하부에 배근한다.

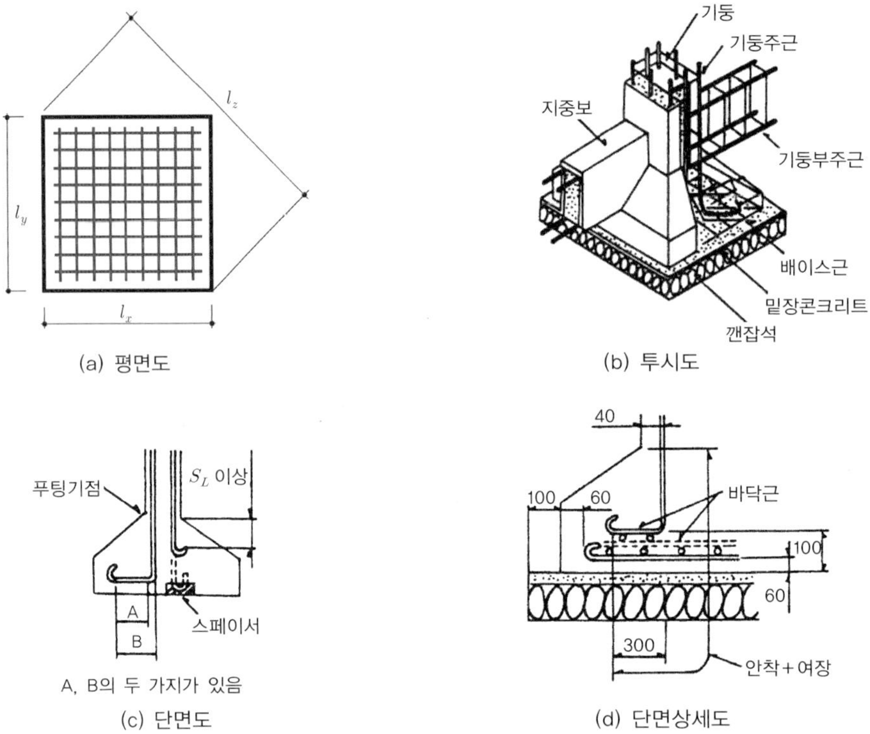

그림 7-11 기초주근 배근도

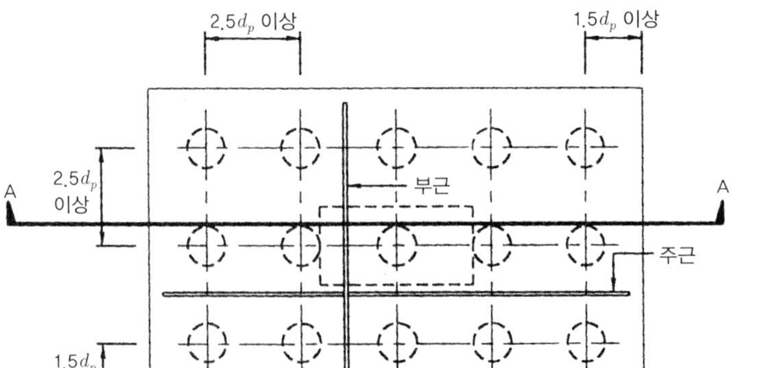

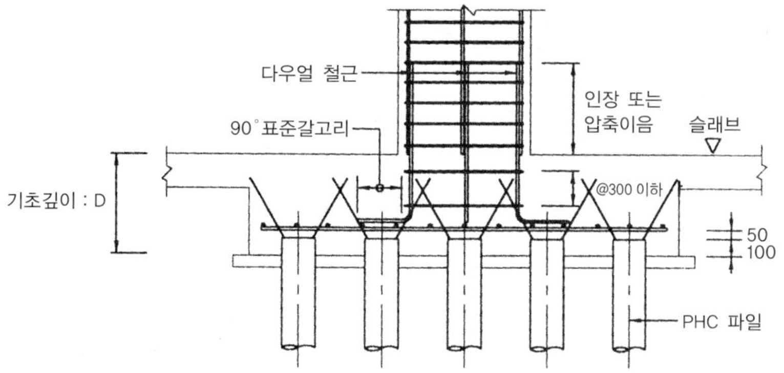

그림 7-12 말뚝기초(Pile 기초)

그림 7-13 독립기초 철근배근

7.5.2 기둥철근의 조립

1) 조립방법

기둥의 철근은 되도록 길게 하여 이음 위치가 그 위층 중 어느 한 층의 2/3 이내에 오도록 하고, 동시에 한 기둥의 철근이 동일 층에서 주근 수의 1/2 이상이 이어지지 않도록 배근한다. 띠철근의 직경은 9mm 이상이며 간격은 기둥 최소폭 이하, 주근 직경의 15배 이하로 한다. 기둥 주근은 최소 4개 이상을 사용하는데, 이 철근의 단면적은 그 기둥 콘크리트 단면적 0.8% 이상이 되어야 한다. 폭이 큰 기둥은 주근의 변형방지와 전단보강을 위하여 다이아후프(Dia Hoop)를 넣으며 배근간격은 400~600mm로 한다.

2) 내부 장방형 기둥

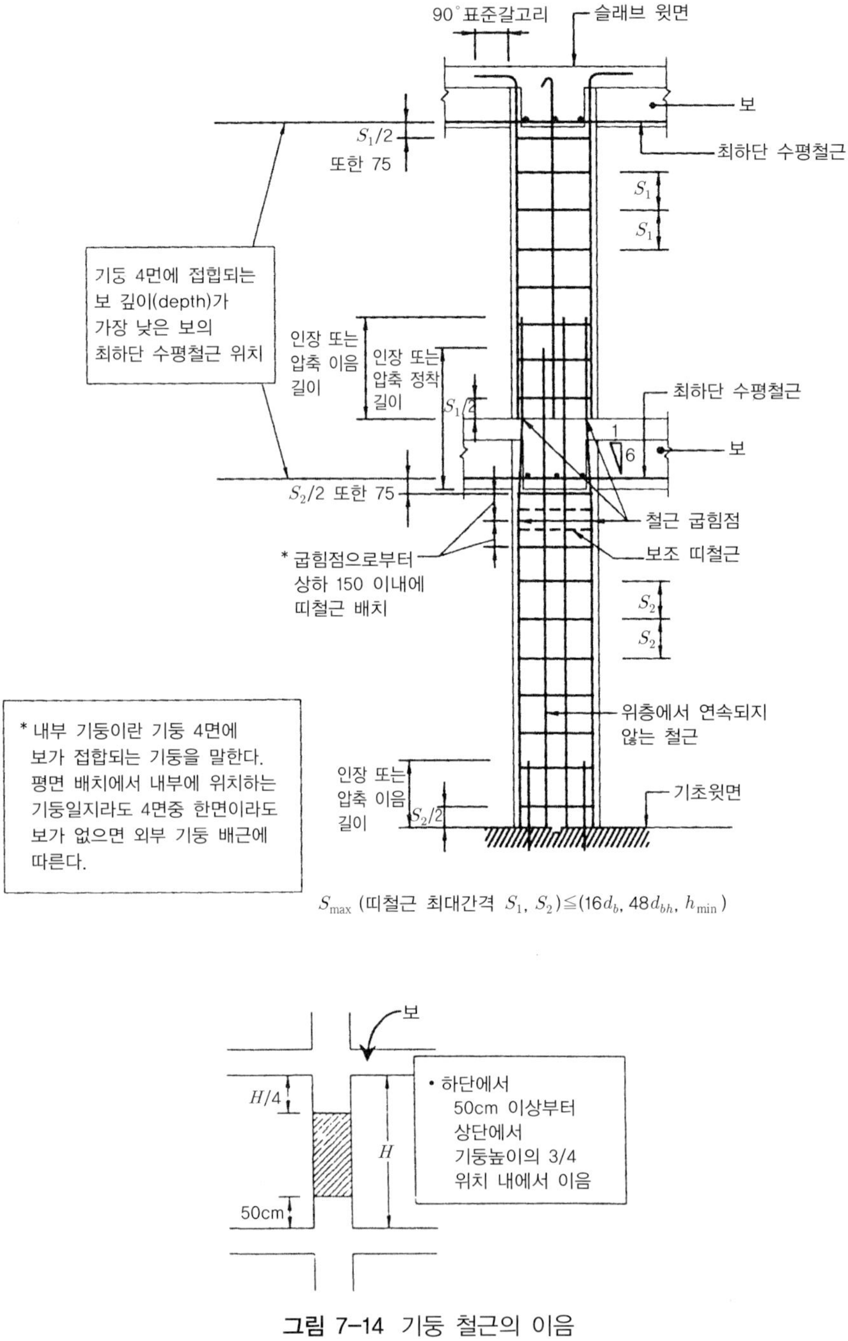

그림 7-14 기둥 철근의 이음

3) 기둥 배근시 주의사항

항 목	내 용
기둥 크기가 다를 경우	• 상부기둥과 하부기둥의 크기가 다를 경우 완만한 각도로 철근을 절곡시켜야 함 • $e/D>1/6$일 경우에는 하부 기둥의 주근을 정착시키고 상부 기둥의 주근이 배근될 위치에 묻힘 철근(Dowel Bar)을 하부로 정착시킨다.
방향성	• 모멘트가 많이 작용하는 기둥에서는 방향성에 주의해야 한다. • 상층부 기둥의 경우 압축응력에 의한 철근량보다 모멘트를 저항하기 위한 철근량이 많은 경우가 있다. 이와 같이 방향성이 있는 기둥은 X, Y방향이 틀리지 않게 배근되도록 주의해야 한다.

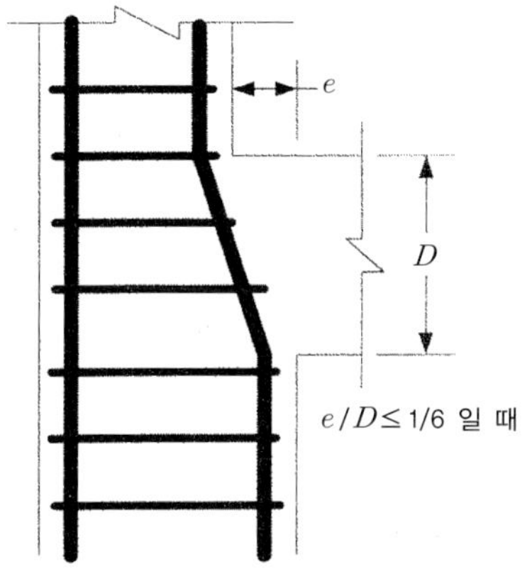

그림 7-15 상하폭이 다른 경우

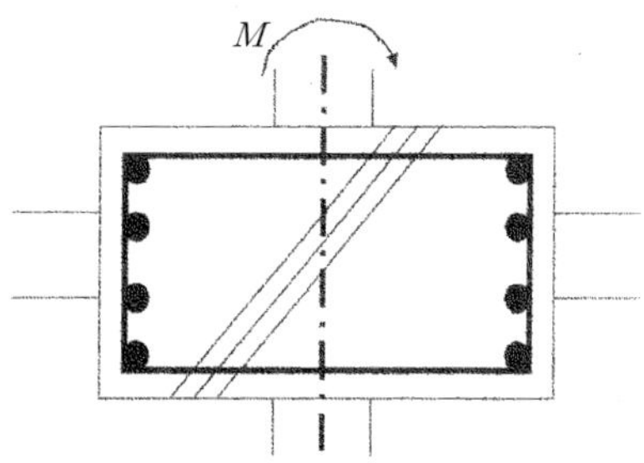

그림 7-16 방향성이 있는 기둥

4) 기둥 띠철근 배근상세

모든 모서리에 있는 축방향 철근과 하나 건너 있는 축방향 철근이 135° 이하로 구부린 철근의 모서리에 의해 횡지지되도록 띠철근을 배치하여야 하며, 띠철근 주위에 있는 축방향 철근은 횡방향으로 지지된 철근으로부터 그 순간격이 15cm 이상 되어서는 안 된다.

주근수량	S≤150일 때	S>150일 때	주근수량	S≤150일 때	S>150일 때
4-BAR	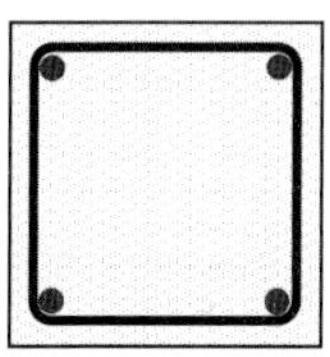		16-BAR	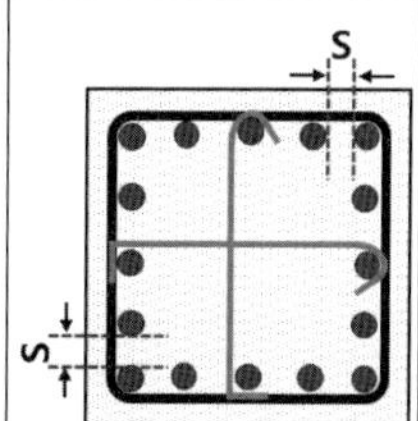	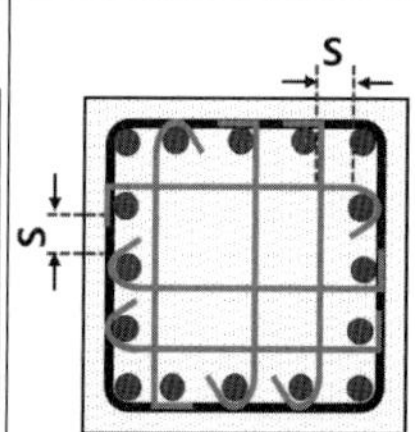

주근수량	S≤150일 때	S>150일 때	주근갯수	S≤150일 때	S>150일 때
6-BAR	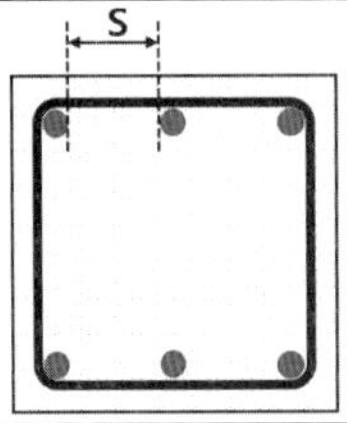	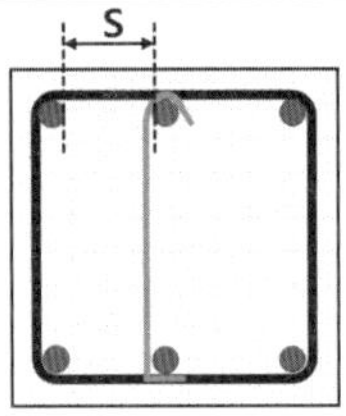	18-BAR	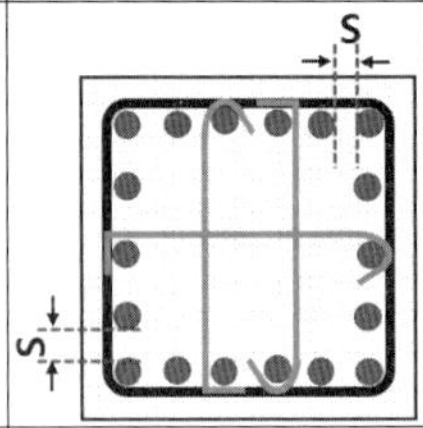	
8-BAR	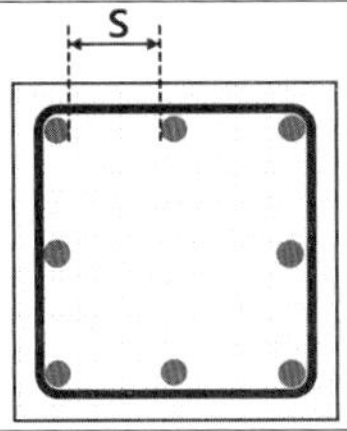	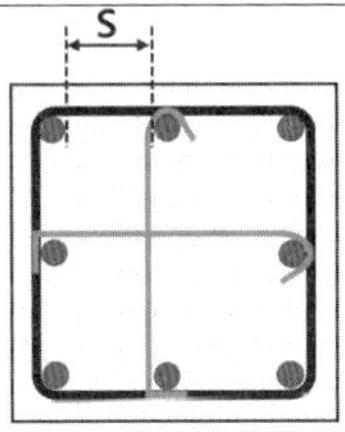	20-BAR	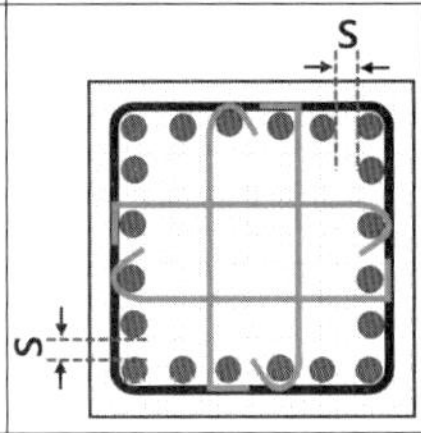	
10-BAR	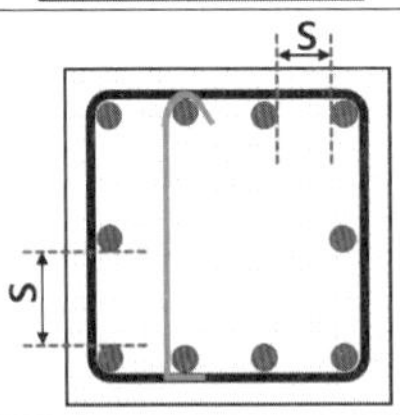	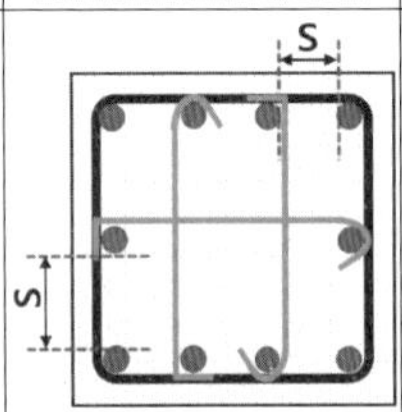	22-BAR	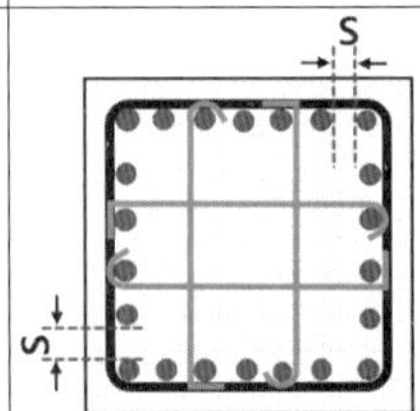	
12-BAR	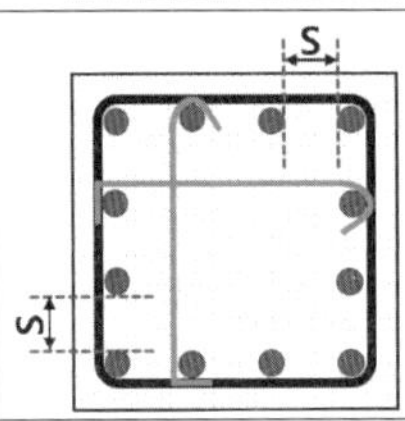	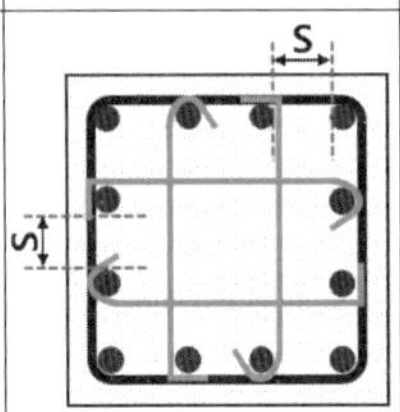	24-BAR	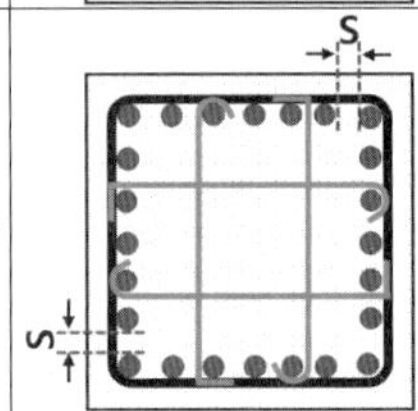	
14-BAR	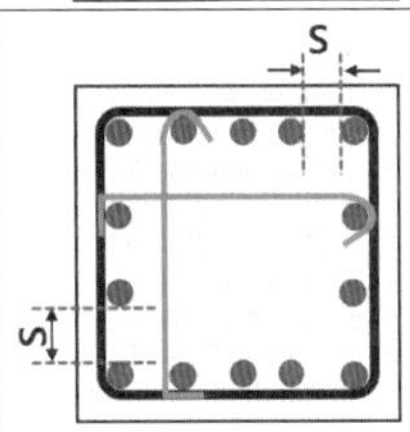	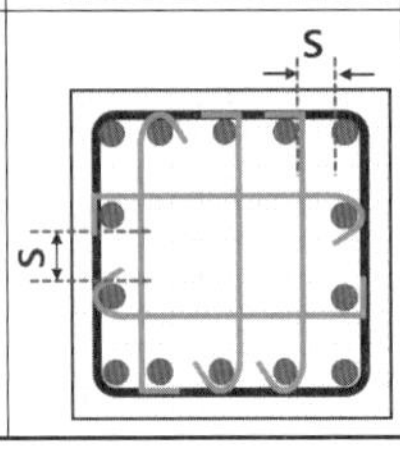		 BAR Type	

* S : 띠철근에 의해 횡지지된 종방향 철근과 인접철근과의 순간격

7.5.3 벽철근의 조립

벽은 먼저 한편 거푸집을 짜서 철근 조립을 완료한 뒤 나머지 다른 편의 거푸집을 짜 댄다. 벽 세로근의 하부는 기초판 · 지중보 · 바닥판에 정착시키고, 상부근은 보에 깊이 정착하여 간격을 수직으로 일정하게 유지하도록 한다. 가로근은 세로근의 안쪽에 배치하고 기둥을 통과시켜 옆벽에 정착시키거나 기둥에 깊이 정착시킨다. 벽두께가 25cm를 넘을 경우에는 벽 양면을 따라 복배근을 하는 것을 원칙으로 한다. 내진벽일 경우 가로근과 세로근을 설치하여 1m 이내의 간격으로 D10의 폭고정근을 정착시킨다.

1) 벽체는 이에 작용하는 편심하중, 수평하중 및 기타 하중에 대하여 안전하게 저항할 수 있도록 설계해야 한다.

2) 벽체 철근 간격 제한(l_w : 벽체 길이, h : 벽체 두께)

① 수직 및 수평철근의 간격은 벽체두께의 3배 이하, 또는 40cm 이하로 하여야 한다.

② 수평전단철근의 간격 S_h는 $l_w/5$ 이하, $3h$ 이하 또는 40cm 이하로 하여야 한다.

③ 수직전단철근의 간격 S_v는 $l_w/3$ 이하, $3h$ 이하 또는 40cm 이하로 하여야 한다.

3) 벽체의 최소두께는 다음과 같아야 한다.

① 수직 및 수평지점간거리 중에서 작은 값의 1/25 이상, 또한 10cm 이상이어야 한다.

② 지하실 외벽 및 기초벽체의 두께는 20cm 이상으로 한다.

③ 비내력벽의 두께는 10cm 이상이어야 하고, 또한 이를 수평으로 지지하고 있는 부재간 최소거리의 1/30 이상이어야 한다.

④ 지하층 외벽의 철근배근을 서로 다른 규격으로 복배근를 할 경우.

㉠ 일반적으로 소요철근 배근량이 많은 쪽의 철근이 주철근이다. 상/하층 바닥슬래브에서 지지되는 지하층 외벽의 경우 지지부(위 아래 바닥슬래브 위치)에서 부모멘트가 발생하여 토압/수압 측이 인장측으로 실외(바깥)쪽이 주철근이 되고 중앙부에서는 정모멘트가 되어 토압/수압 반대측이 인장이 되므로 실내측이 주철근이 된다.

㉡ 외벽체가 4변 지지일 경우에는 일반적으로 스팬이 짧은 쪽으로 응력배분이 많이 걸리므로 짧은(수평 또는 수직)방향 철근이 주배근이다. 옹벽의 경우에는 캔틸레버 거동으로 전 구간에 걸쳐 토압/수압측이 주철근이 된다.

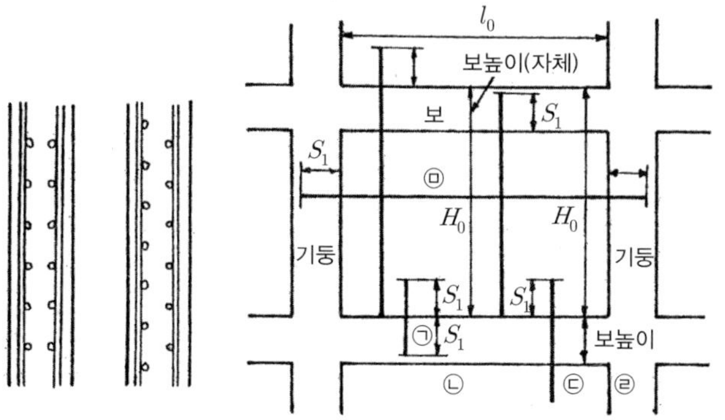

그림 7-17 벽의 근

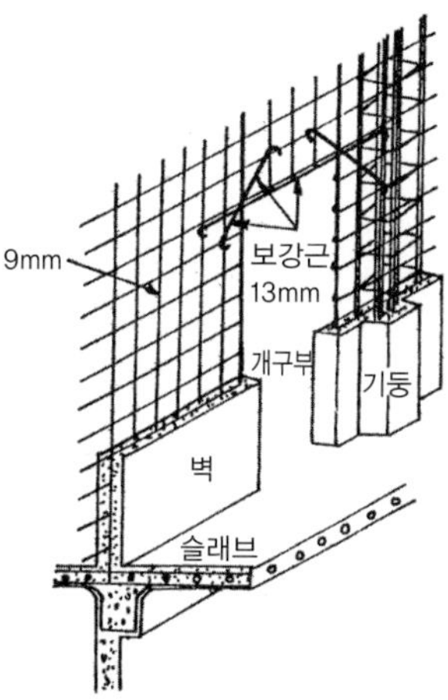

그림 7-18 벽근 정착과 벽근 투시도

4) 벽 개구부의 보강

내력벽에 창이나 문이 들어갈 때는 D13 이상의 보강철근을 2개 이상씩 개구부 주위에 배근하여야 하며, 정착길이는 개구부 끝에서 60cm 이상으로 한다.

① 보강방법

㉠ 개구부로부터 피복두께를 유지하고 동일한 철근으로 보강

㉡ 개구부의 폭으로부터 정착길이(L) 만큼 연장하고 사선보강은 45°로 정착길이의 두배의 길이($2L$)로 보강

㉢ 결속선 고정 확인이나 필요에 따라 보강철근은 용접해주는 것이 효과적임

② 거푸집처리－개구부 하부는 Con'c 충진이 힘듦

㉠ 작은 경우 : 형틀 하부의 공기구멍

㉡ 큰 경우 : 형틀 하부에 개구부를 만든다.

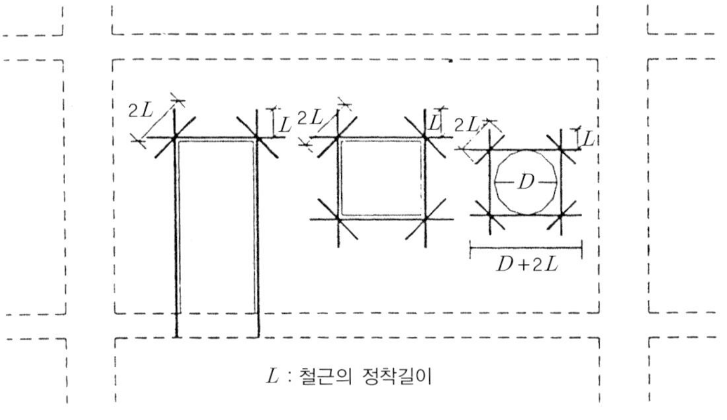

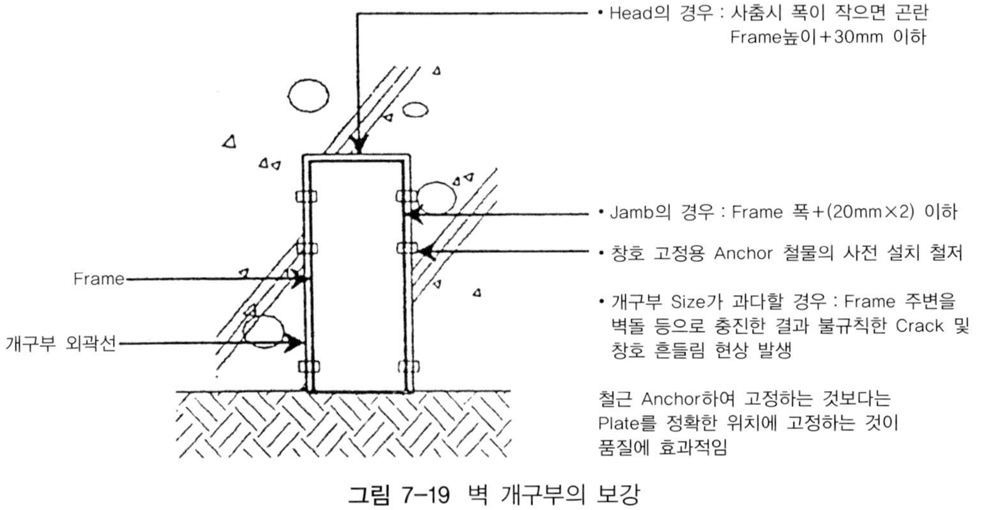

그림 7-19 벽 개구부의 보강

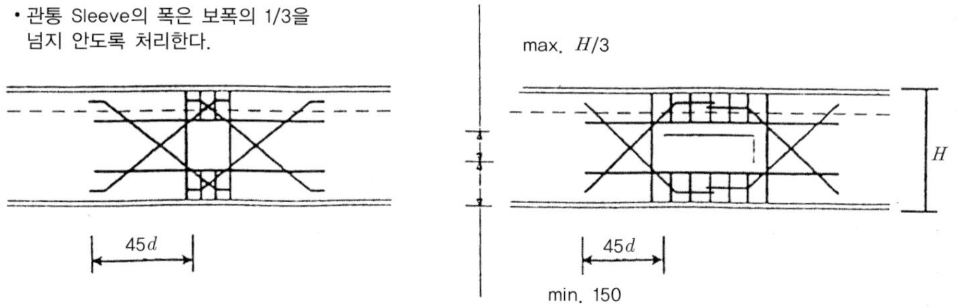

그림 7-20 관통 Sleeve의 처리

5) 벽 교차부 및 단부 보강

늑근은 보의 주근의 이동을 방지하고 보에 작용하는 전단력에 대한 보강을 위하여 배근하며, 슬래브의 휨응력에 의한 인장력에 견디게 하는 역할을 한다.

늑근의 배근간격은 보춤(Depth)의 3/4 이하, 또한 45cm 이하로 한다.

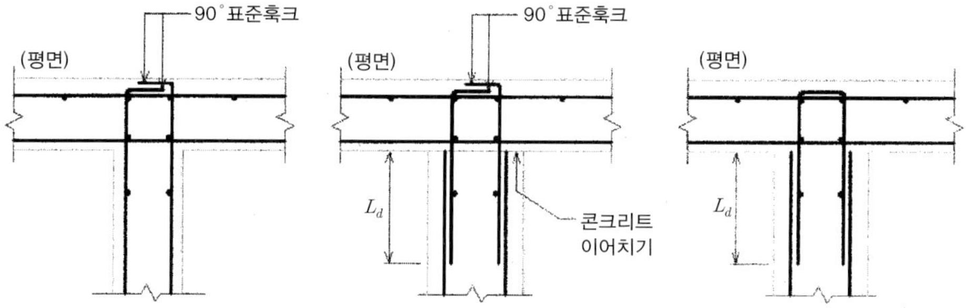

그림 7-21 벽체 교차부 배근

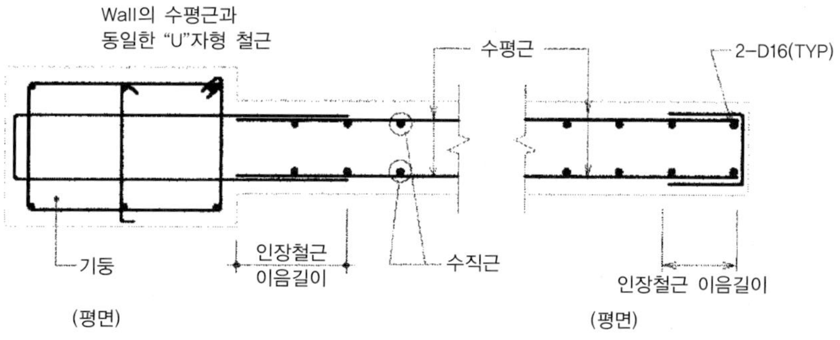

(a) 기둥과 일체가 되는 경우 (b) 복배근일 경우

그림 7-22 벽체 단부 보강

7.5.4 보철근의 조립

보의 철근은 이어 사용하지 않는 것을 원칙적으로 하지만, 부득이 이을 경우에는 압축력을 받는 곳에 두고, 이음위치는 중앙 하부근과 단부 상부근은 인장력을 가장 많이 받으므로 이곳은 피한다. 또 구부림철근(절곡근, Bent Bar)은 단부에서는 상부근이 되고, 중앙부에서는 하부근이 되어 항상 인장력을 받으므로 이곳을 이어서 사용하도록 한다. 끝이 기둥에 접합되는 보의 철근은 기둥 속에 구부려 깊이 정착시키고, 중앙 기둥에 접합되는 보의 상부주근은 기둥을 건너지르고, 하부주근은 기둥에 깊이 정착시킨다. 단부 톱근은 1/4 되는 점에서 중앙을 향하여 $15d$의 여장을 잡고, 중앙하단근은 단부를 향하여 $20d$의 여장을 잡는다.

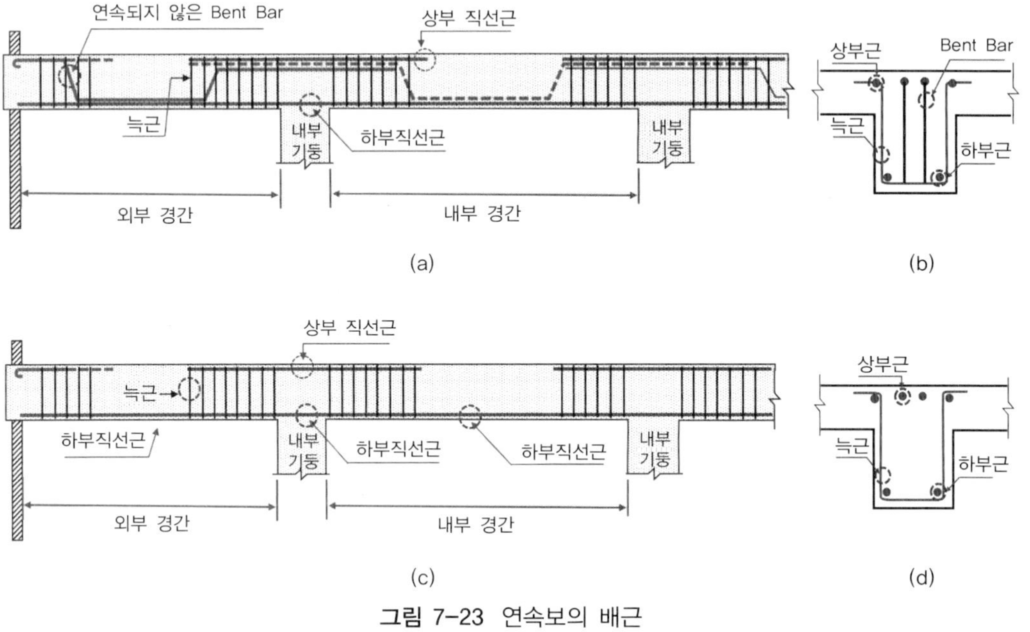

그림 7-23 연속보의 배근

1) 큰보(Girder)와 작은보(Beam) 교차부위 배근상세

항 목	내 용
① 배근원칙	교차부위에서 인장철근과 압축철근 중 인장철근을 최외각에 배근하여 보의 유효깊이를 크게 함으로써 내력에 유리하게 배근한다.
② 상부철근	작은 보 단부의 상부철근이 인장철근이므로 큰보의 압축철근(상부철근)위로 배근한다.
③ 하부철근	큰 보 중앙부의 하부철근이 인장철근이므로 작은보의 압축철근(하부철근) 아래로 배근한다.

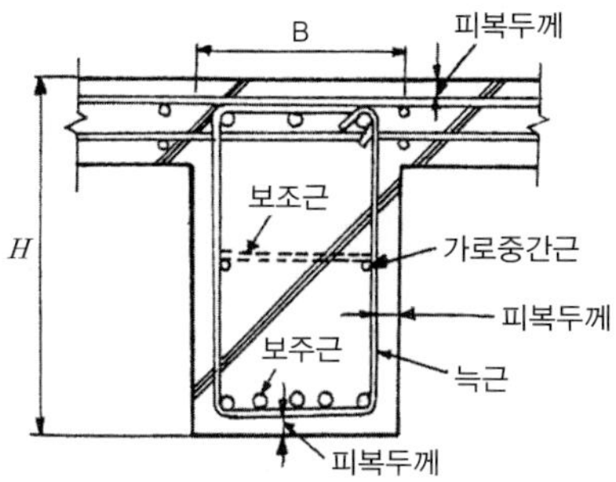

그림 7-24 보의 단면도

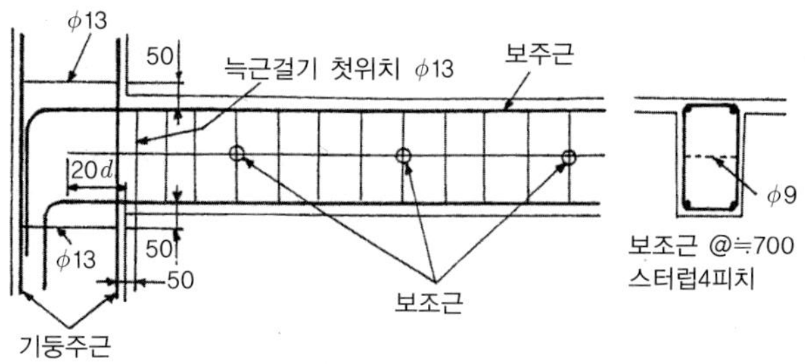

그림 7-25 보 측면도

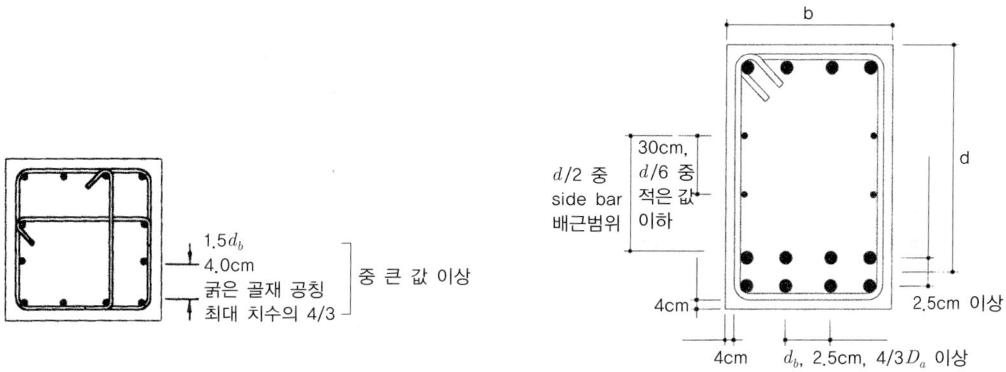

그림 7-26 보 부재 피복두께 및 철근간격

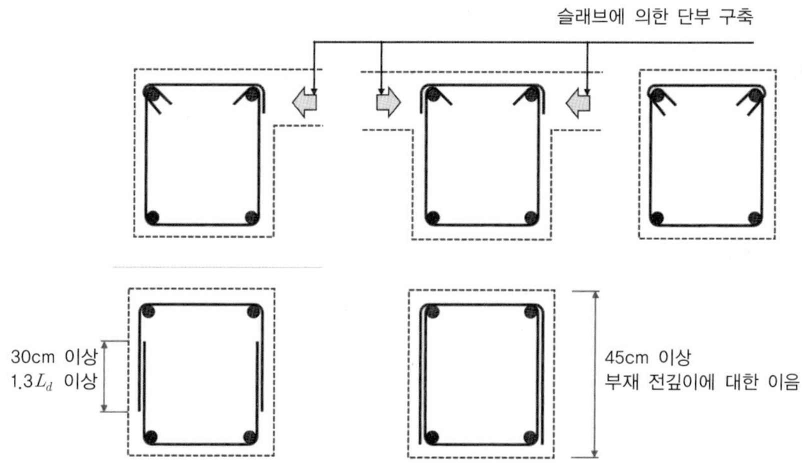

그림 7-27 스터럽의 형상

7.5.5 바닥판철근(슬래브)의 조립

1) 배근방법

바닥판의 4변이 고정일 때의 바닥판철근은 반곡점(바닥판의 짧은 변 Span의 1/4의 위치)에서 4방 구부림으로 하고, 자유단(Cantilever Slab)에서는 상부에, 단순지지단에서는 하부에 인장근을 배치한다. 4변 고정일 때 바닥판의 상부근은 보의 상부근 위로, 하부근은 보의 상부근 밑으로 건너지른다. 단부 바닥판에서는 그 상하근을 보 안에 구부려 내려 정착시킨다.

한 바닥판의 짧은 칸사이(Span)방향의 철근을 주근(主筋, Main Bar), 긴 칸사이 방향의 것을 부근(副根, Sub Bar)또는 배력근이라 하는 데, 주근은 부근의 바깥쪽으로 오도록 배근한다.

(a) 단면도

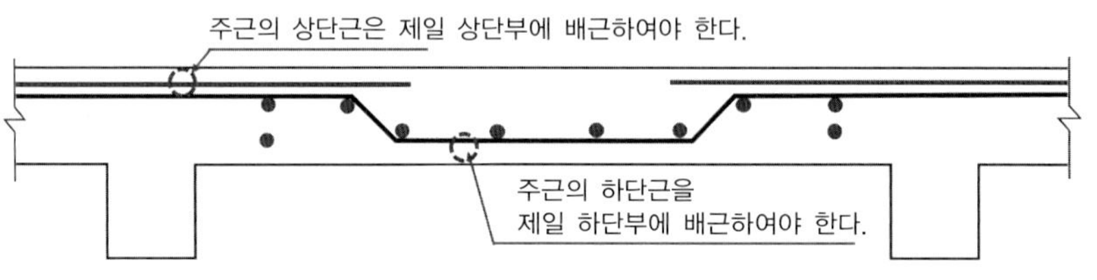

(b) 평면도

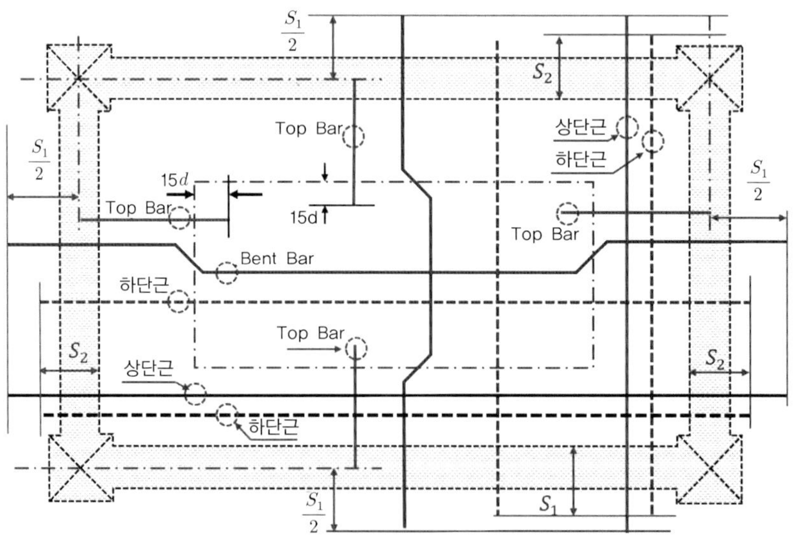

그림 7-28 배근도

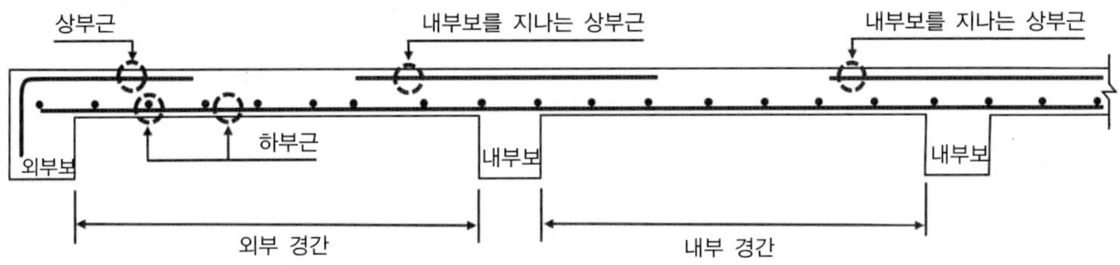

(a) 직선근을 사용한 바닥판 배근

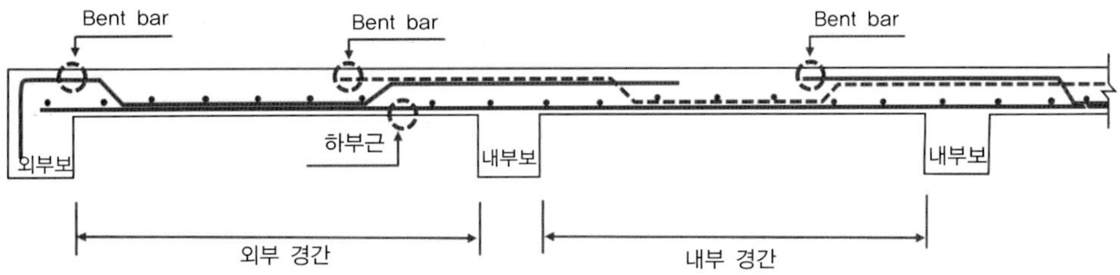

b) 직선근과 굽힌철근을 병용한 바닥판 배근

그림 7-29 바닥슬래브 배근도

바닥판 철근의 간격은 응력계산에 의하며, 그 최대간격은 주근은 20cm 이하, 부근은 30cm 이하로 한다. 바닥판을 보에 매다는 형식의 철근 배근은 보의 하부근 위로 건너지르거나 보에 깊이 정착하고, 필요한 경우에는 보강근을 별도로 배근한다.

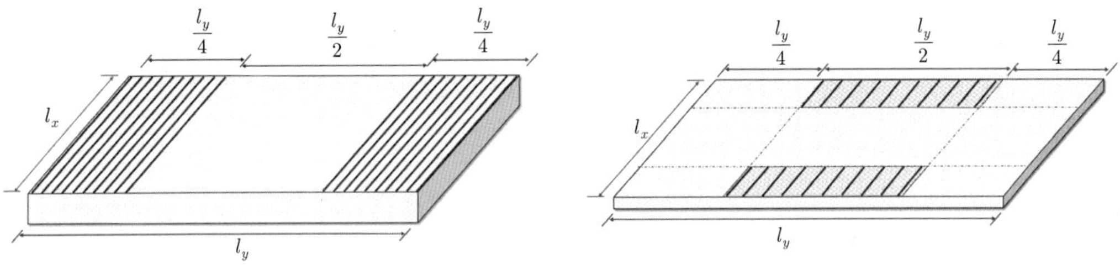

그림 7-30 슬래브 단변방향 철근배근

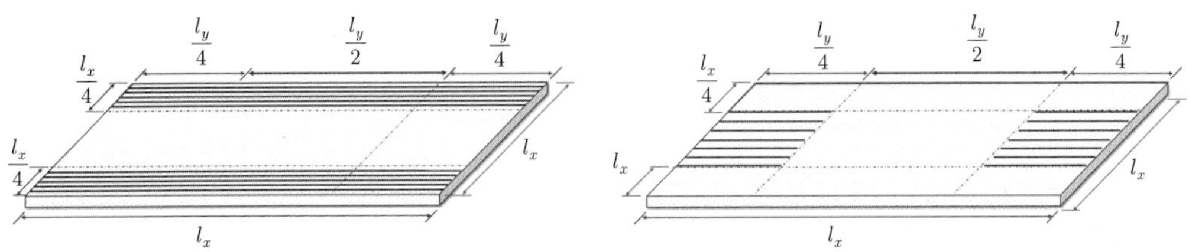

그림 7-31 슬래브 장변방향 철근배근

7.5.6 온도철근, 배력철근

1) 정의

항 목	배력철근	온도철근
정의	하중을 분산시키거나 균열을 제어하기 위한 목적으로 배근	수축과 온도변화에 의한 균열을 억제하기 위한 목적으로 배근
배근목적	하중분산	건조수축, 온도균열 제어
적용위치	2 Way Slab	1 Way Slab
변장비	$\lambda = \frac{l_y}{l_x} \le 2$	$\lambda = \frac{l_y}{l_x} > 2$
단변방향철근	주근	주근
장변방향철근	부근(배력철근)	온도철근
형상	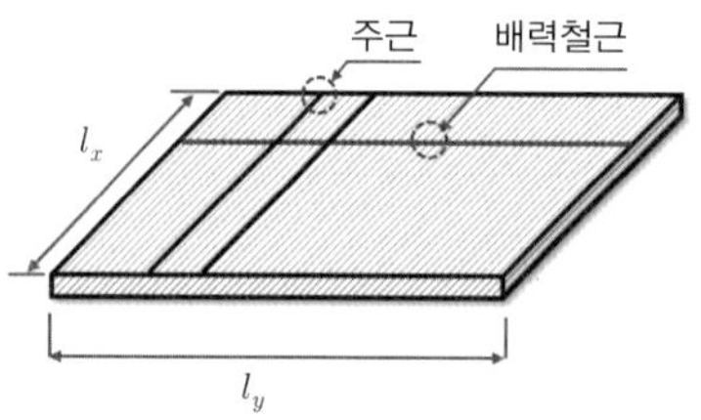	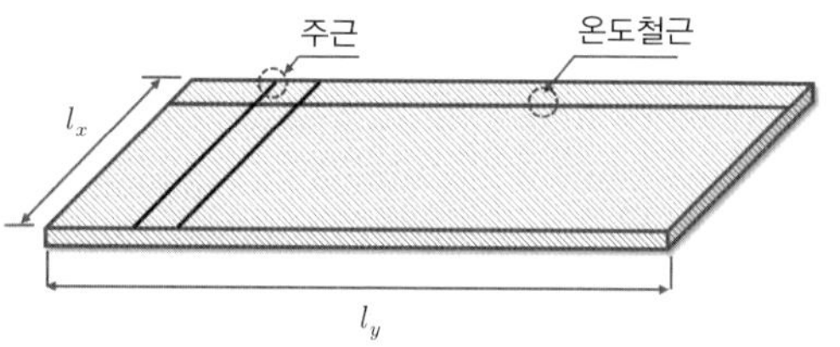

2) 온도철근 시공단계 유의사항

항 목	유의사항
① 온도철근 비	㉠ 최소 0.0014 이상 ㉡ 400MPa 이하 이형철근 사용한 슬래브 : 0.002 ㉢ 400MPa 초과 이형철근 또는 용접철망을 사용한 슬래브 : $0.002 \times \frac{400}{f_y}$
② 온도철근 간격	슬래브 두께의 5배 이하, 또는 450mm 이하
③ 정착	설계기준 항복강도 f_y를 발휘할 수 있도록 철근을 정착함.

7.6 철근의 배근간격

7.6.1 주근의 간격

1) 철근의 간격은 배근된 철근의 표면과 표면의 최단 거리를 말한다.

2) 콘크리트의 굵은 골재가 철근 사이를 자유로이 통과하여 빈틈없이 다져지며, 균일한

콘크리트가 되도록 철근의 배근 최소간격을 규정하고 있다.

3) 철근의 순간격(철근표면 끼리의 최단거리)은 다음과 같다.

① 철근 공칭지름의 1.5배 이상

② 2.5cm 이상

③ 콘크리트에 사용되는 굵은 골재 최대치수의 1.25배 이상

7.6.2 아파트 기준층의 슬래브 배근간격(예)

슬래브 배근의 최대 철근간격은 다음과 같다.(최소철근비 0.002)

배근형태	두께	주근간격	부근간격	비 고
복 배 근	180	D10@300	D10@390	주근은 슬래브 두께의 2배 또는 30cm 이하 부근은 슬래브 두께의 5배 또는 40cm 이하
	165	D10@300	D10@400	
	150	D10@300	D10@400	
	135	D10@270	D10@400	
단 배 근	180	D10@190	D10@190	
	165	D10@210	D10@210	
	150	D10@230	D10@230	
	135	D10@260	D10@260	

7.7 철근의 정착 및 이음

철근은 콘크리트와 일체가 되어 구조체의 뼈대 역할을 하게 되므로 철근을 배근함에 있어서 이론적으로는 철근이 끊어지지 않은 상태, 즉 철근이 이어지지 않고 연속적으로 연결되어 있는 상태가 구조적으로 가장 바람직하다고 할 수 있다. 그러나 현실적으로 철근은 공장에서 생산되어 필요한 현장에까지 운반되어야 하고 현장에서는 시공을 위하여 적정한 크기로 잘라진 후 운반·조립되어야 하므로 철근에서는 필연적으로 이음이 발생될 수밖에 없고 이러한 철근의 이음 부위는 구조적으로 취약한 부위가 되므로 이음 부분과 방법은 철근콘크리트 구조물의 품질관리에서 매우 중요한 부분이다.

7.7.1 철근의 정착

정착(anchorage)이란 철근의 끝이 콘크리트에서 빠져나오지 않도록 고정하는 것을 말한다. 즉, 부재 내에서 철근에 힘을 받을 때 뽑힘이나 미끄러짐 변형이 생기지 않도록 응력 발휘

할 수 있게 하는 최소한의 묻힘 길이이다. 정착 방법은 철근의 끝을 연장하여 콘크리트에 매입시키는 방법과 끝에 갈고리를 주어 정착시키는 방법 그리고 확대머리 이형철근을 사용하여 정착시키는 방법이 있다. 압축 및 인장철근의 정착길이는 콘크리트 강도와 철근의 항복강도 등에 달라진다.

1) 부재별 철근의 정착 위치

철근의 정착은 철근을 배근하여 만든 부재를 지지하는 내부에 연장하여 매입된 부분의 부착력으로 철근의 응력을 지지부에 전달하는 것이다. 철근의 이음 및 정착에 관련된 사항은 건축도면에서 구조 부분의 앞부분에 일반주기사항(structural general notes)으로 되어 있다.

항 목		내 용
보	연속보	상부근은 기둥을 통과하도록 배근한다. 하부근은 기둥에 정착시킨다. 외곽 기둥에서 상부근은 모두 기둥에 정착시킨다.
	작은보	작은보의 주근은 큰보에 정착 (배근방법은 구부려 내림, 치켜올림, 옆으로 구부림으로 정착)
	일 반	보의 주근은 기둥에 정착한다.
	지중보	지중보의 주근은 기초 또는 기둥에 정착한다.
기둥		주근은 기초판에 정착시킨다.
벽		기둥 및 보를 통과하거나 정착한다.
계단		바닥 철근을 연장하여 보에 정착시킨다.
바닥		보 또는 벽체에 정착한다.
정착위치		보 및 슬래브 철근의 정착 기둥 및 보의 중심을 지나서 정착시킨다.

2) 정착길이 산정

극한강도 설계법에 의한 정착길이 계산방법은 다음과 같다.

압축철근 정착길이	인장철근 정착길이	
	직선 정착길이	표준갈고리 정착길이
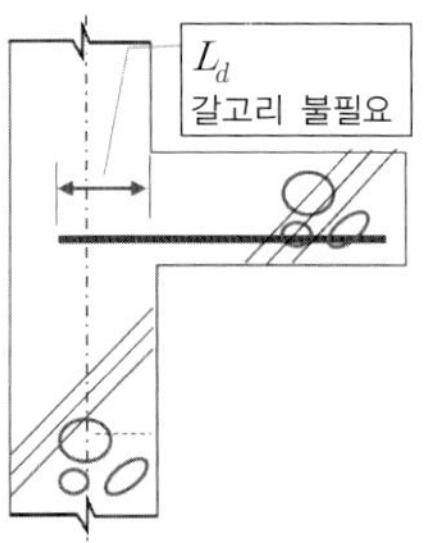	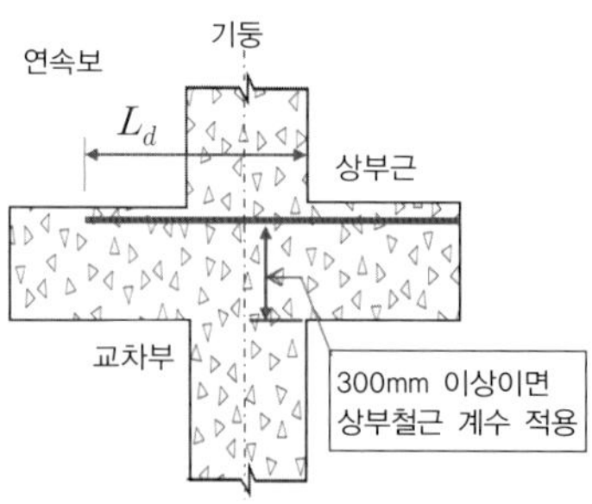	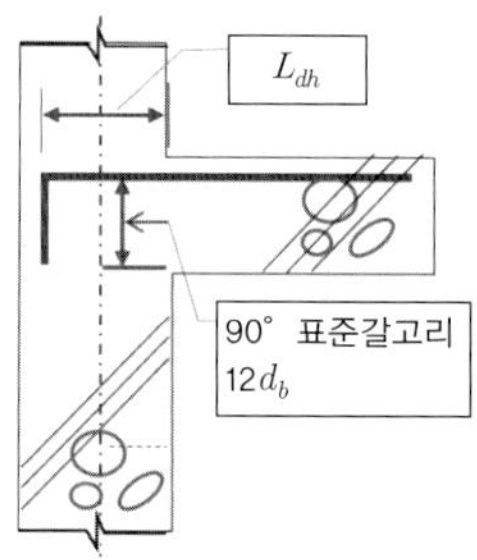

압축철근 정착길이	인장철근 정착길이	
	직선 정착길이	표준갈고리 정착길이
$L_{db} = \dfrac{0.25 d_b f_y}{\lambda \sqrt{f_{ck}}}$	$L_{db} = \dfrac{0.6 d_b f_y}{\lambda \sqrt{f_{ck}}}$	$L_{hb} = \dfrac{100\, d_b}{\lambda \sqrt{f_{ck}}}$
$L_d = L_{db} \times$(보정계수)≥ 200mm	$L_d = L_{db} \times \alpha\beta\gamma\lambda \times$(보정계수)$\geq 300$mm	다음 값 중 큰 것 $L_{dh} = L_{hd} \times$(보정계수)$\geq 8d_b$ or $L_{dh} = L_{hd} \times$(보정계수)≥ 150mm

(1) 인장을 받는 정착길이 산정방법

① 매입되는 부분의 전체 길이를 정착길이로 산출하는 방법

② 표준갈고리를 만들어 정착길이로 산출하는 방법

(2) 건축구조에서의 정착길이 계산하는 약산식

정착길이(l_d)		기본정착길이 l_{db}
압축 이형철근	$l_d = l_{db}$(기본정착길이)$\times$(보정계수)≥ 200mm	$l_{db} = \dfrac{0.25 d_b f_y}{\lambda \sqrt{f_{ck}}} \geq 0.043 d_b f_y$
인장 이형철근	$l_d = l_{db}$(기본정착길이)$\times \alpha\beta\gamma$(보정계수)≥ 300mm	$l_{db} = \dfrac{0.6 d_b f_y}{\lambda \sqrt{f_{ck}}}$
갈고리 철근의 정착길이	$l_d = l_{db}$(기본정착길이)$\times$(보정계수)≥ 200mm	$l_{db} = \dfrac{0.24 \beta d_b f_y}{\lambda \sqrt{f_{ck}}}$

7.7.2 압축이형철근의 정착길이 계산

1) 약산식

압축철근에서는 주위 콘크리트에 균열이 거의 발생하지 않기 때문에 일장철근과 같이 철근 간격과 피복두께 등에 민감하게 영향을 받지 않으며, 압축이형 철근의 정착길이는 다음과 같이 계산된다.(단 이 값은 200mm 이상이 되어야 함)

$$L_d = \frac{0.25 d_b f_y}{\lambda \sqrt{f_{ck}}} \times \text{보정계수}$$

- d_b: ✓ 철근의 공칭 지름(mm)
- f_y: ✓ 철근의 설계기준 항복강도(MPa)
- f_{ck}: ✓ 콘크리트의 설계기준 압축강도(MPa)
- λ: ✓ 경량콘크리트 계수

보정계수:

항목	적용값
조건 Ⓐ	$\dfrac{\text{소요 } A_s}{\text{배근 } A_s}$
조건 Ⓑ	0.75

주) A_s : 인장철근의 단면적(㎟)

구분	내 용	보정계수
조건 Ⓐ	해석결과 요구되는 철근량을 초과하여 배치한 경우	$\frac{소요AS}{배근AS}$
조건 Ⓑ	지름이 6mm 이상이고 나선 간격이 100mm 이하인 나선철근 또는 중심간격 100mm 이하로서 KDS 14 20 50(4.4.2(3))의 요구 조건에 따라 배치된 D13 띠철근으로 둘러싸인 압축 이형철근	0.75

주) KDS 14 20 50 (4.4.2(3))은 압축부재에 사용되는 띠철근에 대한 규정이므로 슬래브 철근에는 해당되지 않음

2) 압축이형철근의 정착길이

아래 표는 철근의 항복강도가 400MPa인 철근일 경우 압축 이형철근의 정착길이는 다음과 같다.

(단위 : mm)

f_{ck}(Mpa) / 철근 굵기	21	24	27	30	35	40
D10	220	210	200	200	200	200
D13	290	270	250	240	220	210
D16	350	330	310	300	270	260
D19	420	390	370	350	330	310
D22	480	450	430	410	380	360
D25	550	510	490	460	430	400
D29	640	600	560	530	490	470
D32	700	660	620	590	550	520
D35	770	720	680	640	600	560

7.7.3 인장이형철근의 정착길이 계산

1) 약산식

인장이형철근의 정착길이를 계산함에 있어서 다음의 두 가지 조건 중 어느 하나라도 만족되는 경우에는 다음과 같은 약산식을 사용할 수 있다.

조건-1	정착되거나 이어지는 철근의 순간격과 피복두께가 모두 d_b 이상이고, 정착길이 전 구간에 걸쳐 구조기준에서 규정된 최소 철근량 이상의 스터럽 또는 띠철근이 배근된 경우
조건-2	정착되거나 이어지는 철근의 순간격이 $2d_b$ 이상이고 피복두께가 d_b 이상인 경우

$$L_{db} = \frac{0.6 d_b f_y}{\lambda \sqrt{f_{ck}}}$$

그러나 상기 두 조건 중 어느 하나도 만족되지 않는 경우에는 약산식은 다음과 같이 사용된다.

$$L_{db} = \frac{0.9 d_b f_y}{\lambda \sqrt{f_{ck}}}$$

2) 인장이형철근 정착길이 계산

$$L_d = \frac{0.6 d_b f_y}{\lambda \sqrt{f_{ck}}} \times \alpha \beta \gamma$$

- d_b: ✓ 철근의 공칭 지름(㎜)
- f_y: ✓ 철근의 설계기준 항복강도(MPa)
- α: ✓ 철근배치 위치계수

항목	적용값
상부철근	1.3
하부철근	1.0

- γ: ✓ 지름의 조건에 따라

항목	D19 이하	D22 이상
배치환경이 양호한 경우	0.8	1.0
그 이외의 경우	1.2	1.5

- β: ✓ 철근 도막계수

항목	적용값
• 피복두께가 $3d_b$ 미만 또는 순간격이 $6d_b$ 미만인 에폭시 도막 철근	1.5
• 기타 에폭시 도막 철근 또는 철선	1.2
• 아연도금 철선	1.0
• 도막되지 않은 철근	1.0

- f_{ck}: ✓ 콘크리트의 설계기준 압축강도(MPa)
- λ: ✓ 경량콘크리트 계수

3) 인장이형철근의 정착길이 보정계수

조 건 \ 철근지름	D19 이하의 철근	D22 이상의 철근
정착되거나 이어지는 철근의 순간격이 d_b 이상이고, 피복두께도 d_b 이상이면서 l_d 전구간에 이 기준에서 규정된 최소 철근량 이상의 스터럽 또는 띠철근을 배치한 경우 또는 정착되거나 이어지는 철근의 순간격이 $2d_b$ 이상이고 피복두께가 d_b 이상인 경우	$0.8\alpha\beta\gamma$	$\alpha\beta\gamma$
기 타	$1.2\alpha\beta\gamma$	$1.5\alpha\beta\gamma$

<table>
<tr><td rowspan="3">λ</td><td rowspan="3">콘크리트 경량계수</td><td>보통 중량 콘크리트</td><td rowspan="3">f_{sp}값이 규정되어 있는 경우
$\lambda = \dfrac{f_{sp}}{0.56\sqrt{f_{ck}}} \le 1.0$</td><td>=1.0</td></tr>
<tr><td>모래 경량 콘크리트</td><td>=0.85</td></tr>
<tr><td>전 경량 콘크리트</td><td>=0.75</td></tr>
<tr><td rowspan="2">α</td><td rowspan="2">철근 배근 위치계수</td><td colspan="2">상부철근
(정착길이 또는 겹침 이음부 아래 300mm 이상 콘크리트를 타설한 수평철근)</td><td>=1.3</td></tr>
<tr><td colspan="2">기타 철근</td><td>=1.0</td></tr>
<tr><td rowspan="3">β</td><td rowspan="3">철근의 에폭시 도막계수</td><td colspan="2">피복두께가 $3d_b$ 미만 또는 순간격이 $6d_b$ 미만인 에폭시 도막철근</td><td>=1.5</td></tr>
<tr><td colspan="2">기타 에폭시 표면 처리된 도막철근</td><td>=1.2</td></tr>
<tr><td colspan="2">표면 처리되지 않은 철근(도막되지 않은 철근)</td><td>=1.0</td></tr>
<tr><td rowspan="2">γ</td><td rowspan="2">철근의 크기계수</td><td colspan="2">D22 이상인 경우</td><td>=1.0</td></tr>
<tr><td colspan="2">D19 이하인 경우</td><td>=0.8</td></tr>
</table>

4) 배근 위치에 따른 보정

① 콘크리트의 블리딩 현상으로 철근 하부에 공극이 발생하면 콘크리트의 부착력이 약해진다.

② 거푸집 바닥에서 300mm 이상 높은 위치에 배치되는 철근은 블리딩 현상이 발생하기 쉽기 때문에 보의 상부철근은 하부철근보다 1.3배 길게 정착하여 부착력 감소에 따른 보정을 하여야한다.

5) 철근 직경에 따른 보정

① 철근 D22 이상은 철근 D19에 1.25배 정착 길이를 길게 한다.

② 정착은 콘크리트 부착력으로 지지 되기 때문에 가는 철근을 여러 가닥 사용하는 것이 부착력을 높일 수 있다.

6) 인장이형철근의 정착길이

표 7-4는 철근의 항복강도가 400MPa인 철근일 경우 인장 이형철근의 정착길이는 다음 표와 같다.

〈표 7-4〉 인장철근의 정착길이(항복강도 400Mpa 이형철근) (단위 : mm)

철근 굵기 \ f_{ck}(Mpa)	21	24	27	30	35	40
D10	420	400	370	360	330	310
D13	550	510	480	460	430	400
D16	670	630	600	570	520	490
D19	800	750	710	670	620	580
D22	1,160	1,080	1,020	970	900	840
D25	1,310	1,230	1,160	1,100	1,020	950
D29	1,520	1,430	1,340	1,280	1,180	1,110
D32	1,680	1,570	1,480	1,410	1,300	1,220
D35	1,840	1,720	1,620	1,540	1,420	1,330

7.7.4 갈고리 이형철근의 정착길이 계산

1) 표준갈고리

부재의 위치에 따라서는 철근의 정착길이를 충분하게 확보할 수 없는 곳이 있다. 갈고리가 있는 철근은 철근 직선부분의 부착강도와 갈고리의 정착에 의한 복합작용으로 인장에 대한 저항 성능을 가지기 때문에 좁은 공간에서도 철근이 항복될 때까지 인장응력을 지지할 수 있게 된다.

① 보 주근의 인장정착 길이가 기둥 단면보다 작아 정착길이를 확보할 수 없을 경우 표준갈고리를 적용한다.

② 콘크리트 부착력만으로 인장력을 전달할 수 없을 경우 표준갈고리를 만들어 기계적 정착력을 추가한다. 이러한 경우에는 정착길이는 갈고리를 제외한 길이로 적용한다.

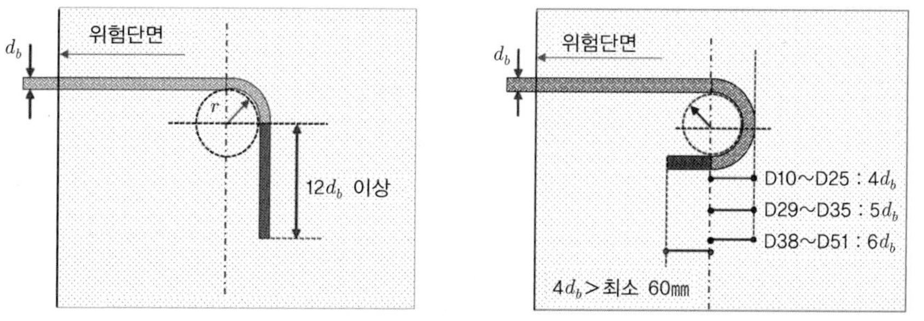

(a) 주철근 표준갈고리

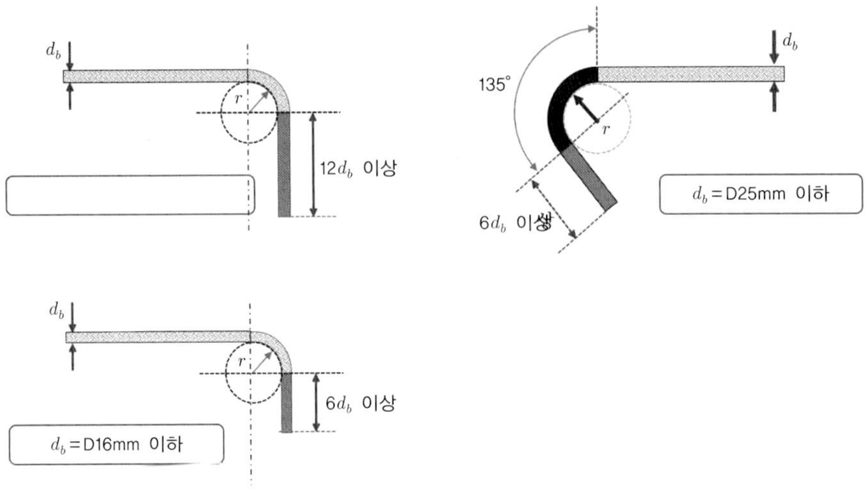

(b) 스터럽과 띠철근

그림 7-32 표준 갈고리

2) 갈고리철근 정착길이 산출식

$$L_{hd} = \frac{0.24\beta d_b f_y}{\lambda\sqrt{f_{ck}}} \times \text{보정계수}$$

- β: ✓ 철근 도막계수

도막계수 항목	적용값
• 피복두께가 $3d_b$ 미만 또는 순간격이 $6d_b$ 미만인 에폭시 도막 철근	1.5
• 기타 에폭시 도막 철근 또는 철선	1.2
• 아연도금 철선	1.0
• 도막되지 않은 철근	1.0

- d_b: ✓ 철근의 공칭지름(㎜)
- f_y: ✓ 철근의 설계기준 항복강도(MPa)
- 보정계수:

보정계수 항목	적용값
• 콘크리트 피복두께	0.7
• 띠철근 또는 스터럽	0.8
• 과다철근	$\frac{\text{소요 } A_s}{\text{배근 } A_s}$

주) A_s : 인장철근의 단면적(㎟)

- f_{ck}: ✓ 콘크리트의 설계기준 압축강도(MPa)
- λ: ✓ 경량콘크리트 계수

3) 갈고리철근의 정착길이 보정계수

보정계수	내 용	보정계수
콘크리트 피복두께	90° 갈고리가 사용된 D35 이하 철근으로 갈고리 면에 수직한 피복두께가 70mm 이상이며, 90° 갈고리에서 뻗은 자유단 철근의 피복두께가 50mm 이상인 경우	0.7
띠철근 또는 스터럽	D35 이하의 90° 또는 180° 갈고리 철근에서 정착길이 구간을 $3d_b$ 이하의 간격으로 띠철근 또는 스터럽이 정착되는 철근을 수직으로 둘러싼 경우	0.8
과다철근	전체 철근의 설계기준항복강도를 발휘하도록 정착을 특별히 요구하지 않는 단면에서 휨철근이 소요철근량 이상으로 배치된 경우	$\frac{\text{소요철근량}}{\text{배근철근량}}$

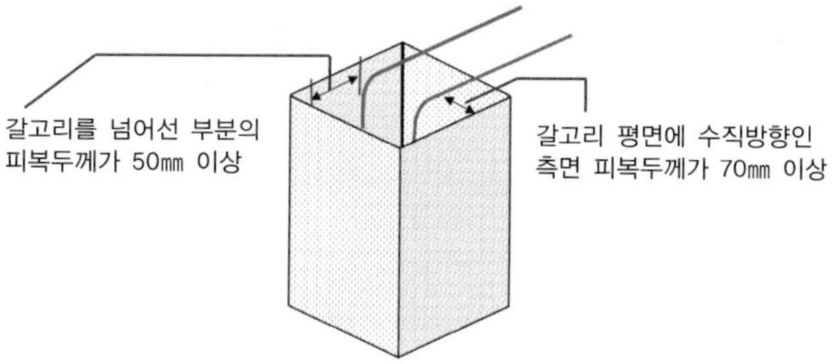

그림 7-33 콘크리트 피복두께 보정계수

4) 표준갈고리를 갖는 이형철근의 정착길이

아래 표는 철근의 항복강도가 400MPa인 철근일 경우 표준갈고리를 갖는 이형철근의 정착길이는 다음 표와 같다.

〈표 7-5〉 표준갈고리를 갖는 이형철근 정착길이(항복강도 400Mpa 이형철근) (단위 : mm)

철근 굵기 \ f_{ck}(Mpa)	21	24	27	30	35	40
D10	160	150	150	150	150	150
D13	200	190	180	170	160	150
D16	250	230	220	210	190	180
D19	290	280	260	250	230	210
D22	340	320	300	290	260	250
D25	390	360	340	320	280	270
D29	450	420	400	380	350	330
D32	490	460	440	410	380	360
D35	540	500	480	450	420	390

7.7.5 철근의 이음

철근의 이음방법은 크게 겹침이음, 용접이음, 기계식이음의 3가지로 분류 할 수 있고, 이중 겹침이음은 원칙적으로 철근 지름이 D25 이하인 것에 사용하며, 그 이상의 것은 용접이음이나 기계식이음을 사용한다.

1) 이음 위치

(1) 지중보

지중보에 토압 또는 수압이 작용하게 되면 지중보는 상부로 휘어지게 된다. 따라서 역방향 배근의 경우에는 그림 7-34와 같이 응력이 적은 빗금친 부분에 이음을 두어야 한다.

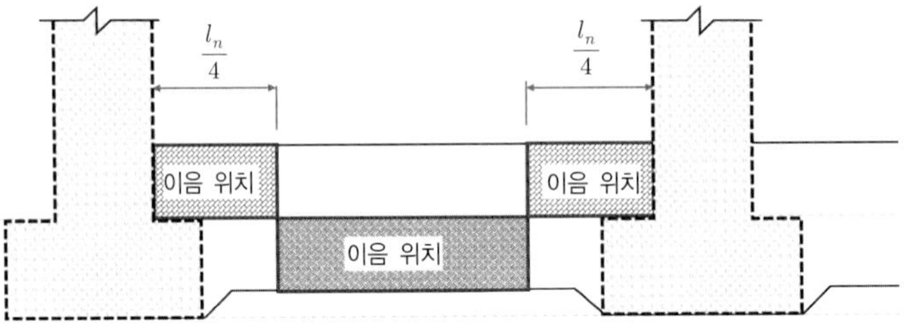

그림 7-34 기초 지중보의 이음위치

(2) 기둥 철근이음

기둥에서는 휨 응력이 가장 작은 중앙부에 이음을 두어야 한다.

(3) 보철근 이음

큰 보에서 양단부의 상부에서는 인장력을 받고 중앙부에서는 하부에서 인장력을 받기 때문에 이음위치는 응력이 적은 위치(양단부 하부, 중앙부 상부)에서 이음을 한다.

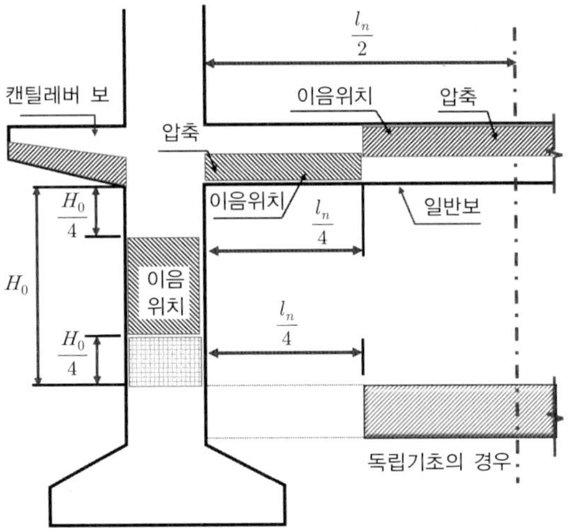

그림 7-35 기둥, 보의 이음위치

(4) 벽철근 이음

① 지상벽 : 어느 위치든 문제없음

② 지하벽(흙에 면하는 위치) :

기둥, 보에 가까운 장소에서는 이음길이 길게 한다.

(5) 슬래브

상부철근은 중앙부에서 그리고 하부철근은 단부에서 이음을 한다.

2) 이음의 종류

항 목	내 용	
① 겹침 이음 (Lap Joint)	• 이음할 위치에 철근을 겹쳐 놓고 결속선으로 2개소 이상 결속하여 이음을 하는 방식	
② 용접이음	• 철근의 접합부를 전기, 가스, 화학반응 등의 에너지를 이용하여 철근을 녹여 접합하는 방식	
③ 가스(Gas)압접	• 철근의 단면을 산소-아세칠렌 불꽃 등을 사용하여 가열하고, 기계적 압력을 가하여 용접하는 방식.	
④ 기계적 이음	ⓐ 나사이음	• 커플러 이음이라고도 하며, 철근에 숫나사를 만들고 커플러 양단을 나사로 조임을 하는 이음방식
	ⓑ 슬리브 압착 이음 (grip Joint)	• 철근의 양단부를 슬리브에 넣고 유압잭으로 압착하여 이음하는 방법.
	ⓒ 슬리브 충전이음	• 철근의 양단부를 슬리브에 넣고 에폭시, 모르타르, 용융금속 등으로 슬리브에 충전하여 이음하는 방식

주) 기계적이음 설치 규정 및 성능 규정
- 콘크리트 표준시방서-건교부
- ACI 318

3) 각 이음별 특성 비교

구분	겹침이음	가스압접	기계식이음
접합 방법	• 철근의 부착력에 필요한 길이만큼 연장하여 응력 전달 • 결속선으로 고정	• 철근의 접합 단부를 적정온도로 가열하여 가압에 의해 접합한 다음, 원자확산운동 원리로 금속을 결합하는 방식	• 철근에 타부재(철근보다 강도가 큼)인 커플러를 사용하여 볼트나 나사 편체로 고정시키는 원리
물리적 방법	• 콘크리트의 부착응력에 의한 하중 전달	• 가열온도 1,200~1,300℃로 철(용점온도 : 1,410℃)을 녹이지 않고 결합후 공기 중에서 서서히 냉각시킴	• 철근의 마디부분에 의한 응력 전달 • 철근의 나사가공에 의한 응력 전달 • 볼트에 의한 응력 전달 • 충진재에 의한 응력 전달
1일 작업량 (8시간)	• 철근이음에 포함	• 3명 기준 150여 개	• 3명 기준 300~400여 개
이음부 규격	• 외경 : 2d • 극한강도설계법에 의해 규정	• 부풀음 직경 : 1.4d • 부풀음 길이 : 1.2d • 중심부 편차 : 1.4d	• 없음
유의 사항	• 겹침길이 확보 • 철근간격과 피복두께 확보 • 굵은 철근에서 최대 철근비 검토 • 겹이음 길이는 30cm 이상이어야 함	• 가열온도 및 가열시간 준수 • 표준 가압력 및 가압시간 준수 • 압접부 면처리 철저(그라인딩) • 맞댐면이 요철인 경우 강도저하	• 철근가공시 단면손실이 최소가 되게 시공 • 철근마디가 최소 2개소 이상 편체에 걸리게 시공 • 피로강도에 대한 검토 필요

4) 이음 시공 시 유의사항

항 목		유의사항
① 이음위치	공통	• 응력이 큰 곳은 피하고 엇갈리게 잇는다. (인장력이 작은 위치) • D29 이상의 철근이음은 겹침이음으로 하지 않는다.
	기둥	• 기둥의 주근 이음은 기둥 높이의 2/3 이내 보통 1/3 지점에 둔다. • 기둥 철근의 1/2 이상은 그 이음 위치를 바꾸어야 한다.
	보	• 하부근은 단부에, 상부근은 중앙에, 절곡근은 절곡 내에 설치한다.
② 이음수량		• 한 곳에서 철근수의 반 이상 두는 것을 피한다.
③ 이음간격		• 인접한 주근과 주근의 간격은 1.5D 또는 2.5cm 이상.
④ 철근지름이 상이		• 평균지름에 준한다.
⑤ 이음의 겹침 길이		• 갈구리 중심간의 거리로 계산한다. • 이음길이에는 갈구리 부분은 포함하지 않는다.
⑥ 이음길이		• 흙막이 가시설 공사에서 철근의 이음길이 확보가 곤란할 경우 기계적 이음 시공이 유리하다.
⑦ 주근이음		• 구조부재에 있어서 인장력이 가장 작은 부분에 두어야 한다.
⑨ 주근이음		• 균열을 방지하기 위하여 한곳에 집중(그림 A)되게 하지 않고 그림 B와 같이 배근한다. 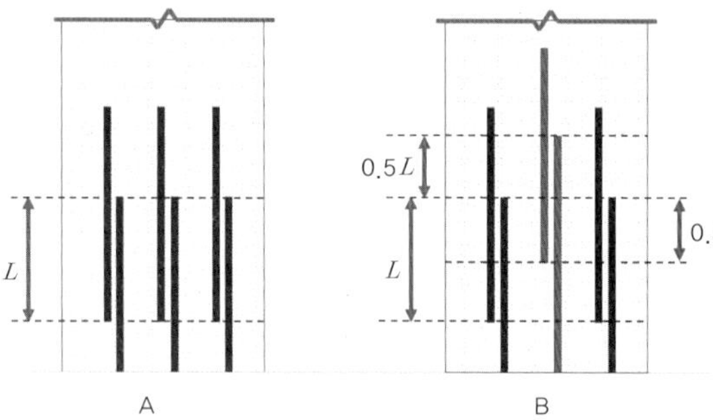
⑧ 기타		• 코어 선행공법에서 주철근의 구조적 일체화를 위하여 D16 이상은 나사가공식(매입형 : 원추형 제외)이음을 사용하고 D13 이하는 Mild Bar를 이용하여 매입박스로 시공하는 것이 구조성, 안전성, 품질관리 측면에서 효과적이다.
		• 철근의 순간격 확보가 어렵거나 콘크리트에 밀실하게 충진이 힘들 경우 겹침이음이 한 곳에 집중되는 부위에서는 기계적이음으로 시공한다. • 철근이음이 상기 조건을 만족해도 D35를 초과하는 철근은 기계적 이음으로 시공한다('99년 개정판 : 콘크리트 구조설계기준).

5) 인장철근의 이음길이

인장이형철근의 겹침 이음에는 철근의 최대 인장력 $A_b f_y$을 콘크리트 부착응력으로 지지할 수 있는 겹침 길이가 확보 되어야한다. 인장을 받는 이형철근의 겹침 이음길이는 A급, B급으로 구분하여 인장이형철근의 정착 길이에 보정계수를 곱하여 적용하며, 30mm 이상이어야 한다.

인장 이형철근 및 이형철선 정착길이(l_d)		
A급 이음	$1.0l_d$	배치된 철근량이 이음부 전체 구간에서 해석 결과 요구되는 소요철근량의 2배 이상이고 소요 겹침 이음길이 내 겹침이음된 철근량이 전체 철근량의 1/2 이하인 경우
B급 이음	$1.3l_d$	A급 이음에 해당되지 않는 경우

주) 1) 인장력을 받는 이형철근 및 이형철선의 겹침 이음길이는 A급과 B급으로 분류하며 다음 값 이상 또한 300mm 이상이어야 한다.
2) 정착 길이에서 규정한 300mm 최소값과 보정계수는 적용하지 않는다.

6) 압축철근의 이음길이(l_s)

압축이형철근의 이음은 인장철근과 달리 단부 지압에 의해 힘을 전달할 수 있는 장점이 있다. 또한 부착거동이 복잡하지 않기 때문에 특별한 보정계수를 곱하지 않고 다음 식을 적용한다.

$$l_s = \left(\frac{1.4 f_y}{\lambda \sqrt{f_{ck}}} - 52 \right) d_b$$

여기서, d_b : 철근의 공칭지름, f_{ck} : 콘크리트 압축강도

λ : 경량콘크리트 계수, f_y : 철근항복강도

압축 이형철근 및 이형철선 이음길이(l_s)		
$f_y \le 400$MPa	$l_s = 0.072 f_y d_b$	• 이음길이 300mm 이상 • 이 경우 콘크리트 설계기준강도가 21MPa 미만인 경우에는 겹침이음 길이를 1/3 정도 증가시킨다.
$f_y > 400$MPa	$l_s = (0.13 f_y - 24) d_b$	

7.7.6 용접이음

1) 일반사항

용접이음은 금속을 용융하여 용융된 금속을 응고시켜 접합하는 방식으로 철근의 용접이음은 철근을 녹여 접합하는 방법을 말한다. 용접이음의 원리는 그림 7-36과 같이 열을 가하여 철의 조직을 연성화시키거나 완전히 녹여 접합하는 방법으로 나눌 수 있다.

철근의 용접법에는 아크용접(Arc Welding), 플러시 버트용접(Flush Butt Welding), 가스압접 등이 있다. 일반적인 가스용접은 강도가 약하기 때문에 구조용 용도에 사용해서는 안 된다.

(1) 아크용접

Arc란 용접봉과 모재 사이에 전압을 걸고 용접봉의 선단을 모재에 가볍게 접촉 시켰다 떼는 순간에 방전으로 강한 빛과 고열을 내는 원호 모양의 불꽃이며, Arc를 통해서 계속 전류가 흐른다. 아크 용접은 용접봉과 모재 사이에 발생하는 arc 열에 의해 모재의 용접부를 용융시키고 용가재(熔加材 ; Filler metal)의 용적(容適)이 용접부에 첨가되어 부품이 결합되는 용접이다. 아크용접의 종류에는 전극이 용가제의 역할을 겸하는 용극식 arc 용접(용극식 아크용접, 소모식 arc용접)과 전극은 타소봉이고 용가재가 별도로 있는 비용극식 아크용접이 있으며, 전원이 직류인 직류arc 용접과 교류일 교류 arc용접 등 다양한 용접법이 있다.

(2) 플러시 버트용접

전류를 통한 철근을 강압하여 맞대면 진기저항에 의하여 접촉부가 적열(赤熱)되고 용융상태로 되어 용접된다. 용접기가 정치식(定置式)으로 되어 있어서 철근조립시의 용접은 불가능하므로 철근가공공장에서만 이용된다.

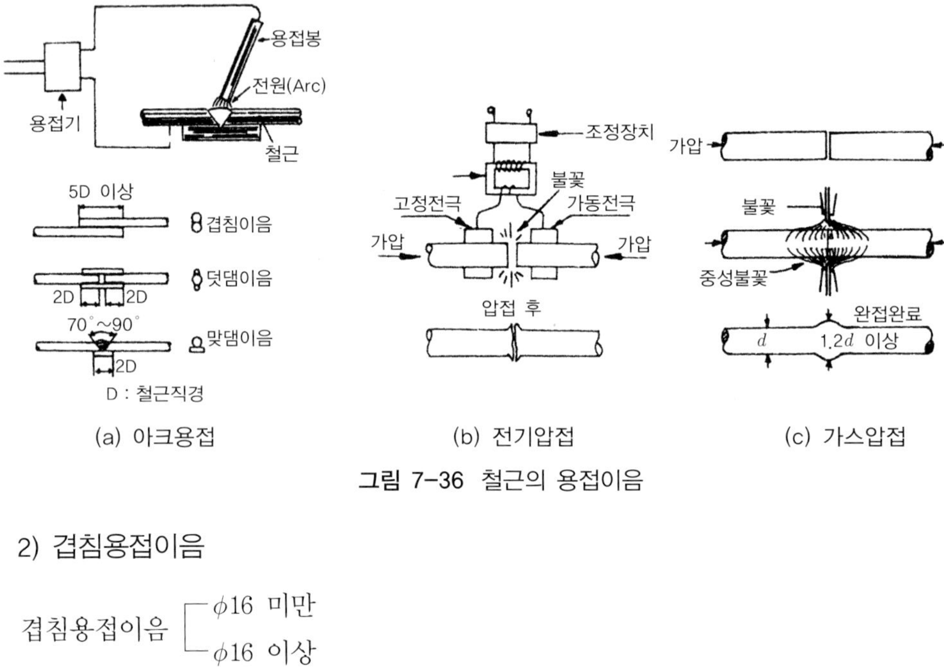

(a) 아크용접 (b) 전기압접 (c) 가스압접

그림 7-36 철근의 용접이음

2) 겹침용접이음

겹침용접이음 ┌ ϕ16 미만
└ ϕ16 이상

용접부는 다음 ①~④의 형태가 될 수 있도록 정확하게 가열하여 가압한다.

① 용접돌출부의 직경은 원칙적으로 철근직경의 1.5배 이상

② 용접돌출부의 길이는 철근직경의 1.2배 이상으로 하고 완만하게 밑으로 처지지 않도록

③ 철근 중심축의 편심량은 철근 직경의 1/5 이하

④ 용접돌출부의 단부에서의 용접면의 엇갈림은 철근직경의 1/4 이하

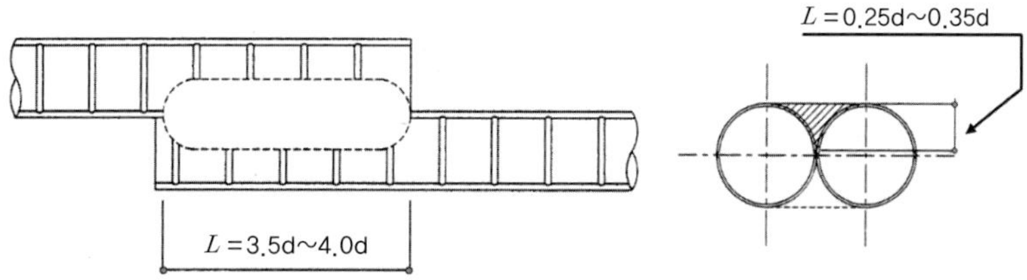

그림 7-37 아크용접 겹칩이음

3) 맞댄 용접이음

(1) 가스압접 이음

① 가스압접의 원리는 다음과 같다.

가스압접에는 기계적접합과 야금적접합(고체상태에 있는 두 개의 금속재료를 열이나 압력, 또는 열과 압력을 동시에 가해서 서로 접합) 그리고 접착법으로 나눌 수 있다.

가스압접의 원리		내 용
기계적 접합법		볼트, 리벳, 키, 핀 등으로 접합하는 방법
야금적 접합법(가스압접)	융접	아크용접, 가스용접, 특수용접 등
	압접	눌러서 금속 표면을 이어 붙임
	납땜	연납땜, 경납땜
접착법		

② 가스압접의 특징

장 점	단 점
• 가공이 간단하여 작업공정을 줄일 수 있다.	• 기후(바람, 기온, 강우)의 영향을 받는다.
• 재료 및 시간을 절약 하여 가격이 저렴하다.	• 기능공 숙련도에 따라 품질이 다르다.
• 콘크리트 타설이 용이하다.	• 화재의 위험이 있다.
• 겹칩이음 부위의 철근량을 절감할 수 있다.	• 가스 열로 철근의 산화 및 강도 저하가 우려됨
• 가압강도가 크며 가공이 단순하고 기구가 간편한 것이 특징이다.	• 철근공과 압접공 동시작업으로 작업 혼란 우려
• 보수와 수리가 용이하다.	• 제품의 변형을 가져올 수 있다.

③ 가스압접의 시공순서

시공순서 Flow chart	㉠ 절단 및 면처리	• 접합할 두 개의 철근을 축에 직각으로 절단한다. • 절단면은 줄 쓸기를 하고 접합면을 깨끗이 청소한다. • 철근면간격 : 압접하는 두 개의 철근 면의 간격은 1mm 이하 (편심, 휨이 발생하지 않도록 주의)
	㉡ 압접기 설치	• 면 처리한 철근에 가압할 수 있도록 기계장치를 한다.
	㉢ 가열 및 가압 (1차, 2차)	• 가열범위 : 압접부를 중심으로 철근 지름의 2배정도 가열 • 산소아세틸렌가스(Oxyacetylene Gas)의 중성염으로 맞댄 부분을 가열하여 용접하는 방법. • 압력 : 축방향으로 압력(300kg/㎠ 이상)을 가하여. • 가압방법 : 접합부가 충분히 가열되면 철근압축기에 의해 축 방향에 적절한 압력을 가하면서 철근지름의 1.5배 이상이 되도록 가압한다. • 가열시간 : 압접면의 틈새가 완전히 닫힌 이후 철근의 중심부와 표면의 온도차가 없어질 때까지 중심 불꽃으로 충분히 가열
	㉣ 철근 압접기 해체	• 철근 가열부분의 불꽃색이 없어진 이후
	㉤ 외관검사	• 용접이 끝난 접합부를 육안으로 검사한다.

④ 가스압접 시공시 유의사항

시공시 유의사항	㉠ 화구	• 철근지름에 적합한 8구 이상을 사용한다.
	㉡ 압접기 상태	• 압접기는 편심, 휨이 발생하지 않도록 지지력이 충분할 것
	㉢ 압력	• 압력은 30MPa 이상이 유지될 수 있도록 조정한다.
	㉣ 철근 압접기 해체	• 철근 지름의 차이는 7mm 이하로 한다.
	㉤ 이음부 성능	• 성능은 설계기준 항복강도의 125% 이상이어야 한다.
	㉥ 불꽃관리	• 가열 중에 불꽃이 꺼지는 경우, 압접부를 잘라내고 재 압접해야 한다. 단, 압접면의 틈새가 완전히 닫힌 이후 가열불꽃에 이상이 생겼을 경우는 불꽃을 재조정하여 작업을 계속해 나가도 된다.
	㉦ 철근직경 차이	• 철근 직경차이가 6mm 이상인 경우 압접금지
	㉧ 기상조건	• 0℃ 이하 작업 금지/ 고온에서는 아세틸렌용기 직사광선 보호
	㉨ 재질	• 철근의 재질이 서로 다른 경우
	㉩ 철근 강도	• 항복점 또는 강도가 다른경우
	㉪ 기능공	• 기능공의 숙련도 확보
	㉫ 접합철근 수직도	• 접합철근의 마무리는 축에 직각으로 할 것

주) 가스압접의 절단면(접합면)을 그라인더로 평탄하게 갈아내더라도 접합부 표면은 요철이 발생된다. 이러한 요철은 접합면에서 원자의 재배열을 곤란하게 하므로 가열과 동시에 가압하여 양 접합면을 밀착시켜 분자의 재배열이 잘 이루어지도록 한다.

⑤ 압접부 작업시 유의사항

㉠ 압접 돌출부의 직경 : 철근 지름의 1.4배 이상이 되도록 한다.

㉡ 압접 돌출부의 길이는 철근지름의 1.2배 이상

㉢ 철근 중심축의 편심량은 철근 지름의 1/5 이하로 한다.

㉣ 압접 돌출부의 엇갈림은 철근 지름의 1/4이라고 한다.

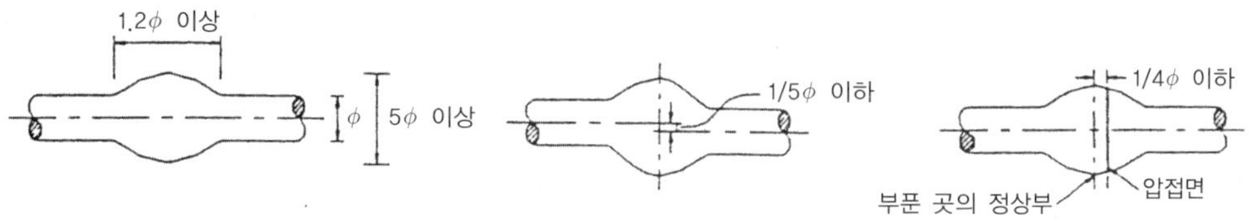

그림 7-38 압접부의 형상

⑥ 철근이음 검사

종류	항목	시험, 검사방법	시기, 횟수	판정기준
가스압접 이음	위치	외관관찰, 필요에 따라 스케일, 버니어 캘리퍼스 등에 의한 측정	전체 개소	철근상세도와 일치
	와관검사			
	초음파탐사	KS B 0839	한 개 검사 로트[1] 마다 30개소 발취	사용목적을 달성하기 위해 정한 별도의 것
	인장시험	KS B 0554	한 개 검사 로트 마다 3개	설계기준항복강도의 125%

주) 1) 검사로트는 원칙적으로 동일 작업반이 동일 날에 시공한 압접 또는 용접개소로서 그 크기는 200개소 정도를 표준으로 함

(a) 철근 이음부 연마 (b) 압접 기계설치 및 가열 (c) 1차 가압

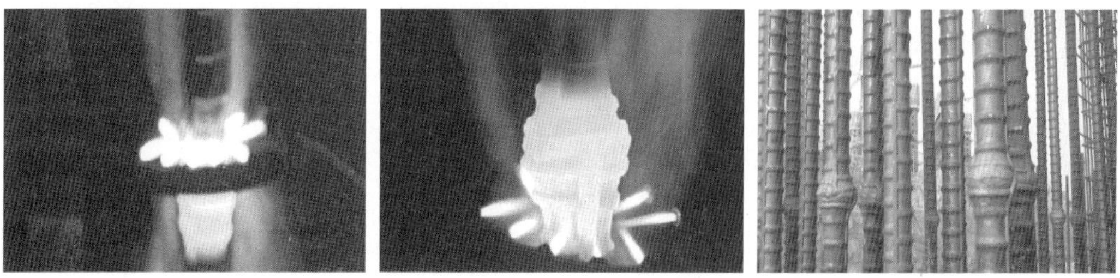

(d) 2차 가압 (e) 3차 가압 (f) 압접완료

그림 7-39 철근압접공사 순서

7.7.7 기계식 이음(Coupler)

1) 일반사항

최근 철근콘크리트 건물이 고층화, 대형화되면서 고강도철근, 굵은 철근 등이 사용됨에 따라 기계적 이음기술에 대한 관심이 높아지고 있으며, 특히 현장프리캐스트공법 등에 많이 사용되고 있다. 기계식이음은 철근을 한 개씩 잇는 이음공법으로 D29를 초과하는 철근 이음에 사용하며 D41 이상의 굵은 철근의 경우는 기계적 이음을 사용하지 않으면 완벽한 이음이 불가능하다. 철근이음은 겹침이음(Lap Joint), 가스압접이음(Gas Pressure Welded Joint) 그리고 기계이음(Mechanical Joint System)으로 분류할 수 있다. 겹침 이음은 구경이 가는 철근을 주요한 부위에 이음공법에 사용되고 있으나, 철근 구경이 커질수록 겹침 이음 부위의 철근량이 많아지게 된다. 이에 기둥, 보의 접합부는 철근배근이 복잡하게 되고 부재단면, 보의 접합부는 철근 배근이 복잡하게 되고 부재 단면이 커져서 콘크리트, 거푸집 비용이 증대하는 등 경제성이 떨어진다.

2) 커플러 이음의 일반적 특징

(1) 시공성

① 겹침이음에 비해 시공성은 다소 부족함
② D35를 초과하는 철근은 순간격 확보가 가능해도 기계적 이음을 적용함
③ 코어 선행공사에서 보나 슬래브 이음에 사용한다.
④ 철근 이음은 전문 철근기능공이 없어도 설치가 가능하다.
⑤ 고층건물, 특수공법(토목)등 굵은 철근을 사용하는 공사에 적합하다.
⑥ PC구조물의 접합용으로 사용(그라우팅식)한다.
⑦ 철근 이음길이가 부족한 부위에 사용하면 유리하다.
⑧ 철근 규격이 서로 다를 경우 직상위 규격이나 직하위 규격과 이음이 가능하다.
【예】 D29철근은 D32 또는 D25와 이음 가능

(2) 경제성

① 철근 손실 감소
② 철근가공 조립비 절감
③ 겹침 이음보다 고가이나 압접보다 저가임

(3) 안전성

① 겹침이음에 비해 피복두께가 저가임
② 철근의 항복강도보다 기계적 이음강도가 25% 이상 높음(건축표준시방서)
③ 최소 철근비에 대한 균형적 배근 가능
④ 편체사용 방식인 경우에는 마디 2개 이상, 나사식인 경우는 철근직경의 0.8배 이상의 나사산이 물려야 함

3) 기계적 이음의 종류별 특징

이음방법		장점		단점	
단부 나사 가공 이음	수웨이징 나사	시공성	• 시공성은 용이함 • 체결시간이 짧다.	시공성	• 나선/원형 띠철근 시공성 저하
		품질	• 품질 안전성 확보가능	품질	• 굽힘시 시공성 저하 • 고탄소강 일수록 금형에 의한 가공경화로 신뢰저하 우려
		사용장소	• 기둥, 보 등		
		신축성	• 이음체결시 신축이 없음	가공성	• 공장가공이 필요하다.
	부풀림 나사	시공성	• 체결을 위한 특수 기능공이 불필요함 • 시공이용이-체결시간 짧다.	시공성	• 열간가공으로 철근 조직변화 • 냉간 가공 시 가공경화에 의한 조직의 인성저하 • 나선/원형 띠철근 시공성 저하
		신축성	• 이음체결시 신축이 없음	재료	• 나사가공 시 철근길이 줄어듬 • 커플러의 길이와 외경이 다소 크다.
	테이퍼 절삭나사	시공성	• 현장에서 적용성이 넓음 • 서로 다른 규격의 철근이음 시 용이함	시공성	• 나선 및 원형 띠철근 시공불가 • 철근을 돌려서 시공함으로써 시공성 저하
		재료	• 이음 체결시 신축성 없음		
강관 압착 이음 (Bar Grip Type)		시공성	• 기둥이음에 적당함. • 특수 기능공이 불필요함. • 마디간격이 짧은 경우 짧은 슬리브 사용가능	시공성	• 시공성이 떨어진다. • 압착 시 특수 기계가 필요함 • 고소작업, 협소한 장소 작업의 어려움
				신축성	• 이음체결시 철근이 다소 늘어남
충전식 이음		시공성	• 현장에서 적용성이 넓다. • 서로 다른 규격의 철근이음 용이	시공성	• 특수 장비가 필요함
		신축성	• 접합시 철근의 신축이 없음		
편체식 이음 Screw Type	내부 일체형	시공성	• 시공을 위한 특수장비 불필 • 철근배근과 동시 작업 가능함	시공성	• 나선/원형의 띠철근 시공성 저하
				재료	• 철근 마디형상에 따라 적용성이 변화 • 철근제조사에 따라 호환성 없음 • 커플러 길이가 길고 외경이 큼
	내부 분리형	시공성	• 특수 장비가 필요 없음 • 철근제조회사에 따른 호환성이 좋다. • 나선 및 원형 띠철근 시공성이 뛰어남	시공성	• 인장 시 초기 슬립이 발생함 • 조임 강도를 육안으로 검측이 어려움
				경제성	• 가격이 다소 비싸다.
	쐐기식 편체이음	시공성	• 현장에서 간단하게 시공가능 • 육안으로 시공상태 검사가능 • 안정된 품질 확보가 가능함	시공성	• 나선/원형 띠철근 시공성 저하 • 철근의 규격이 다른 경우 적용성이 어렵다.
		신축성	• 접합시 신축이 없음		
		강도	• 모재보다 이음강도가 높다.		

4) 기계적이음의 특징(출처 : 한성정밀 공업주식회사)

종류	장 점	단 점
나사이음	• 시공이 용이 하다. • 접합시 신축이 없다. • 토크렌치 등으로 조임 확인가능 • 안정된 품질 확보가 용이함. • 기둥, 보 등의 이음에 적당함	• 공장가공 • 공정관리 불리 • 콘크리트 부재 조합시 별도 부품사용
강관 압착이음	• 기둥이음에 적당함 • 철근마디가 짧은 경우 짧은 슬리브 사용이 가능함	• 접합시 철근이 다소 늘어남 • 압착시 특수 기계가 필요함 • 시공시간이 길고 장비기사 상주해야 됨 • 철근배근 간격 및 장소에 제한을 받음
모르타르 충전이음	• 접합 시 철근의 신축이 없다. • 이형철근 연결이 가능하다. • 수동모르타르 충진 건(Gun)이 필요함 • 철근과 슬리브 사이의 간격이 넓다 • 오차를 용이하게 흡수할 수 있다. • PC 부재의 이음, 보 부재 이음에 유리	• 시공이 다소 불편함 • 다른 이음에 비해 크기가 다소 크다. • 무수축 모르타르가 필요
마디 편체식 이음	• 현장에서 간단히 시공 • 접합시 신축이 없다. • 기둥, 보 등의 이음에 적당 • 육안으로 시공상태 검사가 가능 • 모재보다 이음강도가 높다. • 안정된 품질확보가 가능	• 철근의 규격이 다른 경우 호환성이 어렵다. • 마디 형상에 따라 적용성 변화 (一형, X형, V형)
쐐기식 편체 이음	• 현장에서 간단히 시공 • 접합시 신축이 없다. • 기둥, 보 등의 이음에 적당 • 육안으로 시공상태 검사가 가능 • 안정된 품질확보가 가능함 • 모재보다 이음강도가 높다.	• 철근의 규격이 다른 경우 적용이 어렵다.

5) 기계식 이음 적용부위

① 철근의 과밀 배근(배근간격 확보가 어려움)으로 콘크리트 타설의 작업성이 좋지 않을 경우

② 대구경 배근 설계로 겹침이음이 불가능할 경우

③ 겹침이음 길이 화보가 곤란할 경우

④ 흙막이가 스트럿공법인 경우 지하외벽 철근의 이음길이가 부족할 경우

⑤ 나선형 후프(Hoop)근을 이음할 경우

⑥ 코어 선행공사 중 보나 슬래브 이음 또는 이어치기 부위에 사용

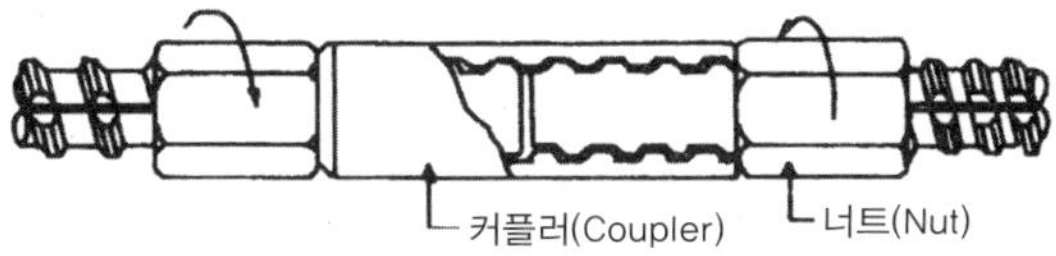

그림 7-40 나사식이음

6) 커플러 형태

국내에서는 커플러 형태를 다양하게 개발하여 현장에 적용하고 있다. 다음은 국내에서 사용되고 있는 커플러 중 조사된 자료 중 일부를 제시하였다.

상품명	형 태		출 처
이지커플러	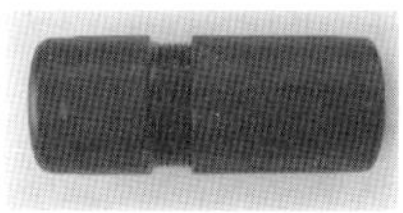		해담엔지니어링 https://hdeng.imweb.me/276
ROC-A2 ROC-1B		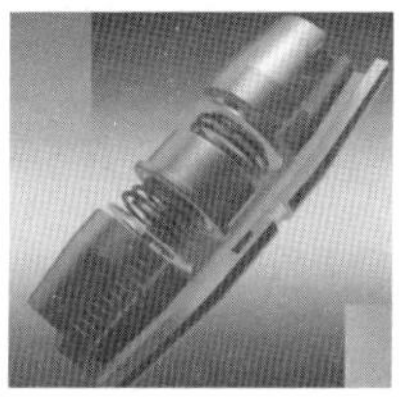	(주)알오씨 http://www.roccoupler.com
정착용 확대머리 커플러			연우철강산업 http://yonwoo-steel.com
		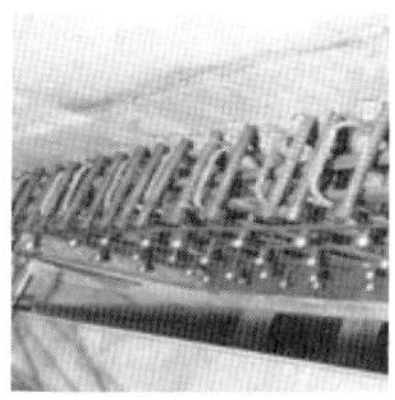	정우비엔씨 http://www.3s-coupler.co.kr/ 엠케이글로벌 http://www.mkglobalno1.com
정착용 커플러	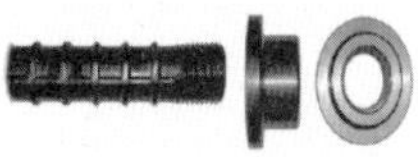	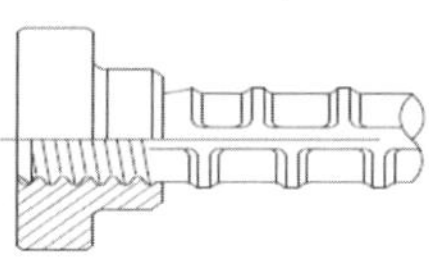	㈜태화화스너 http://www.taehwafsn.com/
웰시스커플러 Type-A	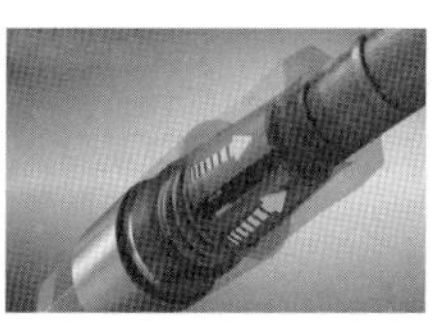	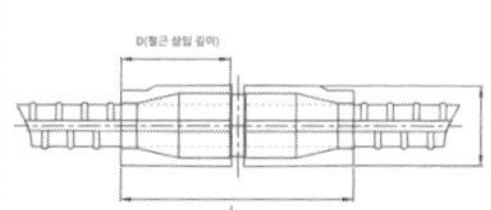	웰시스커플러 http://wellsysmetal.com

7) 기계식이음 공법별 분류

철근의 기계적 이음(Mechanical Joint)은 기계식 커플러(Mechanical Coupler)와 충진식 커플러(Chemical Coupler)공법으로 나눌 수 있으며, 이것은 다시 나사식이음, 슬리브압착이음, 슬리브충진이음, 슬리브나사 조임방법으로 세분된다.

(1) 나사 가공식(나사 이음식)

커플링 너트가 체결된 이형철근이 다른 쪽 이형철근을 나사방향으로 체결시킨 다음 체결된 이형철근 한쪽을 완전히 스패너로 돌려 체결시킨다.

① 나사마디 철근이음

이형철근의 마디가 나사형태로 제작된 나사마디 철근(횡방향 리브가 없음)을 사용하고 이음커플러를 돌려 끼워 접합하는 방법이다. 원주방향의 마디가 나사와 같이 나선방향으로 형성된 것이 특징이다. 철근의 나사 마디와 커플러의 나사 사이에 유격이 발생하여 이를 고정하기 위한 방법으로는 토크고정, 수지공정 및 압착고정 등 방식으로 고정한다.

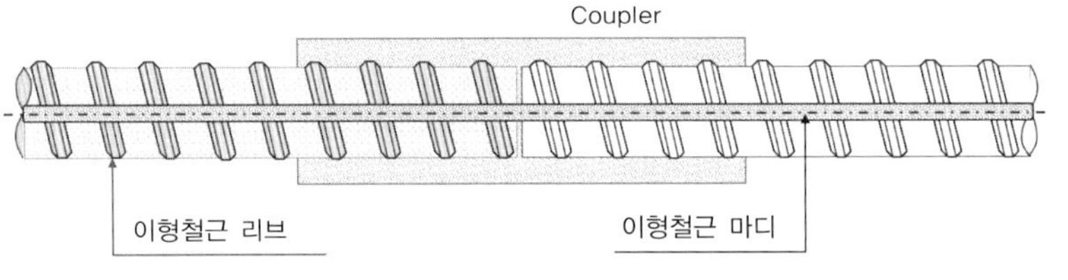

그림 7-41 나사마디 철근이음

나사체결 종류는 다음과 같다.

㉠ 토오크(Torque)고정방식

커플러의 양단부에서 Rock Nut를 조여 커플러와 너트 사이의 철근에 초기 인장력을 주는 방식

㉡ 충진고정방식

커플러를 결합한 이후 철근과 커플러 사이에 에폭시 수지로 에어건(Air-gun)으로 주입하여 이음부위를 일체화시키는 방법

② 상온 스웨이징 나사이음(swaging screw joint)

나사가공에 의한 이음방법은 이음을 할 철근의 양쪽 단부를 기계적인 방법으로 나사를 가공하여 수나사 부를 만들고 이를 암나사가 가공된 커플러를 회전시켜 체결하는 이음이다. 나사를 가공하는 방법으로는 다음과 같이 세 가지가 있다.

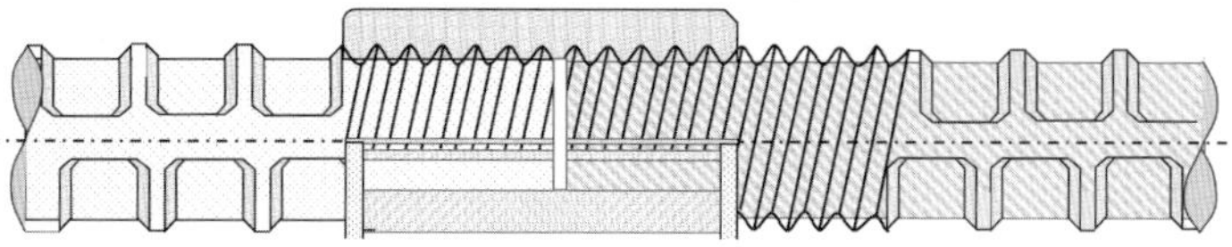

그림 7-42 상온스웨이징 나사이음

㉠ 단부 부풀림 나사이음

철근의 단부를 냉간(상온)에서 단면을 크게 부풀린 이후 절삭 또는 전조나사를 가공하여 암나사가 가공된 커플러를 이용하여 연결하는 방법 즉, 철근 단부를 부풀림 단조 이후 가공하는 방법이다. 단부 부풀림 나사제작방법은 1단계 단부절단 2단계 철근단부 부풀림 3단계 철근단부나사가공 으로 제작한다.

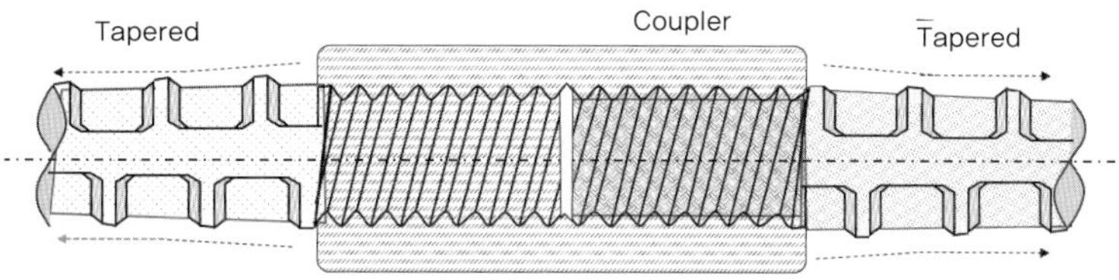

그림 7-43 단부부풀림 철근이음

㉡ 단부 스웨이징 나사이음

철근 단부의 마디와 리브를 냉간(상온)에서 스웨이징(누름)하여 전조나사를 가공하여 암나사가 가공된 커플러를 이용하여 연결하는 방법이다.

단부 스웨이징 나사가공방법은 1단계 단부스웨이징 2단계 단부면취 3단계 전조나사가공으로 제작한다.

(a) 철근 스웨이징 작업

(b) 철근 스웨이징 완료

(c) 단부 나사가공

(d) 단부 나사가공완료

그림 7-44 단부 스웨이징 나사가공

(a) 기둥철근 이음 준비

(b) 기둥철근 커플러 이음 완료

기둥 후프 조립완료

(d) 거플러 이음부 조임검사

그림 7-45 단부 스웨이징 나사이음

㉢ 테이퍼 절삭나사이음

단조가공 없이 철근 단부의 원상태를 테이퍼 형상으로 경사지게 나사를 가공하여 연결하는 방법

③ 나사이음 특징

㉠ 이음이 요구되는 두 개의 이형 철근 단부에 나사선을 가공한 이후 이음장치를 이용하여 연결하는 방식

㉡ 나사가공 방식에 따라 원추형 가공, 철근마디 리브 가공, 스웨이징가공, Up-set 가공 등으로 분류된다.

㉢ 철근 순 간격이 넓어 가장 효과적으로 사용이 가능하다.

㉣ 철근 단부를 공장에서 가공하므로 사전계획 및 관리가 어렵다.

㉤ 코어선행공법에서 16mm 이상 철근에 콘크리트 매입방식으로 사용된다.

④ 나사이음의 가공 시공순서

철근 양단부에 나사가공→철근에 커플러 고정→반대쪽 철근을 돌려 커플러에 이음을 함

(2) 볼트 체결식

① 두 개의 이형철근을 특수 제작된 슬리브에 끼운 다음 다수의 볼트를 이용하여 철근의 마디를 볼트로 눌러서 이음하는 방식

② 볼트 밀압착이 규정치에 도달하면 볼트 머리가 절단됨

③ 사용실적이 많지 않음

(3) 강관 압착식(Bar Grip Type)

이음 하고자 하는 두 개의 이형철근에 슬리브를 체결한 이후 슬리브 표면에 압축력을 가하여 슬리브와 철근이 밀착되도록 하는 방식이다. 종류에는 단속압착이음과 연속압착이음 그리고 폭발압착 이음이 있다.

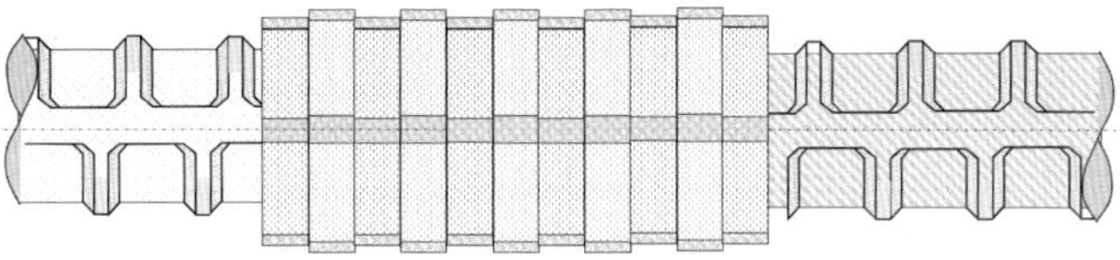

그림 7-46 강관압착이음

① 강간압착식 이음의 종류

㉠ 단속압착이음(Grip joint)

철근의 단부에 원통형강관을 끼운 이후 이 강관을 특수 유압잭을 이용하여 단소적으로 압착, 원통형강관이 이형철근의 마디와 끼워져 접합되는 이음이다.

G-Loc Sleeve, G-Loc Wedge, Insert등을 이용하여 철근을 Sleeve사이에 끼운 뒤 Sleeve를 가압하여 조이는 방법으로 수직(압축)철근에만 사용할 수 있는 이 기술은 이음시간이 상당히 소요되는 단점이 있다.

㉡ 연속압착이음(Squeeze joint)

특수 유압잭을 사용하여 슬리브의 축선을 따라 연속적으로 한 방향으로 압착하는 방식으로 단속압착법에 비해 이음시간이 상당히 단축된다.

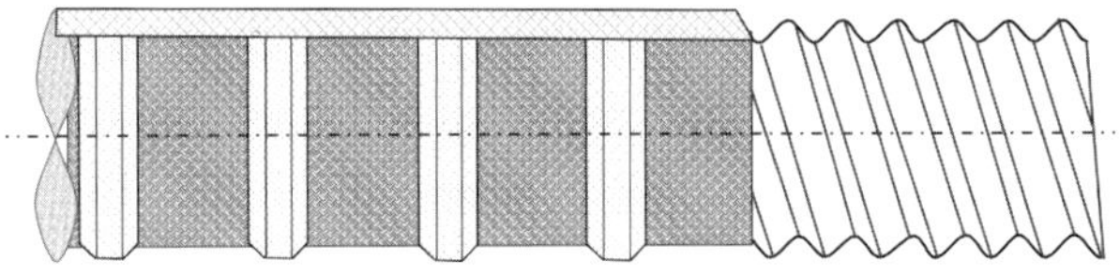

그림 7-47 연속압착이음

㉢ 폭발압착이음

화약의 폭발력에 의해 원통형 강관을 이형철근의 마디에 압착시키는 이음기술로 최근에는 잘 활용되지 않고 있다.

② 강관압착식 이음의 특징

압착기계의 중량이 커서 시공성이 떨어지며, 현재는 사용하지 않음

부분압착과 전체압착이 있으며, 부분압착은 시간이 많이 소요된다.

③ 강관압착식 이음의 시공순서

강관에 철근 삽입→유압기로 강관 압착→반대쪽 철근삽입→유압기로 강관 압착

(4) 편체(직접체결)식(Screw Type) 이음

철근 마디에 편체라고 하는 걸림쇠가 걸리게 하고 커플러를 조립하는 방법으로 철근을 별도로 가공하지 않고 특수장비 없이 부품만을 사용하여 철근을 직접 연결할 수 있는 방법으로 철근을 마디만을 이용하여 연결하는 마디식 편체와 쐐기의 원리를 이용한 쐐기식 편체이음으로 나눌 수 있다.

① 마디 편체식 이음

철근의 돌출된 마디를 활용한 방법으로 편체 내부의 홈이 걸리도록 하여 철근을 연결하는 방법이다. 현장에서 간단하게 사용할 수 있으나 철근과 편체의 공극에 의한 슬립을 방지할 수 있도록 설치하는 품질관리가 요구된다.

㉠ 나사편체식 이음

편체 내부에는 철근의 마디에 상응하는 홈을 가공하고 외부에는 커플러와의 체결을 위한 테이퍼를 수나사를 가공하여 철근을 연결하는 공법으로 철근단면의 가공여부와 철근의 제조상태 및 편체의 형상(재질 및 가공방법)에 따라 이음의 성능이 크게 변한다.

㉡ 테이퍼편체식 이음

편체의 내부에는 철근의 마디에 상응하는 홈을 가공하고 외부에는 커플와의 체결을 위한 테이퍼를 가공하여 철근을 연결하는 공법으로 철근 단면을 가공하지 않아도 되며, 철근의 제조상태 및 편체 형상(재질 및 가공방법)에 따라 이음의 성능 변화가 비교적 적다.

② 쐐기 편체식 이음

편체의 내부에는 철근의 마디와 리브의 표면을 잡을수 있는 톱니를 가공하고 외부에는 쐐기 역할을 할 수 있는 테이퍼 형상을 가공하여 편체내부의 톱니가 철근의 마디와 리브의 표면에 밀착되도록 커플러의 나사를 조여서 철근을 연결하는 공법이다.

불규칙한 철근마디 및 리브의 외경과 쐐기식 편체의 내측이 균일하게 밀착되지 않으며, 연결된 철근에 인장력이 작용할 경우 쐐기 내부의 톱니가 철근마디와 리브를 지속적으로 잡아주는 역할을 하기 위하여 하중이 작용합에 따라 연속적인 슬립이 발생할 수도 있다.

③ 특징

㉠ 특수 제작된 고정편을 사용하여 맞댐 이음이 되는 두 개의 이형철근 마디에 연결시킨 다음 나사선이 가공된 이음장치와 외부에 나사선이 미리 가공된 고정편을 연결시키는 방식

㉡ 사용부속품이 많고 편체 외부를 커플러로 감싸므로 단면적이 증대된다.

④ 시공순서

철근에 커플러설치 → 편체설치 → 커플러를 돌려 편체에 고정

(5) 충진식 이음

충전식 이음(강관내 충진이음)은 접합하고자 하는 두 철근사이에 약간 헐거운 슬리브를 끼운 후 슬리브 내에 충진 재료를 채워 넣어 접합하는 방식이다.

이 방식은 나선철근과 같은 특수한 철근이 필요 없고, 기존의 이형철근을 그대로 사용할 수 있는 방식으로서 충진하는 재료에 의해 모르타르 충진이음, 용융금속 충진이음의 두 가지로 나눈다.

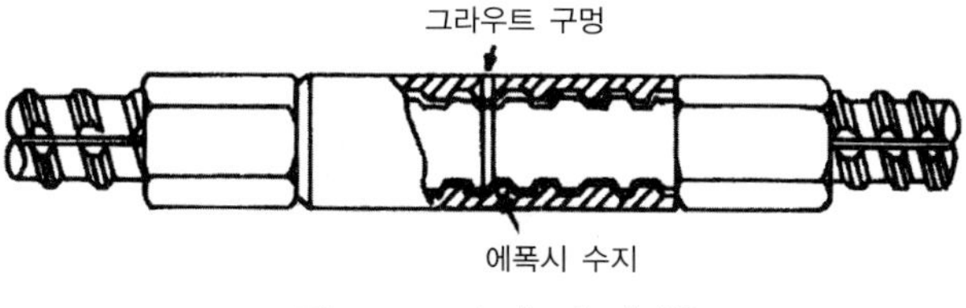

그림 7-48 슬리브충진이음

① 모르타르 충진식 이음

㉠ 선(先)모르타르 주입방식

결속하고자 하는 한쪽 철근에 커플러를 설치한 후 커플러 내에 모르타르를 채운 후 다른 한 쪽 철근을 삽입하여 결속하는 방식

㉡ 후(後)모르타르 주입방식

결속하고자 하는 한쪽 철근에 커플러를 설치한 후 다른 한쪽 철근을 삽입하고 슬리브 하부의 설치되어 있는 모르타르 주입구를 통하여 모르타르를 주입하는 방식

② 용융금속 충진식 이음(Cad Welding)

모르타르 대신에 용융금속을 충진하는 방식이다.

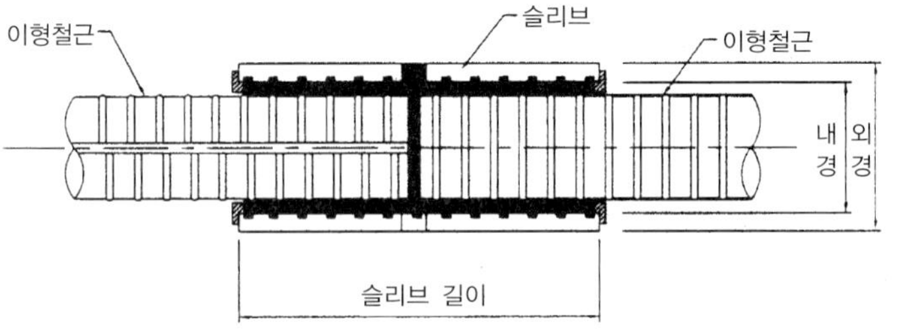

그림 7-49 Cad Welding

철근 접합부위에 Sleeve를 끼워 연결하고, 철근과 Sleeve 사이의 공간에 순간 폭발로 Cad Weld Alloy(합금)를 녹여 흘려보내 충진이음한다. 기후에 관계없이 작업가능하나 철근규격이 다른 경우에는 사용할 수 없다. Cad Welding은 기성제 철근보다 인장강도 및 부착응력을 크게 가지게 해준다.

항 목	내　용
① 장점	㉠ 기후에 영향이 적고, 화재위험 감소
	㉡ 예열 및 냉각이 필요 없고, 용접시간이 짧음
	㉢ 인장 및 압축에 대한 전달내력 확보 용이
	㉣ 각종 이형철근에 적용범위가 넓음
	㉤ 철근량(이음길이 감소) 감소 및 콘크리트 타설 용이
② 단점	㉠ 육안검사가 불가능
	㉡ 철근의 규격이 다른 경우 사용불가
	㉢ X-ray · 방사선투과법 등의 특수검사 필요

(6) G-loc Splice

깔대기 모양의 G-loc Sleeve를 이음할 두 철근사이에 끼우고 G-loc wedge를 망치로 타격하여 이음하는 방식이다.

G-loc Sleeve, Reducer Insert를 이용하여 철근을 이음하는 것으로 수직철근 전용이음 공법이며 철근 규격이 다른 경우도 사용이 가능하다.

① 시공순서 Flow Chart

G-loc Sleeve 끼우기	⇨	Reducer Insert 삽입 (철근규격이 다른 경우만 사용)	⇨	G-loc Wedge	⇨	망치로 타격

② 시공시 유의사항

㉠ 수직철근에 전용으로 사용된다.

㉡ 철근의 단부는 평평해야 한다.

㉢ Sleeve나 Wedge는 철근 규격에 맞는 것을 사용한다.

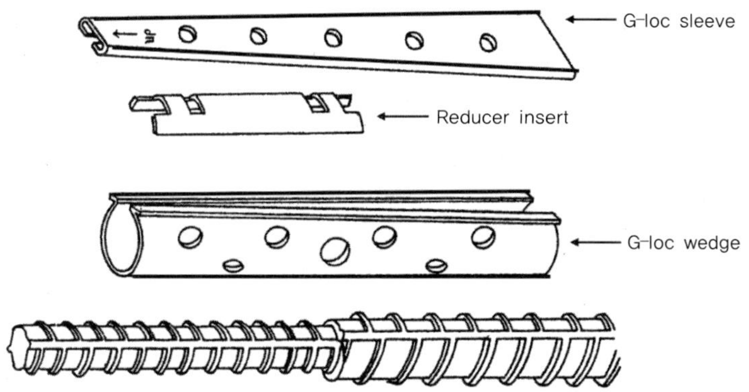

그림 7-50 G-loc splice

(7) Halfen Box 이음(박스 매입식 ; 독일 Halfen사에서 제작한 철근이음 Box의 고유명사)

① 골조 후타설 부위의 철근연결을 위한 Box

② Bending 철근을 Box에 삽입후 콘크리트 타설 이후 Rebending하여 후속골조와 철근 연결

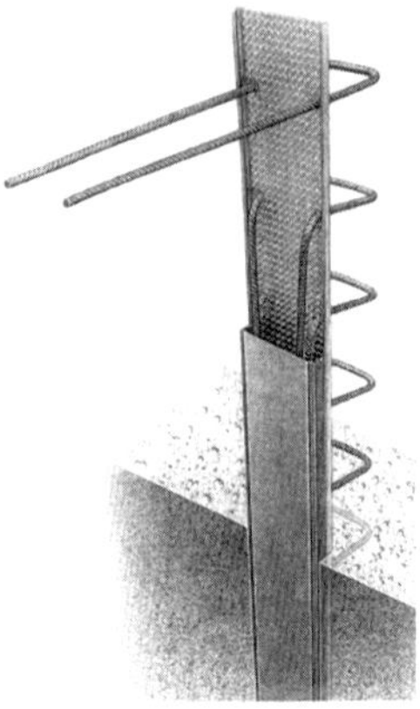

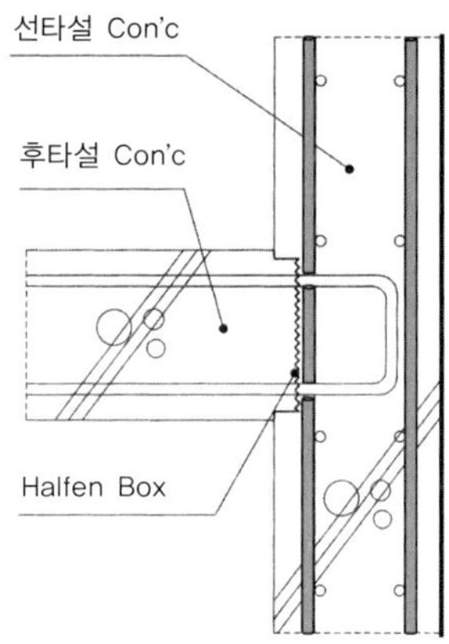

③ Halfen Box(매입박스) 해체 및 철근 Re벤딩 방법

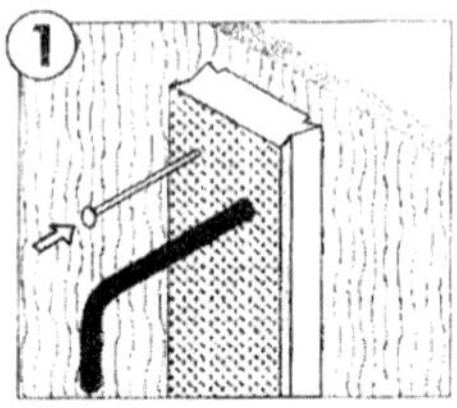

① 매입박스 고정

② 매입박스 커버 해체-1

③ 매입박스 커버 해체-2

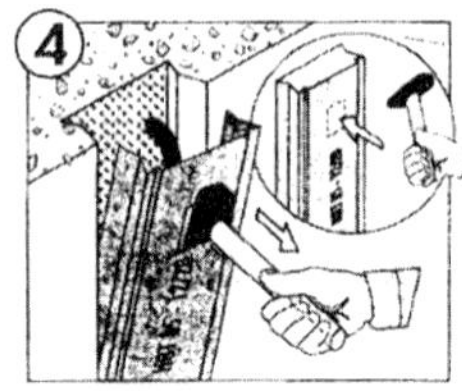

④ 매입박스 커버 해체-3

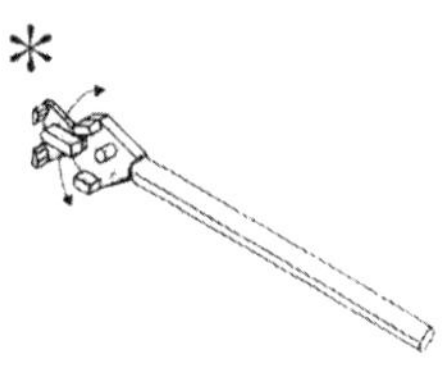

철근 스트레이턴
(Straighten)공구

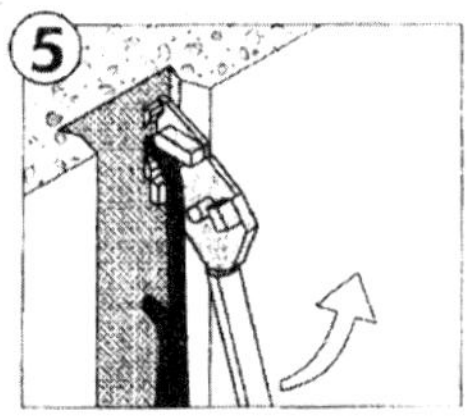

⑤ 철근 스트레이턴 1

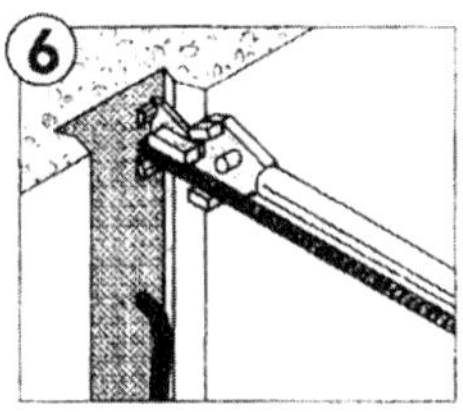

⑥ 철근 스트레이턴 2

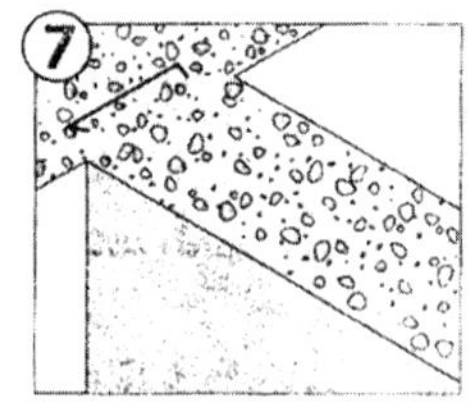

⑦ 철근 스트레이턴 이후
콘크리트 타설

7.7.8 철근기계정착공법(Mechanical Anchorage of Rebar)

1) 공법개요

① 철근 말단에 Anchor의 역할을 하는 정착판을 설치하여 정착근과 같은 성능을 갖게 하는 공법

② 90° 갈고리정착이 불필요, 과밀부 철근 배근시의 난점과 콘크리트의 재료분리를 최소화

③ PC 공법 및 선조립 공법의 적용에 합리적인 공법

2) 적용효과

① 과밀철근부 문제점 해소 Con'c 충진성 향상, 배근작업의 간소화

② 공기단축 - 배근작업의 간소화로 인한 전체적인 철근 배근공정 단축

③ 품질확보 - 과밀철근에 의한 Con'c의 재료분리 현상이 없어 고품질 확보유리

④ 인건비 절감 - 배근작업이 간소화 되어 인력투입 절감에 따른 인건비 절감

그림 7-51 정착근 배근완료

〈표 7-6〉 철근의 이음 및 정착길이

철근의 종류	콘크리트의 설계기준강도 (kgf/㎠)	겹침이음의 길이 (L_1)	정착길이 L		
			일반 (L_2)	하단철근	
				작은보	바닥, 지붕슬래브
SR24	150 180	45d 갈고리 부착	45d 갈고리 부착	25d 갈고리 부착	15cm 이상 갈고리 부착
	210 240	35d 갈고리 부착	35d 갈고리 부착		
SD30A SD30B SD35	150 180	45d 또는 35d 갈고리 부착	40d 또는 30d 갈고리 부착	25d 또는 15d 갈고리 부착	10d 또는 15cm 이상
	210 240	40d 또는 35d 갈고리 부착	35d 또는 25d 갈고리 부착		
	270 300 360	35d 또는 25d 갈고리 부착	30d 또는 20d 갈고리 부착		
SD40	210 240	45d 또는 35d 갈고리 부착	40d 또는 30d 갈고리 부착		
	270 300 360	40d 또는 30d 갈고리 부착	35d 또는 25d 갈고리 부착		

7.7.9 철근의 결속

1) 결속방법

① 철근의 결속은 철선 #18~#20 철선으로 결속한다.

② 철근의 결속은 교차부마다 100% 결속하는 것을 원칙으로 한다.

③ 철근의 위치 이탈을 방지하기 위하여 철근과 철근은 서로 견고하게 결속한다.

2) 결속선의 역할

① 철근의 위치를 유지하는데 사용된다.

② 철근 결속선은 콘크리트가 양생될 때까지 철근의 위치를 유지시킨다.

③ 시공 시 발생될 수 있는 철근의 처짐 방지에 도움이 된다.

④ 철근의 이음부는 1개소마다 두 개 이상으로 묶어주고 각각의 개소의 철선은 두겹으로 고정한다.

⑤ 선조립 철망의 외주부는 매 교차점 마다 결속하여 양중작업 중에 결속선이 느슨해지지 않도록 2~3선 묶음 이상으로 고정한다.

⑥ 철근이 교차하는 부위는 결속철선 또는 철근용 클립으로 견고하게 결속하여야 하며 기둥, 보, 벽의 접합부 등 중요 부분은 2~3선 묶음으로 고정한다.

7.8 철근의 피복두께

7.8.1 피복두께의 중요성

철근콘크리트는 콘크리트 속에 철근이 들어있는 것으로 주로 콘크리트가 압축력을, 철근이 인장력을 분담한 복합재료로 생각 할 수가 있다. 이 때문에 소정 량의 철근이 콘크리트의 소정위치에 건전한 상태로 존재하지 않으면 철근 콘크리트 부재로서의 필요한 구조성능을 충족시킬 수가 없다. 따라서 철근 콘크리트부재에 필요한 성능을 발휘시키기 위해서는 피복두께를 확보하는 것이 중요하게 된다. 구체적으로는 철근의 피복 두께는 구조내력상 · 내화상(耐火上) 및 내구성(耐久性)상이 각각 필요하며, 이 값을 모두 만족시키지 않으면 안 된다.

① 철근의 피복두께라 함은 철근의 외면과 콘크리트 표면과의 거리를 말한다. 기둥의 경우 대근(Hoop)의 외면까지 보의 경우 늑근(Stirrup)의 외면까지의 두께이다.

② 철근의 피복두께는 부재내부응력에 의한 균열, 외기의 습기에 의한 철근의 녹슬기, 불의의 화재 시 가열로 인한 강도 저하 등에 직접 관계가 크기 때문에 건물의 수명에 영향을 미치게 된다.

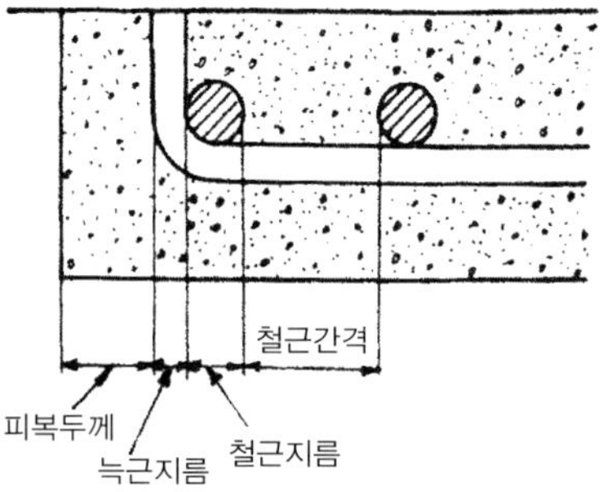

그림 7-52 철근의 간격 및 피복두께

1) 구조 내력상

철근이 콘크리트와 일체가 되어 작용하지만 응력이 가해졌을 때 철근과 콘크리트가 충분히 부착되지 않으면 안된다. 피복두께가 작으면 철근에 따라 콘크리트에 균열이 생겨서 충분한 부착응력에 미치지 못하는 중에 부착파괴를 초래하게 된다. 특히 이형(異形)철근의 경우에는 이 경향이 강하다고 알려져 있다.

구조내력상으로는 철근의 부착응력도가 충분히 발휘되는 피복두께가 필요하다. 일본 건축학회「철근콘크리트 구조 계산 규준 · 동해설」(이하 RC 규준으로 약기)에서는 철근의 허용부착응력도는 피복두께가 철근의 공칭 직경의 1.5배 이상을 전제로 하고 있다.

2) 내화상(耐火上)

화재가 발생하면 콘크리트가 열을 받아 내부에 열이 전해진다. 콘크리트 속에 있는 철근은 서서히 고온이 되고 고온이 될수록 철근의 강도와 항복점이 저하된다. 예를 들면 철근의 온도가 500~600℃에 도달되면 그 항복점은 약 1/2이 되고, 350℃에서는 강도가 현저하게 저하한다.

따라서 화재시에 있어서 철근 콘크리트 부재의 내력저하를 생각하는 경우, 철근이 고온이 되는 것을 막을 필요가 있다. 콘크리트는 열전도율이 3kcal/m · hr℃ 정도 또한 철근의 약 1/30이며 비교적 열이 잘 전해지지 않고 철근의 내화상 피복재로서의 역할을 다한다. 이 때문에 철근의 온도는 콘크리트 표면이 받는 온도와 시간 및 콘크리트의 피복두께에 따라서 결정된다. 화재온도 및 시간은 각각 건축물의 화재상황과 부재조건에 따라서 다르지만 화재조건을 상정하면 최저 필요한 피복두께가 산출된다.

기둥, 보, 내력벽에서는 화재시 2시간, 칸막이벽과 슬래브에서는 1시간의 내화가 필요하다. 두 시간 내화에 필요한 피복두께는 3cm, 바닥 · 벽의 1시간 내화에 필요한 피복두께 2cm가 최저 필요하다.

※ 피복두께 결정과 철근 Concrete의 내화성

① Concrete는 가열하면 강도가 저하되고, 350℃ 이상이면 급격히 강도저하

② 600℃ 에서는 상온의 1/2로 강도가 저하, 800℃에서는 0 혹은 10%로 강도저하

③ 900℃ 이상에서 완전 파괴된다.(철근의 용융점은 1,500℃)

피복에 의한 내구연한 $T = \dfrac{7.2d^2}{(4.6x - 1.76)^2}$

여기서, x : 물시멘트비

d : 피복두께

3) 내구성상(耐久性上)

콘크리트는 본래 알칼리성이며 콘크리트 속에 있는 철근을 부동태화시켜 부식되는 것을 방지하고 있다. 그러나 콘크리트는 대기 중의 탄산가스 작용에 의해 표면에서 알칼리성이 상실된다.

이 현상이 중성화라고 부르는 것이며, 중성화가 철근에 도달하면 철근의 부식이 시작된다. 철근의 부식이 진행되면 부식생성물에 의한 내부압력에 의해 피복 콘크리트에 균열이나 박리·박락이 생기며 구조내력이 저하되기에 이른다.

중성화에 기인하여 철근이 부식되는 경우 필요한 피복두께를 정하는 데는 콘크리트의 중성화 속도와 철근 부식에 미치는 중성화의 영향을 분명히 해두지 않으면 안 된다.

4) 철근의 최소 피복두께(cm)

① 「콘크리트 구조설계기준」과 「건축공사 표준시방서」의 위계가 같으므로 어느 쪽을 따를 것인지는 관계자와 상의하여 결정한다.

② 피복은 철근 공칭치수의 1.5배 이상 확보한다.

③ 피복이 작은 경우 철근에 힘이 가해지면 콘크리트에 균열이 발생한다.

5) 부동태막형성

① 금속이 부식활성화를 잃고 부식하기 어려운 성질을 가진 상태를 부동태라고 한다.

② 콘크리트 내에서 철근의 피복두께 확보로 부동태막이 형성됨.

7.8.2 철근 피복두께의 확보방법

콘크리트 구조물에서 철근의 피복두께는 기후나 기타 외부요인으로부터 철근을 보호하기 위한 방법으로 부재의 최외단에 배치된 철근 표면으로부터 이를 덮고 있는 콘크리트 표면까지의 최단거리로 정의할 수 있다.

따라서 횡철근이 주철근을 감싸고 있는 경우 피복두께는 주철근의 중심에서 표면으로부터의 거리가 아니라 스터럽이나 띠철근의 표면에서 콘크리트 표면까지의 최단거리이며 기초에 있어서는 버림콘크리트의 두께는 이에 포함되지 않는다.

1) 철근 고임재(Chair) 및 간격재(Spacer)시공

간격재 시공을 충분하게 하여 피복두께를 유지함

위치	재료	수량 및 배치간격
기초	강재, 콘크리트	8개/4㎡, 20개/4㎡
지중보	강재, 콘크리트	간격은 1.5m, 단부는 1.5m 이내
벽, 지하외벽	강재, 콘크리트	상단은 보 밑에서 0.5m, 중단은 상단에서 1.5m 이내 횡간격은 1.5m, 단부는 1.5m 이내
기둥	강재, 콘크리트	상단은 보 밑에서 0.5m, 중단은 주각과 상단의 중간 기둥 폭방향은 1m 미만 2개, 1m 이상 3개
보	강재, 콘크리트	간격은 1.5m, 단부는 1.5m 이내
슬래브	강재, 콘크리트	간격은 상·하부 철근 각각 가로 세로 1m

〈표 7-7〉 피복두께의 최소값(mm)-건축공사 표준시방서

부 위			피복두께(mm)	
			마감 있음	마감 없음
흙에 접하지 않는 부위	지붕 슬래브, 바닥 슬래브, 비내력벽	옥 내	20 이상	20 이상
		옥 외	20 이상	30 이상
	기둥, 보, 내력벽	옥 내	30 이상	30 이상
		옥 외	30 이상	40 이상
	옹벽		40 이상	40 이상
흙에 접하는 부위	기둥, 보, 바닥슬래브, 내력벽			40 이상
	기초, 옹벽			60 이상

주) • 내구성상 유효한 가막이가 있는 경우
• 경량골재 콘크리트는 상기의 피복두께에 10mm를 더한 값 이상으로 할 것
• 설계 피복두께는 10mm를 더한 값 이상으로 할 것

〈표 7-8〉 최소 피복두께-프리스트레스하지 않는 부재 현장치기 콘크리트 (단위 : mm)

구분			피복두께
수중에서 타설하는 콘크리트			100
흙에 접하여 콘크리트를 친 후 영구히 흙에 묻혀 있는 콘크리트			80
흙에 접하거나 옥외의 공기에 직접 노출되는 콘크리트		D29 이상 철근	60
		D25 이하 철근	50
		D16 이하 철근	40
옥외의 공기나 흙에 직접 접하지 않는 콘크리트	슬래브, 벽체, 장선	D35 초과 철근	40
		D35 이하 철근	20
	보, 기둥	$f_{ck} \geq 40$MPa	30
		$f_{ck} < 400$MPa	40
	쉘, 절판부재		20

화재시간(화염시의 온도 약 900~1,100℃)	1시간	2시간	3시간	4시간
내부온도가 600℃로 되는 깊이	2cm	3cm	5cm	8cm

※ 1. 내구성상 유효한 마감이 있는 경우, 30mm로 할 수 있다.
2. 내구성상 유효한 마감이 있는 경우, 40mm로 할 수 있다.
3. 콘크리트 품질 및 시공방법에 따라, 40mm로 할 수 있다.
4. 최소피복두께는 특시사항 및 설계도 대로하고 위 표에서 10mm 공제한 값이다.
5. 경량 Concrete는 필요에 따라 위 표값에 10mm를 더한다.

7.8.3 철근 피복두께 과다로 인한 문제점

1) 최소 피복두께 허용오차는 (－마이너스)만 허용하고 있다. 이러한 의미는 피복두께 과다를 방지하기 위한 규정으로 볼 수 있음
2) 유효깊이와 피복두께 허용오차

슬래브 유효깊이	보 유효깊이

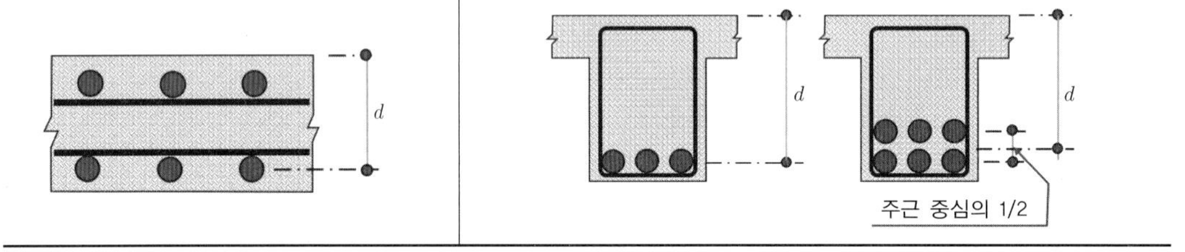

항목	유효깊이	콘크리트 최소피복두께	비 고
$d \leq 20$mm	±10mm	－10mm	
$d > 20$mm	±13mm	－13mm	

3) 피복두께 과다로 인한 문제점
① 유효깊이 부족은 휨강도, 전단강도, 처짐 등에 영향을 미쳐 내구성 저하를 초래함
② 피복두께 과다는 유효깊이 부족을 초래하여 구조적 문제점 초래

7.9 철근공사 점검사항

7.9.1 공통점검사항

1) 철근의 지름, 개수 및 배근간격 등 확인
2) 철근의 피복두께 및 간격재(Spacer)의 간격

3) 이음 및 정착의 위치 및 길이(허용오차는 소정길이의 10% 이내)

4) 늑근 또는 대근의 형상, 위치 및 간격

5) 철근의 말단부 갈고리의 방향

6) 철근의 결속상태, 결속선

7) 철근 배근 후에 거푸집 조립 또는 콘크리트 시공시 변형 유무 및 상태

8) 자재 시험성적서 확인

9) 개구부 보강근 시공여부

10) 대린벽, 직교벽 부위 배근상태

11) 철근 절단시 산소사용 여부

7.9.2 구조체별 점검사항

(1) 기초	① 기둥심과 기초심의 관계 ② 기초판 철근의 각 방향 철근의 개수, 지름 및 피복두께 ③ 간격재의 사용개수 ④ 기둥 주근의 정착길이 및 받침재의 높이와 안정성 ⑤ 지중보배근과 기둥에의 철근정착이 시공도와 일치 여부
(2) 기둥	① 주근의 개수, 상하층의 철근지름 및 변화에 따른 위치, 연결방법 ② 주각에 있어서의 주근 밑둥 주심 바로잡기 ③ 주근 이음의 결속상태(느슨하게 결속하면 미끄러져 내림) ④ 큰보와 접속보의 띠철근(Tie Bar, Hoop)의 배근 ⑤ 간격재의 형상, 고정방법 및 간격유지 ⑥ 상부 기울임 방지에 대한 버팀목 설치상태
(3) 보	① 주근의 개수 및 지름 ② 주근의 이음 및 정착의 위치 및 길이 ③ 중간 연결 띠철근의 위치 ④ 늑근의 상부 덮개, 늑근의 설치간격 및 개수 ⑤ 기둥좌우, 큰보의 충단 또는 단면이 다를 때의 주근배치 및 정착 ⑥ 큰보에 접속하는 작은보 주근의 정착
(4) 바닥판	① 주근 배력근의 4변 구부리기의 위치 ② 철근의 간격 및 상부근과 하부근의 간격 ③ 철근의 이음 및 정착의 위치, 길이 ④ 개구부 주위의 철근 처리 및 보강근의 설치 ⑤ 바닥판 배근순서가 단면 방향 하부근→장변방향 하부근→장변방향 상부근 →단변방향 상부근 순서로 배근이 되었는가를 확인 ⑥ 보, 벽체 접합부의 슬래브 단부에서 상부근이 처지지 않도록 스페이서 고임상태 확인
(5) 벽	① 수직근의 밑둥 바로잡기 ② 개구부 주위 철근의 정착 및 보강근의 설치 ③ 가로근의 줄바르기 ④ 철근의 수직, 수평도의 허용오차 확인(±10mm) ⑤ 전단력(내력벽)의 양단부, 교차부의 보강근이 시공도 준수 여부

(6) 슬래브 단차부 및 슬래브의 배근

(a) $H \leq 75$mm 또는 $t/4$인 경우

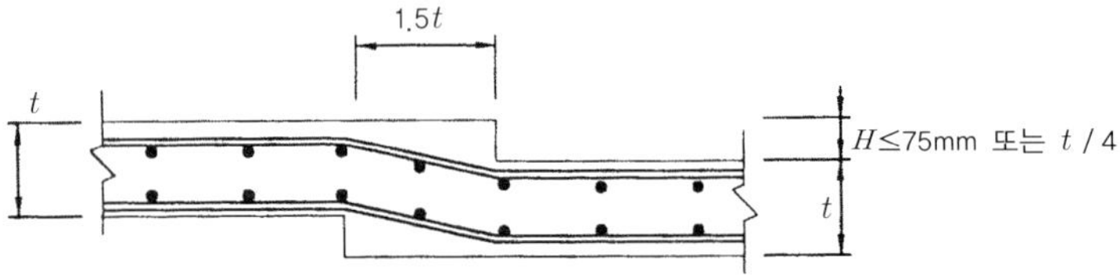

b) $H < t$이고 $H \leqq 150$인 경우

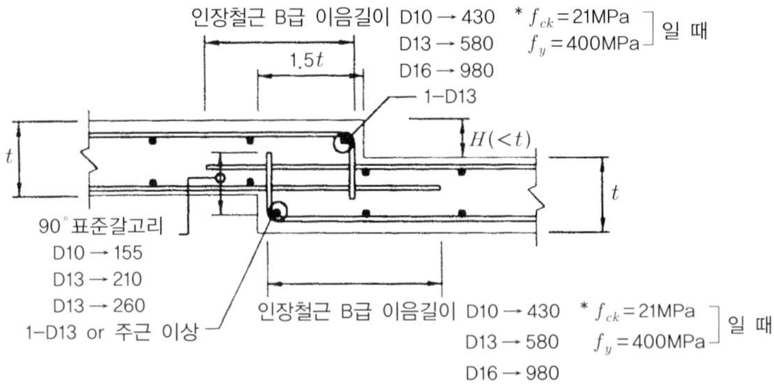

(c) $t < H \leqq 2t$인 경우

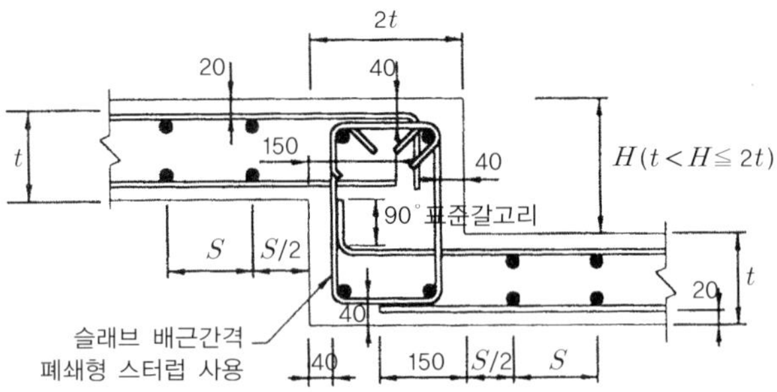

* $H > 2t$인 경우는 구조설계자와 협의
* 슬래브 중앙부에서 단차가 있을 경우는 슬래브 하부근도 90° 표준갈고리를 사용하여 정착한다.

(d) 150+165 슬래브 단차

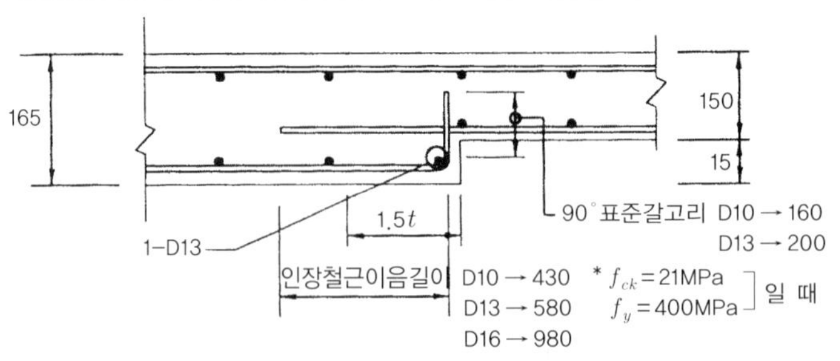

그림 7-53 고저차 $h \leq 0.5$D의 경우

① 캔틸레버식 계단의 받이근의 벽쪽으로 정착길이(정착부분) 및 앵커길이가 부족한 경우가 있다. 그림과 같이 받이근의 벽쪽으로 정착길이는 벽중심보다 바깥쪽에 충분하게 넣는다.

② 캔틸레버식 계단의 받이근, 계단참 슬래브의 정착길이 및 계단참 슬래브근의 계단 슬래브 정착길이가 부족한 경우가 있다.

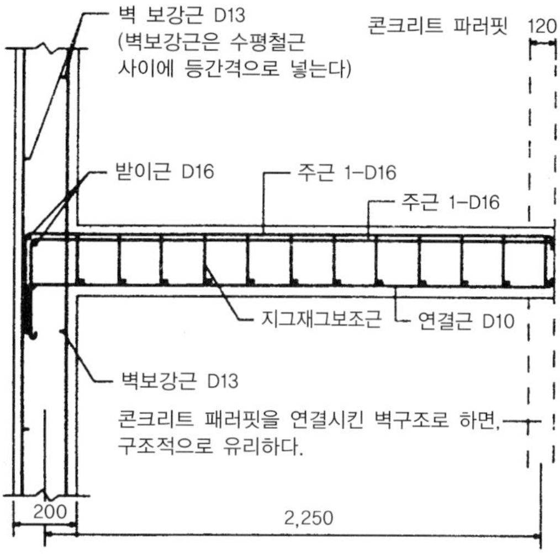

③ 슬래브형 계단에서

㉠ 주근의 Bent 위치가 시공도와 일치하는가?

㉡ 계단과 참의 접합부에서 참부위에 설치된 보강근이 시공도에 준해 배근되었는가?

㉢ 계단 상부근이 임시 작업통로에 따라 내려앉지 않았는가?

㉣ 계단 콘크리트 타설이음 부위에서의 연결철근 상태가 양호한가?

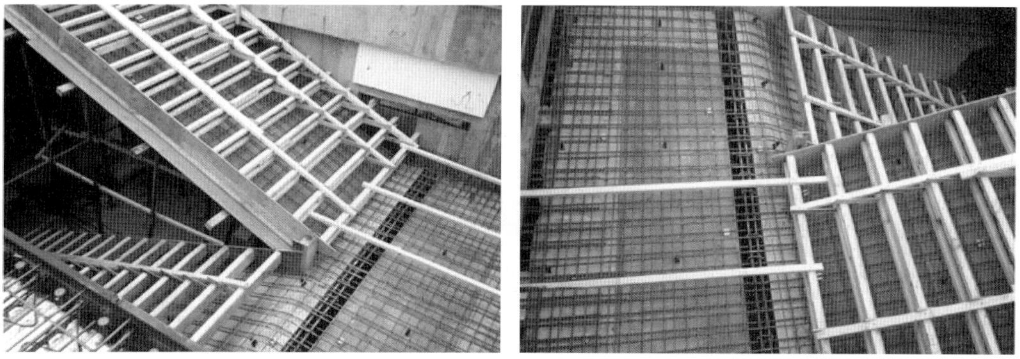

그림 7-54 계단실 철근배근

7.10 철근 가공 · 조립의 문제점

7.10.1 철근 가공의 문제점

철근가공은 국토교통부 건축공사 및 콘크리트공사 표준시방서 등에 "철근은 도면에 표시된 형상 및 치수에 맞추어 재질을 해치지 않고 상온에서 냉간 가공해야 하고 절단은 쉬어 커터(Shear Cutter) 또는 전동톱 등에 의해 절단해야 한다."로 규정되어 있다.

현재 현장에서 이루어지고 있는 철근조립방법은 대부분 인력에 의한 조립으로 현장생산성의 저하는 물론 시공의 정밀도가 저하되어 도면 및 시방에 의한 정확한 배근이 곤란하고, 정착, 이음길이 및 위치가 부정확하게 될 뿐만 아니라, 최소 피복두께가 부족하게 되는 등 구조체의 안정성에 지대한 영향을 미치고 있다. 특히 절단가공은 철근이 야적된 상태에서 산소-아세틸렌 불꽃을 이용한 가열가공방법으로 절단함으로써 재질이 변화하는 등 주변 철근이 손상되고, 절곡가공에 있어서도 절곡 핀이나 기준 못이 설치된 재래식 절곡대를 사용함으로서 구부림 각도, 구부림 안치수, 여장의 형상 및 치수가 부정확하게 제작, 비 규격화되어, 이를 보강재로 사용할 경우 내력 및 부재 접합부의 일체성 저하는 물론 정밀도의 저하로 구조물의 안전성에 심각한 문제가 야기될 수 있다.

산소-아세틸렌 불꽃으로 가열된 철근에 대한 문제점을 파악하기 위해서 실험을 수행하여 원소재와 가열된 후 공기 중에서 냉각 및 급냉 시킨 철근을 인장실험한 결과를 보면, 가열된 철근은 원소재의 조직을 파괴시키고 전형적인 취성재료로 변질되어 급작스러운 취성파단이 나타나고, 연성을 확보할 수 있는 철근의 연신율이 저하되는 등 상당한 문제점이 나타난 것으로 보고되어 있다.

7.10.2 철근공사의 문제점

1) 철근공사 문제점

① 기능공의 숙련도
- ㉠ 기능공의 고령화
- ㉡ 기능공의 해외인력 유입으로 품질관리 우려
- ㉢ 숙련도 및 작업자의 성실도에 따른 품질 좌우

② 현장가공의 문제점
- ㉠ 기능 인력의 부족
- ㉡ 건축물 고층화에 따른 철근 배근 및 이음 및 정착의 복잡화
- ㉢ 현장가공조립에 의한 시공 정밀도 저하
- ㉣ Shop Drawing 작성의 미비
- ㉤ 철근의 손실의 과다.

③ 일시적인 수요과잉에 따른 자재 수급의 문제 발생 우려

④ 기후 변화에 따른 날씨의 영향으로 공사기간 증대우려

⑤ 도심지 공사에 따른 철근 가공장소 확보의 어려움과 가공 철근 적재 장소의 어려움

⑥ 고소작업으로 작업자의 안전사고 발생 우려

2) 철근공사의 개선방향

① 설계상 대책

㉠ 부재의 규격화

㉡ 철근 이음방법 개선

㉢ 시스템화

㉣ 평면의 단순화

② 시공상 대책

㉠ 철근 공사의 합리화 및 기계화(선조립 등)

㉡ 필요치수의 주문 방식의 정착

㉢ 조립철근의 운반 방법 및 조립방법 개선

㉣ 철근 조립 접합부 단순화

㉤ 이음방식의 기계화 및 로봇화

7.10.3 철근공사 합리화 방안

1) 시공합리화 필요성

부실공사 추방의 사회적 분위기가 고조되고 있고, 건축물에 대한 고성능 및 고품질의 요구로 구체공사의 비중이 점점 높아지고 있다. 그 중 철근공사가 차지하는 부분이 구체공사의 양부(良否)를 결정하는 중요한 요소로 대두되고 있다.

특히 철근공사에서 마지막 공정인 조립의 완벽성을 기하기 위해서는 구조역학적인 합리성, 재료의 가공성 및 시공의 용이성을 고려한 도면의 정립과 더불어 정확하고 규격화된 형상과 치수의 가공이 선행되어야 만이 가능할 것이고, 궁극적으로 구조적인 안정성은 물론, 배근설계 및 시공의 정밀도 향상을 기할 수 있다.

따라서, 이러한 문제점에 대한 해결책으로, 바-스케줄(Bar Schedule) 및 바-리스트(Bar List) 등으로 이루어진 체계화된 배근시공도(Placing Drawing)를 토대로 보다 더 합리적이고 과학적인 철근의 기계화 가공 및 선조립 기술로의 전환이 요구된다.

(1) 배근도(Placing Drawing) 작성

① 철근배근도(Shop Drawing) : 철근의 조립 및 배근을 위해 철근의 직경, 길이, 간격, 배근위치 등을 상세히 표현한 도면

② 바-스케줄(Bar-Schedule) : 부재별 기호, 철근의 가공형상 및 치수가 표시된 일람표

③ 바-리스트(Bar-List) : 철근의 가공형상, 철근의 지름, 철근의 치수 및 소요철근량 등을 정리한 일람표

④ 가공조립의 정밀시공으로 구조적

(2) 시공도면(Shop Drawing) 작성

① 계획적인 철근공사 시공관리에 따른 시공성 향상
② 계획적인 현장배치 인원관리 및 철근 손실을 줄여 경제성 확보
③ 철근 기계가공 기술의 활성화
④ 가공조립의 정밀시공으로 구조적 안전성 확보

2) 철근Loss 절감방안

건설현장에서는 아직도 정형화된 7m, 9m, 10m, 11m, 12m 등을 주문하고 있으나 아직까지 철근은 8m라는 고정관념을 벗어나지 못하고 있다. 공사현장은 공종에 따라 다양한 철근이 소요됨에도 불구하고 단일 길이만 선호함으로써 절단과정에서 Loss율만 높이게 된다. 철근을 최적 길이별 사용 시 Loss율 7%정도 감소 가능(10%~3%)한 것으로 조사되었다.

철근의 현장 Loss율을 약 7~10%선으로 추정하면 연간 70만~100만 톤의 손실(한해 철근사용량을 1천만 톤으로 가정)이 발생된다. 따라서 철근 Loss율을 최소화할 수 있는 해결 방안을 모색해야 한다. 가공공장에서는 정형화된 철근을 활용하고 Loss 철근을 활용도 높아 철근 절감방향으로 효과적이라 판단된다.

(1) 설계상 대책

철근 배근 상세도를 명확시 작성하여 철근 손실을 최소화하기 위한 방법으로 설계 및 시공과정에서 단계별로 나누어 개선방안을 계획하는 것

(2) 시공상 대책

① 공사 착수 이전에 시공대상 건물의 시공도면을 작성하여 이를 기초로 철근 수량을 길이별, 굵기별로 수량을 산출하여 철근 소요수량의 정확도를 향상시킨다.
② 철근 공장가공으로 정확한 규격의 철근 가공
③ 철근에 녹 발생 및 오염이 되지 않도록 관리
④ 철근 자재 발주단계에서 철근 굵기와 길이별로 주문하여 Loss를 최소화 하는 과학적인 자재관리

3) 철근가공공장 조립

일본의 경우 공사현장에서 사용하는 철근의 90% 이상이 가공공장을 거쳐 배달되고 있으며 관련업체도 4만 여개에 달하는 것으로 알려져 있다. 현재 국내에서도 현장인력부족, 환경문제, 교통문제, 등의 이유로 대형사업장을 중심으로 철근가공공장을 이용하는 사례가 확산된 것은 극히 최근의 일이다.

4) 철근 기계화가공 기술

국내 건설현장에서 날로 심각해져가는 기능인력 부족현상을 탈피하고 궁극적으로 철근 공사의 현장여건을 개선하여 가공방법이 쉽고 품질 및 생산성을 향상시킴과 동시에 자재 절감은 물론 제품의 규격화로 시공의 과학적인 관리가 요구된다.

철근의 기계화가공 기술은 구조역학적인 합리성, 재료의 가공성 및 시공의 용이성을 고려하여 ① 부재별 기호, 철근의 가공형상 및 치수가 표시된 바-스케줄(Bar-Schedule)과 ② 철근의 지름, 개수, 간격, 소요길이, 이음할증 및 소요철근량의 항목으로 구성된 바-리스트(Bar-List)는 물론 ③ 이음위치, 조립순서 및 부재접합부 배근상세 등으로 이루어진 배근시공도(Placing Drawing)를 토대로 철근을 기계로 가공하는 것이다.

5) 철근공사 개선방안

① 설계도의 표준화 및 규격화
② Pre-fab화한 공법의 개발
③ 필요치수의 주문생산방식의 정착화
④ 기계화에 의한 소량 주문 가공체제의 개발
⑤ 이음방식의 기계화 유도
⑥ 시공의 Robot화 적용
⑦ High Tension Bar 등 부착성의 좋은 재료의 개발
⑧ 철근 조립 및 이음 등의 일녕의 작업 System화
⑨ 철근 표면 부식방지를 위한 신재료 개발
⑩ 용접철망에 의한 성력화 및 단순 작업화
⑪ 공장생산 및 현장생산의 기계화로 재해발생요소 감소

7.11 철근 PRE-FAB공법

7.11.1 발전배경

철근 Loss 최소화	가공도작성 및 최적길이 산출 Program사용 철근자재 조달 방법 및 철근 가공방법 개선	⇒	1. 협의된 가공도 작성 2. 최적 길이별 산출 3. 최적 길이별 청구 4. 가공방법 개선	⇒	협력체와 공동으로 시범현장운영

■ 선조립장 작업순서

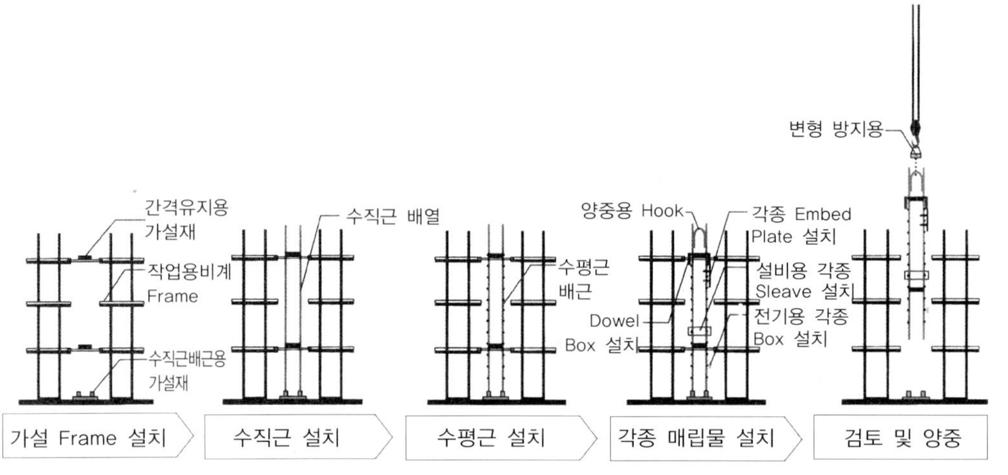

철근 프리패브화 공법이란 기존에 전통적으로 사용한 현장위주의 철근 운반, 가공 및 조립방식을 탈피하여 철근공사에 기계화, 성력화를 도입하여 기둥, 보, 바닥 등을 부위별로 다른 작업장에서 미리 조립하여 유니트화하고, 현장에서는 크레인 등을 이용하여 유니트화된 철근부재를 조립하는 공법으로 철근공사의 품질향상, 현장인력의 절감을 실현하는 공법이다.

재래식공법에서 시공이 곤란한 후프, 스터럽 단부의 절곡, 보 하부철근과의 결속작업 등이 철근선조립공법을 적용하면 정교한 가공, 조립이 요구되는 시공이 가능하며, 대부분의 작업을 공장에서 기계화하는 것이 가능하므로 숙련공의 소요가 저감되고 공기가 단축되는 등의 효과가 있다.

이러한 철근 프리패브화 공법은 현장 또는 공장에서 여러 형태의 철근이음기술을 이용하여 철근부재를 유니트화하는 방법과 공장에서 낱개의 철근을 기계에 의해 용접함으로써, 철근부재를 유니트화하는 방법(이하 "용접철망공법"이라 한다), 공장 생산된 철근트러스와 철판 또는 데크플레이트와 결합되어 바닥거푸집 대용으로 적용되는 철근조립 입체화공법으로 대별된다.

조립된 철근을 소정의 위치에 설치하는 경우, 달아 올릴 때 조립된 철근의 형상이나 치수가 변하여 과도한 변형 등의 유해한 영향이 남지 않도록 필요에 따라 달아 올리기용 거푸집이나 달아 올리기를 위한 보강 강재를 배치하는 등 안전성을 충분히 고려하여 달아 올리기 방법을 적절히 정할 필요가 있다. 조립된 철근을 소정의 위치에 정확히 설치하기 위해서는 설치에 편리하도록 거푸집의 상부 등 기타 필요한 위치에 미리 표시를 하여 두는 것이 좋다.

7.11.2 철근 기계화가공의 주요 요소기술

1) 철근가공 기계화 작업의 생산성을 확보하기 위한 철근가공 형상 및 수치를 규격화 시킨다.
2) 배근용어 및 치수를 체계화하여 각 부재별(기초, 기둥, 보, 벽, 슬래브 등) 부위별로 표준화된 배근상세를 정립한다.
3) 철근조립, 저장, 목록작성 및 저장 · 검수에 종사하는 기능공, 계약자, 검수자, 철근 가공 종사자들이 사용하는 것으로 기계화 가공의 효용성을 높이기 위해서 필요한 철근의 가공, 조립 및 소요철근량에 대한 표준 바-리스트를 작성한다.
4) 선가공 · 선조립 공장의 운영에 적합한 원자재의 생산 공급
5) 철근 가공작업에 있어서 철근 손율을 저감시키기 위한 다양한 규격의 철근 공급 및 연속가공 작업을 의한 코일상 이형철근(Bar-in-coil)의 공급

7.11.3 철근 PRE-FAB 공법의 특징

평면의 단순화 및 규격화와 이음과 접합이 최소화 되도록 해야 효과를 거둘 수 있으며, 적절한 접합공법의 개발 및 접합부의 구조적 검토가 요구된다.

1) 재래공법에서는 시공하기 힘든 후프와 스터럽의 단부를 130° 굽히기가 가능하며 보의 하부근과 스터럽과를 완전히 결속시킬 수 있고, 나선근의 사용도 용이하여 시공정도를 향상시킨다.
2) 현장작업의 감소로 노동력 절감 및 공기단축이 가능하다.
3) 검사, 확인 및 관리가 용이하다.
4) 대부분의 작업을 공장에서 하므로 현장의 작업은 단순화 되어 숙련철근공을 많이 필요로 하지 않는다.
5) 거푸집공사의 진행에 따라 배근해가는 재래공법에 비해 철근조립작업과 거푸집조립 작업을 명확히 분류할 수 있도록 하여 구체공사의 시스템화가 가능하다.

7.11.4 철근 선조립(Prefab) 공법의 종류

지상에서 철근을 미리 조립하고 조립된 철근부재를 그대로 양중하여 설치하는 공법, 혹은 공장에서 철근을 매시 형태로 용접, 가공하여 현장에 반입, 양중하여 설치하는 공법 등 소위 철근부재를 Prefab화하는 공법이다.

1) 공법의 종류

① 시공순서에 의한 분류	철근 선조립 공법	거푸집공사보다 철근 유니트 조립을 선행하는 공법으로 공정이나 조립 정밀도 측면에서 유리한공법이다.
	철근 후조립 공법	거푸집 시공 이후 유니트화된 철근을 조립하는 공법으로 대규모 공사에 적용된다.
② 재료에 의한 분류	철근 선조립 공법	철근을 겹침이음, 가스압접이음, 기계적 이음을 이용한 공법
	철근 후조립 공법	철근 및 철선의 격자형태의 전기저항 용접으로 생성된 용접 철망을 이용하는 공법

2) 철근 선조립 공법

구조부재의 주 철근을 대구경으로 하여 공장에서 미리 철근망으로 선 조립하여 반입하고 현장에서 양중장비를 이용하여 기둥별로 조립하는 공법, 공사기간 단축 및 정밀시공 가능하다. 시공시 유의사항은 다음과 같다.

(1) 시공단계 유의사항

① 기둥, 보 부재는 운반과 세우기 시에 유해한 휨이 발생되지 않게 프레스재를 넣어 보강한다.

② 사용 결속선은 굵은 것 사용－ϕ21～ϕ22 철선을 ϕ16 정도 사용

③ 기둥, 보, 접합부의 형상을 단순화 한다.

④ 철근 조립 전 조립부위의 뜬 녹이나, 흙, 기름 등 부착저해 요소는 와이어 브러시 등으로 깨끗이 제거한다.

⑤ 철근 조립 허용오차는 피복 두께 5mm, 정착이음 위치는 20mm이다.

⑥ 현장에서 부재 조립 시 적절한 접합방법을 사용

- 철골 부재와 같은 단부에 철골 붙이 Bolt 접합
- 최근 개발된 각종 철근 이음법(Sleeve Joint 등) 사용

(2) 기둥철근 선조립

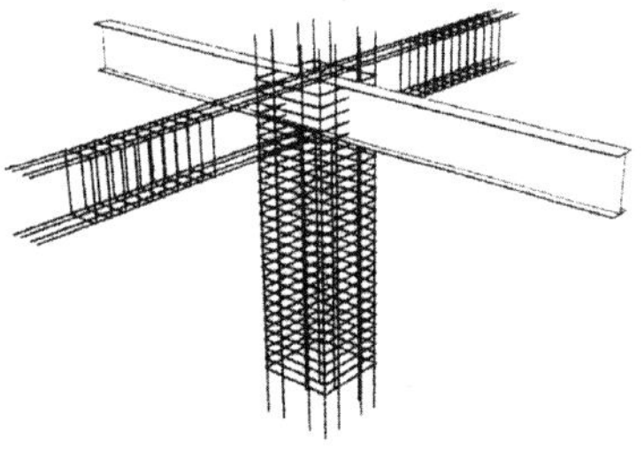

그림 7-55 기둥철근선조립 (Hybrid Frame 구법)

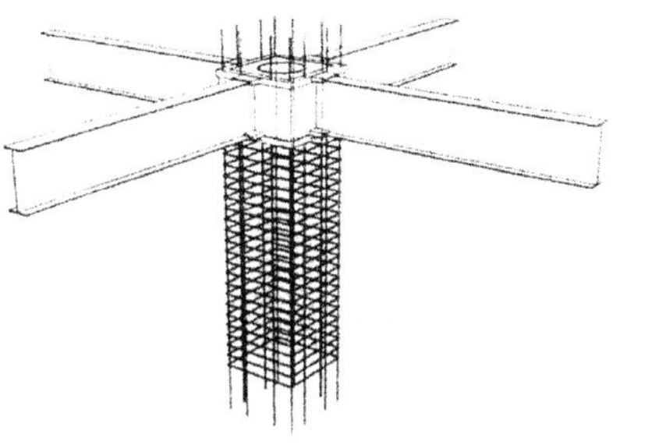

그림 7-56 기둥철근 선조립 (충전식 Hybrid Frame 구법)

(3) 보철근 선조립

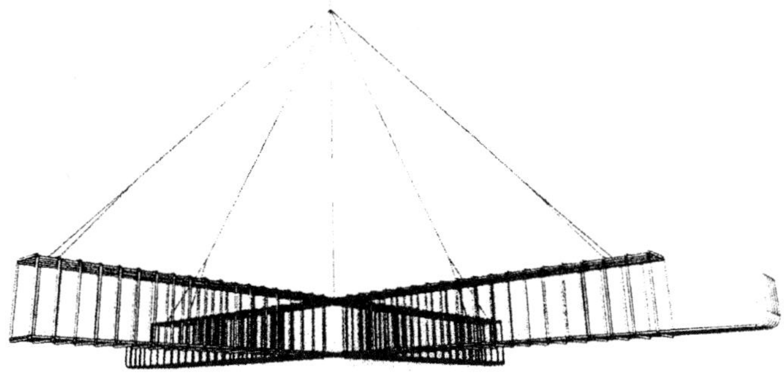

그림 7-57 보철근선조립 부재양중

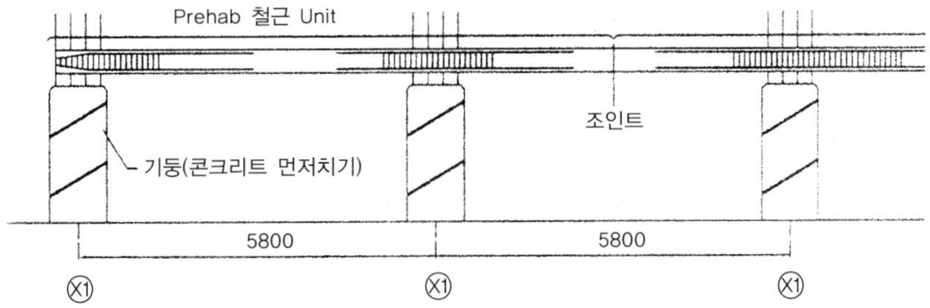

그림 7-58 보철근선조립 부재양중

3) 철근 Coupler 공법

철근의 단부에 나사산을 가공하고 미리 제작된 별도의 커플러를 이용하여 철근을 이음하는 공법. 기둥 주 철근의 선조립공법에 적용되며 이음성능이 우수하고, 철근의 조립 및 이음이 정밀하다.

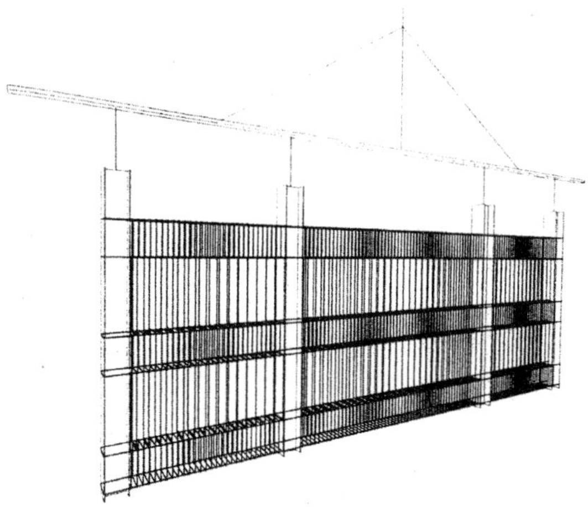

그림 7-59 벽체 철근선조립 양중도

4) 용접철망(Welded Wire Fabric)

공장에서 제작된 일정 크기의 철근망으로 슬래브 상부 철근에 적용하여 공기단축은 물론 철근의 배근간격 및 처짐 등 하자요인을 사전에 방지할 수 있는 공법이며 주로 합성 슬래브공법에서 상부철근에 적용한다.

성력화를 위하여 기둥, 보 철근의 Pre-Fab화와 벽, 바닥 철근의 Pre-Fab화, 철근 Pointing공법(SRC조의 기둥, 보, 철근을 철골에 Pointing하는 공법) 등으로 발전하고 있다.

(1) 용접철망의 특성

현장에서의 가공조립공정을 보다 단순화 하면서 그 기능의 효율성을 높이는 방법으로 이형철근 대신 선가공 조립된 용접철망을 구조용으로 이용하는 공법이다.

구조용 용접철망(Structural Welded Wire Fabric)은 냉간 압연된 또는 신선된 고강도 철선을 사용하여 가로선과 세로선을 직각으로 배열하고 교차점은 전기저항연속 용접기에 의하여 사각형의 망을 매트상태나 코일상태로 제작한 철망으로 인장강도와 항복강도가 높고 콘크리트의 균열분산능력이 뛰어나 콘크리트 보강재 등으로 사용된다.

시공시 배근의 정확성, 노무인력수의 절감 등 장점을 가지고 있다. 초기에는 도로포장 등의 균열제어 목적으로 사용되어 왔으나 최근에는 PC판넬 등의 구조용으로 많이 사용되고 있다.

(2) 용접철망의 분류

항 목	내 용
① 재료별 분류	㉠ 원형 용접철망(원형철근 사용) - 한국, 일본
	㉡ 이형 용접철망(이형철근 사용) - 미국, 유럽
② 생산별 분류	㉠ Sheet type
	㉡ Roll type
③ 표면형상에 의한 분류	㉠ 일반원형 철선(흑철선)
	㉡ 아연도금 철선
	㉢ 이형철선(마디형태)

(3) 용접철망 적용범위

조립용 콘크리트 Precast Concrete	콘크리트 도로포장 Concrete land Pavement	건물의 하장을 받는 기초 Foundation
조립식 주택 콘크리트 관	고속철도 지하철 전력구 공사 수도터널	천장 및 바닥(Slab) 각종 벽체(Wall) 기둥(Column)

(4) 용접철망의 규격

① 너비 1m×길이 2m

② 너비 2m×길이 4m

(5) 와이어메시 단위 중량

와이어 형태	철선번호	철선지름(D)	Mesh크기	중량(Kg)	가로(W)×세로(L)
원형용접철망(WFP) Welded Fabrics Plain	#2	7.0mm	100mm	19.91	1.8m × 1.8m
			150mm	13.27	1.8m × 1.8m
	#3	6.4mm	100mm	16.54	1.8m × 1.8m
			150mm	11.03	1.8m × 1.8m
	#4	5.8mm	100mm	14.02	1.8m × 1.8m
			150mm	9.35	1.8m × 1.8m
	#6	4.8mm	100mm	9.5	1.8m × 1.8m
			150mm	6.35	1.8m × 1.8m
	#8	4.0mm	100mm	6.6	1.8m × 1.8m
			150mm	4.4	1.8m × 1.8m
	#9	3.5mm	100mm		1.8m × 1.8m
			150mm		1.8m × 1.8m
	#10	3.2mm	100mm	4.2	1.8m × 1.8m
			150mm	2.8	1.8m × 1.8m

주) # 번호가 작을수록 철선은 굵다.

(6) 용접철망의 조립

① 용접철망은 시공상세도에 따라 정확하게 배근하고, 콘크리트 타설이 완료될 때까지 이동하지 않도록 견고하게 조립하여야 한다.

② 용접철망 고임대 및 간격재 등은 시공상세도에 따라 배치하고, 용접철망과 거푸집판과의 소요간격 및 용접철망 간격 등을 정확히 유지하여야 한다.

③ 용접철망의 이음은 서로 엇갈리게 하여 일직선상에서 모두 이어지게 하여야 하며, 이음은 최소 한 칸 이상 겹치도록 하고 겹쳐지는 부분은 풀림철선으로 묶어야 한다.

7.12 기준층 단위공정(예)

7.12.1 라멘구조 기준층 단위 공정표

Activity \ Duration	1일		2일		3일		4일		5일	
	오전	오후	오전	오후	오전	오후	오전	오후	오전	오후
• 먹매김	■									
• 외부 ACS 인양	■									
• Core Gang Form 인양	■									
• 수직 철근 인양	■									
• 기둥 철근 조립	■	■								
• 벽 철근 조립	■	■								
• 기둥 거푸집 조립		■								
• 벽, 슬래브 거푸집 조립	■	■	■	■						
• 슬래브, 보 철근 인양					■					
• 슬래브, 보 철근 조립					■	■	■			
• 설비 배관		■			■		■	■		
• 콘크리트 타설									■	■

주) 가설조건 ① 거푸집 : 수직재, 수평재(AL Form)
② 외부 거푸집 인양 : ACS(Auto Climbing System)
③ Core Gang Form 인양 : ACS+Tower Crane
④ Tower Crane : 2동에 1대 배치

1) 벽식구조 기준층 공정표

Activity \ Duration	D+1일		D+2일		D+3일		D+4일		D+5일		D+6일		D+7일	
	오전	오후	오전	오후	오전	오후	오전	오후	오전	오후	오전	오후	오전	오후
• 먹매김	■													
• Gang Form 인양	■	■	■											
• 수직재 거푸집 해체 인양	■	■												
• 벽 철근 인양	■													
• 벽 철근 배근	■	■	■											
• 벽 거푸집 설치			■	■	■	■								
• 벽체 설비 배관		■	■											
• Support 및 Filler 인양						■								
• 슬래브 거푸집 해체 인양						■								
• 슬래브 거푸집 설치							■	■						
• 슬래브 철근 인양								■						
• 슬래브 철근 배근									■	■				
• 슬래브 설비 배관											■			
• 방수턱 설치											■			
• 감리 검측												■		
• 콘크리트 타설													■	■

주) 가설조건 ① 거푸집 : 수직재, 수평재(AL Form)
② 외부 거푸집 인양 : Guide Rail System+Tower Crane
③ Core Gang Form 인양 : Tower Crane
④ Tower Crane : 1동에 1대 배치

7.12.2 구조체공사 공사 일정표(사례)

구분		101동 ②				102동 ④				103동 ③				104동 ①			
바닥세대수		2				3				3				3			
총층수		44층				44층				44층				44층			
토공완료일		9/1				9/15				9/8				8/25			
	층고	구분	w/day	c/day	타설일	구분	w/day	c/day	타설일	구분	w/day	c/day	타설일	구분	w/day	c/day	타설일
기초	2500		10	12	9/13		10	12	9/27		10	12	9/20		10	12	9/6
B4 (UP)	3600	3.6	25	31	10/14	3.6	25	31	10/28	3.6	25	31	10/21	3.6	25	31	10/7
B3 (역타)	3500	3.5	15	18	8/30	3.5	15	18	10/9	3.5	15	18	9/19	3.5	15	18	8/10
B2 (역타)	3500	3.5	15	18	6/17	3.5	15	18	7/27	3.5	15	18	7/7	3.5	15	18	5/28
B1 (역타)	5200	5.2	20	24	3/30	5.2	20	24	5/9	5.2	20	24	4/19	5.2	20	24	3/10
1층바닥					**12/28**				**1/25**				**1/12**				**12/15**
1F (TOP)	6500(5700)	6.5	40	47	5/31	6.5	40	47	6/16	6.5	40	47	6/8	6.5	40	47	5/23
2F (TOP)	3600(2800)	3.6	20	24	6/24	3.6	20	24	7/10	3.6	20	24	7/2	3.6	20	24	6/16
3F (TOP)	4400(3400)	4.4	30	36	7/30	4.4	30	36	8/15	4.4	30	36	8/7	4.4	30	36	7/22
4F (TP1차)	3800	3.8	40	47	9/15	3.8	40	47	10/1	3.8	40	47	9/23	3.8	40	47	9/7
T/P (2차타설)	3500		5	7	9/22		5	7	10/8		5	7	9/30		5	7	9/14
PIT층	2600	2.6	18	20	10/12	2.6	18	20	10/28	2.6	18	20	10/20	2.6	18	20	10/4
5층(세팅)	2850	2.85	21	25	**11/6**	2.85	21	25	**11/22**	2.85	21	25	**11/14**	2.85	21	25	**10/29**
6층	2850	2.85	12	15	11/21	2.85	12	15	12/7	2.85	12	15	11/29	2.85	12	15	11/13
7층	2850	2.85	9	11	12/2	2.85	9	11	12/18	2.85	9	11	12/10	2.85	9	11	11/24
8층	2850	2.85	8	10	12/12	2.85	8	10	12/28	2.85	8	10	12/20	2.85	8	10	12/4
9층	2850	2.85	8	10	12/22	2.85	8	10	1/7	2.85	8	10	12/30	2.85	8	10	12/14
기준층 (11~43F)	2850	2.85	264	330	11/17	2.85	264	330	12/3	2.85	264	330	11/25	2.85	264	330	11/9
20층	3050	3.05	15	18	12/5	3.05	15	18	12/21	3.05	15	18	12/13	3.05	15	18	11/27
피난층 21F	3600	3.6	20	24	12/29	3.6	20	24	1/14	3.6	20	24	1/6	3.6	20	24	12/21
최상층(44F)	3350	3.35	15	18	**1/16**	3.35	15	18	**2/1**	3.35	15	18	**1/24**	3.35	15	18	**1/8**
옥1탑	2850	2.85	12	15	1/31	2.85	12	15	2/16	2.85	12	15	2/8	2.85	12	15	1/23
옥2탑	3250	3.25	14	17	2/17	3.25	14	17	3/5	3.25	14	17	2/25	3.25	14	17	2/9
소계			421	520			421	520			421	520			421	520	
			30				30				30				30		
개월수			15.8				15.8				15.8				15.8		

7.12.3 전체 예정공정표(사례)

◆ 전체 예정공정표 (착공후 44M - 토공14.5M + 골조(5F~) 16M + 마감12M)

구분					2020년									2021년												22년	23년	24년	
공종	세부공종		수량	공기	4	5	6	7	8	9	10	11	12	1	2	3	4	5	6	7	8	9	10	11	12	12	1	1	2
	Milestone					착공계 승인																						마감완료(골조후 12개월	
							실착공															지하굴착완료(14,5개월)					지상골조완료(16개월)		
가설	부지정리	부지인수인계				지장물/폐기물/오염토/전선이설																							
	MOB	가설휀스	414M	15day (0.5M)			가설휀스 H-10M																						
토목	흙막이 PILE	CIP	H-pile 247本 CIP 492本	75day (2.5M)				[H-pile 247本, 3本/일, 2개장비=1.7개월] [CIP 492本, 10본/일, 1개장비=2.0개월] [착수 0.5개월]																					
		PRD	124공	75day (2.5M)					[PRD 124RHD/ 1.2공/일, 2대장비, 장비조립/철수 0.5 = 2.5개월]																				
	PRD전	굴착(2M)	14,180㎡	12일 (1500㎡/일)						EL-2M 굴착, 폐토석 처리																			
	1층바닥	굴착	25,360㎡	26일 (1200㎡/일)									1층바닥 4M 굴착 (퇴적토/풍화암)																
		철골/CON'C		38일 Dummy(12)																									
	B1바닥	굴착	39,540㎡	83일 (700㎡/일)										B1바닥 6M 굴착(연암/보통암)															
		철골/CON'C		60일 Dummy(40)																									
	B2바닥	굴착	24,815㎡	73일 (500㎡/일)												B2바닥 6M 굴착 (연암/경암)													
		철골/CON'C		60일 Dummy(60)																									
	B3바닥	굴착	24,106㎡	79일 (450㎡/일)																B3바닥 소단 굴착 (연암/경암)									
		철골/CON'C		60일 Dummy(60)																									
	기초	소단/Final굴착	5,300㎡	26일 (350㎡/일)																기초, 소단굴착(경암)									
		기초타설		48일																									
골조	지하잔여골조	B4~B1	기둥/벽	15일/층당 25일/B1																									
	지상부 (저층)	1층~4층,PIT층		6개월																									
	지상부 (고층)	5층~44층		12.6개월 80% 16개월																									
마감																													
				개월수		0	0	1	2	3	4	5	6	7	8	9	10	11	12	13	14	15	16	17	18	30	31	43	44

Chapter

08 거푸집공사

8.1 일반사항

8.1.1 거푸집의 역할

거푸집은 콘크리트 부어넣기 작업과 응결 · 경화하는 동안 콘크리트를 일정한 형상과 치수로 유지시키는 역할을 하며, 그 경화에 필요한 수분의 누출을 방지하고 외기의 영향을 방지할 목적으로 사용되는 가설물이다.

거푸집 공사는 건축공사비의 10~15%, 골조공사비의 1/3 이상, 전체공기의 25% 정도로 비중이 크기 때문에 항상 거푸집공사의 개선과 합리적인 방안을 연구할 필요가 있으며, 건축설계의 단계에서부터 거푸집을 계획하는 것이 바람직하다.

1) 거푸집 품질에 미치는 영향

① 콘크리트가 응결하기까지의 형상, 치수의 확보

② 콘크리트 수화반응(水和反應)의 건전한 진행을 보조

③ 콘크리트 구조체의 구조정밀도 확보

④ 철근의 피복두께 확보로 구조물의 내구성 확보

⑤ 콘크리트의 표면마무리

2) 안전

① 거푸집 공사에서 안전사고 발생률이 가장 높다.

② 거푸집 공사는 자중과 측압등 고정하중과 작업하중 및 적재하중 등 안전사고가 발생되지 않도록 중의가 필요로 한다.

8.1.2 거푸집구성 재료

거푸집 재료는 목재, 철재, 알루미늄재, 종이, 플라스틱 그리고 목재와 철재의 혼용 방식도 있다.

1) 거푸집널

① 거푸집널에 사용하는 재료에 따라 합판 거푸집, 금속제 거푸집, 목제 거푸집, 플라스틱 거푸집 등으로 구분된다.

② 거푸집널은 쪽널(널한장) 또는 내수 합판을 그 자리에서 쪽매(작게 만든 판재)로 대는 방법과 적당한 넓이의 판으로 짠 패널(Panel)을 조립하여 사용하는 방법이 있는데, 특수한 경우가 아니면 대체로 패널을 조립하여 사용하고 있다.

③ 금속제 거푸집은 ㄱ자형강(Angle)등으로 틀(Frame)을 짜고, 그 위에 얇은 강판(두께 약 1.0~1.5mm)을 용접한 것이다.

2) 장선

① 거푸집널을 지지하고 콘크리트의 하중을 거푸집널에서 전달받아 멍에에 전달시키는 부재이다.

② 육송, 미송, 삼나무 등의 45mm~60mm 각재를 쓴다.

3) 멍에 · 장선받이

① 장선과 직각방향으로 설치하여 장선을 지지하며, 거푸집 긴결재와 동바리로 하중을 전달하는 부재로서 90mm~100mm 각재를 사용한다.

② 장선받이는 갓둘레에서 띠장이나 장선을 받는 부재로서 멍에의 반쪽을 약 90cm 간격으로 배치한다.

4) 철제 동바리

① 최근에는 목재동바리보다 철제동바리를 많이 사용하고 있다.

② 파이프 서포트(Pipe Support), 단위틀식 파이프서포트, 수평지지보 등이 있다.

③ 수평지지보는 받침기둥을 쓰지 않고 보를 걸어서 거푸집널을 지지하는, 즉 지주를 사용하지 않으므로 무지주공법(無支柱工法)이라 불리고 있다.

5) 긴결재 및 격리재

① 긴결재(Form Tie)

벽체 거푸집 또는 보 거푸집에서 거푸집판을 일정한 간격으로 유지시켜 주는 동시에 콘크리트의 측압을 최종적으로 지지하는 역할을 하는 부재이다. 폼타이는 거푸집에 사용한 후 제거가 불가능한 매입형과 제거가 가능한 관통형이 있다.

〈표 8-1〉 Form Tie의 종류 및 성능

호 칭	직 경(mm)	유효단면(㎟)	인장파단강도(kg/개)	인장허용강도(kg/개)
W 5/16	7	34.3	2,000	1,400
W 3/8	8.4	50.4	3,000	2,100
W 1/2	11.2	89.6	4,000	2,800

㉠ 원추형(Ccorn Type)

콘크리트에 매입되는 세파볼트(Sepa-Bolt)와 PVC콘(Corn)을 조립하여 폼타이 본체를 구성하며, 콘크리트 양생 후에 세파볼트는 콘크리트에 매입되고 PVC콘은 제거가 가능하다. 이 종류는 합판거푸집, 철재거푸집 등에 광범위하게 사용되며 지수성능이 좋으므로 지하구조물 등에 사용되는데 지수성능을 향상시키기 위하여 세파볼트에 지수판을 부착한 것도 있다.

㉡ 플랫타이(Flat Tie)

철재 패널폼에 사용하는 폼타이로서 웨지핀(Wedge Pin)을 패널폼에 고정한다.

㉢ 튜브형(Ttube Type)

PVC튜브와 타이볼트 등을 조립하여 폼타이를 구성하는 방식으로서 콘크리트 양생 후에 튜브는 콘크리트에 매입되고 볼트는 회수하여 재사용 가능하며 일반 볼트 외에 고강도 나사형철근(Dybindag Bar)을 사용하기도 한다.

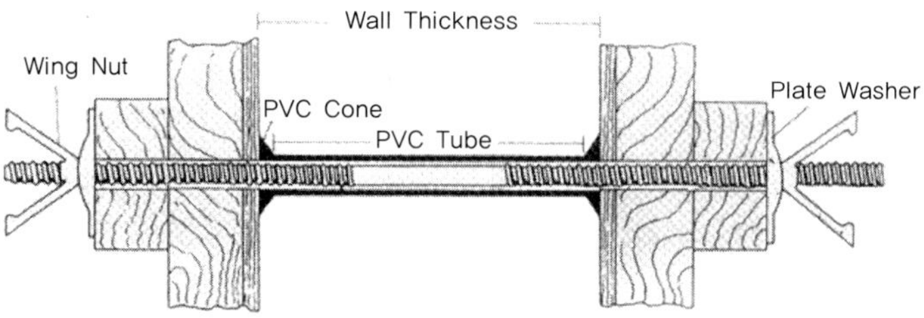

㉣ 테퍼드 바형(Tapered Bar Type)

콘크리트에 매입되는 부재를 세파볼트나 튜브를 사용하지 않고 볼트 자체를 단면이 점점 작아지도록 테이퍼(Taper)로 가공하여 콘크리트 타설 후 볼트의 제거가 가능하게 제작된 폼타이로서 높은 측압을 받는 구조물에 주로 사용된다.

② 격리재(Separator)

비교적 간단한 구조물에 합판거푸집을 적용할 때 사용되며, 측압력은 부담하지 않고 단지 거푸집과 거푸집의 상호간격만 유지시켜 주는 역할을 하는 재료로서, 철판을 절곡하여 제작한다. 콘크리트 측압은 철선(#6~#8)으로 부담한다.

6) 버팀재(Bar-Spacer), 철근 고임재(Bar Support)

철근은 피복두께를 확보해야 하며, 콘크리트가 충전되기 쉽게 설계도에 표시한 위치에 정확히 정착시켜 시공도의 조립순서에 따라 배근해야 한다. 또한, 설계도 및 시공도에 따라 정확히 배근된 철근이 콘크리트의 타설 · 다짐 및 마감작업에 의해 위치이동, 훼손되지 않도록 견고하게 조립해야 한다.

콘크리트 부재의 피복두께는 철근의 휨, 가공 · 조립의 정도, 거푸집 조립의 정도 및 콘크리트 타설에 따른 펌프배관의 이동 등의 영향을 받는다. 따라서, 철근이 설계도에 표시된 위치에 견고하게 배근될 수 있도록 철근간의 결속 및 Spacer를 적절히 사용한다.

Bar-Support 및 Spacer는 조립된 철근을 안정하게 지지하고 중량물에 의해 파괴나 변형되지 않도록 강도 · 강성 · 형상을 확보해야 하며, 타설된 콘크리트와 유사하거나 그 이상의 내구성을 갖는 재질이어야 한다. 재질은 플라스틱, 시멘트모르타르, 철재 등으로서 강도는 사용 콘크리트의 설계강도 이상이어야 하며, 형상은 거푸집 면과 접촉을 최소화하고 구조가 개방되어 시멘트 페이스트 흐름에 방해되지 않고 부착강도를 높일 수 있는 모양을 사용하며, 일정한 피복두께를 유지시키고 철근에서 이탈을 방지할 수 있는 구조를 사용한다.

부위	기초	지중보	벽, 지하외벽
종 류	강제, 콘크리트제	강제, 콘크리트제	강제, 콘크리트제
수량 또는 배치	면적 4㎡ 정도 8개 면적 16㎡ 정도 20개	간격은 1.5m 정도 단부는 1.5m 이내	상단은 보밑에서 0.5m 정도 중단은 1.5m 간격정도(상단에서) 횡간격은 1.5m 정도 단부는 1.5m 이내

부위	슬래브	보	기둥
종류	강제, 콘크리트제	강제, 콘크리트제	강제, 콘크리트제
수량 또는 배치	상부근, 하부근 각각 가로 · 세로 1.3개/㎡ 정도	간격은 1.5m 정도 단부는 1.5m 이내	상단은 보밑에서 0.5m 정도 중단은 주각과 상단의 중간 기둥폭방향은 1.0m까지 2개 1.0m 이상 3개

주) 보, 기둥, 지중보, 벽, 지하외벽에는 측면에 한하여 플라스틱제를 사용할 수 있다.
수량 및 배치간격은 5~6층 이내의 철근콘크리트 구조물을 대상으로 한 것으로 구조물의 종류, 형태 등에 따라 달라질 수 있음.

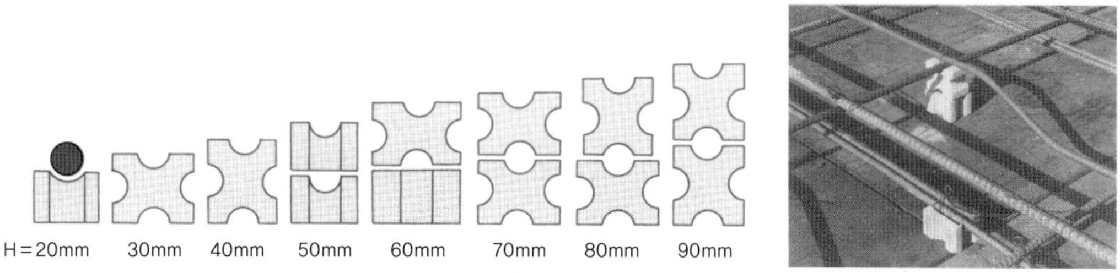

그림 8-1 철근고입재

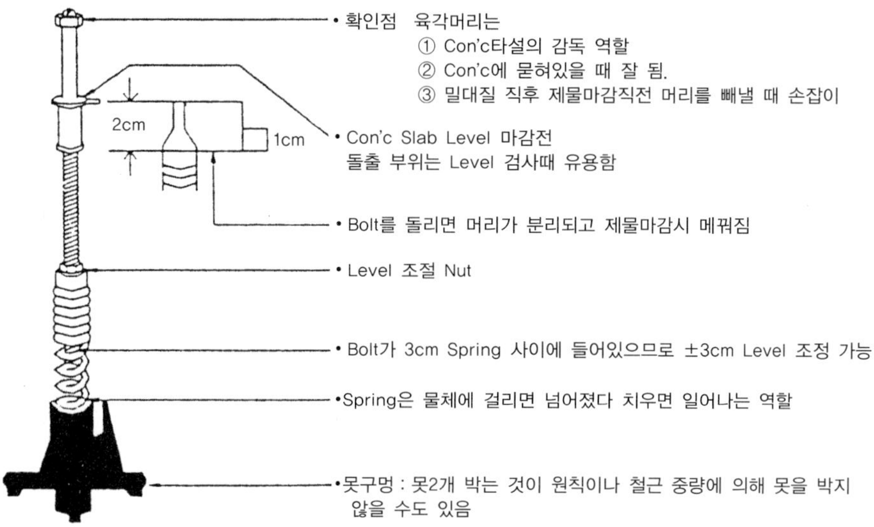

그림 8-2 구조 Slab용 Level Space

8.1.3 거푸집 종류

1) 재료에 따라

① 목재 거푸집　　② 합판 거푸집
③ 강제 거푸집　　④ 알루미늄 거푸집
⑤ 기타(콘크리트 거푸집, 합성수지 거푸집)

2) 형식에 따라

① 재래공법　　② Sliding Form
③ 대형 패널공법　　④ Traveling Form
⑤ Table Form　　⑥ Tunnel Form
⑦ 기타

8.1.4 거푸집의 구비조건

항 목	내 용
① 작업성	거푸집의 조립 · 해체 · 운반이 용이할 것
② 전용성	최소한의 재료로 여러번 사용할 수 있는 형상과 크기일 것
③ 수밀성	수분이나 모르타르 등의 누출을 방지할 수 있는 수밀성이 있는 것
④ 내구성	시공정확도에 알맞은 수평 · 수직, 직각을 견지하고 변형이 생기지 않는 구조.
⑤ 견고성	콘크리트의 자중 및 부어 넣기를 할 때의 충격과 작업하중에 견디고, 변형(처짐 · 배부름 뒤틀림)을 일으키지 않는 강도를 가질 것
⑥ 내오염성	완성된 콘크리트에서 요구되는 표면의 결정이나 마무리를 얻고 오염되거나 탈색되지 않을 것
⑦ 보수성	구성재의 종류가 가급적 적고 청소 · 보수 · 뒷정리가 쉬울 것

8.1.5 거푸집공사의 발전방향

콘크리트로 만들어지는 슬래브, 보, 기둥 등 구조체의 규격, 형상, 강도와 수직도, 수평도는 거푸집의 시공정밀도와 거푸집의 강성에 의하여 좌우된다. 따라서 거푸집공사는 건설대상물 전체의 품질과 성능을 좌우하는 매우 중요한 요소라고 한다.

건설대상물은 과거와 비교할 때 상당히 대형화, 고층화되고 있다. 건축구조물이 고층화 · 대형화되면서 거푸집 또한 이에 맞게 사용해야 공정목표를 달성할 수 있다. 이러한 대형 건축물은 막대한 투자비를 가능한 조기에 회수하기 위하여 초단기 시공을 원하는 경우가 많으므로 공기단축을 위해서는 거푸집공사의 개선이 절실하게 요구된다.

1) 재래공법 문제점, 개선책

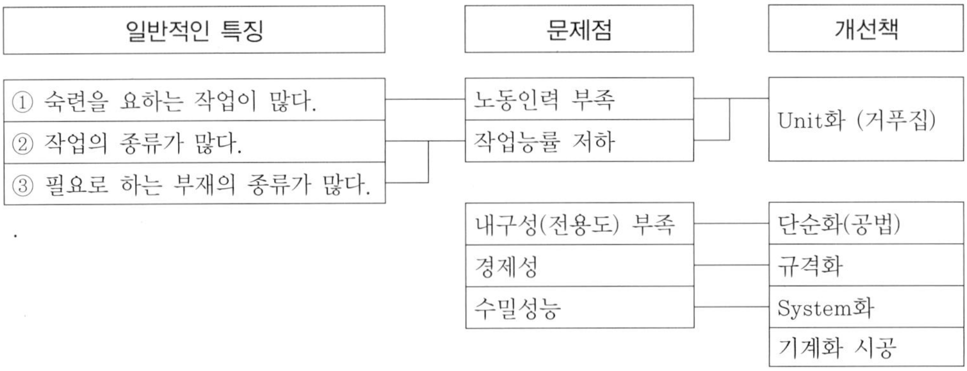

2) 거푸집공사는 사회 · 기술 환경의 변화에 따라 합리적인 공법으로의 전환이 요구되며 주요 발전방향은 다음과 같다.

① 거푸집의 대형화

② 공장제작 및 조립

③ 설치의 단순화를 위한 유닛(Unit)화

④ 기계를 사용한 운반 및 설치

⑤ 부재의 경량화, 부재 단면의 효율화

⑥ 높은 전용 횟수

⑦ 거푸집 자체를 없앰－PC화, 무지보공화

그림 8-3 수직거푸집 사례

8.2 거푸집의 시공법

8.2.1 거푸집 조립순서

거푸집의 조립은 시공정밀도와 강도를 충분히 유지하고 비용과 필요 이상의 노력을 들이지 않도록 하며 콘크리트 타설 후 해체가 용이하도록 조립한다. 따라서 작업책임자는 사전에 사용재료, 조립방법 등을 검토하고 관련작업 책임자와 충분히 협의한 후 작업에 임한다.

거푸집 조립순서는 다음과 같다.

① 기초 옆판 거푸집 및 지중보의 거푸집을 조립

② 기초판 및 지중보의 철근과 함께 기둥철근을 기초에 정착

③ 기초판 콘크리트 부어넣기(지하실 바닥판, 지중보도 포함)

④ 기둥 거푸집의 한면 짜세우기 및 철근 배근

⑤ 벽 거푸집의 한면 제작 및 철근 배근

⑥ 기둥 및 벽의 나머지 부분에 거푸집 조립

⑦ 보 밑 거푸집과 옆 거푸집 조립

⑧ 바닥판 거푸집 조립
⑨ 보 및 바닥판 철근 배근
⑩ 콘크리트 부어넣기

8.2.2 거푸집 시공상 주의사항

거푸집의 조립은 철근조립과 관련이 있기 때문에 철근공사와 조정을 충분히 해야 한다. 또한 설비공사의 설비배관 또는 Box가 매립되는 통로를 설치할 경우 전기 · 공조 · 급배수 위생설비에 따른 통로의 크기 · 위치 · 부착방법 등이 다르기 때문에, 콘크리트의 타설 및 내력 · 내구성에 지장이 없도록 사전에 협의할 필요가 있다.

거푸집은 콘크리트의 마감 및 구조체 콘크리트의 미관, 기능에 영향을 주기 때문에 엄격한 품질관리로 시공해야 한다. 거푸집은 완성된 콘크리트 부재가 설계도에 표시된 위치 및 단면크기의 허용오차 범위 내에 있도록 조립해야 하며, 콘크리트 마감면의 평활도 및 최소 피복두께를 확보해야 한다.

① 형상 치수가 정확하고 처짐, 배부름, 뒤틀림 등의 변형이 생기지 않게 할 것
② 거푸집널의 쪽매는 수밀하게 되어 시멘트 풀이 새지 않게 할 것
③ 외력에 충분히 안전하게 할 것
④ 조립제거할 때 파손, 손상되지 않게 할 것
⑤ 소요자재가 절약되고 반복 사용이 가능하게 할 것
⑥ 바닥, 보 중앙부 치켜 올림 : 1/300~1/500(1은 간사이)

8.2.3 기둥 거푸집의 조립

1) 거푸집 조립방법

① 타이로드(Tie Rod) 방식－기둥단면에 Separator 관통
② 칼럼벤드(Column Band)－기둥거푸집의 고정 및 측압 버팀용으로 쓰이는 것으로서 주로 합판거푸집에 사용된다.
③ 기둥 거푸집을 세울 때 충격 등으로 인해 위치가 이동되지 않고 위치와 치수가 정확하도록 밑잡이를 실시하여 바닥 슬래브에 고정한다.
④ 거푸집을 4면에 세워대고 띠장은 모서리에서 상하로 교차시켜 내밀어 여기에 기둥멍에를 세워댄 후 볼트 조임 또는 긴장철선을 두 줄로 감고 조인다.
⑤ 기둥거푸집의 수직 정밀도는 거푸집 전체에 영향을 미치므로 보거푸집이나 벽거푸집을 설치하기 전에 수직상태를 정확히 유지해 두도록 한다.
⑥ 기둥의 비틀림을 방지하기 위해 기둥 속에 세퍼레이터를 설치한다.

위 치	상단	보 아래에서 0.5m 정도(이내)
	중단	주각과 상단의 중간
개 수	기둥 폭<0.1m : 2개 기둥 폭>1.0m : 3개	

⑦ 기둥클램프를 사용하는 경우에는 클램프가 뒤틀리거나 밀리지 않도록 다른 보조물로 확실히 고정해 둔다.

⑧ 거푸집널은 쉽게 조립할 수 있고 안전하게 해체될 수 있어야 하며, 모르타르가 새어 나오지 않는 구조로 하여야 한다.

⑨ 이음매와 접합부는 누수방지 재료를 설치하여 모르타르가 새어 나오지 않도록 조치할 것

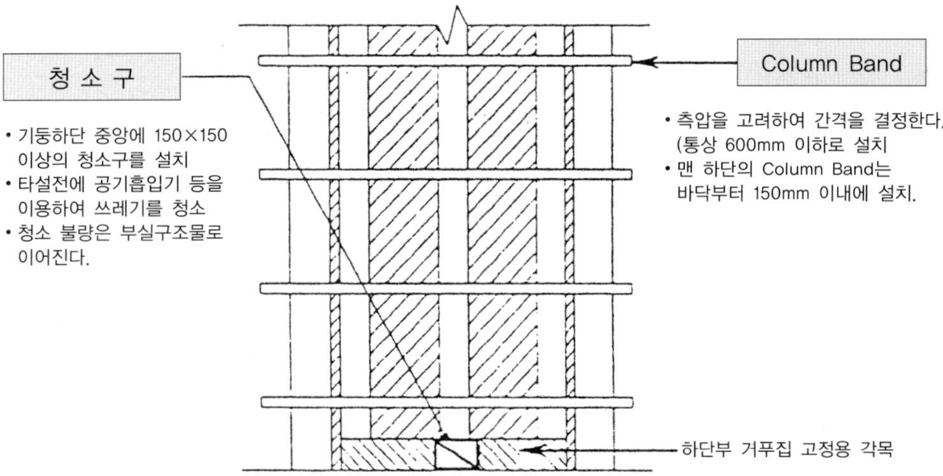

2) 거푸집작업 시 준수사항(산업안전보건법 : 336조)

① 해당작업 구역에 관계근로자가 아닌 사람의 출입을 금지할 것

② 비, 눈, 그 밖의 기상상태의 불안정으로 날씨가 몹시 나쁜 경우에는 작업을 중지함

③ 재료, 기구, 도는 공구 등을 올리거나 내리는 경우에는 근로자로 하여금 달줄, 달포대 등을 사용할 것

④ 낙하 충격에 의해 돌발적 재해를 방지하기 위하여 버팀목을 설치하고 거푸집 동바리 등을 인양장비에 매단 이후에 작업을 하도록 하는 등 필요 조치를 할 것.

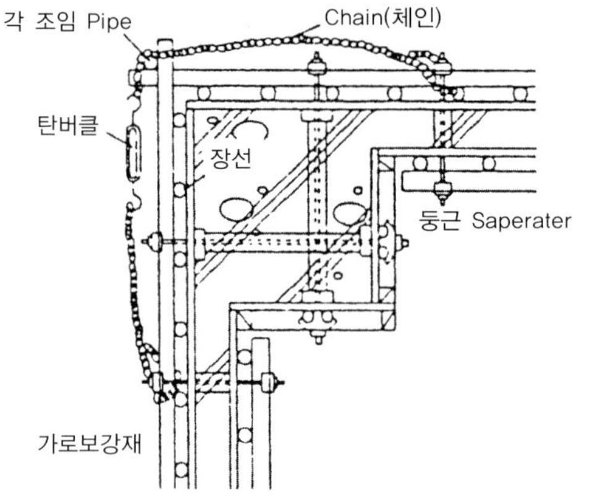

그림 8-4 벽붙임 모서리 기둥의 거푸집 조립 평면도

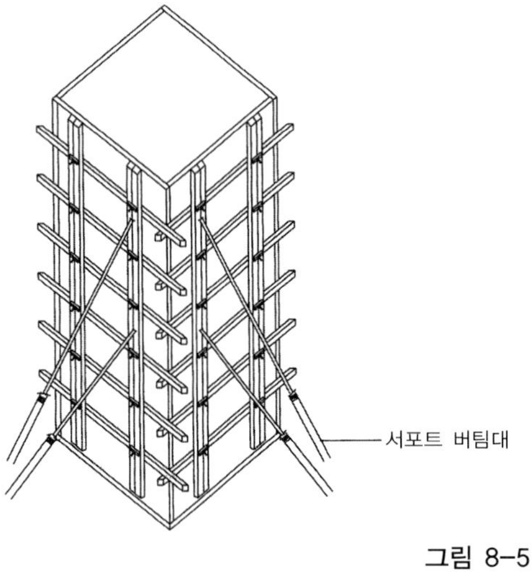

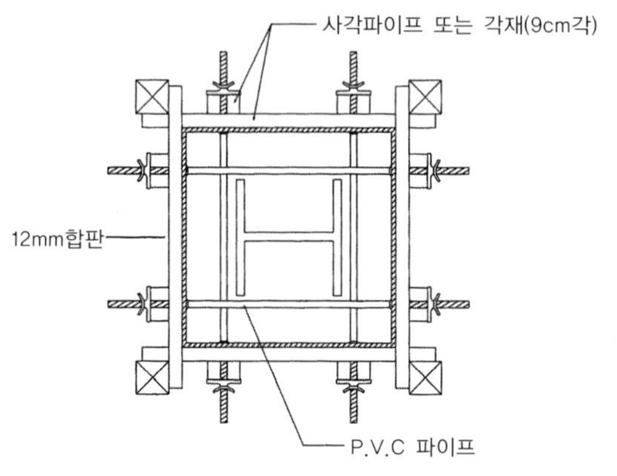

그림 8-5 기둥 조립도

8.2.4 보거푸집의 조립

1) 기둥 거푸집을 세울 때 충격 등으로 위치가 이동되지 않고 위치와 치수가 정확하고 거푸집은 일반적으로 밑판과 옆판을 따로 제작하여 조립하거나 함께 제작하여 설치한다.
2) 밑판을 먼저 받침기둥, 깔대, 보 밑 멍에로 받쳐 짠 다음 옆판을 댄다. 옆판은 밑판보다 먼저 떼어낼 수 있게 하며 밑판과 옆판의 연결부에서 시멘트페이스트가 누출되지 않도록 견고하게 밀착시킨다.
3) 장스펜(Long Span)의 보 거푸집은 진동방지용 스티프너(Stiffener)를 설치하여 보강한다.
4) 캔틸레버보 어귀는 철선 등으로 연결한 후 슬래브 또는 철골보에 인장시켜 고정한다.
5) 보의 철근을 조립한 후 세퍼레이터를 설치하도록 한다.

6) 보의 한쪽 면에만 슬래브가 있는 경우에는 보 거푸집은 비대칭 하중을 고려하여 가새 등으로 보강하여 안전사고가 발생하지 않도록 조치하여야 한다.
7) 철재트러스 조립보, 강재 갑판 등의 보 형식 동바리로 슬래브를 지지하는 경우 보의 측면 거푸집에는 수직재를 반드시 설치하여야 한다.
8) 보측면의 거푸집에 별도의 간격재가 없는 경우에는 보 1개소에 대하여 최소 2군데, 또는 3m 이내의 간격으로 부 상부의 벌어짐 방지를 하여야 한다.

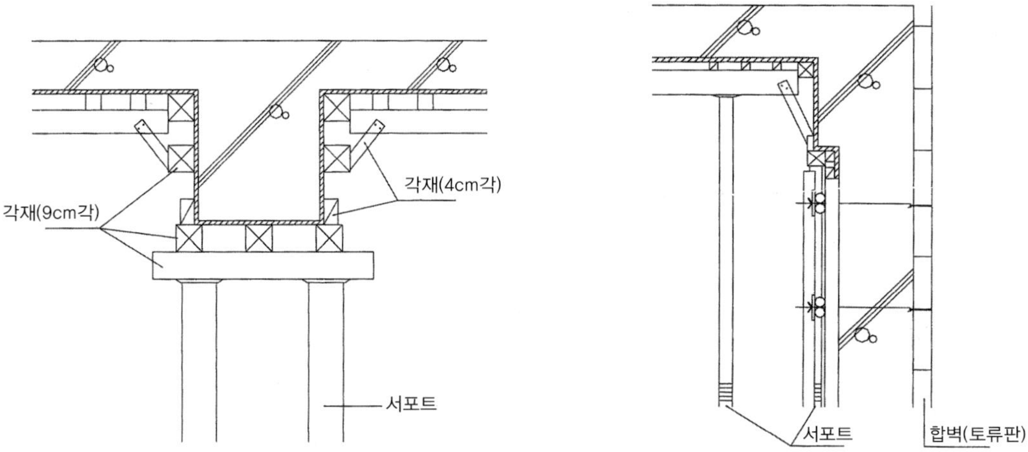

그림 8-6 보 조립도

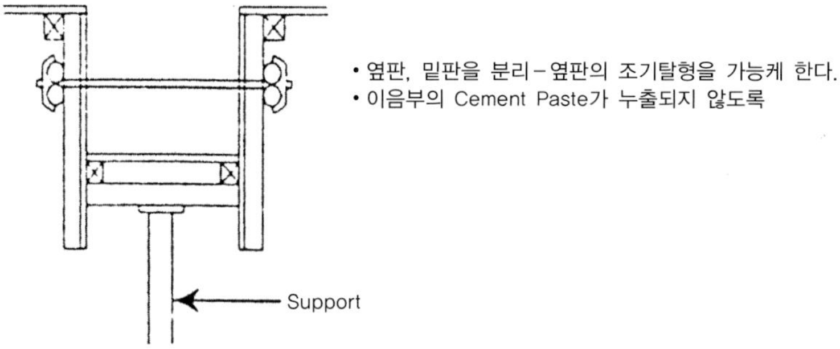

그림 8-7 조립

8.2.5 슬래브거푸집의 조립

1) 먼저 받침기둥 위에 멍에를 걸고 벽 옆, 보 옆에는 장선받이를 대고 여기에 장선을 패널 크기에 맞추어 대고 패널을 깐다. 합판을 사용하는 경우 가능한 한 정척을 사용할 수 있도록 조립하고 마무리 부분은 보조판으로 마무리한다.
2) 기둥, 보와 슬래브가 직각이 되는지 여부를 검사하고 슬래브 바닥에 요철분이 없도록 한다.

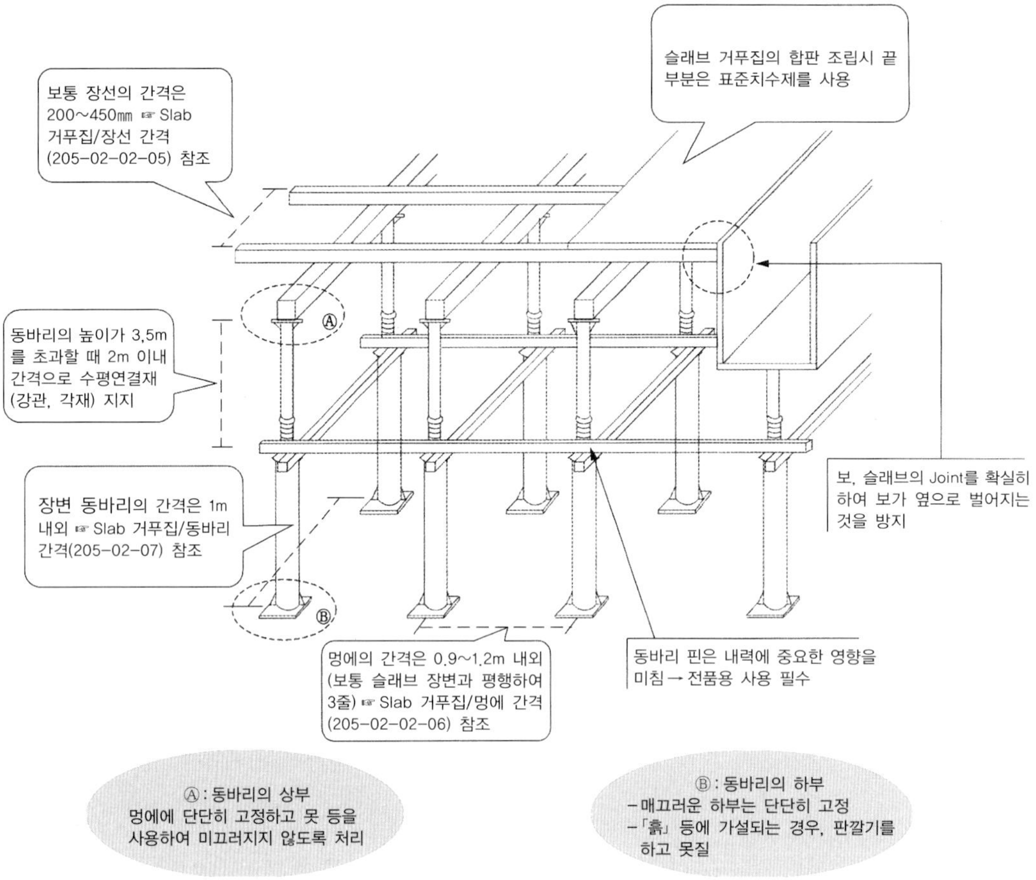
슬래브 거푸집의 합판 조립시 끝 부분은 표준치수제를 사용
보통 장선의 간격은 200~450㎜ ☞ Slab 거푸집/장선 간격 (205-02-02-05) 참조
동바리의 높이가 3,5m를 초과할 때 2m 이내 간격으로 수평연결재(강관, 각재) 지지
Ⓐ
보, 슬래브의 Joint를 확실히 하여 보가 옆으로 벌어지는 것을 방지
장변 동바리의 간격은 1m 내외 ☞ Slab 거푸집/동바리 간격(205-02-07) 참조
Ⓑ
멍에의 간격은 0.9~1.2m 내외(보통 슬래브 장변과 평행하여 3줄) ☞ Slab 거푸집/멍에 간격 (205-02-02-06) 참조
동바리 핀은 내력에 중요한 영향을 미침 → 전품용 사용 필수
Ⓐ : 동바리의 상부
멍에에 단단히 고정하고 못 등을 사용하여 미끄러지지 않도록 처리
Ⓑ : 동바리의 하부
- 매끄러운 하부는 단단히 고정
- 「흙」 등에 가설되는 경우, 판깔기를 하고 못질

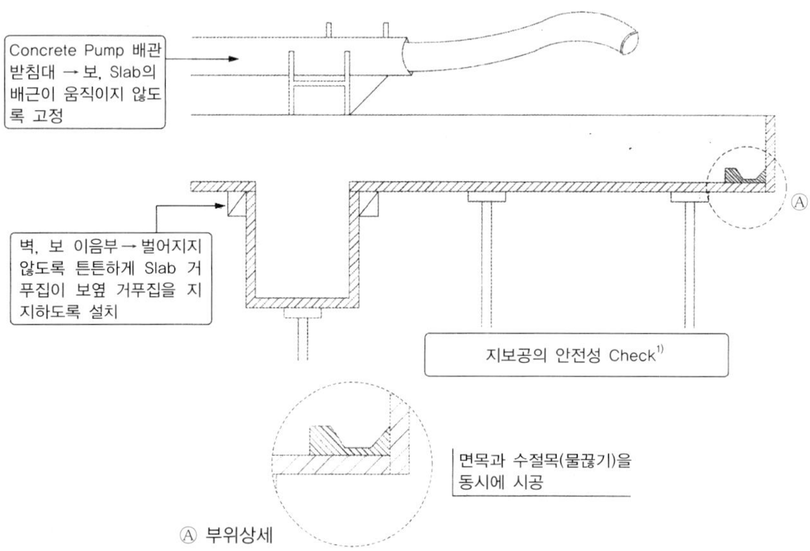
Concrete Pump 배관 받침대 → 보, Slab의 배근이 움직이지 않도록 고정
Ⓐ
벽, 보 이음부 → 벌어지지 않도록 튼튼하게 Slab 거푸집이 보옆 거푸집을 지지하도록 설치
지보공의 안전성 Check1)
면목과 수절목(물끊기)을 동시에 시공
Ⓐ 부위상세

8.2.6 벽거푸집의 조립

1) 조립

① 벽의 거푸집은 먼저 벽 한쪽에 패널을 설치하고 철근배근을 병행하며 보, 바닥판의 거푸집을 그 위에 접속시키고 배근 및 설비작업이 완료되면 검사를 받고 맞은편 거푸집을 제작한다.

② 멍에 설치간격은 일반적으로 하부에서 75cm 정도, 위에서 90~110cm에 배치한다.

③ 벽 하부에는 청소구멍을 내고 개구부는 벽의 한쪽 거푸집을 짠 다음 소요치수로 조립 문틀 또는 두꺼운 널 등으로 개구부 둘레를 막고 가새를 대어 변형을 방지한다. 창문 밑은 콘크리트가 위로 밀려 올라올 우려가 있을 경우 정지판을 대어야 한다.

④ 세퍼레이터, 폼타이의 간격은 층고, 재료의 종류, 콘크리트의 타설방법에 따라 다르므로 충분히 검토하여 설치한다.

2) 벽 시공시 고려사항

검토항목	내 용	비 고
① 측압 검토	① 멍에 간격 ≒ 250mm	일반적으로 H=3.5m의 벽에서
	② 띠장 간격 ≒ 550mm	
	③ Form Tie 간격 ≒ 400mm	
② 띠장	① 최상단 : 300mm 정도	
	② 최하단 : 200mm 정도	
③ Concrete 타설시 다짐	① 1개소에 5~15초	
	② 다짐 간격 : 500mm	
	③ 다짐 깊이 : 하층에 약 100mm 정도	

그림 8-8 합벽 Form

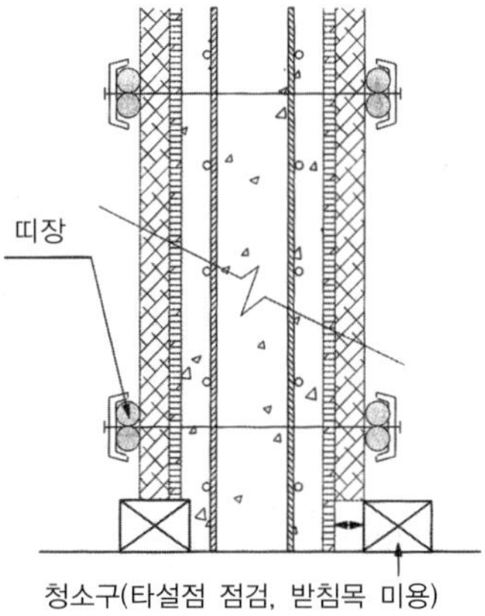

그림 8-9 기둥거푸집 청소구 설치

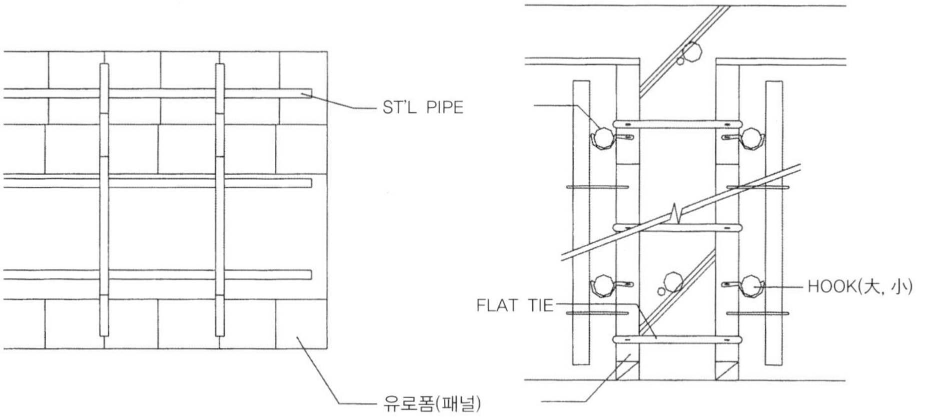

그림 8-10 내부옹벽

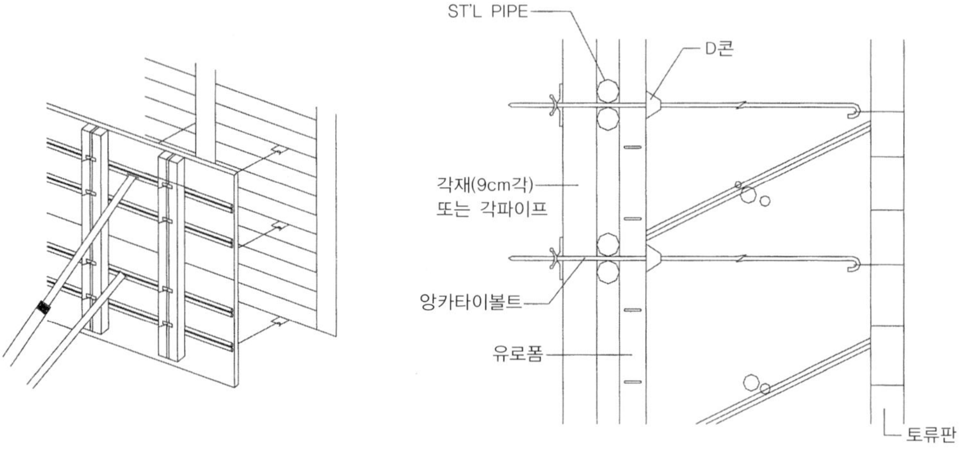

그림 8-11 합벽

그림 8-12 벽체거푸집 인양 및 설치

8.3 지주(Shoring)

8.3.1 동바리 종류

동바리는 콘크리트가 정해진 강도를 얻기까지 고정하중과 시공하중 등을 지지하기 위하여 설치하는 가설 부재로서 동바리 구조체는 상부 하중을 연결하는 상부연결부, 상부하중을 지지지하는 동바리부, 동바리의 하중을 지반에 전달하는 하부기초부로 구성되며 그 종류는 다음과 같다.

분 류		내 용
1) 구조형식에 따른 분류	① 조립형 동바리	수직재, 수평재 및 경사재 등의 각각의 부재를 현장에서 조립하여 거푸집을 지지하는 동바리 형식
	② 강재 동바리	조립형 동바리와 강관틀 동바리에 규정되는 수직재의 규격에 포함되지 않는 대구경 강관이나 H형강 등을 주부재로 사용하는 동바리 형식으로 대구경 원형강관을 이용한 강재동바리와 형강을 이용항 강재동바리 등이 있다.
	③ 강관틀 동바리	수직재, 수평재 및 경사재 등을 용접으로 일체화시켜 생산한 주틀과 경사재 등을 현장에서 조립하여 거푸집을 지지하는 동바리 형식이다.
	④ 혼합형 동바리	조립형동바리, 강관틀 동바리, 강재동바리 공법을 현장조건이나 사용목적에 따라 적절하게 혼합하여 구성하는지지 시스템
2) 가설방식에 따른 분류	① 전체 지지식 동바리	상부에서 전해지는 콘크리트 타설 작업하중을 전체 구역에 균등하게 설치된 동바리 구조체계를 통해 기초에 전달하는 동바리 구조형식이다.(건축 구조물에 많이 사용)
	② 지주지지식 동바리	상부에서 전해지는 콘크리트 타설 작업하중을 지지하는 상부구조 바로 하부에 설치된 수직 지주를 통해 지반에 전달시키는 동바리 구조형식이다. 이 방식에 적용되는 지주는 대구경 원형강관이나 형강과 같은 대형지주이며, 높이가 큰 경우에 주로 적용한다. (토목 구조물 등에 적용)
	③ 거더지지식 동바리	상부의 콘크리트 타설 하중을 경간사이에 설치된 조립거더를 통해서 교각에 설치된 브라켓이나 교각 기초에 설치된 지주를 통해 전달하는 방식으로 지반상태가 불량하거나 교하고가 비교적 높은 경우에 적용하는 동바리 구조 형식이다.

참고 : ① 동바리 : 천장을 지지하는 용도 및 콘크리트가 굳을 때까지 지지해주면 안전하고 정확하게 시공될 수 있도록 설치된 임시 가설물

② 비 계 : 현장에서 재료를 운반하거나 분진방지막, 안전망 등을 걸기위해 설치하는 구조물. 또는 건설현장에서 작업자가 구조물을 오르내리며 밟게 되는 가설물.

8.3.2 철재 동바리(강관지주, Steel Pipe Support)

1) 개요

바닥 거푸집에서 거푸집의 자중과 콘크리트 중량, 작업하중을 지지하여 바닥구조물이 안전하고 정확하게 시공되도록 하는 부재이다.

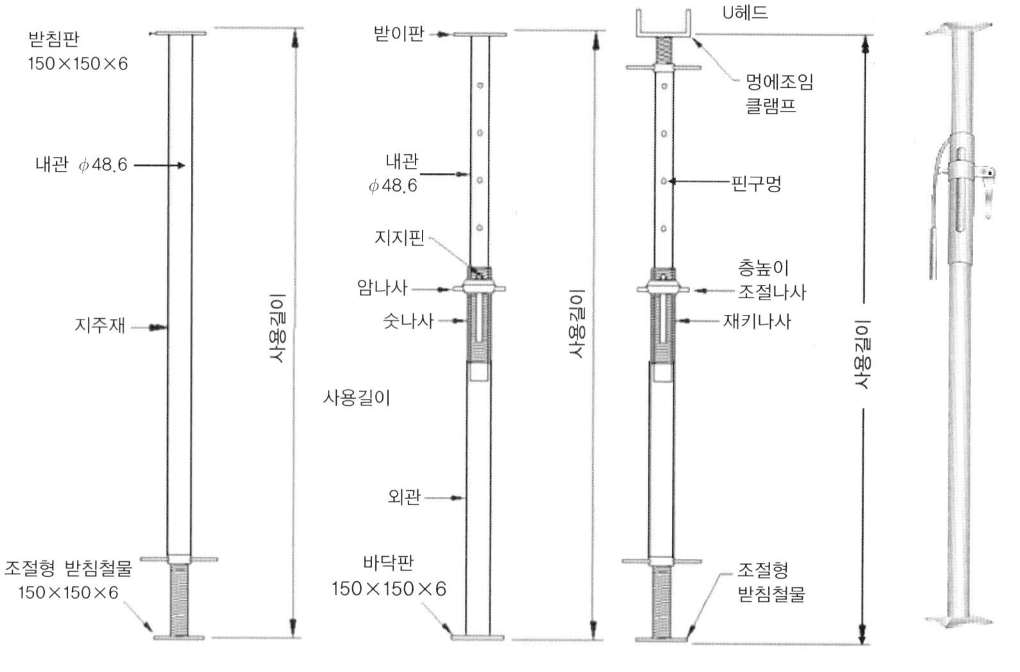

그림 8-13 파이프 서포트

〈표 8-2〉 철재 서포트의 종류

종류	내관(内管)(mm)	외관(外管)(mm)	사용높이		중량(kg)	최대하중(ton)	구멍수	조정간격
			최소(mm)	최대(mm)				
V-1	1,800	1,400	1,800	3,200	12.3	1.50	11	125
V-2	2,000	1,400	2,000	3,400	12.7	1.45	11	125
V-3	2,400	1,400	2,400	3,800	13.6	1.35	11	125
V-4	2,600	1,400	2,600	4,000	14.0	0.8	11	125
V-5	3,000	2,000	3,000	5,000	18.0	0.7	11	125
V-6	4,000	2,000	4,000	6,000	20.0	0.5	11	125

2) 스틸파이프 서포트(Steel Pipe)의 조립방법

형틀의 구조안전성을 확보하여 정확한 치수의 구조물 형성 및 안전사고를 예방한다.

① 건립 전에 미리 높이를 맞추어 길이를 조정해 둔다

② 파이프 서포트의 연결은 2본까지로 제한한다.

③ 스팬이 긴 경우는 스팬의 양단부 및 중앙부에 서포트를 먼저 세워 대략의 높이를 정한다.

④ 파이프 서포트의 두부(頭部) 및 각부(脚部)는 견고하게 고정한다.

⑤ 파이프 서포트의 높이가 3.5m를 초과하는 경우는 수평연결 보강을 실시한다.

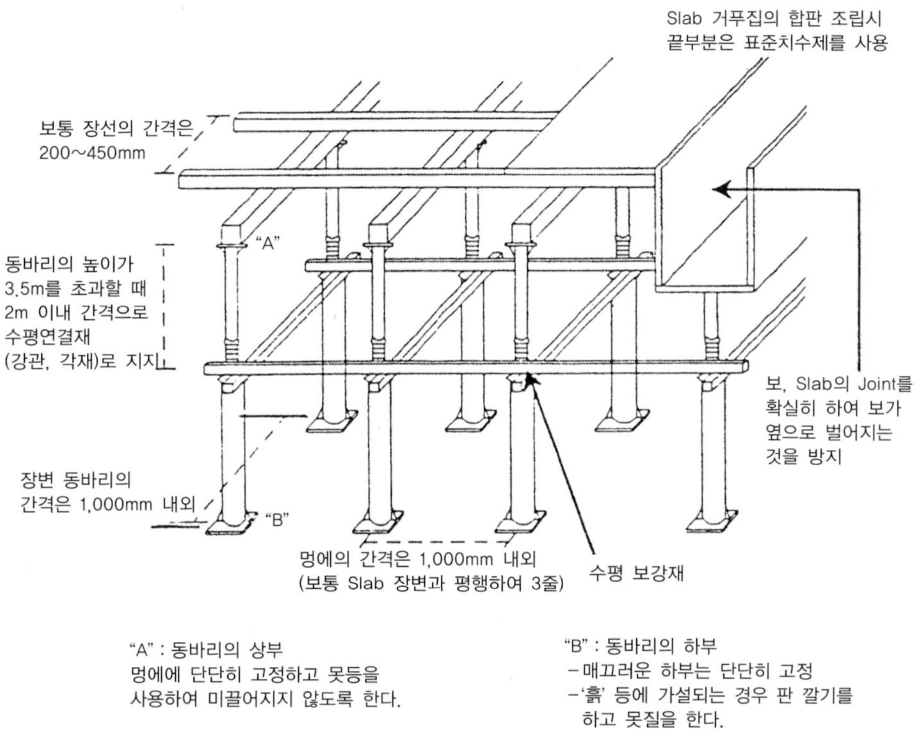

그림 8-14 Slab하부 지보공

3) 수평연결재(수평보강재)의 역할

콘크리트 타설시의 현장사고 대부분이 수직부재의 문제점보다는 수평연결재로 인해 발생된 경우가 더 많다.

① 수평하중의 분산가능

② 수평하중에 대한 지보공 System의 일체식 거동 유도

③ Support의 수직도 유지

4) 수평연결재 시공시 주의사항

① 구조물이 휨을 받을때는 가장 취약한 부분에서 파괴가 발생된다.

② 수직 동바리의 좌굴길이를 가능한 짧게 하여 동바리의 내력감소를 막을 수 있다.

③ 수평연결재를 한 방향에 대해서만 설치했다면 수평연결재를 설치하지 않은 방향으로 가설구조물의 파괴를 유도하는 형상이 발생할 수 있으므로 수평연결재는 반드시 직교되는 2방향으로 설치해야 하며, 동바리와 수평연결재의 교차부마다 볼트나 클램프와 같은 전용철물을 사용하여 단단히 연결시킨다.

④ 층고가 3.5m 이상인 경우 2m 이내마다 2(가로, 세로)방향으로 설치한다.

5) 스틸파이프 자재 및 시공사례

그림 8-15 스틸파이프

그림 8-16 보하부 동바리

그림 8-17 스틸파이프 시공사례

8.3.3 Jack Support

잭서포트란 강관과 Screw 및 Base로 구성된 제품으로 상부의 하중을 분산하기 위한 동바리이다. 공사중 RC건물을 보호하기 위한 가설재로 공사중 모든 사항에 안전하도록 설계 및 시공되어야 한다. 지하주차장의 상부에서 공사를 진행 하는 동안 다양한 상부하중을 부담함으로서 슬래브의 균열을 방지하고자 한다.

1) Jack Support를 사용한 보강 위치

① 자재 야적장 하부

② 공사차량 통로 하부

③ 펌프카 설치 위치 하부 등

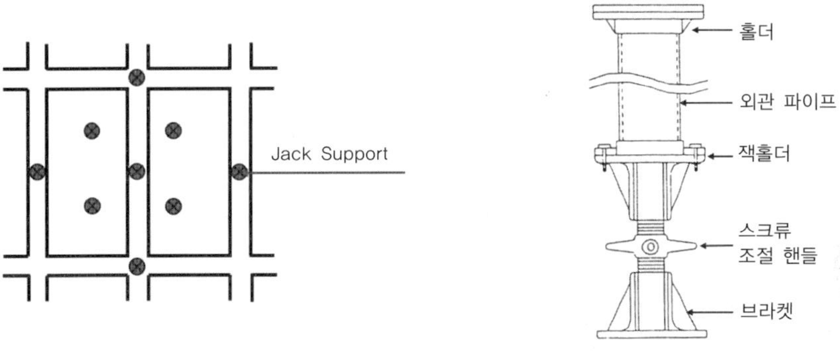

그림 8-18 Jack Support

〈표 8-3〉 Jack Support 지지하중 (단위 : kN)

길이(m)	φ114.3×4.5t		φ139.8×4.5t		φ216.3×4.5t	
	장기하중	중기하중	장기하중	중기하중	장기하중	중기하중
2.7	186	233	252	315	443	554
3.3	161	201	231	289	428	535
3.9	137	171	207	259	410	513
4.5	112	140	181	226	389	486
5.1	87	109	154	193	365	456

그림 8-19 잭서포트 시공사례

2) 단관(單管) 및 잭받침(Jack Base)

단관은 틀지주(Beatty)에 비하여 재료의 강도가 낮으므로 강도계산을 검토한 후에 주의하여 조립한다.

① 단관의 건립 위치에 합판, 각재 등을 배치한다.
② 각부(脚部)의 받침판(Base Plate)은 정확한 위치에 고정시킨다.
③ 지주용 단관의 연결은 2본까지로 제한한다.
④ 수평연결은 높이 2m 이내마다 직각 2방향으로 클램프를 사용하여 확실하게 연결하여 설치한다.
⑤ 두부(頭部)의 잭받침은 멍에에 못 등으로 확실히 고정한다.

3) 틀지주(Beatty)

① 조립상태가 중요하므로 숙련자가 작업을 행하도록 한다.
② 바닥과 접하는 부분은 잭받침을 합판 및 각목 등에 견고하게 고정한다.
③ 첫단을 조립한 후 레벨로 설치물의 수평상태를 검사하고 잭받침으로 수평을 조절한 다음 계속 1단씩 짜 올린다.
④ 5단 이내마다 최상단에 직각 2방향으로 수평연결을 한다.

〈표 8-4〉 철재 서포트의 최대간격 (단위 : kN)

순서	형태 \ 종류	8(V0)	10(V1)	12(V2)	14(V3)	16(V4)	18(V5)	20(V06)
	최대간격 KN	392	440	488	536	584	632	680
①	접었을 때	2.3m	2.2m	2.1m	2.0m	1.9m	1.8m	1.7m
	폈을 때	2.0m	1.9m	1.8m	1.7m	1.7m	1.6m	1.5m
②	접었을 때	2.2m	2.1m	2.0m	1.9m	1.8m	1.7m	1.7m
	폈을 때	1.9m	1.8m	1.7m	1.6m	1.6m	1.5m	1.4m
③	접었을 때	2.2m	2.0m	1.9m	1.8m	1.8m	1.7m	1.6m
	폈을 때	1.8m	1.7m	1.6m	1.5m	1.4m	1.4m	1.3m
④	접었을 때	2.1m	2.0m	1.9m	1.8m	1.7m	1.6m	1.6m
	폈을 때	1.7m	1.6m	1.5m	1.4m	1.4m	1.3m	1.3m

8.3.4 시스템 서포트(System Support ; 시스템 동바리)

1) 개요

시스템 동바리(System Support)는 크게 2종류로 구분된다. 그 하나는 수평 서포트와 수직 서포트의 역할을 동시에 수행하는 보 타입의 트러스재가 있으며, 다른 하나는 수직과 횡력에 대한 하중을 동시에 부담하는 형태를 지닌 지주형태의 시스템 동바리가 있다.

2) 종류

① 지주형태 시스템 동바리	거푸집 동바리, 가설 작업대 및 승강 계단 등 다양한 용도로 사용이 가능하며, 특히 설치 높이가 높고 슬래브 두께가 큰 구조물의 동바리로 많이 사용된다. 대부분의 서포트는 제조회사별로 특허를 가지고 있어 개발회사의 고유명사를 제품명으로 사용하고 있다.
② 보형태 시스템 동바리	재래식 방법의 파이프 서포트의 약점인 설치 이후의 작업공간 부족과 시공기간, 소요인력, 안전성을 개선한 형태이다. 경량으로 경우에 따라 서포트를 설치하지 않거나 수량을 줄인 가설 시스템으로 콘크리트조, 철골조 및 철골 철근콘크리트조의 거푸집 공사에 광범위하게 사용될 수 있다.

3) 시스템 동바리 특징

① 상하부 스크류잭과 거푸집의 연결이 확실하다.

② 부재의 단순화로 시공이 용이하다.

③ 수직, 수평재의 확실한 체결로 좌굴을 방지할 수 있다.

④ 동바리(수직재)간격을 설치 계획에 따라 정확히 하여 자재의 과다 투입을 방지할 수 있다.

⑤ 대형구조물의 동바리로 사용시 수평재 간격을 쉽게 조절하여 수직재의 허용내력을 증가시킬 수 있다.

⑥ 비계용 부품을 동바리에 연결 사용함으로써 작업의 안전성을 높일 수 있다.

그림 8-20 시스템 서포트 시공사례

⑦ 설치/해체시 별도의 도구가 필요 없다.
⑧ 설치비용이 기존 Pipe Support 보다 비싸다.

8.4 거푸집공사 점검사항

기둥, 보 등의 거푸집을 현장 또는 장외에서 사전 준비하는 경우는 미리 제작된 거푸집 시공도에 따라 가공되어 있는가를 확인하고, 대표적인 단면의 것을 먼저 제작하여 검사하고 확인한다.

8.4.1 기초 · 지중보

1) 밑창 콘크리트의 가상자리는 바르게 시공되어 있는가를 확인한다.
2) 먹줄의 검사 : 검사의 기준은 구체 시공도에 따라 지반 높이를 확인하고 기초심 · 기둥심 · 벽심, 소요 치수 등을 측량기기로서 검사한다. 먹줄은 기준 먹줄, 바탕 먹줄, 중심 먹줄, 도피 먹줄로 구분된다.
3) 기초와 지중보 및 기둥 거푸집과의 맞춤 : 기둥근과 지중보근이 가로 세로로 복잡하게 교차하는 접합부는 양자의 거푸집이 떠오르는 경우가 있으므로 접합부가 흐트러지기 쉽고 철근의 피복이 불완전하게 되기 쉽다. 거푸집은 철근 등으로 지지하거나 위에서 매다는 공법을 취한다. 만약 정규의 철근 피복을 취할 수 없는 경우는 거푸집 단면을 일부 바꿔야 한다.

8.4.2 기둥

1) 먹줄 검사와 밑둥 감기

기초먹줄 먹이는 위치를 확인하고 위층의 슬래브에 대해서는 거푸집고정의 밑둥받침이 기둥 바탕먹줄에 합치되는지의 여부를 검사한다. 최근에는 일반적으로 밑둥 받침 철물이나 보강재를 콘크리트 못으로 고정하고 있다.

2) 전기 배관 · 매입 박스류의 공사

전기공사 담당자와 공사 예정을 협의한다. 전기 배관 · 매입 박스류의 공사가 끝난 후 최후의 거푸집에 덮개를 하고 있는가를 확인하고 앵커 볼트의 위치가 보강재나 지지대의 위치에 있도록 한다.

3) 기둥의 세우기

기둥의 세우기는 보 · 벽 · 바닥의 거푸집을 설치한 다음 실시하며, X · Y축 방향에 대해서 지지대를 이용하여 조사하고, 콘크리트 붓기할 때도 이용한다. 지지대의 배치와 죄임 위치가 균형잡혀 있는가의 여부를 조사하고 볼트, 크램프 철구, 세퍼레이터 겸용 폼타이 등의 죄임 종류에 의한 죄임 정도가 각각 균일한지를 상세하게 검사한다.

8.4.3 보

1) 보춤이 높고 스팬이 큰 경우의 조립이나 달아올림의 처치

보 거푸집은 바닥 위에서 조립하여 달아 올리는 경우와 밑 거푸집을 먼저 설치하고 옆판을 나중에 설치하는 방법이 있으며 어느 경우도 중량 · 길이의 관계에서 거푸집의 변형을 일으키지 않도록 덧댐목을 감싸는 조치를 취하여야 한다.

2) 가설 받침대의 간격과 보강

보춤, 층높이의 관계 등에서 주의해야할 간격 및 수평의 연결대 등이 거푸집 시공도에 계획된대로 지켜지고 있는지의 여부를 조사한다. 중앙에 1/300~1/500의 솟아오름을 둔다. 옆 안이 기둥 안으로 들어가지 않도록 단부를 조사한다. 헌치 부분의 가설 받침대는 거푸집면에 대해서 직각으로 고정하고 바닥 위에서 캠버로 조정한다.

3) 층높이가 높고 가설받침대가 2단 이상인 경우의 이음

층높이가 높은 가설받침대는 2단 이음 방식의 특수 조립 가설 받침대에 의한다. 이러한 경우는 바닥판의 지지와 함께 고려하여야 한다. 사전에 계획된 시공도와 대조하여 그 내력을 조사한다.

8.4.4 바닥판

1) 기둥 · 보 및 큰보 · 작은보의 맞춤

바닥판의 모서리, 구석은 직각 또는 요철이 생기지 않은 바탕이 되어야 한다. 따라서 바닥 거푸집을 설치하기 전에 좋은 상태를 유지하도록 한다.

2) 바닥의 고저

구체 시공도에 의해 기준 바닥에서의 고저가 틀리지 않았는가의 여부를 검사한다. 콘크리트 부어올림 높이의 표시

① 수평도에 있어서는 기둥의 철근, 철골의 수평 먹줄에서 기준실로서 맞추거나 측량

기구에 의한다.

② 중앙의 솟아오름은 보의 경우에 준한다.

③ 최상층에 대해서는 경사가 구체 시공대로 되어 있는지의 여부를 확인한다.
(단, 콘크리트 바탕에 경사가 있는 경우)
슬래브 만들기가 끝난 다음 먹치기를 하고 매설물이나 개구의 위치, 크기를 조사한다.

8.4.5 벽체

1) 바닥 먹줄과 벽 거푸집의 위치, 두께 및 고정
2) 건축 구체 시공도 및 전기, 설비 공사의 개구부에 대한 위치 · 크기의 체크
3) 콘크리트 이어붓기의 처치
민벽에서 콘크리트를 이어붓는 경우는 벽 거푸집 조립시에 익스팬션 메탈 등으로 구분한다.

8.4.6 거푸집 변형기준

거푸집널의 변형 기준은 공사 시방서에 따르며, 달리 명사가 없는 경우는 표면의 평탄하기 등급에 따라 순간격(l_n) 내의 변형이 다음 표의 상대변형과 절대 변형중 작은 값 이하가 되도록 한다. 거푸집에 사용하는 목재는 제재, 건조 및 쌓기 등을 할 때 콘크리트 표면의 불량 경화를 방지하기 위하여 가능한 직사일광을 피하고 시트 등으로 보호해야 한다.

표면등급	상대변형	절대변형	비고
A급	$l_n/360$	3mm	
B급	$l_n/360$	6mm	
C급	$l_n/360$	13mm	

주) 표면의 평탄하기 등급
① A급 : 미관상 중요한 노출콘크리트 면
② B급 : 마감이 있는 콘크리트 면
④ C급 : 미관상 중요하지 않은 노출콘크리트 면

8.4.7 거푸집 및 동바리의 시공 허용오차

1) 단면치수의 허용오차

구분	단면치수가 300mm 미만	단면치수가 300~900mm 미만	단면치수가 900mm 미만
허용오차	+9mm, −6mm	+13mm, −9mm	+25mm, −19mm

2) 인접한 거푸집이 오차범위

구분	상대변형	비 고
A급	3mm	–인접한 거푸집이 어긋남은 표면평탄하기 등급에 따라 이 표의 허용오차 범위 이내이어야 함
B급	6mm	
C급	13mm	

3) 선, 면 수직도

구분	높이가 30m 이하인 경우	높이가 30m 이상인 경우
선, 면, 모서리	25mm 이하	높이의 1/1,000 이하 단, 최대 150mm 이하
노출된 기둥의 모서리 조절 줄눈의 홈	13mm 이하	높이의 1/2,000 이하 단, 최대 75mm 이하

8.4.8 거푸집공사 하자유형 및 방지대책

하자유형	방지대책(점검사항)
① 공통사항	• 거푸집 사용횟수는 적정한가? • 거푸집 청소 및 박리제 도포상태는 양호한가? • 옹벽 마구리면의 청소구멍은 설치되었는가?
② 슬래브 및 보 ◦ 슬래브 처짐 ◦ 보의 처짐 및 측벽 배부름	• 거푸집 이음부위의 터 발생여부 • 슬래브 바닥 중앙부 2~3cm 치켜올림 설치여부 • 동바리 설치간격(1.2m 이내) 및 상부목 고정 여부 • 보받이 지지가 1개인 경우 편심발생여부 • 동바리 설치의 수직 및 배열은 정연한가?
③ 측벽 ◦ 상·하층 간 이어치기 부위 및 터짐 ◦ 배부름 및 터짐 ◦ 수직상태 불량	• 층간 이음 콘크리트 터짐방지를 위한 거푸집 조립상태는 양호한가? • 수직 유지를 위한 버팀대 및 당김줄 설치 • 배부름 및 터짐방지를 위한 타이핀 고정은 안전하게 되었는가? • [유로폼의 경우]배부름 및 터짐방지를 위한 타이핀 고정상태
④ 발코니 및 복도옹벽 ◦ 수직상태 불량 ◦ 비틀림/ 배부름 및 터짐	• 개구부 상부 처짐방지를 위한 동바리 설치는 되었는가? • 수직 및 수평면을 유지하기 위한 버팀재와 당김철선의 설치 보정 여부 • 배부름 및 터짐방지를 위한 타이핀 또는 볼트설치는 안전하게 되었는가?
⑤ 소화전함 외부 돌출부 ◦ 상·하간 이어치기 부위 턱짐 ◦ 수직·수평상태 불량	• 마구리면의 거푸집 조립은 콘크리트 타설시 측압에 견딜 수 있도록 조립되었는가? • 거푸집의 하부턱 발생방지를 위한 거푸집 조립상태는 양호한가?

하자유형	방지대책(점검사항)
⑥ 옹벽 ◦ 수직상태 불량 ◦ 배부름 및 터짐 ◦ 마구리 터짐	• 유로폼 조인트 부위의 꺾임 방지를 위한 수직 · 수평 보강 파이프를 설치되었는가? • 마구리면의 거푸집 조립은 콘크리트 타설시 측압에 충분히 견딜 수 있도록 조립되었는가? • 수직면 유지를 위하여 버팀대 설치는 안전하게 되었는가? • 개구부 상부 처짐방지를 위한 동바리 설치는 되었는가? • [합판 거푸집의 경우]배부름 및 터짐방지를 위하여 볼트조임 및 수직 · 수평보강각재 설치는 안전하게 되었는가?
	• 마구리면의 거푸집 조립은 콘크리트 타설시 측압에 충분히 견딜 수 있도록 조립되었는가? • 수직면 유지를 위하여 버팀대 설치는 안전하게 되었는가?
⑦ 1층 발코니 바닥 ◦ 처짐/수평상태 불량	• 수직 · 수평의 유지를 위한 당김줄 설치 및 고정상태는 양호한가? • 지반의 다짐 상태는 양호한가?
⑧ 소화전함 외부 돌출부 ◦ 상 · 하간 이어치기 부위 턱짐 ◦ 수직 · 수평상태 불량	• 마구리면의 거푸집 조립은 콘크리트 타설시 측압에 견딜 수 있도록 조립되었는가? • 거푸집의 하부턱 발생방지를 위한 거푸집 조립상태는 양호한가?
⑨ 개구부, 기타 ◦ 수직 · 수평상태 불량 ◦ 콘크리트면 상태 불량 (재료분리, 곰보)	• 동바리 받침목은 침하되지 않게 견고하게 설치되었는가? • 버팀기둥 및 받침목의 고정은 안전하게 설치되었는가? • 받침목의 수평 및 버팀 기둥의 경사각은 양호한가?

8.5 거푸집 측압

8.5.1 측압의 정의

미경화 콘크리트를 타설하게 되면 거푸집의 수직부재(거푸집널 등)는 유동성을 가진 콘크리트의 수평방향 압력을 받게 되는데 이것을 측압이라 한다.

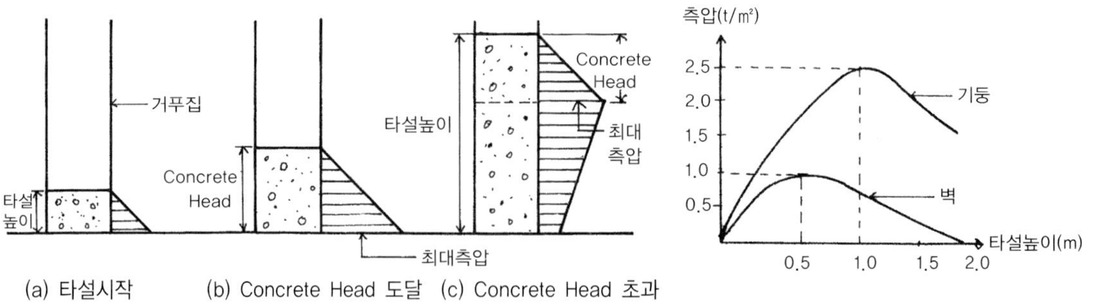

그림 8-21 최대측압 및 Concrete Head

① 분체 또는 액체 등이 이와 접하는 물체의 측면에 작용하는 압력

② 벽체 콘크리트용 거푸집의 수평방향에 가해진 압력

8.5.2 특징

1) 벽, 기둥, 보옆의 거푸집은 콘크리트 타설시 측압이 발생된다. 옹벽과 같은 거푸집의 경우에는 거푸집 측면에 대하여 0.5N/㎟ 이상의 수평방향하중이 작용하는 것으로 한다.
2) 측압은 미경화 콘크리트의 윗면으로부터 거리(m)와 단위용적 중량(t/m³)의 곱으로 표시하며, 단위는 t/m³이다.
3) 보통포틀랜드시멘트를 사용하고, 단위용적질량이 2,400kg/m³, 슬럼프 100mm 이하의 콘크리트를 내부진동기를 이용하여 타설할 경우 측압은 일반적으로 2.4×10^{-2}H(MPa)을 사용하여 계산해도 좋다.(M : 고려하고 있는 위치보다 위에 있는 굳지 않은 콘크리트 높이(m))
4) 콘크리트 타설시 최대 측압이 생길 때의 콘크리트 경계 높이를 콘크리트 헤드(Concrete Head)라 한다. 그리고 타설 높이에 따라 측압이 증가되다가 일정한 높이에 도달하면 측압은 감소하게 된다.
5) 벽은 위에서부터 0.5m아래의 측압이(0.5m×2.3t/m³≒1.25t/m²) 최대가 된다.
6) 기둥은 위에서부터 1.0m아래의 측압이(1.0m×2.3t/m³=2.3t/m²) 최대가 된다.

8.5.3 측압에 영향을 미치는 요소

측압에 영향을 주는 항목		측압의 대소
• 타설속도	콘크리트 타설속도가 빠를 수록	측압이 커진다.
• 콘크리트의 컨시스턴시	컨시스턴시가 좋을수록(Slump가 높을 수록)	
• 콘크리트의 비중	비중이 클수록	
• 배합	부배합이 빈배합 보다	
• 온도	타설시의 온도가 낮을수록	
• 거푸집 표면 평활도	평활하면 타설시 마찰계수가 적게 되어	
• 거푸집의 널의 수밀성	거푸집의 수밀성이 좋을수록	
• 거푸집의 강성	강성이 높을수록	
• 진동기의 사용	진동기를 사용하면	
• 붓기(타설)방법 및 위치	높은 곳에서 많은 수량을 낙하시키면 충격이 커주	
• 철근 또는 철근망	철근 또는 철근망의 사용량이 많을수록	측압이 작아진다.
• 시멘트의 종류	시멘트가 응결시간이 빠를 경우	

8.6 거푸집 존치기간

8.6.1 일반사항

1) 경제적인 측면에서 거푸집은 공사 진행상 또는 회전 사용상 빨리 철거해야 하지만 거푸집 존치기간은 콘크리트 강도에 중대한 관계가 있으므로 시방서에 지정된 날짜는 엄수할 필요가 있다.
2) 거푸집은 콘크리트의 보양과 변형의 우려가 없고 충분한 강도가 발휘될 때까지 존치해야 한다.
3) 거푸집 존치기간을 계산할 때
   ① 콘크리트 경화 중 최저기온이 5℃ 이하로 되었을 경우에는 1일을 0.5일로 환산하여 존치기간을 연장하고,
   ② 기온이 0℃ 이하일 때에는 존치기간에 산입하지 않으며,
   ③ 거푸집 제거 후 7일 기간은 콘크리트 표면을 습윤 상태로 보양해야 한다.
   ④ 타설 후 3일간은 진동과 충격을 금지한다.
4) 기초, 보의 측면, 기둥, 벽의 거푸집널
   ① 24시간 이상 양생한 후에 콘크리트의 압축강도가 표 8-11의 값에 도달하였음을 시험에 의하여 확인된 경우에 해체할 수 있다.
   ② 특히, 내구성을 고려할 때에는 콘크리트의 압축강도가 10MPa 이상 도달한 경우 거푸집널을 해체하는 것이 좋다.
   ③ 거푸집널 존치기간 중 평균기온이 10℃ 이상인 경우는 콘크리트 재령이 표 8-6에 주어진 재령 이상 경과하면 압축강도시험을 하지 않고도 해체할 수 있다.
5) 슬래브 및 보의 밑면, 아치
   ① 표 8-11의 값에 도달한 것이 확인될 경우 해체해도 좋다.
   ② 그러나 이때의 콘크리트 압축강도는 14MPa 이상이어야 한다.
6) 받침기둥의 존치기간은 슬래브밑, 보밑
   ① 모두 설계강도의 100% 이상 콘크리트 압축강도가 얻어진 것이 확인될 때까지로 한다.
   ② 단, Filler 거푸집을 설치하여 받침기둥을 해체하지 않을 경우에는 거푸집 존치기간을 단축할 수 있다.
7) 위 (6)항보다 먼저 받침기둥을 해체할 경우는 대상으로 하는 부재가 해체 직후, 그 부재에 가해지는 하중을 안전하게 지지할 수 있는 강도를 적절한 계산방법에 따라 구하고, 그 압축강도가 실제의 콘크리트 압축강도보다 상회하는지 확인하여야만 한다.

다만, 해체가능한 압축강도는 이 계산결과에 관계없이 건축학회표준시방서 최저 12N/㎟, 콘크리트학회콘크리트시방서 14N/㎟ 이상이어야 한다.

〈표 8-5〉 압축강도를 시험할 경우 거푸집 존치기간 (1MPa＝1N/㎟ : 10kgf/㎠)

부 재		콘크리트 압축강도
확대기초, 보, 기둥, 벽 등의 측면 (수직거푸집)		5MPa(5N/㎟) 이상
슬래브, 보의 밑면, 아치 내면(수평거푸집)	단층구조	$\left(f_{cu} \geq \frac{2}{3} f_{ck}\right)$ 단, 14MPa(14N/㎟ 이상)
	다층구조	설계기준 압축강도 이상 필러 동바리 구조를 이용할 경우는 구조계산에 의해 기간을 단축할 수 있음(단 이 경우라도 최소 강도는 14MPa 이상으로 함)

〈표 8-6〉 콘크리트 압축강도를 시험하지 않을 경우 거푸집널의 해체

시멘트 종류 / 평균기온	조강포틀랜드 시멘트	• 보통포틀랜드시멘트 • 고로슬래그 시벤트(1종) • 플라이애시 시멘트(1종) • 포틀랜드포졸란 시멘트 (A종)	• 고로슬래그 시멘트(2종) • 플라이애시 시멘트(2종) • 포틀랜드 포졸란 시멘트(B종)
20℃ 이상	2일	3일	4일
20℃ 미만~10℃ 이상	3일	4일	6일

〈표 8-7〉 거푸집의 최소 존치기간(Form Work for Concrete 10-15, ACI)

부위		재령		비고
수직재(벽,기둥,보 옆)		12시간		a. 설계 강도의 70% 이하 시 해체는 불가 b. ( )는 거푸집만 분리 해체 가능한 경우의 거푸집 존치기간 c. l_n : 순 스팬(Clear Span)
보 밑	하중 조건	설계 활하중이 고정하중보다 적을 경우	설계 활하중이 고정하중보다 클 경우	
	$l_n = < 3m$	7일(3.5일)	4일	
	$3m < l_n = < 6m$	14일(7일)	7일	
	$6m < l_n$	21일(10.5일)	14일	
슬래브 밑	$l_n = < 3m$	4일(3일)	3일	
	$3m < l_n = < 6m$	7일(3.5일)	4일	
	$6m < l_n$	10일(5일)	7일	

주) 1) 적용조건 : 주변온도가 10℃(50°F) 이상일 때
2) 재령일은 적산된 것이며, 연속적이지 않아도 무방
3) 조강 콘크리트 사용 시 설계자/엔지니어의 승인하에 이 기간은 단축 가능
3) 주변 온도가 10℃(50°F) 이하이거나, 경화지연제를 사용할 경우, 거푸집 존치기간 연장 가능

〈표 8-8〉 ACI 규준에 따른 강도별 재령에 따른 압축강도 발현 (단위 : MPa)

강도 \ 일수	1일	2일	3일	4일	5일	6일	7일	8일	9일	10일
21	4.3	7.4	9.6	11.4	12.7	13.8	14.8	15.6	16.2	16.8
24	4.9	8.4	11.0	13.0	14.5	15.8	16.9	17.8	18.5	19.2
27	5.6	9.2	12.4	14.6	16.4	17.8	19.0	20.0	20.9	21.6
30	6.2	10.5	13.7	16.2	18.2	19.8	21.1	22.2	23.2	24.0
35	7.2	12.3	16.0	18.9	21.2	23.1	24.6	25.9	27.0	28.0

〈표 8-9〉 거푸집의 최소 존치기간 BSI 8110 기준

부위		콘크리트 표면온도			비고
		16℃ 이상	7℃ 이상	t=0~25℃ 이상	
수직재(벽, 기둥, 보측면)		12시간	18시간	$\frac{300}{t+10}$(시간)	
보 하부	거푸집	10일	15일	$\frac{250}{t+10}$(일)	콘크리트 강도가 10MPa과 해당부재가 받게 되는 최대 휨응력의 2배 중 큰 값 이상일 때 해체 가능
	받침기둥	14일	21일	$\frac{360}{t+10}$(일)	
슬래브 하부	거푸집	4일	6일	$\frac{100}{t+10}$(일)	
	받침기둥	10일	15일	$\frac{250}{t+10}$(일)	

주) 적용조건 : ① 보통포틀랜드 시멘트 또는 내황산염 포틀랜드 시멘트
② 표면온도를 구할 수 없는 경우 주변 대기온도 사용가능
③ 조기강도를 위한 특별한 보양방법이 적용되는 경우 또는 슬라이딩 폼이 사용된 경우 적용 불가

〈표 8-10〉 시멘트의 종류에 따른 특성

종 류		특 징
포틀랜드 시멘트	보통	일반적인 시멘트로 가장 많이 사용 비중 3.15 이상, 단위용적중량은 1,500kg/m³
	조강	① 보통 시멘트의 7일 강도를 3일에 발현 ② 슬럼프의 감소가 크다. ③ 분말도가 높다. ④ 저온에서도 강도 발현 ⑤ 수화발열량이 크므로 균열에 주의한다.
	초조강	① 조강시멘트의 3일 강도를 1일에 발현 ② 저온에서도 강도 발현
	중용열	① 수화열 및 건조수축 저감 ② 강도증진은 늦어지나 장기강도는 보통시멘트 보다 크다.
	내황산염	황산염을 함유한 해수, 토양, 지하수, 하수 등에 대한 저항성이 큼

종　류		특　징
고로시멘트	A종	보통시멘트와 동일한 성질
	B종	① 초기강도는 약간 작지만 장기재령의 강도는 증대 ② 수화열이 낮고, 화학저항성이 큼
플라이애시 시멘트	A종 B종	③ 워커빌리티가 극히 양호하며, 장기강도가 증대 ④ 건조수축 및 수화열 저감

8.6.2 지주의 바꿔 세우기(Reshoring)

1) 개요

받침 기둥이란 거푸집, 콘크리트 그리고 시공하중을 지지할 수 있게 설계된 수직 또는 경사진 받침부재

받침기둥 바꾸어 세우기란 대규모 부재에서 본 거푸집/받침기둥이 제거된 이후 거푸집이 해체된 콘크리트 슬래브 또는 구조부재 하부에 설치한 받침부재

2) 설치시 유의사항

① 동바리 바꾸어 세우기는 원칙적으로 하지 않는다. 부득이 바꾸어 세우기를 할 필요가 발생한 경우는 그 범위와 방법을 정하여 책임기술자의 사전검토 및 승인을 받는다.

② 거푸집 탈형 및 동바리 제거에 관해 국내의 시방서와 ACI Code에 의하면 거푸집널의 경우에는 슬래브 설계강도의 3분의 2 이상 또는 70% 이상의 강도가 확보된 것을 확인한 이후로 되어 있으며, 동바리의 경우는 설계기준강도의 100%가 확보될 때까지는 존치하는 것으로 되어 있다.

③ 거푸집널을 동바리에 앞서 제거하기 위해서는 드롭패널방식의 시스템 거푸집을 적용하거나 동바리의 Reshoring에 의한 방법이 적용된다.

④ Filler Support에 의한 방법은 주로 벽식아파트 공사에서 Span이 3m, 5m 이상이 되는 경우 Span의 중간지점에 Filler를 대고 합판 면에 동바리가 직접 지지되도록 함으로써 일정 시간이 경과된 후 거푸집널을 제거할 때 중간지점에 위치한 Filler와 Support는 그대로 남겨두는 시스템이다. 이러한 Filler Support는 재령 28일 경과될 때까지 존치하도록 한다.

⑤ 시스템 거푸집공법의 적용이 아닌 경우 거푸집널의 제거 시에는 Reshoring을 하는 방법이 더 적합하다.

⑥ Reshoring은 기본적으로 동일한 위치에 동일한 개수로 지지해 주어야 한다.

⑦ 이것은 구조검토를 통해서 콘크리트의 재령 증가에 따라 강도가 증가되면 동바리의

개수를 줄이고 위치를 이동하는 것도 가능하다. 그러나 상부층의 공사진행에 따라 추가되는 하중에 대하여 고려해야 한다.

3) 바꾸어 세운 받침기둥의 해체

① 받침기둥은 슬래브나 부재가 자중 및 부과된 하중을 충분하게 견질 내력을 가진 후 해체가능하다.

② 해체작업은 미리 계획된 절차에 따라 진행해야하며, 지지된 구조물이 충격을 받거나 편심을 받지 않도록 주의 요망

8.7 각종 거푸집공법

8.7.1 재래식 거푸집공법

슬래브 부위에 적용되는 재래식 거푸집공법은 판재(주로 내수합판 또는 특수코팅합판), 장선(각목), 멍에(각목), 지주(Support)로 구성되어 있다. 각 구성요소별 물성 및 전용횟수는 다음과 같다.

① 판재 : 내수합판은 전용횟수 약 3회, 코팅합판(두께 : 12mm의 경우)은 약 10회이다.

② 장선 및 멍에 : 각목으로 된 장선 및 멍에는 약 20회 정도 전용가능하다.

③ 지주 : 강재로 제작된 지주는 100회 이상 전용가능하다.

8.7.2 강제거푸집(메탈폼)공법

내구성이 뛰어나고, 콘크리트의 타설정밀도가 높으며, 수밀성이 좋고, 조립 해체가 신속히 이루어지므로, 옹벽, 기초보 등 그리 복잡한 형상이 아닌 또한 마무리가 필요없는 구조물의 거푸집으로서는 경제성이 좋다. 보형(型), 기둥형, 개구부 등이 많고, 설계치수도 각층 전부 변화하는 건축물에서는 표준패널 만으로는 짜임새가 맞지 않아, 이형물을 쓰게 되기 때문에, 도리어 불편하게 된다.

1) 패널의 종류

강제거푸집 패널의 치수의 종류를 표 8-5에 나타내었다. 또 형상은 그림 8-22에 표시한 표준품(폴랫폼) 외에 든모서리용 코너폼, 나온 모서리용 코너폼, 또는 터널폼, 센틀, 스틸폼, 댐폼, 도로폼, 곡면공사(工事)용 메탈폼 등 특수용도의 메탈폼이 많이 있다.

〈표 8-11〉 패널의 호칭법 및 치수(JISA 8652)

호칭법	폭×길이×춤	호칭법	폭×길이×춤	호칭법	폭×길이×춤	호칭법	폭×길이×춤
3018	300×1,800×55	2018	200×1,800×55	1518	150×1,800×55	1018	100×1,800×55
3015	300×1,500×55	2015	200×1,500×55	1515	150×1,500×55	1015	100×1,500×55
3012	300×1,200×55	2012	200×1,200×55	1512	150×1,200×55	1012	100×1,200×55
3009	300×900×55	2009	200×900×55	1509	150×900×55	1009	100×900×55
3006	300×600×55	2006	200×600×55	1506	150×600×55	1006	100×600×55

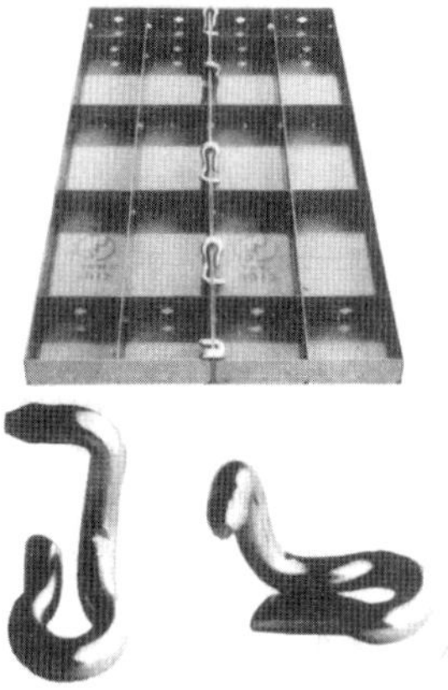
그림 8-22 U크램프에 의한 강제 거푸집 패널의 접합

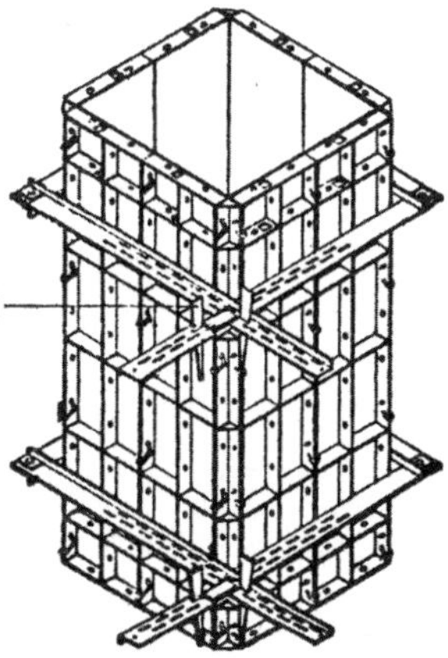

그림 8-23 독립기둥의 거푸집의 조립(칼럼크램프)

2) 패널의 조립

강제거푸집 패널공법의 특징의 하나는 U크램프, 칼럼크램프 등 몇 가지 부속품을 사용하여, 간편하게 조립할 수 있다는 점이다. 울거미재와 울거미재를 맞추어, 조립용의 구멍에 U크램프를 삽입해서 회전시키면 견고한 패널끼리의 집합이 된다.

칼럼크램프라는 것은 그림 8-23에 나타낸 독립기둥용의 강제단재인데, 힌지가 붙은 2조의 강판을 양쪽에서 맞붙여서, 강판위에 지그재그로 뚫어놓은 2줄의 구멍이 겹쳐진 부분에 쐐기를 넣어 죄인다.

8.7.3 유로폼공법[철재 패널폼, 모듈식 거푸집(Modular Form)]

1) 일반사항

유로폼(Euro Form)공법은 독일을 비롯한 유럽에서 개발된 공법으로 규격화된 모듈러폼(Modular Form)이다. 국내에는 80년대 초에 재래식 합판거푸집공법의 단점을 보완한 대체공법으로 도입되었다. 유로폼은 특수코팅된 합판을 강재틀에 부착시켜 만든 것으로 인력에 의한 운반 및 취급이 용이하도록 규격화된 패널로 되어 있다.

그림 8-24 유로폼

이 시스템은 아파트를 비롯한 철근콘크리트 구조물공사 전반에 폭넓게 사용되고 있다. 는데, 활용도가 높은 반면에 재래식 공법의 범주를 크게 벗어나지는 못하고 있다. 패널폼은 크게 나누어 벽체용, 기둥용, 바닥용으로 구분할 수 있는데 기본 패널의 모듈이 600×1,200mm으로 작게 제작되어 있어 바닥에는 거의 사용하지 않고 벽체와 기둥에 많이 사용하고 있다. 거푸집 패널의 두께는 70mm와 63.5mm 두 가지가 있고, 70mm 패널은 근래에 거의 사용하지 않고 있다.

거푸집의 구성개념은 철재장선과 라미네이트 코팅합판으로 제작된 거푸집 패널을, 벽에서는 비계용 파이프로, 바닥에서는 드롭헤드(Drop Head)와 빔(Beam)을 보강재로 사용하여 지지하는데, 드롭헤드를 이용한 바닥거푸집 시스템은 거푸집 조기탈형 방식으로서 슬래브 콘크리트를 친 후 양생한 다음 지주(Supporting Prop)는 그대로 두고 드롭헤드의 쐐기를 빼면 슬래브 거푸집을 받치고 있는 유로폼만 아래로 떨어지면서 슬래브 거푸집이 해체되는 방식인데 매트리폼시스템(Metriform System)이라고도 한다. 이 방식은 거푸집 해체 후에도

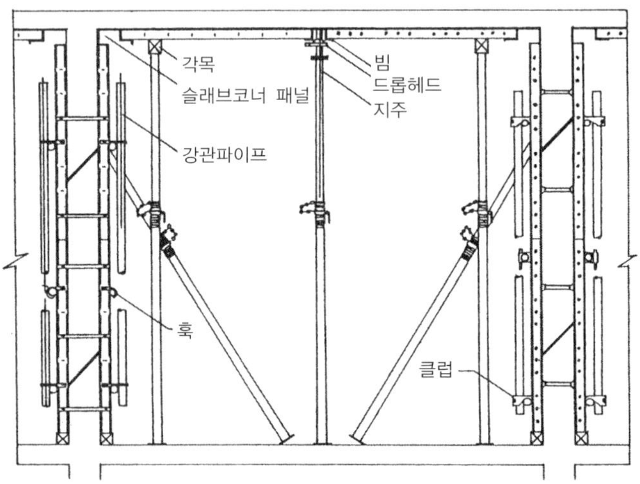

그림 8-25 패널폼의 개요도

지주가 슬래브를 받치고 있기 때문에 지주의 바꾸어세우기(Reshoring) 작업이 필요 없고 거푸집도 절약할 수 있다.

패널폼은 인력소모가 많고 안전성이 떨어져 최근에는 점차 그 사용이 줄고 보다 나은 시스템화 거푸집을 사용하는 경향이 있다.

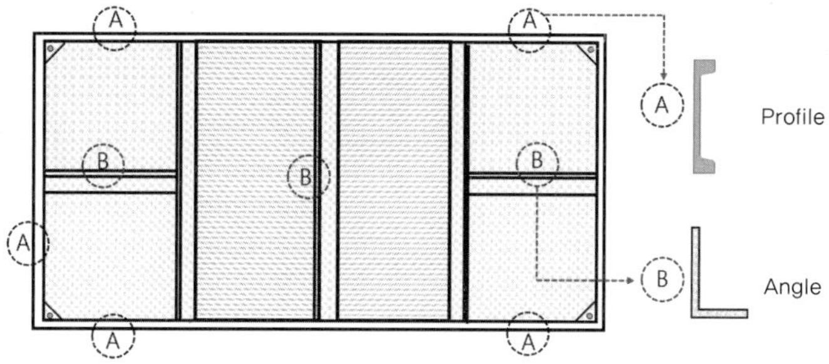

그림 8-26 Euro Form의 규격

패널의 종류는 규격화된 타입과 비규격타입, 코너전용으로 구분되어 있다. 패널 간의 조립을 위한 부속재는 폼타이, 핀(Pin), 갈고리(Hook) 등이 있고, 패널의 강성을 유지하기 위한 보강파이프가 사용된다. 각 구성요소별 물성 및 전용횟수는 다음과 같다.

① 규격패널의 무게 : 약 20~30kg 정도이다.

② 판재 : 최초 구매 후 약 60회 정도 사용 가능하나 15회 정도 사용한 후에는 합판교체, 프레임교정 및 도장을 하여야 한다.

③ 폼타이 : 평면형 폼타이는 매설형으로 1회 사용한다.

④ 핀, 갈고리 등은 전용성이 높지만 손실되는 경우가 많고, 보강용 파이프는 반영구적으로 사용 가능하다.

2) 특징

항 목	방지대책(점검사항)
① 장점	㉠ 일반 합판 거푸집에 비하여 시공상의 정밀도가 높다. ㉡ 타 거푸집 시스템과의 조합이 쉽다. ㉢ 장비가 불필요하다. ㉣ 초기 투자비가 적고 거푸집 손료가 싸므로 경제적이다. ㉤ 아파트, 사무실 등 거의 모든 구조물에 적용 가능하다.
② 단점	㉠ 부재의 크기가 작고 해체, 조립을 반복하므로 인력소모가 많다. ㉡ 부재조립, 해체, 운반을 인력에 의존하므로 시공속도가 늦고 인력수급 상황에 민감하다. ㉢ 곡면 시공이 어렵다. ㉣ 거푸집 이음부위가 많아 시멘트페이스트의 누출이 많고, 이음부위 면처리 비용이 많이 든다. ㉤ 높은 측압에는 약하다. ㉥ 시공품질이 작업자의 기능도와 작업성실도에 크게 좌우된다.

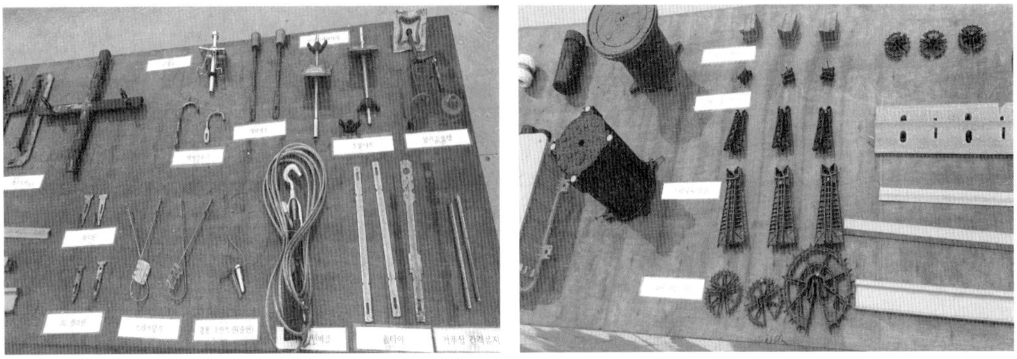

그림 8-27 부속자재

8.7.4 알루미늄 거푸집

1) 개요

성력화 · 합리화를 추구할 수 있으며, 건설폐기물 발생을 최소화할 수 있는 거푸집 공법이다. 이것은 알루미늄 압연 성형재의 틀 및 장선과 내식성 알루미늄 합금에 표면처리를 한 면판과의 일체형 거푸집 구조로 되어 있다. 조립은 클립을 사용하므로 긴결 및 고정이 가능하며, 재래식 거푸집에서는 꼭 필요한 수평부재가 필요 없으므로 대폭적인 성력화가 가능하다. 경량이므로 취급이 용이하고, 30회 이상 사용할 수 있어 경제적이며, 콘크리트 면의 정밀도 및 품질이 향상된다. 거푸집 자체에 강성이 있으므로 Flat Tie를 틀에 직접 고정하기 때문에 수평부재 등이 필요 없다. 또한 조립이 간단하기 때문에 시공작업을 50% 이상 성력화할 수 있다.

2) 알루미늄 폼 형상

Wall Panel		Slab Panel	End Beam
Size	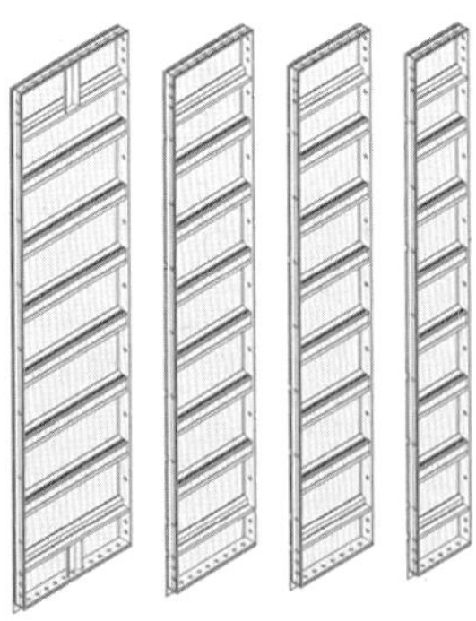	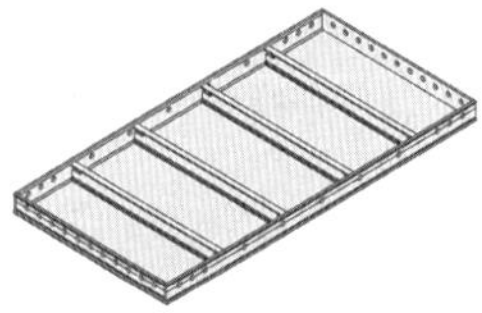	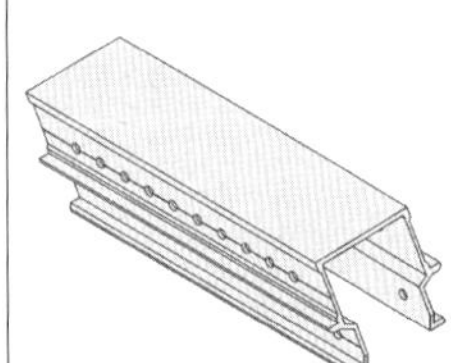
300×2400×15.8			
400×2400×19.6			
450×2400×21.5			
600×2400×27.6			
300×2450×16.4			
400×2450×20.4			
450×2450×21.6		Size	Size
600×2450×28.5		600×1200×13.5	150×600×5
		450×1200×13.5	150×900×7.2
		400×1200×13.5	150×1050×8.3
		300×1200×13.5	

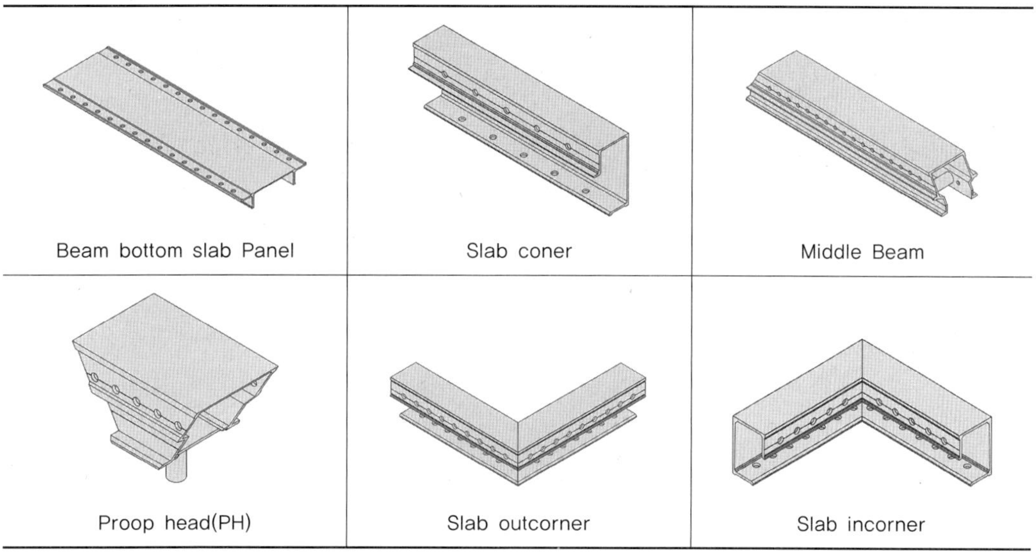

그림 8-28 알루미늄 폼(자료 및 이미지 출처 : Kumkang kind)

3) 특징

〈표 8-12〉 알루미늄 합금재 프레임 패널

구 분		AL Form	AL Wood Form
패널	구성	AL Frame+4mm AL Sheet	AL Frame+12mm 코팅 합판
	규격	600mm×2,325mm	600mm×2,364mm
	중량	30kg	25kg
전용횟수		150회	25회
특징		고품질 골조면 확보, 건축 폐기물량 절감	기술특허권
설치			

4) Plastic Ribbed Slab(PRS공법)

재사용이 가능한 Plastic Form을 적용하여 탈형 가능한 1방향 장선 슬래브(1 way Ribbed Slab)를 실용화한 Plastic 거푸집으로 트러스 철근을 공장조립하여 현장 철근배근을 간소화한다.

(1) 슬래브 형상

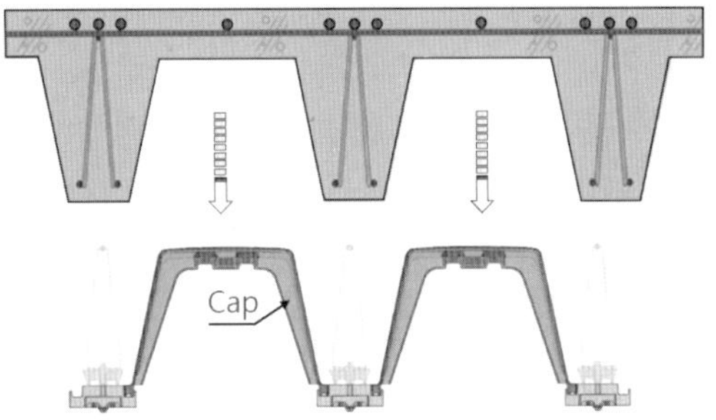

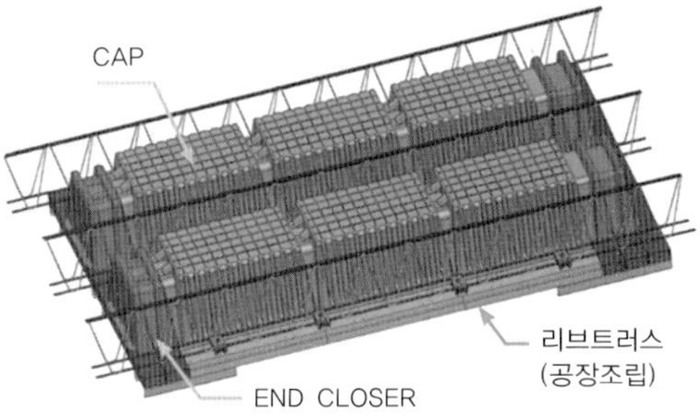

그림 8-29 슬래브 형상 및 PRS조립도(이미지 출처 : (주)반석TVS)

그림 8-30 그림 탈형 이후 슬랩브 모습(이미지 출처 : (주)반석TVS)

(2) 특징

① 재래식 공법에 비해 콘크리트와 철근 감소로 경제성 향상

② 구조 형상이 리브로 되어 있어 바닥 슬래브 균열제어 효과 유리

③ 구조적으로 장선슬래브 적용으로 자중이 감소되어 수직부재 절감이 가능함

④ 양생이후 플라스틱 거푸집을 탈형되어 슬래브 누수 확인이 가능

⑤ 플라스틱 거푸집의 재사용이 가능함

⑥ 트러스 철근을 공장에서 조립하므로 현장에서 철근조립의 간소화

8.7.5 Textile Form(흡수, 투수, 탈수 섬유재거푸집)

1) 개요

특수한 거푸집을 사용해서 큰크리트의 여잉수(余剩水)를 효과적으로 흡수 또는 배수하여 밀실(密實)한 콘크리트로 하는 공법이다. 이 공법은 재래식 거푸집 바닥에 $\phi3$~$\phi5$mm, 간격 5mm~10mm의 작은 구멍을 뚫고 그 위에 특수부직포를 부착시켜 통기, 투수성을 갖도록 만든 것으로 Textile Form, Filter Sheet Form method, dry form 공법이라고도 한다.

2) 공법의 종류

① 형틀 내부에 흡수성(吸水性)이 있는 재료를 발라서 잔류수를 흡수(吸水)하는 방법

② 거푸집에 미세한 구멍을 뚫어서 특수직포를 깐 포장(布帳)거푸집으로 잔류수를 외부로 배출시키는 방법

③ 거푸집 안쪽에 흡수재(吸水材)를 배치하고, 거푸집 하부(下部)에 설치한 통(樋)기관으로 잔류수를 제거하는 방법

3) 적용효과

이 공법(工法)은 콘크리트 표층부의 물시멘트비(比)가 작아지며, 표면강도를 증가시킴과 동시에 몸체면의 수밀성이 향상한다. 콘크리트에 사용되는 물의 양은 콘크리트의 경화에 필요한 물의 양의 2~4배 정도가 사용되는데, 콘크리트 타설 직후 불필요한 물을 제거한다면 여러 가지 효과를 얻게 된다. 이와 같은 목적으로 거푸집에 붙여서 사용하는 표면재를 섬유재(材)라 한다. 섬유재를 거푸집에 사용하였을 경우의 효과는 다음과 같다.

① 경화시간의 단축

② 동결융해 저항성의 향상

③ 통기효과로 인한 Bleeding 감소 및 잉여수의 배출로 미관이 좋아짐.

④ 탈수효과로 표면강도가 증대되어 28일 강도가 종래 공법의 2배 이상 높아짐.

⑤ 중성화 깊이 1/4, 염분 침투깊이 1/5, 동결융해 깊이 1/0 정도로 각각 감소하므로 내구성 향상

⑥ 별도의 마감공사가 필요 없음(제치장 콘크리트에 유리)

⑦ 탈수효과로 표면 강도 증대

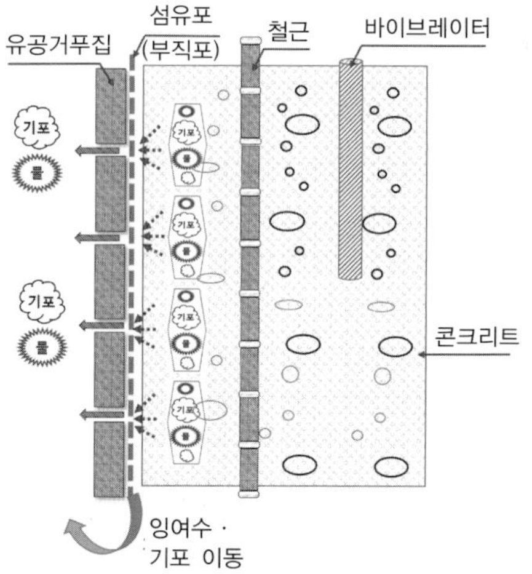

그림 8-31 투수성 거푸집에 설치 예

4) 시공시 유의사항

① 재래식 거푸집에 비해 접착력이 좋아지므로 장선 및 지보공의 설치를 충분히 하여 안전사고를 방지한다.

② 거푸집 제작시 못, 철근 등에 의해 부직포가 손상되지 않도록 한다.

③ 배수된 물의 처리는 거푸집 하단에 홈통을 설치하여 집수정으로 유도한다.

④ 부직포는 소정의 크기로 절단하고 접착재, 못 등으로 거푸집판에 부착한다.

⑤ 거푸집 전용회수는 10~15회가 일반적이다.

8.7.6 플라스틱 거푸집

1) 개요

유리섬유/플라스틱의 복합재료로 이루어진 첨단 건축 신소재로 내구성과 시공성이 뛰어난 거푸집이다. 투명판으로 하여 콘크리트 품질관리가 가능하고, 내장마감면으로 처리할 수도 있다.

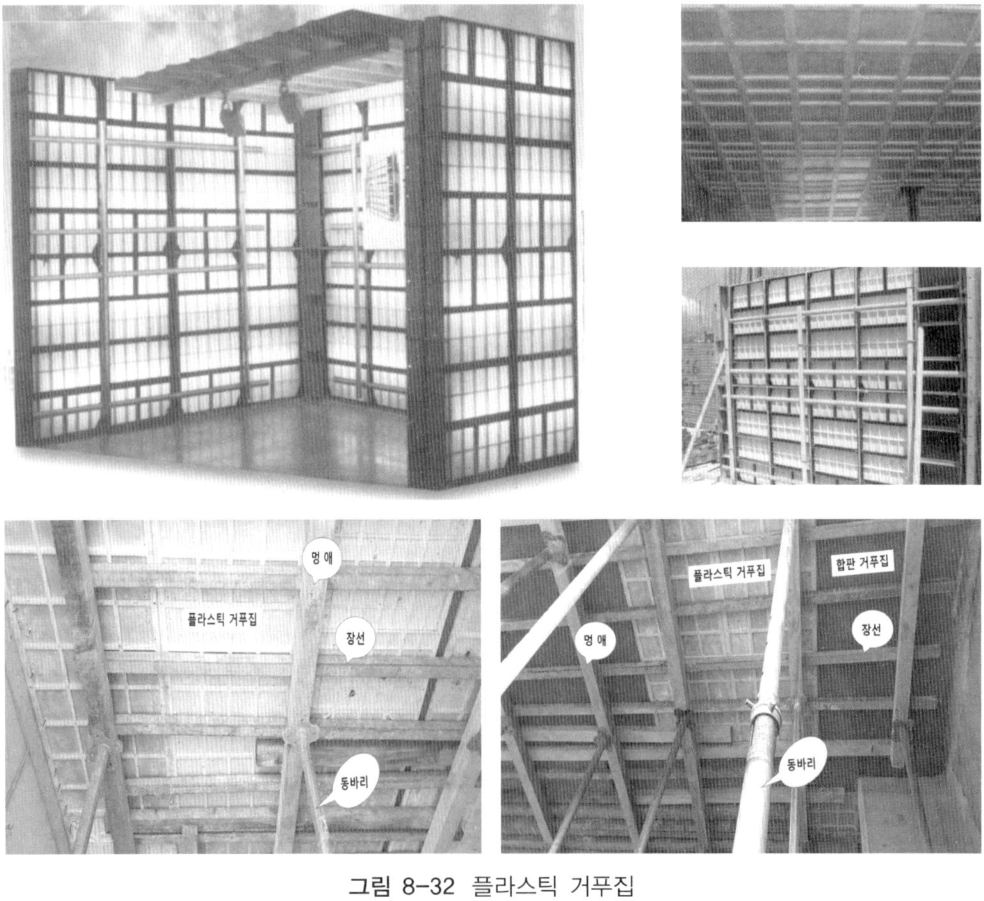

그림 8-32 플라스틱 거푸집

2) 특징

① 전용횟수 증가로 50회 이상 재사용 가능한 경제적인 거푸집이다.

② 유리섬유/플라스틱의 복합재료로 이루어진 첨단건축신소재로 내구성과 시공성이 뛰어나다.

③ 반투명 제품(영질염화비닐수지)으로서 채광에 의한 밝은 작업환경 실현으로 현장안정성 및 건축물의 정밀시공에 기여한다.

④ 사용 후 재활용이 가능하므로 산업폐기물 발생을 없앨 수 있어 환경보호에 기여한다.

⑤ 직사광선 및 열에 대한 내구성이 우수하다.

8.7.7 시스모 거푸집공법(Sismo 거푸집, 철재 비탈형거푸집)

1) 개요

시스모 거푸집 공법은 1992~1994년에 걸쳐 벨기에의 시스모Ⓡ 엔지니어링(SISMO Engineering)에 의하여 개발되어 1995년 국내에 도입된 이래 우리나라의 건축규준과 시공기술에 맞게 보완된 공법으로 철근콘크리트 벽체 공사에서 거푸집 사용을 배제할 수 있고 조립성이 뛰어나 그 사용이 점차 증가할 것으로 기대되고 있다. 벨기에에서 개발 당시에는 가새지지된 구조체에 무근으로 사용하여 철근 사용성을 배제함으로서 재료비와 시공비용을 줄이는 것을 목적으로 하였으나, 우리나라에서는 철근콘크리트 설계규준에 따라 최소철근량이 사용되고 있다. 이 공법은 별도의 거푸집을 설치할 필요 없이 철근콘크리트 설계 및 시공이 일체로 해결될 수 있는 효율적 건축공법이다. 단열재 속에 각종 설비의 배관 및 배선의 설치를 체계적이고 간단히 할 수 있어 위생, 전기시설, 난방장치 등을 경제적이고 안전하게 처리할 수 있다. 또한 공기단축, 인건비 절감, 단열성 증진 등 시공성능이 좋아진다.

이 공법은 건물의 기초, 벽체, 슬래브, 지붕 등 어떤 구조부재에도 사용할 수 있으며, 내진구조를 이루게 된다. 곡선 및 직선 그리고 직교하는 면까지 쉽게 제작할 수 있어 설계의 다양화, 시공의 단순화가 이루어진다.

2) Sismo 거푸집 구성요소

① 라티스(Latice)

본체의 골격을 유지하는 라티스 철선은 아연도금되어 있으며 ϕ2.2mm 인장강도 7~8 ton/㎠의 철선이다.

시스모 공법의 뼈대를 형성하는데 건물 모양을 자유자재로 만들 수 있는 토대가 된다.

② 내부 패널(Infill Panel)

라티스 뼈대 사이로 설치해 밀폐된 공각구조를 만들어 벽을 형성하게 한다. 패널은 구조적인 특성에 따라 30, 40, 50mm 스티로폼을 사용하거나 3mm고밀도 화이버 보드(H.D.F)를 사용한다.

③ 삽입재 (Infilled Strip)

내부패널 설치가 완료된 이후에는 밀폐된 공간이 생기는데, 이 빈 공간(벽체 내부)에 콘크리트를 타설한다. 구조적인 특성에 따라 철근 등의 보강재가 추가되기도 한다. 콘크리트 강도는 21MPa 이상을 사용한다.

3) 특징

(1) 공장제작

① SISMO 도면에 따라 공장 제작한다.
② 벽체 및 개구부를 일괄 제작한다.
③ 곡면 등의 벽체 및 개구부를 공장제작으로 시공이 용이함

(2) 현장조립

① SISMO 도면에 의해 조립한다.
② 패널 결속 공구를 이용하여 단시간 내에 조립한다.
③ 재품의 규격화, 표준화로 설계 시공관리가 용이함
④ 결속공구를 이용한 현장조립으로 현장소음 감소

(3) 공정의 단일화

① 형틀, 단열을 한번에 조립이 가능함
② Footing, 줄기초 그리고 기초 벽체를 한번에 콘크리트를 타설함

(4) 해체작업이 필요 없음

① 콘크리트 타설 이후 해체공정이 필요 없이 바로 단면을 마감
② 해체 및 정리 공정을 단축시킬 수 있어 공사기간 단축

(5) 친환경 공법

① 목재나 합판을 거의 사용하지 않는 친환경 공법
② 해체작업이 없으므로 건축 폐자재 감소
③ 완벽한 단열 성능으로 냉난방비 절감.
④ 결속공구를 이용한 패널 조립으로 현장 소음 감소
⑤ 건축폐자재 감소로 폐기물 처리비 절감

(6) 경제성

① 공기단축, 노동인력 감소에 따른 공ㅅ하비 절감

② 제품의 공장생산 및 시공의 시스템화로 현장 관리비용 절감

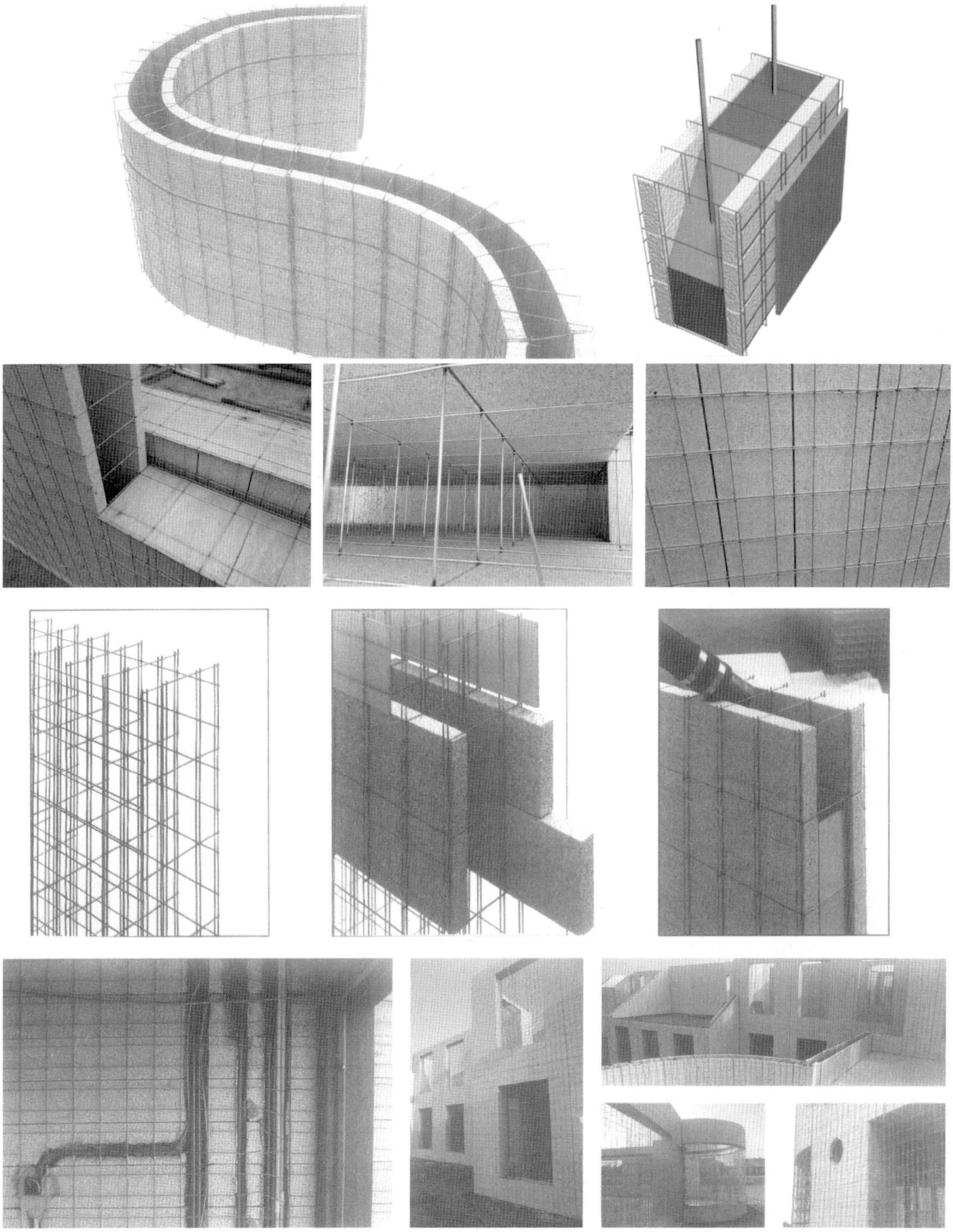

그림 8-33 Sismo 거푸집

4) 기준층 형틀작업 Flow Chart

Con'c 타설 → **양 생** → **먹 놓 기**

Con'c 타설
- 타설 후 수직도 Check
- 타설층 Support 상태 확인

양 생
- 살수양생

먹 놓 기
- 먹놓기
- 수평보기

Wall 철근 배근 — **전기 · 설비 배관**

Wall Form 해체 → **상층부 인양** → **Wall Form 조립** → **Slab Form 해체 (Filler 제외)**

Wall Form 해체
- 수직, 수평 지지대 제거
- Pin, Bolt 제거
- Wall Form 해체
- 인양장소로 이동
- Sld'g Form 인양

상층부 인양
- 안전사항 확인
- Form 청소 (E/F, Sld'g/F)
- 박리제 도포

Wall Form 조립
- 수평목 설치
- W/F 조립
- 수평, 수직 지지대 설치
- 옹벽 수직가새 설치
- 면목설치

Slab Form 설치 → **Slab 철근배근** → **내부 Form 설치** → **Con'c 타설**

Slab Form 설치
- 옹벽둘레 장선 설치
- 멍에/장선 설치
- 합판 거푸집 설치
- Slab 거푸집위 먹놓기
- 단부 거푸집 설치
- Open'g Box 설치
- 단열재/ 수절목 설치
- 수평 수직 조정 작업
- 청소

Slab 철근배근
- 하부 틈새 확인
- 옹벽 수직도 확인

내부 Form 설치
- Parapet 내부 폼
- 계단 챌판 내부 폼
- 방수턱 시공
- Con'c 타설 Level 표시
- 외부 옹벽 수직도 점검

8.7.8 고정벽식 거푸집구조

1) 구성형태

① 독특하게 설계된 마감부재로 콘크리트 타설시 더 이상의 마감부재가 필요 없으며 층단에서 동결도 방지한다. 0.30(K/m²K)의 U-Value를 가진 250mm 표준부재는 얇은 벽이지만 크게 에너지를 절약할 수 있다.

② 거푸집공이나 철근공이 필요하지 않으며, 기술이 없어도 시공이 간편하게 할 수 있다.

③ 공기단축효과, 공사비 절감효과가 있다.

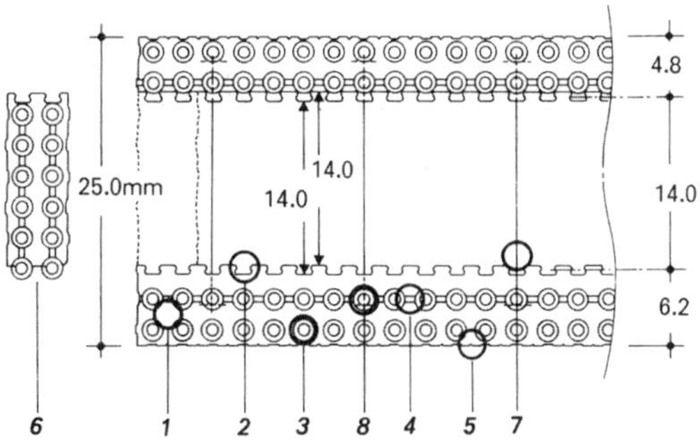

2) 종류

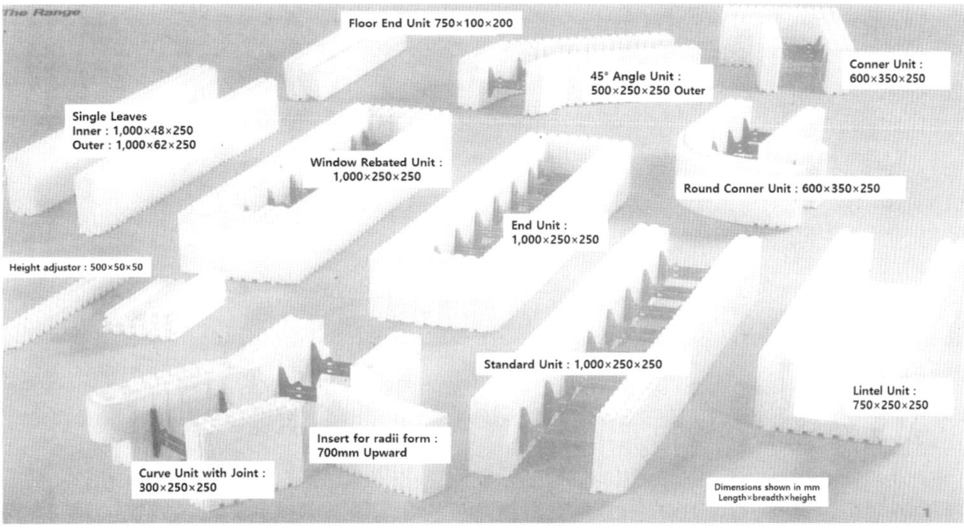

3) 시공방법

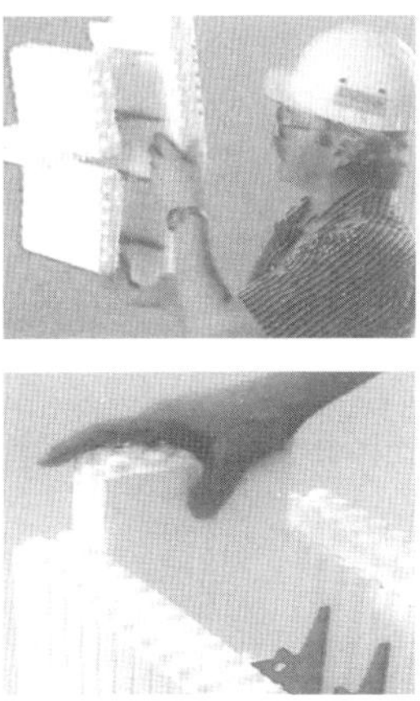

(a)

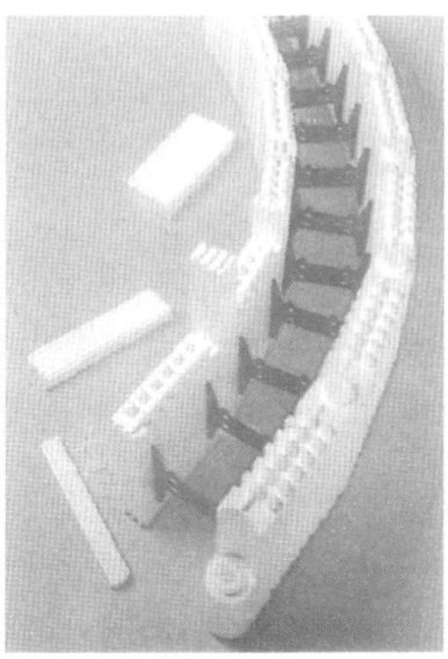

(b)

(c)

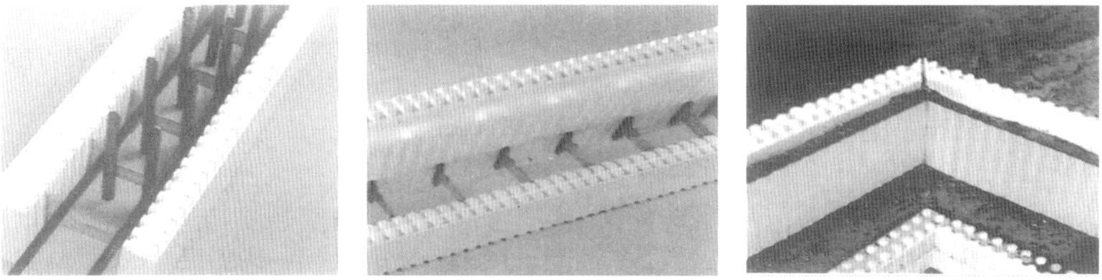

(d) (e)

(f) (g) (h)

그림 8-34 고정벽식 거푸집

주) : (a) Endpiece 부재는 인접돌기에 연결하여 정해진 위치 내에 삽입될 수 있다.
(b) 어떤 형태의 곡면벽의 거푸집도 시공이 가능하다.
(c) 내부에 형성된 홈을 따라 톱을 사용하여 용도에 맞춰 적절한 크기로 자를 수 있다.
(d) 철근보강이 필요시 철근을 Metal Web에 있는 특별히 고안된 장치에 배근할 수 있다. 벽구조 시스템은 지하층에서도 시공할 수 있다.
(e) 높이조정 부재는 층고를 융통성 있게 해 준다.
(f) 철근보강이 필요시 철근을 Metal Web에 있는 특별히 고안된 장치에 배근할 수 있다. 벽구조 시스템은 지하층에서도 시공할 수 있다.
(g) 설비라인은 콘크리트 타설 전에 벽구조 시스템 내에 설치될 수 있다.
(h) 패널부재의 높은 강도는 1개 층 높이의 벽을 단번에 시공할 수 있고 필요하면 콘크리트 타설시 진동을 가할 수 있다.

4) 시공특성

① 두께가 다른 내 · 외부단열 패널부재는 독특한 물리적 성질을 만들어 낸다.

② 패널부재 내부에 형성된 수직 홈은 콘크리트와 스티로폼 부재의 접착을 강력하게 한다.

③ 위로 솟은 돌기는 상하단 부재와 조적을 용이하게 한다.

④ 수직으로 나온 마루는 콘크리트의 유출과 틈새의 동결을 방지한다.

⑤ 패널부재에 형성된 수직방향의 홈은 부재의 정확한 전달을 용이하게 한다.

⑥ 격막부재와 Endpiece의 삽입으로 자유로운 모양을 창출한다.

⑦ Metal Web는 보강철근의 삽입이 용이하도록 V형으로 재단되어 있다.
⑧ Metal Web가 스티로폼에 삽입되어 일체화되어 있다.

8.7.9 Stay in Place Form(단열 내장거푸집)

1) 개요

Stay-in Place Form이란 거푸집위에 단열재를 내장하고 있는 거푸집으로 콘크리트 타설 이후 구조체에 영구적으로 단열재가 남겨놓는 공법이다. 기존의 가설재 거푸집을 이용하여 단열재를 편리하게 고정할 수 있어 현공법에 비해 공기단축 인력절감, 단열효과를 증진시킬 수 있다.

2) 시공시 주의사항

① 양중장비를 고려한 패널 제작이 요구된다.
② 바람에 의한 안전성 검토
③ 양중, 이동시 변형이 없도록 강성확보

3) 특징

① 거푸집 탈형 청소 등의 품이 절약된다.
② 재래식공법에 비해 공기단축 효과가 있다.
③ 거푸집 표면에 벽지 등 마감을 할 수 있다.
④ CFC(Chloro Fluoro Carbon : 염화불탄소)를 함유하지 않은 폴리스티렌을 사용하여 오존층 파괴를 방지한다.
⑤ 콘크리트 타설 이후 습윤상태를 유지하여 강도 발현에 도움.
⑥ 패널 상호 긴밀하게 연결되어 있어 수밀성이 높다.

4) 전망

① 현재 미국에서 적용되고 있는 공법으로 단독주택이나 복합주택에 적용되고 있다.
② 사무실, 쇼핑센터 등의 건축물에 효과적으로 적용이 가능하다.

8.7.10 철재 비탈형(非脫型) 거푸집

1) 개요

철재 비탈형 거푸집은 콘크리트의 품질 확보를 위하여 철재로 거푸집을 구성하여 콘크리트를 타설 및 경화 이후 거푸집 탈형 없이 본다.

2) 사용목적

① 공기단축 효과

② 철재와 콘크리트 합성효과에 의한 강도 증진

③ 내화성 증진

④ 공정절감으로 시공성 향상

⑤ 폐기물 발생량 감소

3) 철재 비탈형 거푸집의 종류

항목	종류	비 교
선형부재	① CFT	강관기둥 내부에 콘크리트를 충전하여 일체화 시킨 복합화 공법
	② TSC보	3면이 폐쇄된 강판에 콘크리트를 채워 넣은 TSC구조는 철근 콘크리트와 철골구조의 장점을 추출하여 접목시킨 신공법
면형부재	① Deck Plate	철근콘크리트 바닥의 거푸집용으로 많이 사용되며, 일부는 구조용으로 사용되고 있다. 종류 : 일반 Deck Plate, 플랫 Deck Plate, 셀룰러 Deck Plate, 합성구조용 Deck Plate, 철근 일체형Deck Plate
	② Metal Lath	리브라스(Rib Lath)는 평평라스에 세로간격 9~12mm에 리브(갈빗대 모양의 두드러진 것)를 돋운 것

8.7.11 CFT(Concrete Filled Tube)

1) 개요

강관기둥 내부에 고강도의 콘크리트를 충전하여 일체화 시킨 복합화 공법으로 원형 또는 사각형의 강관기둥 내부에 고강도, 고유동화 콘크리트를 충전시킨 공법으로 기둥부재에 적용한다.

2) 형상

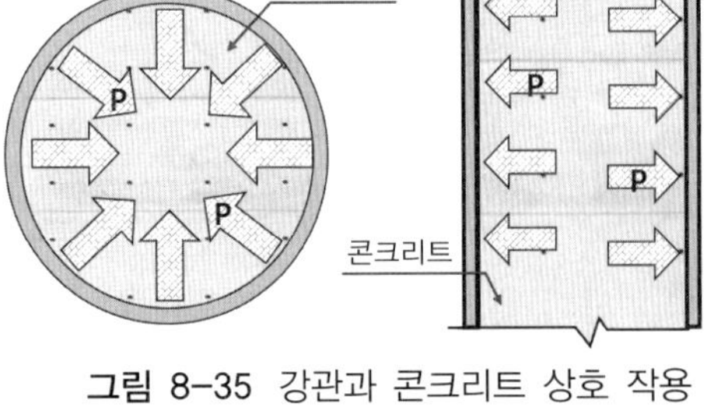

그림 8-35 강관과 콘크리트 상호 작용

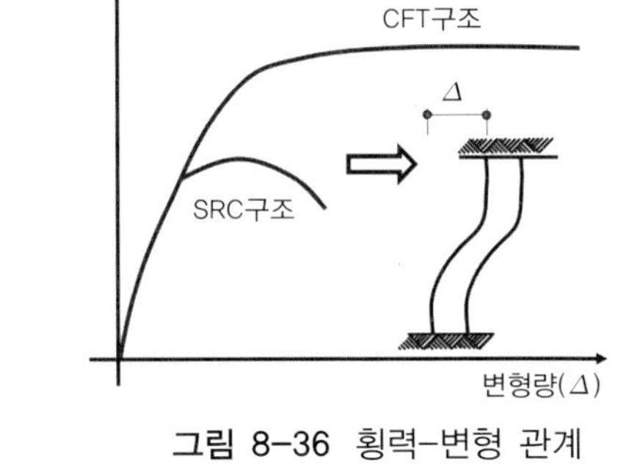

그림 8-36 횡력-변형 관계

3) 콘크리트 충전공법

항 목	내 용
① 압입충전공법 (압입타설공법)	• 강관기둥 보, 바닥을 구축한 이후 강관 하부로부터 콘크리트를 압입하여 충전하는 공법
② 낙하충전공법	• 강관기둥 보, 바닥을 구축한 이후 상부로부터 콘크리트를 트레미관 등을 사용하여 떨어뜨리는 낙하충전공법

4) 구조적 성능

항 목	내 용
① 구조성	• 국부좌굴 억제 • 높은 항복강도와 큰 변형능력 발휘
② 시공성	• 철근, 거푸집 등 선행공사가 필요 없으므로 공기단축 • 콘크리트 배합계획과 타설 방법 연구가 필연적
③ 내진성	• 지진에 강하다.
④ 내화성	• 화재에 강재의 온도 상승효과 억제 • 엷은 내화피복으로 표면온도 억제
⑤ 환경성	• 거푸집에 사용하는 목제 절약으로 지구환경 보호

8.7.12 T.S.C(T-Type Steel Composite beam) 거푸집

1) 개요

상하 플랜지와 좌우 웨브로 구성된(3면이 폐쇄된) 강판에 콘크리트를 채워 넣은 TSC 구조는 철근 콘크리트와 철골구조의 장점을 추출하여 접목시킨 신공법이다. 철근 역할을 겸하는 형강판제 영구 거푸집 윗 날개에 데크를 얹어 콘크리트를 채운 합성보로서, 형단면의 윗 날개는 압축재 역할을, 하판과 측판은 각각 인장재와 전단 보강재 역할을 겸한다. 외피에 배치된 강판에 콘크리트를 채움으로써 휨 강성 증가, 처짐 감소, 진동 특성 우수, 균열 중성화 방지, 내구성 연장, 층고 절감, 자재물량 등의 효과를 거둘 수 있고, 미려하고, 단순한 외관으로 내화 피복비가 절감되며, 마감공사 및 보강공사가 용이해지는 등의 장점이 있다.

2) 시공순서

① 기둥세우기

② TSC 보 설치

③ 데크플레이트 설치 및 철근배근

④ 기둥거푸집 설치

⑤ 바닥 콘크리트 타설 및 양생

3) 향후 활용가능 분야

① 층고절감이 요구되는 건물

② 장스팬으로 처짐 및 진동에 대한 사용성이 문제가 되는 경우

③ 적재하중이 큰 건물

④ 철골구조와 철근콘크리트 구조가 혼합된 건축물의 하중 전이층에 적용

4) 형상

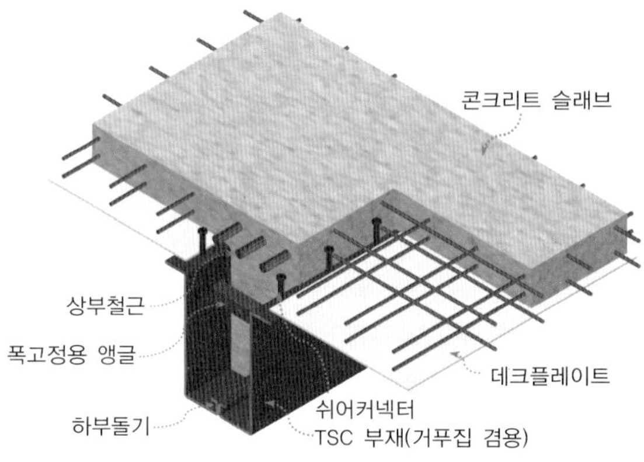

그림 8-37 TSC 보 개념도(출처 : 센구조)

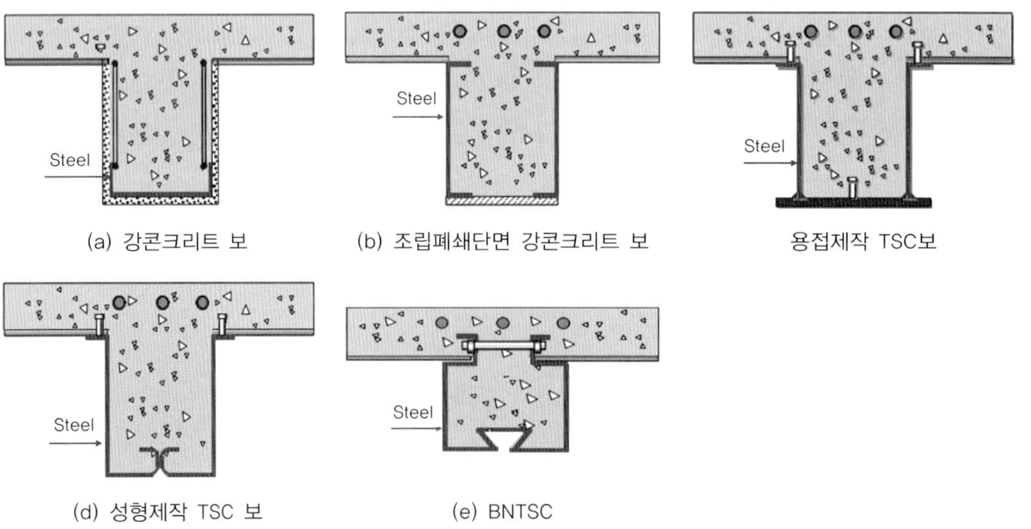

그림 8-38 TSC 보 종류(그림 출처 : 센구조)

5) 경제성

항 목	내 용
1) H형강 보를 TSC 보로 변경하면	① 보내부에 콘크리트 타설과 철근이 추가 배치된다. ② H형강 강재량 감소로 보 제작 및 설치비가 약 30% 절감 ③ H형강 보와 TSC 보 모두 공장제작으로 공사기간 변동 없음
2) 철근콘크리트 보를 TSC 보로 변경하면	① 직접공사비는 증가 ② 공사기간 단축으로 간접비는 감소

8.7.13 친환경 종이거푸집(eFree Form, Paper Form 거푸집)

1) 개요

eFree Form 거푸집은 종이를 재단하여 고속회전 공법으로 만든 친환경 원형거푸집으로 시공성과 경제성 그리고 환경성에서 우수하며 공사비를 절감할 수 있는 거푸집이다. 원형 또는 반원형 등을 쉽게 가공설치 할 수 있어 시공성과 작업의 효율성 측면에서 우수하다.

2) 용도

① 건축물 출입구 및 지하주차장 등 건축물의 원형거푸집, 교각용 원형거푸집
② 비정형 건축물, 원형기둥 거푸집
③ 태양광 설비 지주기둥용 원형거푸집 등
④ 구조물 앵커볼트 시공

3) 특징

(1) 거푸집 작업성 개선

① 재래식 거푸집을 사용하여 형태를 제작하고 그 곳에 플라스틱관을 삽입하여 거푸집을 완성한 기존공법을 종이거푸집으로 제작함으로서 작업성 개선
② 종이거푸집은 경량으로 작업자의 운반이 가능함
③ 간단한 도구로 거푸집이 해체가 가능하다.
④ 길이가 긴 기둥도 용이하게 작업성이 가능

(2) 경제성

① 재래식 거푸집에 비해 거푸집 설치 및 해체의 용이성과 작업의 편리성으로 작업자 인건비 절감
② 재생종이 1회용 거푸집으로 사용이후 거푸집 재활용으로 경제성 확보
③ 원형 거푸집 제작이 가능하여 거푸집 제작원가 절감
④ 플라스틱 거푸집의 마감 면은 굴곡이 있어 견출이나 추가 마감을 위한 자재비와 인건비

절감
⑤ 저렴한 자재비용 및 사용 이후 폐자재는 재활용업체로 판매 가능

(3) 환경성
① 재래식 공법에 사용되는 플라스틱 거푸집은 모두 폐기물이 발생하는데 반해 종이거푸집은 폐지로 재활용이 가능하기 때문에 친환경성.
② 종이거푸집은 폐기물 처리비용이 발생하지 않는다.

8.7.14 Metal Lath 거푸집(리브라스 거푸집)

1) 개요

리브라스(Rib Lath)는 평평라스에 세로간격 9~12mm에 리브(갈빗대 모양의 두드러진 것)를 돋운 것으로, 이것은 라스와 바탕재와의 간격을 유지하고 또한 힘살의 역할을 한다. 리브라스는 매입식 거푸집이며 합판대신에 사용하며, 동재 또는 목재 프레임과 리브라스와 조합한 것을 부속철물(폼타이, 세퍼레이터 등)로 고정하고 콘크리트를 타설하는 것. 아연도금 라스는 매트, 지붕보, 푸팅, 이어치기, 합벽, 옹벽원형, 곡선부위 및 벽면에 널리 사용되고 있다.

2) 형상

그림 8-39 리브라스 거푸집

3) 공법의 특징

장 점	단 점	비 고
① 공기단축	• 부식에 의한 녹발생 우려	
② 작업성향상	• 시멘트 페이스트 유출 우려	
③ 원가절감	• 표면 마무리공사 필요	
④ 노무비 절감	• 초기 경화시간이 짧기 때문에 대책 필요	
⑤ 간단한 휨가공	• 고온, 저온시 충분한 보양이 필요함	

4) 시공시 유의 사항

① 슬럼프가 크면 시멘트 페이스트가 유출되기 때문에 슬럼프가 적은(150mm 이하) 콘크리트를 적용한다.

② 시간이 경과함에 따라 녹이 발생되기 때문에 이에 대한 대책 마련

③ 콘크리트 타설시 Metal Lath 거푸집 양중 방법 검토

④ 콘크리트의 중성화를 고려하여 단면치수는 10mm~20mm 크게 할 것

⑤ 거푸집 해체 작업이 불필요하기 때문에 노무비 절감 및 공기단축을 기대할 수 있는 거푸집으로 주로 지중보 및 기초보 등에 사용이 효과적임

⑥ 한중, 서중 콘크리트 타설시 재래식 보다 충분한 보양이 요구됨

⑦ 리브라스는 리브가 바닥면과 수평으로 설치

⑧ 리브라스의 돌출면이 타설면과 일체가 되어 표면 전단키 역할을 할 수 있도록 리브의 돌출부가 타설면 방향으로 설치함

⑨ 리브라스 보강은 수직(300mm 이내)보강부터 시작하며 수직보강 재료로는 단관비계 파이프, 각재, 각파이프 또는 철근을 사용함

⑩ 리부라스 횡방향 보강은 수직보강재 뒷면에 설치하며, 사용재료는 수직보강재와 동일함

⑪ 라스의 절단은 이음구간의 절단은 전동공구를 이용하여 절단한다.

⑪ 리브라스의 횡방향 겹침은 약 100mm정도이며, 결속방법 철근결속선으로 하며 수직 방향으로 1골 건너서 철근 결속선으로 리브라스가 밀착되도록 결속한다.

5) 소요자재

(1) 리브라스(Rib-Lath)

소재	아연도 철판(THK=0.5mm)
규격(mm)	150×2,000, 300×2,000, 450×2,000, 600×2,000, 750×2,000, 900×2,000
Mesh 크기	12×17
RIB 높이	8mm
제품의 중량	1.8~2.3kg/㎡

(2) 하단철물

소재	아연도 철판(THK=1.6mm)
규격(mm)	25×1,800
용도	구체 하단의 피복 유지 및 수직파이프 건입용

8.7.15 고무풍선 거푸집(Air Tube Formwork)

1) 개요

① 고무풍선을 거푸집으로 이용하는 방법으로는 주로 내부가 원형인 구조물에 적용

② 콘크리트 1차 타설 바탕 위에 고무풍선을 설치한 이후 2차 콘크리트를 타설하는 공법

③ 고무풍선 거푸집의 설치 및 해체시에는 공기압을 제거한 상태에서 사용되기 때문에 취급이 용이하다.

2) 형상

그림 8-40 고무풍선 거푸집

3) 적용대상

지하층 이중 슬래브, 지하배수로, 돔 등에 사용됨

4) 지하 이중슬래브 적용시 장점

① 고무풍선 거푸집은 서포트를 설치할 필요가 없다.

② 재래식 공법에 비해 고무풍선 거푸집은 자재, 인력 낭비 제거로 원가 절감

③ 고무풍선 재질상 작업의 용이성으로 공기 단축가능

8.7.16 PC박판(薄板) 거푸집

1) 개요

공장제작한 거푸집으로 THK=8~10mm정도의 GRC(내알칼리 유리섬유를 보강한 시멘트판) 또는 GRG(유리섬유로 보강한 석고판)를 기둥의 거푸집 및 마감겸용을 사용하여 거푸집 작업의 성력화, 공정의 간소화를 도모하는 공법

2) 종류별 특징

(1) GRC(Glass Fiber Reinforced Cement) 거푸집

① 거푸집 표면에 다양한 문양의 표현이 가능하다.

② 후타설 콘크리트와 부착력이 비교적 우수하다.
③ 무거우므로 기계에 의존하지 말고 시공할 경우에 적당한 크기로 분할한다.
④ 제작이 어렵고 가격이 비싸다.

(2) GRG(Glass Fiber Reinforced Gypsum) 거푸집
① 평판으로 의장 효과가 있다.
② 표준 두께가 10mm 이며, 내장공사에 사용한다.
③ GRG 패널은 콘크리트와의 부착력이 다소 떨어지므로 GRG 표면에 합성수지의 프라이머를 도포하여 콘크리트와 부착력을 높인다.
④ 패널의 엇갈림을 방지하기 위해 패널 조인트 부위에 보강 각재가 필요하다.
⑤ 흡수율이 높아 강도 저하되어 습기에 유의해야 한다.

3) 가공

(1) GRC 거푸집
① GRC 패널은 현장에서 절단이 어렵고 박기가 불가능하므로 현장가공이 가능한 적게 되도록 시공계획을 수립한다.
② 못을 박기가 어렵기 때문에 공장에서 가공한다.

(2) GRG 거푸집
① GRG 패널은 현장에서 톱에 의해 절단이 가능하고 못 박기가 가능함.
② 시공의 절밀도를 향상시키기 위해 가능하면 공장가공이 요구된다.

8.7.17 무보강재 거푸집

1) 개요

거푸집의 기본구성은 거푸집판재, 장선재, 보강재, 지지재 및 기타 부속품으로 구성된다. 이 구성재 중 장선과 보강재의 기능을 하나로 통합하여 보강재를 사용하지 않고 거푸집 판과 장선재 만으로 거푸집 조립이 가능하도록 만든 기본 패널을 무보강재 거푸집이라고 한다. 무보강재 거푸집은 장선재의 단면과 강선을 크게 하여 보강재 기능까지 대신하도록 구성하였으며, 거푸집은 조립, 해체의 단순화 및 갱폼 제작시 유리한 공법이다.

2) 구성요소

(1) 기본패널
① 거푸집 판과 장선재를 결합한 패널이다.

② 장선재는 철재 사각파이프(120×60mm)로 제작된 프레임 형태로 거푸집 판에 부착된다.

③ 기본 패널의 표준규격

Panel 폭(mm)	300, 600, 720, 900, 1,200, 2,400
Panel 높이(mm)	900, 1,200, 2,700, 3,300

(2) 커플러(Coupler)

① 거푸집의 기본 패널을 연결하는 연결재

② 수직, 수평을 연결하는 기능

(3) 개념도

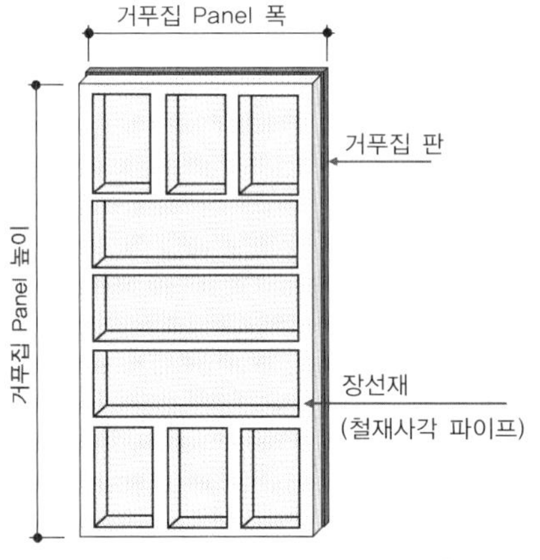

그림 8-41 유로폼

(4) 특징

① 거푸집 조립과 해체가 용이함

② 대형 시스템 폼 제작이 유리함

③ 노무비 절감

8.8 시스템화 대형 거푸집공법

8.8.1 거푸집공사 합리화 방안

거푸집공사의 노무절감(생력화), 품질 및 생산성 향상을 위해서 합리화 방안은 다음과 같다.

① 거푸집 자체를 없앰－P.C화, 무지보공화

② 거푸집의 Unit화－거푸집의 대형화, 기계화에 대한 연구를 건축설계의 단계에서부터, 철근, 마감공사 등과 연관시켜 하는 것이 효율적이다.

③ System Form과 재래식 Form 대비

구분	재래식 Form	System Form
정의	• 동바리 위에 멍에, 장선을 설치후 합판 설치	• 동바리, Slab, 장선, 멍에 등을 일체화
특징	• 전통적인 거푸집공사를 현장에서 가공조립하므로 자재손실이 많고 품질 및 안전관리에 불리하며, 특히 노동력에 의존하므로 공기절감 및 원가관리에 한계	• 조립식 Form으로 공기절감, 품질관리, 원가관리, 안전관리에서 우수
장점	• 자재구입이 간편하고 신속 • 현장가공으로 작업성 용이 • 일반화된 거푸집공법	• 우수한 품질유지 • 공사기간 단축 • 공사관리 용이 • 폐기물 발생량 최소

8.8.2 시스템화 대형 거푸집공법

1) 공법 개요

"거푸집 공사를 합리화하기 위하여 공사의 성격에 따라 특정 목적에 맞게 제작, 사용하는 거푸집"을 말하며, 유로폼 및 재래식 거푸집공법의 맹점인 인력소요 과다. 고품질의 구조체 확보 곤란 등을 해소하기 위한 대체공법으로 기계화시공을 기본전제로 하는 성력화된 거푸집공법이다. 시스템화 거푸집은 최근의 환경변화에 의하여 매우 다양하게 개발되고 있고, 그 중 사용이 일반화되고 있는 종류는 주로 외벽에 사용되는 거푸집으로서 대형 Panel 및 멍에, 장선 등을 일체화시켜 해체하지 않고 반복 사용하도록 한 것이 대형 Panel Form 이다.

외부 벽체의 거푸집을 설치하거나 해체, 미장, 면손보기 작업 등을 위한 케이지(Cage)를 일체로 제작하여 사용하는 대형 거푸집이다.

타워크레인으로 인양하고, T/C 반지름 밖에는 Derrick을 사용하여 인양한다.

2) 시스템화된 거푸집 분류

- 대형 거푸집공법 (전용 거푸집공법)
  - 외벽전용 거푸집
    - Gang Form : 대형 패널+강지보공
    - Rail Climbing System : 대형 패널+강지보공 (ACS, SKE 100, RCS, GCS)
    - Self Climbing System (ACS, SKE 100, Slip Form)
    - 연속거푸집
      - 수직이동 (Climbing Form)
        - Sliding Form
        - Slip Form (단면형상 변화가능)
      - 수평이동 (Traveling Form)
  - 바닥전용 거푸집
    - Table Form : 수평이동
    - Half Slab
    - Deck Plate
    - W식
    - Waffle Form
  - 벽+바닥 거푸집
    - Tunnel Form (Mono Shell Form, Twin Shell Form)
    - Traveling Form System
  - 합벽전용 거푸집
    - Brace Frame Form
    - 합벽지지대 : Soldier System(분리형), : 각강재+Support+Girder

3) 거푸집 구성

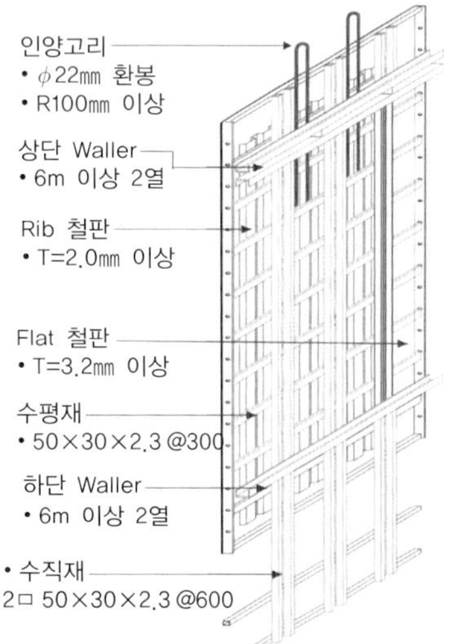

4) 케이지(Cage) 구성

그림 8-42 철재 거푸집

5) Gang Form의 조립 및 설치

(1) Gang Form 조립

① Steel Panel이 현장 반입되면 도장된 상태에서 외관상 휨이나 변형이 없는지 검수하여 설계도서에 맞게 조립하며 이때 허용오차는 ±2mm 이내로 한다.

② Steel Panel을 조립할 때 외부 Frame의 굴곡을 방지하기 위하여 C-Clamp 또는 쐐기를 사용하여 완전 밀착시킨 후 조립한다.

③ 평판 Frame 제작 이후 Form Tie Bolt 고정용 수직 C-Channel은 @600mm 간격 두줄로 용접하며 이때 C-Channel 두줄 간격은 40mm를 유지하여 완전 밀착하여 직선이 되도록 용접 고정한다.

④ Form 상부에는 Lifting Bar를 부착하여 인양할 수 있게 하며 이때 Bar는 ϕ22mm 환봉으로 사용한다.

⑤ Form의 폭이 6m 이상이면 Form의 상부에 100×50×5×7×2.3(t) 웰라를 부착하여 Form의 휨을 방지한다.

⑥ Crane Hook의 조립용 Bolt는 ϕ16mm×150mm(L)의 H.T Bolt를 사용한다.

⑦ 작업발판은 미끄럽지 않는 가설재를 사용하여 U볼트나 철선으로 고정하고 발판높이를

8.5m로 제작하여 발판의 간격은 1,850~2,100mm로 4등분하여 발판을 고정 설치한다.

⑧ 작업발판은 Form에 고정된 Soldier에 Bolt로 조립하여 조립 해체 이동 보관이 용이하도록 한다.

⑨ Hand Rail은 상하부 6칸으로 나누어 각 Pipe 40×40mm를 Frame에 용접 고정시킨다.

⑩ 상층벽 작업발판에는 사다리를 제작하여 상하로 이동이 용이하게 한다.

(2) Gang Form 설치

① Form을 도면에 따라 정확하게 설치하고 콘크리트 타설시 움직이지 않도록 결속용 Bolt나 Clip 등으로 견고하고 정확하게 조립한다.

② 내부 Form과의 간격을 유지하기 위하여 Form Tie · Bolt를 사용하여 정확하게 설치.

③ 교차부위 및 코너부위는 결속용 Bolt나 Clip 등 접합 부속철물을 사용하여 조립한다.

④ 개구부는 개구부용 부속철물을 사용하여 Form 내부의 정확한 위치에 조립한다.

⑤ 인양 Derrick를 설치한다.

(3) 인양 Derrick 설치

① Derrick을 정확히 수직상태로 세워서 슬래브 홈 주위를 고임목을 이용하여 고정한다.

② Derrick 후면에는 Wire Rope(ϕ9mm)를 이용하여 팽팽하게 잡아당긴다.

③ Gang Form이 슬라이딩 현상이 생길 염려가 있는 곳은 Wire Rope를 2개소 설치한다.

④ Wire Rope의 고정용 Anchor를 슬래브 바닥에 매설하여 견고하게 고정시킨다.

⑤ 콘크리트 면에서 해체작업을 할때 Derrick에 충격을 가하지 않도록 Chain Block의 Chain을 팽팽하게 당겨진 상태에서 해체작업을 한다.

⑥ Form Tie Bolt를 완전히 해체하고 Gang Form을 벽면에서 완전히 분리시킨 상태에서 인양작업을 한다.

⑦ Derrick 2개를 이용하여 인양시 Gang Form의 좌우를 수평상태로 유지한다.

⑧ Gang Form 해체시에는 Cage에 탑승을 금하며 하부에도 사람의 출입을 통제한다.

(4) System Form 구성

① Column Form

그림 8-43 기둥 Form

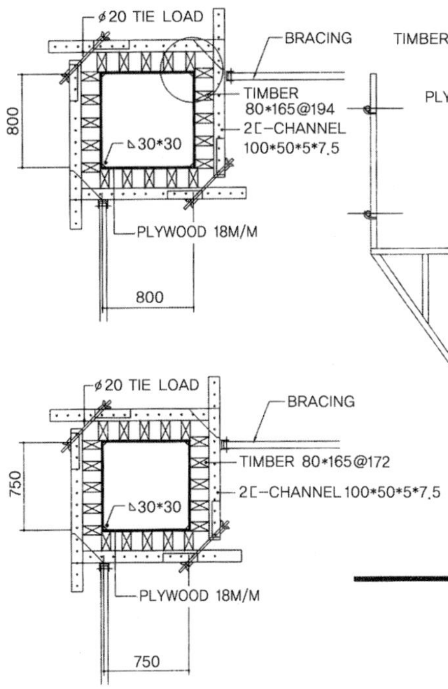

그림 8-44 Column Plan

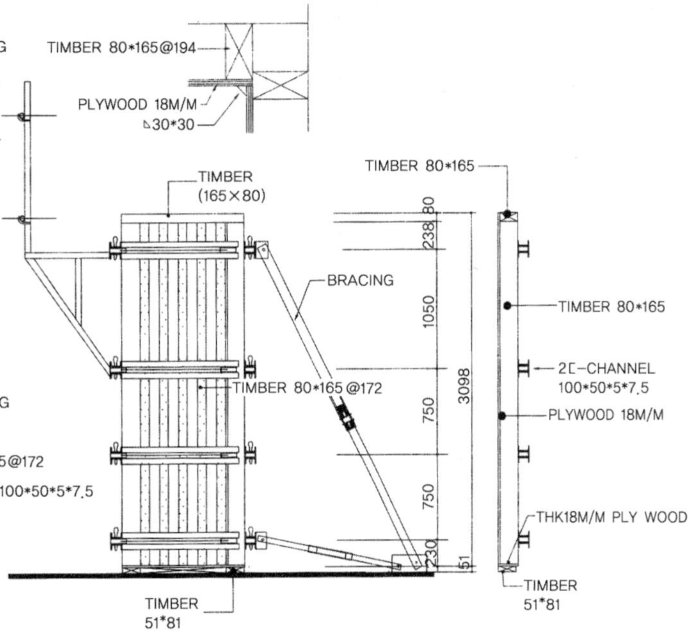

그림 8-45 Column Elevation

② Slab Form

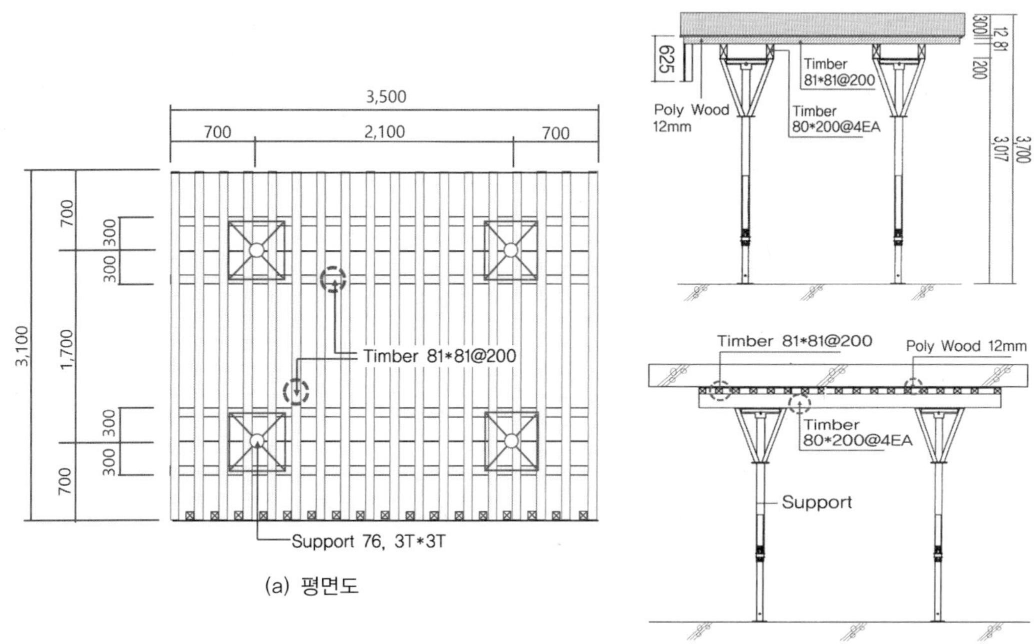

그림 8-46 Table Form(Slab)

6) 대형시스템거푸집 공법별 비교

공법	A.C.S. FORM	GANG FORM	G.C.S FORM	SLIP FORM
기본 개념	CORE 선 타설 후 SLAB가 따라 오는 방식→1개 층 단위로 Climbing	T/C 또는 별도의 장비를 이용하여 1개 층씩 인양하여 타설하는 방식임	Guide Rail을 이용 T/C으로 수직 양중 시키는 공법	CORE 선 타설후 SLAB가 따라오는 방식→Con' c setting time에 맞춰약 1m~1.5m 내외로 climbing 해가는 것임
장점	• 자체적으로 구동되므로 타장비의 도움 불필요 • CORE가 3~4개층 선행 되므로 SLAB 공사는 언제든지 START 할 수 있음 • Wall Form이 계속 올라가므로 형틀공사의 형틀목공 인원축소 비용절감 • 코어 벽과 바닥 분리 시공으로 공기 단축	• 초기 투자비가 비교적 저렴 • 타장비의 도움을 받아야 한다는 것 이외는 A.C.S. FORM과 동일 • 숙련된 작업자 확보가능	• 인양 속도가 이전의 절반(Rail인양 작업이 없음) • Unit수량 감소로 금액 저렴 • 초기 설치시 Gang Form 등 거푸집 해체 없이 설치 가능	• 자체적으로 구동되므로 타장비의 도움 불필요 • 시공 조인트 없는 콘크리트의 수밀성 확보 • Wall FORM이 SLIP되어 올라가므로 형틀공사의 형틀 목공 인원 축소 • 공정의 단순화 및 마감작업이 동시에 진행
단점	• SURVEY에 대한 세심한 주의요망 • WALL과 SLAB를 분할 시공함으로써 1일 Con'c 타설량에 세심한 주의가 필요 • 상, 하 작업층이 벌어져 있어 안전관리 및 동절기 공사에 불리 • 초기 투자비가 많이 소용됨	• T/C를 주로 사용하므로 T/C부하에 대한 면밀한 검토가 요구됨 • 기타사항은 A.C.S. FORM과 동일	• 공기 지연 및 T/C 사용으로 인해 국내에서는 Core Wall선행 사례가 없음 • Form Setting을 위한 Area확보 필요 • Form 양중을 감안한 T/C의 양중량 분석 검토 필요	• 1일 Con'c 타설량에 대한 사전 주의 요망 • 주 · 야로 연속작업을 하여야 하므로 2배의 인원을 필요로 한다. • 철야 작업으로 인하여 콘크리트의 연속 공급에 어려움 • 각종 매립물 수량 많음 • 쓰레기(콘크리트)가 많이 나옴 • 돌출 부분이 많은 작업에 부적합

8.8.3 클라이밍폼(Climbing Form, Slip Form, Sliding Form)

1) Climbing Form

본 공법은 구조물을 시공이음이 없이 균일한 형상으로 시공하기 위하여 거푸집을 연속적으로 이동시키면서 콘크리트를 타설하여 구조물을 시공하는 거푸집 공법으로 작업발판 일체형 거푸집이다. 대형 클라이밍 패널폼은 그림 8-47과 같이 주로 측벽, 창고벽, 계단벽 등의 외측에 사용되는 거푸집공법으로 거푸집과 벽체 마감공사를 위한 비계틀을 일체로 조립하여 한꺼번에 인양시켜 거푸집을

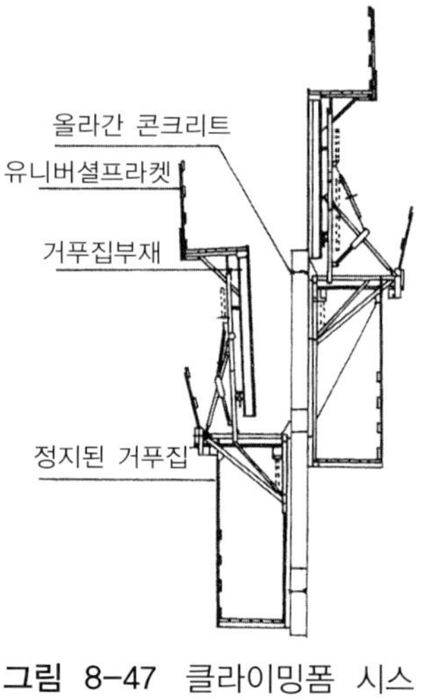

그림 8-47 클라이밍폼 시스템의 구성

설치하는 공법이다. 갱폼에 거푸집 설치를 위한 비계틀과 기타 타설된 콘크리트의 마감작업용 비계틀을 일체로 제작한 거푸집 틀이라 할 수 있다. 일반적인 구성재는 대형패널폼과 동일하고, 거푸집에 2단의 작업대와 비계가 부착되어 거푸집의 조립 및 해체작업, 콘크리트 면처리작업 등을 수행 할 수 있게 되어 있다. 클라이밍폼은 수직적으로 반복되거나 높이가 큰 건축물 또는 구조물에 적용한다.

T/C의 사용 없이 자체 유입기를 이용하여 인양이 되는 벽체 거푸집으로 Self Climbing System과 Rail Climbing System이 있다.

2) Self Climbing Form

(1) 개요

타워크레인을 사용하지 않고 자체 유압기를 이용하여 레일을 타고 인양되는 벽체거푸집

(2) 특징

① 거푸집이 일체식으로 올라가기 때문에 수직도 관리가 용이하며 및 품질이 우수하다.
② 재래식 갱폼과 비교 시 층당 1.5일 공기 단축
③ 비용이 고가이다.
④ 작업의 안전성이 우수함.

(3) 시공 시 고려사항

① 인양시 앵커층 콘크리트 강도가 10MPa 이상이어야 하므로 콘크리트 초기강도 검토 필요
② 최초 세팅시간이 많이 걸리고(Self 시스템 15일) 현장 조립장도 필요함
③ 초기 세팅시간[Self System(15일), Rail System(10일), 갱폼(10일)]

구분	ACS 50/100 (PERI)	SKE 50/100(DOKA)
단면형태	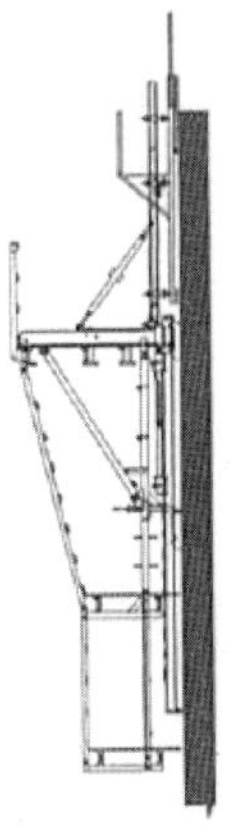 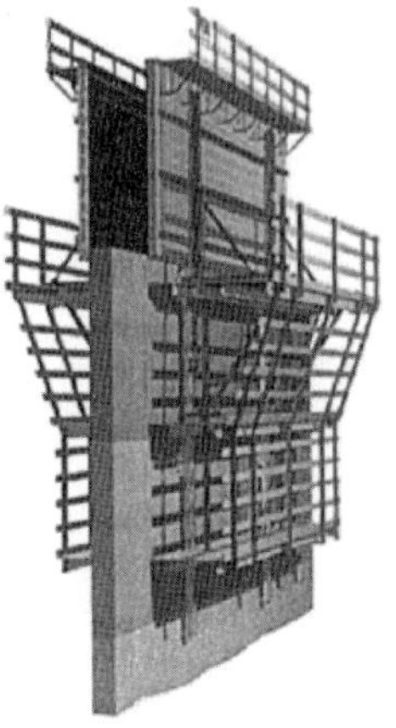	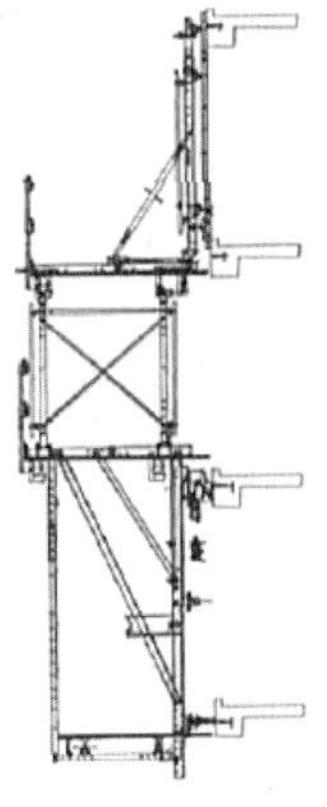 

구분	ACS 50/100 (PERI)	SKE 50/100(DOKA)
적용가능부위	• 기둥 또는 THK=250mm 이상의 벽체	• 기둥 또는 THK=250mm 이상의 벽체
Zoning 방식	• 부분 Zoning 방식	• 전체 Zoning 방식
허용풍속	• 35m/sec	• 35m/sec
앵커위치	• 타설층 1개 층 아래	• 타설층 1개층, 2개 층 아래
인양시 앵커층 콘크리트 강도	• 10MPa 이상	• 10MPa 이상
Climing 방식	• 유압기 1대로 8개 실린더 작동 • 한번에 300mm를 상승 또는 구분하여 상승 • 120m 기준 전체 3시간	• 유압기 1대로 24개 실린더 작동 • 한번에 80mm를 상승/가급적 전체 • 120m 기준 전체 2시간
유압기 시스템	• 개별식	• 중앙집중식

3) Rail Climbing Form

(1) 개요

타워크레인 심으로 레일을 타고 인양되는 방식의 벽체 거푸집으로 Rail System은 Self System에 비해 경제적이며, 갱폼에 비해 바람 등의 영향으로부터 안정성에 문제가 없는 중간 정도의 거푸집공법이다.

(2) 종류

① RCS(Rail Scaffold System ; SKE-50)

인양식 외부비계 시스템으로 주로 적용되는 구조물은 콘크리트 면적이 비교적 적은 슬래브, 빔, 기둥의 Stop-End용 거푸집만 필요한 경우, 외부비계시스템에 마구리용 거푸집만 장착한 채 시공, 인양되는 시스템이 주로 사용됨.

② Rail Formwork System

고층구조물의 측벽, 또는 건축물의외벽이 발코니 등으로 비교적 거푸집 면적이 많게 설계된 부위에 적용하면 효과적이다.

③ Rail Gang Form System

Gang Form System의 변형상태

구분	Rail Scaffold System	Rail Formwork System	Rail Gangform System
단면형태		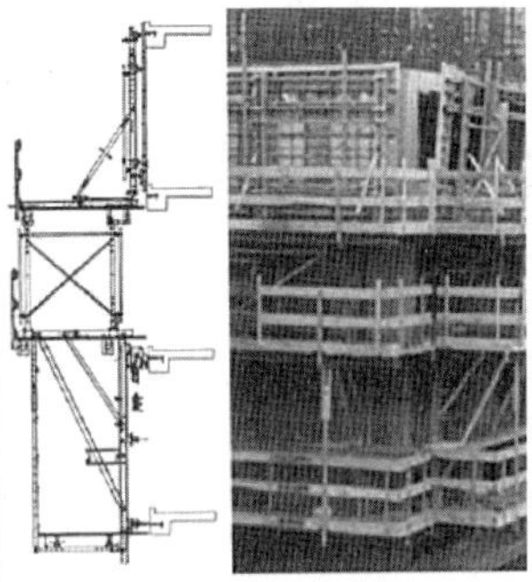	
적용가능부위	• 기둥 • THK=250mm 이상의 벽체 • 외곽보(150×220 이상)	• 기둥 • THK=250mm 이상의 벽체 • 외곽보(150×220 이상)	
Zoning 방식	• 폭 10m 정도	• 폭 13m 정도	
앵커위치	• 타설층 1개 층 아래	• 타설층 1개 층 아래 • 또는 2개 층 아래	• 타설층 1개 층 아래
허용풍속	• 30m/sec	• 35m/sec	
Climing 방식	• 타워크레인 사용 • 유니트당 20분	• 타워크레인 사용 • 유니트당 20분	• 타워크레인 사용

8.8.4 Slip, Sliding Form or Traveling Form

콘크리트를 부어가면서 경화정도에 따라 거푸집을 수직 또는 수평으로 이동시키면서 콘크리트를 타설할 수 있는 거푸집을 말한다.

1) 연속거푸집 종류

• Slip Form	단면변화가 있는 구조물을 수직으로 이동하면서 타설하는 거푸집
• Sliding Form	단면변화가 없는 구조물을 수직으로 이동하면서 타설하는 거푸집
• Traveling Form	수평으로 이동이 가능하도록 시스템화되어 있는 거푸집

2) 활용장소

• 수직부위	사이로(silo), 곡물창고, 전단벽(Diaphragm Wall)건물, 유틸리티코어(Utillity Core), 굴뚝, 교각 등
• 시공이음이 적은장소	원자력 발전소의 원자로 격납용기(Contalment Vessel)
• 수평적 연속된 구조물	하천 라이닝(Lining), 수로, 지중 샤프트(Shaft,), 고속도로 포장

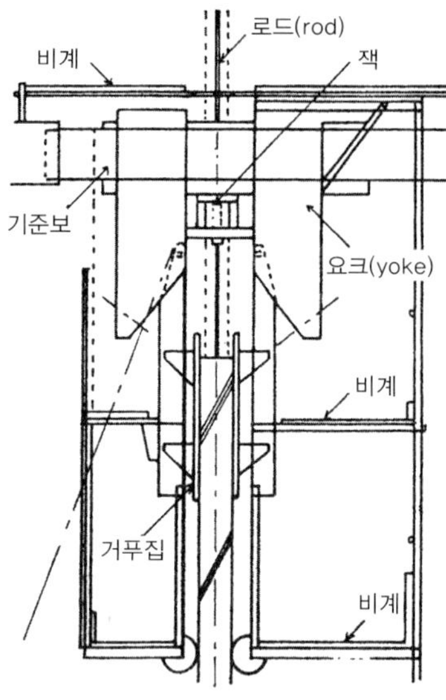

그림 8-48 Slip form

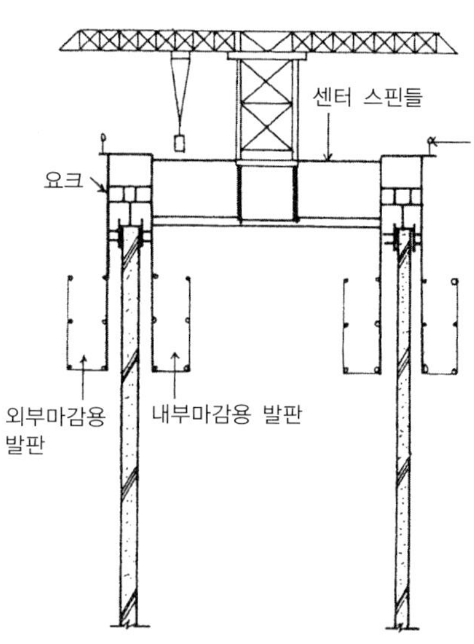

그림 8-49 Sliding form

3) 장 · 단점

건축생산의 노무절감과 원가절감에 크게 필요한, 생산성이 높은 공법이고 응용가능한 분야도 많다.

① 공기단축 : 1일 3~10m 정도 연속타설 가능하므로 시공속도가 매우 빠르다.

② 일체성 확보 : 시공이음이 없으므로 수밀성, 차폐성이 높다.

③ 가설자재의 절약으로 원가절감 된다.(거푸집 높이 1.0~2.0m정도)

④ 안전성, 작업관리 비교적 용이 : 작업대와 비계틀이 동시에 상승하므로 안전성이 높다.

⑤ 구조물 형태에 따라 사용에 제약받는다.

⑥ 형상 및 치수가 정확하여 시공오차가 적다.

⑦ 마감작업이 아래에서 동시에 진행되므로 공정이 단순화 된다.

4) 시공시 유의사항

① 슬립폼의 거푸집의 경사도와 수직도를 인양시작하기 이전에 검사하여야 하며, 시공 중에는 최소 4시간 이내마다 실시하여야 한다.

② 탈형시의 콘크리트강도 확인하여 탈형 이후 콘크리트가 부담하는 전체하중과 콘크리트가 발휘하여야 하는 압축강도, 품질 시공조건 등을 고려하여 슬립폼의 속도를 조절해야 함

③ 콘크리트 배합비, W/C비, 슬럼프 값, 혼화제 사용량 등

④ 슬립업의 속도기준은 구조물의 강도와 형상에 따라 차이가 있지만 시간당 10~17cm를

기준으로 하되 기온과 콘크리트 경화속도에 따라 조절하여야 한다.

⑤ 슬립업은 전체 거푸집이 동시에 이동될 수 있도록 하여야 하며 각각의 Jack이 균등하게 작동하는지를 관찰하여야 한다.

⑥ 철근 간격과 이음상태 확인

⑦ 우기 중 콘크리트 시공시 W/C비의 변경

5) Slip-up 시공속도 기준

일평균 기온(℃)	형틀높이(mm)	1일 Slip-up량(m)	1시간당 슬립업량(mm)
10 이하	1,250	2.5~3.0	100~125
10~25	1,250	3	125
25	1,250	4	170

6) 시공순서

공간 없이 연속시공

준비 → Form 제작 → 현장조립 → 상승용 Jack 설치 → 철근배근 → 상승 및 교정 → 검사 → Con'c 타설

7) 주요 부재의 특성

항 목	내 용
① 잭(Jack)	거푸집 및 작업데크를 이동시키는 동력원으로는 보통 유압잭(Oil Jack)이 사용되며 잭의 용량은 1개당 3~25톤 정도이다.
② 요크(Yoke)	요크는 강재 또는 목재가 사용되는데 거푸집의 자중, 거푸집 작업을 위한 작업대, 마감작업자를 위한 비계틀, 작업으로 인한 충격하중 등을 부담하여야 하므로 충분히 안전하게 제작되어야 한다.
③ 요크빔 (Yoke Beam)	요크와 요크를 연결하여 주며 잭의 힘이 요크에 전달될 수 있도록 한다. 보통 C형강(C-Channel)이 사용된다.
④ 잭로드 (Jack Rod)	오일잭이 이동하는 레일과 같은 역할을 하는 것으로서 잭의 용량에 따라 직경이 달라지며 이 로드를 잭 내부에 있는 톱니가 물고 상승한다. 참고로 잭의 용량이 3톤인 경우에는 D22 파이프가 사용되며 6톤인 경우에는 D32 원형철근이 사용된다.
⑤ 거푸집판 (Sheathing)	거푸집판의 크기는 1.0~1.8m, 폭 60~120cm 정도가 사용되는데 거푸집판의 재질로는 널판, 합판, 철판 등이 있으나 대부분 합판이 사용된다. 합판의 두께는 12~25mm 정도가 사용가능하나 22mm, 25mm 이외의 합판은 별도의 장선으로 보강하여야 한다.
⑥ 유압펌프 (Oil Pump)	유압펌프 1대는 수개 이상의 잭에 인양동력을 전달한다.
⑦ 보강재(Wale	보강재로는 각목 또는 형강이 사용되는데, 일반적으로 각목이 사용된다.
⑧ 기타	슬립폼의 주요부재는 이외에도 리커버리튜브(Recovery Tube), 잭밸브(Jack Valve), 수평조절기(Level Controller), 임펄스타이머(Impulse Timer), 제어반, 작업대, 마감작업용 비계틀 등이 있다.

8.8.5 터널폼(Tunnel Form)

1) 일반사항

터널공법은 70년대 초 네덜란드 및 서독에서 개발된 것으로 아파트, 병원의 병실, 호텔의 객실 등과 같이 동일한 형태의 유니트(Unit)가 계속적으로 반복되는 내력벽 구조형식에 적용하기가 적합한 강재거푸집공법이다. 이 공법은 벽과 바닥의 콘크리트 타설을 한번에 가능하게 하기 위하여 벽-슬래브가 일체로된 강재거푸집을 터널식으로 제작/조립하여 가새 및 잭키로 지지하고 해체하는 공법이다. 수평이동은 주로 바퀴를 이용하여 인력으로 이동하고, 수직이동은 타워크레인(Tower Crane)과 같은 고효율의 양중장비를 사용한다.

거푸집 제작을 위한 주요부재의 재질은 보통 철재를 사용하고, 거푸집 시공방식은 소량의 거푸집으로 존치기간을 최소로 단축하여(강제양생의 경우는 12시간도 가능)거푸집을 이동시킨다.

2) 터널폼의 종류

벽식 구조물용 터널폼은 거의 대부분이 철재를 이용하여 제작하므로 재료에 의한 종류의 구분은 없고 형상에 의한 구분을 할 수 있다.

터널폼의 1개 실내의 거푸집이 일체로 제작되는지 또는 2개 이상의 조각으로 제작되는지에 따라 트윈쉘(Twin shell)과 모노쉘(Mono Shell)로 구분할 수 있는데, 그 형태와 특징은 다음과 같다.

① 트윈쉘(Twin Shell)	㉠ 경간 조정가능
	㉡ 설치, 해체용이
	㉢ 운반 간편
② 모노쉘(Mono Shell)	㉠ 모듈화 시공 용이
	㉡ 설치가 용이
	㉢ 수평, 수직 조정 작업이 어려움

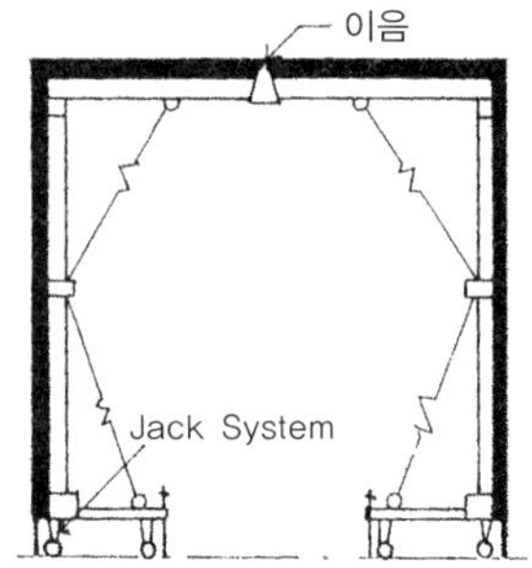

〈Twin Shell Form〉

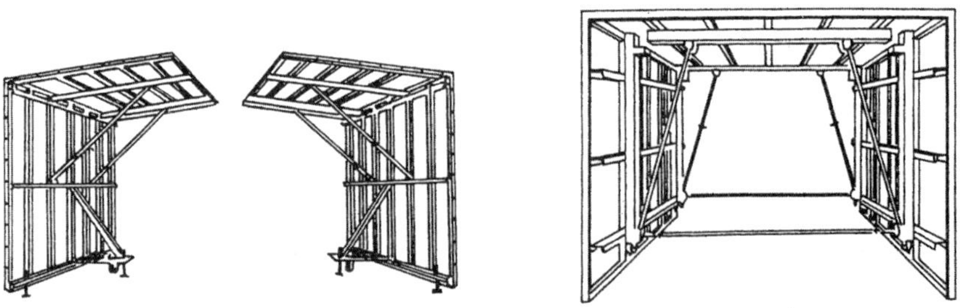
(a) 트위쉘형 (b) 모노쉘형

그림 8-50 터널폼의 종류

3) 제작

터널폼의 중량은 벽체의 측압, 바닥 콘크리트의 무게 등에 따라 달라지겠지만 일반적인 벽식 철근콘크리트조의 경우에는 1m²당 50~80kg 정도이다. 따라서 터널폼은 패널 단위로 공장에서 제작하며 운반상의 편의를 위하여 운반거리가 단거리일 때는 반조립 상태로, 장거리일 때는 완전해체 상태로 운반하고 사용현장에서 조립한다.

구분	2매형 터널폼	1매형 터널폼
장점	• 조인트부분의 필터(Filler)사용으로 스팬(Span)의 변화에 능동적으로 대처 • 거푸집의 부분적 손상에 대해 교체용이	• 거푸집이 일체식이므로 설치가 용이하고, 견고함 • 슬래브거푸집의 상하이동이 가능
단점	• 거푸집의 조립/해체시간이 많음 • 조인트부분의 필러작업이 복잡하고, 슬배브의 자중에 의해 변형이 우려됨	• 스팬의 길이변화에 대응 가능 • 고효율의 양중장비가 필요(중량물) • 부분손상시 교체가 곤란

8.8.6 Table Form(테이블 폼, Flying Form, Flying Shore 공법)

1) Table Form 개요

테이블 폼은 바닥판 거푸집, 장선 그리고 멍애를 일체화(Unit화) 하여 수평 · 수직으로 이동하여 조립하도록 고안한 대형 거푸집 시스템으로 바닥 거푸집의 설치, 해체, 인양 및 재설치 과정을 기계를 이용하여 시공하도록 함으로서 공기가 단축되고 인건비가 절감된다.

2) 시공순서

(1) Truss형 Table Form

거푸집 중량이 무거워 타워크레인 부하가 크므로 양중계획이 중요하고, 1개층을 2~4개 Zone으로 구획하여 순환적인 공정관리를 한다.

그림 8-51 테이블폼(이미지 출처 : ATLAS Construction Supply, INC/Formng Access & Support INC)

① 1단계－테이블 폼 해체

㉠ Truss Table 거푸집 해체 장비를 이용해 Drop Down 준비한다.

㉡ Lowering Device를 Truss Table 하단에 설치→Extension Staff를 안으로 밀어 넣고 Screw Jack 고정한다.

㉢ Lowering Device를 이용하여 Truss Table을 Down 시킴→수평이동 장비(Landing Dolly) 위에 안착시킨 후 이동한다.

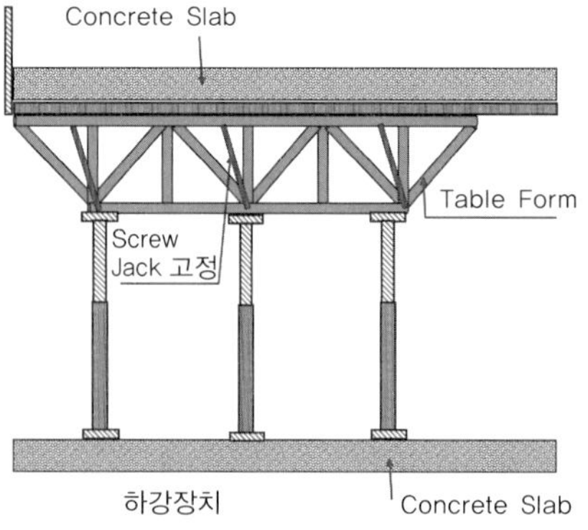

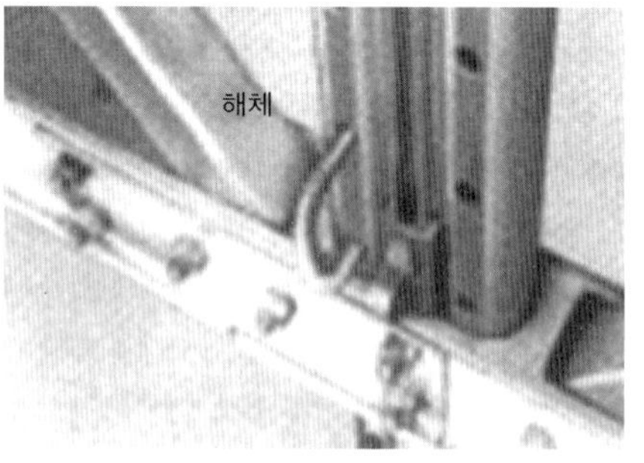

Extension staff

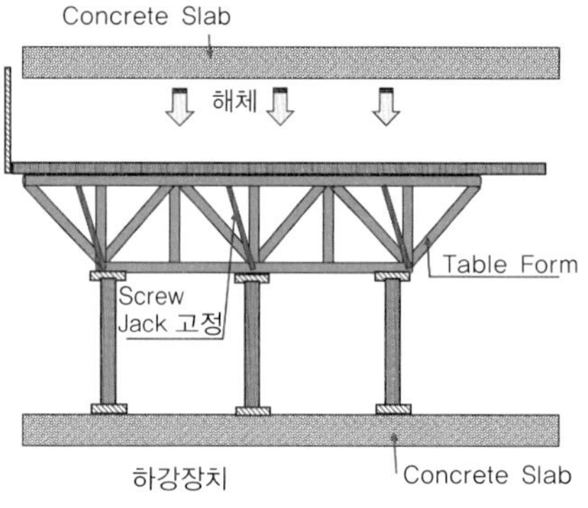

Landing Dolly

② 2단계－테이블 폼 수평이동 및 수직상승

㉠ 전면에 T/C Wire 결속 후 Slab 밖으로 서서히 밀어낸다.

㉡ Wire가 인장을 받은 상태에서 후면에 T/C Wire 결속한다.

㉢ Compensating Cylinder에 의해 자동으로 균형이 유지되면 Slab 밖으로 완전히 밀어내어 상층부로 이동한다.

㉣ 새로운 설치 지점으로 이동, 설치한다.

수직이동

수평이동

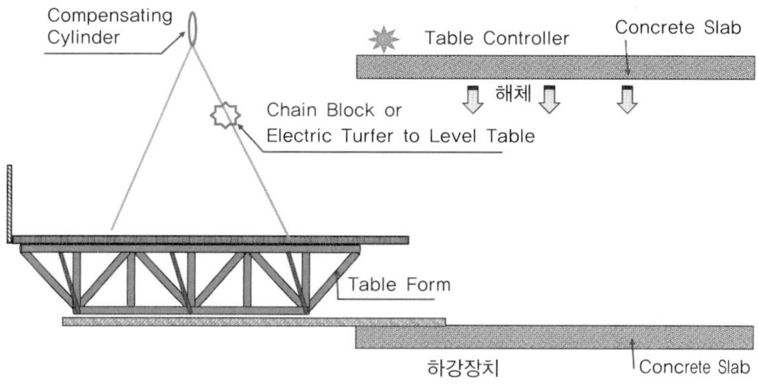

(2) Support형 Table Form(서포트 일체형 테이블폼)

기둥과 테이블 폼 사이에 Filler 합판을 설치하여 보, 기둥, 슬래브 동시 타설이 용이하고, 폼 분할시 지게차 용량, T/C 양중능력, 차량 수송력을 고려한다.

① 1단계 – 테이블 폼 해체

지게차를 이용하여 해체틀을 떠서 해당 거푸집 하부에 배치하고 동바리를 제거한다.

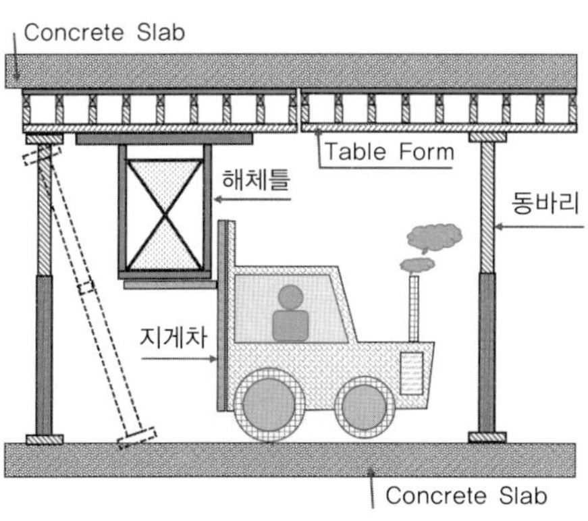

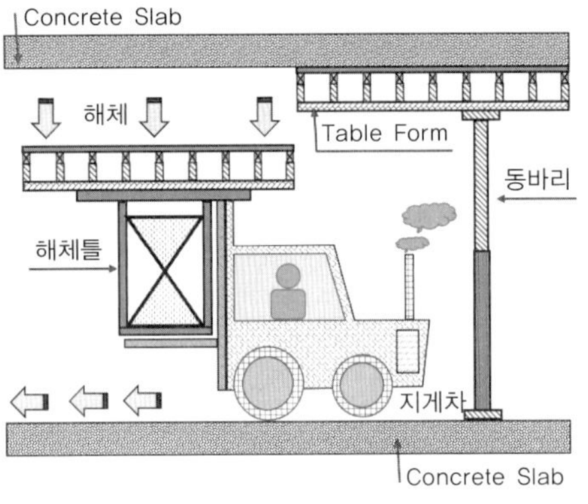

② 2단계–테이블 폼 수평이동 및 수직상승

㉠ 해체된 거푸집을 지게차를 이용하여 상승용 데크에 올린다.

㉡ 상승용 데크에 부착된 레일을 밖으로 이동한다.

㉢ T/C Wire 결속 후 상층부로 이동, 배치한다.

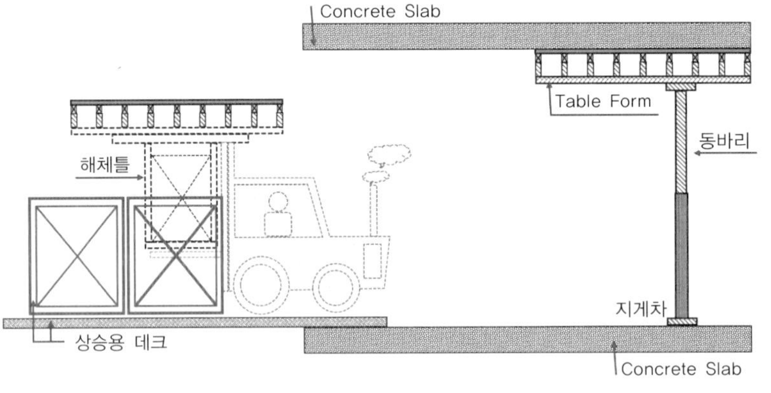

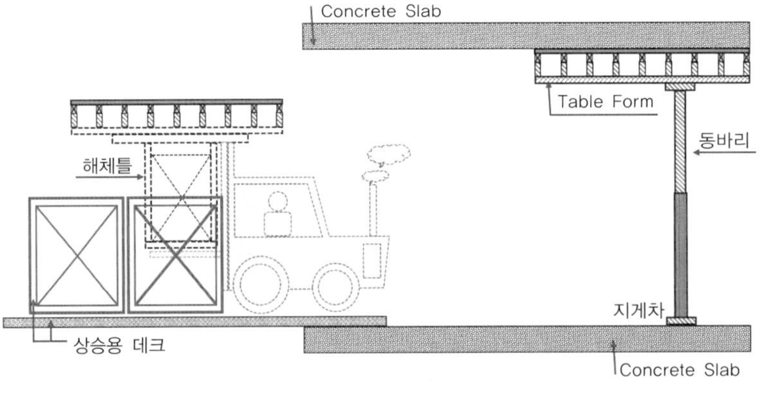

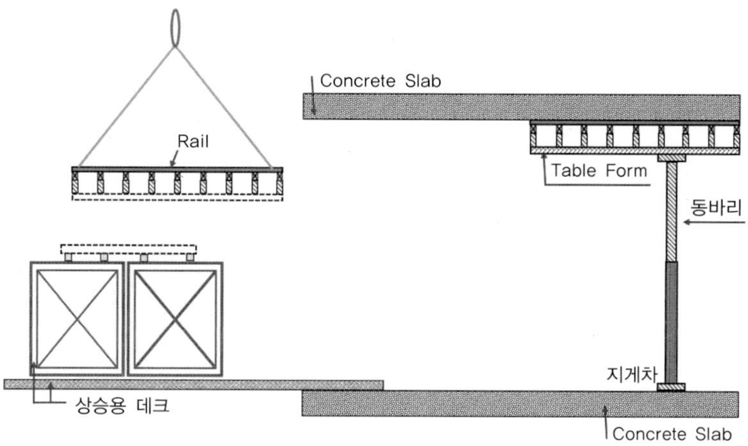

8.8.7 Matal Lath Form공법

1) 기존거푸집의 여러공정을 단순화한 매입형 일체식 Mesh형 거푸집

목재합판이나 유로폼 대신 아연도금 철망 Lath에 Rib를 두어 강성을 높여 제작한 1회용 비탈형 철망 거푸집이다.

2) 용도

콘크리트 타설 후 라스형틀을 해체하지 않고 즉시 되메우기가 가능한 지중구조물(기초, 기중보, 옹벽)과 지층의 바닥면적이 넓은 창고나 공장의 지중구조물에 사용한다. 휨가공 또는 형상이 복잡한 부위나 단이 처진 부분의 동시타설 부분에 사용하면 효과적이다.

지중거푸집, 콘크리트구조물, Jacking, Silo, 굴뚝, 저장탱크, 도수로교, 배수구, 도로의 중앙분리대

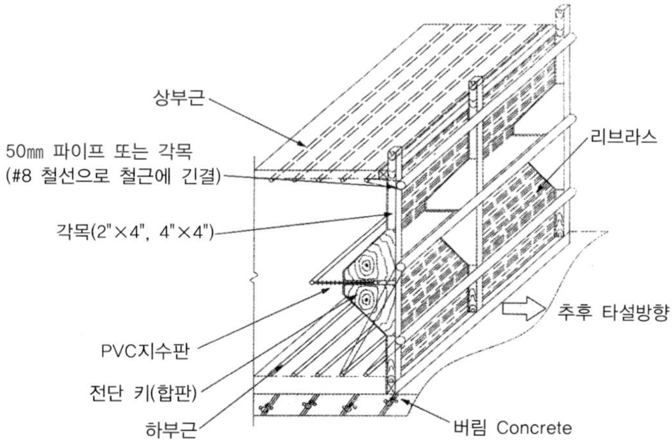

그림 8-52 Construction Joint의 전단키

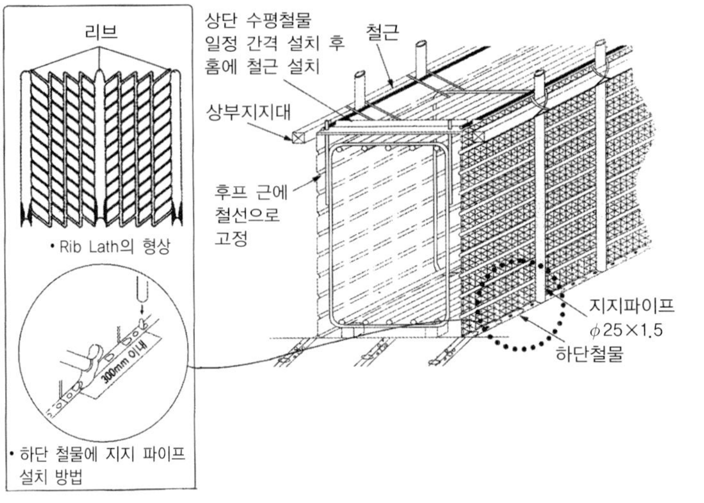

그림 8-53 메탈라스를 이용한 지중보 거푸집

3) 특징

망상형의 가볍고 녹슬지 않는 아연도금 철망(Lath)에 요철(Rib)을 만들어 건축물의 지하 구조체나 옹벽 등 주로 지하 매설 부위의 수직 부재 시공시 재래의 밀실하고 무거운 합판이나 유로폼 등 기존 거푸집공법과 대체가 가능한 매입형 철망 거푸집 공법이다.

특수 형상의 철망으로 유출되는 모르타르의 손실을 극소화하고 Lath의 정점을 최대한 활용하여 작업안정성 및 생산성향상, 공기단축, 구체강도 증진, 원가절감 가능하다. 경량 (1.8~2.3kg/m³)으로 시공성이 우수하다.

① Con'c 타설시 잉여수 및 기포가 자연 배출되어 거푸집 측압감소 및 블리딩현상 저감
② W/C Ratio가 적은 수밀한 구조체를 얻을 수 있어 강도증진 및 내구성 향상 효과 있음
③ 해체비 및 폐기물처리비 절감 가능하고 자재적치공간 최소화
④ 부피가 재래식거푸집의 1/20로 현장 자재적치공간 최소화
⑤ 규격(폭) 150~900mm×(길이) 2,000mm
(Rib 높이) 8mm (매시 크기) 12×17mm

4) 효과

① 이음타설면의 접합성 증대
② 여러 공종 복합처리, 공기절감
③ 이음타설면 철근관통부 가공 불필요
④ 노무비 절감
⑤ 조립 용이하여 숙련공 불필요
⑥ 운반비 및 적치면적 절감

5) 시공방법

① 강제 리브라스 각부는 각목, 앵글, 못 등으로 고정시킨다.

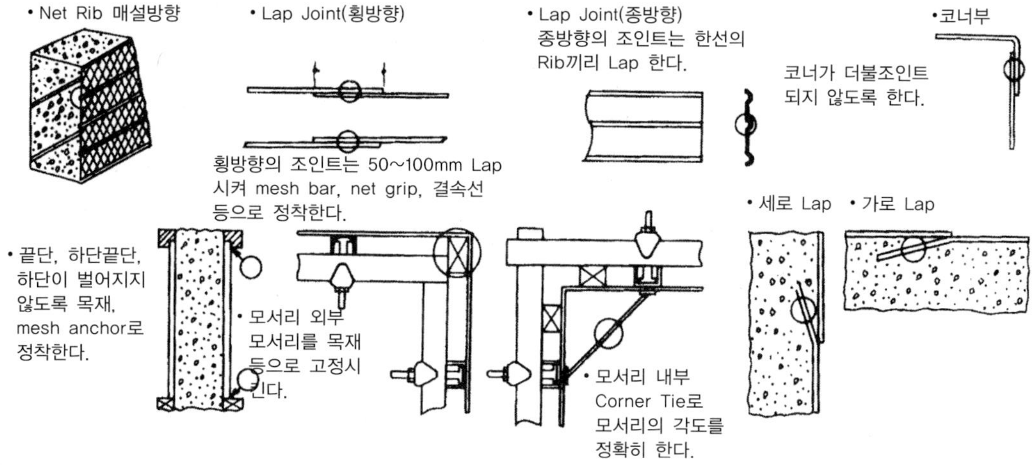

그림 8-54 라스 거푸집 가공, 조립시 주의사항

② 세퍼레이터 위치에 강재 프레임을 설치하고 수평, 수직을 확인한 후 긴결한다.

③ 강재 프레임 사이의 보강목재를 25~30cm 간격으로 세우고 가로재를 설치하여 긴결한다.

④ 강제 리브라스 끝은 각목, 앵글로 고정하고 모서리는 서포트, 파이프 등으로 지지한다.

8.8.8 무지주공법

1) 개요

받침 기둥을 사용하지 않고 보와 보를 연결하여 슬래브 거푸집널을 지지하는 무지주공법이다.

2) 종류

종 류	내 용
Bow Beam	하층의 작업공간을 확보하기 위하여 Span 조절이 불가능한 철골 Truss 모양의 경량 가설보를 설치하는 무지주공법
Pecco Beam	하층의 작업공간을 확보하기 위하여 중간에 안보가 부착되어 Span 조절이 가능한 경량 가설보를 설치하는 무지주공법
Hory Beam	호리빔은 일본에서 개발되어 약 20여 년 전에 국내에 도입되었다. Side Beam이 브라켓 기능을 겸비하여 작성성이 양호하고 브라켓이 불필요한 무지주공법

3) 목적

① 하층의 작업공간 확보
② 기능인력의 절감효과
③ 노무비 절감효과
④ 연속 반복작업으로 공기단축 가능
⑤ 스팬이 일정한 경우만 적용함
⑥ 공기단축 및 작업 환경 개선

8.8.9 Bow Beam(보우빔)

1) 개요

Bow의 언어적 의미는 활이나, 활처럼 구부러진 것을 뜻하며, 보우빔의 모양은 활처럼 생겨있다. Bow Beam은 슬래브 거푸집설치 작업 단계에서 슬래브 하부의 작업공간을 확보하기 위하여 철골트러스와 유사한 경량 가설보를 설치하여 바닥콘크리트를 타설하는 공법이다.

2) Bow Beam 공법의 특징

① 층고가 높고 큰 Span에 유리
② 하층의 작업공간 확보에 유리
③ 구조적으로 안전성 확보
④ Span 조절이 불가능

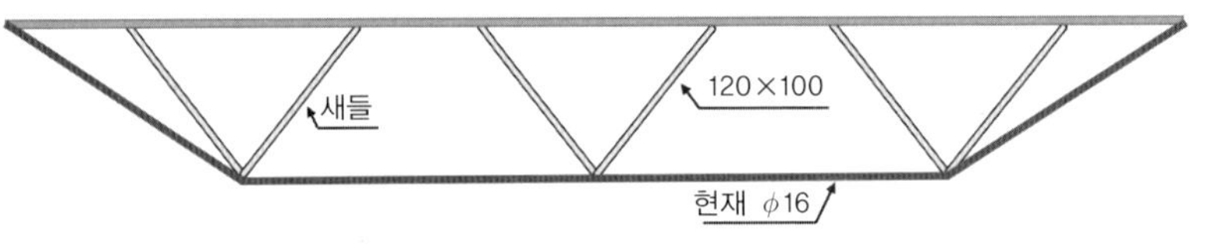

그림 8-55 Bow Beam

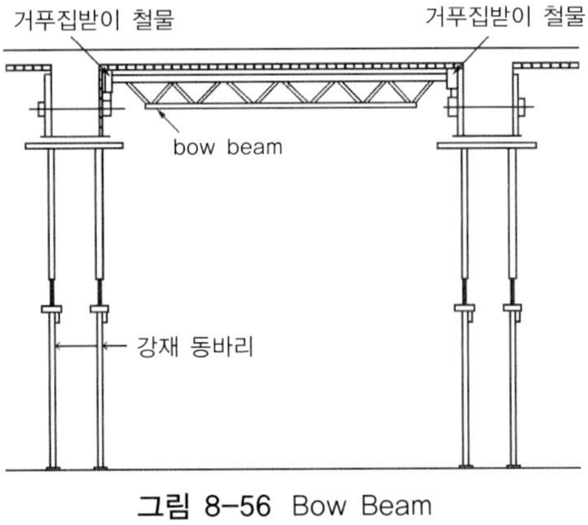

그림 8-56 Bow Beam

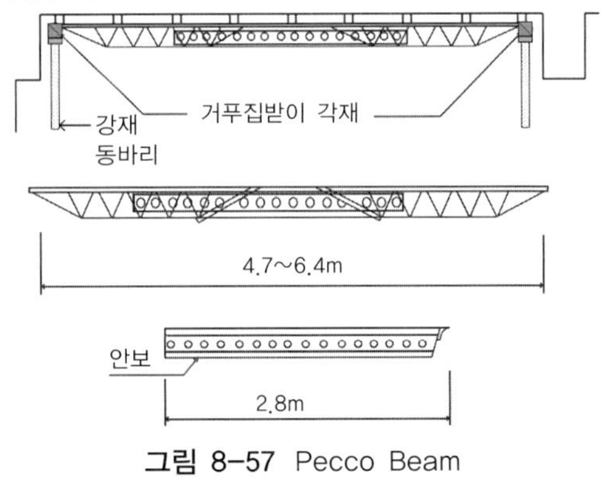

그림 8-57 Pecco Beam

8.8.10 Pecco Beam(페코빔)

1) 개요

Pecco Beam은 Bow Beam과 같이 하층의 작업공간을 확보하기 위한 무지주공법이다. 안보와 바깥보로 구성되어 있으며, 안보를 중심으로 바깥보를 좌우로 이동하여 Span의 조절이 자유로운 공법이다.

2) Pecco Beam 공법의 특징

① 안보가 있어 Span의 조정이 자유로움
② 전용횟수가 100회 이상
③ 최대허용모멘트는 1.5tonf · m
④ 4.7~6.4m까지 Span 조정이 가능
⑤ Pecco Beam 자체에 Camber가 설치되어있어 콘크리트 타설시 슬래브 처짐을 방지
⑥ 지주 사용 불필요

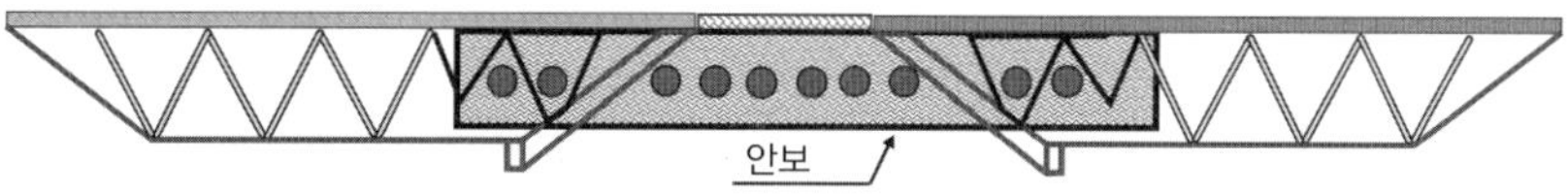

그림 8-58 Pecco Beam

8.8.11 Hory Beam(호리빔)

1) 개요

Side Beam이 브라켓 기능을 겸비하여 작업성이 양호하고 별도 브라켓이 불필요하다. 목재패널은 Beam 상부에 각목을 끼워 못으로 고정하므로 작업 품이 절약된다.

길이조절은 쐐기식으로 미세 조정이 가능하고 채체작업도 One-touch로 간단하다.

2) 특징

① 사이드 빔이 브라켓 기능을 겸비하여 작업성이 매우 양호하고 별도 브라켓이 불필요하므로 재고 관리가 용이하다.
② Side Beam을 Main Beam 본체에 끼워 넣고 쐐기(Wedge Pin) 고정하므로 길이 조절이 용이하다.
③ 해체작업도 One-touch로 가능함
④ 조작이 간단하며 시공속도가 매우 빠르다.
⑤ 공기단축 및 작업 환경 개선

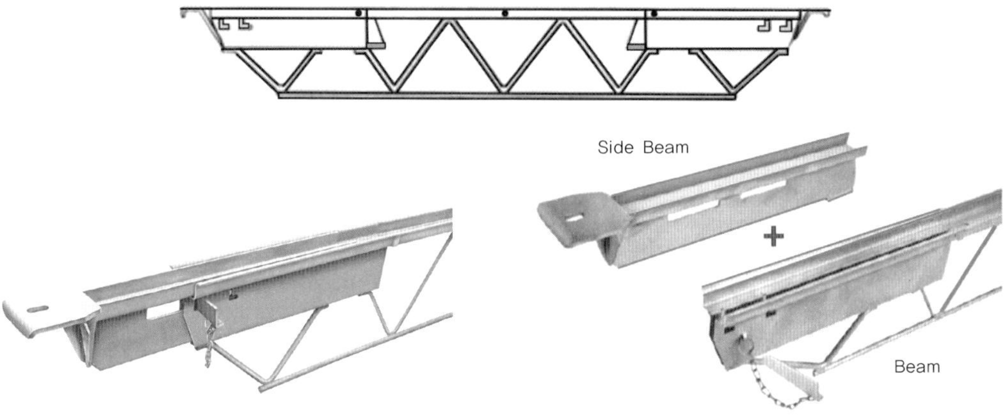

그림 8-59 호리 Beam

8.8.12 무폼타이 거푸집[브레이스 프레임 공법, 합벽지지대(솔져)]

1) 개요

벽체거푸집 설치시 벽체 양면에 거푸집 설치가 곤란한 경우 한면에만 거푸집을 설치하여 폼타이 없이 거푸집에 작용하는 콘크리트 측압을 지지하도록 한 거푸집 공법을 말한다. 무폼타이 거푸집 공법은 폼타이 설치작업의 번거로움을 없애고 거푸집을 지지하기 위한 공법으로 브레이스 프레임(Brace Frame, 합벽지지대)을 사용하므로 브레이스 프레임 공법이라고도 합니다.

2) 구분

① Brace Frame 공법	거푸집 패널과 지지프레임을 일체로 제작하여 설치함 (https://www.perikorea.com/ 참조)
② Soldier System 공법	거푸집 패널과 지지프레임을 현장에서 별도로 설치함

3) 시공시 주의사항

① 앵커 매입시 콘크리트 측압에 대한 구조 계산이 필요하다.

② 앵커 매입 이후 지지력 시험(인발시험)을 실시한다.

③ 앵커매입 길이는 콘크리트 또는 경질 지반에 260mm~430mm 정도 매입한다.

4) 특징

① 지하 흙막이 공사에 주로 사용된다.

② 공법이 단순하고 거푸집 설치 해체 품이 절약된다.

③ 사용회수에 대한 전용률이 높다.
④ 지지대 하부 고정을 위한 앵커매입이 필요하다.
⑤ 폼타이 설치가 필요 없어 작업의 단순화
⑥ 지하층의 경우 폼타이 설치에 따른 누수 방지

5) 이미지

그림 8-60 솔져공법

8.9 바닥판 거푸집 공법

8.9.1 바닥판 거푸집 종류와 특성

1) 개요

재래식 공법에서 사용되고 있는 합판, 동바리에 의한 거푸집의 결점을 보완하고 설계 및 시공의 합리화를 위하여 개발된 공법으로 거푸집의 대형화, 규격화에 따른 대형양중장비가 필요하며, 무지주 공법의 종류에는 데크플레이트, 하프PC, 와플폼, W식 등이 있다.

2) 거푸집의 구비조건
① 가공이 용이, 치수는 정확하게 제작되어야 한다.
② 수밀성이 확보, 내수성 유지
③ 가격이 저렴하고 경제성이 확보되어야 함
④ 외력에 강하고 청소 및 보수용이

3) 무지주 바닥판 거푸집의 종류 및 특성

종 류	내 용
① Waffle Form	격자천장 형식의 바닥판을 만드는 거푸집으로 의장효과 및 층고 확보를 목적으로 2방향 장성 바닥판 구조가 가능한 무량판 구조를 위한 특수상자 모양의 기성재 거푸집이다.
② 데크플레이트	냉간 롤 성형법에 의해 제조한 골형 플레이트이다. 철골구조에서 지주 없는 거푸집 재료 사용하거나 하부 면에 내화피복을 작업하여 구조체의 일부로 사용
③ Half Slab	철근을 하부 슬래브에 매입하여 공장에서 대량 생산으로 PC 제품화하여 현장 반입, 양중장비로 설치하고, 슬래브 상부의 반은 현장에서 topping Con'c를 타설하여 일체화시키기는 바닥 공법
④ W식 Form	철골조 부재 사이에 Lattice beam을 걸어 고정하고 합판 대신 아연골형 철판을 거푸집이다.

4) 문제점

① Form 자재가 중량이므로 양중장비 설치

② 시공시 하중 및 작업하중으로 재해 우려

③ 형태가 대형화이므로 작업공간이 필요

④ 운반시 파손 우려

5) 개선방향

① 재료의 강재화, 경량화

② 소규모 양중장비 개발 및 시공의 기계화, 로봇화

③ 설계의 표준화, 규격화, 단순화

④ 완전공업화로 제품생산

8.9.2 Waffle Form

1) 개요

거푸집의 모양이 Waffle 과자같이 생겼다 하여 붙여진 이름이며, 작은보가 없이 큰 Span의 공간을 확보할 수 있고, 층고를 낮출 수 있으며, 격자모양으로 미관상 유리한 공법이다.

2) 특징

① Deck Plate에 비해 큰 Span(8~9m) 확보가능

② 보가 없으므로 층고를 낮출 수 있음

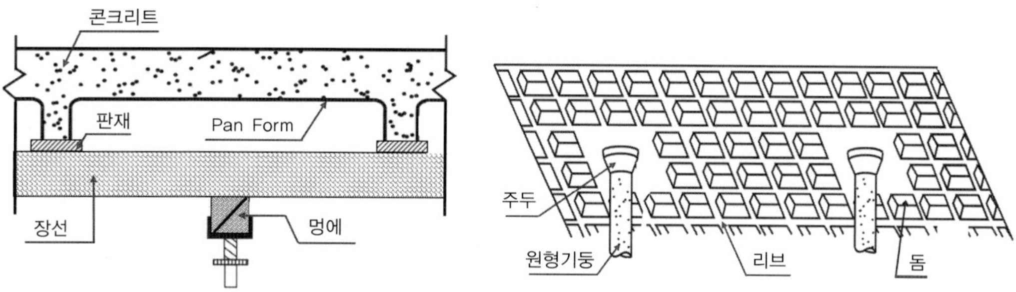

그림 8-61 Waffle Slab 구조

③ 미관상 유리(격자모양)

④ 특수형태의 거푸집이므로 전용성이 적음

⑤ 철근배근이 용이

3) 재료 및 규격

재료는 철판재와 합성수지재가 쓰이며, 규격은 다음과 같다.

① 600mm×600mm×200mm

② 900mm×900mm×250mm

③ 900mm×900mm×275mm

4) 시공시 유의사항

① Waffle Form의 해체는 중앙에 작은 구멍으로 압축공기를 불어넣어 함

② Waffle의 나누기는 의장 및 구조상 중요하므로 설계단계에서부터 계획

③ 적재하중에 대한 안정성 검토

④ 해체의 용이를 위해 박리제 도포

⑤ 압축공기 주입구의 고무캡이 콘크리트에 의해 잠식되지 않도록 할 것

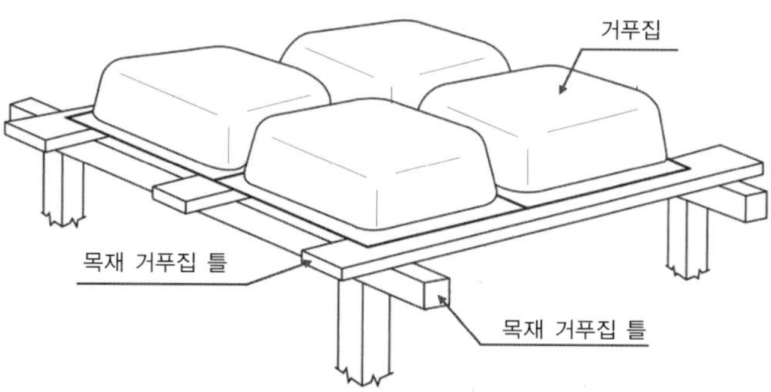

그림 8-62 Waffle Slab의 거푸집

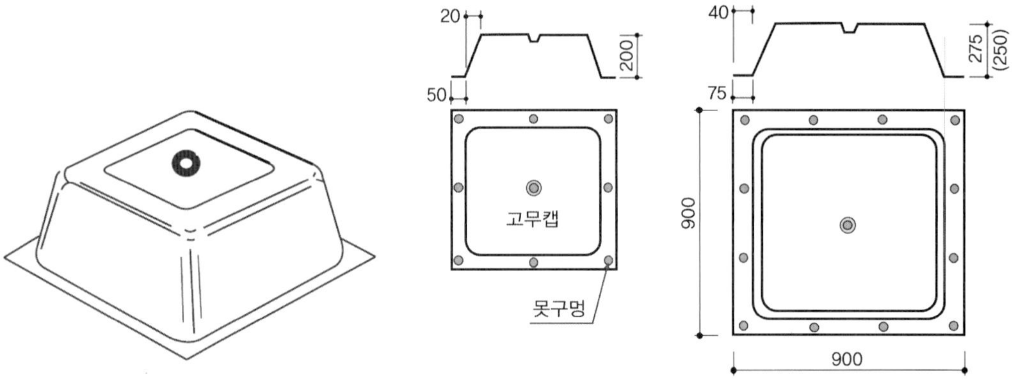

그림 8-63 Waffle Form

그림 8-64 와플 거푸집

8.10 거푸집 설계

8.10.1 거푸집에 작용하는 외력

1) 연직하중

① 연직하중 = 고정하중 + 작업하중 + 적설하중 = 최소 5.0kN/㎡ 이상
(슬래브 두께와 관계없이 5.0kN/㎡ 이상 적용)

② 고정하중 : 콘크리트 무게 + 거푸집의 무게

종 류	내 용	
① 고정하중	보통콘크리트	24kN/㎥ 이상 적용
	거푸집하중	0.4kN/㎡ 이상 적용

③ 작업하중 : 작업인원+경량의 작업하중+시공하중(콘크리트 타설 자재와 공구 등)+충격하중

구분	높이	구조물의 수평투영면적	비고
콘크리트 타설 높이	0.5m미만	2.5kN/㎡ 이상	슬래브
	0.5m 이상 1.0m 미만	3.5kN/㎡ 이상	보
	1.0m 이상	5.0kN/㎡ 이상	전이부재

단, 콘크리트 분배기 등의 특수장비를 이용할 경우에는 실제 장비하중을 적용하고, 거푸집 및 동바리에 대한 안전여부를 확인하여야 한다.

④ 적설하중 : 적설하중이 작업하중을 초과하는 경우에는 적설하중 추가적용

2) 콘크리트 측압

① 거푸집 설계에서는 굳지않은 콘크리트의 측압을 고려하여야 한다.
콘크리트의 측압은 사용재료, 배합, 타설속도, 타설높이, 다짐방법 및 타설할 때의 콘크리트 온도, 사용하는 혼화제의 종류, 부재의 단면 치수, 철근량 등에 의한 영향을 고려하여 산정하여야 한다.

② 콘크리트의 측압은 거푸집의 수직면에 직각 방향으로 작용한다.

3) 수평하중

① 동바리에 고려하는 최소 수평하중은 고정하중의 2%와 동바리 상단의 수평방향 단위 길이당 1.5 kN/m 이상 중에서 큰값이 최상단에 작용하는 것으로 한다.
㉠ 최소수평하중은 콘크리트 타설 높이와 관계없이 5.0kN/㎡×0.02=0.1kN/㎡
㉡ [최소 0.01kN/㎡, 1.5kN/m]max

② 벽체 거푸집의 경우 거푸집 측면에 대해 0.5kN/㎡ 이상의 수평방향 하중이 작용하는 것으로 계산

③ 최소 수평하중은 동바리 설치 면에 대하여 X방향 및 Y방향에 대하여 각각 적용한다.

④ 벽체 및 기둥 거푸집에 고려하는 최소 수평하중은 거푸집면 투영 면적당 5.0kN/㎡이 추가 작용하는 것으로 하며, 최소 수평하중과 고려한 측압과 풍하중 중에서 큰 하중을 적용하여 전도에 대한 안전성을 검토한다.
㉠ 연직하중은 콘크리트 타설 높이와 관계없이 5.0kN/㎡×0.02=0.1kN/㎡
㉡ 벽체 및 기둥거푸집 최소 수평하중 : 0.1kN/㎡+0.5kN/㎡

8.10.2 거푸집 구조계산 순서

1) 단계별 내용

종류	내 용
1단계	주어진 조건파악(하중, 측압, 재료, 시공방법 등)
2단계	계수 및 공식 확인
3단계	공식에 계수값을 대입하여 보강재 간격 산정
4단계	부재에 적용하는 응력과 허용응력을 비교하여 안정성 검토

2) 바닥 거푸집

콘크리트 중량, 콘크리트 타설시의 작업하중 및 충격하중이 작용

3) 벽, 기둥 거푸집 : 측압검토

4) 거푸집의 안전성 검토

하중계산검토	생콘크리트 중량과 측압력, 작업하중, 충격하중
강도계산검토	휨강도, 전단강도
처짐계산검토	처짐과 처짐각

5) 거푸집의 고려하중

생콘크리트 중량	2,300kg/m²	
생콘크리트 측압	벽 : 1,000kg/m² 기둥 : 2,500kg/m²	
작업하중	강도계산용 : 360kg/m² 처짐계산용 : 1,800kg/m²	
충격하중	강도계산용 : 1,150kg/m² 처짐계산용 : 575kg/m²	콘크리트 중량의 1/2 콘크리트 중량의 1/4

8.11 중공슬래브

1) 개요

TVS(Two-way Void Slab)공법은 철근콘크리트 무량판 바닥 슬래브의 단면에서 구조적 기능을 하지 않는 슬래브의 중앙부에 경량체(캡슐형, 땅콩형)를 삽입하여 구조적인 역할을

하지 않는 콘크리트를 제거함으로서 Solid Slab 대비 구조체 자중이 26%~43% 정도 저감 효과가 있다.

이 공법은 기존의 철근콘크리트 무량판 구조의 상하 철근 사이에 유니트를 설치하는 거푸집 공법으로 시공하거나, 일방향으로 제작된 PC 슬래브 또는 Deck Plate에 직각방향으로 현장에서 철근을 배근하여 패널간의 이음방법을 개선한 2 Way Slab를 형성하는 공법으로 RC조, RC조 건물에 모두 사용이 가능하다.

2) TVS 공법 개념도

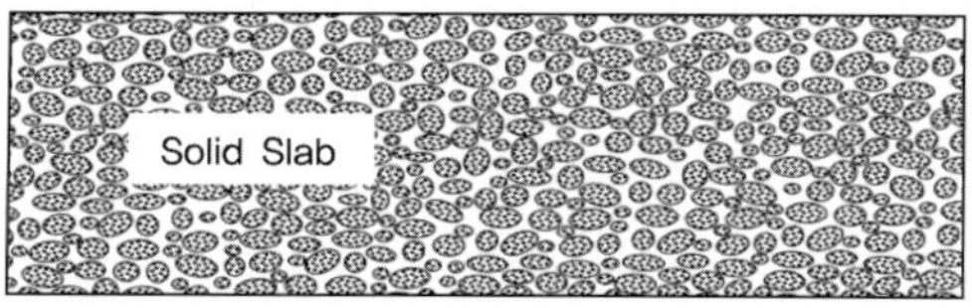

(a) Solid 슬래브

(b) 경량체

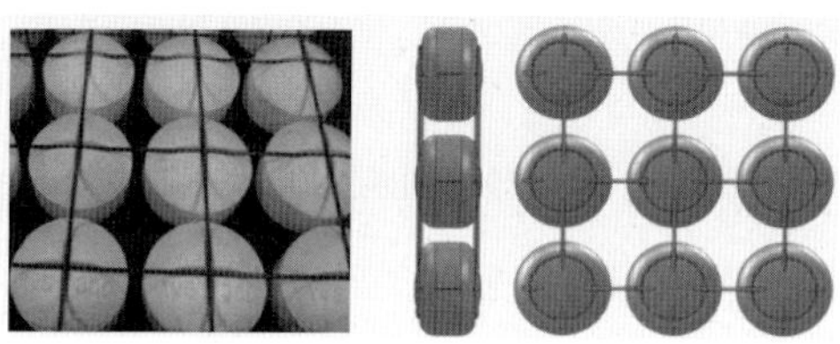

(c) 경량체 형태

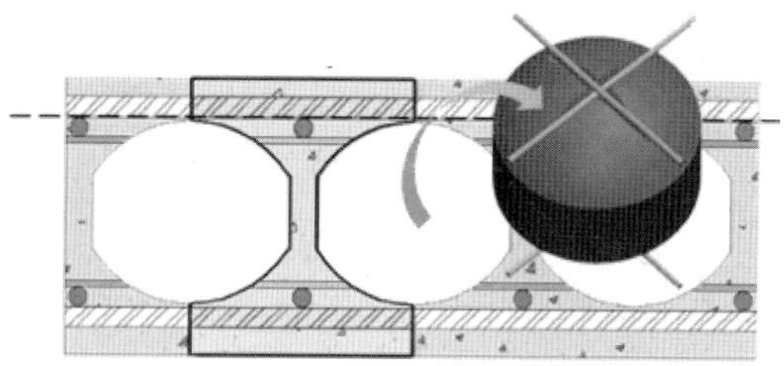

(d) 중공 슬래브 구조적인 역할

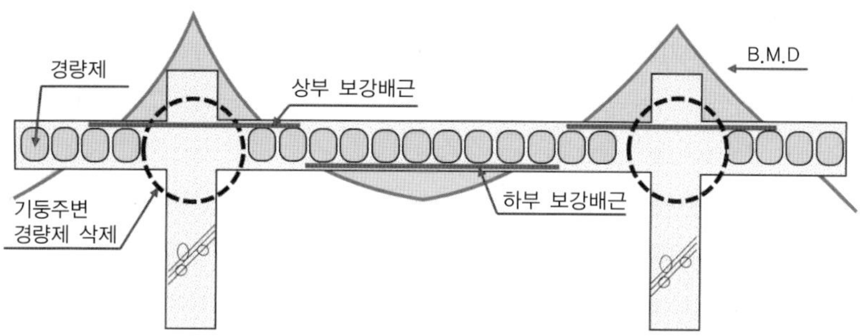

(e) 구조 개념도

그림 8-65 중공슬래브 구조 개념도(자료 출처 : 반석TVS, http://tvscorea.com)

3) 공법의 특징

항 목	내 용
① 경량화	• Solid Slab 대비 콘크리트량의 30~40% 감소로 자중 감소와 지진하중 경감
② 사용성능 향상	• 슬래브 자중감소로 진동 및 처짐 감소 • 동일두께 슬래브 보다 차음성능 향상
③ 장스팬 구현	• 재래식 공법에 비해 적은 수량의 기둥배치로 공간 활용성 증대
④ 층고 절감	• 층당 400~600mm 절감 • 지하층 층고 절감으로 굴토량 감소
⑤ 친환경	• 콘크리트 사용량 절감으로 CO_2 배출량 감소로 친환경.
⑥ 단열성능 향상	• 동일두께 슬래브보다 단열성능이 우수하여 에너지 절감 기여. • 단열효과 17~39% 향상

8.12 거푸집 허용 처짐

1) 거푸집 변형기준

거푸집의 변형 기준은 공사 시방서에 따르며, 시방서에 명시가 없는 경우에는 표면의 평탄하기 등급에 따라 순간격(l_n) 내의 변형이 다음 표의 상대변형과 절대변형 중 작은 값 이하가 되도록 한다.

표면 등급	상대변형	절대변형
A급(미관상 중용한 노출콘크리트)	$\frac{l_n}{360}$	3mm
B급(마감이 있는 콘크리트 면)	$\frac{l_n}{270}$	6mm
C급(미관상 중요하지 않은 노출 콘크리트면)	$\frac{l_n}{180}$	13mm

2) 거푸집 및 동바리의 허용오차

(1) 수직도 허용오차

구분	높이가 30m 이하	높이가 30m 이상
선, 면, 모서리	25mm 이하	높이의 1/1,000 이하 단, 최대 150mm 이하
노출된 콘크리트의 모서리 조절줄눈의 홈	13mm 이하	높이의 1/2,000 이하 단, 최대 75mm 이하

(2) 단면치수의 허용오차

항목 \ 단면치수	300mm 미만	300mm~900mm	900mm 초과
허용오차	−6mm, +9mm	−9mm, +13mm	−19mm, +25mm

(3) 인접한 거푸집의 허용오차

표면 등급	허용오차범위	비 고
A급 (미관상 중용한 노출콘크리트)	3mm	인접한 거푸집의 어긋남은 표면 평탄하기 등급에 따라 이 표의 오차범위 이내 이어야 함.
B급 (마감이 있는 콘크리트 면)	6mm	
C급 (미관상 중요하지 않은 노출 콘크리트면)	13mm	

8.13 박리재(剝離材, Form Oil)

1) 개요

콘크리트 표면에서 거푸집널을 쉽게 떼어내기 위하여 미리 거푸집 표면에 도포하는 물질

2) 박리재의 종류

종 별	성 분	비 고
① 수성계	비눗물, 지방산유제	강추위에 결빙되어 주의요함
② 유성계	광물유에 각종 첨가제를 넣어 배합	강추위에 결빙되지 않음
③ 폐유, 경유,	지방유첨가	
④ 합성수지	우레탄, 에폭시 스타렌 알크드계	
⑤ 왁스	파라핀, 천연왁스	

3) 박리재의 요구성능

① 방청효과가 있을 것

② 아연, 알루미늄은 양성 금속이므로 내알칼리성과 피막성이 높을 것

③ 비실콘계의 거푸집 박리제로 모든 형태의 거푸집에 사용할 수 있는 제품이어야 하며, 콘크리트 표면에 붙거나 얼룩을 만들거나 나쁜 영향을 주어서도 안 된다.

④ 접합과 부착이 필요한 콘크리트 표면의 처리를 약하게 해서는 안 된다.
⑤ 물, 증기 및 양생제로 양생할 때 표면이 축축하게 적셔지는 것을 방해를 해서는 안 된다.
⑥ 박리제는 콘크리트 품질에 유해한 영향을 미치거나 착색되지 않아야 하며, 산성도는 중성인 것을 사용한다. 다면, 탈형의 촉진을 위하여 산성인 박리제를 사용할 경우에는 공가감독자의 승인을 받아 사용하여야 한다.
⑦ 콘크리트 표면의 접합과 부착을 방해하거나 양생시 수분의 흡수를 방해하지 않는 것이어야 한다.

4) 박리재 시공시 유의사항

① 거푸집 재료의 적합한 박리재를 선택해야 한다.
② 콘크리트 색조에 영향이 없는지 시험을 한다.
③ 박리재 도포 이전에 거푸집 표면 청소를 깨끗하게 한다.
④ 박리재 도포량은 균일하며 적정량을 사용한다.
⑤ 콘크리트 타설시 거푸집의 온도, 탈형시간을 준수해야 한다.
⑥ 철근에 묻지 않도록 한다.
⑦ 금속재 거푸집의 방청재가 굳어지면서 건조피박이 형성되지 않도록 주의해야 한다.

Chapter 09

콘크리트공사

9.1 강도특성

9.1.1 압축강도 특성

콘크리트의 물성을 향상시키려는 노력은 콘크리트의 역사가 시작된 이래 끊임없이 계속되고 있다. 특히 콘크리트의 물성 중 가장 중요한 압축강도는 1920년대의 14MPa(142.76kgf/㎠) 수준이었던 것이 1940년대에는 35MPa(356.9kgf/㎠)까지 실용화되었으며, 1960년~1970년대에는 콘크리트 강도를 높이기 위해 첨가를 하는 감수제의 개발이 이루어졌고, 1980년대에는 낮은 물시멘트 비율의 고강도의 콘크리트가 개발되었다. 1990년대에는 초고층 건축을 위한 기반기술의 하나로 고유동 콘크리트 개발을 하였으며 최근에는 압축강도 130MPa(1,325.63kgf/㎠)의 콘크리트가 사용되고 있다. 또한 최근 국내에서는 세계 최고 강도인 200MPa(2,039.43kgf/㎠)의 콘크리트 개발에도 성공한 사례가 있다. 이 콘크리트는 시멘트에 물을 첨가하면 생기는 수화열을 획기적으로 낮춘 초저발열 기술을 적용해 생산되는 제품이라는 점에서 매우 훌륭하다.

콘크리트의 압축강도에 가장 큰 영향을 미치는 요인은 경화된 콘크리트 내의 공극(기포)의 크기와 양이다. 이 공극은 콘크리트가 경화된 후 남아 있는 공기에 의한 것이거나 수화반응 후 남아 있던 물이 건조함으로써 생긴 것이다. 이러한 공극을 감소시키는 첫 번째 방법은 수화반응에 필요한 최소한의 물만을 사용하는 것이다.(시멘트 중량의 23%), 이때 문제되는 반죽질기는 감수제를 이용하여 조절가능하며, 이것이 현재 이용되고 있는 고강도 콘크리트의 기본 개념이다.

그러나 사용하는 물의 양을 최소화 하여도 콘크리트 내의 공극을 완전히 제거할 수 없으므로 이러한 공극을 추가적으로 없애는 방법으로 합성수지 등을 침투시킬 수 있으며 이것이 폴리머 콘크리트이다.

일반 콘크리트의 파괴는 골재와 시멘트 풀(매트릭스)사이의 부착 파괴로 발생하나 고강도 콘크리트에서는 파괴선이 골재를 관통하게 된다.

(굵은골재 최대치수 : 25mm)

강도(MPa)	18	21	24	27	30	35	40	50
단가(원)	83,700	86,000	90,600	95,000	101,200	112,200	120,690	–

(단가는 2022. 2, 서울, 슬럼프 12cm 기준임)

〈표 9-1〉 콘크리트의 압축강도, 인장강도, 휨강도와 각 강도비

강도(kgf/㎠)			강도비		
압축강도 F_c	인장강도 F_t	휨강도 F_b	F_c/F_t	F_b/F_t	F_c/F_b
100	10.5	20.8	9.5	1.98	4.81
200	18.5	33.0	10.8	1.78	6.03
300	25.0	42.7	12.0	1.71	7.02
400	31.0	51.7	12.9	1.67	7.74
500	37.0	60.5	13.5	1.63	8.27
600	42.5	68.5	14.1	1.61	8.76

9.1.2 인장강도 특성

콘크리트의 가장 큰 결점은 인장강도에 약하다는 것이다. 낮은 인장강도를 보완하기 위하여 개발된 것이 철근콘크리트와 프리스트레스드 콘크리트로서 현재 콘크리트 구조물의 주종을 이루고 있다. 철근콘크리트나 프리스트레스드 콘크리트는 구조부재에 발생하는 인장응력을 효과적으로 부담할 수 있는 보강근을 배치, 콘크리트와 결합시킨 것으로 콘크리트 재질(물성)자체는 변함이 없다.

콘크리트의 물성 자체를 개선시켜 인장강도 및 인성을 증가시키려는 노력의 결과는 현재 상태에서 크게 나누어 FRC(Fiber Reinforced Concrete), CFC(Concrete Defect Free Cement)를 들 수 있다.

9.2 콘크리트용 재료

9.2.1 시멘트

1) 정의

결합재의 총칭으로 여러 재료를 교착시키는 역할을 하고 단순히 시멘트라고 하면 콘크리트에 사용되는 포틀랜트 시멘트로 대표된다. 물과 함께 반죽을 하였을 때 경화되는 무기질 결합재료이다.

2) 생산

석회석(CaO, $MgCO_3$, $CaCO_3$), 점토(SiO_2, Al_2O_3), 규석(SiO_2)을 각각 굵게 부순 후 계량하여 건식과 습식으로 혼합한다. 따라서 혼합물은 소성(燒成, Burning), 냉각(검은 덩어리, Clinker), 3%의 응결제(석고)첨가, 분쇄, 포장의 순서를 거치게 되는데, 특히 소성 중에는 회전로에서 1,450℃로 가열되어야 하며, 소성이 불충분하면 유리석회가 발생되어 장기강도가 저하된다.

3) 성분

① 주요성분(시멘트 4대 성분) : CaO(60~65%), SiO_2(20~25%), Al_2O_3(4~8%), Fe_2O_3 (2~4%)

② 부성분(미량성분) : MgO_2(1~2%), SO_3(1~2%), K_2O, Na_2O

항 목	내 용
㉠ $3CaOSiO_2$	Alt. 규산 3석회, 조강성, 수화작용이 빠르다.
㉡ $2CaOSiO_2$	Belt. 규산 2석회, 수화작용이 늦다.
㉢ $3CaOAl_2O_3$	Felt. 알루민산 3석회, 수화작용이 느리고 균열이 크다.
㉣ $4CaOFe_2O_3$	Celt. 알루민산 4석회, 내구성, 내성

③ 불순물 : 강열감량(0.5~1%), 불용성 잔류분(0.1~0.5%)

④ 수경률(H.M) $= \dfrac{CaO}{SiO_2 + Al_2O_3 + Fe_2O_3} \times 100\%$

9.2.2 시멘트의 종류

〈표 9-2〉 시멘트 종류에 따른 특성

<table>
<tr><th colspan="3">종 류</th><th colspan="2">특 징</th></tr>
<tr><td rowspan="5">포틀랜드
시 멘 트</td><td colspan="2">보 통</td><td colspan="2">• 일반적인 시멘트로 가장 많이 사용.
• 비중 3.15 이상, 단위용적중량은 1,500kg/m³</td></tr>
<tr><td colspan="2">조 강</td><td colspan="2">• 보통 시멘트의 7일 강도를 3일에 발현 • 분말도가 높다
• 수화발열량이 크므로 균열에 주의한다 • 저온에서도 강도 발현</td></tr>
<tr><td colspan="2">초조강</td><td colspan="2">• 조강시멘트의 3일 강도를 1일에 발현
• 저온에서도 강도 발현</td></tr>
<tr><td colspan="2">중용열</td><td colspan="2">• 수화열 및 건조수축 저감
• 강도증진은 늦어지나 장기강도는 보통시멘트보다 크다.</td></tr>
<tr><td colspan="2">내황산염</td><td colspan="2">• 황산염을 함유한 해수, 토양, 지하수, 하수 등에 대한 저항성이 큼</td></tr>
<tr><td rowspan="7">혼합시멘트</td><td rowspan="3">고로슬래그
시멘트</td><td>1종</td><td>• 함유량 : 5~30%</td><td>• 보통 시멘트와 동일한 성질</td></tr>
<tr><td>2종</td><td>• 함유량 : 30~60%</td><td>• 초기강도는 약간 작지만 장기재령 강도는 증대</td></tr>
<tr><td>3종</td><td>• 함유량 : 60~70%</td><td></td></tr>
<tr><td rowspan="3">Fly ash
Cement</td><td>1종</td><td>• 함유량 : 5~10%</td><td rowspan="3">• 워커빌리티가 양호하며, 장기강도가 증대
• 건조수축 및 수화열 저감</td></tr>
<tr><td>2종</td><td>• 함유량 : 10~20%</td></tr>
<tr><td>3종</td><td>• 함유량 : 20~30%</td></tr>
<tr><td colspan="2">포졸란 시멘트</td><td colspan="2">• A종(5~10%), B종(10~20%), C3(20~30%)종이 있다.
• 콘크리트의 화학저항성이 크다.</td></tr>
<tr><td rowspan="4">특수시멘트</td><td colspan="2">알루미나시멘트</td><td colspan="2">• 조기강도가 커서 보통포틀랜드시멘트 28일 강도를 24시간에 발현</td></tr>
<tr><td colspan="2">초속경시멘트</td><td colspan="2">• 재령 2~3시간 만에 20~30MPa의 강도 발현</td></tr>
<tr><td colspan="2">팽창시멘트</td><td colspan="2">• 콘크리트의 수축을 개선하기 위하여 수화 시 팽창재 역할</td></tr>
<tr><td colspan="2">백색시멘트</td><td colspan="2">• 내구성이 필요한 장소보다 장식용, 미장용, 인조 대리석 제작에 사용</td></tr>
</table>

9.2.3 시멘트의 종류별 특성

1) 보통포틀랜드시멘트

① 보통포틀랜드시멘트는 국내외에서 가장 많이 쓰이는 시멘트로서 우리나라는 전 시멘트 생산량의 거의 90%를 차지하고 있다.

② 풍화된 시멘트는 비중이 작아지고 응결지연, 초기강도를 저하 시킨다.

③ 3개월 이상 저장한 시멘트는 사용 전에 시험을 거쳐야 한다.

④ 치수가 큰 구조물의 타설시 1회의 타설 수량이 너무 커서는 안되며, 타설 시는 냉각 방법의 고려가 필요하다.

⑤ 타설할 때까지의 소요온도를 최대한 짧게 유지한다.

2) 중용열포틀랜드시멘트

(1) 특성

① 내침식성 및 내구성이 크다.
② 장기강도 및 내화학성의 확보에 유리하다.
③ 모르타르의 공극 충진효과가 크다.
④ Bleeding 현상이 적어진다.
⑤ 수화발열량이 낮아 균열의 발생이 적다.

(2) 사용시 주의사항

① 콘크리트의 단위수량이 증가하여 강도상 불리할 수 있으므로 유의한다.
② Silica 성분은 탄산가스에 의한 중성화로 변화가 쉬우므로 유의한다.
③ 동결융해에 대한 저항성은 보통 Cement 보다 불리한 경우가 많으므로 유의한다.
④ 조강포틀랜드시멘트는 조기강도가 높고 장기에 걸쳐 강도를 증진하기 때문에 주로 겨울철공사, 긴급공사, 시멘트 2차 제품, 프리스트레스드 콘크리트 등에 사용된다.
⑤ 치수가 큰 구조물의 타설시 1회의 타설량이 너무 커서는 안되며, 타설시는 냉각방법의 고려가 필요하다.
⑥ 타설할 때까지의 소요온도를 최대한 짧게 유지한다.
⑦ 중용열포틀랜드시멘트는 수화열을 중용도(中庸度)로 억제한 것으로, 이 성질로 인하여 댐 등의 두꺼운 콘크리트 공사나 도로포장 또는 최근에는 원자로의 차폐용콘크리트 등에 이르기까지 광범위하게 사용된다.

3) 조강포틀랜드시멘트

석회와 알루미나 성분을 많이 포함한 시멘트로서, 보통포틀랜드 시멘트의 7일 강도를 3일에 발현시킬 수 있다. 조강포틀랜드 시멘트를 사용하면 7일 만에 보통포틀랜드 시멘트의 28일 강도를 확보할 수 있다.

(1) 특성

① 조기강도 발현이 크고 장기에 걸쳐 강도를 증진시킨다.
② 낮은 온도에서 강도저하가 적다.
③ 분말도가 높고 수밀성이 크다.
④ 보통포틀랜드 시멘트 보다 슬럼프의 감소가 크다.
⑤ 건조수축에 의한 균열 발생이 용이하다.
⑥ 수화속도가 빠르고 수화열이 높게 발생되어 한중콘크리트에 적합하다.

(2) 사용시 유의사항

① 수화열이 높아 크랙발생에 주의해야 하고 매스 콘크리트에는 부적합하다.

② 치수가 큰 구조물의 콘크리트 타설시 냉각방법에 대한 사전계획이 요구되며, 1회의 타설량이 너무 커서는 안 된다.

③ 재령이 경과된 후에도, 구조체의 고온의 영향이 없을 것

④ 타설할 때까지 소요온도를 최대한 짧게 유지한다.

4) 혼합시멘트

일반적인 구조체의 콘크리트는 보통포틀랜드시멘트를 많이 사용하지만, 기초보 등과 같은 매스 콘크리트에는 고로 시멘트 B종 또는 플라이애시 시멘트 B종 등이 많이 사용된다.

(1) 고로 슬래그 시멘트

① 보통 시멘트의 클링커(Clinker)+슬래그(60~70%)의 혼합으로 내화학성, 건조수축이 크고, 블리이딩, 비중이 작다.

② 해수, 하수, 지하수, 광천 등의 내침투성이 우수하다.

③ 동결, 융해에 대한 저항력이 약하다.

④ 수화열이 적어 Mass Con'c에 적합하다.

(2) 실리카 시멘트(Silica Cement : Pozzolan Cement)

① 클링커+화산회, 규산백토(20~50%)의 혼합으로 수밀성, 내화학성, 강도가 포틀랜드 시멘트보다 작다.

② 공극을 충진하는 효과가 크고, 투수성이 줄어든다.

③ Bleeding이 감소하고 백화현상이 적어진다.

④ 수화발열량이 적고 온도응력에 의한 균열을 방지한다.

⑤ 동결융해 저항력이 약하다.

(3) 플라이애시 시멘트(Fly-ash Cement)

① 보통 시멘트의 클링커+플라이애시(10~30%)의 혼합으로 워커빌리티가 증가하고 단위 수량이 감소한다.

② 값이 싸고 수화작용이 높다.

(4) 특수 시멘트

① 알루미나 시멘트(Alumina Cement)

Aluminium의 원광석인 bauxite 같은 Alumina 성분을 석회석과 균일하게 혼합될 때까지 소성하여 급격하게 냉각시켜 분쇄한 시멘트이다.

㉠ Al_2O_3를 다량 포함하고 있으며, 조강성, 내화특성, 응결 경화시 발열량이 크고(동절기공사), 내화용이나 가격이 고가이다.

㉡ 콘크리트 알칼리에 강하나 산에 약하다.

㉢ 조기강도는 24시간에 보통시멘트의 28일 강도를 낸다.

㉣ 콘크리트 타설 후 4시간 만에 10MPa(100kgf/㎠) 이상의 강도가 생긴다.

㉤ 해수에 대한 저항성이 크다.

㉥ 용도

ⓐ 긴급공사

ⓑ 내화 콘크리트 공사

ⓒ 저온에서 공사

ⓓ 구조체의 조강성이 필요한 공사

ⓔ 내화학성이 필요한 공사

② 백색 Portland Cement

산화철 성분을 작게 하고, Cement의 주성분인 석회석 및 점토의 선정 시 착색성분이 없는 것을 사용하여 백색으로 만든 Cement이다.

㉠ 보통 Portland Cement 보다 높은 강도를 발휘하며, 단기강도는 조강 Portland Cement와 거의 비슷함

㉡ 백색 Portland Cement는 내구성이 필요한 구조체보다는 장식용, 미장용, 인조대리석 제작 등에 주로 사용된다.

㉢ 물과 비빈 후 2~3시간이 경과하면 흰 정도가 10% 감소, 1주 후에는 원상태로 됨

㉣ 강도가 높기 때문에 물, 풍우, 서리, 동결 등에 강함

㉤ 용도

ⓐ Slate, Terrazzo, 연석, 탕일 등의 콘크리트 2차 제품에 활용

ⓑ 실내의 홀, 공장, 창고 등 지하실의 밝기가 필요한 장소

ⓒ 건축물, 기념탑, 공원 시설 등 도장에 필요한 장소

ⓓ 목욕탕, 부엌 등 위생시설 및 타일줄눈용

③ 팽창 Cement

㉠ 물과 반응하여 경화과정에서 팽창하는 성질을 가진 Cement를 말한다.

㉡ 용도

ⓐ 균열 보수공사

ⓑ 장 Span의 구조물 공사

ⓒ Pre-cast 대형 Panel 부재 제작

ⓓ 철골세우기의 기초 상부 고름질

ⓔ Grout 재료 사용

ⓕ 무(無) Joint의 도로포장공사

㉢ 특징

ⓐ 콘크리트의 결점인 수축성을 개선함

ⓑ 28일간 습도 약 50%로 기건 양생했을 때 0.05% 팽창하였고, 수중 양생한 경우는 0.15% 정도의 팽창을 함(공시체 시험)

ⓒ 응결 · Bleeding · Workability는 보통 Portland Cement와 비슷함

ⓓ 수축률은 보통 콘크리트에 비해 20~30% 낮음

ⓔ 균열발생이 보통 Portland Cement에 비해 현저히 감소

ⓕ 콘크리트가 수밀화되어 강도가 커진다.

ⓖ 콘크리트가 팽창하여 압축응력을 발생시키므로 Pre-stress가 도입되는 효과 발생

9.2.4 시멘트의 물리적 특성

1) 비중(Specific Gravity)

① 보통 포틀랜드 시멘트의 비중 : 약 3.15

② 조강 포틀랜드 시멘트의 비중 : 약 3.13

③ 중용열 포틀랜드 시멘트의 비중 : 약 3.2

④ 보통포틀랜드 시멘트의 비중은 혼합물이 많을 경우나 풍화되면 비중은 저하된다.

2) 분말도(Finess)

① 1g 입자의 표면적의 합계로 표시하며 보통 2,800~3,600㎠/g정도이다.

② 분말도 시험은 체가름 시험(표준체 0.0044mm 사용 : 잔유량 10% 이내)과 비표면적 시험법(브레인 법) 등이 쓰인다.

③ 시멘트 분말도가 높으면 색은 밝아지고, 비중이 작고, 수화속도는 빨라지며, 조기강도가 커지고, 건조수축은 커진다.

〈표 9-3〉 각종 분말도 비교 (㎠/g)

시멘트, 혼화재 종류	평균값	규정치
조강 포틀랜드 시멘트	4,300	초고강 Cement : 6,000
보통 포틀랜드, 중용열 포틀랜드	2,800 정도	A급 : 2,800/B급 : 2,600

④ 분말도 영향

분말도	영향	비고
(a) 분말도가 높은 경우	• 미세입자의 함유율 증가	표면적이 크다
	• 자기수축 및 건조수축 증가	균열발생이 크다.
	• 수화열 증가, 응결과 경화 촉진	수화작용이 빠르다.
	• 수밀성 증가(수밀한 콘크리트 가능)	시공연도가 좋다.
	• 초기강도 증가(장기강도 저하)	발열량이 커진다.
	• 점성증가, 불리딩 감소	
(b) 분말도가 낮은 경우	• 미세입자의 함유율 감소	
	• 초기강도 감소	
	• 수화반응 지연	
	• 수밀성 저하	

3) 안정성(Soundness)

① 시멘트의 안정성이란 응결, 경화제의 체적이 팽창하는 것을 말하며, 안정성이 나쁘면 구조물이 팽창성 균열을 일으켜 내구성을 저하시킨다.

② 최근 시멘트 제조기술의 발달로 마그네슘 함유량을 3% 이내로 제한하여 문제발생 해결

4) 수화(Hydration)

① 시멘트가 물과 만나면 시멘트중의 수경성 화합물과 수화작용(Hydration)을 한다.

② 수화작용에 의해 발생하는 수화열은 시멘트의 화학적 조성, 분말도, 배합, 단위시멘트량, 물시멘트비, 혼화재료, 양생조건 등에 따라 영향을 받는다.

③ 일반적으로 한중콘크리트에서는 이 수화열을 이용하지만 매스콘크리트에서는 콘크리트의 전도도가 낮아 단열 상태가 되므로 125cal/g의 열량이 축척되어 온도 균열을 일으키는 경우가 있다.

5) 응결(Time & Setting)

① 응결 경화는 시멘트의 수화반응에 따라 일어나는 일련의 물리화학적 현상이다.

② 시멘트의 활동성이 적어지기 시작하는 시간을 초결, 활동성이 거의 없어진 상태를 종결로 본다.

6) 수밀성(Water Tight Property)

① 시멘트의 경화제는 수밀성을 갖는다.

② 물시멘트비가 높으면 투수성이이 크게 되고 경화시 건조하게 되면 수밀성은 크게 떨어짐

9.2.5 골재

콘크리트는 물이 15~20%, 시멘트가 절대용적으로 7~14%, 골재가 절대용적으로 66~78%라는 것을 볼 때 콘크리트의 품질은 골재가 좌우한다.

1) 골재의 분류

① 생산방식에 의한 분류	천연골재	하천골재, 바다골재
	인공골재	인공경량골재
	부산골재	슬래그 골재
② 채취장소에 의한 분류	강모래, 강자갈	
	바다모래, 바다자갈	
	산모래, 산자갈	
③ 직경에 의한 분류	잔골재	5mm체를 중량으로 85% 이상 통과
	굵은 골재	5mm체를 중량으로 85% 이상 남는 것
④ 비중에 의한 분류	경량골재	비중이 2.0 이하
	보통골재	비중이 2.0~2.5
	중량골재	비중이 2.6 이상
⑤ 광물조성에 의한 분류	실리케이트계 골재	규조토(Silica) 성분이 주성분
	탄산염계 솔재	석회석 성분이 주성분
		유황 성분이 주성분

2) 골재의 조건

① 골재는 청정 · 견고하고 물리 · 화학적으로 안정되어야 하며 유해량의 먼지 · 흙 · 유기불순물 · 염류 등이 포함되지 않고 내화성과 내구성을 가져야 한다(유해량 3% 이하).

② 골재의 입형은 콘크리트의 유동성을 갖도록 한다. 공극률이 작아 시멘트를 절약할 수 있는 구형이나 입방체에 가까운 것이 좋으며, 너무 매끄러운 것, 납작한 것, 긴 것, 예각으로 된 것은 좋지 않다. 또 골재의 강도는 콘크리트 중 경화한 시멘트풀(Cement Paste)의 강도보다 커야 한다.

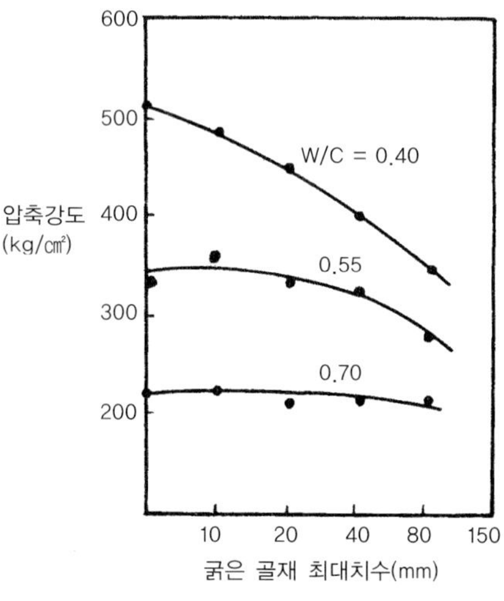

그림 9-1 굵은골재의 최대치수와 압축강도의 관계

③ 굵은 골재의 최대크기는 부순돌(쇄석)의 경우 20mm, 강자갈의 경우 25mm가 대부분이며,

기초 콘크리트의 경우 40mm가 지정되기도 하며 충전용 콘크리트의 경우 10mm, 15mm가 지정되기도 한다.

3) 골재의 규격

① 잔골재 : 10mm(호칭치수 9.5mm)체에 전부 통과하고 No.4(5mm)체에 거의 다 통과하며, No.200체에 거의 다 남는 골재 또는 No.4를 다 통과하고 No.200체에 다 남는 골재를 말한다. 부순잔골재는 0.08mm체 통과량이 5% 이하이어야 한다. 또한, 부순잔골재는 입자모양판정 실적률이 53% 미만인 경우 사용할 수 없고, 53% 이상~55% 미만인 경우에는 천연잔골재와 혼합하여 사용하여야 하며(최대혼합비는 보간법에 의함), 55% 이상인 경우에는 천연잔골재와 혼합 없이 사용할 수 있다.

② 굵은골재 : No.4(5mm)체에 거의 다 남는 골재 또는 No.4체로 쳐서 남는 골재를 말한다.

4) 골재의 특징

① 천연골재 : 천연환경에서 생성된 골재로서 입형이 양호하고 회전저항이 감소하여 유동성이 좋다.

〈표 9-4〉 천연골재의 품질은 다음의 표에 의한 것을 사용한다.

종 류	절건비중 (g/㎤)	흡수율 (%)	점토량 (%)	씻기시험에 따른 손실량(%)	유기불순물	염화물 (%)
굵은골재	2.5 이상	3.0 이하	0.25 이하	1.0 이하	–	–
잔 골 재	2.5 이상	3.5 이하	1.0 이하	3.0 이하	표준색보다 진하지 않음	0.04 이하

② 인공골재(부순골재) : 암석을 크러셔 등으로 분쇄하여 인공적으로 만든 모래 또는 자갈과 광재(鑛滓, Slag)를 부수어 만든 광재자갈이 있고 소성품으로 팽창점토, 펄라이트 등이 있다. 인공골재는 입형이 불량하고 회전저항이 증가하여 유동성이 취약하다. 따라서 단위수량이 증가됨

〈표 9-5〉 부순골재 품질은 다음의 표에 의한 것을 사용한다.

종 류	절건비중 (g/㎤)	흡수율 (%)	안전성	마모율	0.08mm체 통과율
부순 굵은 골재	2.5 이상	3.0 이하	12 이하	4.0 이하	1.0 이하
부순 잔골재	2.5 이상	3.0 이하	10 이하	–	7.0 이하

③ 경량골재(Light weight aggregate) : 골재의 비중이 세골재는 2.0 미만, 조골재는 1.6 이하를 말한다.(보통골재는 비중 2.5~2.65)

㉠ 일반골재와 경량골재의 강도비교

골재	인장강도/압축강도	휨강도/압축강도
일반골재	$\frac{1}{9} \sim \frac{1}{13}$	$\frac{1}{5} \sim \frac{1}{7}$
경량골재	$\frac{1}{9} \sim \frac{1}{15}$	$\frac{1}{6} \sim \frac{1}{10}$

㉡ 경량골재의 분류

천연경량골재	인공경량골재
• 화산암(Volcanic Rock)	• 혈암 · 점판암(Shale Clay · Clay Slate Stone)
• 화산암재(Scoria)	• 팽창질석(Expanded Vermiculite)
• 화산재(Volcanic Ash)	• Fly Ash
• 응회암(Tuff)	• 용융광재(Expanded Slag)
• 규조토(Diatomaceous Earth)	• 석탄재(Cinder Ash)

㉢ 특징

ⓐ 비중이 가볍다.

ⓑ 부재의 중량을 감소시킬 수 있다.

ⓒ 내동해성, 시공연도가 향상된다.

ⓓ 단열 방음성이 좋다.

ⓔ 흡수율이 크다.

④ 중량골재 : 비중이 2.7 이상인 골재를 중량골재라 한다.

5) 골재의 함수상태

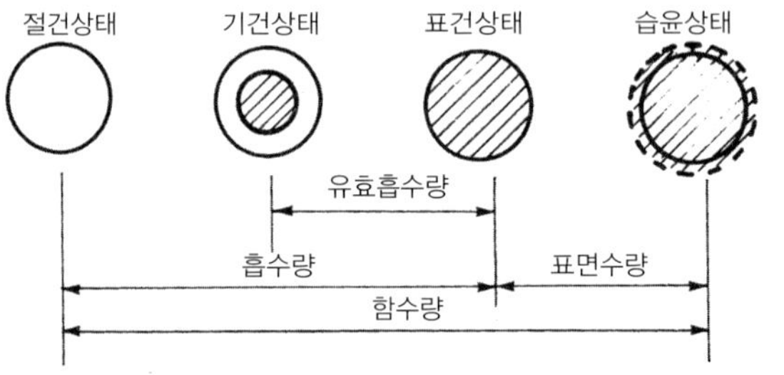

항 목	내 용
① 절건상태	절대 건조 상태로 골재를 100~110℃의 온도에서 중량변화가 없어질 때까지(24시간 이상) 건조한 상태, 골재 속의 모세관 등에 흡수된 수분이 거의 없는 상태
② 기건상태	공기중 건조 상태로 골재를 공기 중에 건조하여 내부는 수분을 포함하고 있는 상태
③ 표건상태	표면건조 내부포화상태로 내부는 포화상태이나 표면은 수분이 없는 상태
④ 습윤상태	골재의 내부는 이미 포화상태이고, 표면에도 물이 묻어 있는 상태

6) 골재의 역할

항 목	내 용
① 안정재	기상변화(온도, 건 · 습변화)에 의한 부피 · 성질의 변화 조정
② 중량재	콘크리트를 구성하는 충전재로서, 경제성 확보
③ 보강재	경량골재 콘크리트, 고강도 콘크리트에서 강도보정
④ 내구재	변형, 마무, 풍화 침식작용에 대한 저항
⑤ 기타	밀도 조정재, 흙손마감성의 개선 역할 등

7) 바닷모래의 조건

(1) 바닷모래(해사) 문제점

하천골재(강모래, 강자갈)는 각종 수공(水工)구조물의 건설, 하천(河川)개수사업, 취수사업 등으로 인해 생성이 고갈된 상태이며 더욱이 하천의 유지 보전상 골재채취가 제한되고 있다. 이러한 골재난의 해결방안으로 해사의 활용이 일반화되고 있으며 그 문제점은 다음과 같다.

① 해사를 사용할 경우의 문제점 : 염분함유량, 입도분포, 조개껍질 등 이물질의 혼입.

② 콘크리트에 사용하는 해사의 허용한도 이상의 염분량을 낮추는 대책으로는 물로 씻는 방법이 가장 기본적인 것이며, 하천모래나 산모래를 혼합하여 사용하는 경우도 있다.

③ 일정량 이상의 염분이 콘크리트에 함유될 경우 경화를 다소 촉진시킬 뿐 워커빌리티와 강도에 대해서는 큰 영향을 주지 않지만 콘크리트 내의 보강철근의 부식을 촉진시킨다.

④ 콘크리트에 함유된 염화물량은 염소이온량으로서 보통 콘크리트의 경우 0.30kg/m³ 이하, 방청대책을 세운 경우 0.6kg/m³ 이하, 고내구성 콘크리트의 경우 0.20kg/m³ 이하로 규정하고 있다.

⑤ 또한, 염화물량이 0.30kg/m³을 초과할 경우에는 다음과 같은 조치를 해야 한다.

염화물량	조치내용
㉠ 0.30kg/m³을 초과하고, 0.60kg/m³ 이하인 경우	• 물/시멘트비를 55% 이하로 한다. • AE감수제를 사용하여 슬럼프를 18cm 이하로 한다. • 방청제를 사용한다. • 슬래브 하단의 철근 피복두께를 3cm 이상으로 한다.
㉡ 0.60kg/m³을 초과하는 경우	• 효과적으로 방청처리를 한 철근을 사용한다.

(2) 해사 사용시 유의사항

① 해사와 천연모래의 물성의 차이는 크게 없다.

② 조개껍질 함유량에 따른 콘크리트의 물성 차이는 크게 없다.

③ 염분 함유량이 0.1% 이하에서 해사를 사용한 무근콘크리트 사용은 가능하다.

④ 염분 함유량이 0.04% 이하에서는 보통 강모래와 같이 철근 콘크리트에 사용할 수 있다.

⑤ 염분 함유량이 0.04%~0.1%의 바닥모래를 철근 콘크리트에 사용할 때는 방청제를 첨가하여 사용한다.

(3) 염분사용 대책

항 목	내 용
① 염분사용량 규제	해사의 경우 염분 함유량의 허용한도가 모래의 절대건조중량에 대하여 0.04% 이하로 한정하고 굳지 않은 콘크리트의 총 염화물량은 염소이온량으로서 0.3kg/m^3 이하로 한정시킨다.
② 마무리재 시공	미장, 타일붙이기, 도장 등의 마무리재를 시공하여 철근의 부식을 줄일 수 있다.
③ 피복두께 유지	적정한 철근 피복두께를 유지한다.
④ 콘크리트의 밀실시공	물시멘트비를 적게 함으로서 치밀한 콘크리트를 만들며 녹의 발생에 필요한 수분과 산소의 공급을 차단하고 철근 위치에서 염분량을 감소한다.
⑤ 시공유지 관리	재료분리가 없는 양질의 시공과 건설 후 노후도에 따라 보수를 하는 등 유지 관리를 잘 할 경우 염해를 줄일 수 있다.
⑥ 녹방지 대책	방청제를 사용하거나 표면처리한 방청철근(아연도금 철근, 에폭시수지도장 철근)을 사용한다.

(4) 염분이 철의 부식에 미치는 영향

① 경화된 콘크리트는 고 알칼리성(pH 12.4)을 나타내며 장기간 동안 콘크리트가 대기중의 CO_2를 흡수하여 알칼리성을 잃고 중성화가 진행된다.

$$Ca(OH)_2 + CO_2 \rightarrow CaCO_3 + H_2O$$

② 콘크리트에 중성화가 진행되어 철근의 표면까지 이르며 물과 CO_2 가스가 공존하여 산화 피막이 파괴되어 철근에 부식이 발생된다.

(5) 염분제거방법

① 자연강우

㉠ 자연강우에 의한 염분제거는 장기간 방치시 효과가 있다.

㉡ 강우량이 많은 계절에 염분제거를 계획한다.

② 스프링클러(Sprinkler) 살수

㉠ 골재 1m^3에 대해 6회 이상 살수한다.

㉡ 염분농도 측정 이후 0.04% 이상 시에는 다시 살수한다.

③ 제염재 사용

제염재 혼합은 효과가 뛰어나지만 고가이므로 경제성을 고려해야 한다.

④ 준설선에서 세척

준설선에서 끌어올린 모래를 맑은 물로 여러번 세척한다.

⑤ 하천모래와 혼합

㉠ 바다모래를 스프링클러로 세척을 한 이후 강모래와 혼합하여 사용한다.

㉡ 바다모래를 염분 측정하여 0.04% 이하의 염분도를 보여도 강모래와 섞어 사용한다.

⑥ 제염플랜트에서 세척

㉠ 모래세척의 1/2 이상의 담수를 사용하여 세척한다.

㉡ 세척물의 염분으로 환경문제가 발생한다.

(6) 염분 함유량 측정방법

염분이란 해수 1kg 중에 함유되는 고형물질의 함량을 g으로 나타낸 것이다

항 목	내 용
① Quantab법 (시험지법) 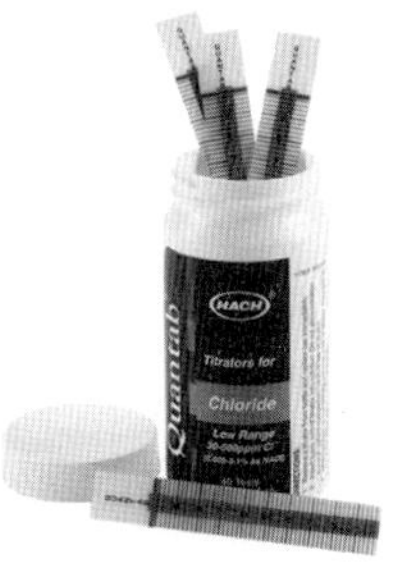	• 시험지를 이용한 간이 측정법으로 조작방법이 간단하여 현장에서 누구나 측정할 수 있는 시험방법이다. • 시험지는 재사용할 수 없으므로 사용 이후 폐기 처리한다. • 모세관의 흡입현상을 이용한 시험방법으로 블리딩수를 빨아들여 중크롬산(다갈색)과 염소이온을 반응케 하여 변색한 부분의 길이로 염소이온 농도를 측정하는 방법이다. • 백색의 산화물을 생성시켜 백색이 변색한 부분의 길이로 염소 이온농도를 측정한다.
② 이온 전극법	• 간이 시험방법으로서 측정시간은 보통 10분 이내로 레미콘의 현장 시험 등 신속한 결과가 요구되는 곳에 많이 사용되고 있다. • 측정시 표준액(0.1%와 0.5%)과 정제수로 염도조정을 실시한 후 이온전극법을 실시한다. • 모래의 경우 500g 시료에서 물 : 모래=1 : 1 중량비율로 혼합하여 NaCl를 측정하며, 모래의 건조중량의 0.04% 이하가 되어야 한다. • 콘크리트의 경우 모르타르만 취하여 C1를 측정하여, 콘크리트이 체적으로 0.3kg/m³ 이하여야 한다.
③ 질산은 측정법	• 실험실에서 실시되는 시험방법으로 KS에 규정된 시험법이다. • 질산은 측정법은 전문지식이 필요하고, 번거로운 점은 있으나 정확한 값을 얻을 수 있어 실험실에 의한 검사법으로 많이 적용된다. • Bleeding수를 취하여 여과지에 통과시켜 깨끗한 정제수를 만든 후 갈색 피펫에 정제수를 넣어 갈색비커에 한 방울씩 떨어뜨려 비커 속의 약품색이 담황색으로 변할 때는 기준으로 염분함유량을 측정한다.

(7) 염분이 콘크리트 물성에 미치는 영향

항 목	내 용
① 슬럼프	해사 중에 염분함유량이 0~0.25% 함유되어도 슬럼프에는 영향이 없다.
② 강도	초기강도는 염분함유량에 따라 증가하나 28일 이후는 거의 동등함.
③ 응결시간	염분증가에 따라 수화반응이 빨라지며 수화 반응량도 많아져서 응결시간이 짧다.
④ 건조수축	염분 증가량에 따라 약간 증가하나 큰 차이는 없다.
⑤ 동결융해	동결융해에 대한 내구성은 거의 없음

그림 9-2 녹발생

8) 실적률과 공극률

① 골재의 단위용적 중 공간의 비율을 백분율로 나타낸 것을 공극률, 골재의 실적부분의 비율을 백분율로 나타낸 것을 실적률이라 한다.

$$실적률(\%) = \frac{단위용적질량(kg/l)}{절건비중} \times 100$$

$$실적률 + 공극률 = 100\%$$

② 입도분포 적절시 골재최대치수가 클수록 실적률이 증가된다.

③ 비중이 동일할 경우 단위용적질량이 클수록 입도분호가 양호하여 실적률이 증가한다.

① 강자갈의 실적률	60-65%, 공극률 : 35-40%
② 모래의 실적률	55-70%, 공극률 : 30-45%
③ 쇄석의 실적률	55-65%, 공극률 : 35-45%

④ 실적률이 클 경우(공극률이 작을 경우) Con'c에 주는 영향

항 목	콘크리트에 주는 영향	비 고
① Cement Paste량	감소한다. (작아진다.)	
② 건조수축		
③ 수화발열량		
④ 단위수량		
⑤ 콘크리트의 투수성 및 흡수성		

항 목	콘크리트에 주는 영향	비 고
⑥ 콘크리트의 수밀성	커진다.	
⑦ 콘크리트 내구성 및 강도		
⑧ 콘크리트의 마모저항성		
⑨ 경제적	유리하다.	

9) 입도

세조립(크고 작은 입자)이 적당히 혼합되어 있는 정도를 말한다. 골재의 치수가 크면 비비기 및 다지기가 곤란하고, 재료분리가 잘 된다. 그러나 시멘트와 물의 사용량을 줄일 수 있어 강도 및 내구성이 향상된다.

10) 조립률(FM : Fine Modulus)

골재의 입도를 수량적으로 나타내는 방법으로서 각 체에 남아 있는 골재량의 누계를 전 골재에 대한 중량백분율의 누계합계 표시한 값이다.

11) 간극률(Void Ratio)

① 골재의 간극률(V)=100－실적률(%)

② 표준 값 : 굵은골재의 간극률 27～45%, 잔골재의 간극률 30～45%

③ 골재 간극률이 클수록 골재 입형이 불량하고 배합시 시멘트 풀이 많이 필요함

④ 골재 최대치수가 작을수록 골재 간극률이 증가함

9.2.6 비빔용 수(水)

1) 배합수의 조건

콘크리트용 배합수는 수돗물, 지하수, 공업용수, 하천수 등이 있다. 고내구성 및 고강도 콘크리트는 수질기준을 엄격히 하여 색도, 탁도, 수소이온농도, 증발 잔해물질, 염소이온량 등에 대해 규정 값을 만족해야 하는 배합수를 지정하는 경우도 많다. 또한, 레미콘 공장에서를 사용할 경우는 사용할 수 있지만 슬러지 수는 사용이 불가능하다고 지정하는 경우도 많다. 배합수는 다음의 조건을 만족해야 한다.

① 물은 유해한 불순물인 기름 · 산 · 알칼리 · 염류 · 유기물 등을 포함하지 않은 청정한 것이라야 한다.

② 해수는 철근 또는 PC강선을 부식시킬 염려가 있으므로 철근콘크리트의 혼합수로 사용해서는 안 된다. 불가피하게 해수를 사용해야 하는 경우에는 적정한 부배합과 양호한 시공으로 수밀콘크리트로 하고 충분한 피복두께를 취함으로서 철근콘크리트

로서의 수명이 유지되도록 조치를 하여야 한다.

③ 불순물이 함유된 물은 콘크리트의 경화강도의 발현 · 체적변화 · 백화(Efforesence) · 워커빌리티 등에 나쁜 영향을 미치는 경우가 있다.

〈표 9-6〉 상수돗물의 품질

항 목	허용량
색도	5도 이하
탁도(NTU)	0.3 이하
수도이온농도(PH)	5.8~8.5
증발잔유물(mg/l)	500 이하
염소 이온량(Cl^-)(mg/l)	2,500 이하
과망간산칼륨 소비량(mg/l)	10 이하

〈표 9-7〉 상수돗물 이외의 물의 품질

항 목	허용량
현탁물질의 양	2g/l 이하
용해성 증발 잔류물의 양	1g/l 이하
염소이온량 (Cl^-) (mg/l)	250mg/l 이하
시멘트의 응결시간의 차	초결 30분 이내, 종결 60분 이내
모르타르의 압축강도의 비율	재령 7일 및 재령 28일에서 90% 이상

주) 하천수, 호숫물, 저수지 물, 지하수 등으로서 상수도 물로서는 처리가 되어있지 않은 물 및 공업용수를 말한다.

〈표 9-8〉 회수수의 품질

항 목	허용량
염소이온량 (Cl^-)(mg/l)	250mg/이하
시멘트 응결시간의 차	초결 30분 이내, 종결 60분 이내
모르타르의 압축강도 비율	재령 7일 및 28일에서 90% 이상

주) 레드믹스트 콘크리트를 세척하여 잔골재, 굵은 골재를 분리한 세척 배수(슬러지수 및 상징수의 총칭

2) 물시멘트비와 강도발현

① 시멘트가 수화하는데 필요한 물의 양은 시멘트중량의 25%밖에 되지 않는다. 기타 15% 정도의 물이 겔수로서 입자상호의 결합에 도움을 줄 뿐이다. 결국 필요한 물의 양은 시멘트 중량의 40% 정도이다. 그 이외의 물은 미세한 모세관 속에 유리되고 있다.

② 단위수량이 과다하면 모르타르와 조골재가 분리하여 쟁커(Janker) 등이 생기기 쉽고

수축에 의하여 생기는 균열도 당연히 많아지게 된다. 더욱이 시멘트의 양이 같아도 물의 양을 적게 하면 물시멘트 비율이 적게 되어 콘크리트 강도가 증대하는 효과도 있다.

③ 콘크리트가 건조함에 따라 이 유리수가 증발하고 소위 건조수축이 생기는 것이다. 유리수가 많으면 수축량이 크게 되므로 생콘크리트를 만들 때의 물의 양은 적을수록 좋다.

④ 수화반응은 시멘트 입자의 표면으로부터 시작되고 내부에도 진행되지만 결국 각종의 수화생성물과 결합하여 화학적 결합력과 분자간 인력 등으로 강도를 발휘해 간다.

⑤ 단위수량은 설계도서에 지정하는 경우는 많지 않지만, 건축공사 표준시방서에서는 185kg/㎥ 이하(골재사정에 따라 200kg/㎥)로 규정하고 있다.

⑥ 물/시멘트비의 최대 값은 보통 콘크리트의 경우 65%, 고내구성 콘크리트, 경량 콘크리트, 한중 콘크리트의 경우 60%, 고강도 콘크리트, 수밀 콘크리트의 경우 55%이며, 해수의 작용을 받는 콘크리트의 경우에는 해수작용에 따라 55~45% 이하로 구분하여 규정한다.

⑦ 슬럼프 한계 값은 보통 콘크리트의 경우 18cm 이하, 유동화 콘크리트의 경우 21cm 이하로, 고강도 콘크리트 및 고내구성 콘크리트의 경우에는 각각 15cm 이하(이를 유동화시킬 경우 18cm 이하)로 규정하고 있다. 또한, 매스 콘크리트나 수밀 콘크리트는 15cm 이하지만, 수중 콘크리트는 21cm 이하로 규정하고 있다. 슬럼프 값은 지정 값이 2.5cm일 때는 ±1cm, 5cm일 때는 ±1.5cm, 8cm 이상 18cm 이하의 경우에는 ±2.5cm, 19cm 이상일 때는 ±1.5cm의 범위를 초과해서는 안 된다.

3) 강도이론

① 물시멘트비설 : 1919년 D. A. Abrams에 의해 제창된 것으로 양질의 골재를 사용한 경우, 콘크리트 강도는 콘크리트가 플라스틱하고 워커블 할 때 물시멘트비에 의해 결정된다는 설이다.

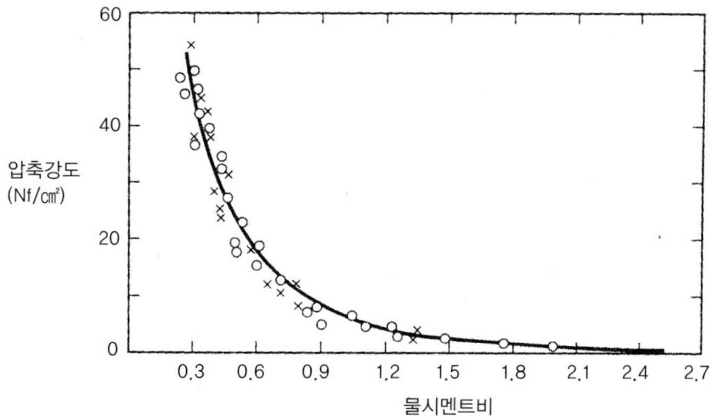

그림 9-3 물시멘트비와 강도

② 보통콘크리트와 같이 양호한 골재와 이를 둘러싸고 있는 시멘트 페이스트의 경화체로 구성되는 매트릭스에서는 골재 강도가 경화페이스트의 강도보다 클 경우 콘크리트의 강도는 주로 경화페이스트의 강도에 지배된다.

③ 경화페이스트의 강도는 시멘트의 품질과 페이스트의 농도, 즉 물시멘트비의 영향을 가장 강하게 받으므로 콘크리트의 강도도 물시멘트비에 의해 지배된다. Abrams는 이러한 관계를 다음 식으로 표시하고 있다.

$$F_c = A/B^x$$

여기서, F_c : 압축강도

A, B : 시멘트의 품질 등에 의해 결정되는 상수

$x = W/C$: 물시멘트비

④ 시멘트물비설 : 1932년 I. Lyse에 의해 제안된 것으로 물시멘트비 대신에 그 역수의 시멘트물비 $X = C/W$를 사용하면 콘크리트 강도는 다음과 같은 직선 식으로 표시될 수 있다는 설이다.

$$F_c = K(aX + b)$$

여기서, K : 시멘트 강도

a, b : 실험상수

$X = C/W$: 시멘트물비

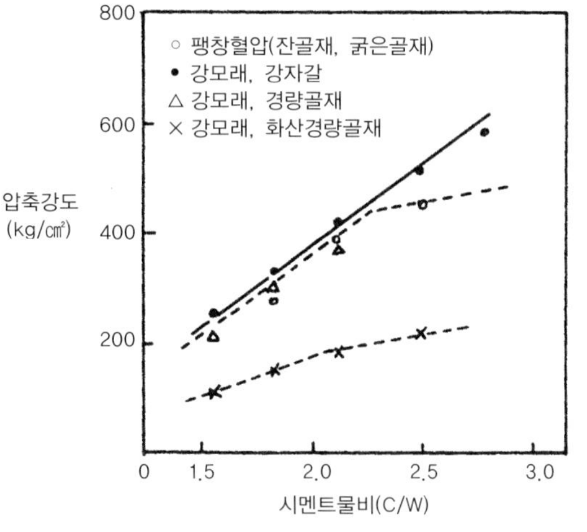

그림 9-4 압축강도와 시멘트물비의 관계

⑤ 공극설 : 콘크리트 중에 공극이 많이 포함되어 워커빌리티가 현저하게 불량한 경우에는 전술한 물시멘트비설이나 시멘트물비설을 적용하기가 곤란하다. 이러한 경우에는 1921년 A. N. Talbot가 제창한 콘크리트 중의 공극비에 의해 지배된다는 공극설에 따라 콘크리트 강도를 다음 식으로 표시한다. 이 설은 경량골재콘크리트에도 적용될 수 있다고 한다. 그러나 콘크리트의 배합설계에 있어서 강도는 공극량에 의한 것보다도 물시멘트비, 시멘트물비에 의한 것이 용이하고 실용적이다.

$$F_c = A + B(c/v)$$

여기서, c : 시멘트의 절대용적

v : 단위수량의 용적과 콘크리트 $1m^3$ 중의 공기 외 용적과의 합

A, B : 상수

9.3 혼화재료

콘크리트의 구성재료인 시멘트, 골재 등에 첨가하여 콘크리트에 특별한 품질을 부여하고 성질을 개선하기 위한 재료이다. 혼화재료에는 시멘트 중량의 5%미만을 사용하여 약품적 성질만 가지고 있는 혼화제(混和劑)와 시멘트 중량의 5% 이상을 사용하여 시멘트의 성질을 개량하는 혼화재(混和材)로 구분된다.

9.3.1 혼화제(混和劑)의 종류

화학혼화제는 AE제, 감수제 및 AE감수제로 구분되며, 감수제 및 AE감수제는 표준형, 지연형, 촉진형으로 나뉘어진다. 이외에도 유동화제 및 고성능 AE감수제가 사용되고 있다.

혼화제는 대체적으로 유기제이며, 혼화재는 대체로 무기계이다.

혼화재는 미분말상태이며, 혼화제는 액체 또는 분말상태이어서 물에 희석하고나 용해시켜 사용한다.

〈표 9-9〉 AC1 212 위원회에 따른 혼화재료의 분류

① 경화촉진제	硬化促進劑	accelerating admixture
② 감수제, 응결조절제	減水劑, 凝結調節劑	water-reducing admixture and set-controlling admixture
③ 그라우팅용 혼화제	grouting用 混和劑	grouting admixture
④ AE제	AE劑	air-entraning admixture
⑤ 소포제	消泡劑	air-delaning admixture
⑥ 발포제	發泡劑	gas-forming admixture
⑦ 팽창제	膨脹劑	expansion producing admixture
⑧ 광물질 미분말 혼화제	鑛物質 微分末 混和劑	finely devided mineral admixture
⑨ 방습, 방수혼화제	放濕, 防水混和劑	damp-proofing and permeability reducing admixture
⑩ 접착용 혼화제	接着用 混和劑	bonding admixture
⑪ 알칼리골재반응 팽창억제제	alkali骨材反應 膨脹抑制劑	chemical admixture to reduce alkali aggregate
⑫ 방쇄제	防鏁劑	corrosion inhibiting admixture
⑬ 살균혼화제, 살충혼화제	殺菌混和劑, 殺蟲混和劑	fungicidal, germicidal and insecticidal admixture
⑭ 응집제	凝集劑	flocculating admixture
⑮ 착색제	着色劑	coloring admixture

9.3.2 혼화제(混和劑)의 특성

1) 내구성 향상

계면활성 작용에 의해 워커빌리티나 동결융해에 대한 내구성을 향상시키는 것으로 그 종류에는 AE제, 감수제, AE감수제, 고성능감수제, 유동화제 등이 있다.

(1) AE(Air Etraining Agent)제

① 콘크리트 속에서 독립된 미세한 기포를 발생시켜 볼베어링 역할을 하므로 시공연도(Workability)를 향상시키고 단위수량을 감소시킬 수 있다.

② 공기량은 보통콘크리트의 경우 4.5%, 경량콘크리트와 동결융해작용을 받는 콘크리트의 경우 5%로 하되 그 허용오차는 ±1.5%로 한다.

(2) AE감수제(분산제)

① 시멘트의 입자를 분산시켜서 아주 작은 수량으로 유동성을 개선시켜 시공연도를 좋게 하는 것

② 시멘트입자가 감수제 용액을 만나면 입자간에 반발력을 일으켜 시멘트입자는 분산된다.

③ 시멘트 입자가 분산하여 물과 잘 혼합되면 끈적끈적하여 유동화가 잘되므로 단위수량을 감소시킬 수가 있다.

④ AE감수제는 AE제와 감수제 두 가지의 장점을 겸비한 것으로서 시멘트 분산효과와 공기연행효과가 더해져서 다음의 특징을 갖는다.

㉠ 감수효과가 뛰어남.(감수제 : 4~6%, A.E감수제 : 12~16%)

㉡ 단위 시멘트량 약 6~10% 감소

㉢ Bleeding 감소, 워커빌리티의 개선

㉣ 응결시간의 조절가능

㉤ 수화발열량 감소

㉥ 콘크리트의 수밀성 향상, 내구성 향상, 강도의 증대

㉦ 동결융해 저항성 향상

2) 응결, 경화시간을 조절기능

응결, 경화시간을 조절하는 것으로 촉진제, 지연제, 급결제가 있다.

① 지연제	서중콘크리트, 매스콘크리트 등에 석고를 혼합하여 응결을 지연시킨다.
② 촉진제	염화칼슘을 시멘트량의 1~2% 정도 사용하면 조기강도 증대, 내마모성이 증대한다. 그러나 건습에 대한 팽창 수축이 커지고 알칼리골재반응의 촉진과 응결이 촉진되고 콘크리트 슬럼프가 빨리 감소한다.

3) 유동화제

(1) 개요

① 유동화제란 시멘트 입자에 흡착된 음전하의 입자간 반발력으로 시멘트 입자를 분산시켜 일시적으로 시멘트 풀의 유동성을 개선시키는 혼화제이다. 물이 적은 바삭바삭한

콘크리트에 이 액체를 조금만 떨어뜨리면 보고 있는 중에 부드럽게 된다.

② 슬럼프 12cm의 베이스 콘크리트를 유동화제를 혼입하면 슬럼프 20cm로 할 수도 있다. 이것으로 시공은 매우 편하게 되나, 일시적으로 급증한 슬럼프는 수 십분 후에는 원래로 돌아가므로 재빨리 타설할 필요가 있다.

③ 유동화된 콘크리트는 부드러울 때 부어 넣으면 블리딩현상과 침강현상도 적으며 경화한 후에는 건조수축에 의한 균열도 적고 수밀성과 내구성이 좋은 콘크리트 구조물이 된다.

(2) 유동화재 특징

항 목	내 용
① 분산효과	• 일시적으로 유동성이 현저하게 증가되어 작업성 및 펌프압송 양호함 • Base Concrete 의 품질변화 없이 작업성만 개선
② 공기연행효과	• 공기연행성 부여 • 사용목적에 따라 연행공기량을 결정
③ 품질개선효과	• 유동화제의 사용량에 따른 강도개선효과는 없음 • Base Concrete 의 물시멘트비 저감으로 강도, 내구성 및 수밀성 증가
④ 응결지연효과	• 감수제와 달리 응결지연효과 없음 • 사용량이 증가해도 시멘트의 응결효과에 영향은 없음

4) 방수효과 부여

방수효과를 부여하는 것으로는 방수제가 있다.

① 콘크리트 중의 공간을 안정하게 채우는 것으로 소석회, 규조토 등이 있으며,

② 발수성인 것으로 명반, 비누, 수지 등이 있다.

③ 시멘트의 가수분해에 의해 생기는 수산화칼슘($Ca(OH)_2$)의 유출을 방지하는 것으로 염화칼슘, 금속비누, 규산소다 등이 있다.

5) 충전성 개선

① 거품의 작용으로 충진성을 개선하거나 중량을 조절하는 것으로 기포제, 발포제 첨가.

② 콘크리트에 알루미늄, 아연분말을 혼입하면 시멘트 중의 알칼리와 반응하여 수소가스가 발생하고 기포로 되어 콘크리트 중에 함유된다.

6) 방동제

① 콘크리트의 동결을 방지하기 위하여 빙점강하제 염화칼슘, 식염을 넣는다.

② 이 염화칼슘이나 식염을 다량사용하면 강도저하를 초래한다. 특히 식염은 철근을 부식시키기 때문에 가급적 사용을 하지 않아야 된다.

7) 방청제

① 콘크리트에 함유된 염화물에 의해 철근이 부식되는 것을 억제하기 위하여 사용하는 혼화제이다.

② 콘크리트의 염화물량(염소이온량)이 0.3kg/㎥을 초과하면 방청제를 사용해야 한다.

③ 해안 근처에 건설되는 구조물의 경우에는 공기 중에 함유된 염분으로 인하여 유해량의 염소이온이 콘크리트에 축적될 가능성이 높기 때문에, 사전에 방청제를 콘크리트에 사용하여 방지할 필요가 있다.

8) 기타

시멘트풀(Grout)용 혼화제, 소포제(消泡劑), 응집제, 수중콘크리트용 혼화제 등이 있다.

9.3.3 AE제, 감수제, AE감수제, 유동화제

1) AE제, 감수제, AE감수제, 유동화제 특징

구분	AE제	유동화제	감수제	AE감수제
사용 목적	• Workability • 내동해성 개선	• Workability • Bleeding 감소	• 단위 W/C 감소 • 강도개선	• Workability • 단위 W/C 감소 • 강도개선 • 내동해성 개선
개선 원리	• 연행공기의 계면활성작용	• 음전하 입자간 반발 · 분산작용	• 시멘트의 응결지연 • 습윤 · 반발 효과 • 분산작용	• 연행공기 • 분산작용 • 계면활성작용 • 시멘트 응결지연 • 습윤 · 반발
종류	• 음이온계 • 비이온계	• 고강도용 • 유동화용	• 표준형 • 촉진형 • 지연형	• 표준형 • 촉진형 • 지연형
주요 특징	• Workability개선 • Bleeding 감소 • AE공기량 • 내동해성 개선 • AE제 공기1% → 4~6% 강도저하 → 슬럼프 증가	• 일시적인 펌프 압송 작업성 개선 • Bleeding 감소 • 강도개선 • Base 콘크리트 응결 성상과 품질변화 없음 • 슬럼프손실 → 60분 이내 타설 완료	• 단위 W/C 감소 → 4~8% • 단위 Cement량 감소 → 수화열 감소1 • 강도개선 • 수밀성 개선 • 공기연행성 없음 • 중성화 지연 • 시멘트 응결 경화지연	• Workability개선 • Bleeding 감소 단위 W/C 감소 • 수화열 점감 • 내동해성 개선 • AE공기량 • 3~6% 표준 • 시멘트 응결지연 • 중성화 지연

2) 유동화제와 감수제 차이점

① 감수제는 water reduction agent(or admixture), 유동화제는 plasticizer이다. 보다 좋은 제품을 고성능 감수제 high range water reduction agent, 고유동화제 super plasticizer라고 한다.

② 감수제는 콘크리트에 사용되는 단위수량을 감소시키기 위해 사용하는 혼화제이며 유동화제는 단위수량을 유지하면서 유동성을 향상시키기 위해서 사용하는 혼화제이다.

③ 초기의 콘크리트용 화학혼화제는 니그린슬폰산 화합물을 주로 사용하는데 이 혼화제는 콘크리트의 응결 및 경화속도를 지연시키는 지연성이 단점이 있다. 따라서 리그닌 슬폰산계 혼화제의 사용량은 제한적일 수밖에 없다.

④ 이후 멜라민계와 나프탈렌계혼화제는 고유동화제 또는 고성능 감수제로 개발되어 사용되고 있으나 동일한 사용량 측면에서 리그닌 슬폰산계 혼화제 보다 성능은 우수하지만 월등하게 성능이 우수하지는 못하다.

9.3.4 혼화재(混和材)의 종류 및 특성

혼화재료란 콘크리트를 생산할 때 성분의 필요에 따라 첨가하는 재료로서 골재, 시멘트, 물 이외의 재료를 말한다. 혼화재는 포졸란과 같이 그 사용량이 비교적 많아서(시멘트 중량의 5% 이상) 자체의 부피를 콘크리트 배합 계산에 관계하는 것으로 그 특성은 다음과 같다.

특 성	종 류
① 포졸란 작용이 있는 것	플라이애시, 고로슬래그, 규산백토 미분말
② 경화과정에서 팽창을 일으키는 것	콘크리트용 팽창재
③ 오토클레이브 양생에 의해 고강도를 갖게 하는 것	규산질 미분말
④ 착색시키는 것	착색재
⑤ 기타	폴리머 증량재, 광물질 미분말 등

1) 포졸란(Pozzolan)

실리카질의 혼화재를 클링커와 혼합하고 약간의 석고와 혼합하여 만든 것이다.

시멘트의 수화반응에서 발생하는 수산화칼슘과 결합하여 불용성 화합물을 생성하는데 이때의 실리카질 재료를 포졸란(Pozzolan)이라고 하며, 포졸란 시멘트 또는 실리카 시멘트라고 한다.

(1) Pozzolan의 분류

① 천연포졸란	규조토(硅藻土), 응회암(凝灰巖), 규산백토(규산백토), 화산재 등
② 인공포졸란	고로슬래그, Ply ash, 소점토(燒粘土) 등

(2) 포졸란 특성

화산재 등의 광물질(실리커질)분말을 콘크리트에 혼입하면 시공연도가 좋아지고 블리딩, 재료분리가 감소한다. 수밀성 증가. 발열량 감소, 장기강도의 증가, 해수에 대한 저항성 증대. 그러나 건조수축이 증가하며. Pozzolan이 Con'c에 미치는 영향은 다음과 같다.

① 콘크리트 Workability 향상(적절한 입형 및 입도 필요)

② 수화열 감소, 온도응력에 의한 균열을 방지함.

③ 강도 증진(Alumina가 많으면 초기강도가 증진되고 Silica가 많으면 장기강도가 증진)

④ Bleeding이 감소하고, 재료분리가 적다.

⑤ 모르타르내 공극을 충전하는 효과가 있어 수밀성이 향상된다.

⑥ 성형성 및 보수성이 좋아지고 투수성이 줄어든다.

⑦ 콘크리트의 내화학성이 향상된다.

⑧ 백화현상이 감소한다.

(3) 사용시 주의사항

① 표면활성제 등의 혼화제가 Pozzolan에 흡착되어 사용량이 많아질 수 있어 주의요함.

② 실리카 시멘트는 타산가스에 의해 중성화가 용이게 되어 주의 요함.

③ 동결융해에 대한 저항성이 약하기 때문에 유의해야 한다.

④ 콘크리트의 단위수량이 증가하여 강도를 저하시킬 수 있어 주의요함.

2) 플라이애시(Fly-ash)

분탄이 보일러 내에서 연소할 때 부유하는 구상의 분말로 전기집진기로 채집한 것이다. 보통 포틀란트 시멘트 클링커에 Fly-ash, Silica 등을 혼합한 시멘트이다.

(1) 플라이애시 특성

① 콘크리트의 워커빌리티를 개선시키고 단위수량을 감소시킨다.

② 충분한 습윤양생을 하면 포졸란 반응에 의해 장기강도가 증진된다.

③ 수밀성이 향상되어 화학적 작용이나 해수에 대한 저항성도 증대된다.

④ 시멘트의 일부로 치환할 경우, 수화열의 발생이 완화되기 때문에 매스콘크리트에 많이 사용된다.

⑤ 수화열이 낮다.

⑥ Workability가 개선된다.

⑦ 댐콘크리트, 프리펙트콘크리트 등에 증량재로 쓰인다.

⑧ 혼합시멘트로 장기양생이 요구되며, 일반적으로 비중이 낮다.

(2) 물리적 성질

① 비중은 1.9~2.4

② 분말도는 1,500~5,000㎠/g

③ 시멘트보다 가볍고 높은 분말도

(3) 시공시 유의사항

① 초기강도가 일반콘크리트 보다 낮아(응결시간이 늦어짐) 유의해야 함

② 공기 중의 수분과 반응하면 응집현상이 일어날 수 있어 주의 요함

③ 혼합률이 20% 이상 늘어나면 피복두께를 10mm정도 늘리는 것을 요구함

④ 초기 습윤양생이 대단히 주요하며, 양생온도에서도 유의할 것

⑤ 온도가 높을수록 강도증진 효과는 저하되어 유의해야 함

3) 고로슬래그 미분말

용광로에서 철광석과 석회석 중에 철 이외의 성분이 융해되어 철 위에 뜨는 광재로서 비중의 차이로 철과 분리되므로 채취할 수 있으며, 채취된 광재를 급격히 물 또는 공기로 급격하게 냉각시켜 모래입자 모양으로 만든 다음 미분말로 분쇄하여 제조한 산업부산물이다. 콘크리트의 건조수축에 의한 균열 발생을 감소시키며 휨강도 및 장기 강도를 증대시킨다.

(1) 종류별 용도

<table>
<tr><th colspan="2">종 류</th><th>용 도</th><th>비고</th></tr>
<tr><td rowspan="9">고로슬래그
(잠재수경성)</td><td rowspan="3">서냉 슬래그</td><td>콘크리트용 굵은 골재</td><td rowspan="8">분말도 : 최대 10,000㎠/g</td></tr>
<tr><td>도로용 골재</td></tr>
<tr><td>항만용 굵은 골재</td></tr>
<tr><td rowspan="5">급냉 슬래그</td><td>고로시멘트 원료</td></tr>
<tr><td>시멘트 첨가재</td></tr>
<tr><td>콘크리트 강화재</td></tr>
<tr><td>지반 개량재</td></tr>
<tr><td>아스콘 골재</td></tr>
<tr><td>반급냉 슬래그</td><td colspan="2">경량 콘크리트용 골재, 경량 매립재, 기타 보온재</td></tr>
</table>

(2) 일반콘크리트에서 고로슬래그의 특성

항 목	특 성
① 세골재로 사용될 경우	• 장기강도가 증대된다.
	• 인장강도와 휨강도는 유사하다.
	• 초기 압축강도가 약 10%정도 낮다.
	• 건조 수축량이 10%~30% 정도 적다.
② 조골재로 사용될 경우	• 인장강도는 유사하나 휨강도는 높다.
	• 건조수축은 적다.
	• 동결융해저항성은 좋은 품질의 쇄석 및 자갈을 사용할 때와 동등
	• 내열성이 우수하다.

(3) 고로슬래그 시멘트 특징

① 수화열이 낮아 매스콘크리트에 적합하다.

② 내열성이 크며 수밀성이 양호하다.

③ 투수성이 적다.

④ 해수, 하수, 지하수 등에 대한 내침투성이 우수하다.

⑤ 구조체의 장기강도를 좋게 한다.

⑥ 건조수축이 크기 때문에 시공시 주의를 요한다.

(4) 사용시 주의사항

① 응결시간이 빨라 시공시 주의 요망

② 펌프압송시 저항성이 크기 때문에 주의해야 한다.

③ 동결융해에 대한 저항성이 약하다.

④ 실리카 성분의 탄산가스에 의한 중성화가 쉽기 때문에 유의할 것

⑤ 초기 습윤양생을 철저하게 이행

⑥ 양생온도에 따라 강도특성이 민감하게 변화되어 주의 요함

4) 팽창재((Expansive Additive for Concrete)

(1) 개요

① 팽창시멘트는 포틀랜드 시멘트와 같이 수경성 칼슘실리케이트와 칼슘알루미네이트 및 황산칼슘으 ㄹ함융하여 물로 반죽하였을 때 응결 후 초기 경화기간 중 부피가 현저하게 증가하는 시멘트 이다. 이 팽창은 칼슘알루미네이트와 황산칼슘의 반응에 의해 나타나는 현상이다.

② 팽창콘크리트는 팽창재를 시멘트, 물, 잔골재 및 굵은 골재 등과 같이 비빈 것으로 경화 후에도 체적 팽창을 일으키는 모든 콘크리트를 가리킨다고 정의 하였다.

③ 팽창재란 물과 수화반응하여 팽창하는 성질을 갖는 알루미나계의 광물성 혼화재로 수축보상 또는 화학적 프리스트레싱(Chemical Prestressing)의 목적으로 강관충전용, 강관라이닝용, RCD말뚝, 프리캐스트 패널 등에 사용된다.

④ 콘크리트는 재료상 수축하는 경향이 있어 시공중 또는 시공 이후 콘크리트 구조물에 다양한 결함이 발생한다.

(2) 팽창재 특징

① 수화반응에 의해 에트린자이트 또는 수산화칼슘의 결정을 생성시키기 때문에 콘크리트나 모르타르가 경화과정에서 팽창한다.

② 팽창제를 사용하면 화학적 반응에 의해 석회를 팽창시킨다.

③ 콘크리트의 건조수축을 방지하므로 균열을 저감시킬 수 있을 뿐만 아니라, 다량으로 콘크리트에 혼입하면 팽창응력이 도입되기 때문에 철근을 구속하여 화학적 프리스트레스를 도입하는 효과가 있다.

④ 팽창온도는 10~20℃일 때가 최대이다.

⑤ 구성성분은 제조사에 따라 차이가 있으므로 사전검토가 필요하다.

(3) 팽창재 용도

사용목적	내 용
① 수축보정목적	(a) 무수축 콘크리트 제조 및 Anchor Bolt 등의 무수축 그라우트
	(b) 건조수축균열 방지 : 저수조, 풀장
	(c) 충전콘크리트 : 강관충전 콘크리트, 강관라이닝
② 화학적 프리스트레싱 목적	(a) 팽창이 구속된 콘크리트 내부에 압축응력 발생
	(b) 고강도 콘크리트 구조물 : 수밀구조, 차폐콘크리트
	(c) 균열저항성 및 단면 복구력 도움 : 수압이 있는 타설 이음부
	(d) 고강도 프리캐스트 제품 : RCD말뚝, PC패널

(4) 팽창재 요구성능

① 팽창재 사용량이 많을수록 팽창력이 크다.

② 시멘트의 응결, 경화속도와 팽창제의 팽창속도가 균형을 유지하도록 사용수량 조절

③ 적정량 사용으로 유효한 팽창을 일으킬 것

④ 상온에서 7일 이내에 최대값에 도달할 것

⑤ 콘크리트 강도, 물리적 그리고 화학적 특성을 저하시키지 않을 것

(5) 팽창재 종류별 사용방법

종류	성분	수화생성물	사용방법	판매형태
K형	• Calcium Sulfo Aluminate ($3CaO \cdot Al_2O_3 \cdot CaSO_4$) • CaO • $CaSO_4$	Ettringite	포틀랜드시멘트에 5~15% 혼입	• 팽창시멘트 • 팽창재
M형	• Alumina cement 또는 Calcium Aluminate(수화물) • $CaSO_4$	Ettringite	포틀랜드시멘트에 5~15% 혼입	• 팽창재
S형	• 포틀랜드 시멘트 중의 $3CaO \cdot Al_2O_3$와 $CaSO_4$를 많게 함	Ettringite	이것을 직접사용	• 팽창시멘트
O형	• CaO	Calciumhydroxide $Ca(OH)2$	포틀랜드시멘트에 8~10% 혼입	• 팽창재

9.3.5 혼화재료 사용량

1) 혼화재료의 효과

시멘트나 골재의 품질·배합 등에 의하여 매우 달라지는 경향이 있으므로 혼화재료를 선정·사용하기 전에 시험 또는 충분한 검토를 거쳐 성능상의 효과를 확인한 다음에 적절히 사용해야 한다.

2) 혼화재료 사용량

① 사용량의 많고 적음에 따라 혼화제(混和劑)와 혼화재(混和材)로 대별한다.

② 혼화제는 사용량이 비교적 적어 그 자체의 부피가 콘크리트의 배합계산에서 무시되는 것으로, 콘크리트 속의 시멘트 중량에 대해 5% 이하, 보통은 1% 이하라는 극히 적은 양을 사용한다.

③ 혼화재는 사용량이 비교적 많아서 그 자체의 부피가 콘크리트의 배합계산에 고려되는 것으로, 시멘트 중량의 5% 이상, 경우에 따라서는 50% 이상 다량을 쓰며 콘크리트를 반죽할 때나 시멘트에 미리 섞어서 사용한다.

9.3.6 포졸란 반응

1) 개요

포졸란 반응이란 자체적으로 물과 반응하여 경화하는 수경성(水硬性)을 가지고 있지 않은 포졸란이 수화반응에 의해 생기는 수산화칼슘(CaOH2)과 상온에서 서서히 반응하여 수화열을 감소시키는 반응이다.

2) 포졸란 반응 효과

① 워커빌리티 개선 ② 재료분리 및 블리딩 감소

③ 수화열 감소 ④ 수밀성 향상

⑤ 해수 및 화학적 저항성 증진 ⑥ 초기강도는 감소하나 장기강도 증가

⑦ 인장강도와 신장능력 향상 ⑧ 탄산화 빠른 진행으로 콘크리트 중성화 초래

3) 잠재수경성(潛在水硬性)

① 수화반응에서는 물과 석회(CaO)가 반응하여 경화하는 수경성을 갖는다.

② 잠재수경성은 수화반응에서 생기는 수산화칼슘을 포함하는 알칼리 성분이 물과 반응하여 경화되는 것이다.

③ 물과 석회(CaO)가 반응하여 경화하는 것을 1차 반응이라고 하며, 1차 반응에서 생기는 수산화칼슘과 반응하여 경화하는 것을 2차 반응 또는 잠재수경성 반응 이라고 한다.

9.4 콘크리트 타설

9.4.1 인력비빔 콘크리트 타설

인력으로 콘크리트를 비빌 때에는 마른비빔, 물비빔으로 각각 4회 이상 반복하여 반죽된 콘크리트가 균등하게 될 때까지 충분히 비벼야 한다.

1) 현장 인력비빔 콘크리트는 다음 표의 배합을 표준으로 하되, 배합설계 결과에 따라 현장에서 조정한다.

콘크리트 종별 (MPa)	최대골재 치수	시멘트(kg)	모래(kg)	자갈 또는 부순자갈(kg)
$F_{ck}=18$	25mm	346	828	1,011
$F_{ck}=18$	40mm	323	775	1,101
$F_{ck}=16$	40mm	220	775 (0.47m³)	1,598 (0.94m³)

2) 콘크리트의 배합은 소요의 강도, 내구성 및 작업에 알맞은 워커빌리티를 가지는 범위 내에서 단위수량이 될 수 있는 대로 적게 되도록 한다.

9.4.2 현장 플랜트(Batcher Plant)공급 콘크리트타설

콘크리트를 만드는데 필요한 재료(물, 시멘트, 골재, 혼화재료 등)를 넣고 혼합하여 콘크리트를 생산하는 설비를 Batcher Plant라 한다. Batcher Plant는 재료를 정확하게 계량하는 Batcher Plant 설비와 재료를 혼합하는 Mixing Plant 설비로 구분된다.

현장플랜트 공급 콘크리트 타설에는 재료의 승인준비, 배합설계와 현장배합의 수정, Batcher Plant설치, 수송 장비, 타설 장비와 진동기 결정, 양생방법과 양생재 준비가 필요하다.

1) 재료의 승인 준비(현장에 Plant 설치시)

항 목	내 용
① 골재	지정된 골재(하천골재, 석산 Crushing골재)에 대한 시험성과를 첨부, 승인 및 허가 수속
② 시멘트	사용량의 규모에 따라 Silo 규모결정, 최소 7일분 저장할 수 있는 용량
③ 혼화제	사용재료에 대한 공급 승인 절차
④ Batching Plant	Concret 타설계획에 맞추어 용량결정과 이에 따른 전력, 용수계획

2) Batcher Plant에서 콘크리트 제조방식

① 수동식
② 반자동식
③ 자동식
④ 전자동식

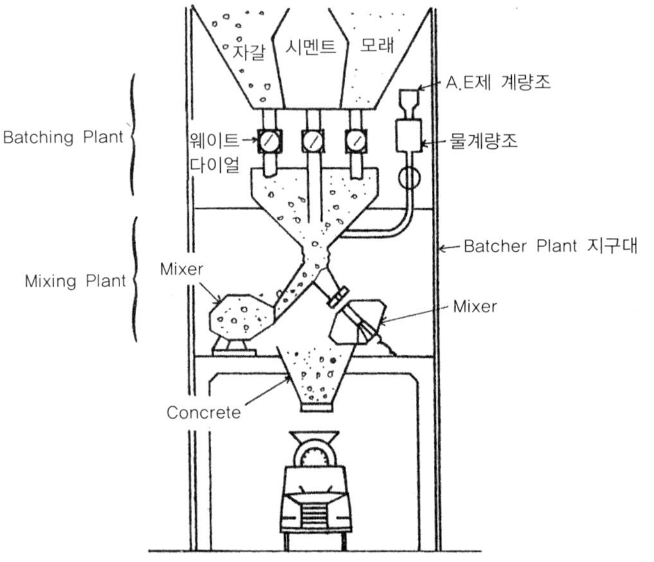

그림 9-5 Batcher Plant의 구조

3) Concrete Fow Chart

기존 시험배합을 기준으로 온도 및 재료조건에 따른 콘크리트 물성을 파악하여 적정 배합비를 도출한다. 다음은 콘크리트 생산, 운반 및 현장타설의 작업 흐름도이다.

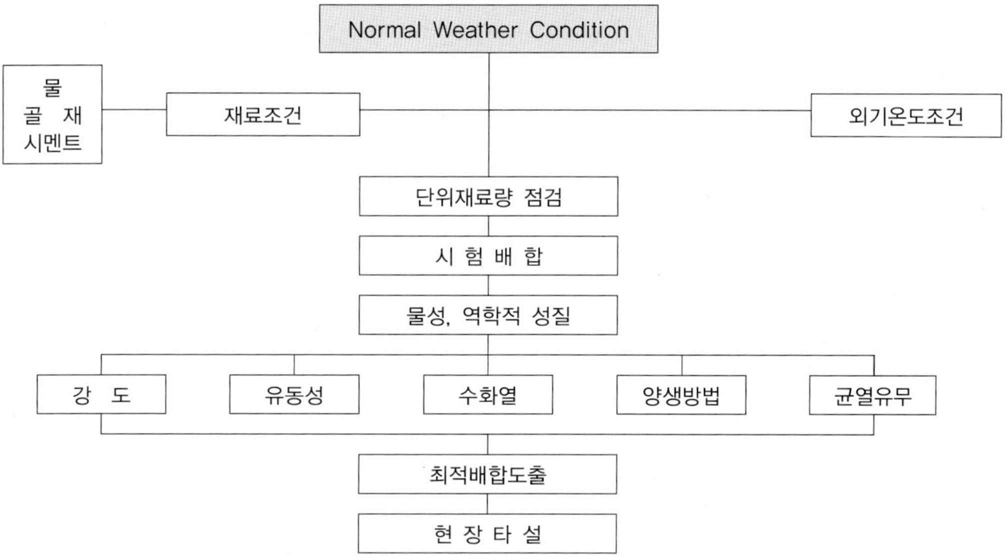

4) Concrete 생산, 운반, 타설

① 생산 : Concrete의 배합설계는 Concrete 사용개시 30일 전에 생산계획에 맞추어 시험실에서 현장배합설계를 한다.

② 운반 : 타설계획과 현장작업조건을 고려하며 재료분리가 생기지 않는 수송장비와 소요대수 산정

③ 타설 : Concrete 품질저하가 생기지 않는 수단에 의해 현장조건을 감안, 소요장비 선정, 타설순서, 구획계획의 결정.

9.4.3 레미콘의 호칭강도와 설계기준 강도

1) 개요

① 호칭강도(Nominal strength)

KS F 4009(레디믹스트콘크리트)에 있어서 콘크리트의 강도구분을 나타내는 레미콘의 상품으로서의 강도 구분이다.

콘크리트 표준양생조건(수중 20℃±2℃)에서 28일 동안 양생한 이후 파괴하고 측정한 압축강도를 말한다.

호칭강도＝설계기준강도(℃)＋기온보정강도(T)

② 설계기준강도

콘크리트 구조설계기준 압축강도로 구조설계에서 기준으로 하는 콘크리트 압축강도를 말한다. 즉 설계기준강도는 구조계산에서 기준으로 하는 콘크리트 압축강도이다.

2) 레미콘의 호칭

레미콘의 규격은 콘크리트 종류, 굵은골재 최대치수, 호칭강도, 슬럼프로 구분한다.

Con'c 종류　25—21—120	Con'c 종류	: 보통, 경량 등 골재 종류에 의한 표시
	25	: 굵은 골재 최대 치수(mm)
	21	: 재령 28일 압축강도(MPa)
	120	: 소요 Slump값(mm)

3) 설계기준 강도와 호칭강도

① 설계기준 강도는 구조물의 설계시 기준강도로 활용된다.

② 호칭강도는 설계기준강도의 기온에 따른 보정치를 더한 값으로 발주한다.

③ 호칭강도는 설계기준 강도보다 높게 나온다.

【예】 고로슬래그를 혼화재로 사용하여 내구성과 수밀성을 향상시킬 경우

㉠ 설계기준강도 : 30Mpa

㉡ 호칭강도 : 32MPa

콘크리트의 종류	굵은 골재 최대 치수 (mm)	슬럼프 또는 슬럼프 플로 (mm)	호칭 강도 MPa(＝N/㎟)[a]												
			18	21	24	27	30	35	40	45	50	55	60	휨 4.0[b]	휨 4.5[b]
보통콘크리트	20, 25	80, 120, 150, 180	○	○	○	○	○	○	–	–	–	–	–	–	–
		210		○	○	○	○	○	–	–	–	–	–	–	–
		500[c], 600[c]				○	○	○	–	–	–	–	–	–	–
	40	50, 80, 120, 150	○	○	○	○	○	○	–	–	–	–	–	–	–
저탄소콘크리트[d]	20.25	80, 120, 150, 180, 210	○	○	○	○	○	○	–	–	–	–	–	–	–
		500[c], 600[c]	–	–	–	○	○	○	–	–	–	–	–	–	–
경량 콘크리트	15, 20	80, 120, 150, 180, 210	○	○	○	○	○	○	○	–	–	–	–	–	–
포장콘크리트	20, 25, 40	25, 65	–	–	–	–	–	–	–	–	–	–	–	○	○
고강도콘크리트	15, 20, 25	120, 150, 180, 210	–	–	–	–	–	–	○	○	○	–	–	–	–
		500[c], 600c, 700[c]	–	–	–	–	–	–	○	○	○	○	○	–	–

주) a : 종래의 단위의 시험기를 사용하여 시험할 경우 국제 단위계(SI)에 따른 수치의 환산은 1Kgf＝9.8N으로 환산한다. 즉 1MPa＝10.2Kgg＝9.8N으로 환산한다.

b : 휨 4.0, 휨4.5는 포장용 콘크리트에서 휨 호칭강도를 의미한다.

c : 슬럼프 Flow값을 의미한다.

d : 콘크리트용 고로슬래그 미분말과 프라이애시를 단위결합재량의 50% 이상～75% 이하로 치조한하여 사용한 콘크리트를 의미한다.

4) 배합강도

콘크리트 배합을 정할 때 목표로 하는 압축강도로 품질의 표준편차 및 양생온도 등을 고려하여 설계기준 강도에 할증한 것이다.

① 설계기준 강도에 적당한 계수를 곱하여 할증한 압축강도

② 배합설계시 소요강도로부터 물결합재비를 정할 경우 사용함.

5) 강도

① 콘크리트 강도는 일반적으로 표준양생을 실시한 콘크리트 공시체의 재령 28일일 때 시험값을 기준으로 한다.

② 콘크리트 구조물의 설계에서 사용하는 콘크리트 강도로서 압축강도 이외에 인장강도, 휨강도, 전단강도, 지압강도, 강재와의 부착강도 등이 있으나, 콘크리트 구조물은 주로 콘크리트의 압축강도를 기준으로 한다.

③ 콘크리트의 압축강도 시험, 인장강도 시험 및 휨강도 시험은 각각 KS F2405, KS F2423, KS F2480에 따른다. 또한 공시체 제작방법은 KS F2403에 따른다.

9.4.4 레디믹스트 콘크리트

1) 개요

Ready mixed Con'c는 미리 배합된 콘크리트라는 뜻으로 공사현장에서 떨어져 있는 콘크리트 전문제조공장(Con'c Mixing Plant)에서 콘크리트를 배합하고 비벼서 트럭으로 현장으로 운반하여 부어넣는 것을 말한다.

2) 종류

(1) 센트럴 믹스트 콘크리트 (Central Mixed Con'c)	① Mixing Plant에서 고정믹서로 비빔을 완료된 콘크리트를 에지데이터 트럭 또는 트럭믹서로 비빔을 하면서 현장까지 운반하는 것이다. ② 콘크리트의 응결시간이 1시간이므로 40분 이하의 운반거리를 갖는 경우가 적당하다.
(2) 슈링크 믹스트 콘크리트 (Shrink Mixed Con'c)	① Mixing Plant에서 고정믹서로 어느 정도 비빔을 완료된 콘크리트를 트럭믹서에 실어서 현장까지 운반도중 완전히 비벼 현장도착시 곧바로 사용할 수 있도록 함 ② 중거리에 주로 이용한다.
(3) 트렌싯 믹스트 콘크리트 (Transit Mixed Con'c)	① 각 재료의 계량장치만 설치된 공장에서 각 재료를 트럭믹서에 투입하여 운반중 물을 가하여 혼합하여 공급하는 방식

3) Ready mixed Con'c 특징

(1) 장점

① 콘크리트의 품질 확보

② 전문 업체의 대량생산에 따른 생산비 절감으로 경제적이다.

③ 콘크리트제조 및 시공이 명확하기 때문에 공사 추진 일정이 명확하다.

④ 건설현장에서 콘크리트 생산을 위한 제조시설이 및 재료 적치시설이 불필요하기 때문에 현장관리가 용이하고 대량콘크리트를 용이하게 얻을 수 있다.

(2) 단점

① 콘크리트 운반 및 공급의 범위가 한정적이다.

② 운반차량이 중량이어서 현장 진입을 위한 운반로 확보가 필요하다.

③ 운반중 재료분리가 일어나기 쉽다.

④ 운반된 콘크리트 재료는 대기 시간이 없이 곧바로 부어넣기 작업이 이루어져야 한다.

⑤ 워커빌리티가 좋지 않으면 조절하기가 어렵다.

⑥ 콘크리트 제조사와 현장의 긴밀한 협조가 필요하다.

4) 품질

설계품질을 시공품질로 실현하기 위해서는 설계도서에 구체적으로 나타낼 수 있는 요구품질(예를 들면, 사용재료의 종류, 품질 및 배합에 관한 사항, 압축강도 등) 뿐만 아니라, 설계도서에 구체적으로 나타내기 어려운 잠재적 요구품질(예를 들면, 타설, 다짐, 양생 등과 콘크리트의 품질관계, 타설의 적합성 평가, 내구성 평가 등)에 대해 고려하는 것이 중요하다.

(1) 레디믹스트 콘크리트를 발주

콘크리트를 발주할 때 소요의 콘크리트 품질을 만족시킬 수 있는 호칭강도, 슬럼프 및 굵은 골재의 최대치수를 지정해야 하며, 필요에 따라서는 시멘트의 종류, 골재의 종류, 물시멘트비 또는 단위시멘트량의 한도, 공기량 등을 제조업자에게 지시한다.

(2) 슬럼프 및 공기량 허용오차

콘크리트의 슬럼프 값과 공기량은 콘크리트를 부어넣는 지점에서 설계값이 확보되어야 한다.

① 슬럼프

지정슬럼프(mm)	25 미만	50～65	80 이상
허용오차(mm)	± 10	± 15	± 25

② 공기량

공기량은 4.5(%)로 하되, 허용오차는 ±1.5(%)이다.

〈표 9-10〉 슬럼프의 표준값

종 류		슬럼프값(mm)
철근콘크리트	일반적인 경우	80~150
	단면이 큰 경우	60~120
무근콘크리트	일반적인 경우	50~150
	단면이 큰 경우	50~100

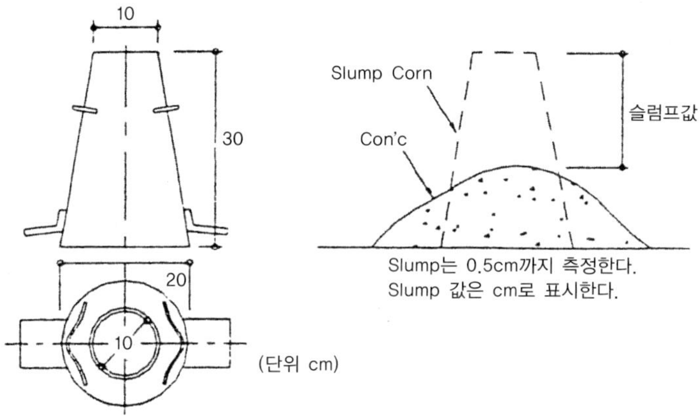

그림 9-6 Workability & Slump

(3) 시공연도에 영향을 미치는 요인

① 재료	㉠ 단위시멘트량이 많을수록 시공연도 향상 ㉡ 혼화재료는 적량을 쓸 경우 시공연도를 개선한다. ㉢ 골재의 입도분포가 좋고, 입형이 둥글면 시공연도가 좋다.
② 배합	㉠ 단위수량이 많을수록 시공연도 증가 ㉡ 공기량이 많을수록 시공연도 좋아지나 철근과의 부착강도가 저하된다. (공기량 1% 증가시 Slump 2cm 정도 커짐) ㉢ 적절한 비빔시간은 시공연도를 증진시킨다.
③ 시공	㉠ 온도가 높을수록 시공연도 감소한다.

(4) 콘크리트의 압축강도시험은 "30110 건축일반사항"에 명시된 "품질시험기준"에 따른다.

① 공시체 제작	㉠ 레미콘 120m³ 마다 1회 실시한다. ㉡ 28일 강도용 공시체는 3개보 9개를 제작한다. ㉢ 28일 강도 추정을 위한 7일 강도용 공시체는 1개조 3개를 제작한다. ㉣ 거푸집 존치기간 판단용 공시체는 층별로 3개 9개를 제작한다. (층별 : 수직부재용 3개, 수평부재용 3개 그리고 예비용 3개 합계 9개 제작) ㉤ 콘크리트의 압축강도용 공시체는 ϕ150×300mm를 기준으로 하되, ϕ100×200mm의 공시체를 사용할 경우 강도보정계수 0.97을 적용하여야 한다.
② 공시체 시료 채취	㉠ 28일 강도용 공시체는 콘크리트 배출량이 1/4. 2/4, 3/4 배출시점에서 채취 ㉡ 7일 강도용 공시체는 콘크리트 배출량의 절반(1/2)정도 배출시점에서 채취
③ 공시체 양생	㉠ 공시체 양생은 탈형후 수중양생을 한다. ㉡ 급격한 온도 변화나 직사광선이 닿는 부분은 피한다.
④ 압축강도 시험 시기와 횟수	㉠ 1일 1회 이상 ㉡ 구조물의 중요도와 공사의 규모에 따라 120m³ 마다 1회 실시 한다. ㉢ 콘크리트의 배합이 변경될 경우 실시한다.
⑤ 강도	㉠ 강도는 시험한 결과가 설계기준강도 또는 지정한 강도 이하로 내려갈 확률이 1/6 이상 되어서는 안 된다. ㉡ 일 강도용 또는 거푸집 존치기간 판단용은 1개조(3개) 평균값이 설계기준강도 또는 지정한 강도의 85% 이하가 되어서는 안 된다.

(5) 설계기준강도

설계기준강도는 콘크리트에 요구되는 품질 중에 가장 중요한 항목이며, 콘크리트의 종류에 따른 설계기준강도의 범위는 다음의 표와 같다. 콘크리트의 설계기준강도는 18~27MPa의 범위이며, 일반적으로 가장 많이 사용되고 있는 강도범위는 21MPa이다. 설계기준강도가 27MPa를 초과할 경우에는 세심한 주의를 해야 한다.

콘크리트 종류		설계기준강도 범위(kgf/㎠)	설계기준강도범위(N/㎟)
보통콘크리트		180~270	18~27
경량콘크리트		150~240	15~24
고내구성 콘크리트	보통	210~360	21~36
	경량	210~270	21~27
고강도콘크리트	보통	400 이상	40 이상
	경량	270 이상	27 이상
프리스트레스트콘크리트	Pretension	350 이상	35 이상
	Post tension	300 이상	30 이상

(6) 콘크리트 사용규격(건축공사)

<table>
<tr><th rowspan="2">종 별</th><th colspan="3">규 격</th><th rowspan="2">적용부위</th></tr>
<tr><th>골재최대치수(mm)</th><th>설계기준강도[N/㎟]</th><th>슬럼프(cm)</th></tr>
<tr><td>T_1</td><td>25</td><td>27</td><td>15</td><td>상부구조</td></tr>
<tr><td>S_1</td><td rowspan="2">25</td><td rowspan="2">24</td><td>15</td><td>상부구조</td></tr>
<tr><td>S_2</td><td>8</td><td>기초구조</td></tr>
<tr><td>C</td><td>25</td><td>16</td><td>8</td><td>버림콘크리트</td></tr>
</table>

5) 콘크리트의 받아들이기 품질검사(2021년 2월 개정)

(1) 콘크리트 운반검사

<table>
<tr><th>항목</th><th>시험 · 검사 방법</th><th>시기 및 횟수</th><th>판정기준</th></tr>
<tr><td>운반설비 및 인원배치</td><td>외관관찰</td><td rowspan="4">콘크리트 타설전 및 운반중</td><td>시공계획서와 일치할 것</td></tr>
<tr><td>운반방법</td><td>외관관찰</td><td>시공계획서와 일치할 것</td></tr>
<tr><td>운반량</td><td>양을 확인</td><td>소정의 양일 것</td></tr>
<tr><td>운반시간</td><td>출하 및 도착시간 확인</td><td>하부내용 참조</td></tr>
</table>

(2) 콘크리트 운반시간에 관한 규정(표준시방서 참조)

<table>
<tr><th>항목</th><th>운반시간</th></tr>
<tr><td>외기온도 25℃ 이상</td><td>1.5시간을 넘어서는 안 된다.</td></tr>
<tr><td>외기온도 25℃ 미만</td><td>2.0시간을 넘어서는 안 된다.</td></tr>
<tr><td colspan="2">단, 양질의 지연제 등을 사용하여 응결을 지연시키는 등의 특별한 처치를 강구하는 경우에는 콘크리트 품질변동이 없는 범위 내에서 책임기술자의 승인을 받아 이 시간제한을 변경할 수 있다.</td></tr>
</table>

(3) 콘크리트 허용 이어치기 시간간격 기준(표준시방서 참조)

<table>
<tr><th>항목</th><th>운반시간</th></tr>
<tr><td>① 외기온도 25℃ 초과</td><td>2.0시간을 넘어서는 안 된다.</td></tr>
<tr><td>② 외기온도 25℃ 이하</td><td>2.5시간을 넘어서는 안 된다.</td></tr>
<tr><td colspan="2">허용 이어치기 시간간격은 하층 콘크리트 비비기 시작부터 콘크리트 타설 완료이후, 상층 콘크리트가 타설되기까지의 시간</td></tr>
</table>

(4) 콘크리트 받아들이기 품질검사

<table>
<tr><th colspan="2">항목</th><th>검사방법</th><th>시기 및 횟수</th><th>판정기준</th></tr>
<tr><td colspan="2">굳지 않은 콘크리트의 상태</td><td>외관 관찰</td><td>콘크리트타설 개시 및 타설 중 수시로 함</td><td>워커빌리티가 좋고 품질이 균질하며 안정할 것</td></tr>
<tr><td colspan="2">슬 럼 프</td><td>KS F 2402의 방법</td><td rowspan="4">압축강도 시험용 공시체 채취시 및 타설 중 품질변화가 인정될 때</td><td>KS F 4009의 슬러프 허용오차 이내</td></tr>
<tr><td colspan="2">슬럼프 Flow</td><td>KS F 2594의 방법</td><td>KS F 4009의 슬러프 허용오차 이내</td></tr>
<tr><td colspan="2">공 기 량</td><td>KS F 2409의 방법
KS F 2421의 방법
KS F 2449의 방법</td><td>허용오차 ± 1.5%</td></tr>
<tr><td colspan="2">온 도</td><td>온도 측정</td><td>정해진 조건(계획된 온도)에 적합할 것</td></tr>
<tr><td colspan="2">단위용적질량</td><td>KS F 2409의 방법</td><td>필요한 경우 별도로 정함</td><td>정해진 조건에 적합할 것</td></tr>
<tr><td colspan="2">염화물이온량</td><td>KS F 4009 부속서 A의 방법</td><td>바다모래를 사용할 경우 2회/일</td><td>KS F 4009에 따름</td></tr>
<tr><td rowspan="7">배합</td><td rowspan="2">단위수량[1]</td><td>굳지 않은 콘크리트의 단위수량시험으로 부터 구하는 방법</td><td>필요한 경우 별도로 정함</td><td>참고자료로 활용함</td></tr>
<tr><td>골재의 표면수율과 단위수량의 계량치로부터 구하는 방법</td><td>전배치</td><td>KS F 4009의 재료계량오차 이내</td></tr>
<tr><td>단위 결합재량</td><td>결합재의 계량치</td><td>전배치</td><td>KS F 4009의 재료계량오차 이내</td></tr>
<tr><td rowspan="2">물결합재 비</td><td>굳지 않은 콘크리트의 단위수량과 단위결합재의 계량치로부터 구하는 방법</td><td>필요한 경우 별도로 정함</td><td>참고자료로 활용함.</td></tr>
<tr><td>골재의 표면수율과 콘크리트 재료의 계량치로부터 구하는 방법</td><td>전배치</td><td>KS F 4009의 재료계량오차 이내</td></tr>
<tr><td rowspan="2">기타, 콘크리트 재료의 단위수량</td><td>기타, 콘크리트재료의 단위수량</td><td>전배치</td><td>KS F 4009의 재료계량오차 이내</td></tr>
<tr><td>콘크리트재료의 계량치</td><td>전배치</td><td>KS F 4009의 재료계량오차 이내</td></tr>
<tr><td colspan="2">펌퍼빌리티</td><td>펌프에 걸리는 최대 압송 부하의 확인</td><td>펌프 압송시</td><td>콘크리트 펌프의 최대 이론 토출압력에 대한 최대 압송부하의 비율이 80% 이하</td></tr>
</table>

주 1) 단위수량의 시험은 도입 된지 얼마 되지 않았고 시험방법의 적합성이나 시험결과의 신뢰성 등이 평가되지 않아 현재는 참고자료로만 활용하는 것이 좋다.

(5) 압축강도에 의한 콘크리트 품질검사

압축강도에 의한 콘크리트의 품질관리는 일반적인 경우 조기재령에 있어서의 압축강도에 의해 실시한다. 이 경우, 시험체는 구조물에 사용되는 콘크리트를 대표할 수 있도록 채취한다.

<table>
<tr><th rowspan="2">종류</th><th rowspan="2">항목</th><th rowspan="2">시험 · 검사 방법</th><th rowspan="2">시기 및 횟수[1)]</th><th colspan="2">판정기준</th></tr>
<tr><th>≤35MPa</th><th>>35MPa</th></tr>
<tr><td rowspan="2">품질강도 품질기준 강도[2)]부터 배합을 정한 경우</td><td rowspan="2">압축강도 (재령 28일의 표준양생 공시체)</td><td rowspan="2">KS F 2405의 방법[1)]</td><td>1회/1일 또는 구조물의 중요도와 공사의 규모에 따라 $120m^3$ 마다 1회
배합이 변경될 때마다 콘크리트 강도별 받아들이기 시점에 1회/일 또는 구조물의 중요도와 공사의 규모에 따라 $120m^3$ 마다 1회</td><td>① 연속 3회 시험 값의 평균이 호칭강도 품질 기준강도 이상
② 1회 시험 값이 (호칭강도 품질기준 강도−3.5MPa) 이상</td><td>① 연속 3회 시험 값의 평균이 호칭강도 품질 기준강도 이상
② 1회 시험 값이 호칭강도 품질기준 강도의 90% 이상</td></tr>
<tr><td></td><td colspan="2">압축강도의 평균치가 호칭강도 품질기준강도 이상일 것</td></tr>
</table>

주 1) 1회의 시험 값은 공시체 3개의 압축강도 시험 값의 평균값임
2) 현장 배처플랜트를 구비하여 생산 · 시공하는 경우에는 설계기준압축강도와 내구성 설계에 따른 내구성 기준압축강도 중에서 큰 값으로 결정된 품질 기준강도를 기준으로 검사

6) 검사

① 검사를 위한 시험용 시료는 배출하는 지점에서 채취하는 것을 원칙으로 한다.

② 압축 및 휨강도 시험결과 강도시험치가 1회의 시험결과는 구입자가 지정한 호칭강도의 85% 이상이어야 하며, 3회의 시험결과의 평균치는 구입자가 지정한 호칭강도 이상이어야 하는 두 조건을 만족하는지 확인한다.

③ 받아들이기 검사에 있어서는 강도의 합격, 불합격 판정의 검사시 로트(Lot)의 크기는 시험횟수가 $150m^3$에 대하여 1회로 규정하고 있다. 이 테스트피스(Test Piece)를 받아들이는 검사의 경우 20℃의 물속에서 표준양생하고 시공관리 시험의 경우에는 일반적으로 현장수중양생을 한다.

9.4.5 콘크리트공사 점검사항(품질관리순서, 품질관리 확보 방법)

1) 콘크리트 부어넣기 이전(시공전, 준비단계) 품질관리

(1) 시공계획

① 레미콘 공장선정과 현장까지 레미콘 운반소요시간 체크.

② 도로교통량 및 정체시간을 고려한 시공계획 수립

③ 레미콘 운반방법

(2) 준비

① 철근이 설계도 및 시방서에 명시된 규격 · 개수 · 피복두께, 보강철근의 위치 및 수량,

철근의 결속상태, 바닥판 철근의 처짐 등 검토 · 확인

② 거푸집조립, 거푸집의 청소상태 및 내부면 물축임, 박리제 사용여부, 조립상태 및 이음부위 평활도, 동바리 간격 및 고정상태 등

③ 각종 전선 배관의 위치 및 간격, 고정철물(인서트 Insert, 스페이서) 등 매립물의 정확한 위치 및 누락여부 확인

④ 설비공사의 매설물에 대하여 설계서에 정해진 대로 배치되었는지 확인

⑤ 동바리가 흙에 접한 경우 지반 보강상태 등 검토

⑥ 콘크리트 타설 인력배치 및 거푸집 점검인원 배치

⑦ 습기 차단재(폴리에틸렌 필름) 깔기

지면에 접한 슬래브 하부에 습기차단재가 시공되는 경우 이음부위를 10cm 이상 겹치도록 하고, 테이프나 접착제를 사용하여 기밀하게 처리한다.

⑧ 이어치기부위의 면 처리

콘크리트를 이어치는 부위는 접착력이 높아지도록 표면을 거칠게 하고 레이턴스와 기타 불순물을 제거한다.

(3) 장비

① 콘크리트 타설 장비 및 설비, 기계, 전기 등

② 차량 통행로 지반상태 및 슬래브 보강 상태점검

③ 레미콘 차량 접근 및 정차 위치 선정

2) 콘크리트 부어넣기 시(시공 단계) 품질관리

(1) 비빔

① 콘크리트 재료가 균질해질 때까지 충분하게 교반한다.

② 비빔 방법에는 손비빔과 기계비빔이 있는데 기계비빔이 품질이 더 유리함

③ 믹서의 회전속도는 1m/sec가 보통이며, 초과시 재료분리가 발생된다.

④ 혼합시간은 시험에 의하여 정해지는 것이 원칙이며, 혼합시간 3배 이상은 금지

(2) 운반

① 트럭에지데이터(Truck agitator)

배처플랜트에서 적재한 콘크리트가 분리되지 않도록 교반하면서 주행 운반하는 트럭으로서 슬럼프치가 50mm 이하 콘크리트는 배출이 곤란하다.

② 트럭믹서

㉠ 덤프트럭으로 콘크리트를 운반 : 슬럼프 25mm 이하로 사용

㉡ 운반시간 : 혼합 이후 1시간 이내 사용

(3) 타설

① 부어넣기 할 때 철근, 배관, 나무벽돌 및 기타 매설물의 이동이나 거푸집이 흐트러지지 않는지 확인

② 부어넣기 도중에 재료의 분리가 생기는지 확인 한다.

③ 콘크리트의 침하에 의한 균열을 방지하기 위하여 콘크리트 타설 순서를 지키면서 부어넣는지 확인.

④ 기둥은 단면이 클 때에는 여러 층으로 나누어 부어넣고 다지면서 부어넣는지 확인

⑤ 벽은 수평으로 부어넣는지 확인.

⑥ 기둥과 보가 접촉되는 부분은 기둥에 부어넣은 콘크리트가 충분히 안정된 다음에 보의 바닥을 함께 부어넣어 일체가 되도록 하는지 확인

⑦ 계단부분의 콘크리트는 하부의 단부터 상단으로 올라가며 부어넣는지 확인

⑧ 레미콘 공장배합 후 현장에서 부어넣기가 끝나는 시간의 한도는 준수하는지 확인

(4) 다짐

① 다짐에는 내부진동기(봉상진동기)와 외부진동기(거푸집 진동기), 표면진동기가 있다.

② 진동시간은 한곳에서 5~15초간 진동 다짐하는 것을 원칙으로 한다.

③ 진동기는 수직으로 사용한다.

④ 진동기 삽입간격은 0.5m 이하로 하고 뽑을 때는 구멍이 발생되지 않도록 한다.

⑤ 철근이나, 거푸집은 진동시키지 않는다.

⑥ 콘크리트의 다짐은 공극율을 적게하고 철근 및 매설물 등을 밀착시켜 균일하고 치밀하게 채움으로써 양질의 콘크리틀 얻을 수 있다.

(5) 이음

① 이음은 콘크리트에 완전 밀착하여 부착강도를 확보해야 한다.

② 이어치기를 할 때는 레이턴스를 제거하고 깨끗하게 청소하고 살수하여 습윤하게 한다.

3) 시험

(1) 콘크리트 강도(압축)시험

① 품질의 등급이 고급인 콘크리트에서는 100m³에 1회 실시

② 품질의 등급이 보통콘크리트에서는 150㎥에 1회 실시
③ 1회 시험에는 3개의 공시체를 채취(표준양생 공시체)한다.

(2) Slump시험
① 평판을 수평으로 설치하고 슬럼프 콘을 평판 중앙에 위치한다.
② 비빈 콘크리트를 10Cm까지 부어넣고 다짐막대로 25회 다진다.
③ 2회 반복하여 콘크리트의 무너진 높이 및 모양을 측정한다.

(3) 염화물 시험
① 레미콘의 교반기를 고속으로 회전시킨 이후 배출된 최초의 부분을제외한 나머지 부분을 채취한다.
② 시료를 한번 거른 후 흡인투과 또는 원심분리하여 채취한 액 또는 블리딩 수를 정재수로 희석한다.
③ 동일 시료액으로 3회 수행하고 시험결과는 질량을 %로 소수점 이하 3자리까지 구한다.

(4) 공기량 시험
① 공기량 측정방법은 압기식의 air meter가 있다.
② 시험을 슬럼프 테스트와 같이 되도록 자주 실시한다.
③ 측정값과 지정 공기량의 차이가 허용 값 이하이면 합격으로 한다.

4) 양생(보양)시
① 양생의 종류에는 습윤양생, 증기양생, 전기양생, 피막양생, 고압증기양생, 고주파양생 등이 있다.
② 콘크리트 경화 시 유해한 영향을 미치는 진동, 충격, 하중을 가하지 않도록 보호.
③ 콘크리트 수화작용을 돕기 위한 양생포 덮기 및 물 뿌리기를 하는지 확인
④ 콘크리트 수화열에 의해 부재단면의 중심부 온도와 표면부의 온도차를 가능한 한 적게 하는지 확인
⑤ 거푸집의 제거시기, 방법 등이 적절한지 검토
⑥ 직사광선이나 바람에 의해 수분이 증발하지 않도록 보호한다.

9.4.6 콘크리트 공사계획 및 관리

1) 계획 및 준비사항

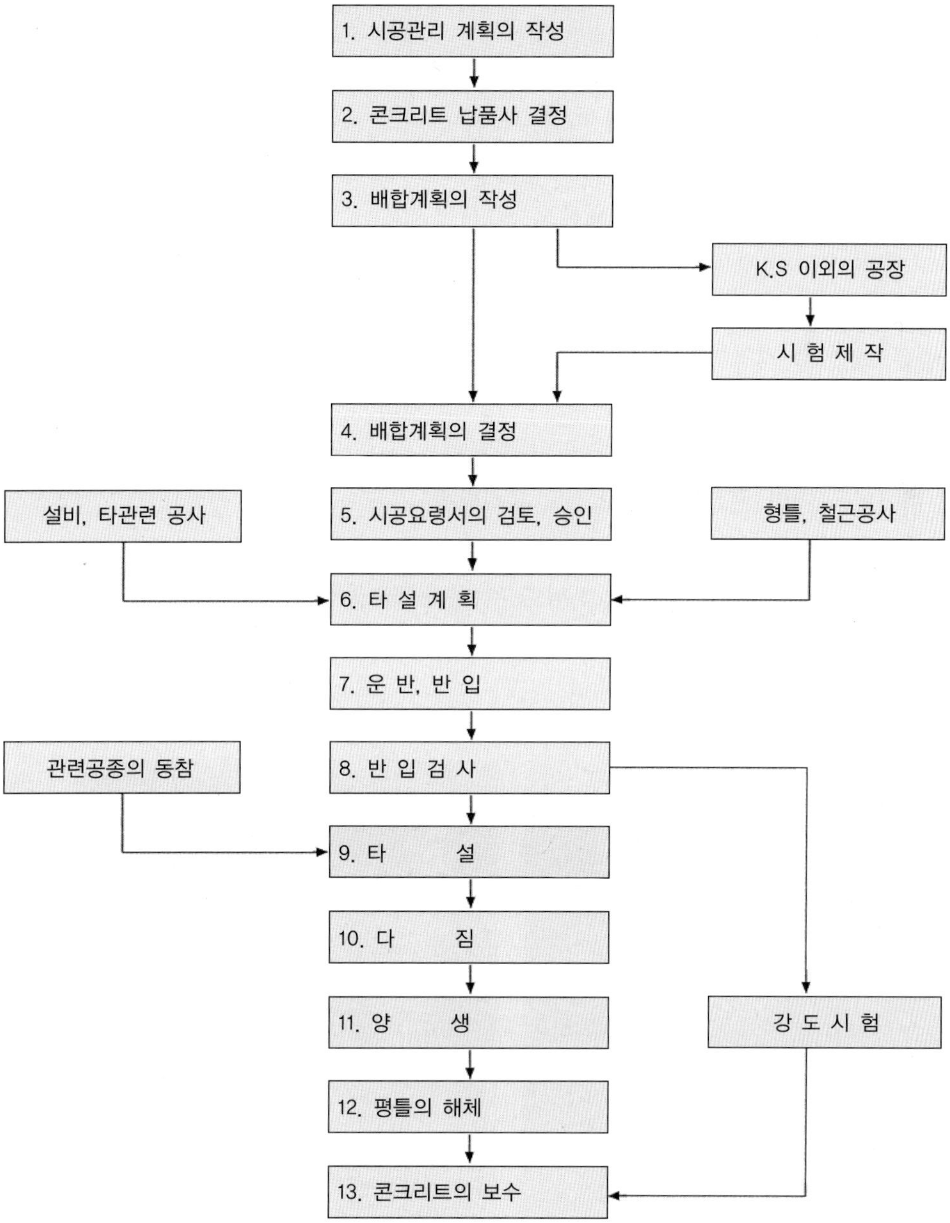

2) 시공계획서 포함사항

① 사용장비 및 작업인원 구성에 관한 계획

② 품질이 변하거나 작업 중 남은 콘크리트 처리계획

③ 콘크리트 운반 및 펌핑 계획
④ 부어넣기 구획과 순서에 관한 계획
⑤ 유동화 콘크리트 사용계획
⑥ 서중콘크리트 시공계획

서중콘크리트로 시공하는 경우에 한하며 다음 사항이 포함되어야 한다.

㉠ 당해 지역의 기상통계자료에 따른 서중콘크리트 공사의 예상 시행시기와 급격한 기온변화를 감안한 서중콘크리트 시행계획
㉡ 배합위치에서의 콘크리트 비빔온도 및 산정근거
㉢ 수분의 급격한 증발이나 온도상승을 방지하기 위한 양생방법 및 양생기간

⑦ 한중콘크리트 시공계획

한중콘크리트로 시공하는 경우에 한하며 다음 사항이 포함되어야 한다.

㉠ 당해 지역의 기상통계자료에 따른 한중콘크리트 공사의 예상 시행시기와 급격한 기온변화를 감안한 한중콘크리트 시행계획
㉡ 부어넣을 때의 콘크리트 소요온도 유지방법
㉢ 운반 중의 콘크리트 온도변화를 감안한 레디믹스트 콘크리트 공장 선정의 적정 여부
㉣ 초기양생방법 및 측정위치를 포함한 각종 온도측정방법

⑧ 콘크리트 양생계획
⑨ 콘크리트 결함부위 보수 및 면처리 계획

그림 9-7 겨울철 콘크리트 보양

(공정)	(관리시기, 대책)	(관리항목)
콘크리트 주입 전	재료품질확인	–시멘트, 골재, 배합수, 혼화제 및 혼화재
	계획배합확인	–압축강도, 슬럼프, 공기량, 물/시멘트비, 단위수량 등 –염화물량, 알칼리량
	철근가공, 조립, 이음	–품질, 수량, 가공 및 조립정도 –피복두께, 간격, 이음 및 정착
	거푸집 가공, 조립	–거푸집 및 받침기둥의 재료, 강도, 부재의 위치, 단면 크기 –매설물 위치, 이어치기 위치
콘크리트 주 입 시	레미콘 제조	–사용재료, 재료계량, 배합관리 제조(워커빌리티, 강도 등) –품질조사
	콘크리트 주입검사	–콘크리트 종류, 운반시간 –슬럼프, 공기량, 염화물, 압축강도, 물/시멘트비, 단위수량, 콘크리트 용적
콘크리트 타설 전, 중	타설, 다짐, 마감	–거푸집 물뿌림, 철근고정 거푸집 위치 및 치수고정 이어치기 위치 및 이음면 처리, 철근위치, 피복두께, 타설순서 및 속도, 타설시 품질 –이어치기 시간간격, 다짐, 재진동, 표면마감
콘크리트 타 설 후	양생, 거푸집 제거	–초기양생, 양생온도 –급격한 건조 및 온도변화 –진동, 충격 –거푸집, 받침기둥 존치기간 –거푸집 해체 및 양생
	구조체 콘크리트 품질검사	–피복두께 –마감정도, 타설결함 –압축강도

9.4.7 콘크리트펌프 타설

1) 타설계획

콘크리트의 타설계획은 콘크리트의 공급능력, 압송능력 및 타설 · 다짐능력에 따른 균형을 고려해야 하며, 필요에 따라 레미콘 공장과 연락하여 배차간격을 조정해야 한다. 타설구획을 정할 때는 레미콘 공장의 1일 공급능력을 고려해야 하며, 단위시간당 타설량은 다짐 작업자, 운반기기의 능력 및 대수 등에 좌우되기 때문에 펌프압송량을 근거로 타설계획을 세워서는 안 된다. 콘크리트를 타설할 때는 타설구획, 타설순서, 타설속도가 시공계획서에 따라 실시되고 있는 지를 확인해야 한다.

2) 콘크리트 압송방법

① 콘크리트 펌프의 기종은 콘크리트의 품질, 관경을 포함한 배관조건, 부어넣는 위치, 1회의 부어넣는 양, 부어넣는 속도 등을 고려하여 선정한다.

② 최초로 콘크리트 압송을 시작하기 직전 부배합의 바름모르타르를 사용하여 수송관내에 초벌칠을 한다. 바름모르타르는 부어넣을 콘크리트의 강도 이상이어야 한다.

③ 수송관 지름의 최소치는 보통콘크리트의 경우 100mm, 굵은골재 최대치수의 3배 이상이 되어야 한다.

④ 수송관은 가능한한 연장길이를 적게 하고 또한 곡관과 고무호스 사용이 최소화 되도록 하며 압송 중에 콘크리트가 막히지 않도록 한다. 곡관은 반지름 1m 이상으로 하고 구부림 각도는 90° 이상이 되도록 한다.

⑤ 파이프 연결부위(Coupling)는 수밀성, 조임상태를 확인하여 콘크리트의 흐름에 장애가 되지 않도록 한다.

⑥ 수송관에서 배출되는 콘크리트의 재료분리를 방지하도록 조절판을 달아 배출 충격을 흡수하도록 하여야 한다.

⑦ 고정식 수송관을 사용하는 경우 가설 Tower 등에 견고하게 지지하여 압송 중의 진동이 타설된 콘크리트와 거푸집에 영향을 주지 않도록 한다. 발코니 등 내민 슬래브 위와 소용강도에 달하지 않은 콘크리트에는 수송관이 닿지 않도록 배관한다.

3) 타설시 주의사항

① 콘크리트를 타설할 때는 타설 관리도의 작성, 레미콘 운반차의 배차계획, 콘크리트의 운반시간 등을 점검하고, 필요에 따라 레미콘 공장과 연락하여 배차간격을 조정해야 한다.

② 타설구획, 타설순서, 타설속도가 시공계획서에 따라 실시되고 있는지를 확인해야 한다.

③ 진동에 의해 블리딩수가 과도하게 떠오를 경우에는 진동량(다짐간격, 시간)을 줄이는 것보다 슬럼프를 줄이도록 배합을 조정한다.

④ 콘크리트의 한층 타설높이는 봉형진동기의 길이가 일반적으로 60~80cm 정도이기 때문에 그 이하로 해야 한다. 또한, 진동기의 선단은 먼저 타설된 콘크리트 층에 약 10cm 깊이까지 도달하도록 하여 Cold Joint를 방지해야 한다. 진동기의 삽입간격은 50~60cm를 표준으로 하지만, 직경이 작을수록 삽입간격을 줄여야 한다.

⑤ 거푸집 진동기에 의한 다짐은 부재의 두께, 형상, 거푸집의 강성, 콘크리트의 타설방법 등에 따라 다르지만, 슬럼프가 18cm 정도인 경우에는 1~3분을 표준으로 한다.

⑥ 콘크리트의 타설 이음부는 균열이 발생하기 쉽고, 누수 또는 철근에 녹이 발생할 수 있으며, 구조내력 또는 내구성을 저하시킬 수 있다. 벽체 · 보 및 슬래브 등에는 가능하면 수직이음부를 설치하지 않도록 한다.

〈표 9-11〉 운반시간의 한도

기 온	일반 콘크리트	고내구성 콘크리트
외기온도 25℃ 이상	90분 이내	60분 이내
외기온도 25℃ 미만	120분 이내	90분 이내

4) 펌프 압송이 곤란해지는 제 조건

① 수평 환산 거리가 300m를 넘는 경우

② 수직압송거리가 경량콘크리트에서 60m, 보통콘크리트에서 70m를 넘는 경우

③ 경량콘크리트에서 압송전의 슬럼프가 20cm 이하인 경우

④ 보통콘크리트의 슬럽프가 10cm 이하인 경우

⑤ 경량콘크리트의 단위 시멘트량이 300kg/m³ 미만인 경우

⑥ 하향배관 또는 내리막 경사에 앞서 수평배관이 접속하고 있는 경우

⑦ 인공경량골재를 사용하는 경우 골재의 프리웨팅(Pre-wetting)이 불충분한 경우

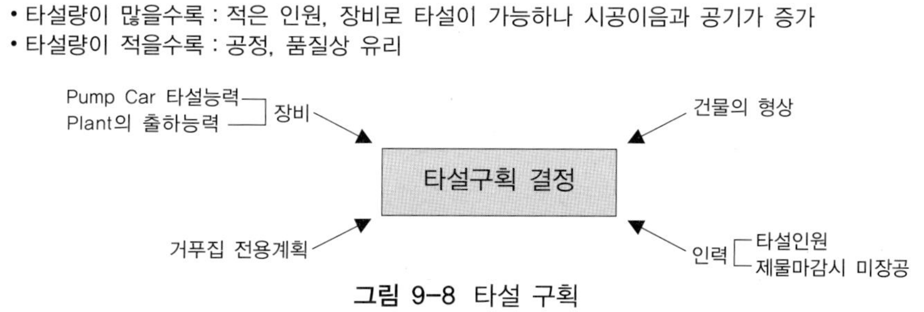

그림 9-8 타설 구획

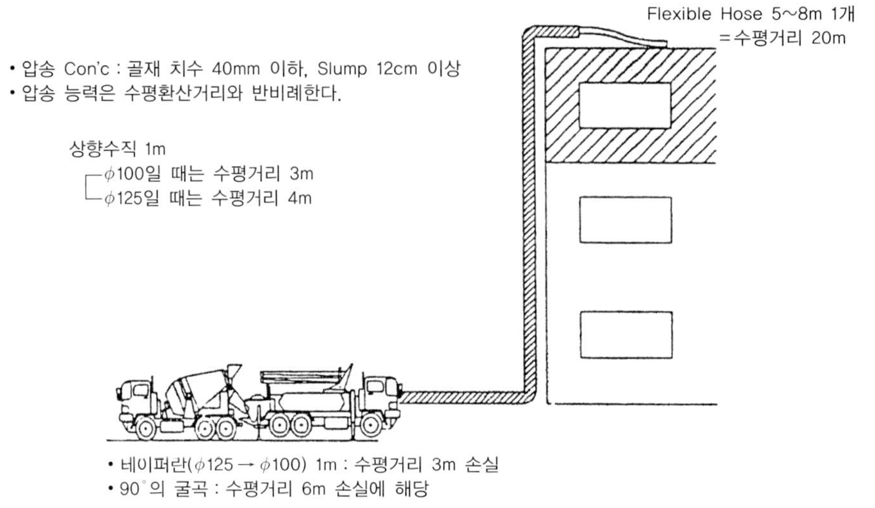

그림 9-9 압송조건

5) 콘크리트타설 관리사항

① 콘크리트 펌프카는 배치위치에 견고하게 설치해야 하며, 바닥이 견고하지 않을 경우에는 철판이나 복공판 등 바닥판을 깔고 설치한다. 콘크리트가 기름에 오염되는 것을 방지하기 위해 펌프 및 호퍼 아래에 비닐시트 등을 깔고, 필요할 경우에는 옆에도 시트로 막아 콘크리트가 비산되는 것을 방지한다.

② 압송배관은 지지브라켓 또는 발판으로 체인이나 결속선으로 움직이지 않도록 긴결해야 한다.

③ 압송배관의 지지는 지지대, 접사다리, 철재 등을 사용하여 거푸집 및 철근에 직접 접하지 않게 해야 하며, 콘크리트 타설 후에 충분한 강도를 발현하지 않은 콘크리트에는 접속시키지 않는다.

④ 압송배관은 균열, 구멍, 요철 등과 같은 손상이 없는 것을 사용한다. 또한, 높은 위치의 압송에 따라 압력이 특히 높아지는 경우에는 가능한 한 마모되지 않은 것을 사용한다.

⑤ 압송배관의 경로나 지지점은 배관설계에 무리가 없도록 하고, 또한 콘크리트 압송에 앞서 압송하는 모르타르를 처리할 장소를 고려하여 정한다.

⑥ 압송배관의 지지점은 관 또는 접합부에 무리한 힘이 작용하지 않도록 해야 한다. 접합부에 무리한 힘이 작용하면 간극이 생겨 페이스트가 누출되거나 공기를 흡입할 우려가 있다.

⑦ 외기온이 높을 경우에는 시트 등으로 압송관을 덮어 직사광선을 받지 않도록 한다. 또한, 외기온이 낮은 상태에서 압송을 중단할 때는 압송관 내의 콘크리트가 동결할 우려가 있기 때문에 압송관을 적당한 재료로 보온해야 한다.

⑧ 사람이 다니는 보도를 가로지르는 압송배관은 덮개를 설치하여, 통행인의 보행에 지장이 없도록 한다.

⑨ 하절기 : 수분 증발이 빠르고 수화가 촉진되므로 운반과 타설의 시간이 짧아지도록 배차계획, 타설방법, 타설구획의 설정 등을 면밀히 계획한다. 제조 후 타설까지의 시간은 원칙적으로 90분을 초과해서는 안되며, 타설시 콘크리트의 온도는 35℃를 초과해서는 안 된다.

⑩ 동절기 : Con'c 반죽 온도와 외기의 차이가 20℃ 이상인 경우에는 현장에 수증기가 발생하여 작업에 대한 시야 확보가 어려워질 수 있으므로 방풍막을 설치하고 열풍기를 가동하여 온도차를 최소화한다. 초기 동해를 피하기 위해 온도관리를 철저히 하고 급격한 난방으로 균열이 발생되지 않도록 보양포, 비닐 등으로 표면 수증기 건조를 억제한다.

⑪ 공동주택과 연결된 지하주차장 등 장대한 구조물의 경우 건조수축에 의한 균열발생이 최소화 되도록 부어넣기량이 300㎥ 이내가 되게 타설구획을 정한다. 부득이하게 300㎥를 초과하여 콘크리트를 부어넣는 경우에는 필요한 조치를 취하여야 한다.

9.4.8 C.P.B(Con'c Placing Boom, 콘크리트 플래이싱 붐)

고압 Pump에서 압송된 Con'c를 Tubular Column에서 설치된 Placing Boom으로 타설위치에 Con'c를 타설하는 장비

1) 콘크리트분배기(Concrete Distributor)

콘크리트분배기는 철근배근에 영향을 주지 않고 콘크리트를 타설할 수 있도록 만든 콘크리트 타설장비이다. 콘크리트 타설부위에 철제로 된 레일을 깔고 콘크리트분배기를 설치한 후 일정구역을 타설한 다음 레일을 이용하여 분배기를 이동하면서 콘크리트를 타설한다. 콘크리트분배기는 주름관에 비하여 적은 인원을 가지고 타설 할 수 있다. 그러나 콘크리트

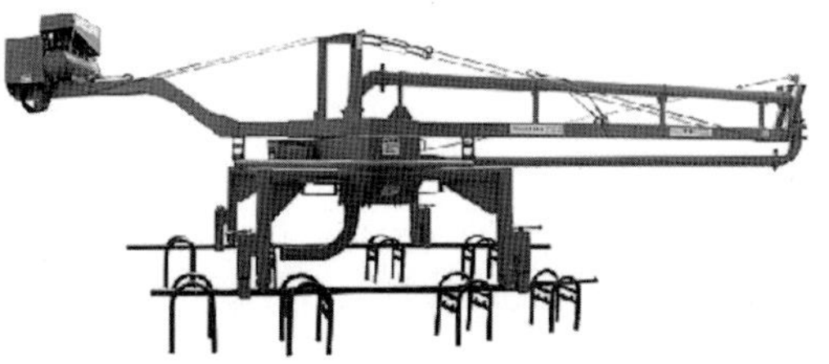

그림 9-10 콘크리트분배기

그림 9-11 분배기를 활용 콘크리트 타설

분배기를 이동하기 위해서는 타워크레인의 용량을 사전에 검토하여야 하며, 장비를 구입하여야 하므로 초기투자비가 증가한다.

2) C.P.B(Concrete Placing Boom)

(1) 개요

최근 경제성장에 따라 국내에서도 초고층 건축물 건설이 증가되고 있다. 초고층 건물에서는 콘크리트를 타설하기 위해서 주름관이나 콘크리트분배기 대신에 C.P.B(콘크리트 플레이싱 붐, Concrete Placing Boom)을 사용한다. 초고층 건물에서는 고강도의 콘크리트를 타설하며 층당 소요되는 공기가 매우 짧아서 콘크리트 품질과 공정관리를 위해서 C.P.B을 적용한다.

(2) 설치방법

〈표 9-12〉 C.P.B 설치방법

구분	코어월 내부	슬래브 중앙	코어월 외벽
설치방법	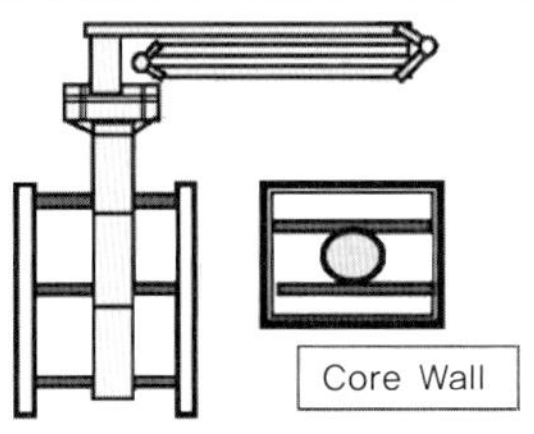 • 코어월(Core wall)의 엘리베이터 피트에 설치하는 방법으로 거푸집 앵커를 이용하여 클라이밍 한다. • ACS 공법 적용시 ACS 거푸집 유압기와 공유할 수 있다.	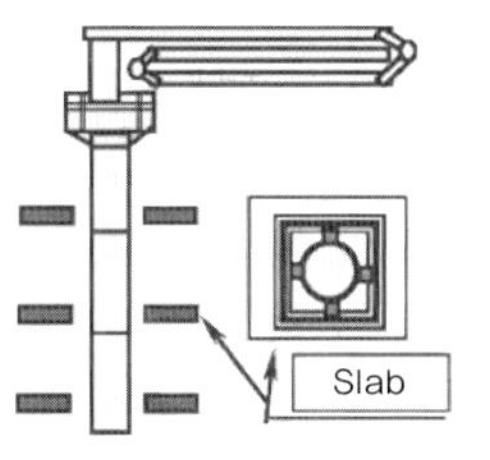 • 슬래브를 오픈하여 안내프레임(Guide Framel)으로 지지함 • 8개의 스틸웨지에 의해 슬래브에 고정됨.	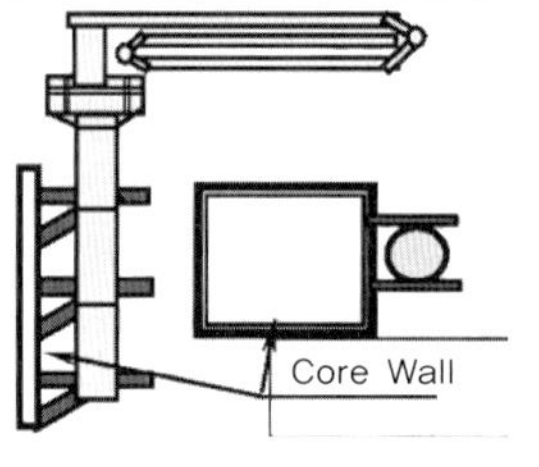 • 외부 옹벽에 Wall Bracket을 설치하여 마스트를 고정하는 방법
장점	• 작업범위 최대 활용 가능 • 코어월 선행시 최적방법 • Jack Up 시간 절약이 가능 (Auto Climbing System 적용)	• 일반건축에 적용유리 • 공사비 절감 가능 • 사용용이 및 안전 작업 가능	• 작업범위 최대 활용 가능 • 코어월 선행시 적용 • 코어월 내부 설치 불가시 적용
단점	• 배층 코어월내부에 4개의 Opening hall이 필요	• 코어월 선행시 적용불가 • 매층 슬래브 Opening hall이 필요 • Jack Up후 Opening Slab 메우기가 필요	• 공사비용이 과다함. • Jack Up시간 과다 소요 • Embed 사전매입 필요

(3) 작업순서

① 기초설치(콘크리트 타설 또는 철골 기초 제작)

② 마스트 설치 및 플레이싱 붐 설치

③ 수직관 플레이싱 붐 배관 연결

④ 콘크리트 타설

⑤ 마스트 상승 이전에 수직관과 플레이싱 붐 연결관 해체

⑥ 마스트 클라이밍 방법 : 양중장비로 운반하는 방법과 자동클라이밍으로 상승하는 방법

(4) 타설 길이 : 붐길이(22m, 26m)+주름관(4m)

(5) 특징

C.P.B는 수직상승을 위해 마스트를 별도로 설치하고 콘크리트 붐을 연결하여 타설하므로 그 특징은 다음과 같다.

① 초고층 건물의 콘크리트 타설에 사용

② 콘크리트 타설시 배근된 철근에 거의 영향이 없다

③ 적은 인원으로 콘크리트 타설 가능

④ 초기 구입비용이나 임대료가 고가이다.

⑤ 수직 상승용 마스트를 별도로 설치해야 한다.

(6) 사용시 주의사항

① 플레이싱 붐의 수평도달거리는 약 20m~50m로 다양하게 있으나 국내에 적용되는 플레이싱 붐은 31m 이하가 대부분이다.

② 27m 이상의 플레이싱 붐은 가운트 밸러스트가 필요하며 회전시 타워크레인 카스트와 간섭이 발생될 수 있다.

③ 건물전체가 작업 반경에 들어올 수 있도록 CPB 설치

④ 국내에서는 초고층 건축물에만 사용되고 있으며, 고품질을 위하여 적극적인 사용 검토

⑤ 마스트높이는 21.75m(마스트 3개)이며, 최 하부 마트스트 크기는 7.94m로 골조 진행 2개 층마다 마스트를 클라이밍 작업을 한다.

9.4.9 Con'c 타설 방법 비교

구분	C.P.B	분배기(Distributer)	Pump Car 타설	Portable 배관 타설
정의	• Tubular Column (Tubular Master)에 설치된 Placing Boom을 이용하여 콘크리트를 타설위치에 타설하는 장치	• 회전축이 설치된 콘크리트 배관을 이용하여 중심부에서 Boom의 반경을 따라 타설이 가능하도록 만든 장치	• 차량에 거치된 • Placing Boom을 이용하여 지정된 위치에 콘크리트 타설	• 고정된 Plum에서 배관 Line을 통해 Con'c를 압송하여 끝단에 설치된 Flexible Hose를 인력으로 이동하며 Con'c를 압송하여 끝단에서 타설
장점	• 타설 속도가 빠름 • 설치/해체가 빠름 • Con'c 품질관리 용이 (이음부 발생 최소화) • 초고층 타설에 유리	• 공사원가 절감 가능 • 재래식 타설 공법에 비해 콘크리트 타설 인원 감소	• 타설속도가 빠름 • 타설위치 이동 편리 • 작업인원 감소	• 고층부 Con'c 타설 가능 • 넓은 면적 타설에 유리
단점	• 넓은 면적 타설에는 부적합 • 고가의 장비임	• 설치시 타설 중, 이후 타워크레인 지원이 필요함 • 장비 중량(1.5톤~5톤)을 고려한 슬래브 하부 보강이 필요함	• 고층부 타설에 한계	• 타설속도 느림(Pipe 작업 많음) • 배관으로 인한 Cold Joint • 타설인원 증가

(a) 호퍼를 활용한 콘크리트 타설

(b) 펌프카 콘크리트 타설

(C) CPB 콘크리트 공급

(d) 포터블

그림 9-12 콘크리트 타설 장비

(a) CPB-Ⅰ

(b) CPB-Ⅱ 콘크리트 타설

(C) CPB 설치를 위한 슬래브 보강-Ⅰ

(d) CPB 설치를 위한 슬래브 보강-Ⅱ

(e) CPB 기둥 슬래브 고정

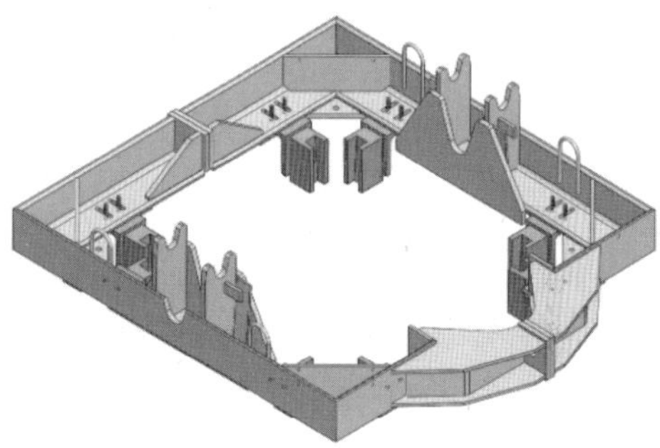

(f) CPB-Master blacket(출처 : wwww.okfuture.co.kr)

그림 9-13 C.P.B 설치 및 콘크리트 타설

9.4.10 시공허용오차

1) 콘크리트 부재의 위치 및 단면치수 허용오차

항 목		허용오차(mm)
위 치	설계도에 표시된 위치에 대한 각 부분의 위치	20
단면치수	기둥, 보, 벽의 단면치수 및 바닥슬래브, 지붕슬래브의 두께	−5, +20
	기초의 단면치수	−10

2) 수직허용오차

구 분	층 별	허용오차(mm)
기둥, 벽, 복도, 발코니, 수직오차	고층(7층 이상)	층당 6, 전체 25
	저층(6층 이하)	층당 6, 전체 20

3) 콘크리트면 평활도 허용오차

마무리별 구분	허용오차
제물치장면, 도장바탕, 벽지바탕	3m당 6mm
마무리 두께가 13mm 이하인 경우	3m당 6mm
마무리 두께가 13mm 초과인 경우	3m당 10mm

4) 기초위치의 편심허용오차

편심방향 기초 폭의 2% 이내 및 20mm 이내

9.4.11 콘크리트공사 시공관리 사항

1) Cold Joint예방

계획적으로 행하는 이어치기 부분에서 시공 중 이어치는 시간을 오래 끌었기 때문에 발생한 불연속 부분의 시공불량 이음부를 콜드 조인트라고 부른다. 콜드조인트는 경화 후 누수의 원인이 될 뿐만 아니라 철근의 녹 발생 등에 의해 콘크리트 구조체의 내구성을 손상시키기 때문에 콜드 조인트가 발생하지 않도록 적극적으로 노력하지 않으면 안 된다.

〈표 9-13〉 수직시공이음 부위의 강도

수직시공이음 방법	강도비
구 Con'c 면에 그대로 이어진 경우	약 57%
이음부위 면을 조면처리하고 시멘트 물을 바를경우	약 83%

〈표 9-14〉 수평시공이음 부위의 강도

수평시공이음 방법	강도비
구 Con'c 면에 이어지치기면의 LAITANCE를 없애지 않은 경우	약 45%
이어치기면을 조면 처리하고 시멘트 풀을 도포한 경우	약 93%

* 강도비는 이어치기 하지 않을 경우와 비교

양호한 콘크리트의 마감상태를 확보하기 위해 사전에 계획된 구획을 타설을 종료할 때까지 연속적으로 타설하여 Cold Joint가 발생하지 않도록 해야 한다. Cold Joint는 일반적으로 타설된 콘크리트의 응결성상, 타설종료까지 소요된 시간, 이어치기 시간간격, 이어치기의 다짐방법, 콘크리트 온도 등에 영향을 받는다.

2) 부어넣기 관리사항

① 콘크리트의 부어넣기에 있어서 분리되지 않고 균일하게 이루어져야 하며 횡류(橫流)를 시켜서는 안 된다. 한쪽 벽으로부터 기둥을 통하여 이웃 벽에 콘크리트를 횡류해서는 안되며 부어넣기 장소에 될 수 있는 한 가까이에서 수직으로 치어 붓는다.

② 슈트, 호스 등을 사용할 경우에 선단과 타설 면의 높이차가 크면, 콘크리트의 분리가 발생하고 낙하충격으로 철근 및 Spacer가 변형될 수 있다.

③ 1구획에서 콘크리트 상부가 거의 수평이 되도록 치어 붓는다. 또한 콘크리트를 1.5m 이상 높은 곳에서 낙하시켜 부어 넣어서는 안 된다. 재료분리가 발생되기 때문이다.

④ 부어넣기 도중에 표면에 떠올라 고인 블리딩수가 있을 경우에는 적당한 방법으로 제거한 후가 아니면 그 위에 콘크리트를 부어넣어서는 안 된다.

⑤ 벽은 수평으로 부어넣는다. 1.5~1.8m내의 간격으로 부어넣는 곳을 되도록 작은 간격으로 잡아 균등하게 조금씩 부어 넣는다. 거푸집 내부가 좁아서 다지기가 어려울 때는 30~60cm 정도의 높이마다 충분이 다진다.

⑥ 보는 양단에서 중앙을 향해 부어넣고 바닥은 먼 곳으로부터 부어넣어 수평이 되도록 한다.

⑦ 기둥과 보가 접촉되는 부분은 기둥에 부어 넣은 콘크리트가 충분히 안정된 다음에 보·바닥을 함께 부어 넣어 일체가 되도록 한다.

⑧ 계단부분의 콘크리트는 하부의 단부터 상단으로 올라가며 부어넣어야 한다.

⑨ 설계도서에 콘크리트의 배합에서 타설을 종료하는 시간의 한도를 지정한 경우에는 이에 따르지만, 지정이 없는 경우에는 시간의 한도 내에 타설을 종료할 수 있도록 레미콘 생산업체와 협의하여 운반시간의 한도를 정하는 것이 바람직하다.
콘크리트는 출하 후 1.5시간 이내에 공사지점에 배출할 수 있도록 운반한다.

⑩ 부어넣기의 속도는 30분에 1~1.5m 정도로 한다.

⑪ 1회 부어넣는 높이는 60cm를 표준으로 하고 봉형 진동기를 사용하는 경우는 진동부위 길이를 넘어서는 안 된다.

⑫ 방수층이 시공되는 평지붕 옥상층 슬래브는 중앙부를 5cm 높게 하여 구체 구배를 잡는다. 이때, 레벨조정이 가능한 스페이서를 3m마다 1개소씩 설치하여 정밀한 구배로 시공되도록 한다.

⑬ 복도난간, 발코니턱, 지붕 Parapet 등은 바닥과 일체가 되도록 동시에 부어넣어야 한다.

KS F 4009	콘크리트 표준시방서		건축공사 표준시방서		
			기 온	등급 1종 (보통 포틀랜드시멘트)	등급 2종 (중용열시멘트)
90분	기온 25℃ 초과	90분	기온 25℃ 초과	60분	70분
	기온 25℃ 이하	120분	기온 25℃ 이하	90분	120

그림 9-14 콘크리트 끊어치기

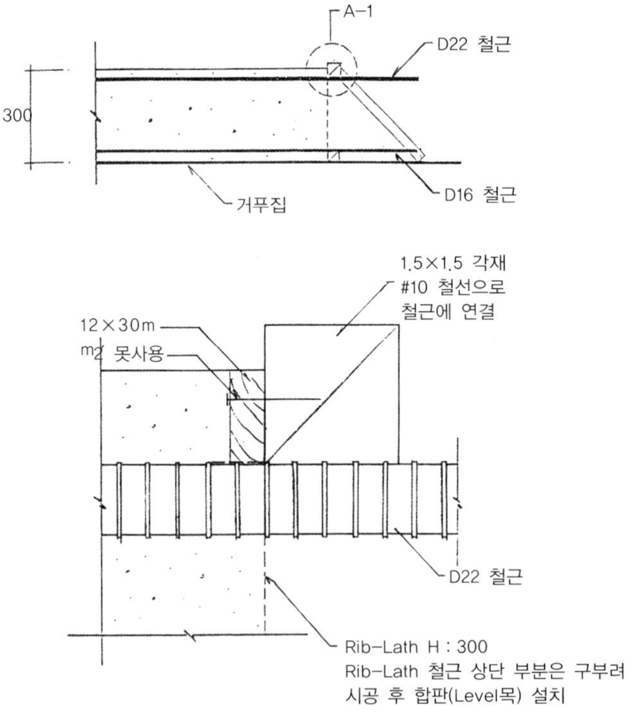

그림 9-15 Slab 끊어치기 상세

3) 면목 · 수절목의 설치

① 면목(줄눈) : 보 · Slab 기둥 등 마감없이 노출되는 Con'c의 모서리 및 타설이음의 줄눈 유도용

② 수절목(물끊기) : 보 · Slab의 돌출부위(Cantilever 등)로 빗물이 타고 들어가는 곳

※ Balcony와 같은 Cantilever는 면목과 수절목을 일체로 시공하여 마감을 깨끗하게 한다.

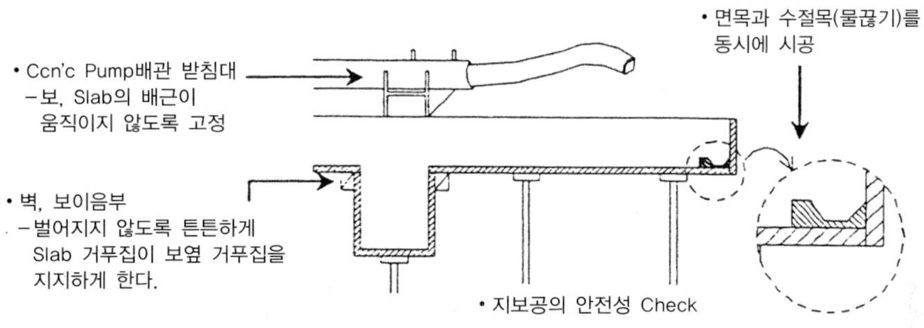

그림 9-16 면목, 수절목 설치

4) 슬래브 설치 주의사항

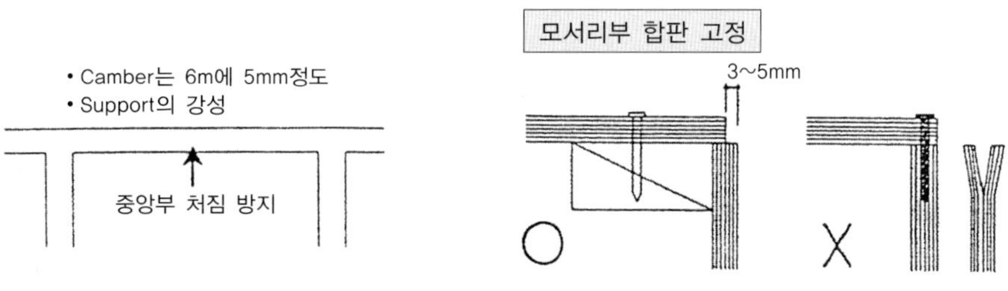

그림 9-17 슬래브 설치

5) 현장시험(도착시)

(1) 슬럼프의 허용차(KS F 4009)

슬럼프(cm)	슬럼프의 허용오차(cm)
2.5	±1.0
5 및 6.5	±1.5
8 이상 18 이하	±2.5
21	±3.0

(2) 공기량의 허용차(KS F 4009)

종 류	공기량(%)	공기량의 허용차(%)
보통콘크리트	4.5	±1.5
경량콘크리트	5.0	

(3) 염분의 허용차(KS F 4009)

레디믹스트 콘크리트의 염화물 함유량은 배출지점에서 염소이온(Cl^-)량으로서 0.30kg/m³ 이하이어야 한다. 다만, 구입자의 승인을 얻은 경우에는 0.60kg/m³ 이하로 할 수 있다.

6) 시공환경조건

① 일평균 기온이 4℃ 이하가 예상될 경우는 한중콘크리트로 시공한다.

② 일평균 기온이 25℃ 이상으로 예상될 경우 또는 일 최고온도가 30℃를 초과하는 경우는 서중콘크리트로 시공한다.

9.4.12 콘크리트 이어붓기

1) 이어붓기 방법

① 콘크리트를 부어 넣다가 3시간 이상 중단한 뒤 시간 간격을 두고 다시 부어넣기 하는 것을 이어붓기라 한다. 콘크리트 구조물의 이음자리는 강도상 약할 뿐만 아니라 방수층의 누수와 마무리재 균열 등의 원인이 되므로 이어붓기에 무리가 없는 곳을 선정하여 실시하여야 한다. 그러나 대규모 공사에서는 불가능한 일이므로 1일 작업구획을 예정하고 그 구획 내에서는 이음이 생기지 않도록 계속해서 부어야 한다.

콘크리트를 이어치는 경우는 미리 표면의 레이턴스를 제거하여 면을 골라 둔 후, 그 위에 미리 수습시키고 콘크리트를 타설한 후 다짐을 충분히 행한다.

Metal Lath 사용 : 녹 및 곰보방지를 위해 Metal Lath의 피복두께를 유지한다.

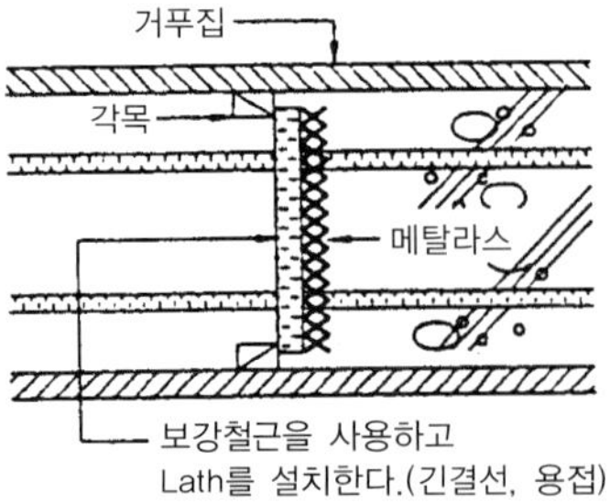

그림 9-18 벽

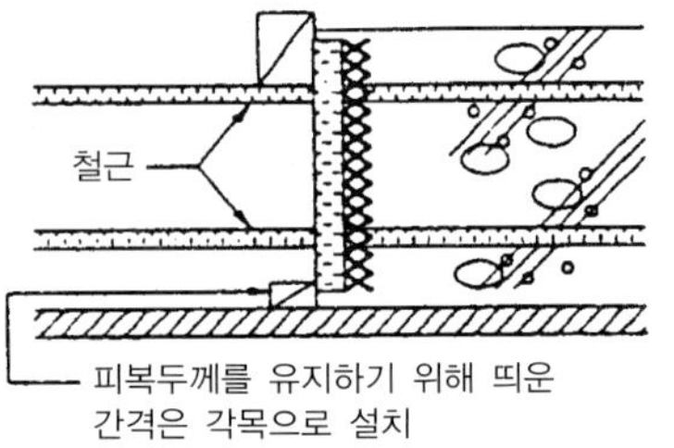

그림 9-19 SLAB, 보

② 콘크리트의 타설이음부는 균열이 발생하기 쉽고, 누수 또는 철근에 녹이 발생할 수 있으며, 구조내력 또는 내구성을 저하시킬 수 있다. 벽체 · 보 및 슬래브 등에는 가능하면 수직이음부를 설치하지 않도록 한다.

③ 레미콘 수급상 부득이 이어져야 할 경우가 예상될 때는 공급량을 미리 파악하여 전단력 이 가장 적은 곳에서 이음이 되도록 사전 조치한다. 이음위치는 단면이 작은 곳에 두어 이어붓기 면을 짧게 하고 응력에 직각방향으로 수직 또는 수평으로 한다.

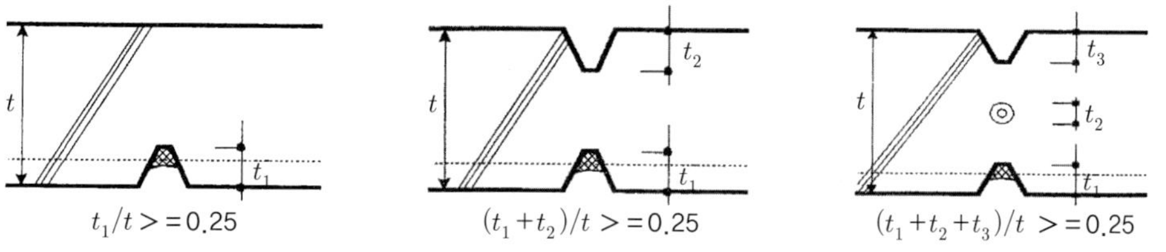

그림 9-20 균열유도줄눈

2) 이어붓기 이음위치

콘크리트의 이어치기는 원칙적으로 전단력이 적은 곳에서 한다. 즉 슬래브 · 보는 스팬의 중앙 또는 단부의 1/4 부분에서 이어치기를 하고, 기둥 · 기초는 슬래브의 상단에서 이어치고, 캔틸레버보는 이어치기를 하지 않고 한 번에 타설한다.

이음위치	내 용
① 보, 바닥판	스팬(Span)의 중앙부근에서 수직으로 이음을 한다.
② 캔틸레버(Cantilever)	내민보나 바닥판은 이어붓지 않는다.
③ 기둥	바닥판, 연결보, 또는 기초상단에서 수평으로 한다.
④ 바닥판	바닥판의 중앙에 작은 보가 있을 때에는 중앙보에서 작은보 너비의 2배 정도 떨어진 곳에 둔다.
⑤ 벽	벽은 개구부 등 끊기 좋고, 이음자리 막기와 떼어내기에 편리한 곳에 수직 또는 수평으로 한다.
⑥ 아치	아치축에 직각으로 이음을 한다.

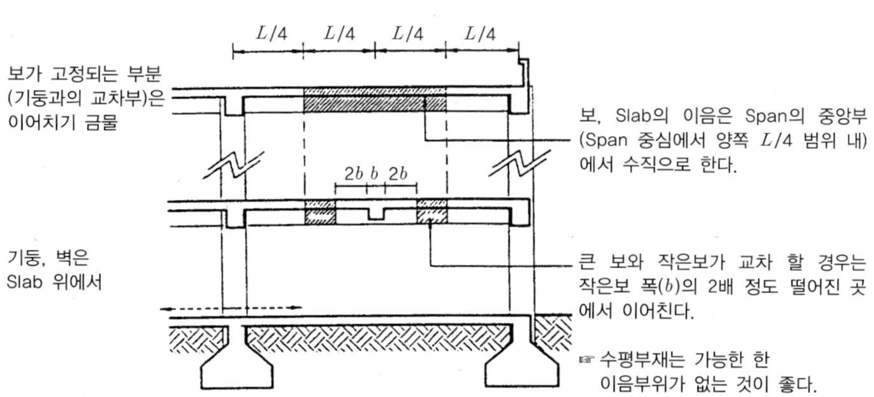

3) 이음자리의 처리

① 이음자리는 밀실하게 막아 콘크리트가 흘러내리거나 새지 않게 한다.

② 이어붓기할 부위의 콘크리트 표면에 레이턴스(Laitance)나 물이 고이지 않게 한다.

③ 전날 부어넣은 콘크리트의 불량 부분은 떼어내고 와이어브러시(Wire Brush) 또는 고압수 등으로 레이턴스, 품질이 나쁜 콘크리트, 접착이 안 된 골재알 등을 제거한다. 콘크리트 경화가 진행된 경우(재령 2~3일 이상)에는 쇠끝 등으로 이음면 표층을 거칠게 한 후 깨끗한 물로 청소한다.

④ 충분히 흡수시키고 필요시에는 시멘트 또는 부배합의 모르타르 등을 이음자리에 발라 콘크리트 접착이 잘되게 한다.

⑤ 큰 접착력으로 저항시킬 필요한 이음에는 촉 또는 홈을 두거나 철근의 양 끝에 갈고리를 내어 양쪽에 반씩 묻는다.

4) 이어붓기 시간

콘크리트의 응결시간을 연장시키거나 이어치기에 특별한 대책을 강구하지 않는 한 이어치기에 의한 콜드조인트의 발생을 방지하기 위해서는 이어치기 시간의 간격을 외기온도 25℃ 미만의 경우에는 150분 25℃ 이상의 경우에는 120분으로 해야 한다.

9.4.13 어려운 조건에서 콘크리트 타설

콘크리트 부재의 형상과 크기는 구조성능 및 콘크리트 충전성에 영향을 미친다. 콘크리트의 타설 및 다짐이 곤란한 부위는 철골보의 플랜지 하단부, 철골보와 연결된 하부의 벽체, 철근이 과밀배근 된 부재, 개구부, 매립 Box, 파라페트, 구배가 있는 부재, 단면형상이 복잡한 부재 등이며, 이러한 부위는 사전에 상세한 시공도를 검토하여 콘크리트의 요구품질을 확정하도록 해야 한다. 다음과 같은 조건하에서는 콘크리트 타설이 어렵기 때문에 특히 주의를 요한다.

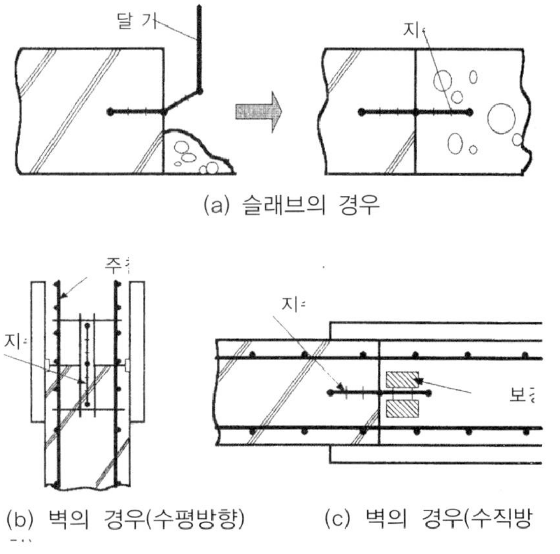

그림 9-21 지수판 주위의 콘크리트치기 방법

1) 타설 높이가 높은 부재

높은 곳에서 낙하시키면 철근에 의한 스크린(Screen) 현상으로 하니콤 또는 곰보가 발생하기 쉽다. 이를 방지하기 위해서는 긴 플렉시블 호스(Flexible Hose)를 사용하여 자유낙하높이를 작게 하거나, 혹은 2층으로 나누어 이틀에 걸쳐 타설하는 시공계획을 적용한다.

① 자유낙하 높이란 슈트, 호스 등으로부터 콘크리트가 분리되어 떨어지는 높이로 바닥판은 1m 이하, 기둥과 옹벽은 1.5~2.0m 이하가 되도록 한다. 이것이 너무 크면 콘크리트의 분리가 일어나기 쉽다. 보통 4m 이상의 높이에서는 자유낙하로 인한 골재분리가 일어난다고 보이며 낙하도중 철근 및 배관에 의해 골재분리가 심해지는 경우도 있으므로 자유낙하 높이를 적게 하는 방법을 강구하여야 한다.

② 콘크리트가 형틀안에서 세로방향으로 흐르면 골재분리가 일어나기 쉽기 때문에 될 수 있는 한 목적지에 가깝게 타설한다. 낙하간격은 1.5m 이하를 원칙으로 한다.

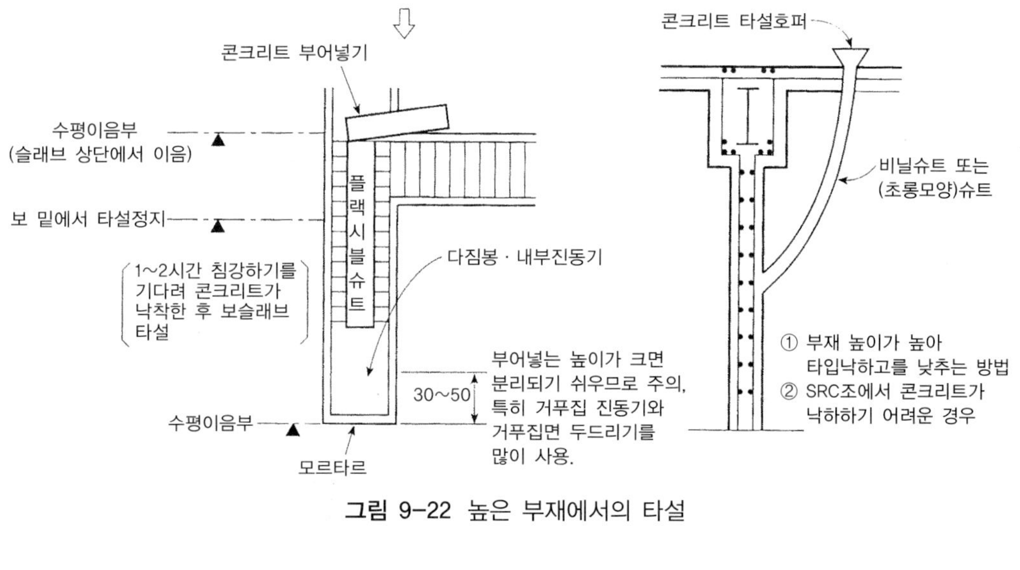

그림 9-22 높은 부재에서의 타설

2) 벽 두께가 얇을 때

진동기의 삽입이 용이하지 않아 충전불량 개소가 발생하기 쉽다. 이러한 경우에는 거푸집 진동기, 나무망치 등으로 다짐을 실시하여 충전을 확인한 후에 시공을 진행한다.

3) 연속하여 긴 벽체

콘크리트를 낙하시키는 간격이 너무 크면 재료 분리 또는 콜드 조인트가 생기기 쉽다. 이러한 경우에는 그림 9-23과 같이 콘크리트 배출구의 간격을 작게 하여 콘크리트의 중첩시간을 관리하고, 신 · 구 콘크리트를 혼합시키도록 진동기를 삽입한다.

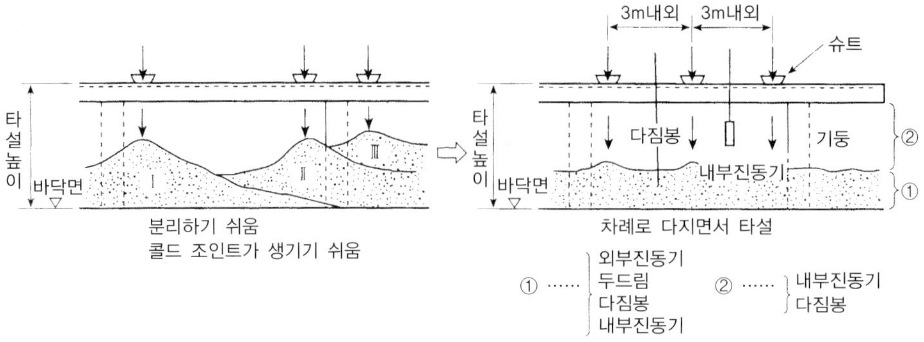

그림 9-23 긴 벽체에서의 타설

4) 벽에 연결된 계단 및 기둥

콘크리트가 횡류하여 분리가 발생하기 쉽다. 벽에 연결된 계단에서는 측벽에서 흘려 넣지 않도록 하고 시간이 걸리더라도 하부에서부터 타설하여 1단 간격으로 디딤판 면에 덮개를 덮어 두는 것이 좋다. 벽과 연결된 기둥은 치어붓는 속도를 너무 크게 하지 않고 주변의 벽에도 콘크리트가 충전된 후에 다음을 타설해 올라간다.

5) 철골 플랜지의 하단

플랜지의 양단에서 콘크리트가 유입되면, 플랜지 하단에 공동부가 생기기 쉽다. 타설초기의 콘크리트의 투입은 플랜지 측부터 타설하여 기포를 용이하게 제거하도록 한다.

6) 개구부 하단

상기(5)항과 동일한 이유로 공동이 생기기 쉽다. 따라서 개구부 하단의 거푸집에 구멍을 뚫어 직접 타설한다.

7) 경사 벽면

경사진 벽면은 진동기를 삽입하기 어렵고, 또 다짐에 의해 발생한 기포가 거푸집면에 막혀 제거되기 어렵다. 그래서 상부측의 거푸집은 타설하면서 차례로 세운다.

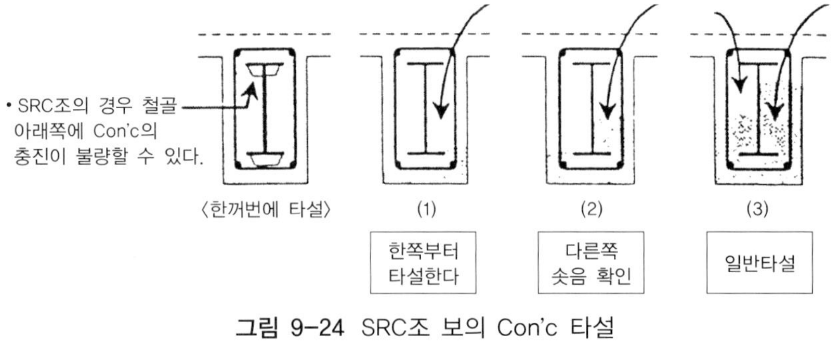

그림 9-24 SRC조 보의 Con'c 타설

9.4.14 콘크리트 다짐

1) 목적

① 수밀한 콘크리트 확보
② 공극을 제거하여 밀실한 콘크리트 확보
③ 소요강도 확보
④ 재료분리 및 Honey Comb 방지

2) 종류

진동기 종류에는 봉상(꽂이식)진동기, 거푸집 진동기, 표면진동기 등이 있으나 건축공사에서는 주로 꽂이식 진동기(내부진동기, 봉상진동기)와 거푸집 진동기를 사용한다.

(1) 내부 진동기 종류

종 류	내 용
① 바 진동기(Bar Vibrator)	중량의 된반죽
② 플렉시블 진동기(Flexible Vibrator)	소량의 진반죽
③ 바이브로 도저(Vibro Dozer)	대량의 진반죽

(2) 거푸집진동기 종류

종 류	내 용
① 폼진동기(Form Vibrator)	복잡한 거푸집, 진반죽
② 바이브레이팅 롤러(Vibrating Roller)	얇은 두께 콘크리트, 아주 된반죽
③ 바이브레이팅 테이블(Vibrating Table)	공장제품

3) 진동기 사용시 주의사항

(1) 외부진동기 사용 방법

사용법	내 용	
① 표면진동기	• 구성	• 진동세기가 비교적 적은 3000~4500rpm이고 진폭이 큰 진동판(Vibrating Pan)이나 스크리드(Screed)로 되어 있음
	• 사용 장소	• 콘크리트 슬래브나 바닥포장과 같이 두께가 얇아서 내부 진동기를 사용할 수 없을 때 표면에서 진동을 주어 다짐 • 내부 진동기를 사용할 수 없는 단면이 얇은 구조물 • 철근 및 매설물이 너무 조밀하게 배치되어 있는 구조물
	• 성능	• 표면 진동기는 성능에 따라 표면에서 약 20cm까지는 진동이 전달되지만 두꺼운 포장이나 슬래브에서는 내부 진동기가 병행하여 사용한다.

사용법	내 용
② 사용방법	• 거푸집에 외부진동기를 부착하여 콘크리트를 다진다. • 거푸집에 붙여 진동 시에 너무 한곳에서 오래 진동시켜서는 안 된다. • 철근이 조밀할 경우 철근을 진동시켜서 다지는 것은 금지 • 콘크리트가 주입되고 있는 바로 아래 지점에 부착하여 사용함 단, 콘크리트가 채워지지 않은 부분에 부착시켜서는 안 된다 • 매립형 철망거푸집인 경우 진동기의 삽입시간은 3~5초 전후로 하고 한번 삽입한 부분에는 다시 삽입하지 말아야 하며, 보나 벽의 경우는 중앙 부위에, 기초 등의 경우는 철망으로부터 50cm 이상 떨어져서 사용하여야 한다. • 슬래브 등의 콘크리트는 부어넣은 후 흐트러지지 않도록 하고 침하균열 방지를 위하여 Form 바이브레이터 등으로 탬핑한 후 표면수의 상태를 보아가며 나무흙손으로 누른다. 이때 고름대 또는 Laser Leveler 등을 이용하여 평탄하고 일정한 두께를 유지하여야 한다.
③ 다짐시간	• 거푸집 진동기에 의한 다짐은 부재의 두께, 형상, 거푸집의 강성, 콘크리트의 타설 방법 등에 따라 다르지만, 슬럼프가 18cm 정도인 경우에는 1~3분을 표준으로 한다.

(2) 내부진동기 사용 방법

진동기 사용법	내 용
① 진동다짐 방법	• 슬럼프 15cm 이하의 된비빔 콘크리트에 사용함을 원칙 • 묽은 비빔 콘크리트에는 재료분리 발생의 우려가 있으므로 사용하지 않는 것이 좋다. • 진동에 의해 블리딩수가 과도하게 떠오를 경우에는 진동량(다짐간격, 시간)을 줄이는 것보다 슬럼프를 줄이도록 배합을 조정한다. • 진동기의 선단은 먼저 타설 된 콘크리트 층에 약 10cm 깊이까지 도달하도록 하여 Cold Joint를 방지해야 한다. • 진동기를 철근, 철골에 직접 접촉시키지 않고 진동에 의해 철근 고임재, 철근 간격재 등이 이탈되지 않도록 한다.
② 진동시간	• 보통 30~40초가 적당(최소 15초, 된비빔이라도 최대 1분 정도)
③ 1대 작업량	• 1일 콘크리트 작업량 20㎥ 정도 마다 1대이다. • 고장대비 3대에 1대로 예비진동기를 준비한다.
④ 다짐정도	• 다지기가 과도하면 블리딩(Bleeding)이 생겨 콘크리트의 품질이 저하된다. • 비빔콘크리트에서의 강도 · 수밀성 · 내구성은 다지기 방법 및 정도에 따라 영향이 크다.
⑤ 진동기 길이	• 봉형진동기의 길이가 일반적으로 60~80cm 정도이기 때문에 콘크리트의 한층 타설 높이는 그 이하로 해야 한다.
⑥ 진동기 선정	• 콘크리트의 다지기에는 내부진동기를 사용하는 것을 원칙으로 하고 얇은 벽 등 내부진동기의 사용이 곤란한 장소에서는 거푸집 진동기를 사용하여도 좋다.
⑦ 재진동	• 재진동을 할 경우에는 콘크리트에 나쁜 영향이 생기지 않도록 초결이 일어나기 전에 실시한다.
⑧ 사용간격	• 60cm 간격으로 수직방향 10cm 정도 아래층 콘크리트에 찔러 넣어야 한다.

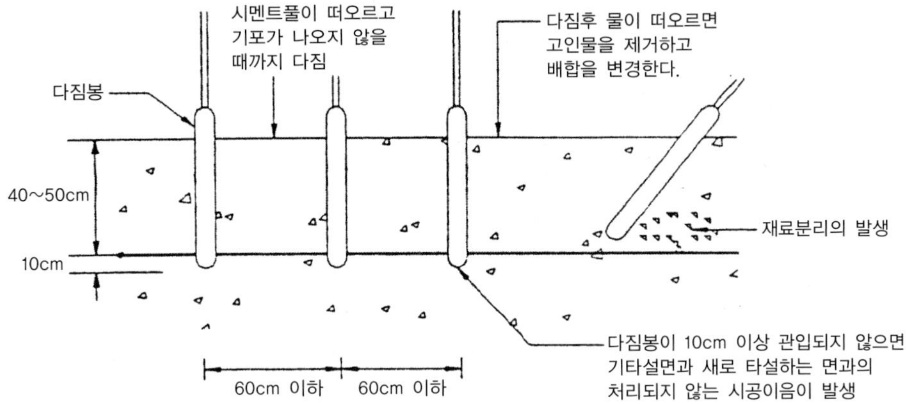

그림 9-25 봉 진동기 사용법

9.4.15 블리딩현상

1) 개요

① 콘크리트 타설 후 물과 미세한 물질(석고, 불순물 등) 등은 상승하고, 무거운 골재나 Cement 등은 침하하게 되는 현상을 Bleeding이라 한다.

② Bleeding현상은 일종의 재료분리 현상으로서 Laitance 및 water gain 현상을 유발시켜 콘크리트의 품질을 저하시키는 원인이 된다.

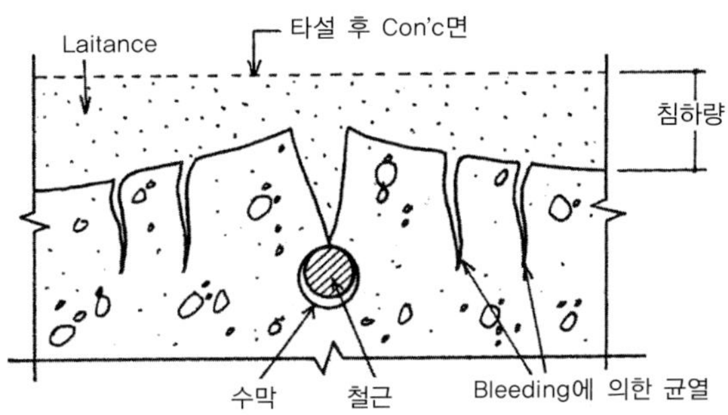

그림 9-26 Bleeding 현상

2) Bleeding에 의한 피해

① 철근과 Con'c의 부착강도 저하

② Con'c의 수밀성 저하

③ Slump 및 강도 저하

④ Con'c의 이방성(異方性)의 원인

3) Bleeding 증가 원인

(1) 재료	① 굵은골재 최대치수가 클수록	Bleeding이 많아진다.
	② 분말도가 낮은 Cement의 사용할수록	
	③ 쇄석 Con'c는 일반 Con'c에 비해	
(2) 배합	① 단위수량 · 다짐 · 부재의 단면치수 등이 클수록	Bleeding이 많아진다.
	② 물 · 시멘트비가 클수록	
	③ 반죽질기가 클수록	
(3) 시공	① 타설 높이가 클수록	Bleeding이 많아진다.
	② 타설 속도가 빠를수록 많아진다.	

4) Bleeding 방지대책

(1) 재료	① 시멘트 분말도가 높은 Cement
	② 응결시간이 빠른 초속경 Cement를 사용하여 Bleeding을 적게한다.
(2) 배합	① 단위수량이 적은 된비빔의 Con'c를 사용함
	② 적당한 혼화제(A.E제, A.E감수제 등)를 사용함
	③ 단위 시멘트 수량을 크게 하여 사용함
	④ 굵은골재의 치수는 작게 하여 사용할 것
	⑤ 굵은골재는 쇄석보다 강자갈을 사용함
(3) 시공	① 1회 타설 높이를 작게 하고, 과도한 다짐은 방지할 것
	② 타설속도를 느리게 한다.
	③ 기온이 높은 날 타설한다.(수화속도가 빨라짐)

9.4.16 레이턴스현상

1) 개요

Bleeding에 상승된 물과 미세한 물질 중 물은 증발해버리고 남은 미세한 물질인 찌꺼기를 Laitance라 한다.

2) Laitance에 의한 피해

① 이어치기 부분의 부착강도 저하

② Con'c 구조체의 내구성 저하

③ Cold Joint 발생

④ 철근의 부식

⑤ 중성화 요인

⑥ 방수공사 하자 발생

3) 레이턴스 제거

상부의 연직하중을 받은 기둥과 Wall의 수평 Joint의 레이턴스를 제거함으로써 신, 구 콘크리트의 부착력 향상

① 적용부위 : 기둥 상부면, Wall 상부면

② 제거방법

㉠ 타설 후 16~24시간 이내 : Water Jet(고압살수기)을 이용한 고압 살수

㉡ 타설 후 24시간 이후 : Breaker를 이용한 제거(고강도 콘크리트의 강도 발현으로 Water Jet으로는 레이턴스 제거 안 됨)

㉢ 숏브라스트를 이용하여 연삭작업으로 제거

그림 9-27 Water Jet

그림 9-28 고압살수 레이턴스 제거

그림 9-29 Breaker 레이턴스 제거

4) 레이턴스 방지대책

① 분말도가 적은 시멘트 사용

② 골재는 입도, 입형이 고르고 불순물이 함유되지 않은 골재 사용

③ AE제, AE 감수제, 고성능 감수제 등을 사용한다.

④ 잔골재 비율을 작게 하여 단위수량을 감소

⑤ 물시멘트비를 적게 한다.

⑥ 콘크리트 타설 높이는 낮게(1m 이하)한다.

9.4.17 철근과 콘크리트 부착강도

1) 개요

철근과 콘크리트의 부착강도는 콘크리트의 접착강도, 지압강도, 사인장강도 등 콘크리트 강도에 영향을 받는다. 부착강도에 영향을 미치는 인자는 철근 표면 근처의 콘크리트 강도에 영향을 주는 요인과 같다.

2) 철근과 콘크리트의 부착강도에 영향을 미치는 요인

항 목	내 용
강도	철근의 항복강도와 콘크리트 압축강도
마찰력	철근의 직경과 부착길이
이형철근	이형철근의 형상(마디, 리브)
피복두께	피복두께와 철근의 위치
구조적 작용	부재 단면에서 휨모멘트, 전단력, 축력 등 상호작용

3) 부착강도에 영향을 주는 요인

항 목	내 용	
증가요인	콘크리트 강도	강도가 클수록 부착강도는 증가
	철근의 직경	동일 철근단면적에서 가는 철근 수량이 많을수록 증가
	철근형태	동일크기 철근에서 원형철근보다 이형철근이 부착력증가
	철근배치	수직철근이 수평철근보다 부착력이 증가
	진동다짐	진동다짐의 경우 부착강도 증가
	물시멘트비	물시멘트비가 작을수록 부착강도 증가
	피복두께	피복두께가 두꺼울수록
감소요인	부식	철근 부식이 2% 이상이면 부착력 저하

4) 철근과 콘크리트 부착강도를 추정할 수 있는 시험의 종류

항 목	내 용
코아 채취법	압축강도 시험, 중성화 시험
비파괴 시험	반발경도법, 방사선 투과법, 초음파 담상법, 진동법
인발법	시편을 제작하여 경화 이후 인발
철근탐사법	철근 배근상태 조사, 철근의 부식상태를 조사
구조적 작용	부재 단면에서 휨모멘트, 전단력, 축력 등 상호작용

9.5 굳지 않은 콘크리트의 성질

좋은 콘크리트란 필요한 강도를 발휘하며 수축률은 작고 수밀성과 내구성이 높고 내용연수가 긴 콘크리트를 말한다.

9.5.1 콘크리트의 경화과정

1) 시멘트와 물의 접촉이 극히 초기의 단계에서는 C_3A (칼슘알루미네이트)가 침상의 수화물인 에트린가이트를 발달시킨다.
2) 물을 넣어서 30분 후에는 수화반응에 의한 주성분이 입자로 되고 입자표면을 얇게 덮어서 수화반응을 방해하기 때문에 잠시는 시멘트페이스트 유동성 결국 슬럼프값이 보전된다. 수화반응은 시멘트입자의 표면으로부터 시작되고 내부에도 진행되지만 결국 각종의 수화생성물과 결합하여 화학적 결합력과 분자간 인력 등으로 강도를 발휘해 가는 것으로 생각된다.
3) 물을 넣어서 6~8시간 경과하면 허응결(False Setting)이 진행함에 따라 시멘트겔이라고 하는 작은 결정이 서로 결합하여 빈틈없이 단단한 망상구조물을 만든다. 보통 8시간 후에는 입자 사이는 거의 메워지게 된다.
4) 아직 수화하지 못하고 남겨진 입자는 계속 수화하여 강도를 발휘하기 위해서는 물이 필요하다. 테스트 피스(Test Piece)의 탈형 후에 수중양생하는 것이나, 현장에서 콘크리트 타설 후에 살수양생하는 것도 이 때문이다.
5) 7일 후, 28일 후에도 결합의 상태는 점점 치밀하게 되어 60일 후에는 바위와 같은 경화콘크리트가 된다. 콘크리트와 물과의 관계에서 알아둘 것은 생콘크리트를 만들 때는 가능한 물을 적게 사용하고 일단 타설한 후 경화하기 시작하면 가능한 물을 많이 주는 것이다.
6) 콘크리트의 최대건조수축율은 6×10^{-4}로 정하고 있다. 건조수축 균열은 콘크리트의 품질뿐만 아니라 건축물의 형상 및 구속도에 따라 다르다. 건축물의 형상에 따라 신축이음을 설치하고, 그 부분을 충진 한다.
7) 용어설명
   ① Workability(시공연도) : 묽기의 정도 및 재료분리에 저항하는 정도 등 복합적 의미에서의 시공의 난이 정도
   ② Consistency(반죽질기) : 단위수량의 다소에 따르는 혼합물의 묽기의 정도
   ③ Plasticity(성형성) : 구조체에 타설된 콘크리트가 거푸집에 잘 채워질 수 있는지의 난이정도
   ④ Finishability(마감성) : 도로포장 등에서 골재의 최대치 수에 따르는 표면정리의 난이정도
   ⑤ Pumpability(압송성) : 펌프에서 콘크리트가 잘 밀려나가는지의 난이정도

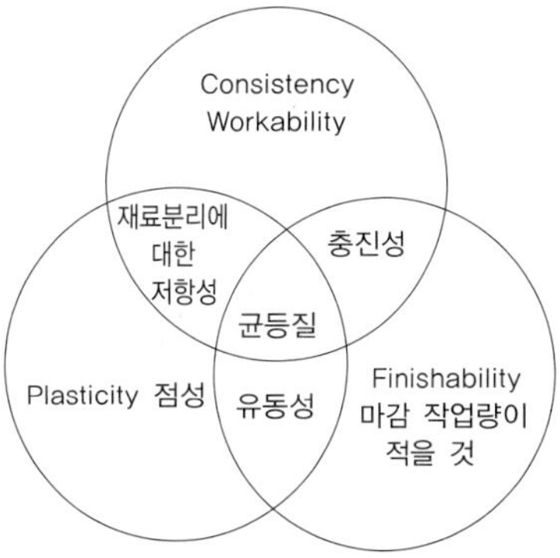

⑥ Compactability : 다짐이 용이성을 나타냄

⑦ Mobility : 점성, 응집력 등에 대한 유동의 용이성을 나타냄

⑧ Viscosity : 마찰저항(전단응력)이 일어나는 찰진 성질을 말함

9.5.2 워커빌리티 및 반죽질기

1) Workability

균일하고 밀실한 콘크리트를 치기 위해서는 그 콘크리트가 운반으로부터 부어넣기 후까지의 시공 공정에 있어서 재료의 분리를 발생하지 않고 시공법에 따른 적당한 연도를 갖지 않으면 안 된다. 이 작업성에 관련한 콘크리트의 성질을 워커빌리티라 한다.

판단의 기준은 대상으로 하는 구조물의 종류, 단면형상, 치수, 배근상태, 시공방법에 따라 다르고, 큰 단면부재에서 배근이 적은 개소에 부어넣는 경우와 단면이 작고 밀실하게 배근되어 있는 장소에 부어넣는 경우에는 동일한 콘크리트라 하더라도 워커빌리티의 양호 · 불량이 다르다.

2) 반죽질기

반죽질기는 전술한 바와 같이 일반적으로 단위수량의 다소에 의한 콘크리트의 연도를 표시하는 것으로 콘크리트의 전단저항 및 유동속도에 관계한다. 콘크리트의 반죽질기는 그 콘크리트의 워커빌리티를 나타내는 하나의 지표이나 어디까지나 일면만을 나타내는 데 불과하다는 것에 유의할 필요가 있다. 반죽질기는 보통 슬럼프시험에 의한 슬럼프 값으로 표시되며 부재의 종류에 따라 표 9-15와 같이 정해져 있다. 또한 콘크리트의 반죽질기는 대상 부재의 종류, 형상, 치수, 배근 시공방법에 따라서 선정하지만 일반적으로 작업이 가능한 범위에서 될 수 있는 한 작게 선정하는 것이 원칙이다.

콘시스턴시에 영향을 주는 요소로서는 다음의 것이 있다.

① 단위수량이 1.2% 증가하면 슬럼프는 약 1cm 증가한다.

② 공기량이 1% 증가하면 슬럼프는 약 2.0cm 증가한다.

③ 모래의 조립율이 작을수록, 잔골재율이 작을수록 슬럼프는 감소한다.

④ 온도가 10℃ 높아지면 슬럼프는 2~3cm 감소한다.

〈표 9-15〉 슬럼프의 표준범위

종 류	슬럼프(cm)	
	진동다짐이 아닌 경우	진동다짐인 경우
기둥 · 슬래브 · 보	15~18	15±25
기동 · 벽	18~22	15±25

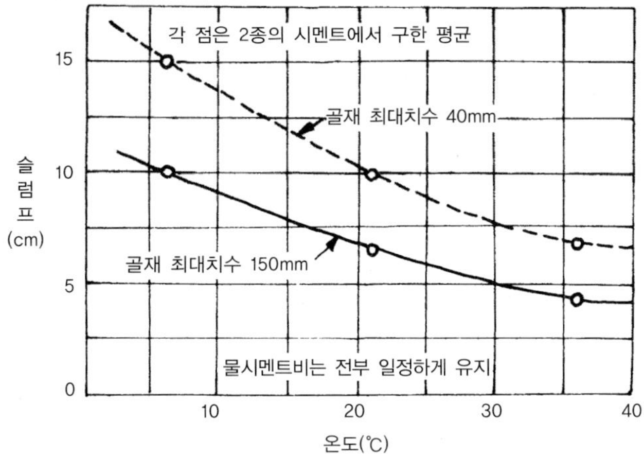

그림 9-30 콘크리트의 비빔온도와 슬럼프

3) 워커빌리티에 영향을 주는 인자

(1) 단위수량

단위수량이 많을수록 콘크리트의 반죽질기는 크게 된다. 단위수량이 약 12%(묽은비빔의 경우는 1.5%) 증가하면 슬럼프가 1cm 증가한다. 단위수량은 굵은골재의 최대치수, 골재의 입도와 입형, 혼화재료의 종류, 콘크리트의 공기량 등에 따라 다르므로 실제의 시공에 사용되는 재료를 사용하여 시험을 실시한 다음 결정한다. 일반적으로 단위수량은 185kgf/m³ 이하로 하는 것을 원칙으로 한다. 또한 AE감수제 등 혼화제를 사용하면 단위수량의 저감이 가능하다.

단위수량이 많아지면 슬럼프값이 증가하나 강도가 저하되며 건조수축이 커져서 내구성과 수밀성도 저하된다.

시멘트 수화반응에 필요한 이론적인 수량은 약 40% 정도이다.(수화반응시 시멘트와 결합하는 물의 양 25% 정도+수화물 고착 필요량 15% 정도)

(2) 단위시멘트량

단위시멘트량이 많아질수록 그 콘크리트의 플라스티시티(Plasticity)는 증가하므로 일반적으로 부배합의 경우는 빈배합의 경우보다 워커빌리티가 좋다고 할 수 있다.

(3) 시멘트의 성질

시멘트의 종류, 분말도, 풍화의 정도 등이 영향을 준다. 일반적으로 분말도가 높은 시멘트의 경우에는 시멘트페이스트의 점성이 높아지므로 반죽질기는 적게 된다.

(4) 골재의 입도 및 입형

골재중의 세립분, 특히 0.3mm 이하의 세립분은 콘크리트에 점성을 주고 플라스티시티를 좋게 한다. 그러나 세립분이 많게 되면 반죽질기가 적게되므로 골재는 큰 것으로부터 적은 것에 걸쳐 적당한 비율로 혼합되어야 좋다. 둥글둥글한 장자갈의 경우는 워커빌리티가 가장 좋고, 편형하고 세장한 입협의 골재는 분리하기 쉽고, 모진 것이나 굴곡이 큰 골재는 유동성이 나빠져 워커빌리티가 불량하게 된다. 깬자갈이나 깬모래를 사용하면 상기의 이유로 워커빌리티가 나빠지므로 잔골재율을 크게 하고, 단위수량을 크게 하여 워커빌리티를 개량할 필요가 있다.

(5) 공기량

AE제나 감수제에 의해서 콘크리트 중에 연행된 미세한 공기포는 볼베어링(Ball Bearing) 작용에 의해 콘크리트의 워커빌리티를 개선한다. 그 정도는 공기량 1%의 증가에 대하여 슬럼프가 2cm 정도 크게 되며, 슬럼프를 일정하게 하면 단위수량을 약 3% 저감할 수 있다. 공기량의 워커빌리티 개선효과는 빈배합의 경우에 현저하다.

AE제 또는 AE감수제를 이용하여 계획적으로 콘크리트 중에 균등히 분포시킨 미소한 독립 공기포를 연행공기(Entrained Air), AE제 등을 사용하지 않는 경우에도 콘크리트 중에 연행되는 공기포를 갇힌 공기(Entrapped Air)라 한다. 연행공기는 콘크리트의 비빔시 AE제 등의 계면활성작용에 의해 콘크리트 중에 발생하는(화학작용에 의해 발포하는 것이 아님) 안정된 미세기포로 그 지름은 100μ 이하의 것이 많다.

한편 갇힌 공기는 주로 잔골재와 함께 콘크리트 중에 들어온 공기가 잔골재의 공극에 감금되어 버린 비교적 큰 기포로서 AE제 등을 사용하지 않은 콘크리트에서도 그 공기량은 0.5~1.5%가 된다. 동일 워커빌리티의 콘크리트의 경우, 공기량 1% 증가에 따라 잔골재율은 0.5~1.0% 작게 할 수 있고, 동일 슬럼프의 콘크리트를 만드는 경우, 단위수량을 약 3% 작게 할 수 있다.

〈표 9-16〉 AE콘크리트 공기량의 표준값

굵은골재의 최대치수 (mm)	공기량(%)	
	심한 노출 (동절기에 결빙이 되거나, 제빙화학제가 사용되는 경우)	보통 노출 (동절기에 가끔 결빙이 되지만, 제빙화학제가 사용되지 않는 경우)
10	7.5	6.0
15	7.0	5.5
20	6.0	5.0
25	6.0	4.5
40	5.5	4.5

(6) 혼화제

전술한 AE제나 감수제는 워커빌리티의 개선을 목적으로 한 것이므로 적량의 혼입은 당연히 좋은 결과를 가져온다. 그 중에서도 감수제는 공기량에 의한 효과 이외에도 반죽질기를 증대시키는 효과가 커 양질의 것은 배합에 의해 감수율에 약간 차이가 있으나, 8~15% 정도의 단위수량을 감소시킬 수 있다. 양질의 포졸란을 사용하면 워커빌리티가 개선된다.

9.5.3 재료의 분리

1) 개요

재료의 분리는 각 구성요소의 비중이 다른 것에 기인하는 현상으로 콘크리트는 본질적으로 믹서에서 배출될 때부터 운반, 부어넣기, 다짐의 공정을 거쳐 응고할 때까지 분리하려는 성격을 가지고 있는 것이다.

재료의 분리는 콘크리트의 성질에 미치는 영향도 여러 가지가 있으나 일반적으로 분리는 시공상 장애가 되거나 경화한 콘크리트의 강도, 구조물의 미관, 내구성을 저하시킨다. 분리방지를 위해서는 배합설계, 운반, 타설, 다짐, 거푸집, 배근 등의 여러 측면에서의 배려가 필요하다.

2) 굵은골재의 분리

모르타르 부분에서 굵은골재가 분리되어 불균일하게 존재하는 상태이다. 굵은골재의 분리는 굵은골재와 모르타르의 비중차, 굵은골재와 모르타르의 유동특성 차, 굵은골재 치수와 모르타르 중의 잔골재 치수의 차 등이 원인이 되고, 이들 원인이 단독 또는 조합에 의해서 발생한다.

3) 시멘트페이스트 및 물의 분리

시멘트페이스트의 분리는 거푸집 패널의 이음, 틈새, 구멍 등을 통해 거푸집의 외부로 누출될 때에 문제가 된다. 페이스트의 누출이 생긴 콘크리트의 표면은 골재만이 남아 소위 곰보현상이라 불리우는 불량개소로 된다. 이러한 곰보현상은 표면만의 현상이고 강도에의 영향은 작지만, 타설 후 콘크리트 면에서는 미관상 문제로 된다.

물은 시멘트페이스트와 같이 거푸집 밖으로 누출되기도 하고 블리딩수로서 분리해서 콘크리트의 표면으로 떠올라 증발하여 간다. 콘크리트가 굳지 않은 상태에서 물이 빠지는 현상은 물시멘트비를 작게 한다고 하는 견지에서는 오히려 좋은 것이고, 탈수를 촉진시키는 공법으로서 진공공법, 슬리트를 설치한 절판을 사용하는 공법 및 프리캐스트패널의 제조 등에서는 프레스를 걸어 가압탈수하는 공법 등도 채용되고 있다.

4) 재료분리의 방지

분리방지상 원칙적인 주의사항을 열거하면 다음과 같다.

① 분리하기 어려운 배합으로 한다. 혼화제를 사용하여 단위수량이 적은 된비빔의 콘크리트로 하고 또한 시멘트량이 너무 적지 않도록 한다.

② 골재는 세조립(世粗粒)이 알맞게 혼합되어 입도분포가 양호한 것을 사용하고, 특히 잔 골재는 미립분이 너무 적지 않은 것을 사용한다. 굵은골재의 최대치수는 피복두께나 철근의 배근간격을 고려해 너무 크지 않도록 선택한다.

③ 거푸집은 시멘트페이스트의 누출을 방지하고 충분한 다짐작업에 견디도록 수밀성이 높고 견고한 것을 사용한다.

④ 분리를 일으킨 콘크리트를 그대로 타설하지 않는다. 분리가 확인된 것은 균일하게 다시 비벼서 타설한다.

⑤ 타설에 이르러서는 콘크리트를 부어 넣을 최종위치에 정착하도록 타설하는 것이 이상적이다. 높은 곳에서의 자유낙하, 거푸집 내에서 장거리 흘러내림, 특히 콘크리트에 횡방향 속도가 붙은 채로 거푸집 속으로 부어넣어서는 안 된다. 펌프나 슈트를 사용해서 타설할 때에는 먼저 용기에 받아 정지시킨 후 타설해야 한다.

⑥ 운반, 타설방법에 주의를 기울여도 거푸집 내를 낙하, 유동할 때에 얼마간의 분리는 피하기 곤란하다. 굵은골재의 분리는 그 정도가 경미하면 바이브레터로 충분히 다짐함으로써 균질한 콘크리트로 할 수가 있다. 그러나 과도한 진동은 더욱 분리를 일으키게 하는 경우가 있으므로 주의하지 않으면 안 된다.

9.5.4 콘크리트 양생(https://blog.naver.com/umikjoo/222636422150)

Cement의 수화반응을 촉진시키기 위한 조치로써, 알맞게 배합된 Con'c를 타설한 후 경화의 초기단계에서부터 적절한 환경을 만드는 것을 말한다.

양생의 목적은 미경화 콘크리트에서 원래 물로 채워져 있던 공간을 Cement의 수화생성물로 채워질 때까지 Con'c를 포수상태로 유지하는 것이다.

밀도가 높은 콘크리트 생산을 위한 Vibrator 준비, 양생방법 결정에 따른 양생재 준비, 콘크리트 타설 후 5일간 이상 살수하여 습윤상태 유지, 직사광선, 급격한 건조, 한기에 대한 적당한 양생을 (Sheet, 면포, 모래)하여 콘크리트 온도를 2℃ 이상 유지한다.

표준양생은 20±3℃로 유지하면서 수중 또는 습도 100%에 가까운 습윤상태에서 실시하는 양생을 말한다.

1) 보양방법(양생의 종류)

(1) 습윤양생(Wet Curing)

보양 Sheet, 거적 및 Sprinkler 등을 이용하여 습윤 상태를 유지

① 강도발현 및 균열의 최소화에 제일 좋은 방법

② 초기양생 : 24시간동안 습윤상태 유지철저, 온도저하 유의. Con'c 단면이 300mm 이하이고 온도강하율이 3℃/hr 이상 또는 28℃/day 이상일 경우에는 특히 철저히(why : 온도균열방지) 관리한다.

③ 중기양생 : 초기양생을 포함한 7일 또는 소요강도의 70% 이상일 때까지

㉠ 표면이 젖었다 말랐다 하면 균열방생 → 계속적인 살수 필요

㉡ 양생수의 온도는 Con'c의 표면의 온도보다 11℃ 이상 차갑지 않도록 한다.(why : 온도충격에 의한 온도균열 발생 방지)

㉢ 심할 때 또는 찬비가 내릴 경우는 여러 겹의 방수 Sheet를 덮어 콘크리트를 보호한다.

④ 말기이후 : 7일 경과 후

양생포의 제거 : 가습 없이 4일 경과 후 제거한다.(why : 건조수축의 영향방지)

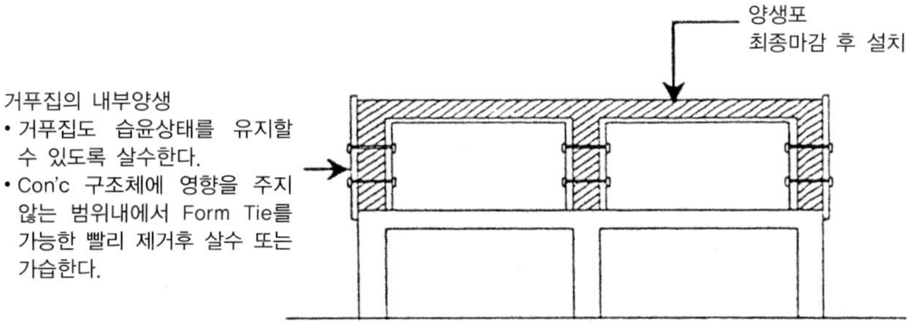

그림 9-31 보양방법

(2) 증기양생(Steam curing)

저압의 경우 4~6시간 습윤양생 후 15℃/hr로 서서히 가열하고, 70℃로 6시간 계속하여 습윤양생 한다. 고압의 경우 4~6시간 습윤양생 후 15℃/hr로 서서히 가열하여 180℃로 6시간 계속하여 습윤양생 한다. 프리캐스트 제품 생산시 많이 사용한다.

(3) 열기양생

현장에서 약식으로 Heating Air+분무기를 이용하며 15℃/hr로 서서히 가열하여 100℃ 미만으로 1~2시간 습윤양생 한다.

(4) 전기양생(Electric curing)

콘크리트에 저압(100~200V)의 교류전류를 보내어 콘크리트의 전기저항에 의하여 생기는 열을 이용하여 양생하는 방법으로 대규모 공장제품 생산시 사용한다.

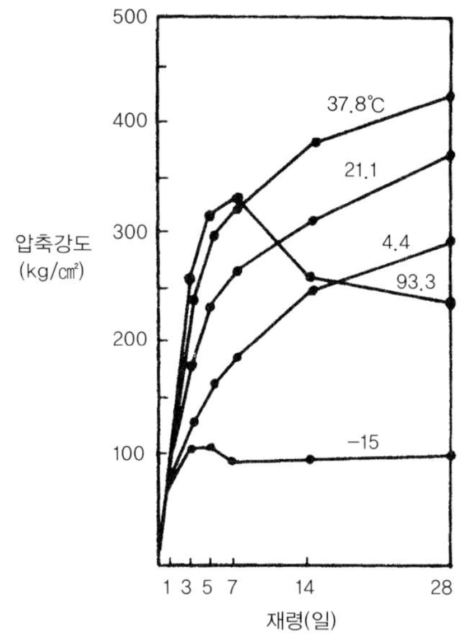

그림 9-32 양생온도와 압축강도의 관계

(5) 피막(膜)양생(Membrane Curing)

양생제를 뿜어 콘크리트 표면에 수밀한 막을 만들어 수분증발을 방지하기 위해 실시하며, 아스팔트 유제 (1m²당 1l 사용), 합성수지 파라핀 비닐 유제(0.4~0.6l 사용) 등의 양생제를 사용한다. 라이닝이나 포장콘크리트에 많이 이용한다.

① 습윤양생이 금지된 곳 또는 곤란한 곳에서 유효하다.

② 직사광선에 노출된 도로면은 햇빛 반사용 흰 색계통의 피막양생재를 사용한다.

③ 양생재

㉠ 조건 : 72시간 동안 수분감소율이 0.55kg/m² 이하인 재료사용(ASTM C309)

㉡ 시기 : 수평면－Con'c 최종 마감 후 표면의 수막이 사라진 직후 살포 수직면, 거푸집 하부면－해체 즉시 살수 후 습윤상태가 되면 살포

㉢ 방법 : 기계살포－표면과 근접된 위치에서 살포
인력살포－2회 살포 원칙, 1회 살포후 1회의 방향과 직각방향으로 살포

㉣ 살포량 : 0.2~0.25l/m²/1회

④ Con'c 이어치기면 또는 Con'c와 접착할 면, 철근 등은 양생재가 닿지 않도록 한다.

⑤ 적기에 살포하지 못하면 양생재가 콘크리트로 흡수된다.

(6) Pre-Cooling

Con'c 재료의 일부 또는 전부를 미리 냉각시켜 온도상승을 방지하게 한다.

① 통수방법(냉각속도 · 냉각기간 · 냉각순서)을 선정함.

② 찬공기에 의한 냉각방법도 있음.

③ 통수량은 보통 15l/분으로 함.

(7) Pipe-Cooling

Con'c 타설 전에 Pipe를 설치하여 냉각수를 순환시켜서 온도상승을 방지하게 한다.

① 저열용 Portland Cement를 사용하면 약 3~8℃ 정도 온도감소

② 얼음은 물량의 10~40% 정도로 함

③ 단위 시멘트량 10kg/㎥당 콘크리트 온도 1℃ 감소함

④ 콘크리트 1℃ 저하시키는데 골재온도는 5℃, 물의 온도는 4℃, Cement의 온도는 8℃를 각각 낮추어야 함

(8) 단열보온양생

단열재(보온 Sheet 등)를 이용하여 Con'c를 양생하는 방법이다

(9) 가열보온양생

온상선, 적외선, 공간가열 등을 이용하여 양생하는 방법이다.

(10) Autoclave Curing

① 고온 · 고압(대기압을 초과하는 압력)의 탱크(압력용기방식) 내에서 하는 콘크리트 양생방법이다.

② 압력용기를 Autoclave라고 하며, 압력용기와 고압증기를 이용한 양생을 Autoclave Curing이라고 한다.

2) 보양시의 주의사항

① 일광의 직사, 풍우, 상설에 대해 노출면을 보호한다.

② 콘크리트가 충분히 경화될 때까지 충격 및 하중을 가하지 않게 보호한다.

③ 상당한 온도(5℃ 이상)를 유지하여 경화를 도모하고 급격한 건조를 막을 수 있도록 한다.

④ 콘크리트의 표면을 해치지 않고 작업이 될 수 있을 정도로 경화하면 콘크리트의 노출면은 양생용 매트, 가마니 등을 적셔서 덮거나 또는 살수를 하여 습윤상태로 보호해야 한다.

⑤ 습윤상태의 보호기간은 보통포틀랜드시멘트를 사용할 경우 5일간 이상, 조강포틀랜드시멘트를 사용한 경우 3일간 이상을 표준으로 한다.

⑥ 증기양생 또는 기타 촉진양생을 할 경우는 양생 개시기간, 양생온도, 온도상승 속도 및 총 양생시간을 미리 정하여야 하며, 부어넣을 때의 콘크리트 온도, 양생 중의 콘크리트 온도와 보호막 내부온도를 기록 유지하여야 한다. 특히, 양생 중인 콘크리트의 온도와 보호막 내부온도는 자기기록온도계로 기록한다.

9.5.5 적산온도(Day-Degree), 콘크리트의 적산온도

1) 정의

콘크리트 구조체의 효율적인 강도 예측관리 기법의 하나로 콘크리트 양생기간동안 온도의

누적 값을 말한다. 즉, Con'c의 강도발현을 비빈 후부터의 경과시간(日 또는 時)과 양생온도(°D, Degree)의 곱의 적분함수 [Σ(경과시간×양생온도)]로 나타낸 것을 말한다.

양생온도가 달라져도 그 적산온도(양생기간에 있어서의 온도누적치)가 같으면 콘크리트의 강도는 비슷하다.

2) 적산온도 산정방법

$$M(\,^{\circ}\mathrm{D}\cdot\mathrm{D}) = \sum_{z=1}^{n}(\theta_z + 10)$$

여기서, M : 적산온도(°D×D), °D×일)

Z : Con'c의 재령 (일, day)

n : 구조체 필요강도를 얻기 위한 기간(일)

z : 재령일

θ_z : 재령 Z일의 콘크리트의 일평균 양생온도(°D×D, ℃×일)

단, 보온양생의 경우는 Con'c의 평균양생온도 양생을 하지 않는 경우는 일평균기온

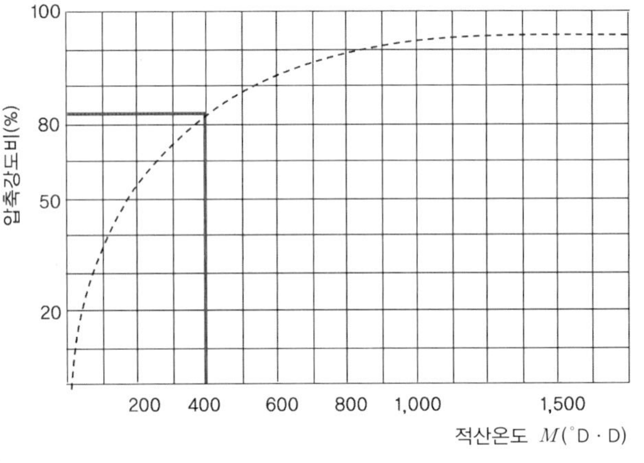

【예】 어떤 지역의 11월의 평균기온이 표와 같을 때

상 순	8.3℃
중 순	4.5℃
하 순	1.5℃

이 지역에서의 11월 3일에서 4주 동안의 적산온도 M값은?

$M = 8(8.3+10)+10(4.5+10)+10(1.5+10)$

$= 146.4+145+115 = 406.4(^{\circ}\mathrm{D}\cdot\mathrm{D})$

표에 의해, 이때의 강도는 28일 압축강도비의 82%로 추정할 수 있다.

3) 적산온도 현장 활용방안

① 초기의 Con'c 경화 정도를 평가하는 지표가 된다.

② 콘크리트 압축강도를 추정

③ 한중콘크리트 압축강도 시험 재령일 산정

④ 거푸집 존치기간 산정

⑤ IT기기 및 네트워크를 활용한 실시간 적산온도 측정 및 강도추정

4) 소요강도를 얻기 위해

① 양생온도가 낮은 경우 : 양생기간을 길게

② 양생기간이 같은 경우 : 콘크리트의 강도저하를 예측하여 부배합으로 콘크리트 배합

9.5.6 겉 마무리(Finishing : 표면처리)

겉 마무리 작업은 콘크리트 표면이 외관상 필요한 면을 갖도록 하는 작업이다. 콘크리트 표면은 노출부분에 따라 처리가 다르지만, 균일한 표면을 얻으려면 재료의 분리가 방지되어야 하고, 배합수량이 적당해야 좋은 마무리 작업이 될 수 있다. 또한, 각 배치마다 배합이 일정해야 하며, 시공이음이나 신축이음의 중간에는 콘크리트 타설을 중단하는 일 없이 연속하여 콘크리트를 타설하고, 적기에 적합한 마무리를 해야 한다.

1) 콘크리트 표면 마감방법

(1) 표면처리방법

항 목	내 용
① 갈아내기(미관, 청소)	콘크리트 바닥 양생(3~4일) 후 전동식 연석 갈아내기를 실시한다.
② 씻어내기	미관을 위하여 콘크리트 벽 거푸집 해체(3~4일) 후 와이어 브러싱(Wire Bushing)과 물을 이용하여 굵은 골재 표면 노출을 위해 실시한다.
③ 쪼아내기	접착을 위하여 콘크리트 면(시공이음)에 정과 망치를 이용하여 오래된 콘크리트와 새 콘크리트의 접착을 위해 실시한다.
④ 모래뿜기 (Sand Blasting)	미관을 위하여 오래된 콘크리트면에 건조모래+압축공기 등을 이용하여 뿜어내기를 실시하고 철강구조물은 페인트 직전에 실시한다.
⑤ 모르타르 바르기	미관을 위하여 거푸집 해체 노출면에 2~3cm의 된 모르타르를 바른다.
⑥ 모르타르 뿜기	풍화 및 침식방지, 미관을 위하여 거친 콘크리트면에 시멘트풀, 시멘트 모르타르, 시멘트 콘크리트, 숏크리트의 된반죽과 시멘트 건과 압축공기를 이용하여 표면에 쐐기 붙이기를 실시한다.
⑦ 라이닝(Lining)	침식 방지와 미관을 위해 콘크리트 면이 산, 알칼리염, 폐수, 오물, 오염가스 등으로부터 침식되지 않도록 아연도금 철판, 합성수지판, 동판 입히기를 실시한다.
⑧ 코팅(Coating)	미관, 침식 방지를 위하여 페인트, 에폭시(방식 · 방수, 침식 방지용)를 얇게 칠한다.

(2) 거푸집 마감면

일반인의 시야에 노출되는 제물치장면과, 콘크리트면 위에 추가마감이 없이 도장 또는 벽지를 직접 시공하는 면은 결함부위를 보수한 후 거푸집 이음부위나 요철, 턱짐부위 등을 연마기로 갈아내어 평활한 표면상태를 유지한다.

(3) 슬래브 상부마감

① 보통마감 : 모르타르 등이 추가로 마감시공되는 부위는 나무흙손, 밀대 등으로 자갈이 보이지 않도록 평탄하게 고름질 한다.

② 쇠흙손 마감 : 슬래브 위의 어느 방향에서도 3m 길이의 직선자에서 6mm 미만의 변동을 갖는 평탄한 면이 되도록 쇠흙손으로 마감한다.

③ 물흘림 구배 : 바닥에 드레인이 있는 경우 특기가 없으면, 드레인을 향하여 1% 경사가 되도록 마감한다.

④ 층 조인트 마감 : 층 조인트 부위(측벽 등) 슬래브면 마감시 외측으로 구배를 두어 시공한다.

9.6 경화콘크리트의 성질

9.6.1 일반적 성질

1) 응력－변형도선

콘크리트에 외력이 작용하면 그 힘의 정도에 따라 콘크리트는 변형한다. 지금 단면적이 A이고 높이가 l인 콘크리트의 공시체에 균등하게 축압력 P를 가할 때, 공시체가 축방향으로 Δl만큼 줄어든다고 가정하자. 이때 공시체에 생긴 응력도 $\sigma = P/A$와 변형도 $\varepsilon = \Delta l / l$과의 관계를 도시하면 대략 그림 9-33과 같게 된다. 이와 같은 곡선을 응력변형선도 또는 응력변형곡선이라 한다.

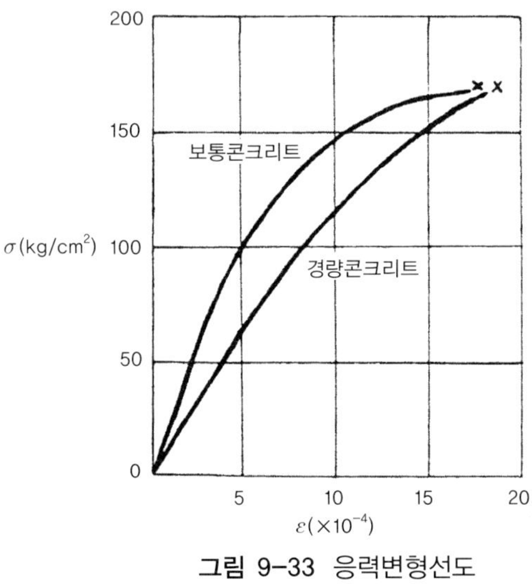

그림 9-33 응력변형선도

콘크리트의 응력변형선 도형은 콘크리트 강도, 품질 등에 따라 다르다. 일반적으로 고강도 콘크리트가 곡선 상부의 기울기가 급하고 또한 압축강도가 같으면 보통 콘크리트가 경량 콘크리트보다는 곡선 상부의 기울기가 급하다. 기울기가 급할수록 동일 응력에 있어서 변형이 적은 콘크리트이다.

2) 체적변화

콘크리트는 수분의 변화, 온도의 변화 및 하중에 의해 체적변화를 일으킨다. 그러나 보통 체적변화라 하면 수분 및 온도의 변화에 의한 것을 가리킨다.

(1) 건조수축

모르타르나 콘크리트는 흡수하면 팽창하고 건조하면 수축한다. 경화한 콘크리트의 건조수축은 초기에 급격히 진행하며 시간이 경과함에 따라 서서히 완만하게 되나, 건조에 따라 상당히 장기간에 걸쳐 계속한다. 수축량은 재령 1년에서 12년째의 수축량의 80% 정도를 나타내며 재령 1년까지의 수축량이 균열발생을 크게 지배하고 있다. 그 값은 기건상태까지 건조시켰을 경우, $4 \sim 6 \times 12^{-4}$ 정도이다.

① 단위시멘트량 및 단위수량이 클수록 커진다.

② 건조수축에 의한 콘크리트 내부에 인장응력이 발생하며, 이 값이 콘크리트의 인장강도보다 크면 균열이 발생한다.

③ 균열을 방지하기 위해서는 콘크리트의 단위수량을 적게하고 콘크리트를 충분히 습윤양생시키며 팽창제를 사용하는 등의 대책이 필요하다.

(2) 온도변화에 의한 체적변화

콘크리트의 온도에 의한 체적변화는 강도나 건조수축의 경우와는 달리 물시멘트비나 시멘트페이스트량 등의 영향은 비교적 적고, 사용골재의 암질(岩質)에 지배되는 경우가 많다.

콘크리트의 열팽창계수는 상온의 범위에서 1℃당 $7 \sim 13 \times 10^{-6}$으로 골재의 암질에 의해 석영질이 최대이고, 사암, 화강암, 현무암, 석회암의 순으로 작게 된다. 철근과 콘크리트의 상온에 있어서 열팽창계수가 대체로 동일한 것은 철근콘크리트 구조가 성립할 수 있는 중요한 조건 중의 하나이다. 일반적으로 설계에 있어서 콘크리트의 열팽창계수는 1℃당 10×10^{-6}의 값이 이용되고 있다.

3) 내화성

콘크리트는 건축구조재료 중 가장 내화성이 우수한 재료의 하나이다. 그러나 장시간 고온에 노출되면 상당한 피해를 입는다. 고온 및 가열에 따른 강도, 탄성의 저하는 현저하다. 즉 콘크리트는 고온에 닿으면 시멘트페이스트 경화체와 골재의 열팽창의 차에 의해 조직이 물러지고, 약 260℃ 이상으로 되면 시멘트페이스트 경화체 중의 결합수(結合水)가 소실되는 등으로 하여 콘크리트 강도가 점점 저하한다. 보통의 콘크리트에서는 300~350℃ 이상으로 되면 강도저하가 현저하고, 500℃에서 상온강도의 약 40% 이하로 저하한다. 탄성계수의 저하는 그 이상으로 500℃에서 상온치의 10~20%로 된다. 이와 같은 이유로 일반의 콘크리트에서 500℃ 이상으로 가열된 것을 구조재로 재사용하는 것은 아주 위험하다.

9.6.2 콘크리트의 내구성

1) 경화콘크리트의 성질

콘크리트 중의 수분은 포화수산화칼슘 용액과 약간의 수산화나트륨과 수산화칼륨을 함유하고 있으며, 이로 인해 콘크리트는 pH가 12~13인 강알칼리성이다. 이러한 환경 하에서 철근의 표면에 두께 20~60Å 정도인 수산화물로서 이루어진 얇은 산화제이철 산화피막을 이루고 있는데 이를 부동태 피막이라 한다.

철근은 부동태피막에 의해 부식작용으로부터 보호되기 때문에 철근콘크리트 구조물에서 철근의 부식은 문제가 되지 않는다. 그러나 콘크리트 중의 염화물량이 증가하게 되면 염화물 이온이 부동태피막의 취약부에 흡착하여 피막을 국부적으로 파괴하게 되는데 특히, 모래 중의 염분 함유량이 0.04% 이상이 되면 그 염분에 의해 내부 철근의 부식이 촉진되어 철근콘크리트 구조의 내구성에 상당한 문제가 발생하게 된다.

(1) 열화 메카니즘

① 콘크리트의 내구성이란 콘크리트 품질의 경시변화(經時變化)가 작아서 요구된 성능을 지속하려는 정도를 말하며, 콘크리트 배합설계를 할 때 내구성에 대한 배려가 요구된다.

② 콘크리트는 동결융해작용, 기상작용, 해수의 작용, 화학약품의 작용 등에 대해서 열화(劣化)한다.

③ 공기 중의 탄산가스에 의해 중성화가 생기며, 근래에는 골재의 부족으로 알칼리골재 반응이나 염해에 의한 조기열화의 문제가 생기고 있다.

(2) 구조물의 수명

구조물의 수명(내용연수)을 정량적으로 산정하기는 어려운 문제이다. 경제적 수명, 사회적(기능적) 수명, 물리적 수명의 개념이 있으며 기술적인 측면에서는 대부분 물리적 수명을 의미한다. 경제적 수명의 개념에서 참고로 일본법률(일본대장성령 제15호)에 규정된 것 중에서 철근콘크리트 구조물로서 건축물의 수명은 표 9-17과 같다.

〈표 9-17〉 건축물의 수명(년)

<table>
<tr><th colspan="3">구 조
용 도</th><th>철골철근콘크리트 구조
철근콘그리트 구조</th></tr>
<tr><td colspan="3">사무소, 미술관 등</td><td>66</td></tr>
<tr><td colspan="3">점포, 주택, 기숙사, 숙박업소, 학교, 체육관</td><td>60</td></tr>
<tr><td colspan="3">극장, 연수장, 영화관, 무용장</td><td>50</td></tr>
<tr><td colspan="3">병 원</td><td>47</td></tr>
<tr><td colspan="3">발전소, 변전소, 송수신소, 정차장, 차고, 격납고</td><td>45</td></tr>
<tr><td rowspan="4">공 장
(작업장 포함)
참 고</td><td colspan="2">현저한 부식성 액체 또는 기체의 직접 또는 전면적으로 받는 경우 및 냉동창고</td><td>26</td></tr>
<tr><td colspan="2">현저한 용해성이 있는 고체를 저장하는 것
현저한 증기의 영향을 집접 전면적으로 받는 것</td><td>35</td></tr>
<tr><td>기 타</td><td>창고사업의 창고</td><td>23~35</td></tr>
<tr><td></td><td>기 타</td><td>45</td></tr>
</table>

〈표 9-18〉 콘크리트 구조물의 목표내구수명(년)

구조물 등급	구조물의 사용	목표 내구수명
내구 1등급	특별히 높은 내구성이 요구되는 구조물	100
내구 2등급	일반구조물	65
내구 3등급	비교적 짧은 내구수명을 갖는 구조물	30

국내에서는 그동안 잠정적으로 콘크리트 구조물의 내구수명을 50년 정도로 평가하고 있었으나 1999년 지하철 건설본부에서 지하구조물을 대상으로 100년의 내구성 확보기간을 요구하였다. 제정작업 중인 콘크리트 표준시방서의 '내구성편'에서 일반적으로 콘크리트 구조물의 목표내구수명은 구조물이 일상적인 유지관리를 제외한 특별한 유지관리 없이 내구적 한계상태에 도달하기까지의 기간으로 정하여, 표 9-18과 같이 구조물의 내구등급에 따라 구조물의 목표내구수명을 정하였다.

2) 콘크리트의 중성화

(1) 중성화 과정

콘크리트는 다른 건축재료에 비하여 월등한 내구성, 내화성, 내진성 때문에 건축전반에 걸쳐서 넓게 사용되고 있으나 환경조건의 변화 등으로 인하여 그 성능이 충분히 발전되지 않은 체 열화가 생기는 경우가 있다.

콘크리트가 오랜 기간 동안 공기 중에 있으면 외부로부터 공기의 공극이 생겨 공극수 중의 $Ca(OH)_2$는 공기중의 CO_2와 결합하여 탄산칼슘을 생성한다. 즉

$$Ca(OH)_2 + CO_2 \rightarrow CaO_3 + H_2O$$

이 과정을 탄산화(Cabonation)라고 하며 콘크리트는 알칼리성을 잃는다. 콘크리트가 중성화 되면 콘크리트 중의 철근에 대한 방청력이 없어지므로 특히 수분이 존재하는 부분의 철재는 녹이 슨다. 철재가 녹이 슬면 녹의 체적은 약 2배 팽창하며 이 팽창압에 의하여 콘크리트 표면에 균열이 발생한다. 이 균열로부터 물과 공기의 진입이 심해져 더욱더 콘크리트 중의 철재는 녹이 슬게 된다.

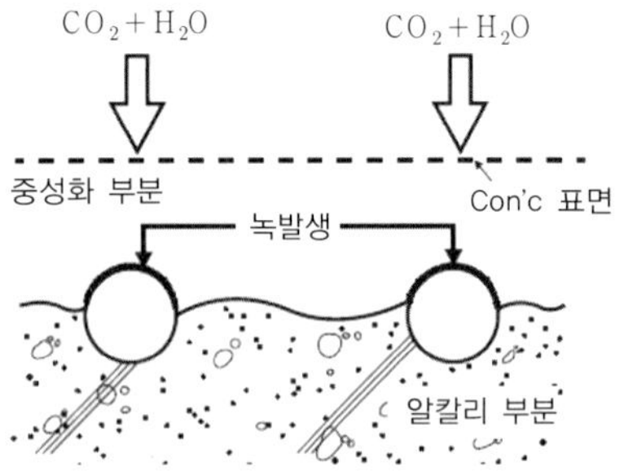

그림 9-34 중성화

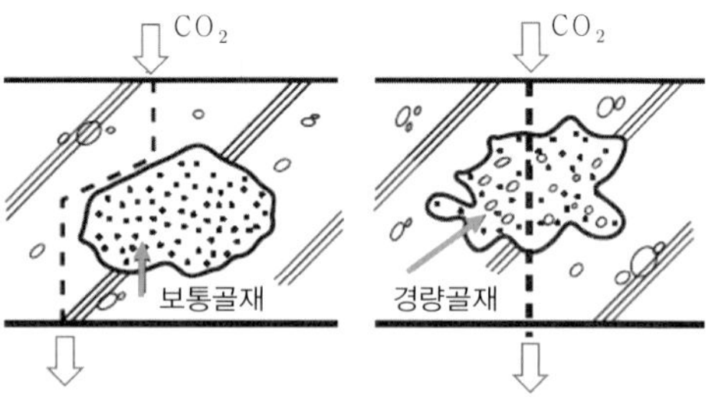

그림 9-35 보통골재와 경량골재의 중성화 비교

(2) 중성화 속도

대기 중에서 콘크리트가 중성화하는 속도는 다음과 같이 나타내고 있다.

물시멘트 비가 60% 이상일 때,

$$y = \frac{0.3(1.15 + 3\chi')}{R^2(\chi' - 0.25)^2} C^2$$

물시멘트비가 60% 이하일 때,

$$y = \frac{7.2}{R^2(4.6\chi' - 1.76)^2} C^2$$

여기서, y : c까지 중성화하는 기간(년)

χ : 중성화 깊이(cm)

R : 중성화 비율

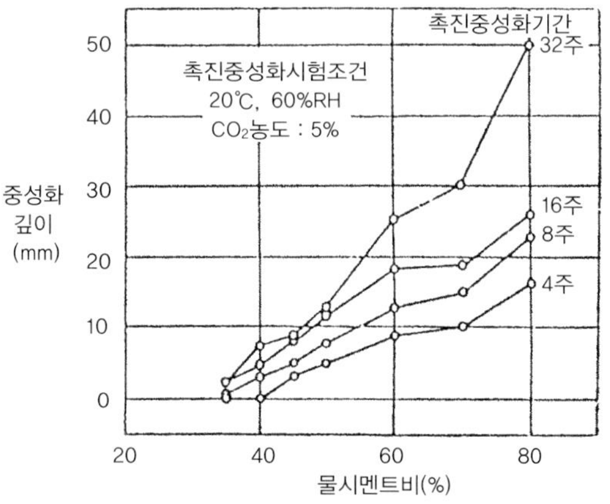

그림 9-36 물시멘트비와 중성화 깊이 (촉진시험)

철근의 피복두께까지 중성화가 진행하면 구조물이 수명에 달했다고 보고 있으며 피복두께 3cm의 경우를 생각하면 물 시멘트 60%의 경우 구조물의 내구연장은 65년 정도이다.

그림 9-37 철근 녹발생

(3) 중성화 대책

콘크리트의 중성화에 대한 대책으로서는 콘크리트의 물시멘트비를 작게하여 표면활성제를 사용한다든지 콘크리트의 피복두께를 크게 한다. 또 콘크리트의 슬럼프를 작게 하여 블리딩이 적고 장카, 곰보 등이 생기지 않도록 시공하여 균질하며 밀실한 콘크리트를 만드는 것이다.

이처럼 부식이 일단 진행하기 시작하면 부식생성물(녹)은 철보다 큰 체적을 점하므로, 이 팽창압이 콘크리트에 박리와 균열을 발생시켜, 균열이 부식을 재차 증진시키는 결과가 된다.

또 해안선 근방의 건축물도 해수 기포가 파열시에 발생하는 해수 입자가 바람에 의해 운반되어 건축물에 부착, 침수하여 철근을 부식시키는 경우가 있으며 해안선으로부터 1km 이내에는 철근을 부식시키는데 충분한 수분이 침입한다고 한다.

9.6.3 콘크리트의 내구성 향상방법

1) 내구성 향상요소

「콘크리트는 영구적이다」라는 신화는 이미 깨어졌다. 콘크리트 구조물은 산성비에 의한 피해나 공해, 동해에 의해 조기열화하게 된다. 지구환경 오염은 점점 더 심각해지고 있으며 차량 및 공장 등의 증가에 따라 탄산가스, SO, NO의 증가, PH3~4의 산성비 등에 의해 콘크리트 구조물의 열화가 촉진되고 있는 요즈음 내수성이 강한 콘크리트의 개발이 절실히 요구되고 있다.

콘크리트 타설시 슬럼프(Slump)를 크게 하면 콘크리트 표면에 부유수가 나타나고 운반, 타설, 다짐의 작업 중에 골재의 분리가 발생하며 건조수축에 따라 균열이 발생하여 결국 콘크리트의 내구성이 저하된다. 반면, 슬럼프를 적게 하면 콘크리트 타설이 곤란하고 콘크리트의 부재에 곰보자국, 공동 등을 일으켜 밀실성에 문제가 발생한다. 따라서 콘크리트 타설시 잉여수를 가능한 감소하기 위하여 AE제, 감수제, 유동화제 등 혼화제를 사용하여 유동성을 증가시키고 콘크리트의 품질을 향상시켜왔다. 그러나 이러한 방법이 콘크리트 내구성을 증대시키기 위한 근본적인 대책이 되지는 못한다.

(1) 내구성 확보를 위한 최소배합규정

- 단위 수량 : 185kg/㎥ 이하
- 단위 시멘트량 : 270kg/㎥ 이상
- 소요공기량 : 3%~5% 범위 내
- 물시멘트비 : 65% 이하

(2) 소요공기량의 목표값(%)

<table>
<tr><td rowspan="5">AE제, AE감수제를 이용하는 경우</td><td colspan="2">보통콘크리트</td><td>4.5±1.5</td></tr>
<tr><td colspan="2">경량콘크리트</td><td>5+1, 5−2</td></tr>
<tr><td rowspan="2">내구성을 중시하는 경우</td><td>보통콘크리트</td><td>4.5+1</td></tr>
<tr><td>경량콘크리트</td><td>4.5+1</td></tr>
<tr><td>수밀콘크리트</td><td>보통콘크리트</td><td>4 이하</td></tr>
<tr><td colspan="3">상기 이외의 화학혼화제를 이용하는 경우의 콘크리트</td><td>5 이하</td></tr>
</table>

(3) 물시멘트비의 최대값

시멘트의 종류	물시멘트비의 최대값(%)
포틀랜드시멘트, 고로슬래그시멘트 특급, 포틀랜드 포졸란시멘트 A종, 플라이애시시멘트 A종	65
고로슬래그시멘트 1급, 포틀랜드 포졸란시멘트 B종, 플라이애시시멘트 B종	60

콘크리트 타설시 슬럼프(Slump)를 크게 하면 콘크리트 표면에 부유수가 나타나고 운반, 타설, 다짐의 작업 중에 골재의 분리가 발생하며 건조수축에 따라 균열이 발생하여 결국 콘크리트의 내구성이 저하된다. 반면, 슬럼프를 적게 하면 콘크리트 타설이 곤란하고 콘크리트의 부재에 곰보자국, 공동 등을 일으켜 밀실성에 문제가 발생한다. 따라서 콘크리트 타설시 잉여수를 가능한 감소하기 위하여 AE제, 감수제, 유동화제 등 혼화제를 사용하여 유동성을 증가시키고 콘크리트의 품질을 향상시켜 왔다. 그러나 이러한 방법이 콘크리트 내구성을 증대시키기 위한 근본적인 대책이 되지는 못한다.

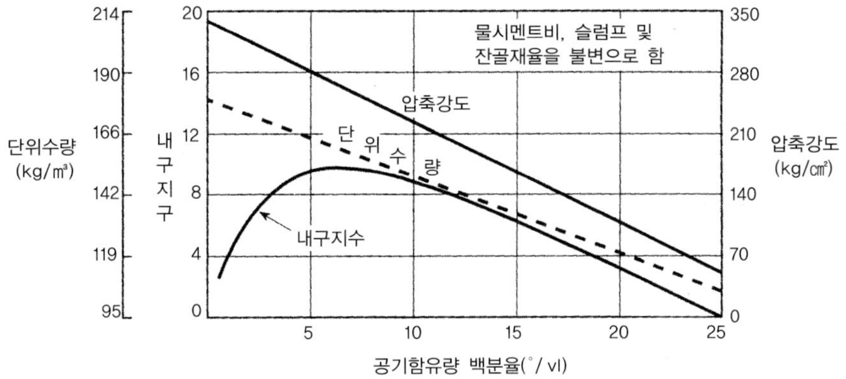

그림 9-38 콘크리트의 내구성, 압축강도 및 단위수량에 미치는 공기량의 영향

2) 공극용적(空隙容積) 저감방법

콘크리트 내부는 다수의 공극이 있어 그 공극부에 탄산가스, 염소이온 등이 침입하여 콘크리트의 중성화, 염소이온에 의한 결로의 발청으로 균열의 원인이 되지만 잉여수 및 기포의 적절한 배출로 콘크리트 표층부 및 내부가 치밀화 되면 공극의 용적이 상당히 감소하게 된다.

(1) 흡수, 투수거푸집 사용

일반적으로 콘크리트 표면은 곰보 및 골재분리, 타설이음, 크랙발생, 공기 중의 탄산가스 등에 의한 중성화, 해수에 의한 염해, 동결융해에 의한 열화 등으로 표면강도가 내부강도보다 약하다. 이러한 문제점들을 해결하기 위하여 흡수 투수거푸집을 사용한다.

이 거푸집은 폴리프로필렌제의 부직포 표면을 열처리하여(두께 약 1.2mm) 미세한 통기공, 투수공을 갖는 필름형태의 얇은 표층으로 잉여수, 기포를 거푸집의 밖으로 배출하기 위한 섬유층으로 만들어졌다. 또한 표면에는 점착제가 줄무늬(Stripe)형태로 도포되어 있기 때문에 거푸집에 부착이 용이하고, 동시에 도포되어 있지 않은 곳으로는 잉여수 및 기포를 외부로 배출시키기가 용이하도록 되어 있다.

흡수 투수거푸집을 사용함으로써 오랫동안 콘크리트 구조물의 최대과제로 대두되어 온 콘크리트의 내구성, 크랙발생, 곰보자국, 중성화, 공해, 동해 및 각종 공해로 인한 철근 부식과 콘크리트의 열화현상 등 제반문제를 해결할 수 있어 토목 및 건축공사에 널리 활용되고 있다.

(2) 흡수 투수거푸집의 사용효과

① 표면강도의 증대－피복콘크리트의 물시멘트비를 적게 하여 구조물의 내구성을 증대시킨다.

② 공극용적 감소－콘크리트 내부는 다수의 공극이 있어 그 공극부에 탄산가스, 염소

이온 등이 침입하여 콘크리트의 중성화, 염소이온에 의한 결로의 발청으로 균열의 큰 원인이 되었으나, 잉여수(剩餘水) 및 기포(氣泡)의 적절한 배출로 콘크리트 표층부 및 내부가 치밀화 되어 공극의 용적이 감소한다.

③ 중성화속도 지연－철근콘크리트 표층부의 수분을 탈수하여 밀실한 콘크리트를 형성하기 때문에 중성화 억제 및 염해방지 효과가 있고, 내구연수를 증대시킨다.

④ 동해방지－콘크리크 중의 물이 동결하면 공극중의 물이 1.09배로 팽창하여 그 팽창압에 의해 콘크리트에 균열이 발생한다. 이것을 방지하기 위해 콘크리트의 세공 공극을 적게 하여 흡수율이 적게 되면 강도는 증대한다.

9.6.4 크리프(Creep)현상

1) 정의

① 일정한 지속하중에 있는 콘크리트가 하중은 변함이 없는데도 불구하고 시간이 경과하면서 변형이 점차로 증가하는 현상을 말한다.

② Creep 변형은 탄성변형보다 크며, 지속응력의 크기가 정적 강도의 80% 이상이 되면 파괴현상이 발생하는데 이것을 Creep파괴라 한다.

2) 특징

① 같은 콘크리트에서 응력에 대한 Creep의 진행은 일정하다.

② 재하기간 3개월에 전 크리프의 50%, 1년에 약 80%가 완료된다.

③ 온도 20~80℃ 범위에서는 온도의 상승에 비례한다.

④ 정상 Creep(2차 Creep)속도가 느리면 Creep 파괴시간이 길어진다.

⑤ Creep변형이 일정하게 되어 파괴하지 않을 때의 지속응력 또는 지속응력의 정적강도에 대한 비율(응력비)을 Creep한도(정적 강도의 75~90%)라고 한다.

3) 크리프를 증가시키는 요인

작고 짧다	크고 많다
① 재령이 짧을수록	① 응력이 클수록
② 대기의 습도가 작을수록	② 물 · 시멘트비가 클수록
③ 부재의 치수가 작을수록	③ 단위 시멘트량이 많을수록
	④ 대기의 온도가 높을수록
	⑤ 다짐이 나쁠수록

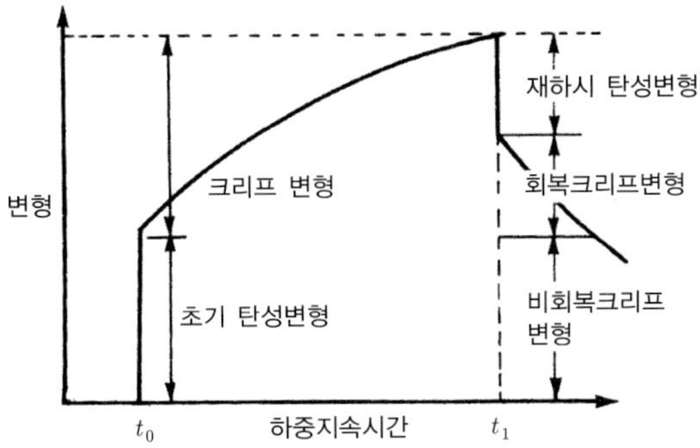

그림 9-39 Creep의 변형곡선

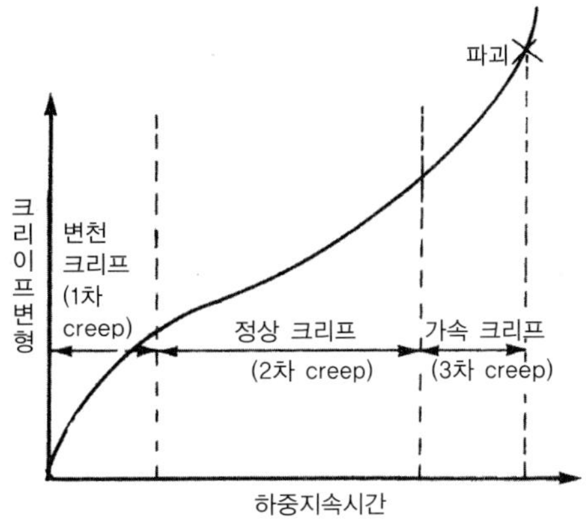

그림 9-40 크리프 파괴

4) Creep 파괴

① 변천 Creep(1차 Creep) : 변형속도가 시간이 지나면서 감소

② 정상 Creep(2차 Creep) : 변형속도가 일정하거나 최소로 변형

③ 가속 Creep(3차 Creep) : 변형속도가 차차 증가하여 파괴

9.7 콘크리트구조물의 각종 조인트 시공

9.7.1 조인트의 구분

콘크리트 구조물은 외부환경(온도, 지진 및 바람, 부동침하), 크리프(Creep), 건조수축, 수화열에 의한 팽창과 수축, 하중 등에 의하여 부피의 변화가 발생되며 이 변화에 의해 콘크리트 요소 내에 움직임(Movement)이 발생된다.

이 움직임이 강성이 강한 주변 구조부재 또는 콘크리트 내의 철근 등에 의해 구속을 받게 되는데, 이러한 외부 또는 내부의 구속은 인장응력을 유발시켜 콘크리트는 균열이 발생하게 된다. 대부분의 콘크리트 구조물에서 이러한 균열은 구조적, 외관적 측면에서 바람직하지 못하며 이러한 것을 제어하기 위하여 구조체의 일체성에 손상을 주지 않는 범위 내에서 조인트를 설치한다.

통상 콘크리트구조물에서 시공의 필요성, 변형제어(Movement Control)의 두 가지 측면에서 조인트를 구분할 수 있다.

- Joint의 종류
  - 시공이음(줄눈) (Construction Joint)
  - 기능이음 (Movement Joint) (Function Joint)
    - 신축이음(Expansion Joint), 팽창이음
    - 균열유도줄눈(Control Joint, Dummy Joint), 조절이음
    - 수축이음(Shrinkage Joint, Delay joint), 지연줄눈
    - Sliding Joint
    - Slip Joint
  - 콜드조인트(Cold Joint)

주) 이음간격 (도로공사 시방서)	신축이음	무근콘크리트 10m 이내, 철근콘크리트 18m 이내
	수축이음	무근콘크리트 5m 이내, 철근콘크리트 6m 이내

9.7.2 조인트별 특성

1) 시공줄눈(Construction Joint), 시공이음

(1) 개요

시공과정에서 현장의 콘크리트 타설 능력에 따른 생산량, 응결과정에서 발생하는 수화열 및 건조수축을 고려하여 블록별로 구조물을 나눌 때 설치된다.

즉, 경화된 콘크리트에 새로운 콘크리트를 이어붓기 함으로써 발생되는 조인트(줄눈)를 말한다. 콘크리트 타설이 중단되는 장소에 설치되는 것으로 양호한 시공조인트의 형성을 위해서는 기존에 타설된 콘크리트와 타설될 콘크리트 사이에 Well-bonded Watertight Joint가 확보되어야 한다.

(2) 줄눈설치위치

콘크리트 이음자리는 누수, 강도상 취약, Crack 발생 등의 원인이 되므로 가능한 두지 않는다. 부득이한 경우

① 구조물 강도상 영향이 작은 곳(Cold Joint 주의)
② 전단력이 적은 곳
③ 이음길이와 면적이 최소화 되는 곳
④ 1일 타설이 끝나는 지점
⑤ 기둥, 벽은 바닥 Slab 및 기초 상단에 설치
⑥ 보, 바닥, 지붕 Slab는 중앙부근에 설치

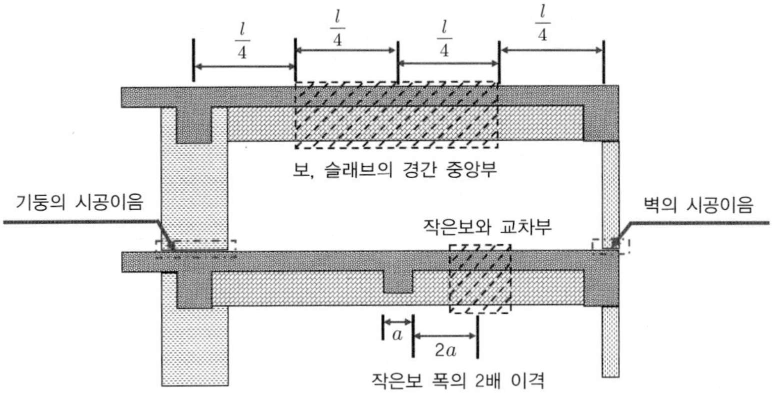

그림 9-41 준눈 설치위치

(3) 시공방법

① 레이턴스 및 콘크리트 이물질 제거

② 양질의 콘크리트를 노출시키고 이음 이전에 습윤상태를 유지

③ 이음부의 접착력 강화를 위해 시멘트 페이스트를 도포한다.

(4) 유의사항

① 전단력이 큰 위치는 가급적 시공을 피하거나 유의하여 시공한다.

② 시공단계에서 지수판을 사용하여 누수를 방지한다.

③ 수화열, 온도변화, 건조수축 등에 유의하여 시공한다.

④ 콜드조인트 방지에 유의한다.

⑤ 레이턴스 및 부실 콘크리트는 제거한다.

2) 기능줄눈(Movement Joint)

이웃하는 부재 사이의 변형차이에 의한 구속력을 방지하기 위하여 설치되는 조인트이다. 즉 대기에 접하는 상부 구조체는 외부하중과 온도변화에 의해 변형되지만, 기초부위는 지반의 부동침하에 의해 발생하는 균열에 대응하기 위한 조인트이다.

(1) 신축줄눈(Expansion Joint), 신축이음, 팽창이음

① 개요

구조체의 팽창, 수축, 부등침하, 진동 등에 의한 유해응력의 발생 또는 발달을 조절하기 위하여 설치된다. 또한 때때로 구조체가 서로 다른 형태의 거동이 예상되는 경우 이러한 구조요소의 분리를 목적으로 설치하기도 한다. 따라서 건축물의 규모와 형태, 온도변화 및 온도조절 방식에 유의한다.

② 설치위치

콘크리트 건조수축시 내부 응력의 전달을 막고, 부재의 신축이 자유롭게 되도록 설치하는데 신축줄눈 온도변화(10℃→1/10000)와 설계의도에 따라 다음과 같이 정한다.

㉠ 수평단면이 급변하는 곳 or 보강된 곳

㉡ 벽 마주치는 곳

㉢ 보통 150ft(46m)－200ft(61m) 정도 간격으로 설치한다.

㉣ 기존건축물 증축부위

③ Expansion Joint 종류

신축이음에는 틈이 없는 줄눈(Closed Joint), 맞댄줄눈(Butt Joint), 트인줄눈(Clearance Joint), 침하줄눈(Settlement Joint) 등이 있고, 줄눈 사춤재료인 코킹재는 기상작용에 화학적으로 안정하고 또 기온의 변화 범위 내에서 끈기 있고 플라스틱(Plastic)하며 흐르지 않고 콘크리트에 부착이 잘되는 것이어야 한다. Settlement Joint는 부동침하 등의 변위를 미리 예상하여 침하예상 깊이만큼 미리 높여서 시공하는 것이다. 구조체의 단면을 완전히 분리 시공한다.

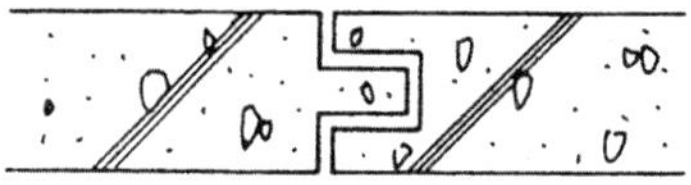

그림 9-42 Closed Joint

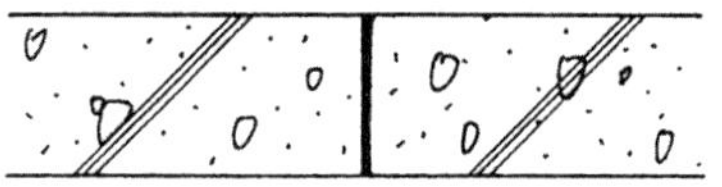

그림 9-43 Butt Joint

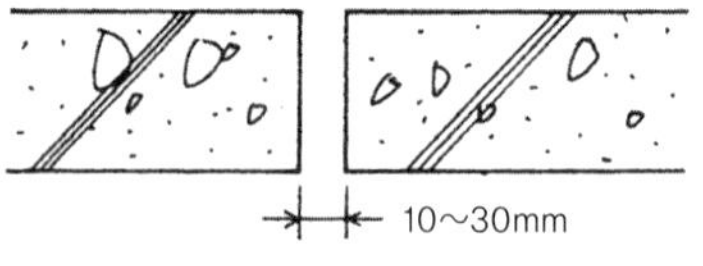

그림 9-44 Clearance Joint

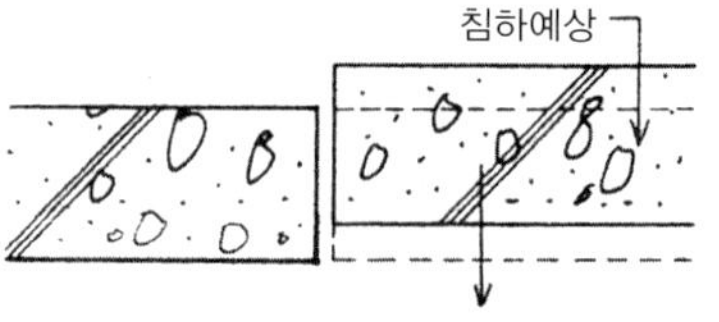

그림 9-45 Settlement Joint

④ 신축이음부 Dowel Bar 설치

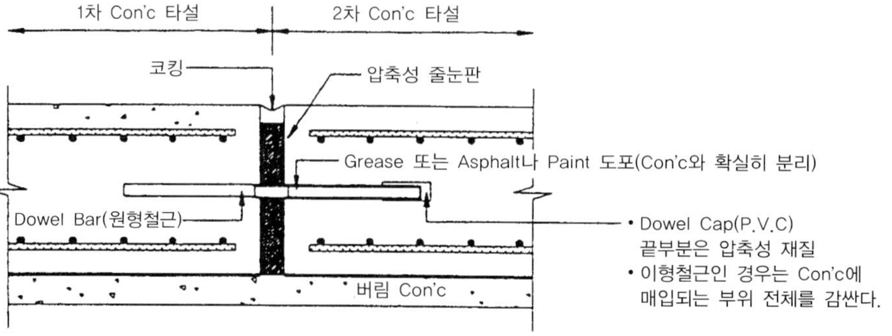

㉠ 신축 이음 부위에 하중 통과 등 전단저항이 필요한 곳에 설치

㉡ 신축이음 부위에 턱이 생길 위험이 있는 곳에 설치

㉢ 공장, 창고 등의 넓은 바닥 Slab의 경우에는 도면에 따라 Dowel Bar를 설치한다.

㉣ Dowel Bar의 간격은 구조물의 형식, 기초지반의 관계, 기후 등 여러 가지 조건에 따라 다르고, 일반적으로 설계도서에 명시되어 있다.

〈표 9-19〉 Dowel Bar의 크기 및 간격의 예

Slab 두께	직 경	길 이	간 격
120～150	20	400	300
180～200	25	460	300
230～280	35	460	300

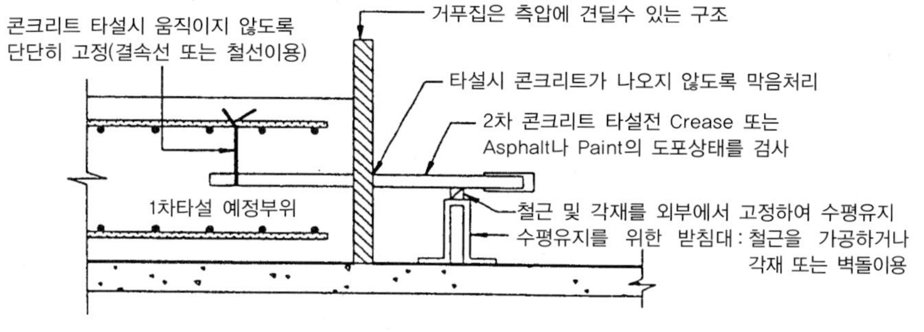

(2) 조절줄눈(Control Joint, Dummy joint), 콘크리트 균열 유도줄눈

① 조절줄눈의 시공별 분류

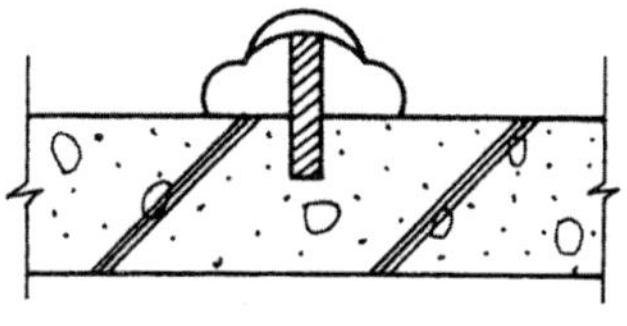
그림 9-46 줄눈대 대기

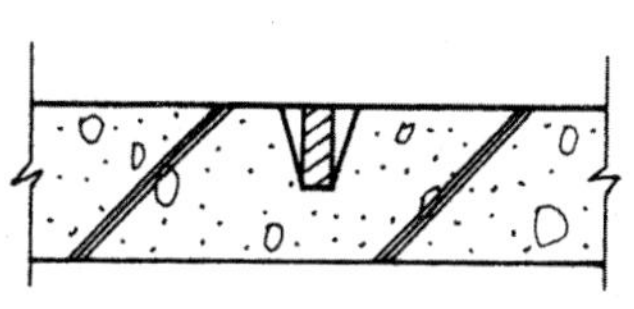
그림 9-47 줄눈대 파넣기

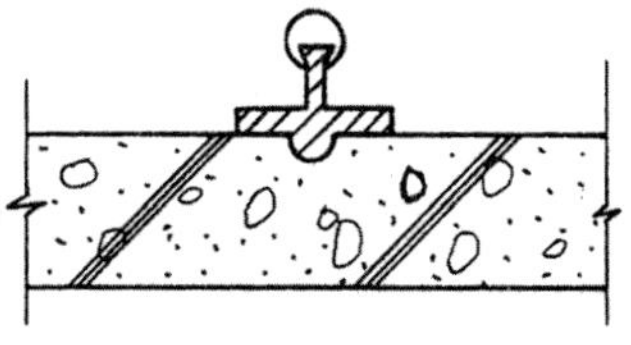
그림 9-48 줄눈대 대기

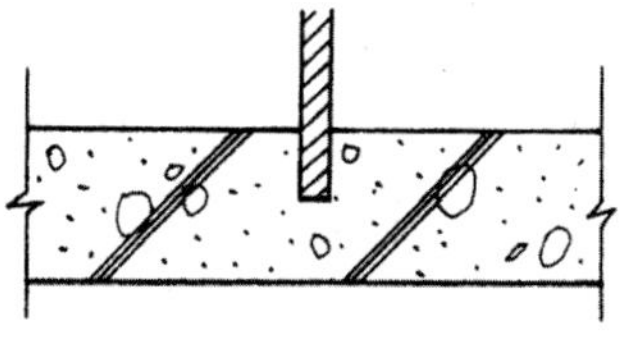
그림 9-49 줄눈대 파넣기

콘크리트에는 균열이 반드시 생긴다는 기본 생각을 토대로 해서, 균열이 생길만한 구조물의 부재에 미리 줄눈을 설치하여 결함부위를 만들어 둔다. 줄눈을 설치한 결함부위로 균열이 집중적으로 생기게 하여, 다른 부분에는 균열이 생기지 않도록 한 줄눈을 조절줄눈이라 한다. 구조물의 부재에 조절줄눈을 설치할 위치를 예측하는 것이 중요하다. 대부분의 벽체와 SOG(Slab on Ground)의 경우 15ft(4.6m)－25ft(7.6m)정도 간격으로 많이 설치한다.

② 설치위치

㉠ 외벽의 개구부 주위

㉡ 건축물의 코너 부위

㉢ 창 · 문틀 주위

㉣ 배수구 및 기타 구멍 주위

③ 유의사항

㉠ 깊이는 벽두께의 1/5 이하

㉡ 외벽의 색깔과 비슷한 코킹재 사용

㉢ 코킹은 중간에 끊어지지 않고 연속적으로 시공

(3) 수축(지연)조인트(Delay Joint, Shrinkage Strip)

보통 콘크리트의 최종 수축량은 일반적으로 0.02~0.08%의 범위에 있다. 콘크리트의 건조수축은 〈그림 9-50〉에서 보는 바와 같이, 콘크리트 타설 후 10주 (2개월)정도 경과하면, 건조수축량은 최종 건조수축량의 77%까지 도달하므로 부재가 건조수축에 대해서 내 · 외부의 구속을 받지 않도록 일정 폭을 두고, 어느 정도 아문 다음에 남겨둔 부분을 콘크리트로 채워 처리하는 방법이 수축(지연)조인트이다.

건조수축에 의한 응력발생이 우려되는 넓은 면적 또는 얇은 부재인 슬래브나 벽체부분에 시공 중 일정기간 동안 타설이 되지 않은 상태로 남겨 놓는 임시조인트이며, Shrinkage Strips의 간격은 통상 100ft(31m)－200ft(61m)정도이고, 폭은 2ft(0.6m－3ft(0.9m)정도가 일반적이다.

① 특징

㉠ 100m가 넘는 구조물에 유리

㉡ 이중 기둥이 없어짐

㉢ 구조체 및 마감비용 절감

㉣ 구조체의 일부가 후 공사가 됨

㉤ Joint가 1개소 증가함

㉥ 거푸집 존치기간이 길어짐

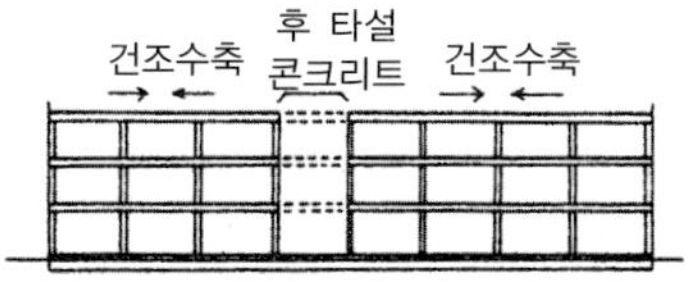

그림 9-50 Shrinkage Joint

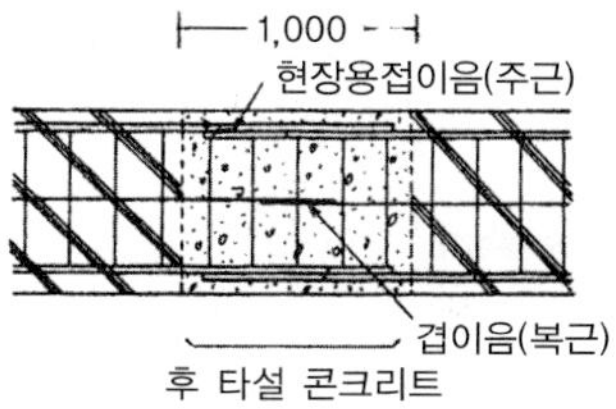

그림 9-51 Slab 시공

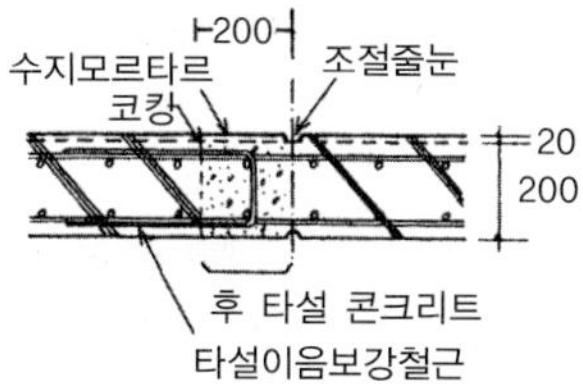

그림 9-52 벽 및 보 시공

② 시공시 유의사항

㉠ Shrinkage Joint 부분은 6주 후 콘크리트 타설한다.

㉡ Shrinkage Joint의 폭은 Slab는 90cm 정도, 벽 및 보는 30cm 정도이다.

㉢ 온도응력이 문제가 될 경우는 완전히 끊어 시공한다.

㉣ 옥상부는 방수에 유의한다.

㉤ 타단은 Control Joint를 설치한다.

㉥ 폭 20~100cm 정도는 보통 Con'c를 사용/폭이 넓은 경우는 무수축 Con'c를 사용함

③ 줄눈시공

㉠ 완성된 콘크리트면에 아스팔트, 방수지, 널을 대고 다른 편 콘크리트를 타설한다.

㉡ 틈은 Filler로 충진한다.

㉢ 콘크리트 Cutter로 줄눈을 내기도 한다. →(5~10mm)

㉣ 이음새 보강→Slip Bar 설치

(4) Sliding Joint(미끄럼 줄눈)

① 개요

㉠ 조적조와 Con'c 구조체는 온·습도 혹은 환경의 차이로 인하여 각각의 움직임이 다르게 되는데 이때 Slip Joint를 설치하게 된다.

㉡ 보통 조적벽과 R.C Slab 사이에 접합을 방지하고, 상호 자유로운 움직임을 위하여 Joint를 설치한다.

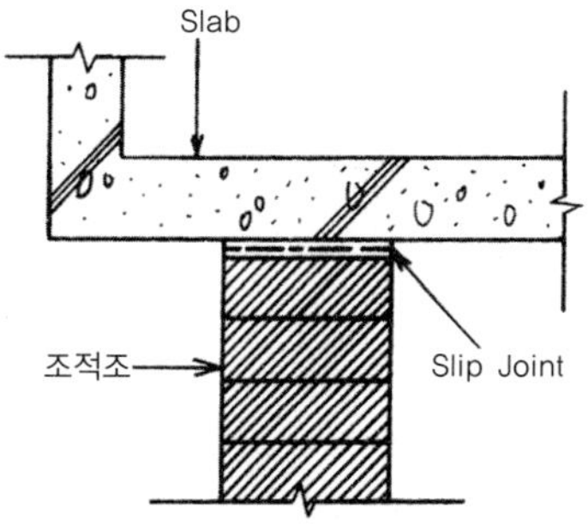

그림 9-53 Slip Joint

② 시공순서

㉠ 기둥타설→㉡ Bearing Pad Filler 설치→
㉢ 걸침보 타설→㉣ Caulking

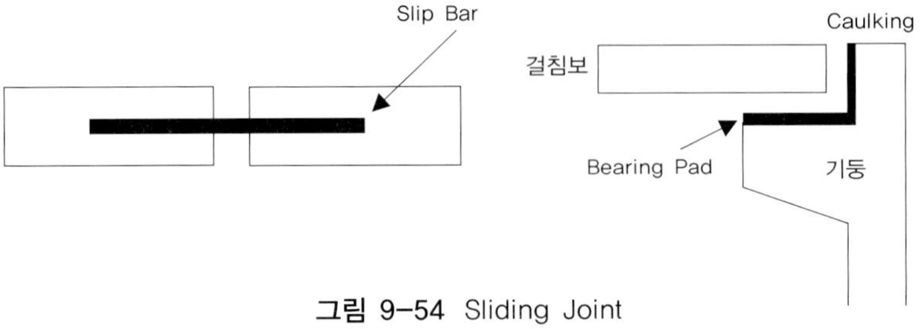

그림 9-54 Sliding Joint

③ 특징

㉠ 걸침턱과의 띄움거리는 부재의 변화에 수용함

㉡ Creep, 수축, 온도저하로 인한 구조체의 변화를 흡수

㉢ Steel Plate를 사용할 경우 반드시 윤활유 칠을 해야 함

㉣ 부재의 뒤틀림 등에 의한 균열방지

④ Bearing Pad 재료

아스팔트 컴파운드, 종이류, 네오프렌펠트, 방수지, 고무류, Steel Plate

이웃하는 부재 사이의 변형차이에 의한 구속력을 방지하기 위하여 설치되는 조인트이다. 즉 대기에 접하는 상부 구조체는 외부하중과 온도변화에 의해 변형되지만, 기초부위는 지반의 부동침하에 의해 발생하는 균열에 대응하기 위한 조인트이다.

3) Cold Joint

(1) 개요

① 계획되지 않은 줄눈으로 콘크리트 타설 온도가 25℃ 이하시 2.5시간 지나거나, 타설 온도가 25℃ 초과시 2시간 이상 지나서 이어치기를 할 경우 콘크리트가 일체화되지 않아 발생하는 조인트

② 시공부주의로 발생되는 콘크리트 줄눈

③ 시공과정 중 레미콘의 운반지연, 휴식시간 등으로 응결하기 시작한 콘크리트에 새로운 콘크리트를 이어 칠 때 일체화가 저해되어 생기는 줄눈

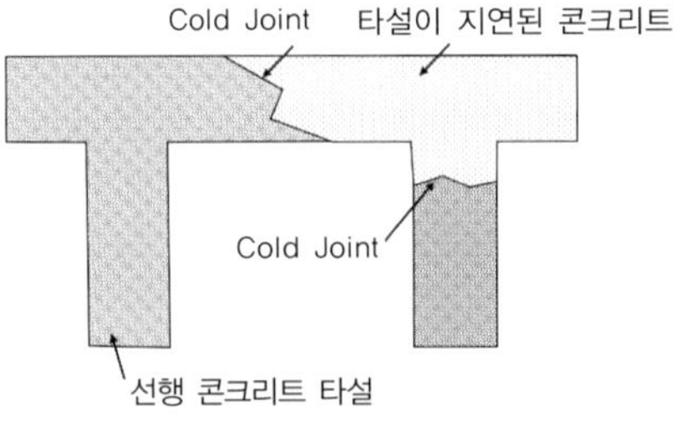

(2) 콜드조인트에 의한 문제점

① 콘크리트 구조체의 일체화 저하로 내구성 저하

② 크랙 발생으로 콘크리트 수밀성 저하

③ 누수에 의한 철근부식

④ 부착력 저하우려

⑤ 중성화 요인 제공

(3) 방지대책

① 야간을 이용한 타설 및 연속타설계획

② 타설 이음부 레이턴스 제거

③ 여름철에는 콘크리트 응결지연 혼화제 사용과 이어치기 시간 간격 준수

④ 사전에 콘크리트 운반계획 수립과 레미콘 배차계획 준수

⑤ 분말도가 낮은 시멘트 사용

⑥ 이 콜드조인트에 의한 시공불량을 방지하기 위해 사전에 이음부 등을 선정하여 시공시에 미리 계획하여 타설구간 및 이어치는 높이 등을 결정하게 된다. 이것을 시공줄눈이라 한다.

9.8 특수콘크리트공사

특수 콘크리트는 구조물의 중요성, 환경조건, 구조형식, 크기 등 여러 가지 조건에 따라 콘크리트의 성능 중 특별한 하나를 선택하여 최대한 성능을 발휘할 수 있도록 재료, 배합, 타설, 양생 등을 하여 만든 콘크리트이다. 80년대 초반에 건축현장에서 구조물에 주로 사용하던 콘크리트 강도는 21MPa 내외였는데 10년이 지난 90년대 초반에 와서야 24MPa 강도의 콘크리트를 사용하였고, 21세기에 들어선 현재는 27MPa 정도의 콘크리트를 주로 사용하고 있다.

건설선진국인 미국은 콘크리트의 강도가 100MPa이 초과하는 것을 개발하여 현장에 적용한 사례(1987년 시애틀의 쌍둥이 유니온 스퀘어에 133MPa[2]의 초고강도콘크리트를 시공한 사례가 있음)가 있고 현장에서 사용하는 콘크리트의 강도가 60MPa에 까지 달하고 있으며, 동남아시아 대부분의 국가도 47MPa 정도의 콘크리트를 현장에서 별 부담 없이 사용하고 있다. 콘크리트의 강도증진에 관한한 보수적이라고 하는 일본조차도 현장에서 35MPa 정도의 콘크리트를 적용하고 있다.

콘크리트의 강도가 35MPa까지는 특별한 혼화재료가 불필요하며 일반적으로 사용되는

감수제와 보통포틀랜드시멘트로 제조가 가능하지만 이 강도를 초과하기 위해서는 플라이애시 또는 실리카흄과 같은 특수한 혼화재료가 필요하다.

9.8.1 한중(寒中) 콘크리트

1) 적용기준

① 1일 평균기온이 4℃ 이하가 되거나, 1일 평균기온이 5℃ 이하로 연속 3일 이상 계속될 때, 그리고 연속 3일 이상 대기온도가 10℃ 이하로 하루의 반 이상 계속될 때는 콘크리트의 경화가 늦어지고, 굳은 후 부터의 강도 증진도 늦어지며 동결할 염려가 있으므로 콘크리트가 동결하지 않도록 하여야 한다.

② 한냉 시에도 소요의 품질이 얻어지도록 재료, 배합, 비빔, 운반, 타설, 다짐, 양생, 재령유지, 거푸집 및 동바리 등에 대하여 적절한 조치를 취하여야 한다.

〈표 9-20〉 한중콘크리트 초기양생시 필요한 압축강도의 표준

단면 / 구조물의 노출정도	얇은 경우	보통의 경우	두꺼운 경우
자주 물로 포화되는 부분	15MPa	12MPa	10MPa
보통의 노출상태	5MPa	5MPa	5MPa

2) 시공방법

① 기온이 0~4℃에서는 간단한 주의와 보온으로 시공한다.

② −3℃~0℃에서는 물 또는 물과 골재를 가열할 필요가 있는 동시에 어느 정도의 보온이 필요하다.

③ −3℃ 이하에서는 물과 골재를 가열하여 콘크리트의 온도를 높일 뿐만 아니라 필요에 따라 적절한 보온, 급열에 의하여 타설된 콘크리트를 소요의 온도로 유지하는 등의 본격적인 한중콘크리트 시공을 한다.

④ 응결, 경화의 초기동해가 발생되지 않도록 한다.

⑤ 콘크리트가 응결, 경화초기에 동해가 발생되면 시멘트의 화학반응이 이루어지지 않는다.

⑥ 거푸집 동바리 조기 제거를 위해 조기강도를 얻도록 한다.

3) 한중 재료의 투입순서

투입순서	내 용
① 가열된 물	• 콘크리트나 강재에 나쁜 영향을 미지지 않는 물의 사용. 혼합시 가열
② 굵은 골재	• 동결 또는 빙설이 혼입이 안 된 재료사용. 혼합시 가열
③ 잔 골재	
④ 시멘트	• MIXER 내의 재료온도가 4℃ 이하가 될 때 투입 -MASSIVE한 콘크리트에 수화열이 낮은 시멘트 사용 시 충분한 보온양생 -초속경 시멘트 사용은 응결, 경화특성 시험, 확인 후 사용 -가열은 절대 금물
⑤ 혼화제	• KSF2560 콘크리트 화학 혼화제 만족하는 재료 사용 -AE제, AE감수제 계열의 혼화제를 사용한다.(단위수량의 감소) -촉진제 또는 촉진형감수제는 성분에 따라 철근의 녹 발생에 영향을 미치므로 무염화촉진제를 사용한다.

4) 시공상 조치

(1) 재료

① 시멘트

㉠ 저장된 시멘트는 냉각되지 않도록 하고 어떠한 경우라도 시멘트를 직접가열 금지함

㉡ 필요시 물 또는 골재를 가열하여 사용하고 시멘트는 직접 가열하는 것을 금지한다.

㉢ 혼화재를 사용하지 않는 것을 원칙으로 한다.(사용 시 감리 승인)

㉣ KS기준 및 시방기준에 적합한 시멘트를 사용하도록 한다.

② 골재

㉠ 외부온도가 10℃ 이하일 경우 골재를 가열한다.

㉡ 빙설이 혼입된 골재는 사용을 하지 않는다.

㉢ 연석이 많이 혼입된 골재는 사용하지 않는다.

③ 물(배합수)

㉠ 물은 청정수를 사용하며 불순물, 기름, 산 등이 혼입된 물은 사용하지 않는다.

㉡ 혼합수는 콘크리트 응결경화, 강도의 발현, 체적변화 워커빌리티 등의 품질에 좋지 않은 영향을 미치기 때문에 주의하여야 한다.

㉢ 시멘트를 넣기 직전 믹서내의 물, 골재 등 혼합물의 온도는 40℃ 이하로 유지(시멘트 급결 방지)

④ 혼화재

㉠ KSF 2560 규정 및 시방기준에 적합한 혼화재를 사용하여야 한다.

㉡ AE제 또는 AE감수제를 사용하여 공기량을 확보하여야 한다(공기량 4.5±1.5).

㉢ 응결촉진제 또는 촉진형감수제 사용 시에는 염화물 성분이 포함되지 않도록 한다.

(2) 배합

① 단위 시멘트량 : 300~450kg 이하로 한다.

② 물시멘트 비 ; 60% 이하

③ 혼화제 : AE제 또는 AE감수제를 반드시 사용한다.

④ 재료의 보관

㉠ 직사광선이나 빙설의 혼합이 어려운 지붕이 있는 곳에 보관한다.

㉡ 재료 보관 바닥은 배수가 잘될 수 있는 콘크리트 구조이어야 한다.

㉢ 액상 혼화제는 동결하지 않도록 보관한다.

⑤ 재료의 가열

㉠ 물을 가열하는 것을 원칙으로 하고 필요에 따라 골재를 가열한다.

㉡ 시멘트는 가열하지 않는다.

㉢ 기온이 0℃ 이하로 내려가면 골재를 가열한다.

㉣ 가열 물의 온도는 60℃를 넘지 않도록 한다.

⑥ 콘크리트 믹싱

㉠ AE제 또는 AE감수제를 반드시 사용한다.

㉡ 재료를 가열 할 경우 콘크리트 전체 온도가 일정하도록 한다.

㉢ 동결상태의 골재는 사용하지 않는다.

㉣ 가열골재의 사용 순서는 물과 골재를 먼저 혼합하고 시멘트를 투입한다.

㉤ 시멘트를 투입하기 이전의 골재 및 물의 온도는 40℃를 넘지 않는다.

㉥ 배합 이후 90분 이내의 온도는 5~6℃ 이하로 내려가지 않도록 한다.

(3) 운반 및 부어넣기

① 콘크리트의 온도는 타설시 10~20℃ 물시멘트비는 60% 이하를 원칙으로 하고 준비를 철저히 하여 작업시간을 단축시킨다.

② 최저온도 4℃ 이하 시공 시는 감리일지에 타설일로부터 초기강도 5N/㎟가 확인될 때까지의 일기, 외기온도(최저 및 최고), 양생온도(시간별), 콘크리트 강도, 보온조치 사항을 기록, 유지한다.

③ 공시체 1개조를 별도 제작하여 현장조건과 동일하게 당해 슬래브 위에서 양생한 후 콘크리트 강도의 변화를 측정한다.

5) 양생(Curing)

(1) 일반사항

① 콘크리트 양생기간은 타설 후 최소 3일이 경과된 날로부터 압축강도를 확인하여 압축강도(보통 5N/㎟)가 확보될 때까지로 하고, 그 이후 2일간은 콘크리트 온도를 0℃ 이상으로 유지되도록 한다.

② 콘크리트는 타설 후 부직포 등으로 덮어 동결되지 않도록 보호한다(최소 24시간).

③ 찬바람을 피하고, 콘크리트 양생 온도는 5℃ 이상 유지하거나 10℃를 표준으로 한다.

④ 콘크리트에 열을 가할 경우에는 급히 건조되거나 국부적으로 가열되지 않도록 한다.

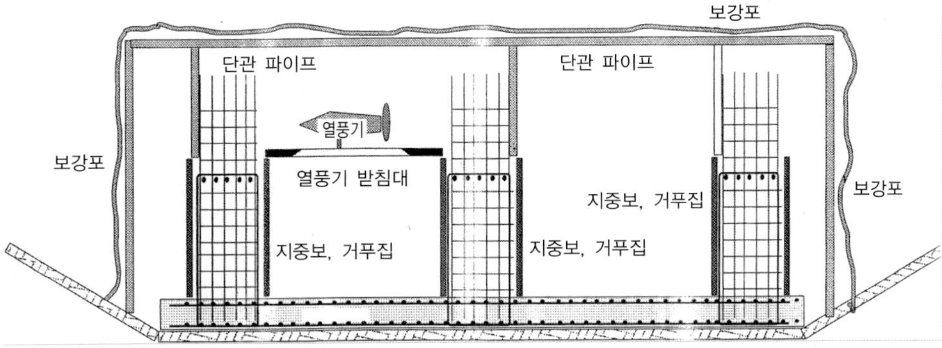

주 : 1) 지중보 콘크리트 양생은 지중보와 지중보 거푸집을 이용하여 열풍기 받침대를 제작후 열풍기를 설치한다.
2) 보강포 설치 방법은 기둥철근에 Steel 파이프를 설치한 후 보강포를 설치함으로서 콘크리트 타설 부위를 보양함.

그림 9-55 열풍기 설치 및 보강포 설치 방법

(2) 양생방법

① 보온양생

㉠ 원리 : Cement의 수화열 이용

㉡ 방법 : Con'c의 주위를 보온 재료로 덮는다.

② 급열양생 시기 : 보온 만으로 동결온도 이상 유지하지 못할 때 보온양생과 조합하여 방법결정, 가습 또는 살수 잊지 말 것

③ 초기 보호양생 종료 시 온도 급속저하를 방지

㉠ 한풍이 온도를 저하 시킨다⇒바람이 들어가지 않는 것이 중요

㉡ 압축강도가 5N/㎟에 이를 때까지 어느 부분도 0℃ 이하로 되지 않도록 한다.

④ 양생종료 12시간 전부터 살수 금지 : 콘크리트 표면 건조시킬 것

⑤ 기간 : 초기동해에 대해 저항할 수 있는 강도를 얻고, 구조물의 소요강도를 발휘할 수 있을 때까지

⑥ 거푸집 : 양생 후에도 충분한 강도발현 시까지 남겨두거나 양생포안의 온도차를 작게 한 이후 해체

⑦ 동바리 : 기초 지반의 동상, 동결융해에 의해 변위를 방지

〈표 9-21〉 보호양생종료 후 첫 24시간 동안 온도강하한계

단면 최소두께	300mm 이하	300～900mm	900～1,800mm	1,800mm 이상
온도한계	28℃	22℃	17℃	11℃

(3) 양생시 유의사항

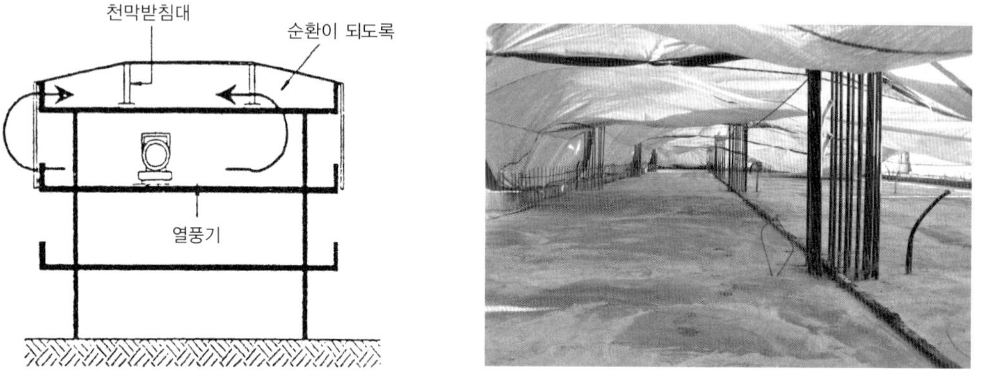

그림 9-56 보양

① 열풍기

㉠ 연소된 가스가 Con'c 표면에 접촉되지 않도록 한다.

㉡ 안전사고에 유의한다.

② 가설천막

㉠ 가장 효과적이다.

㉡ 난기의 통기가 되며, 작업공간을 고려한 천막크기를 결정한다.

㉢ 빈틈없이 하여 한풍 유입금지 한다.

㉣ 주변공기의 온도가 Con'c의 온도보다 11℃ 이상 높지 않도록 한다.

③ 양생포, 보온재

㉠ 기온이 영상일 경우는 보온만으로 충분하다.

㉡ Con'c에 밀착되도록 한다.

㉢ 구조물의 코너와 모서리부분은 본체에서 가장 취약부분이므로 보온재는 통상 Slab나 벽체보다 3배 이상의 두께로 설치한다.

④ 천막내부

㉠ 천막내부의 더워진 실내공기는 가습하여 상대습도 유지한다.

㉡ 일시적인 개방 시 Con'c가 동결되지 않도록 한다.

㉢ 일시적으로 보호가 없던 기간은 (Con'c 표면의 강하온도×시간)×2 만큼 기간연장을 한다.

㉣ 열풍기 가동시 급격건조수축 위험→가습 또는 습윤양생 Con'c의 건조요소 : Con'c 온도, 대기온도, 풍속, 상대습도

그림 9-57 동계 콘크리트 보양/ 난로 및 열풍기 작동

6) 동해(凍害)의 영향

(1) 콘크리트 응결(수화)지연으로 강도 저하

① 콘크리트 내부의 물이 얼어 시멘트 입자와의 결합 불능으로 시멘트가 응결 되지 않아 콘크리트의 강도가 저하된다.

② 해빙되면 점차 콘크리트 응결작용이 진행되나 해빙으로 응결이 진행되더라도 28일 표준양생 콘크리트에 비해 강도가 52%에 불과하게 된다.

(2) 콘크리트의 부피 팽창으로 부식 촉진

① 콘크리트 내 물의 동결로 공극이 발생하여 밀실한 콘크리트가 되지 못하여 (동결시 물의 체적 팽창 9%, 콘크리트의 제적팽창 2.5%) 환경영향(물, 공기, 탄산가스, 얼고 녹음 등)에 의한 콘크리트 부식이 촉진된다.

② 콘크리트를 부어넣은 후 초기동결은 부피팽창에 그치나 경화 과정의 동결은 콘크리트의 조직파괴로 더욱 심한 피해를 받게 된다.

9.8.2 서중(暑中) 콘크리트

1) 적용기준 및 시기

콘크리트를 부어넣기 시 기온이 30℃ 이상이거나 일평균 기온이 25℃를 넘는 시기에는 서중콘크리트로 시공해야 한다. 초기 7일 이상 양생해야 하고, 초기 24시간 열손실로 인한 온도균열 주의해야 한다.

2) 콘크리트 온도가 높을 때 발생하는 문제

(1) Cement의 급격한 수화

고온은 Cement의 수화반응을 급격히 촉진 → 지속적 수화를 발생하는 수화물의 조기 생성한다.

(2) 공기연행량의 감소

① 골재 온도 ±4℃에 Con'c 온도 ±1℃ 변화

② 물 온도 ±4℃에 Con'c 온도 ±1℃ 변화

③ Cement 온도 ±8℃에 Con'c 온도 ±1℃ 변화

④ 온도 10℃ 증가 시 약 20% 감소 연행된 공기의 불안정

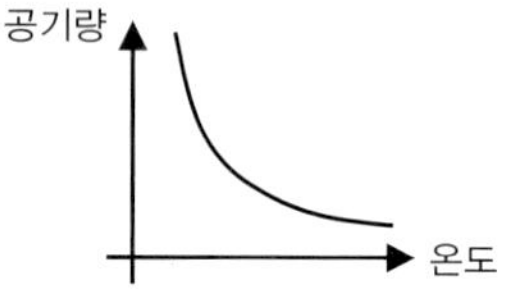

(3) 콘크리트 온도가 높을 때 문제점

① 장기강도 저하	수화물의 조기생성으로 이후의 수화반응을 방해
② 균열발생	㉠ 수분으로 인한 건조수축
	㉡ 빠른 응결로 인한 Cold Joint
	㉢ 온도균열
③ Slump의 저하	㉠ 10℃ 상승에 1~2cm 저하
	㉡ Slump 확보를 위해 수량증가(2~5%)
	㉢ 강도유지를 위해 Cement량 증가(발열량 확대)

3) 시공상 조치

(1) 시공 기본사항

① 콘크리트의 부어넣기는 연속적으로 실시하고 가능한 한 일체로 부어넣기 한다.

② 콘크리트가 건조되지 않게 조치하여 충분히 양생한다.

③ 소요 슬럼프값은 특기시방서에 정한 바가 없으면 18cm 이하로 한다.

(2) 운반 및 부어넣기

① 슬럼프의 손실이 최소가 되도록 운반시간 및 운반거리를 최소로 줄인다.

② 혼합개시로부터 부어넣기 종료 시까지 대기시간을 90분 이내로 한다.
③ 부어넣을 콘크리트의 수분을 흡수할 염려가 있는 곳은 충분히 습윤상태로 해둔다.
④ 콘크리트의 부어넣기 온도를 낮게 유지하여 부어넣을 때 콘크리트의 온도는 35℃ 이하가 되도록 한다.

4) 콘크리트 온도를 낮추기 위한 대책

(1) 재료

① 시멘트
　㉠ 고온의 시멘트가 초기에 굳어버리는 이상응결 발생도지 않도록 한다.
　㉡ 수화열에 의한 균열의 우려가 있는 댐 등에서는 중용열 시멘트를 사용한다.

② 골재
　㉠ 골재 저장시 지붕이나 덮개를 씌워 직사광선을 피하고 살수로 온도저하 유지.
　㉡ 골재온도가 콘크리트 혼합온도에 미치는 영향은 매우 크다.
　㉢ 골재의 온도가 ±2℃ 변화시 콘크리트의 혼합 온도는 ±1℃의 변화를 일으킨다.

③ 물
　㉠ 콘크리트 재료중 물의 온도를 낮추기가 가장 쉽다.
　㉡ 물±4℃의 변화에 콘크리트의 온도는 ±1℃를 변화시킨다.
　㉢ 물은 지하수를 사용하고 물탱크나 배관은 직사광선을 피한다.

④ 혼화제를 사용한다.
지연형 유동화재, 지연형 감수제, AE감수제 등을 사용한다.

(2) 콘크리트 타설 전 준비사항

① 거푸집과 철근은 직사광선을 피하고 덮개로 보호한다.
② 콘크리트에 온도가 전달된 가능성이 있는 형틀, 철근, 기초지반 등은 콘크리트 타설 이전에 살수 방법 등으로 온도를 낮춘다.

(3) 배합

① 서중콘크리트 온도는 25℃ 이하로 한다.
② 배합은 고온에 의한 단위수량증가(10℃ 상승에 2~5% 증가), 운반에 따른
③ 배합시간은 가능한 짧게 한다.

(4) 운반

① Agitator 운반은 혼합 이후 타설까지 시간을 90분 이내 드럼의 총 회전수를 3,000회 이내로 정하고 있다.

② 현장에서 Agitator 트럭 대기시간은 가능하면 짧게 한다.
③ 운반 중 슬럼프 값이 감소하더라도 타설 장소에서 물을 첨가해서는 안되며 시멘트 풀을 늘려 반죽질기를 크게 한다.

(5) 타설

① 콘크리트 야간 타설은 콘크리트의 품질이 다소 저하될 수도 있지만 서중시기에는 야간에 콘크리트를 타설하는 것도 좋은 방법이다.
② 콘크리트 타설과 마무리 등은 가능한 빠르고 연속적으로 한다.

(6) 양생

① 콘크리트 타설을 완료한 장소는 보양재를 덮거나 표면에 물을 살수하여 건조방지.
② 콘크리트 타설 이후 24시간 지난이후에도 수화작용에 표면건조로 균열이 생길 수 있으므로 5일 이상 급수양생을 한다.
③ 거푸집에 살수하거나 탈형 이후 콘크리트 표면에 살수를 하여 온도를 저감한다.
④ 콘크리트 면에 손상이 되지 않도록 경화되면 매트로 보양을 하거나 콘크리트 표면에 살수하여 최소 1일 정도는 습윤 양생하도록 한다.

9.8.3 경량골재콘크리트

1) 개요

건축물의 경량화, 내화성, 단열성을 높이기 위한 목적으로 제조되는 콘크리트로서 설계기준강도가 15N/㎟ 이상~24N/㎟ 이하, 기건단위 용적질량이 1.4~2.0t/㎥ 범위에 있으며, 구조용, 철골철근콘크리트 피복용, 열차단용 등으로 쓰인다. 슬럼프값은 180mm 이하로 하고 단위시멘트량의 최소치는 300kg/㎥, 물시멘트비의 최대값은 60%로 한다.

경량 콘크리트의 고강도화를 저해하는 요인은 낮은 압축강도와 높은 흡수율 때문이므로 이 문제를 해결하면 보다 높은 강도의 경량 콘크리트를 얻을 수 있다. 이중 흡수율을 낮추는 방법은 경량골재에 무기질의 피복을 하는 방법이 일부 실용화되어 사용되고 있다. 경량골재의 압축강도를 높이는 방법의 하나로 탁구공의 원리를 이용할 수 있다.

2) 골재

경량골재는 천연산 골재(화산재 및 그 가공품), 인공경량골재(팽창혈암, 팽창점토, 소성플라이애시 등), 부산(副産)경량골재(팽창슬래그, 석탄재 등)가 있다. 일반적으로 천연산 골재는 모양이 좋지 않고 흡수율이 높기 때문에 구조용 콘크리트 골재로서는 적합하지 못하며 인공골재가 구조용 콘크리트로서 널리 사용되고 있다.

〈표 9-22〉 경량골재 콘크리트의 설계기준강도 및 기건단위용적질량의 범위

사용한 골재에 의한 콘크리트의 종류	사용 골재		설계기준강도 (N/㎟)	기건단위 용적 질량(t/㎥)
	굵은 골재	잔골재		
경량골재 콘크리트 1종	인공경량골재	모래, 부순모래, 고로슬래그 잔골재	18 21 24	1.7~2.0
경량골재 콘크리트 2종	인공경량골재	인공경량골재나 혹은 인공경량골재의 일부를 모래, 부순모래, 고로슬래그 잔골재로 대치한 것	15 18 21	1.4~1.7

3) 종류

- 경량콘크리트
  - 경량골재 콘크리트
    - 천연 경량골재 ── 화산암재 등
    - 인공 경량골재
      - 구조용
        - 조립형
        - 비조립형
      - 비구조용
        - 천연가공재
        - 무가공부산재
        - 부산가공재
        - 팽창합성수지
  - 경량기포 콘크리트
    - 고압 증기양생
      - ALC, Siporex, Y-tong, Hebel, Durox 등
      - Pre-form : Pmlite 등
    - 상압 증기양생
      - Pre-form : Themoni-pannel 등
      - Mix-form : Palcon 등
    - 현장타설
      - 발포 : Thermocon, Colcon, Pelocon 등
      - Pre-form : Aso-formcrete 등
      - Mix-form : Gurform 등
  - 무세골재 콘크리트

(1) 기포콘크리트(Cellular Concrete)

① 콘크리트 중에 무수한 기포를 함유하게 한 것이다.

② 굵은 골재를 사용하지 않는다.

③ 기포발생 방법은 다음과 같다.

㉠ 가스 발생 혼합물(염소가스는 철근부식, 질소가스는 독성, 질소가스는 고가이다)

㉡ 기포제의 혼입, 공기의 압입

㉢ 과잉수의 혼입(증발하면 기포가 생김)

(2) 다공콘크리트(Porous Concrete)

① 물이 자유롭게 통과할 수 있게 한 콘크리트이다.

② 모래는 사용하지 않고 잔자갈(5~10mm)을 중량배합비 1 : 5, 물시멘트비 33%정도, 압축강도는 70kg/㎠ 이상이 되도록 한다.

(3) 톱밥콘크리트(Saw-Dust Concrete)

① 톱밥을 골재로 하여 못을 박을 수 있게 한 콘크리트이다.

② 시멘트 : 모래 : 톱밥의 용적 배합비는 1 : 1 : 1이다.

③ 슬럼프값은 2.5~5cm 정도이다.

④ 단위 체적중량은 650~1,150mg/㎥ 정도이다.

⑤ 팽창수축이 크다.

4) 골재의 흡수관리

인공 경량골재는 일반적으로 흡수량이 크므로 건조한 골재를 그대로 사용해서 콘크리트를 배합하면 운반중에 골재의 흡수가 서서히 일어나 콘크리트의 시공 연도의 관리가 어려워지므로, 사전에 골재를 충분히 흡수시켜 콘크리트의 비빔시나 운반도중에 골재의 흡수가 일어나지 않도록 해야 한다. 이것을 골재의 프리웨팅(Pre-Wetting)이라고 말한다.

9.8.4 고강도 콘크리트

1) 일반사항

고강도 콘크리트 설계 · 시공요령(콘크리트 건설 재요령 1부)에 따르면 설계기준 강도가 40~70N/㎟(400kg/㎠) 이상, 경량골재 콘크리트에서 27N/㎟ 이상인 콘크리트를 고강도 콘크리트라고 정의하고, 사용에 따른 방법을 서술하고 있다.

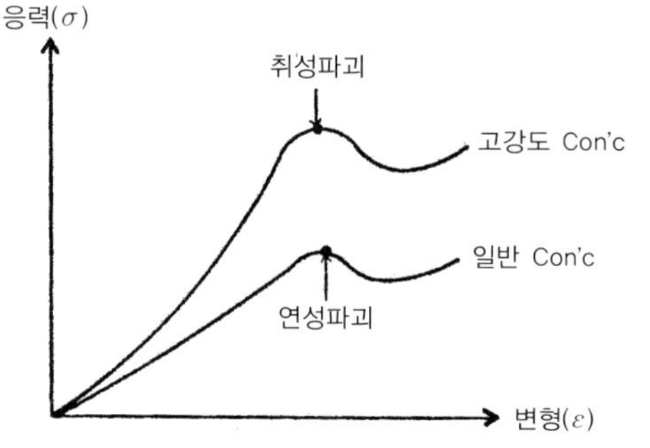

그림 9-58 고강도 Con'c의 특성

(1) 재료

① 시멘트는 통상 이상응결성(False Setting)의 검사를 행하여 이에 합격한 것을 사용한다. 또한 약간이라도 응고된 것을 사용해서는 안 된다.

② 골재의 품질을 재료에 관한 시방서의 등급이 1급인 것으로 한다.

③ 골재의 입경, 입도는 콘크리트의 워커빌리티에 미치는 영향이 크므로 저장에 있어서 골재의 분리가 생기지 않도록 하고 유해한 불순물이 혼입되지 않도록 유의한다.

④ 철근은 한국공업규격(KS D 3504 : 철근콘크리트용 봉강)의 규정에서 정하는 SBD 30, SBD 35 및 SBD 40의 규격품을 사용한다.

⑤ 용수는 유해물질이 포함되지 않는 청정한 것을 사용한다.
⑥ 콘크리트에 포함된 염화물량은 염소이온량으로서 0.3kg/㎥ 이하가 되어야 한다.

(2) 배합
① 단위시멘트량은 소요워커빌리티 및 강도를 얻을 수 있는 범위 내에서 가능한 한 적게 되도록 시험에 따라 정하여야 한다.
② 물시멘트비는 55% 이하로 한다. 통상 45~50%의 범위가 많다.
③ 콘크리트의 소요슬럼프는 15cm 이하, 유동화콘크리트로 할 경우에는 210mm 이하로 하고 특기시방서에 따른다.
④ 혼화제를 사용하는 것이 좋다.

2) 시공방법

고강도콘크리트는 된비빔 콘크리트가 되므로 부어넣기 할 때 주의를 하여야 한다. 즉, 된비빔 콘크리트를 철근이나 매설물 등의 주위의 거푸집 구석구석까지 충전시켜 간극이 없는 밀실한 콘크리트로 하기 위해서는 충분한 다짐을 행하는 것이 중요하다.

철근의 정착/이음길이에서 인장이음의 경우는 5,000/4,000=12.5이므로 정착/이음길이도 25% 정도 늘어나야 한다. 그러나 압축이음의 경우 이음 길이에 대한 주의가 필요하다.

압축철근의 이음길이는 SD400→SD500으로 바뀔 때 이음길이 식이 바뀌기 때문에 이음길이는 보통 42%가 늘어난다.

(1) 분리타설

국내에서 가설재 비용문제로 인해 수직재 타설, 수평재 타설을 완전분리하여 시공할 수 없다. 거푸집을 한번에 설치하는 것이 일반화돼 있으며 이 문제는 설계단계에서 반영하지 않으면 공사에서 적용하기 어렵다. 즉, 수직재와 수평재를 분리해서 타설하되 강도가 다른 콘크리트를 사용해야 한다. 고강도 콘크리트 시공시침서(삼성건설, 1992. 6)에 따르면 수직부재(기둥 · 벽 등)와 수평부재(보 · 슬래브)에 타설하는 콘크리트 강도의 차가 1.4배 이상일 경우에는 수직부재에 타설하는 콘크리트를 수평부재 쪽으로 어느 정도 내민길이를 유지해야 한다고 되어 있다. 내민 길이는 적어도 60cm를 확보하는 것이 좋다고 기술하고 있다.

9.8.5 매스 콘크리트(Mass Concrete)

1) 개요
① 콘크리트의 부재 또는 구조물의 치수가 커서 시멘트의 수화열에 의한 온도의 상승을 고려하여 시공하는 콘크리트를 매스콘크리트라 한다.
② 매스콘크리트는 그 품질이 통상의 것이라 할지라도 부재단면이 크기 때문에 시멘트

의 수화열에 의한 발열이 내부에 다량으로 축적되어 통상의 콘크리트부재 보다 내부 온도가 높게 된다. 때문에 콘크리트 표면과 내부의 온도차가 온도강하시의 수축의 원인이 되고 균열이 발생하는 등의 문제가 일어나기 쉽다.

2) 재료

① 매스콘크리트에는 수화열이 작은 시멘트를 사용하는 것이 바람직하다. 중용열포틀랜드 시멘트나 혼합시멘트는 강도 발현은 늦지만 초기 수화열이 적다.

② 단위시멘트량은 소요 워커빌리티 및 강도가 얻어지는 범위 내에서 될 수 있는 한 적게 들도록 한다. 시멘트량이 10kg/㎥ 증감할 때마다 온도가 약 1℃의 비율로 증감한다.

③ 굵은골재의 최대치수를 크게 하는 것이 좋다.

3) 시공요점

① 부어넣을 때의 콘크리트 온도는 35℃ 이하로서 25℃ 이상이 될 우려가 있을 때에는 파이프쿨링(Pipe-Cooling)이나 기타 콘크리트 온도 상승을 억제하기 위한 적절한 냉각 조치를 취해야 한다.

② 부어넣기 계속 중의 이어붓기 시간간격은 외기온이 25℃ 미만일 때는 120분, 25℃ 이상에서는 90분으로 한다.

③ 부어넣은 후 표면에 급격한 온도 변화 및 건조가 일어나지 않도록 양생한다.

4) 단면두께

콘크리트의 규모가 얼마이고, 내 · 외부의 온도차가 얼마일 때 문제가 되는가에 대해서는 국내의 콘크리트 표준시방서에는 800mm~1,000mm 두께를 매스콘크리트로 규정하고 있고, 온도 차이에 대하여는 온도균열지수 공식을 통하여 온도 차이가 30℃이면 균열확률이 100%, 15℃ 차이이면 40%로 나타내고 있다.

5) 균열온도

수화열에 의하여 콘크리트의 온도가 상승하여 온도차의 최대값이 25~30℃ 정도에 이르면 열응력이 발생하고 응력의 해소과정에서 온도균열이 형성된다.

해외공사 시방에 의하면 내 외부 임의의 두 지점간 온도차는 20℃ 이하로 조정(Control) 되도록 규정하고 있다. 즉 양생중인 콘크리트의 내 · 외부의 온도차가 20℃를 넘을 때 균열이 발생할 수 있으므로 조치를 취해야 한다는 것이다.

(1) 온도 상승시

① 단면 내외의 온도차에 의해 표층에 균열 유발 가능

② 방향성이 없으며, 폭 0.2mm 이하의 미세한 균열 발생

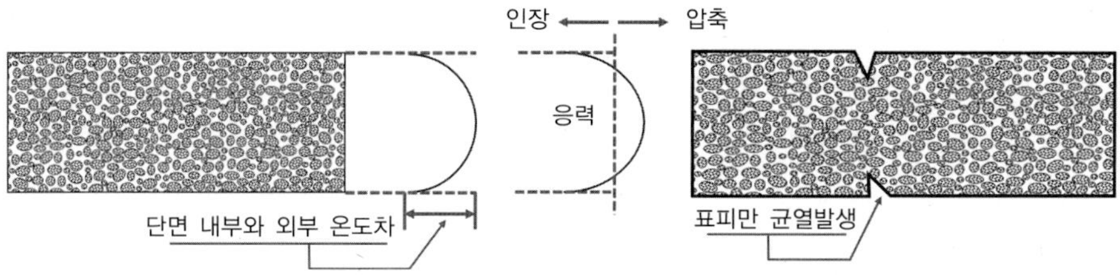

(2) 온도 하강시(재령 1~2주간)

① 밑부분의 구속에 의해 인장응력이 발생하여 관통되는 균열 유발 가능

② 균열 폭 1~2mm의 관통 균열로 균열의 정도가 심하므로 특히 주의 요함

6) 균열제어

온도균열에 대한 제어방법으로 철근의 배치, 골재의 프리 쿨링(Pre-Cooling), 유발 줄눈의 설치 등을 하도록 되어있다. 지연형 혼화재를 사용하거나, 플라이애시(Fly Ash) 또는 저발열 시멘트(Belite, 4종)를 사용하기도 한다.

Fly Ash의 배합설계를 통해 수화열을 저감시켜 온도균열을 제어하는 콘크리트

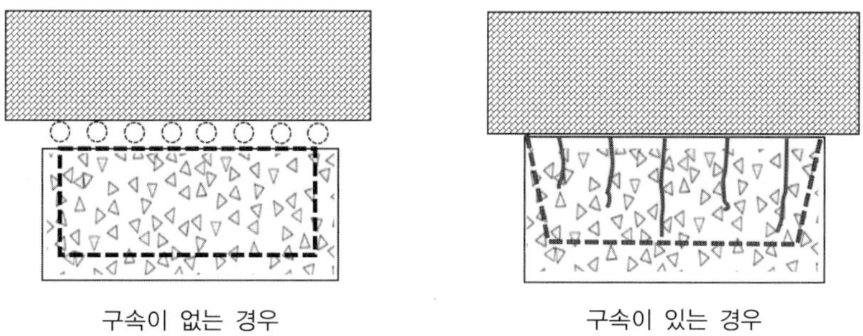

그림 9-59 균열제어

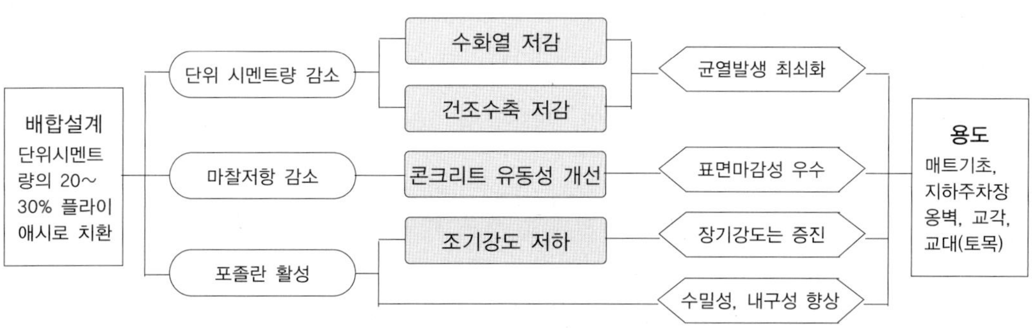

9.8.6 유동화(流動化) 콘크리트

1) 개요

유동화콘크리트는 미리 비벼낸 단위수량이 적은 콘크리트에 유동화제라 불리는 분산성능이 높은 혼화제를 혼입하여 된비빔 콘크리트의 품질을 유지한 채 유동성을 일시적으로 증대시킨 콘크리트로서 즉 슬럼프가 큰 콘크리트로 한 것이다. 유동화 콘크리트는 기존 혼화제보다 분산감수 효과가 월등히 뛰어난 혼화제로서 단위수량을 늘리지 않고 슬럼프를 개선하고 워커빌리티를 좋게한 고품질의 콘크리트이다.

2) 사용목적

(1) 품질개선	① 건조수축의 저감 ② 블리딩의 감소 ③ 수밀성 및 기밀성의 개선 ④ 수화발열량의 감소 ⑤ 내구성의 향상
(2) 시공성 개선	① 펌프 압송시 시공능률 향상 ② 공기의 단축 ③ 초기강도의 증대 ④ 콘크리트 바닥마감 등의 마감시간 단축

3) 재료

(1) 물	① 산, 알칼리, 유기불순물 등이 포함되어 있지 않은 깨끗한 물. ② 염소이온(Cl^-)이 없어야 한다.
(2) 시멘트	① 분말도가 높은 보통포틀랜드시멘트
(3) 골재	① 유해한 먼지, 유기불순물, 염화물이 포함되어 있지 않아야 함. ② 입도 입형이 좋고 단단해야 한다.
(4) 혼화재료	① 플라이애시 ② 포졸란

4) 유동화제

① 유동화제는 소위 고성능 감수제에 속하는 것으로 높은 분산성능과 다량으로 혼입 사용해도 콘크리트의 이상응결 지연, 경화불량, 과잉공기 등을 발생하지 않는 성질을 가진 것이다.

② 고성능감수제의 유동화작용을 고찰하여 보면 일반적으로 시멘트 등의 미립자화된 입자는 그 표면자유에너지를 감소시키려고 하기 때문에 응집화 경향이 강하고 시멘트 페이스트는 시멘트입자가 단독으로 분산된 상태가 아니라 상호 응집한 2차 응집입자로

되어 있어 입자간의 응집력에 의해 유동성이 적은 상태로 된다.

③ 고성능감수제가 시멘트 페이스트에 첨가되면 시멘트입자표면에 흡착하여 입자표면에 전하를 주고 입자끼리의 상호반발력이 생기므로 응집한 입자가 분산되고 그 상호 반발력에 의해 시멘트 페이스트의 유동성이 증가한다.

④ 이러한 종류의 표면활성제는 유동성을 일정하게 하여 시멘트페이스트의 수량을 감소시키면 통상의 감수제가 되고 단위수량을 일정하게 하고 시멘트 페이스트의 유동성을 증대시키면 고성능감수제 즉 유동화제가 된다.

5) 배합

① 슬럼프는 다음 값 이하로 한다.

보통콘크리트인 경우 베이스 콘크리트(유동화제 첨가 전의 콘크리트)는 15cm 이하 유동화 콘크리트 21cm 이하, 경량콘크리트는 18cm 이하로 한다.

② 베이스 콘크리트의 단위수량은 185kg/m^3 이하로 한다.

③ 공기량은 보통콘크리트는 4.5% 이하를 표준으로 한다. 경량콘크리트는 5%를 표준으로 한다.

④ 물시멘트비는 55% 이하 정도로 한다.

⑤ 유동화제는 중량 또는 용적으로 계량하고 그 계량오차는 1회 계량한 양의 3% 이내로 한다.

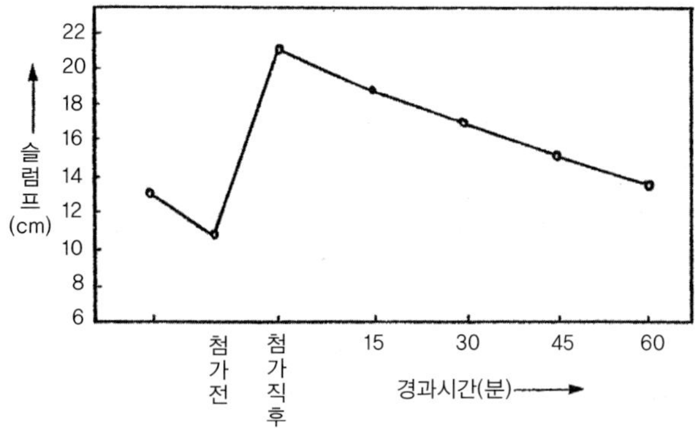

그림 9-60 유동화제를 사용한 Con'c의 Slump 변화

6) 콘크리트 부어넣기

항 목	내 용
(1) 운반	① 현장에서 유동화제를 첨가하는 것이 공장에서 첨가하는 것보다 품질이 좋다. ② 공장에서 유동화제를 첨가한 콘크리트는 운반트럭(agitator truck)으로 운반시 저속으로 회전이 필요하다.
(2) 타설	① 슬럼프 증가로 측압이 증대될 수 있어 작업에 주의를 해야 한다. ② 유동화 콘크리트는 유동화 후 경과시간에 따른 슬럼프의 변화 때문에 타설 시간은 20~30분 이내에 부어넣기를 완료하는 것이 바람직하다.

항 목	내 용
(2) 타설	③ 동일 슬럼프의 묽은 비빔 콘크리트에 비해서 배합시 시멘트 페이스트의 양이 적은 경우가 많으므로 분리에 대해 주의하여야 한다.
(3) 다짐	① 별도의 다짐은 하지 않는다.
(4) 이음	① 시공이음을 고려한 부어넣기의 양, 시간, 개소 및 콘크리트 공급에 대한 계획을 세워야 한다.
(5) 양생	① 습윤 양생을 한다.

9.8.7 폴리머 콘크리트

1) 개요

폴리머콘크리트는 결합재에 플라스틱(여기서는 널리 고분자 화합물을 가리킨다.)을 혼합하거나 또는 결합재로서 플라스틱만을 사용하거나, 더욱이 시멘트콘크리트에 플라스틱을 함침 시켜 만드는 콘크리트계 재료의 총칭으로 콘크리트의 물성을 개선시킨 콘크리트이다.

2) 종류

종 류	내 용	사용재료	
① 폴리머 시멘트 콘크리트 (PCC ; Polymer Cement Concrete)	결합재 =시멘트+폴리머	• 물 • 시멘트 • 골재 • 모노머	• 촉진재 • 개시제 • 가교제 • 계면활성재
② 폴리머 콘크리트 (PC ; Polymer Concrete) (레진콘크리트, 수지콘크리트)	결합재 =폴리머	• 골재 • 모노머 • 채움재	• 촉진재 • 개시제 • 가교제 • 계면활성재
③ 폴리머함침 콘크리트 (PIC ; Polymer Impregnated Concrete)	콘크리트 부재에 폴리머를 침투	• 경화된 시멘트 콘크리트 • 모노머	• 촉진재 • 개시제 • 가교제 • 계면활성재

3) 플라스틱 콘크리트 성질

각종 폴리머 콘크리트의 전형적인 성질을 보통 콘크리트와 비교하면 표 9-24와 같다. 이 표에서 판단할 수 있는 것은 폴리머함침 콘크리트, 폴리머 콘크리트 등은 보통 콘크리트와 비교할 때 강도, 내동결, 융해성, 내산성, 내마모성 등의 특성이 크게 개량되었고 폴리머 시멘트 콘크리트는 휨강도, 부착강도, 내마모성이 향상된 것을 알 수 있다.

〈표 9-24〉 보통콘크리트와 폴리머콘크리트 성질 분석

성 질	보통콘크리트 (Cement Con'c)	폴리머 함침 콘크리트(PIC)	폴리머 콘크리트(PC)	폴리머 시멘트 콘크리트(PCC)
압축강도(kg/㎠)	280~350	995~1,500	400~1,500	280~560
인장강도(kg/㎠)	20~252	85~115	700~1,400	40~65
휨강도(kg/㎠)	33~37	-	85~210	100~125
탄성계수(kg/㎠)×10^5	1.96~2.52	3.5~3.99	0.7~3.5	0.98~1.47
부착강도(kg/㎠)	8.8	-	>45	>45
흡음률(%)	5~6	0.5~0.6	-	-
내동결융해성(cycle/중량감소율 %)	700/25	2천~3.5천/0~2	1.500/0~1	-
내황산염성(침적일수/팽창률 %)	700/25	700/0.1	-	-
내산성(PC/CC)	-	5~10	8~10	1~6
내마모성(PC/CC)	-	5	5~10	10

4) 종류별 특징

(1) 폴리머 시멘트 콘크리트{PCC ; Polymer Cement Concrete(Mortar)}

① 개요

폴리머시멘트 콘크리트(모르타르) 공법은 결합재로 시멘트와 폴리머(액상 또는 분말형)를 사용하는 것으로 폴리머를 콘크리트(모르타르)의 혼화제로 사용하는 것이다. 대개 시멘트의 중량의 5~30% 정도를 혼합하는데, 이것을 폴리머시멘트콘크리트(Polymer Cement Concrete : PCC)라 한다. 일반 시멘트 콘크리트 혼합시 수용성 또는 분산형 폴리머를 병행 투입하여 만들어지는 콘크리트로 콘크리트의 경화과정에 폴리머 반응이 진행되며, 사용폴리머에 따라 외부에서 열을 가하여 경화를 촉진하기도 한다.

② 특성

폴리머시멘트 콘크리트(모르타르)의 여러 성질은 폴리머의 종류 콘크리트(모르타르)의 배합, 특히 폴리머시멘트비(시멘트에 대한 폴리머고형분의 중량비, 통상, 2%~30%이다) 보양법 등에 따라 크게 영향을 받는데, 많은 경우, 보통의 시멘트콘크리트 (모르타르)보다도 훨씬 우수한 콘크리트(모르타르)가 되며 그 특성을 열거하면 다음과 같다.

㉠ 유동성이 증대하여 소정의 워커빌리티를 확보함에 요하는 물시멘트비가 감소되고 또한 보수성이 향상된다.

㉡ 휨, 인장강도가 크고 및 신장 능력이 증대된다.

㉢ 시멘트 콘크리트나 몰탈, 타일, 강재, 유리, 목재 등 각종재료에 잘 접착된다.

㉣ 방수성 (수밀성)이 뛰어나며, 동시에 동결융해에 대한 저항성이 양호하다.

㉤ 약산, 알칼리 등에 대한 내약품성이 양호하다.

㉥ 내충격성이 10~15배, 내마모성이 수배에서 수십 배로 향상한다.

㉦ 건조수축과 크리프 저감

③ PCC · PCM의 성질

㉠ 경화속도의 제어가 가능하여, 용도에 따라 가사시간을 상당히 광범위하게 선택할 수 있다.

㉡ 조기에 고강도의 발현이 가능하여, 한냉지 또는 동기의 시공에 유리할 뿐만 아니라, 고강도가 확보되므로 부재의 단면을 작게 할 수 있다.

㉢ 고도의 수밀성을 지니는 동시에 동결융해에 대한 저항성이 극히 양호하다.

㉣ 레진의 종류에도 따르지만, 시멘트콘크리트(모르타르) 석재, 금속 등의 각종재료에 잘 접착된다.

㉤ 레진의 종류에도 따르지만, 우수한 내약품성을 지니고 있다.

㉥ 내마모성, 내충격성, 전기절연성 등도 우수하다.

④ 배합

PCM 및 PCC에서는 물-시멘트(W/C), 골재-시멘트(A/C) 및 폴리머-시멘트(P/C)비에 따라 성질이 변화하기 때문에 사용 목적에 맞는 배합설계를 행할 필요가 있다. 일반적으로 폴리머-시멘트비는 5~30%의 범위로 하며 폴리머-시멘트비가 증가하면 방수성, 내마모성, 내충격성, 탄력성, 내약품성 등은 향상되나 반면 표면 경도는 적게 된다.

⑤ 비빔

비빔은 시멘트 모르타르나 콘크리트의 경우와 마찬가지로 믹서를 사용한다. 시멘트와 세골재 및 조골재를 먼저 손으로 반죽하고 모르타르 믹서 또는 콘크리트 믹서에서 충분히 반죽한다. 그 다음에 소요량의 시멘트용 폴리머 디스퍼션 및 소포제를 섞어서 물에 가하여 잘 혼합한 후, 반죽한 것에 한 번 첨가하고 즉시 손반죽 또는 믹서로 약 3~5분간 잘 혼합한다. 반죽이 끝난 폴리머 시멘트 콘크리트(모르타르)는 반죽 후 45분~1시간 이내에 사용하는 것이 좋다.

⑥ 용도

PCC는 접착성과 내구적 특성을 많이 요구하는 부분, 즉 교량상판 덧씌우기, 바닥 미장재, 콘크리트 팻칭재(패칭재, 균열보수를 위한 테이프 개념의 덧댐재) 등으로 많이 사용된다.

(2) 폴리머 콘크리트 (PC ; Polymer Concrete) ; 레진(Resin)콘크리트 ; 수지콘크리트

① 개요

결합재로 무기질 시멘트를 전혀 사용하지 않고 폴리머(액상 또는 분말형)만을 골재와 결합하여 콘크리트를 제조하는 것으로, 휨강도, 압축강도, 인장강도가 현저하게 개선 향상되며, 조기에 고강도를 발현하기 때문에 단면의 축소에 따른 경량화가 가능하며, 내마모성, 내충격성, 내약품성, 동결융해 저항성, 내부식성 등 강도 특성과 내구성이 우수하기 때문에 구조물에 다양하게 이용되고 있다. 폴리머 시멘트 모르타르는

종래의 시멘트계 미장마감재보다 내구성이 우수하고 특히 보수재로서 성능과 가격의 균형이 좋기 때문에 수요가 증가하고 있다. 액체상태의 수지(레진)에는 열경화성 수지가 많이 사용된다. 액상레진에는 경화를 위해 경화제, 촉진제(작업시간을 고려 촉진제 양을 선정)가 첨가된다.

② 특징

㉠ 시공연도 향상(Polymer의 Ball Bearing 작용, Polymer Dispersion의 분산작용 등)
㉡ 물 · 시멘트비 감소
㉢ 고강도 및 건조수축 감소
㉣ 반죽질기 향상 및 내동결융해성 개선
㉤ Bleeding 및 재료분리 감소
㉥ 단위수량 대폭 감소
㉦ 건조수축 및 탄성계수 감소

③ 재료 및 품질

㉠ Cement는 각종의 Portland Cement, 혼합 Cement, 알루미나 Cement 등 사용
㉡ 혼화제로는 주로 Polymer Dispersion(과도한 공기연행을 방지할 것)을 사용
㉢ 물 · 시멘트비 보다도 폴리머 시멘트비가 Con'c에 미치는 영향이 큼
㉣ 물 · 시멘트비 보다는 30~60% 정도로 작게 할 것
㉤ 폴리머 시멘트비는 5~30% 정도로 하고, 증가할수록 인장 · 휨 · 접착 · 수밀 등은 큼
ⓕ 비빔은 Cement와 골재를 넣고 비빈 다음 Polymer Dispersion을 넣고(3~5분간) 비빔

(3) 폴리머 합침공법 ; PIC(Polymer Impregnated Concrete) 공법

① 개요

폴리머 함침콘크리트 공법은 경화한 콘크리트 성질을 개선할 목적으로 콘크리트 부재에 모노머, 프리폴리머, 폴리머 등을 함침시킨 다음 가압, 감압 및 중력 등으로 콘크리트 부재와 폴리머를 일체화하는 공법으로 폴리머 함침정도에 따라 완전함침, 부분함침으로 분류된다. 이 공법에 사용하는 재료는 대별하여, 기재와 모노머의 2종류가 되는데, 전자에는 시멘트 콘크리트 2차 제품(파이프, 파일, 패널, 블록 등), 석면 슬레이트, ALC, 목모시멘트판, 석고제품, 벽돌, 도기 등이 있으며, 후자에는 메타크릴산메틸, 스틸렌 등이 있다. 시멘트 혼합용 폴리머(시메트비의 범위 : 5%~20%)로는 SBR라텍스, PEA 및 EVA 에멀젼 등의 폴리머 분산재가 많이 사용된다.

② 폴리머 함침콘크리트의 제성질

㉠ 폴리머함침 비율에 따라 다르지만, 보통 레진콘크리트와 같은 정도가 되든지 그 이상의 고강도를 얻을 수 있다 따라서, 구조적용도로서는 부재의 단면을 작게 할 수 있는 이점이 있다.
㉡ 고도의 수밀성을 지니는 동시에 내구성도 뛰어나다.
㉢ 치수안정성이 극히 양호하다.

㉣ 내약품성이 우수하다.

㉤ 내마모성, 내충격성 등도 우수하다.

③ 폴리머 침투콘크리트 및 모르타르의 용도

폴리머 침투콘크리트 및 모르타르로 제작된 프리캐스트 제품 용도는 전력 케이블용 다공관(多孔管), 해중 레스토랑의 창틀, 외벽용 테라조 패널, 뜬 기초용 유닛, 보도판, 파이프, 묘비, 방사능 폐기 수납용기, 인터로킹 블록, 영구형틀 외에 석고 제품을 피침투재로 한 세면대, 가로등, 교량이나 고속도로의 바닥판, 파이프 등이다. 현장 폴리머 침투 공법의 표면의 경도나 강도, 수밀성, 내약품성, 염화물 이온 침투나 중성화에 대한 저항성, 내마모성 등의 향상을 위해 고속도로의 포장이나 댐의 보수공사, 지붕슬래브의 방수, 공장바닥의 방식 등의 용도로의 개발이 바람직하다.

④ 비비기

섬유는 운반에 편리하도록 10~20kg씩 볼 박스에 포장되는 경우가 많다. 강섬유의 경우, 이 상태에서는 세게 얽혀 있으므로, 이를 손으로 일일이 풀어가면서 믹서에 투입하는 방법이 아니면, 섬유분산기(Dispenser)를 사용하는 방법으로 한다. 또한 믹서에의 각재료의 투입순서로서는 다음의 방법이 제안되고 있다.

㉠ 세골재와 조골재를 미리 믹서로 비빈 다음 섬유를 투입하고, 최후에 시멘트와 물을 가한다.

㉡ 우선 물의 일부와 골재를 믹서에 넣고 다음에 섬유를 넣어, 마지막에 시멘트와 나머지의 물을 투입한다.

또한 유리섬유보강콘크리트 경우는 위와 같이 섬유를 믹서 안에 콘크리트 속에 비벼 넣는 방법(프리믹스法) 외에, FRP의 경우처럼 뿜칠로써 제조되는 경우가 많다.

(4) PCM(Polymer Cement Mortar) 시공방법

① 개요

폴리머시멘트 모르타르는 주로 콘크리트 구조물의 보수보강시 손상이나 열화된 단면의 복구재로 이용되는 보수재료의 일종이다(Emmons, 1994 ; Ohama, 1995). 폴리머 시멘트 모르타르은 종래의 시멘트계 미장마감재보다 내구성이 우수하고 특히 보수재로서 성능과 가격의 균형이 좋기 때문에 수요가 증가하고 있다. 기존콘크리트 위에 시공되어 신·구재료로 구성된 복합체를 형성하기 때문에 두 가지의 서로 다른 재료로 구성된 복합구조체의 성능은 새로 적용된 신 보수재료의 물성보다는 신·구재료 사이의 부착성능에 의해 크게 좌우된다(Wall and Shireve, 1988 ; Abu-tair et al., 1996 ; Minaru et al., 2001 ; Al-Zahranj, 2003).

② 미장 및 양생

PCM의 1회의 바름 두께는 5~10mm 정도로 하고 그 이상의 두께가 필요할 때는 2~3회 바름으로 한다. 폴리머 시멘트 모르타르는 여러 번 흙손으로 문지르는 것은 좋지 않으며 2~3회 정도 마무리하는 것이 좋다. 폴리머 시멘트 모르타르라 해도 충분히 흙손으로 누르는 것이 중요하지만 보통 시멘트 모르타르처럼 응결이 시작된 후 흙손으로 누르는 것은 좋지 않다. 미장 면적이 넓은 경우에는 3~4m 간격에 너비가 15mm 정도의 줄눈으로 끊는 것이 좋다. PCC는 보통 시멘트 콘크리트와 같이 시공할 수 있다.

③ 폴리머 시멘트 모르타르의 용도 및 효과

PCM은 시멘트 모르타르에 비해 각종 성질이 우수하기 때문에 〈표 9-25〉에 표시한 것과 같이 광범위하게 사용되고 있다. 한편, PCC는 거의 보급이 되고 있지 않으나 최근에는 내진벽, 방수 지붕슬래브, 방식구조체, 철근콘크리트 구조물의 뿜칠콘크리트 공법, 도로포장재 등의 이용에 관심이 높아지고 있다. 따라서 국내에서도 PCM 및 PCC의 보급과 이용이 확대 실현되면 건설재료로 대량으로 이용하게 되어 내구성능이 우수한 시멘트 결합재의 생산 및 폭넓은 활용이 이루어질 것으로 예상되고, 구조물을 경량화 시키고 내구년도 크게 연장시킬 수 있음은 물론 내산 시멘트 복합체의 생산으로 최근 산업공해로 말미암아 발생되는 구조물에 산성비에 의한 피해를 대폭 줄일 수 있을 것이다.

레진콘크리트의 실용화상황을 보면, 통신용, 가스용, 전력용 등의 볼록맨홀, FRP보강 파이프, 실드공법용 세그멘트, FRP 보강패널, U자구, 측구, 또는 덮개, 치장용 테라조, 고강도 파일, 보도판 등의 프리캐스트제품이 있다.

〈표 9-25〉 PCM의 용도

용 도	시 공 장 소
포장재 및 바닥재	일반가옥, 창고, 사무소, 화장실, 체육관, 공장, 점포 등의 바닥, 통로, 계단, 도로, 공항 등
방 수 재	옥상슬래브, 모르타르 및 콘크리트블록벽체, 저수탱크, 풀, 사일로
접 착 재	타일용 접착재, 바닥재, 벽재 및 단열재의 접착재, 신구 콘크리트나 모르타르의 타설이음 등
마무리재	얇은 마무리 도장재, 두꺼운 마무리 도장재, 복층 마무리 도장재, 경량골재 마무리 도장재, 바탕조정 도장재 등
보 수 재	콘크리트 구조물의 균열 및 층박리의 그라우팅, 기탕 손상부분, 부식된 철근의 방청코팅 등
방 식 재	화학공장바닥, 내산타일 줄눈재, 정화조, 기계설치 화학실험실 바닥, 약품창고, 온천의 욕조 등
데크커버링재	선박 내·외부의 데크, 교량데크, 육교, 전차·열차 등의 바닥 등
기 타	철도교의 제진재

9.8.8 섬유보강 콘크리트(Fiber Reinforced Concrete : F.R.C)

1) 개요

① 섬유보강 콘크리트는 콘크리트의 인장강도와 균열에 대한 저항성을 높이고 인성을 개선시킬 목적으로 모르타르 또는 콘크리트 속에 금속, 유리, 합성수지 등을 원료로 한 강섬유, 유리섬유, 폴리머섬유, 탄소섬유, 석면, 폴리프로필렌섬유 등의 장 · 단 섬유를 균일하게 분산시켜 콘크리트의 취성적인 성질을 연성으로 전환시킨 복합재료 콘크리트이다.

② 강섬유콘크리트를 제작할 때 가장 중요한 것은 Matrix전체에 강직유(鋼織維)가 완전히 균일하게 분산되어야 한다. 이것은 배합방법, Batching의 순서, 직유량 및 배합하는 시간에 영향을 받는다.

③ 배합할 때 직유의 길이와 직경의 비가 클수록 직유의 Balling이 발생하기 쉽고 Balling이 발생하는 모양은 배합방법, 섬유의 모양과 그 용적, 콘크리트의 배합비와 그 성질에 의하여 다르다.

④ 이 단섬유의 혼합으로 몰탈, 콘크리트의 인장강도, 휨강도, 균열내력, 인성, 내충격강도 등의 역학적 성질은 상당히 향상된다. 그러나 그 비율은 사용되는 섬유의 종류, 형상, 혼입률 등에 따라 크게 다르다.

2) 특징

① 완전불연재로서 성형성이 우수하며 어떠한 형상이라도 제작이 가능하다.

② 두께가 얇고 고강도의 시트(sheet) 성형이 가능하다.

③ 우수한 기계적 강도(압축강도 약 800~1,000kg/㎠, 인장강도 약 100~130kg/㎠)를 얻을 수 있다. 특히 내충격성이 크며 연성(延性)이 좋고 부재의 비산(飛散)이 없다.

④ 방식성(防蝕性)과 내구력이 우수하다.

⑤ 시공성이 좋아 공기단축을 기할 수 있다.

3) 섬유 보강콘크리트의 종류

구분	종류
(1) 무기계 섬유	① 강섬유 보강콘크리트(SFRC, Glass Fiber Reinforced Concrete)
	② 유리섬유 보강콘크리트(GFRC, Glass Fiber Reinforced Concrete)
	③ 탄소섬유 보강콘크리트(CFRC, Carbon Fiber Reinforced Concrete)
(2) 유기계섬유	① 아라미드 섬유 보강콘크리트(AFRC, Alamid Fiber Reinforced Concrete)
	② 나일론 섬유 보강 콘크리트(NYFRC, Nylon Fiber Reinforced Concrete)
	③ 폴리프로필렌 섬유 보강 콘크리트(Polypropylenne Fiber Reinforced Concrete)
	④ 비닐론 섬유 보강 콘크리트(VFRC, Vinylon Fiber Reinforced Concrete)

4) 시공상 유의사항

① 강섬유보강 콘크리트(Steel Fiber Reinforced Concrete)는 직경 0.3~0.6mm, 길이 20~40mm 정도 크기의 강섬유를 용적배합율로 1~2%정도(중량으로 약 80~150kg/m³) 콘크리트 속에 균일하게 분산 · 혼합시켜 만든 콘크리트이다.

② 배합에는 보통콘크리트와는 달리 세골재율은 50~70%, 단위시멘트량은 400kg/m³ 이상으로 하고, 조골재는 최대치수 15mm 이하의 것을 사용하는 것이 일반적이다.

③ 배처프랜트(Batcher Plant) 또는 트럭 믹서에 투입하고 5분 6 이내에 섞어야 한다.

④ 시공과정에서 주의를 요하는 것은 강섬유를 혼입함으로써 생기는 현저한 반죽질기(Consistency)의 저하와 분리를 막고, 섬유를 균일하게 분산시키는 것이다.

⑤ 일반콘크리트에 비해 균열에 대한 저항성이 크고 인성이 크며 인장 · 휨 · 전단강도가 클 뿐만 아니라 동결융해에 대한 저항성도 크다는 장점을 가지고 있다.

⑥ 주로 콘크리트 그 자체품(칸막이벽, 콘크리트 패널 등)을 만드는데 사용되고 미장모르타르 또는 각종 콘크리트구조물의 보수 및 보강용으로도 사용하고 있다.

⑦ 유리 섬유보강 Concrete(Glass Fiber Reinforced Concrete, G.F.R.C, G.R.C)

㉠ 고온의 용융유리에서 만든 무기섬유(길이 25~40mm 정도)를 Cement Paste나 Conrete 중에 혼합, 분산시켜 만든 콘크리트

㉡ 인장강도, 초기재령의 충격강도 · 내화성 등이 향상됨

⑧ 탄소 섬유보강 Concrete(Carbon Fiber Reinforced Concrete, C.F.R.C)

㉠ Acrylic 섬유를 소성하여 만든 Poly-Acrylonicrile(P.A.N)계 섬유와 석탄 피치(Pitch)를 원료로 만든 탄소섬유 등을 특수 Mixer로 혼합한 콘크리트

㉡ 인장강도 · 휨강도 등이 향상됨

5) 섬유보강 콘크리트의 적용

섬유 콘크리트는 정적, 동적강도, 에너지흡수 특성, 피로강도의 이점을 고려하여 커튼월 · 외벽패널 · 패러핏(Parapet) · 지붕부재 · 천장재 · 문틀 · 계단 등 다양한 건축용 PC부재의 개발 또는 제품화에 이용되고 있으며, 기타 터널 라이닝, 도로포장, Overlay, Patching, 수리구조, Thin shell, 방파제, 암반의 경사안정 등에 널리 사용되고 있다.

(1) 폭발저항 구조물

갑작스런 폭발과 같은 하중은 압축, 인장 및 전단에 있어서 복잡한 응력상태를 이루며, 이에 대해 섬유는 균열발생 이후 좋은 연성을 보인다는 특징 때문에 이러한 폭발저항 구조물에 널리 이용되고 있다.

(2) 내화 구조물

온도가 2900°F 이상 올라갈 때는 스테인리스강섬유보강 내화콘크리트(Stainless Fiber Reinforced Refractory Concrete)와 내화 콘크리트를 사용하는 것이 좋다.

(3) 얇은 쉘 구조물과 벽체

콘크리트에 섬유를 균일하게 분포함으로서 얻을 수 있는 균일한 강도특성과 연성의 증가로 인해 평판 및 곡면구조에 효율적으로 이용 될 수 있다.

(4) 해양 및 항만 구조물

방파제, 수중창고 구조물, 선창가 창고바닥, 부두갑판 등에 섬유 콘크리트가 널리 이용되고 있다.

6) 강섬유 콘크리트(Steel Fiber Concrete) 특징

(1) 강섬유 콘크리트 특성

① 콘크리트 취성 극복 : 강섬유 혼입으로 인장강도, 휨강도, 전단강도, 내충격성, 연성의 증가, 균열에 대한 저항성 등 콘크리트의 약점을 극복한다.

② 충격저항성 : 용적비의 0.5%~2% 강섬유 보강으로 약 20배 정도의 높은 충격 저항강도 효과로 공항 활주로, 교량 상판, 내진 구조물 등에 사용된다.

③ 균열 방지 효과 : 균열발생 이후에도 균열이 확산되는 인장응력이 강섬유에 전달되어 힘의 균형이 유지되어 인성이 좋다.

④ 공기단축

(2) 종류

① Bundle Type : 제조과정에서 수용성 접착제를 사용하여 낱개 형태의 강섬유를 서로 부착하여 만든 형태로 제품의 손실이 저하되고 투입이 용이함

② Piece Type : 제조과정이 낱게 형태로 생산되며 보조 투입기를 사용하여 시공하는 강섬유 형태임

(3) 규격과 용도

용도	규격	비고
Shotcrete	D : ϕ0.5~0.7mm	
	L : 30~50mm	
Concrete	D : ϕ0.5~1.0mm	
	L : 30~70mm	

- 최산호 외 2인, 〈신기술 · 신공법 건축시공학〉, 서우, 2006
- 대한건축학회 Rev.2, 〈건축기술지침〉, ㈜ 대우건설, 2020
- 김우식, 〈길잡이 건축시공기술사〉, 예문사, 2008
- 백종엽, 〈PE 건축시공기술사〉, 한솔아카데미, 2018
- 문승호, 〈현대건축시공〉, 기문당, 2009
- 신현식 외 2인, 〈건축재료와 구법〉, 기문당, 2008
- (사) 대한건축학회, 〈건축시공〉, 2008
- (사) 한국지반공학회 학회지 및 논문
- (사) 한국콘크리트학회 학회지 및 논문
- (사) 한국시공학회 학회지 및 논문
- 국토교통부, 〈건축공사 표준시방서〉 2016
- 최산호, 소광호, 〈최신 건축적산 · 견적실무〉, 기문당, 2021
- 최산호 외 2인, 〈리모델링사업 기획 · 설계〉, 예학사, 2021
- 최산호 외 2인, 〈리모델링공사 구조 · 시공〉, 예학사, 2021

- https://www.gigumi.com
- https://civileng7.tistory.com
- https://cmpm.tistory.com/118
- https://blog.daum.net/singsingso/928
- http://alog.auric.or.kr
- http://www.kgs-m.org
- https://blog.naver.com/kkakkum74/100023181829
- https://next-archi.tistory.com/18
- https://next-rebar.tistory.com/41
- http://decknfuture.com/sub02/sub02_2.html
- https://next-rebar.tistory.com/10
- http://www.seobo.co.kr
- http://www.kumkangkind.com
- https://m.cafe.daum.net
- http://www.hory.co.kr/
- https://news.mtn.co.kr
- https://why-not-now.tistory.com
- http://www.sungjisteel.com
- https://inter-heavy.com

실무자를 위한 건축시공학(1)

2022년 8월 31일 1판 1쇄 인쇄
2022년 9월 06일 1판 1쇄 발행

감　　수 최 산 호
저　　자 소 광 호
발 행 인 전 혜 자

발 행 처 **예 학 사**
서울시 성동구 무학봉28길 4 (5층)
TEL. 2296-9333(代)~4
FAX. 2296-9335
출판등록 1994. 4. 2 (4-254)

ISBN 978-89-89668-69-5 93540 정가 43,000원